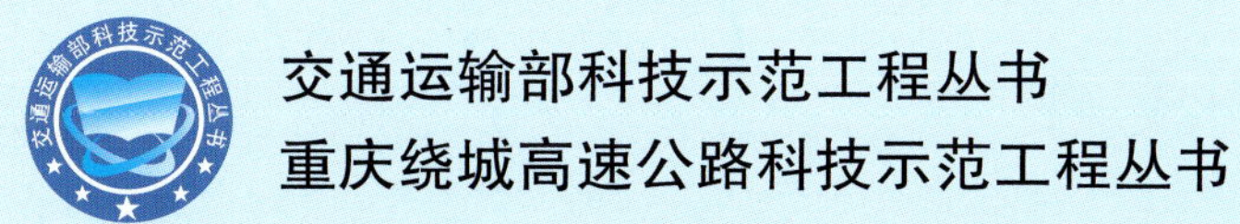

高温多雨山区高速公路
路面修筑技术

韩道均　李海鹰　周　刚　陈李峰　凌天清　编著

内 容 提 要

本书是《重庆绕城高速公路科技示范工程丛书》中的一本。全部共分三篇，第一篇为高温多雨山区高速公路沥青路面关键技术，第二篇为Superpave沥青混合料在重庆地区高速公路中的应用，第三篇为废旧橡胶粉改性沥青在公路沥青路面中的应用技术研究。

本书适合公路工程等相关专业的建设人员及管理人员参考使用。

图书在版编目（CIP）数据

高温多雨山区高速公路路面修筑技术 / 韩道均等编著. —— 北京 : 人民交通出版社, 2013.8

ISBN 978-7-114-10535-7

Ⅰ.①高… Ⅱ.①韩… Ⅲ.①高温—山区—高速公路—路面施工②多雨气候—山区—高速公路—路面施工 Ⅳ.①U416.2

中国版本图书馆CIP数据核字（2013）第070137号

交通运输部科技示范工程丛书
重庆绕城高速公路科技示范工程丛书

书　　名：高温多雨山区高速公路路面修筑技术
著 作 者：韩道均　李海鹰　周　刚　陈李峰　凌天清
责任编辑：韩亚楠　郭红蕊　崔　建
出版发行：人民交通出版社
地　　址：（100011）北京市朝阳区安定门外外馆斜街3号
网　　址：http://www.ccpress.com.cn
销售电话：（010）59757973
总 经 销：人民交通出版社发行部
经　　销：各地新华书店
印　　刷：北京盛通印刷股份有限公司
开　　本：880×1230　1/16
印　　张：26.25
字　　数：726千
版　　次：2013年8月　第1版
印　　次：2013年8月　第1次印刷
书　　号：ISBN 978-7-114-10535-7
定　　价：158.00元
（有印刷、装订质量问题的图书由本社负责调换）

《重庆绕城高速公路科技示范工程丛书》编委会

参 编 单 位

前言

preface

近年来，我国公路建设得到长足发展，截至2010年底，我国公路总里程已达到370万公里，其中高速公路里程为7.4万公里，仅次于美国。在我国公路里程不断增加，公路等级逐步提高的同时，随着经济的迅速增长，交通量和重载交通比例也迅速增加，对公路路面提出了更高的要求。

重庆市位于西部山区，地貌以山地丘陵为主，夏季气候炎热，年降雨量充沛，同时兼具了高温、多雨、山区这三个对公路沥青路面非常不利的地理气候条件，对公路沥青路面的抗车辙、抗滑、抗水损坏等性能提出了特别严格的要求。为提高公路路面建设质量，减少路面早期病害，延长路面使用寿命，重庆市近年来开展了"重庆高温多雨山区高速公路沥青路面关键技术研究"、"Superpave沥青混合料在重庆地区高速公路路面中的应用研究"、"废旧橡胶粉改性沥青在公路沥青路面中的应用技术研究"等多项公路路面方面的研究工作，取得了较为丰富的成果。本书结合在重庆绕城高速公路的应用与实践，分三个篇章，就高温多雨山区高速公路沥青路面关键技术、Superpave沥青混合料在重庆地区高速公路路面中的应用、废旧橡胶粉改性沥青在公路沥青路面中的应用予以阐述，以期可为类似的工程参考借鉴。

本书吸取借鉴了国内外相关研究文献资料，综合凝结了重庆高速公路集团有限公司、招商局重庆交通科研设计院有限公司、交通运输部公路科学研究院、华南理工大学、同济大学、重庆交通大学、长安大学、江苏省交通科学研究院股份有限公司、重庆市智翔铺道技术工程有限公司、重庆交通物资（集团）有限责任公司等单位专家、学者的大量科研成果，在此向他们表示由衷的感谢。特别要感谢周进川、孔令云、李福普、严二虎、张肖宁、李智、孙立军、刘黎萍、董强、郑南翔、李炜等专家为本书编著所做出的重要贡献。

重庆绕城高速公路是2007年度交通运输部和重庆市科委科技示范工程。在项目的实施和本书的撰写过程中，得到了交通运输部科教司、西部交通建设科技项目管理中心、重庆市科委的倾心关怀和支持，得到了项目承担单位的大力帮助和指导，项目其他参加人员为此付出了辛勤的劳动，在此，一并表示深切的谢意。

由于编著者水平有限，书中难免有错误与不足之处，敬请读者谅解。

作　者

2012 年 9 月

contents

第一篇　高温多雨山区高速公路沥青路面关键技术

目录

contents

目录

contents

第二篇　Superpave 沥青混合料在重庆市高速公路中的应用

目录

contents

第三篇　废旧橡胶粉改性沥青在公路沥青路面中的应用技术研究

目录

contents

第一篇

高温多雨山区高速公路沥青路面关键技术

第一章　高温多雨山区高速公路沥青路面病害特征

第一节　我国高速公路沥青路面结构现状

我国大陆从20世纪80年代开始修建高速公路，2010年底高速公路通车里程已达到7.4万km，其中绝大多数采用了薄沥青层或较薄沥青层的半刚性基层沥青路面结构。这种强基薄面的半刚性基层沥青路面结构，基层一般采用水泥稳定粒料、石灰稳定粒料等半刚性材料，而沥青面层厚度则大部分在12~18cm范围内。这种结构形式的普遍应用与我国路面的设计方法和设计理念密切相关，设计单位一般是先确定沥青层厚度（相关规范推荐12~18cm），然后再通过计算确定基层或底基层厚度。这使得我国高速公路沥青路面结构不管是在炎热干旱的西北，寒冷潮湿的东北，还是在高温多雨的沿海，都采用了类似的路面结构形式，表1-1-1是我国部分高速公路的典型路面结构。从表中可以看出，过去我国修筑的高速公路中，只有京津塘高速公路和广深高速公路是在半刚性基层上采用了较厚的沥青层，京津塘高速公路沥青层厚23cm，广深高速公路沥青层厚32cm。十多年的应用实践证明，这两条采用了较厚沥青层的高速公路沥青路面耐久性明显比其他路段好。

我国具有代表性的高速公路沥青路面结构　　表1-1-1

路段名称	面层及厚度（cm）	基层及厚度（cm）	底基层及厚度（cm）
海南东线高速公路	中粒式4+粗粒式，（812）	水泥稳定碎石（30）	级配碎石（15~19）
成渝高速公路	中粒式5+沥青碎石，（813）	级配碎石（20）	石灰稳定泥岩（或砂砾）（28~36）
沪嘉高速公路	中粒式+粗粒式+沥青贯入（17）	粉煤灰三渣（46）	砂砾（20）
广佛高速公路	中粒式4+粗粒式5+沥青碎石，（615）	水泥级配碎石或石屑（25）	水泥石屑或水泥土（28）
长四高速公路	中粒式4+粗粒式5+粗粒式，（615）	水泥碎石（25）	石灰水泥土（30）
沈大高速公路	中粒式5+粗粒式5+沥青碎石，（515）	水泥砂砾（20）	砂砾或矿渣（20）
沈铁高速公路	细粒式3+中粒式5+沥青碎石，（715）	水泥砂砾（35）	砂砾（22）
京津塘高速公路（北京段）	中粒式+粗粒式+沥青碎石（23）	水泥稳定砂砾（20）	石灰土（30）
京津塘高速公路（其他段）	中粒式+粗粒式+沥青碎石（23）	水泥砂砾或二灰砂砾（25~30）	石灰土（25~32）
首都机场高速公路	沥青混凝土（20）	水泥砂砾（18）+二灰砂砾（16）	石灰土（15）
八达岭高速公路（京昌段）	沥青混凝土（18）	二灰碎石（2×18）	石灰土
京石高速公路（北京段）	细粒式+中粒式+沥青碎石（15）	水泥砂砾（20）	二灰砂砾（20）

续上表

路段名称	面层及厚度（cm）	基层及厚度（cm）	底基层及厚度（cm）
京石高速公路（河北段）	中粒式3+沥青碎石5（8）	水泥碎石（12）+二灰碎石（20）	石灰土（43）
石太高速公路	中粒式+沥青碎石（15）	二灰碎石（22）	石灰土（25）
京深高速公路（河北段）	中粒式+粗粒式（12）	二灰碎石（15）	石灰土（40）
广深高速公路	中粒式4+粗粒式18+沥青碎石10（32）	水泥碎石（23）	级配+未筛分碎石（55）
济青高速公路（淄川段）	中粒式4+粗粒式5+粗粒式6（15）	二灰砂砾（34）	石灰土（18）
济青高速公路（青岛段）	中粒式4+粗粒式6+粗粒式8（18）	水泥砂砾（20）	水泥稳定砂（33）
西临高速公路	中粒式5+粗粒式7（12）	水泥砂砾（20）	二灰土（25）
西临高速公路	中粒式4+粗粒式6+沥青碎石6（16）	水泥砂砾（20）	二灰土（20）
泉厦高速公路	中粒式4+粗粒式6+粗粒式6（16）	水泥碎石（30）	水泥碎石（28）
莘松高速公路	中粒式+粗粒式+沥青碎石（23）	二灰碎石（34）	砂砾（15）
沪宁高速公路（江苏段）	AC-16B（4）+AC-25I（6）+AC-25II（6）	二灰碎石（20）	二灰土（40）
沂淮江高速公路	AK-16（4.5）+AC-25I（5）+AC-25I（7）	二灰碎石（34）	二灰土（20）
南京机场高速公路	AC-16B（4.5）+AC-25I（6）+AC-25II（6）	二灰碎石（34）	二灰土（20）
汾灌高速公路	AK-13（4）+AC-20I（5）+AC-25I（7）	二灰碎石（38）	二灰土（20）

2005年7月交通部在江苏省南京市召开了“全国沥青路面技术研讨会”，全国不少地区提高了对沥青路面质量的重视程度，并开始尝试采用一些技术措施力求延长沥青路面的使用寿命。如浙江省交通厅浙交〔2005〕402号文件提出“2006年、2007年通车的高速公路项目沥青路面面层厚度建议采用18cm，对交通量大、重载车辆多的路段可增加至20cm，中、上面层采用改性沥青。”云南省在昆安高速公路和平锁高速公路大规模采用沥青层厚30~37cm的级配碎石柔性基层沥青路面结构。江苏省2006年在建的高速公路大部分采用了“4.5cm改性沥青SMA-13S/AC-13S+6cm改性沥青AC-20S/Sup-20+9.5cm普通沥青（部分路段采用改性沥青）AC-25S/Sup-25+36cm水泥稳定碎石+20cm二灰土”的路面结构。可见，目前国内部分地区高速公路沥青路面有采用较厚沥青层的趋势。

表1-1-2是重庆地区部分高速公路的沥青路面结构，从表中可以看出，自1995年成渝高速公路通车以来，重庆修建了多条高速公路，沥青路面结构组合形式在逐渐发生变化。在沥青层厚度方面，1995年通车的成渝高速公路沥青路面厚度12cm，总厚度47cm；2000~2005年建成的绝大部分高速公路沥青路面厚度逐渐增加到14.5~16cm，总厚度为61~67cm；2008年以后建成的高速公路沥青路面厚度则增加到18~20cm，其中绕城西南段达到26cm，总厚度则达到81~83cm。可见，随着我国经济的发展，交通量逐渐增多，重庆地区路面结构的厚度也有逐步增加的趋势。

重庆地区高速公路沥青路面结构　　表1-1-2

道路名称	通车时间	结构组合	沥青面层厚度（cm）	总厚度（cm）
成渝高速公路	1995年	5cmAC-13+7cmAC-20+20cm二灰碎石+15cm二灰碎石（2003~2005年进行大修，加铺5cmAC-13）	12	47
渝长高速公路	2000年4月	3cm磨耗层+5cm的中粒式沥青混凝土+7cm的粗粒式沥青混凝土+20cm的石灰粉煤灰稳定级配碎石+28cm的多渣碎石	15	63
长涪高速公路	2000年12月	3cm磨耗层+5cm的中粒式沥青混凝土+7cm的粗粒式沥青混凝土+20cm的石灰粉煤灰稳定级配碎石+30cm的水泥稳定碎石	15	65
渝黔高速公路（一期）	2001年12月	3cm磨耗层+5cm的中粒式沥青混凝土+7cm的粗粒式沥青混凝土+20cm的石灰粉煤灰碎石+26cm的多渣碎石	15	61
渝合高速公路（一期）	2002年6月	4cmSMA-13+5cmAC-20I+6cmAC-25I+30cm石灰粉煤灰稳定碎石+20cm石灰粉煤灰稳定碎石	15	65
梁平~长寿高速公路	2003年12月	4cm改性沥青AK-13A+4.5cmAC-16I+6cmAC-20I+20cm水泥稳定级配碎石基层+32cm水泥稳定级配碎石底基层	14.5	67
万县~梁平高速公路	2003年12月	4cm改性AK-13A+4.5cmAC-16I+6cmAC-20I+20cm水泥稳定级配碎石基层+32cm水泥稳定级配碎石底基层	14.5	67
渝邻高速公路	2004年07月	4cm改性AK-13A+5cmAC-16I+6cmAC-20I+20cm二灰碎石基层+35cm二灰碎石底基层	15	70
綦万高速公路	2004年11月	3.5cmAK-13A+4cmAC-16I+4.5cmAC-20I+20cm的二灰稳定碎石+30cm的二灰稳定碎石	12	62
渝合高速公路（二期）	2005年12月	4cmSMA-13+6cmAC-20I+6cmAC-25I+20cm石灰粉煤灰稳定碎石基层+30cm石灰粉煤灰碎石底基层+15cm石灰土碎石垫层	16	81
水界高速公路	2008年	4cmAC-13C+6cmAC-20C+10cmAC-25C+20cm水泥稳定级配碎石+23cm水泥稳定级配碎石+20cm水泥稳定碎石	20	83
绕城高速公路（东段）	2010年	4cmSMA-13C+6cmAC-20C+10cmATB-25+21cm水泥稳定级配碎石+22cm水泥稳定级配碎石+20cm水泥稳定碎石	20	83
绕城高速公路（北段）	2010年	4cmSMA-13C+6cmAC-20C+10cmATB-25+21cm水泥稳定级配碎石+22cm水泥稳定级配碎石+20cm水泥稳定碎石	20	83
绕城高速公路（南段）	2010年	4cmSMA-13C+6cmAC-20C+10cmATB-25+21cm水泥稳定级配碎石+22cm水泥稳定级配碎石+20cm水泥稳定碎石	26	83
绕城高速公路（西南段）	2009年	4cmSMA-13C+6cmAC-20C+8cmATB-25+8cmATB-25+21cm水泥稳定级配碎石+22cm水泥稳定级配碎石+20cm水泥稳定碎石	20	89
彭武高速公路	2009年10月	4cmAC-13C+6cmAC-20C+8cmAC-25C21cm水泥稳定级配碎石+22cm水泥稳定级配碎石+20cm水泥稳定碎石	18	81
彭黔高速公路	2009年12月	4cmAC-13C+6cmAC-20C+8cmAC-25C21cm水泥稳定级配碎石+22cm水泥稳定级配碎石+20cm水泥稳定碎石	18	81
黔西高速公路	2010年10月	4cmAC-13C+6cmAC-20C8cmAC-25C+21cm水泥稳定级配碎石+22cm水泥稳定级配碎石+20cm水泥稳定碎石	18	81

第二节　高温多雨山区高速公路沥青路面早期病害

为了掌握高温多雨山区高速公路沥青路面的主要病害特征，作者于2006年对重庆已通车的成渝、渝长、长万等高速公路路况进行了详细的现场调查分析。

一、病害数量分析

表1-1-3和图1-1-1是将各条高速公路各路面病害形式（不包括车辙和已修补路段）按每公里病害数量比例进行汇总得到的图表。

每千米病害数量比例（%）　　表1-1-3

工程名称	纵向裂缝	横向裂缝	网裂	沉陷	坑槽	拥包	麻面	通车时间	使用时间（年）
成渝高速公路	17.85	49.4	3.55	14.65	7.95	4.75	1.8	1995年通车，2003~2005年大修	11
渝长高速公路	8.9	22.65	24.3	26.2	10.15	4.05	3.8	2000年4月	6
长涪高速公路	10.2	34.95	20	28.95	4.95	0.05	0.9	2000年12月	5.5
渝黔高速公路（一期）	24.6	28.45	22.4	17.95	5.65	0.3	0.6	2001年12月	4.5
渝合高速公路（一期）	12	20	12.8	36.05	17.35	0.85	0.95	2002年6月	4
长万高速公路	7	51.4	5.5	7.75	24.2	0.95	3.25	2003年12月	2.5
渝邻高速公路	13.25	17	21.95	15.6	20.05	11.5	0.7	2004年	2
平均	13.40	31.98	15.79	21.02	12.90	3.21	1.71	—	—

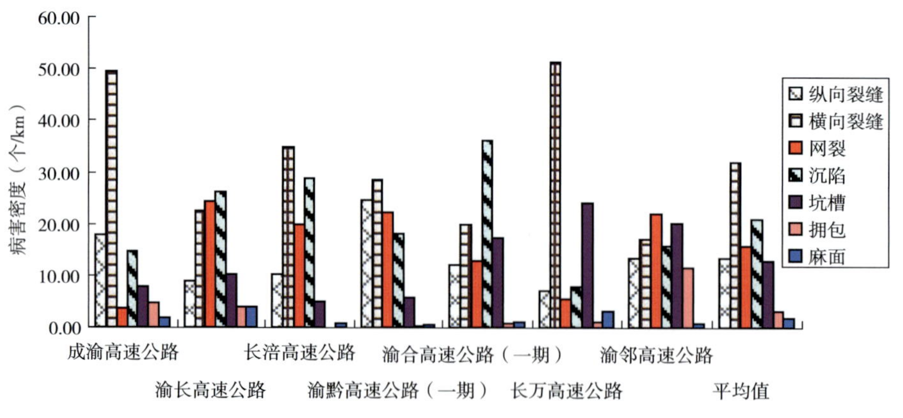

图1-1-1　沥青路面病害每千米数量

通过现场的病害调查，结合表1-1-3和图1-1-1的统计，可以得到以下结论：

（1）重庆地区高速公路的病害数量所占比例从高到低的排序依次是：横向裂缝31.98%，沉陷21.02%，网裂15.79%，纵向裂缝13.4%，坑槽12.9%，拥包3.21%，麻面1.71%。

（2）横向裂缝类病害是目前重庆高速公路中数量最多的路面病害，也是最主要的病害形式。从现场调查的情况中发现，除了少部分横向裂缝与结构物有关外，大部分横向裂缝与半刚性基层有关。

（3）沉陷、网裂在重庆地区高速公路中也占有相当大的比例，而且在调查中发现相当部分的网裂、沉陷是与裂缝类病害相伴产生的，其主要原因是裂缝产生并贯穿沥青面层后，为动水压力提供了直接作用于半刚性基层的通道，从而加剧了网裂、沉陷等水损坏的发生。因此，有相当部分路面的水损坏产生与横向和纵向裂缝有密切联系。

二、病害面积分析

病害对高速公路路面的影响，不仅与数量有关，同时与病害严重程度相关。按个数计算病害密度，尚不能全面反映病害严重程度的影响。PCI计算过程中的折合面积，考虑了病害数量，同时也考虑了病害的严重程度的影响。

表1-1-4和图1-1-2是各高速公路的每千米病害折合面积的统计结果。同时为了比较各路段的主要病害类型，将各路段的每千米病害折合面积按该病害所占该路段总破损折合面积的比例汇总，如表1-1-5和图1-1-3所示。

从表1-1-4、表1-1-5和图1-1-2、图1-1-3中可以看出：

（1）重庆地区高速公路的病害折合面积按其所占比例从高到低的排序依次是：沉陷38.22%，网裂34.32%，纵裂8.56%，横裂7.37%，坑槽4.90%，拥包3.71%和麻面2.93%。

（2）沉陷、网裂是目前重庆高速公路中每千米病害折合面积最大的路面病害形式，也是对行车影响最大的病害形式。

每千米病害折合面积（m^2/km）　　表1-1-4

工程名称	纵向裂缝	横向裂缝	网裂	沉陷	坑槽	拥包	麻面	通 车 时 间	使用时间（年）
成渝高速公路	0.36	0.19	0.43	0.27	0.02	0.2	0.19	1995年通车，2003~2005年大修	11
渝长高速公路	1.06	1.35	47.55	37.22	0.5	2.48	2.57	2000年4月通车	6
长涪高速公路	1.75	2.6	49.28	30.7	1.19	0.01	0.43	2000年12月	5.5
渝黔高速公路（一期）	4.75	3.4	20.29	14.38	1.39	0.23	0.07	2001年12月	4.5
渝合高速公路（一期）	1.57	0.53	2.21	17.23	7.38	0.06	0.29	2002年06月	4
长万高速公路	0.15	0.37	0.08	0.89	0.04	0.02	0.04	2003年12月	2.5
渝邻高速公路	0.95	0.29	4.73	2.81	0.03	0.92	0.21	2004年月	2

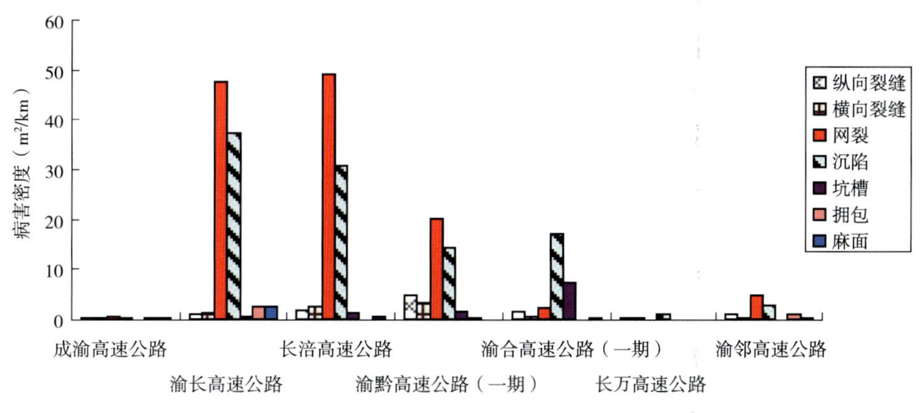

图1-1-2　沥青路面病害每千米折合面积

每千米病害折合面积比例（%） 表1-1-5

工程名称	纵向裂缝	横向裂缝	网裂	沉陷	坑槽	拥包	麻面	通车时间	使用时间（年）
成渝高速公路	21.69	11.45	25.90	16.27	1.20	12.05	11.45	1995年通车，2003~2005年大修	11
渝长高速公路	1.14	1.46	51.28	40.14	0.54	2.67	2.77	2000年04月	6
长涪高速公路	2.04	3.02	57.33	35.71	1.38	0.01	0.50	2000年12月	5.5
渝黔高速公路（一期）	10.67	7.64	45.59	32.31	3.12	0.52	0.16	2001年12月	4.5
渝合高速公路（一期）	5.36	1.81	7.55	58.87	25.21	0.20	0.99	2002年06月	4
长万高速公路	9.43	23.27	5.03	55.97	2.52	1.26	2.52	2003年12月	2.5
渝邻高速公路	9.56	2.92	47.59	28.27	0.30	9.26	2.11	2004年	2
平均	8.56	7.37	34.32	38.22	4.90	3.71	2.93	—	—

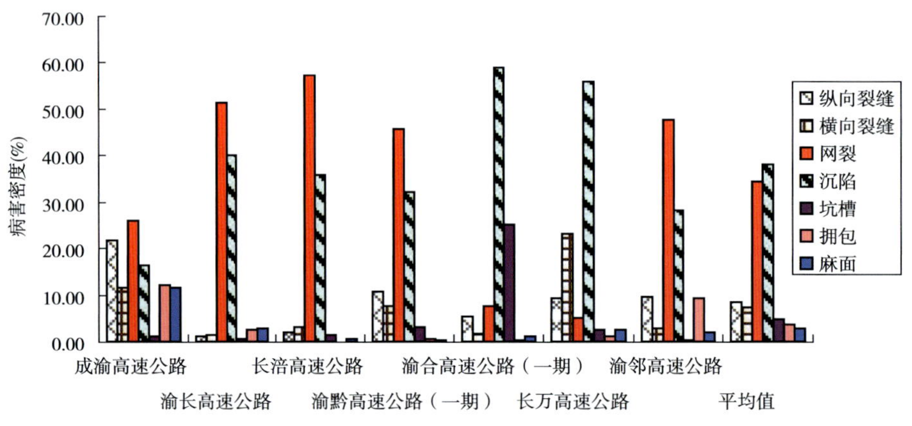

图1-1-3 各路段每千米病害折合面积所占比例

三、主要病害形式产生的原因分析

1.横向裂缝产生原因分析

横向裂缝类病害是目前重庆地区高速公路中数量最多的路面病害，也是最主要的病害形式。从现场调查中发现，除了少部分横向裂缝与桥梁等结构物有关外，绝大部分的横向裂缝与半刚性基层开裂有关。

2.网裂、沉陷产生原因分析

网裂、沉陷属于水损坏类破坏，在重庆地区的高速公路中也占有相当大的比例。调查中发现，动水压力对半刚性基层的反复冲刷作用是重庆地区高速公路沥青路面绝大部分水损坏产生的主要原因。其病害发生发展的特征可分为四个阶段：

（1）第一阶段：由于反射裂缝贯穿沥青层或者由于沥青层孔隙率过大，行车动水压力获得与半刚性基层直接作用的通道，当动水压力获得通道并反复冲刷半刚性基层后，部分半刚性基层细集料被泵吸出路表，路面首先出现唧浆。

（2）第二阶段：半刚性基层由于细集料的损失出现局部松散，沥青路面下部出现局部脱空现象，在行车荷载作用下路面迅速出现局部的鸡爪形裂纹或者在原裂缝基础上裂缝迅速扩展。

（3）第三阶段：裂缝的扩展使动水压力获得更多、更通畅的通道并直接作用于基层，迅速加剧基层破坏，使路面裂缝进一步扩展，从而形成面积较大的网裂。

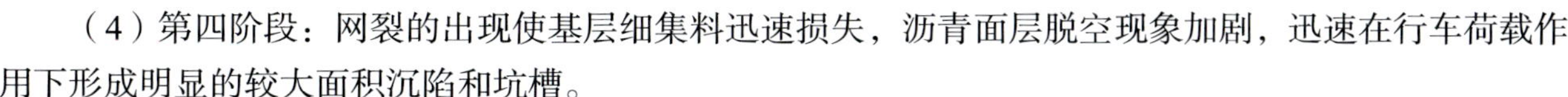

（4）第四阶段：网裂的出现使基层细集料迅速损失，沥青面层脱空现象加剧，迅速在行车荷载作用下形成明显的较大面积沉陷和坑槽。

第三节　高温多雨山区高速公路沥青路面车辙病害特征

2006年曾对两条车辙病害比较典型的公路A和公路B进行过针对性调查。

一、公路 A 沥青路面车辙病害特征

对于公路A构造物路段，病害主要是推拥及其伴随损坏。从图1-1-4可以看出，此类病害为构造物总病害面积的80%，其次为沉陷、松散和麻面，分别为14%和6%。进一步分析发现，对于推拥、车辙及其伴随损坏主要是产生在上坡路段，为65%，是下坡路段的4.3倍，而沉陷类损坏主要是下坡路段，下坡是上坡的3.67倍。

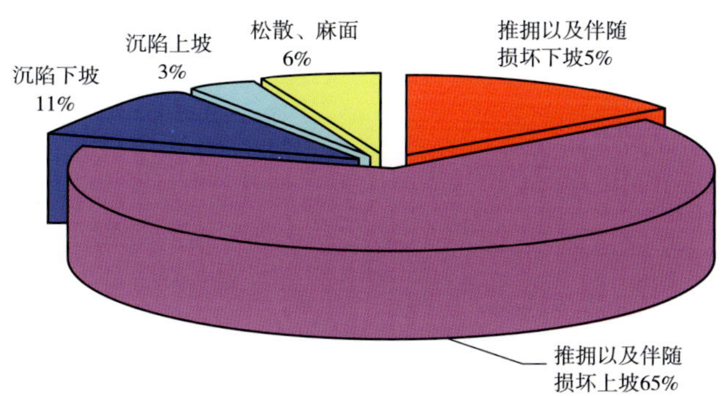

图1-1-4　构造物路段产生的病害比例

对于一般路段，从图1-1-5可以看出，上坡路段的车辙面积最大，占97.61%，几乎严重的车辙都发生在上坡路段，其次为推移及其伴随的车辙、拥包、沉陷占2.13%。下坡推挤较上坡多，这可能是由于推挤路段几乎都产生一定的车辙，部分路段只记录车辙面积而忽略推挤面积；同时推挤还和弯道有关，在高温情况下，弯道行车的侧向剪切更容易导致推移等病害的产生。同时，松散、麻面和沉陷较少，合计不超过0.3%，需要注意的是几乎所有的沉陷都发生在下坡路段，这和构造物处在下坡更容易产生沉陷是一致的。从车辙深度看，运营21个月以来，桥面车辙深度为13~45mm，平均为30mm，而一般路段的车辙深度为7~65mm，平均20.6mm，桥面的车辙深度略大于一般路段。

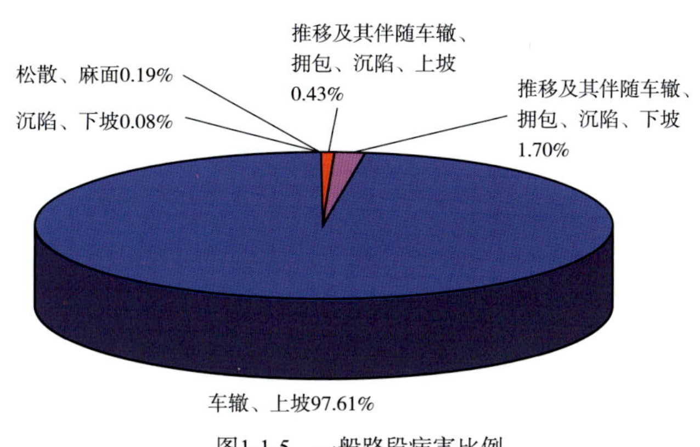

图1-1-5　一般路段病害比例

2006年4月又通过路面综合检测车进行全线车辙、平整度检测，检测频率为每20m一点。将一般路

段车辙汇总，其平均值如图1-1-6，最大值如图1-1-7。从图1-1-6和图1-1-7可以看出，无论平均值还是最大值，当纵坡在-5%~2%范围内时，车辙均无明显变化，纵坡大于2%后路面车辙显著增加，不同路段车辙平均值的平均值、最大值的平均值和最大值的范围分别为：-5%~0%纵坡段5.04mm、8.74mm、2.3~22.08mm；0%~2%纵坡段5.61mm、8.54mm、1.64~18.97mm；大于2%纵坡段11.45mm、18.96mm、3.69~56.12mm，可见平均值的平均值和最大值的平均值当纵坡在-5%~2%范围内时基本接近，而2%以上纵坡路段相应值则为-5%~2%纵坡路段相应值的近2倍。

将不同路段纵坡与车辙的情况表示为图1-1-8，可见随着纵坡坡度的增加，沥青路面路段车辙平均深度、路段最大车辙深度以及各点的车辙深度也是不断增加的。

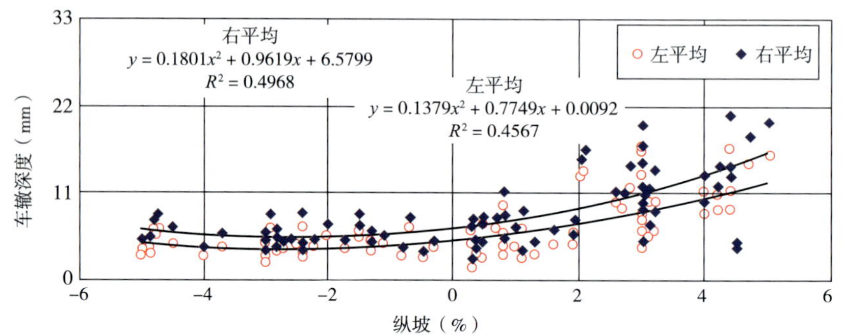

图1-1-6　不同路段纵坡—路段车辙平均值情况

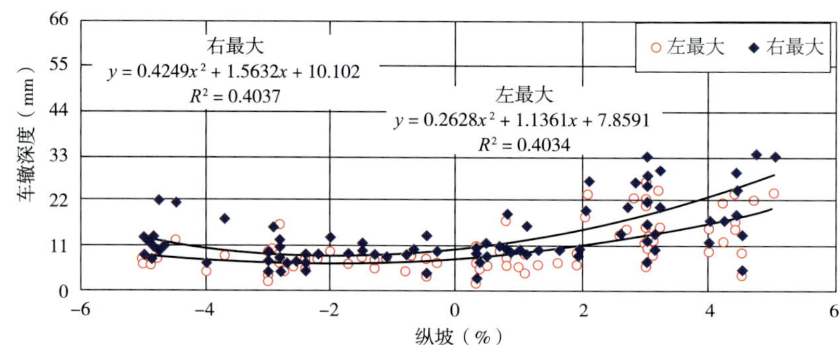

图1-1-7　不同路段纵坡—路段车辙最大值情况

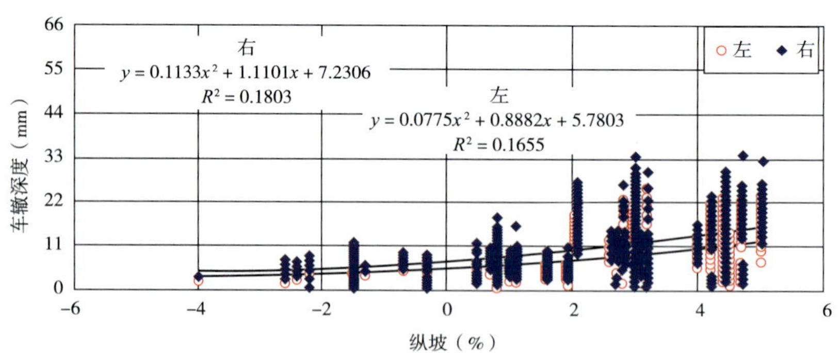

图1-1-8　纵坡—车辙关系

二、公路B沥青路面车辙病害特征

2006年8月底曾对公路B双幅进行路面调查，主要是调查病害类型、严重程度和损坏面积，车辙采用3m直尺测定。由于路面病害发展较快，维修部门根据8月初调查情况，对推移等损坏严重、影响行车安全的路段已经进行了修补，同时由于时间原因，并非全线调查，仅对L1及L2标的部分路段进行了调查。

1.不同路段病害情况

不同路段病害面积见表1-1-6。

不同路段病害面积（单位：m^2）　　表1-1-6

路　段			车辙	推拥	沉陷	松散	坑槽	翻浆	麻面	合　计		
L1标	构造物	上坡	1294	225	275	300	2	1		2097	4309	12957
		下坡	911	518	200	300	282			2212		
	一般路段	上坡	5614	955	460	14	56	10	0.24	7110	8648	
		下坡	1211	147	18	6	156		0.09	1538		
L2标	构造物	上坡	154	5	20	15	2			196	313	2938
		下坡	34	40	5		38			117		
	一般路段	上坡	1418	474	10		81			1983	2626	
		下坡	289	35	30	170	119			643		

注：1.纵向开裂、网裂等开裂基本是伴随开裂，没有单独列出；

2.推拥包括推挤、拥包以及各种伴随损坏；

3.松散中包括剥落。

从图1-1-9可以看出，对于构造物路段，车辙和推拥损坏面积最大，占总面积的70%，其次为松散和沉陷，分别为13%和10%，坑槽比例仅为7%。

从图1-1-10可以看出，对于一般路段，车辙病害面积最大，达总面积的75.7%，其次为推拥、沉陷、坑槽和松散，分别为14.3%、4.6%、3.6%和1.7%，并有少量翻浆和麻面。

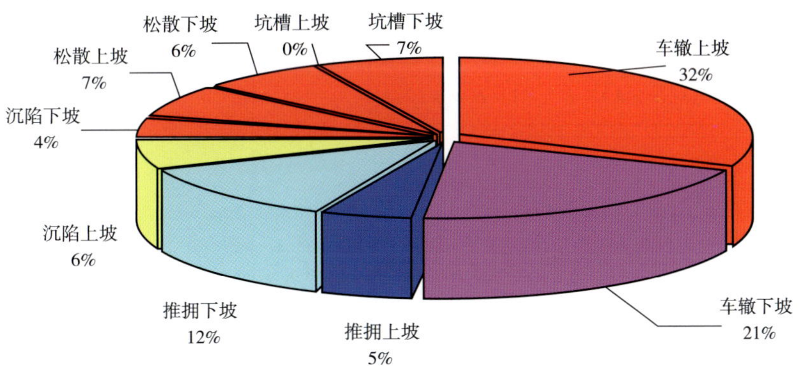

图1-1-9　构造物路段产生的病害比例

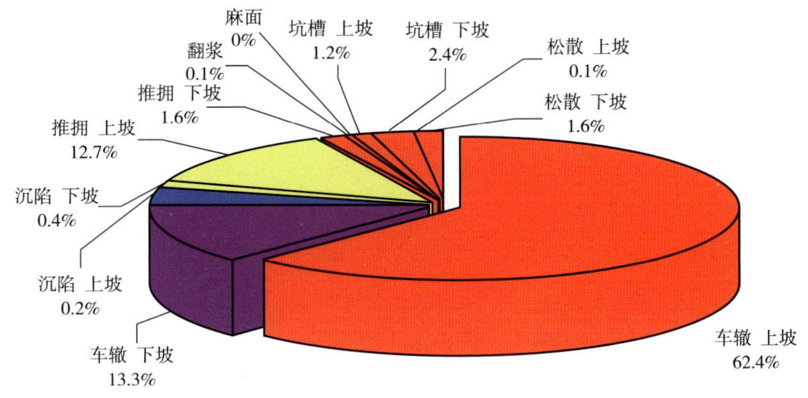

图1-1-10　一般路段病害比例

2.纵坡对车辙、推拥等病害的影响

从图1-1-9可以看出，对于构造物路段，按面积计算，上坡和下坡段各种病害比例为49.6%：50.4%，大致相当。

从图1-1-10可以看出，对于一般路段，上坡路段病害明显较多，上坡路段病害面积为总面积的80.6%，是下坡路段19.4%的4.2倍，其中车辙和推拥两种病害面积最大，特别是在坡度大的纵坡、连续纵坡路段，车辙或推挤较为严重，病害面积较大，上、下坡车辙、推拥面积比分别是4.69%、7.94%。同时值得注意的是坑槽在下坡路段较上坡比例大，下坡段坑槽数是上坡2倍，这和构造物处在下坡更容易产生坑槽一致。

对于一般路段，纵坡坡度为2.6%~5%、0%~2.6%和-5%~0%，车辙面积为6049m^2、525m^{2}和1500m^2；从病害面积看纵坡坡度为2.6%~5%的占总面积的75%。计算得到损坏面积分别为303m^2/km、63m^2/km和64m2/km。可以看出，单位里程车辙损坏面积，纵坡坡度2.6%~5%分别是0%~2.6%和-5%~0%路段的4.8倍和4.7倍。

对于一般路段，纵坡2.6%~5%、0%~2.6%和-5%~0%，推拥面积为1478m2、29m^{2}和193m^2；从病害面积看纵坡坡度为2.6%~5%的占总面积的86.9%。计算得到损坏面积分别为74.1m^2/km、3.5m^2/km和8.2m^2/km。可以看出，单位里程推拥损坏面积，纵坡坡度2.6%~5%分别是0~2.6%和-5%~0%路段的21.2倍和9倍。发现坡度在0~2.1%的路段推拥最少，可能是较缓纵坡路段线形较好，其弯曲路段也较少有关。

从图1-1-11可以看出，对于下坡路段车辙深度随坡度变化不大，但是对于上坡路段，随着纵坡坡度的增大，车辙深度增加，特别是坡度达到2.6%以上时，车辙深度增加明显。纵坡坡度2.6%~5%、0%~2.6%和-5%~0%路段平均车辙深度的平均值分别为：20.9mm、13.7mm、10.3mm，纵坡坡度2.6%~5%路段车辙深度是0~2.6%和-5%~0%路段的1.5和2倍。

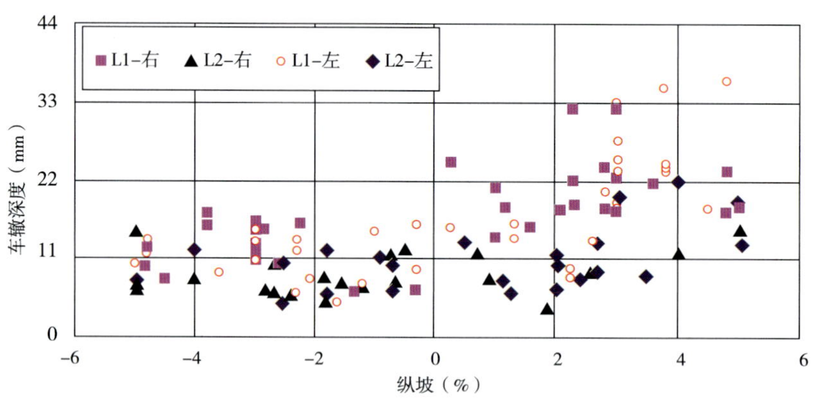

图1-1-11　不同路段纵坡—平均车辙深度

3.各层变形情况

采用切槽方式调查了典型断面各结构层的变形情况。从图1-1-12车辙部位切槽可以看出，沥青混合料各层都出现了变形，通过路肩、行车道的钻芯和切槽对比，各路段上中下变形各有差异。从路段总体来看，车辙变形表面层平均7mm，中、下面层平均18mm和6mm。可见中、下面层车辙在总车辙中占有很大的比例，为62.1%，其次表面层为24.1%，下面层最小为13.8%。

4.上坡路段车速的调查

对不同路段进行了车辆平均车速调查。图1-1-13为某一纵坡处的平均车速分布情况。发现在纵坡较大的路段车速下降非常严重，特别是中、重型货车速度下降最大，在纵坡较大路段车速只有13~50km/h。

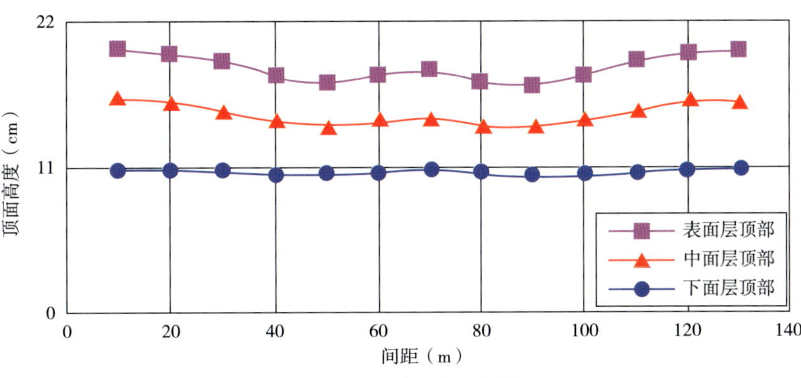

图1-1-12　车辙部位切槽情况

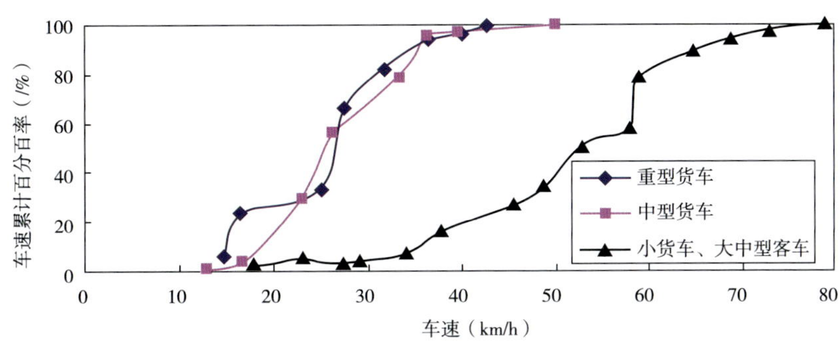

图1-1-13　5%纵坡处车速调查

第二章　高温多雨山区沥青路面抗永久变形性能评价及对策

随着我国道路交通量日益增大，车辆迅速大型化且严重超载，使公路路面面临严峻的考验，所暴露出的技术问题也十分突出，现有高速公路的有效服务时间普遍未能达到其设计使用年限，有部分道路在通车2~3年便出现了较为严重的早期破损现象。其中，车辙是我国高等级公路沥青路面的主要损坏类型之一。

车辙的出现会使路面使用性能大大降低，严重影响路面的使用质量和服务寿命，具体表现为：

（1）影响了路面的平整度，导致行车舒适性降低；

（2）使轮迹带沥青层厚度减薄，降低了面层以及路面结构的整体强度，也由此进一步引起裂缝、坑槽等其他路面破坏；

（3）存在较大辙槽的路段，车辆变向难以控制；

（4）雨天时路表排水不畅，车辆易于发生漂滑而影响高速行车的安全。

近年来，我国在路面施工实践中也采用了许多新的技术，如采用SHRP沥青评价技术、SUPERPAVE的混合料设计技术、SMA路面、聚合物改性沥青和纤维改性沥青。这些新技术的应用虽然在一定程度上改善了路面质量，但仍有不少路面出现车辙。目前我国的路面设计方法中材料设计与结构设计仍然脱节，在结构设计中没有考虑材料的抗车辙性能，材料设计中又没有考虑结构特点。随着对路面结构研究的深入，国内外一些学者认识到只是材料上的改进并不能彻底解决车辙问题，必须在车辙性能指标以及设计方法上进行系统性改进才能最终防治车辙损坏，亟须提出有效的车辙性能评价指标、建立合理的车辙预估模型并据此提出控制车辙的路面设计指标。

我国是个多山国家，不少地区的地形以山地丘陵为主，坡道较多，且夏季气候炎热，秋冬多雨，同时兼具了山区、高温、多雨三种对沥青路面非常不利的气候、地理条件，对高速公路沥青路面的抗车辙性能提出了特别严峻的要求。因而，有必要针对当地的具体情况积极开展高等级沥青路面的抗车辙性能研究，以提高沥青路面的整体质量，减少沥青路面的车辙损坏，延长路面使用寿命，更好地为当地的经济及社会发展服务。尤其在当前公路建设、养护资金严重不足的情况下，研究沥青路面的车辙控制指标、防治措施及预估方法更具有特别重要的现实意义。

第一节　沥青路面车辙损坏原因及力学机理分析

各国研究者对沥青路面车辙的产生机理已形成了较为一致的意见，即认为常见的失稳型车辙由沥青材料的压密变形和剪切流动变形引起，其中，剪切流动变形是其主要来源。既然车辙产生于剪切流动变形，说明剪应力的大小对车辙的产生是至关重要的，因此有必要对路面内的剪应力进行深入分析。

在传统的路面力学计算中，车辆荷载及其对路面作用力的分布形式往往被简化为圆形均布荷载，但实际上，车辆荷载对于路面的作用力十分复杂。根据圣维南原理，对于主要发生于沥青面层的车辙

而言，轮胎接地形状和压力大小对其有明显影响，若采用圆形或矩形假设荷载势必影响计算的精确性，因此本章采用实测轮胎压力对沥青路面车辙产生的力学机理进行分析。

一、车辙产生的力学机理分析

轮胎接地花纹一般有纵向和横向两种。由于横向花纹具有良好的抓地能力，重型货车以横向花纹轮胎居多，故采用实测横向花纹轮胎接地压力进行计算分析，轮胎接地面积的简化图如图1-2-1所示。本章选用的荷载工况为0.46MPa/37.5kN、0.60MPa/25kN、0.60MPa/37.5kN、0.81MPa/25kN、0.81MPa/50kN、1.05MPa/19kN、1.05MPa/25kN、1.05MPa/62.5kN等8种，实测不同工况下各小块面积顶点的接地压力值P_{ij}。

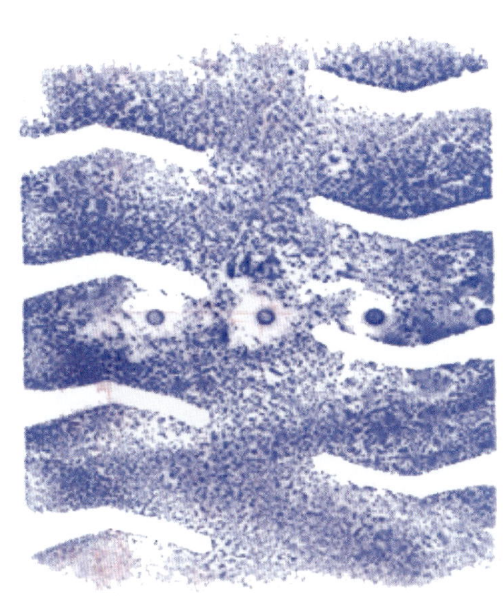

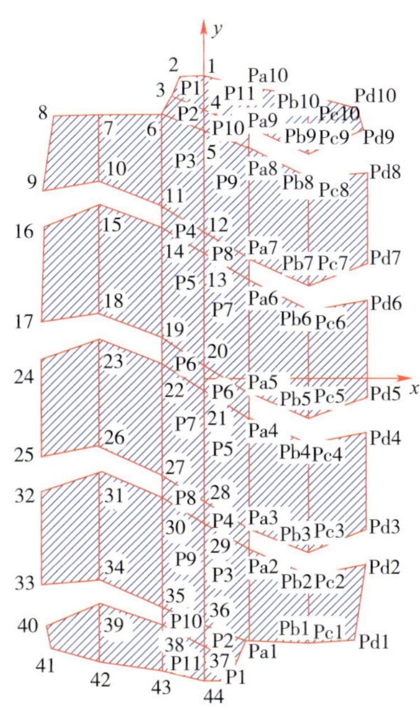

图1-2-1　计算用的横向花纹轮胎接地面简化图示

下面是利用有限元程序对不同荷载、不同路面结构类型和参数、不同水平力作用、不同层间接触状态、不同温度等条件下的路面结构内剪应力分布进行的详细分析，分析采用的有限元模型如图1-2-2所示。

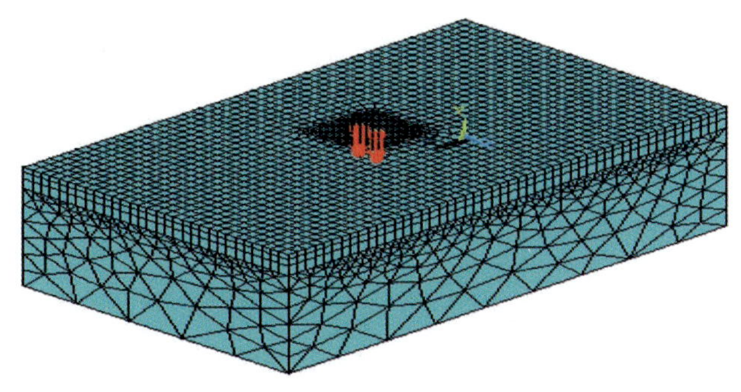

图1-2-2　路面结构有限元模型

有限元计算采用8节点六面体单元。边界条件假设为：底面完全固定，左右两侧面没有X方向位移，前后两侧面没有Y方向位移，除特别注明外，层间接触状态均为完全连续。分析时采用的路面结构形式见表1-2-1。其中路面结构A为典型的半刚性基层沥青路面（基层模量/面层模量＞1），路面结构B为典型的柔性基层沥青路面（面层模量/基层模量＞1），沥青混凝土的模量参考规范取值。

路面结构参数 表1-2-1

结构组合	结构层	厚度(cm)	回弹模量(MPa)	泊松比
结构A 半刚性基层沥青路面	沥青上面层	4	1400	0.35
	沥青中面层	5	1200	0.35
	沥青下面层	6	1000	0.35
	半刚性上基层	34	1700	0.2
	底基层	18	800	0.2
	土基	—	35	0.4
结构B 柔性基层 沥青路面	沥青上面层	4	1400	0.35
	沥青中面层	6	1200	0.35
	沥青下面层	20	900	0.35
	柔性上基层	25	350	0.35
	柔性下基层	15	200	0.35
	土基	—	35	0.4

1.不同荷载工况对路面内剪应力的影响

将上述各种荷载工况的接地压力及表1-2-1的路面结构参数输入有限元程序，计算结果列于表1-2-2和图1-2-3。

不同荷载工况下沥青层内最大剪应力 表1-2-2

荷载工况	0.46MPa/37.5kN	0.60MPa/25.0kN	0.60MPa/37.5kN	0.81MPa/25.0kN	0.81MPa/50.0kN	1.05MPa/19.0kN	1.05MPa/25.0kN	1.05MPa/62.5kN
结构A	0.2335	0.2525	0.2941	0.3299	0.3734	0.3661	0.3365	0.3833
结构B	0.2169	0.2191	0.2902	0.2947	0.3542	0.3363	0.3036	0.3599

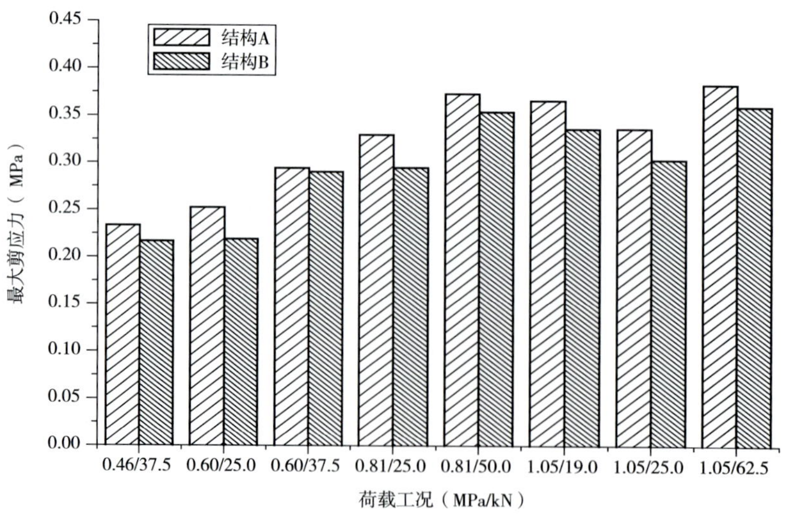

图1-2-3 不同荷载工况下沥青层内最大剪应力的比较图

超载和标准轴载条件下两种路面结构内剪应力沿深度分布的云图如图1-2-4所示，剪应力沿路面深度方向（最大剪应力所在纵向轴线）的变化规律，见图1-2-5。

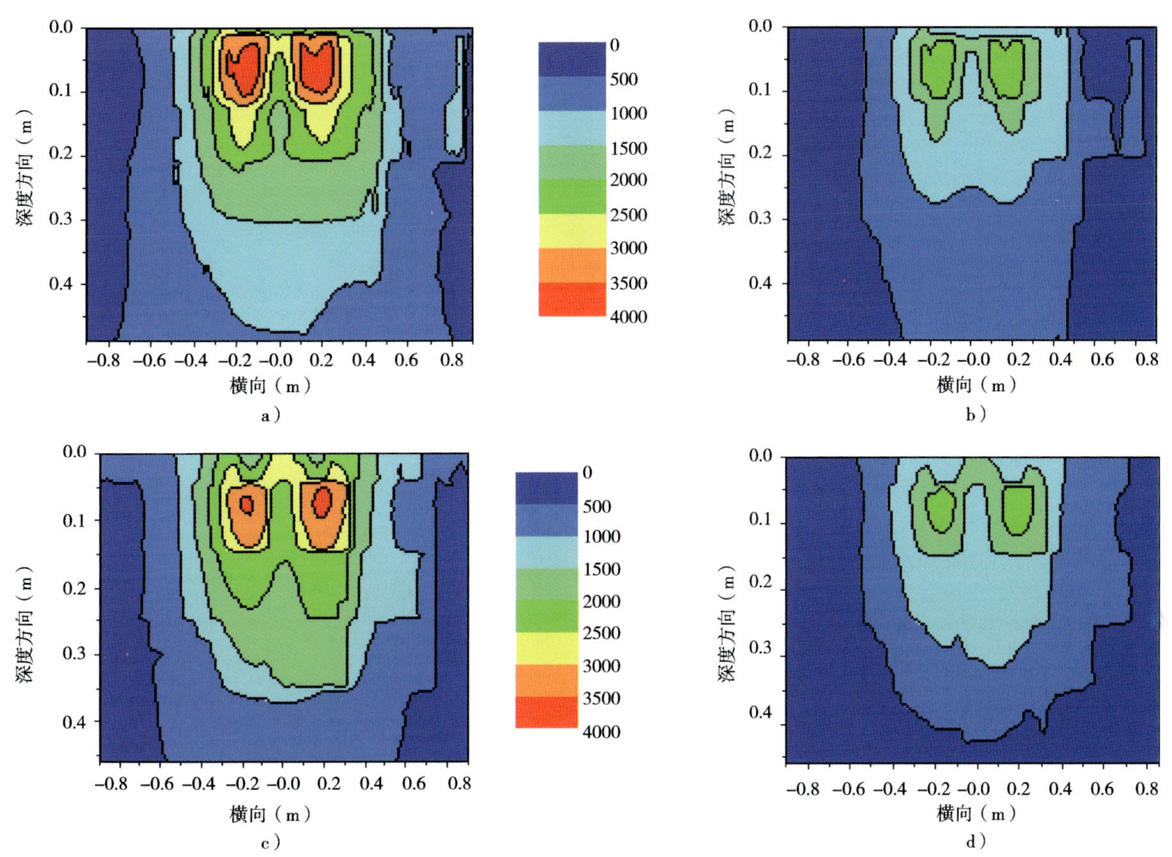

图1-2-4　不同荷载工况下剪应力沿深度分布云图

a)半刚性基层结构1.05MPa/62.5kN；b)半刚性基层结构0.60MPa/25.0kN；c)柔性基层结构1.05MPa/62.5kN；d)柔性基层结构0.60MPa/25.0kN

从表1-2-2和图1-2-3~图1-2-5可以发现以下一些基本规律：

（1）最大剪应力与车辆负荷及轮胎胎压都有关系，超载或者超压均会使路面内产生较大的剪应力，容易导致路面出现车辙；超载、超压时结构A（半刚性基层沥青路面）和结构B（柔性基层沥青路面）在0.15m以内剪应力均在0.25MPa以上，而标准轴载时最大值也只有0.25MPa左右。

（2）相同负荷不同胎压时，最大剪应力随着胎压的增大而增大。不论哪种路面结构，即使是低负荷，当轮胎胎压相对较高时，路面结构内最大剪应力也比较大，甚至高于某些情况下较高负荷、较低胎压的情形。如图1-2-5所示，1.05MPa/19kN荷载作用下的最大剪应力超过0.60MPa/37.5kN工况下的最大剪应力，尤其与0.60MPa/25kN标准荷载工况比较，半刚性路面和柔性基层路面最大剪应力增幅分别达45.0%、53.5%。这也更充分说明，当胎压较高时，对路面的剪切破坏作用往往比胎压正常负荷较小甚至是小额超载的情况更严重，轮胎胎压对车辙的影响同样不容小视。

（3）相同荷载工况下，结构A的最大剪应力均大于结构B，1.05MPa/62.5kN工况下（超载、超压条件）结构A的最大剪应力较结构B大6.49%，并且在表面15cm以内轮迹下结构A各亚层的剪应力明显大于结构B，超载条件下更为明显（图1-2-5b、图1-2-5d）。由于车辙是沥青层各层变形的累加，因此，虽然两种结构的最大剪应力相差并不是太悬殊，但由于B结构沿深度各点的剪应力均明显小于结构A，这样各亚层的变形累积起来，两种结构的总变形就会有一定差异。因此，从这个意义上讲柔性基层结构的沥青层抗车辙能力优于半刚性路面。

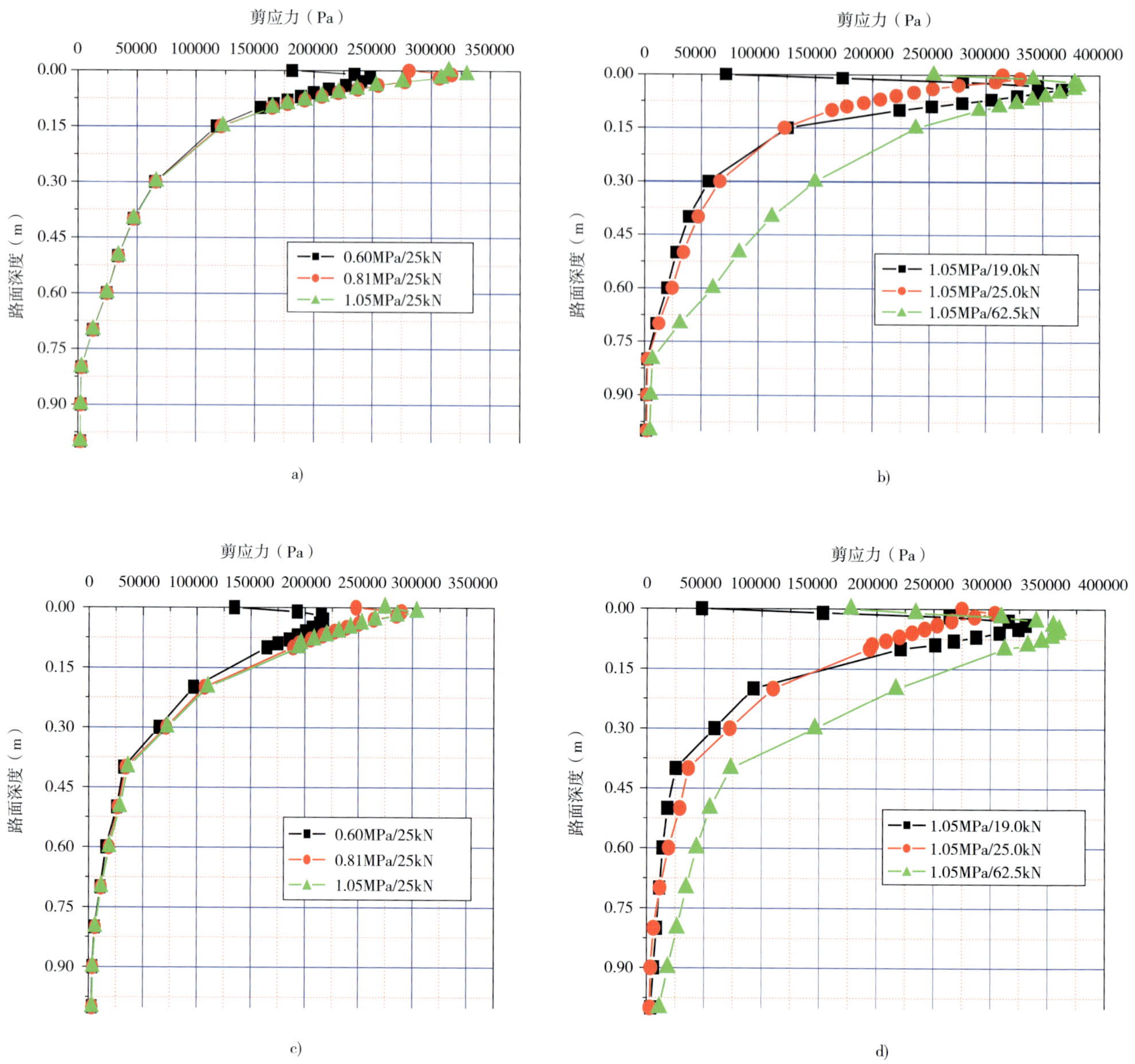

图1-2-5　路面结构内剪应力随深度变化图

a) 结构A/ 相同负荷不同胎压；b) 结构A/ 相同胎压不同负荷；c) 结构B/ 相同负荷不同胎压；d) 结构B/ 相同胎压不同负荷

2.水平力对路面内剪应力影响分析

汽车起动和制动过程中，施加于路面的水平力相当大；另外在有较大坡度的路段，车辆荷载也将产生沿路表面的水平力分量。车辆与地面的滚动摩擦系数较小，作用于路面的水平力主要是汽车滑动时的制动力，其值为：

$$F_H=f\cdot F_V \qquad (1\text{-}2\text{-}1)$$

式中：f——水平力系数，最大值一般不会超过0.7~0.8；

F_H——水平力；

F_V——垂直荷载。

本章通过调整水平力系数f来考察水平力变化对面层内剪应力的影响，具体计算结果如表1-2-3和图1-2-6所示。

不同水平力时的最大剪应力　　表1-2-3

水平力系数	结构A				结构B			
	0.60MPa/25kN		1.05MPa/62.5kN		0.60MPa/25kN		1.05MPa/62.5kN	
	剪应力(MPa)	增幅(%)	剪应力(MPa)	增幅(%)	剪应力(MPa)	增幅(%)	剪应力(MPa)	增幅(%)
0.0	0.2525	0.0	0.3833	0.0	0.2191	0.0%	0.3599	0.0
0.05	0.2562	1.5	0.3847	0.4	0.2245	2.5	0.3661	1.7
0.1	0.2643	4.7	0.3929	2.5	0.2305	5.2	0.4132	14.8
0.2	0.2953	16.9	0.4389	14.5	0.2809	28.2	0.5470	52.0
0.3	0.3470	37.4	0.5663	47.7	0.3519	60.6	0.6822	89.5
0.4	0.4186	65.8	0.6959	81.6	0.4235	93.3	0.8182	127.3
0.5	0.4924	95.0	0.8267	115.7	0.4955	126.2	0.9546	165.2
0.7	0.6437	155.0	1.0901	184.4	0.6400	192.1	1.2281	241.2

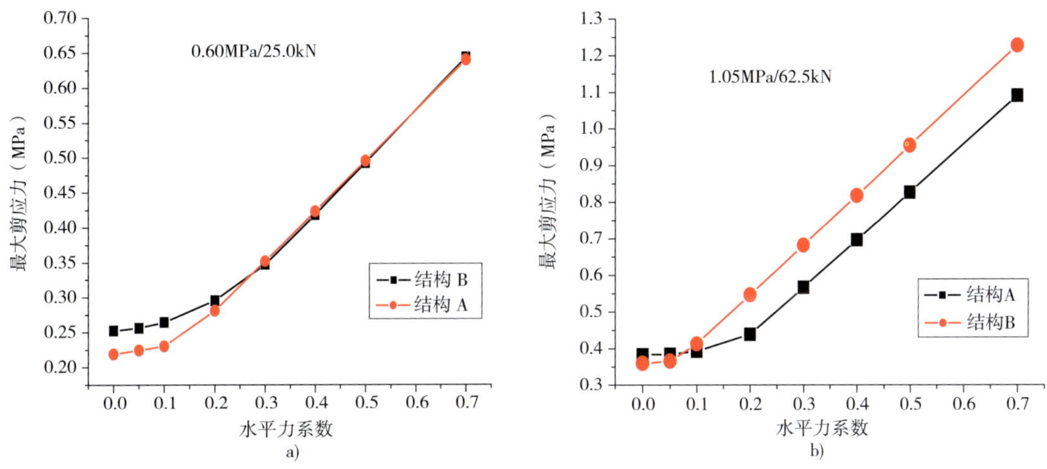

图1-2-6　不同水平力时最大剪应力值变化图

根据上述计算结果及图1-2-6可知，水平力对路面内的剪应力影响很大，其影响程度远远大于垂直荷载以及胎压的变化。随着水平力的增大，路面内的剪应力数值增大，作用位置有上移的趋势，但影响范围更大。

一般认为缓慢制动情况下水平力系数为0.2，此时标准轴载下结构A、结构B最大剪应力增长分别为16.94%、28.25%，超载下结构A、结构B最大剪应力增长分别为14.53%、51.99%；在紧急制动情况下水平力系数为0.5，此时标准轴载下结构A、结构B最大剪应力增长分别为95.01%、126.17%，超载下结构A、结构B最大剪应力增长分别为115.70%、165.23%。

结构A、结构B的最大剪应力随水平力的变化趋势基本相同，当水平力系数≥0.2以后最大剪应力随着水平力的增加基本成线性增长。水平力较小时结构A最大剪应力大于结构B，水平力较大时则相反。

《公路路线设计规范》（JTG D20–2006）规定高速公路最大纵坡平原微丘地区为3%，重丘区为4%，山岭区为5%。受地形条件或其他特殊情况限制时，若经济技术论证合理，最大纵坡可增加1%。不同纵坡时的最大剪应力如表1-2-4所示。

不同坡度时的最大剪应力 表1-2-4

地　形	纵坡（%）	结　构　A		结　构　B	
		剪应力(MPa)	增幅（%）	剪应力(MPa)	增幅（%）
平坦路段	0.0	0.3833	0.0	0.3599	0.0
一般	1.0	0.3836	0.09	0.3611	0.34
平原微丘	3.0	0.3842	0.24	0.3636	1.03
重丘	4.0	0.3845	0.32	0.3649	1.38
山岭	5.0	0.3848	0.39	0.3661	1.73
特殊情况	6.0	0.3851	0.47	0.3674	2.07

高速公路上的纵坡一般均小于3%，由表1-2-4可见，此时由坡度产生的水平分力很小，一般路段（坡度≤3%）半刚性基层沥青路面内最大剪应力较平坦路段增长只有0.24%，柔性基层沥青路面增长只有1.03%。在山岭区半刚性路面最大剪应力增长也只有0.39%，柔性基层路面只有1.73%，并且其绝对数值增长较小，可见在坡度较大的路段，由重力分力引起的剪应力很小。因此，可以推断由坡度本身产生的重力分力并不是导致车辙严重的主要原因；而在坡道路段频繁制动、起动，产生较大的水平力，并且坡道处行车速度较慢、荷载作用时间较长才是上、下坡位置车辙严重的真正原因。

3.层间接触状态对路面内剪应力的影响

层间接触问题一直是沥青路面施工控制的难点，基面层间接触状态对路面结构的力学性能也有重要影响。由图1-2-7可以看出，基面层间光滑状态下，半刚性基层沥青路面内剪应力比层间连续时明显增大，在标准轴载作用下层间光滑时路面内最大剪应力比层间连续时增加8%左右，并且最大剪应力的发生位置由4~5cm下降至8~10cm。在沥青路面施工过程中，如果沥青层之间、沥青层和基层之间污染，界面不连续时，面层内剪应力会大幅度增大，从而诱发较大的剪切流动变形。因此，在路面施工时务必要重视层间结合的处理，包括沥青层之间的黏结处理，对于半刚性路面更为重要，否则会大大增加车辙、推移等剪切变形类破坏的几率；柔性基层结构虽然受层间状态影响稍小，但是层间处理仍需要重视。

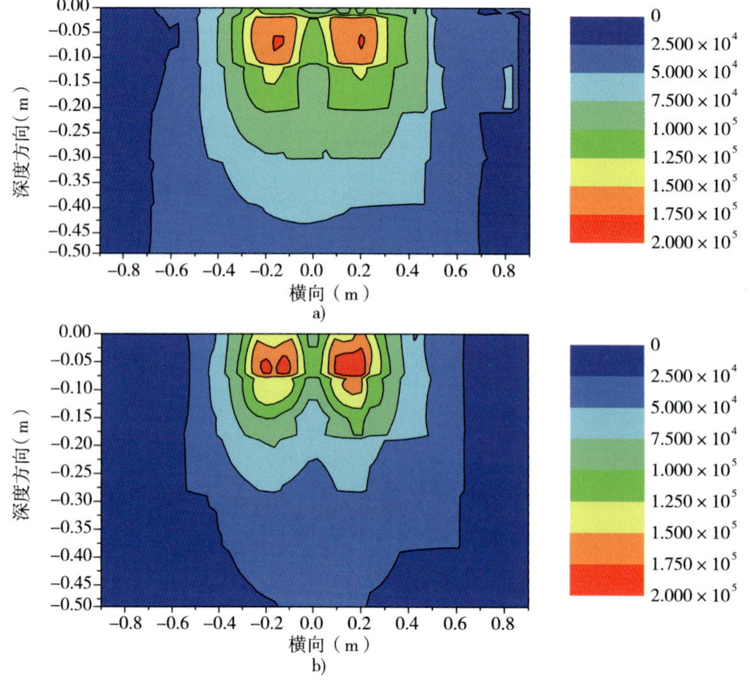

图1-2-7　不同层间状态下剪应力沿深度的分布

a）层间连续；b）层间光滑

4.路面结构参数（厚度和模量）对路面内剪应力的影响

剪应力的大小对车辙的产生是至关重要的，而剪应力的大小与路面结构组合有很大关系，因此有必要探讨路面结构参数对剪应力的影响。

当研究剪应力随某一路面结构参数的变化规律时，其他路面结构参数保持不变。当考查面层模量和面层厚度的影响时，沥青面层均取其平均模量。计算荷载工况为额定荷载工况，即0.60MPa/25kN。

图1-2-8~图1-2-11为分析结果。

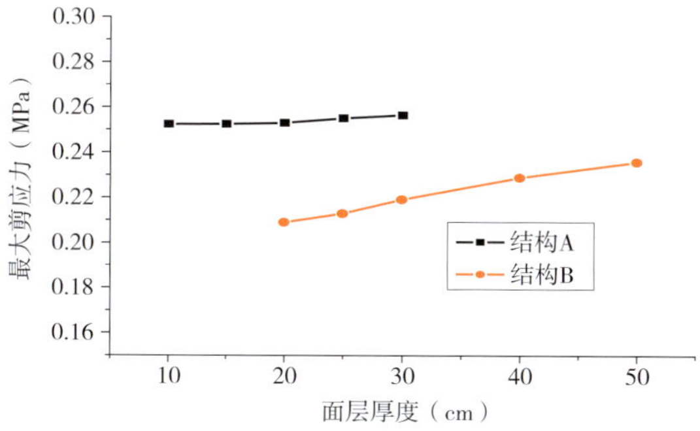

图1-2-8　最大剪应力随面层厚度变化图图

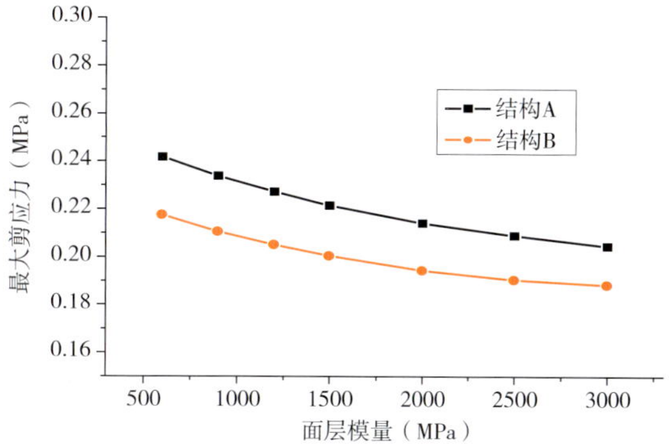

图1-2-9　最大剪应力随面层模量变化图

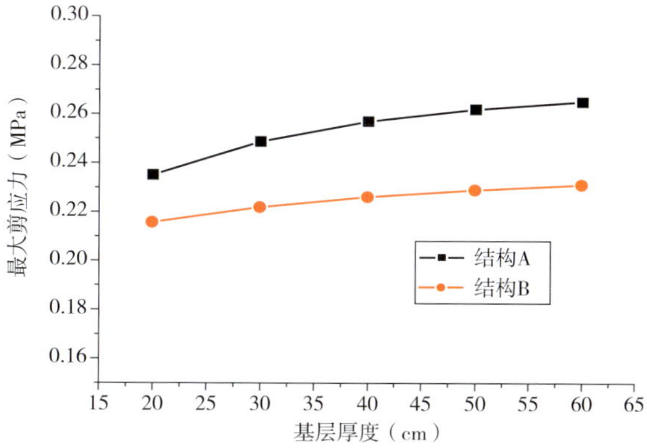

图1-2-10　最大剪应力随基层厚度变化图

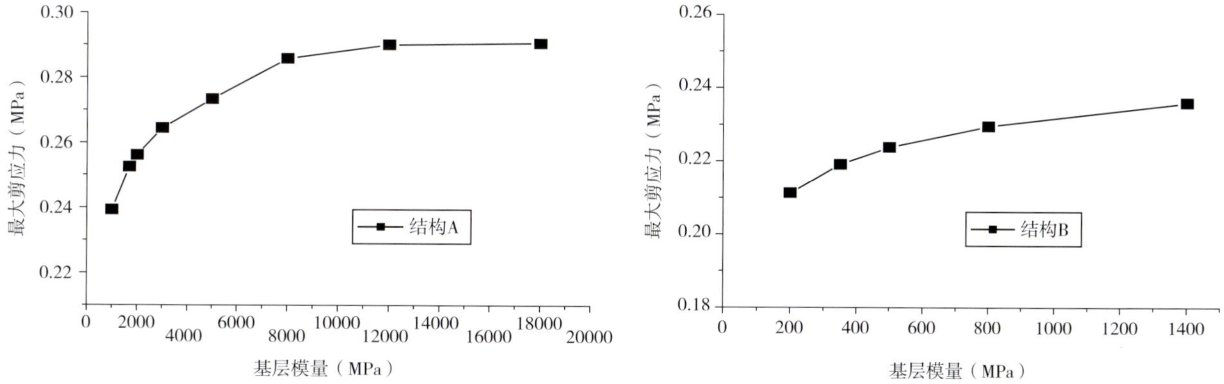

图1-2-11　最大剪应力随基层模量变化图

由以上图表可见，半刚性基层沥青路面、柔性基层沥青路面内的最大剪应力均随着基层模量、基层厚度的增大而增大，因此从抗车辙的角度讲，并不是基层越强、越厚越好。而且，半刚性基层沥青路面、柔性基层沥青路面内的最大剪应力均随着面层厚度的增大而增大，因此在路面设计时对于面层厚度应该有一个理性的认识。

5.不同温度对路面内剪应力的影响

不同温度下各路面结构内最大剪应力的变化规律如图1-2-12所示：

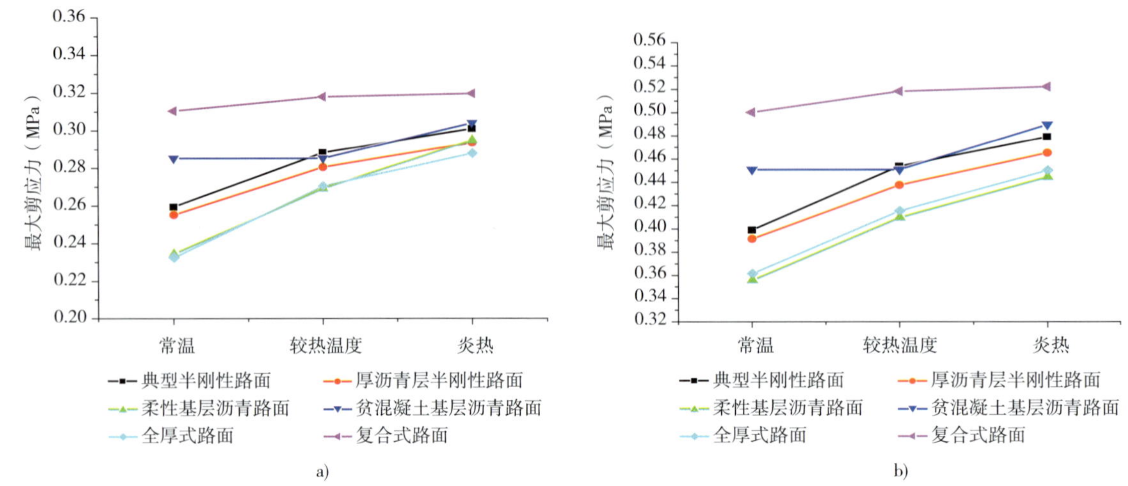

图1-2-12　不同温度下路面内的剪应力变化

a)0.60MPa/25.0kN；b)1.05MPa/62.5kN

由图1-2-12可以发现，温度对各种路面结构内的剪应力均有较大影响，随着温度的升高路面内的最大剪应力增大；其中贫混凝土基层和复合式路面由于基层模量很大，虽然沥青层模量随温度有所变化，但是基面层模量比变化并不大，所以面层内剪应力受温度的影响相对较小，但最大剪应力的绝对数值比较大；柔性基层沥青路面、半刚性路面、全厚式路面随温度的变化基面层模量比变化较大，高温下路面内的最大剪应力较常温下增长均超过20%。因此，沥青混合料必须重视其高温稳定性设计，精心进行材料选择及级配设计，选择温度稳定性好、抗车辙能力强的混合料级配及材料。

各路面结构内剪应力沿深度的分布如图1-2-13所示。

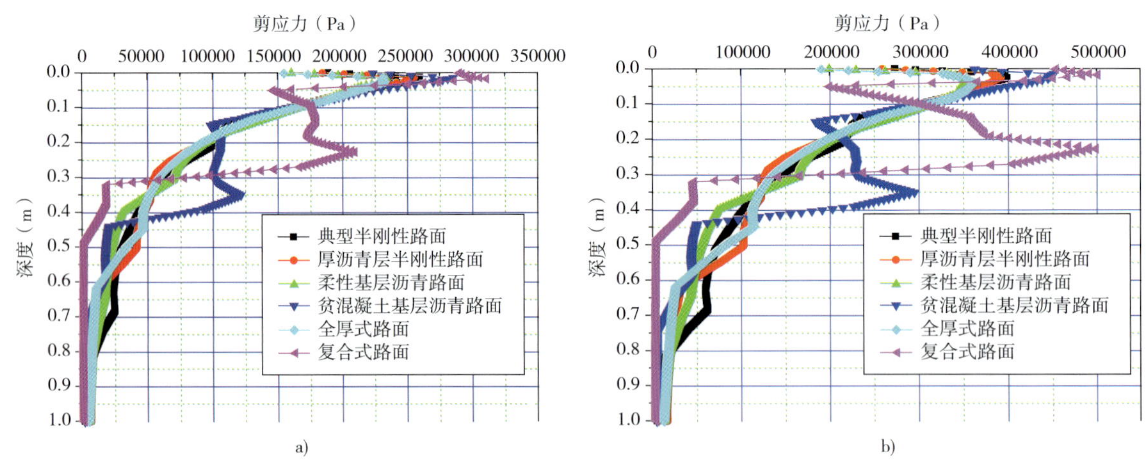

图1-2-13　不同路面结构内剪应力沿深度分布

a)0.60MPa/25.0kN；b)1.05MPa/62.5kN

由以上图可知，相同荷载作用下各路面结构内的剪应力有明显区别，各种路面结构内的最大剪应力比较如下：柔性基层沥青路面<全厚式沥青路面<半刚性基层沥青路面<贫混凝土基层沥青路面<复合式路面。因此从路面结构抗剪性能的角度讲，沥青层抗车辙能力最强的为柔性基层(包括全厚式)沥青路面，其次为半刚性基层（包括厚沥青层）沥青路面，贫混凝土基层沥青路面和复合式沥青路面抗车辙能力最差。

还可以发现，对于较厚沥青层的半刚性基层沥青路面、柔性基层沥青路面、全厚式沥青路面，剪

应力沿深度的分布规律基本一致，但是半刚性基层沥青路面内剪应力的数值大于其他两种路面结构，因此可以推断在相同施工条件下柔性基层沥青路面的永久变形可能小于半刚性基层沥青路面，这对于我国当前的沥青路面车辙防治研究是一个很好的启发。

二、车辙损坏原因分析

结合现场调查情况和现有研究成果对车辙产生的原因初步分析如下：

1.路面设计方法及结构组合设计

我国的沥青路面设计缺乏与车辙相关的指标，不能真实地反映出路面的抗车辙性能，缺乏有效的车辙控制指标是当前车辙比较普遍的重要原因之一，而且当前沥青路面设计时结构设计和材料设计处于“双轨制”状态，没有综合考虑材料和结构的匹配性，很难保证最后的路面质量。

在我国，长期以来一直采用“强基薄面”的路面结构组合设计思想，实际上半刚性材料的结构模量远大于规范中的推荐值。已有力学分析表明，基层刚度越大沥青层内产生的剪应力也越大，因此基层和面层刚度的不匹配也是车辙损坏的重要原因。

2.沥青混合料设计

我国在进行沥青路面设计时只是在材料设计中以动稳定度指标DS来控制车辙，即车辙试验变形曲线上45~60min这一段时间内平均产生1mm车辙变形所需加载次数。

如图1-2-14所示，曲线A、B为两种不同的沥青混合料变形曲线，显然相同条件下材料A、B的变形存在明显差异，但其动稳定度结果却是相同的。这就充分说明动稳定度不能确切地反映沥青混合料的高温抗变形性能，其实质只是45min和65min之间材料抗变形能力的一种近似衡量办法，因此采用动稳定度指标设计的沥青混合料出现严重的车辙也就不足为奇了。

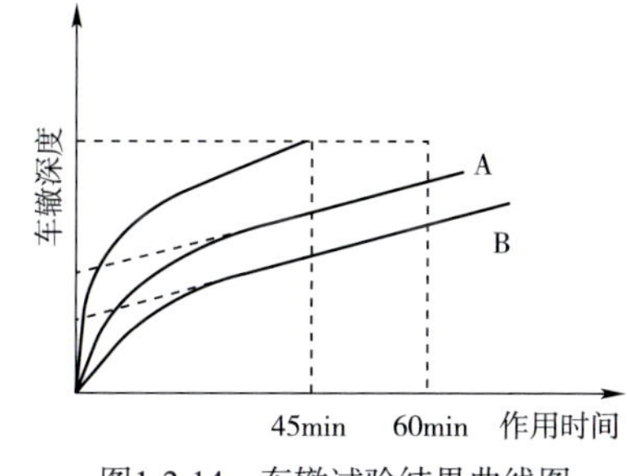

图1-2-14　车辙试验结果曲线图

3.施工因素

施工是道路建设的重要环节，施工质量的好坏直接关系路面的各项性能。由于施工过程烦琐而又复杂，易受各种人为因素和客观条件的限制和干扰，所以施工往往也是最难以控制的。一般认为，在施工过程中对沥青路面早期损坏影响较大的因素主要是沥青混合料的生产加工和摊铺压实。

在路面车辙产生原因中施工时的压实度不足是重要原因之一，例如：

（1）施工过程中由于片面追求平整度而牺牲压实度；

（2）压实温度偏低；

（3）摊铺速度过快或压实机具配备不够而减少碾压遍数。

这些都会严重影响沥青混合料的压实度，一旦开放交通路面就会在短时间内进一步被压密，在行车道上会出现车辙。

集料的级配控制是沥青混合料生产中最重要的环节，如果级配控制不准确或者波动较大，则很难保证所生产的混合料能达到设计要求。另一方面，在施工过程中如果沥青含量控制不准，导致沥青用量过多，集料颗粒表面的自由沥青比较富有，特别是在温度不断升高的情况下，富有的沥青将起到润滑剂的作用，沥青路面在荷载的作用下，集料颗粒就会产生相对滑移，致使路面出现变形，这也是引起路面车辙的重要原因之一。此外，在沥青混合料的摊铺压实过程中，往往会因为卸料以及摊铺不当造成混合料级配的波动，导致混合料离析，从而增加产生车辙的几率。

在沥青路面施工过程中，如果发生沥青层之间、沥青层和基层之间污染、界面不连续的情况，这样当层间接触条件变为光滑时，沥青面层内剪应力会大幅度增大，从而容易诱发剪切流动变形。

第二节　沥青路面抗永久变形指标

目前国际上存在多种评价混合料高温稳定性或路面抗车辙性能的试验方法和相应指标，总的来说可以分为三类，一类是传统的室内试验法，即单轴加载试验、三轴压缩试验、轮辙试验、扭转剪切试验、简单剪切试验等；第二类方法是APT（Accelerated Pavement Test）试验，即足尺加速加载路面试验；第三类则是试验道路的现场观测试验。

本书主要针对采用轮辙试验和单轴贯入试验进行了对比分析。

一、室内车辙试验与动稳定度指标

室内车辙试验是一种室内模拟实际车轮荷载在路面上行走而形成车辙的工程试验方法。该试验方法最初由英国道路研究所（TRRL）开发。由于试验方法本身比较简单，试验结果直观而且与实际沥青路面的车辙相关性好，因此在日本、欧洲、北美、澳大利亚、中国等国家和地区得到广泛利用。由于车辙试验设备简单、试验方便、原理直观，虽然它不能测试材料的力学参数，但它易于被人们接受和理解，因此应用比较广泛。

车辙试验结果得到的是车辙变形随时间变化的曲线，并以动稳定度DS为试验指标，即轮辙变形曲线45~60min这一段时间内平均产生1mm车辙变形所需加载次数。其计算式见式（1-2-2）：

$$DS=\frac{(60-45)\times 42}{D_{60}-D_{45}}\times C_1\times C_2 \tag{1-2-2}$$

式中：DS——沥青混合料的动稳定度，次/min；

D_{60}——对应于时间60min时的变形量，mm；

D_{45}——对应于时间45min时的变形量，mm；

C_1——车辙试验机类型系数，曲柄连杆驱动试件的变速行走方式为1.0；链驱动试验轮的等速方式为1.5；

C_2——试件系数，实验室制备的宽30cm的试件为1.0；从路面现场切割的宽15cm的试件为0.8。

二、单轴贯入试验及抗剪强度

以往在评价沥青混合料的抗剪性能时，多采用三轴试验去描述。主要是通常认为三轴试验一方面可以模拟路面材料在荷载作用下的受力状态，另一方面可以得出材料的c、φ值，进而可以更好地分析材料的组成结构和力学性能。但是在三轴试验中，试件内部的应力分布与实际路面不同，而且更困难的是无法确定围压的大小。在实际路面结构中，材料之所以具有抗剪切能力，是因为具有沥青的黏结力、集料之间的嵌锁力和外围材料的侧向约束力，实际路面中产生的侧向力应力大小因沥青混合料的性能不同而不同，因荷载的大小而不同。而试验中施加侧向力比较困难。同时，三轴试验方法比较复杂，而且测试设备也比较少，不适用于工程的现场应用以及现场的质量控制。实际上，剪切应力是复杂应力状态的简洁表达方式。试验中人为地施加了围压，实际上抵消了沥青的作用，试验结果无法评价沥青的作用，试件的损坏过程也无法反映沥青混合料的强度机理。鉴于三轴试验的不足，从而放弃了三轴试验方法，而采用单轴贯入试验来评定沥青混合料的抗剪性能。单轴贯入试验类似于土工试验方法中的CBR试验，但又不是CBR试验。其原理是在圆柱体试件上通过圆形钢压头以一定的加载速率进行加压，来模拟路面的实际受力状态。其中，压头的直径小于试件的直径，试件采用MTS旋转压实成型，密度为马歇尔试件密度的百分之百，试验采用钢压头以直线波加载，加载速率为1mm/min，试验过程中采集试件变形和所受压力的数据，其试验装置如图1-2-15所示。图1-2-16为单轴贯入试验典型变形图，在图中将单轴贯入试验分成了几个阶段，取图中极值点所对应应力值为破坏应力。

图1-2-15　单轴贯入试验装置

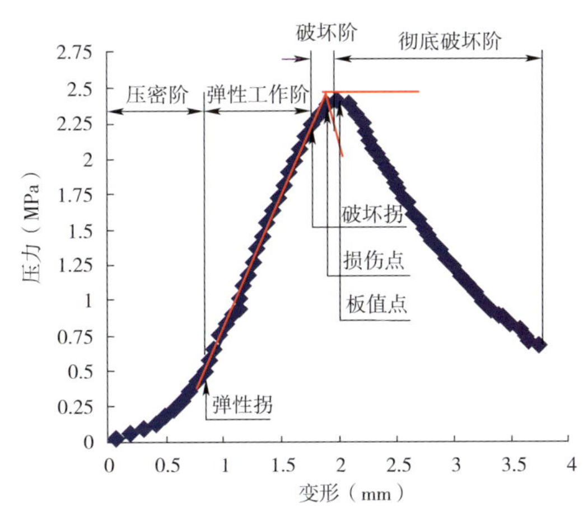

图1-2-16　单轴贯入试验典型变形图

1.单轴贯入试验参数

同济大学崔鹏博士等通过有限元分析和实测混合料强度试验，针对不同粒径的混合料和不同高度的混合料抗剪性能测试要求，进行了相关试验参数的分析，确定了如下贯入试验参数：

（1）对于最大公称粒径小于或等于16mm的混合料：

试件尺寸：直径10cm，高度10cm圆柱形试件；

压头尺寸：直径为28.5mm圆柱形刚性压头；

加载速率：1mm/min；

试验温度：60℃；

剪应力系数f：0.339。

（2）对于最大公称粒径大于16mm的混合料：

试件尺寸：直径15cm，高度10cm圆柱形试件；

压头尺寸：直径为42mm圆柱形刚性压头；

加载速率：1mm/min；

试验温度：60℃；

剪应力系数f：0.350。

（3）对于非标准高度的最大公称粒径小于或等于16mm的混合料：

试件尺寸：直径10cm，高度为h圆柱形试件；

压头尺寸：直径为28.5mm圆柱形刚性压头；

加载速率：1mm/min；

试验温度：60℃；

剪应力系数f：f=−0.0018h+0.357；

高度校正系数f_h：f_h=0.0416h+0.5834。

（4）对于非标准高度的最大公称粒径大于16mm的混合料：

试件尺寸：直径15cm，高度为h圆柱形试件；

压头尺寸：直径为42mm圆柱形刚性压头；

加载速率：1mm/min；

试验温度：60℃；

剪应力系数f：$f=0.35(h>6\text{cm})$；$f=-0.0127h+0.427(h=4\sim6\text{cm})$；

高度校正系数f_h：$f_h=0.0762h+0.238(h>6\text{cm})$；$f_h=0.047h+0.3931(h=4\sim6\text{cm})$。

2.抗剪强度的确定

通过MTS得到的试验结果数据为试件变形和压力之间的关系。由于需要得到的是材料的抗剪强度τ_0，因此需要对试验数据进行处理，相关计算公式如下：

试件所受应力计算：

$$\sigma=\frac{F}{A} \tag{1-2-3}$$

式中：σ——竖向应力值，MPa；

F——施加荷载值，kN；

A——钢压头横截面面积。

根据计算得到的应力，确定破坏应力σ_p，进行材料抗剪强度计算：

$$\tau_0=f\times f_h\times\sigma_p \tag{1-2-4}$$

式中：τ_0——抗剪强度，MPa；

σ_p——破坏应力，MPa；

f——剪应力系数；

f_h——非标准试件高度修正系数，标准试件取1。

3.c值和φ值的确定方法

要计算沥青混合料的c值和φ值，需要进行沥青混合料的单轴贯入试验和无侧限抗压试验。无侧限抗压试验的试验条件与单轴贯入试验相同：加载速率为1mm/min，试验温度为60℃。

以最大公称粒径小于或等于16mm的沥青混合料对应的试验条件为例，简单介绍确定沥青混合料的c值和φ值的基本过程。此时圆柱形试件直径10cm，高度10cm，压头直径为28.5mm。首先利用有限元方法建立单轴贯入模型，在荷载为1MPa的情况下求解出最大剪应力处对应的主应力值，以此作为沥青混合料的抗剪参数，如表1-2-5所示。

单轴贯入试验中所得的破坏应力值乘以表1-2-5中的抗剪参数值，分别得到σ_{g1}、σ_{g3}和沥青混合料所能承受的最大剪应力τ_{max}。结合无侧限抗压试验的无侧限抗压强度σ_u，即可以得到沥青混合料的c值和φ值，如式1-2-5和式1-2-6所示：

抗剪参数　　表1-2-5

参数类型	泊松比	σ_1	σ_3	τ_{max}
所乘系数	0.35	0.7650	0.0872	0.3390

$$\varphi=\arcsin\left(\frac{\sigma_{g1}-\sigma_{g3}-\sigma_u}{\sigma_{g1}+\sigma_{g3}-\sigma_u}\right) \tag{1-2-5}$$

$$c=\frac{\sigma_u}{2}\cdot\frac{1-\sin\varphi}{\cos\varphi} \tag{1-2-6}$$

三、抗永久变形指标的选择

1.车辙试验的变异性分析

按最佳碾压次数成型车辙试件，成型24h后置于60℃环境烘箱内养护5h。然后采用车辙试验仪进行车辙试验，车辙试验环境温度为60℃。为了取得较多的数据点，本次车辙试验加载时间为2h，及每组车辙试验轮载作用次数为5040次，共进行10组平行试验。

车辙试验的动稳定度及永久变形结果如表1-2-6所示。同时对试验测定的沥青混合料动稳定度及永久变形的变异性进行分析，永久变形的变异性分析中主要针对沥青混合料加载时间为1h及2h的永久变形。由于加载初期永久变形的变异较大，尝试对沥青混合料1h永久变形及2h永久变形分别减去第230s变形、第500s变形及第720s变形的变形差值进行变异性分析，分析结果如表1-2-7所示。

车辙试验结果　　表1-2-6

编号	动稳定度（次/mm）	1h变形(mm)	2h变形(mm)
1	1852.9	4.707	5.786
2	2019.2	2.194	3.003
3	1987.4	2.965	4.272
4	2614.1	2.994	3.625
5	2000.0	3.368	4.130
6	2404.6	2.602	3.526
7	2142.9	4.059	4.918
8	2703.9	3.222	3.887
9	1712.0	4.282	5.134
10	2346.4	2.848	3.803

车辙试验数据的变异性分析　　表1-2-7

类　型		均值（mm）	标准差（mm）	变异系数（%）
动稳定度（次/mm）		2178.3	310.4	0.143
1h变形(mm)		3.324	0.751	0.226
2h变形(mm)		4.208	0.799	0.190
减去第230s变形后	1h变形(mm)	2.068	0.417	0.201
	2h变形(mm)	2.952	0.519	0.176
减去第350s变形后	1h变形(mm)	1.623	0.313	0.193
	2h变形(mm)	2.507	0.425	0.170
减去第500s变形后	1h变形(mm)	1.410	0.272	0.193
	2h变形(mm)	2.294	0.399	0.174

由表1-2-7可知，沥青混合料动稳定度的变异系数为14.3%，而永久变形的变异系数为20%左右，沥青混合料动稳定度的变异性小于永久变形的变异性。这主要是由于动稳定度是根据60min永久变形

与45min永久变形的差值计算所得的，而在车辙试验的后期，永久变形的变异性较小，因此动稳定度的变异性略小于永久变形的变异性。

对处理后永久变形的变异性分析表明，减去开始某段时间内永久变形后，1h及2h变形量的变异性均略低于处理前的变异性，但是效果并不明显。这表明永久变形的变异产生在整个试验过程之中，尽管加载初期变形的变异性较大，但通过减去某固定加载次数下的永久变形值并不能显著降低试验结果的变异性，必须建立能够合理地区分确定沥青混合料永久变形中压密变形的数学方法。

2.单轴贯入试验的变异性分析

采用Superpave设计方法确定的级配以及最佳沥青用量成型100mm×100mm的圆柱形试件，成型24h后置于60℃环境烘箱内养护5h，然后采用MTS试验仪进行单轴贯入试验，试验环境温度为60℃。表1-2-8为沥青混合料单轴贯入试验结果，表1-2-9为单轴贯入试验中抗剪强度及破坏变形的变异性分析结果。

沥青混合料单轴贯入试验结果　　表1-2-8

编号	压力（kN）	抗剪强度（MPa）	破坏变形（mm）
1	1.454	0.772	1.421
2	1.769	0.940	1.703
3	1.799	0.956	1.695
4	1.490	0.792	1.426
5	1.380	0.734	1.400
6	1.552	0.825	1.410
7	1.442	0.766	1.448
8	1.475	0.784	1.477
9	1.477	0.785	1.464
10	1.679	0.892	1.252

单轴贯入试验数据的变异性分析　　表1-2-9

类　型	均　值	标准差	变异系数
抗剪强度	0.825MPa	0.0774MPa	9.39%
破坏变形	1.470mm	0.1356mm	9.22%

由表1-2-9可知，单轴贯入试验中抗剪强度的变异系数为9.39%，而破坏变形的变异系数为9.22%，二者相差不大，都显著低于室内轮辙试验的变异系数。

3.选择抗剪强度指标的合理性

表1-2-10和表1-2-11为两种试验方法在不同试验次数时，试验结果平均值的标准差及变异系数。

车辙试验结果平均值的变异性分析　　表1-2-10

类　型	试验次数（次）	1	2	3	4	5	6
1h变形	标准差(mm)	0.751	0.531	0.434	0.376	0.336	0.307
	变异系数（%）	22.6	16.0	13.0	11.3	10.1	9.2

续上表

类　型	试验次数（次）	1	2	3	4	5	6
动稳定度	标准差(次/mm)	310.4	219.5	179.2	155.2	138.8	126.7
	变异系数（%）	14.2	10.1	8.2	7.1	6.4	5.8

单轴贯入试验结果平均值的变异性分析　表1-2-11

类　型	试验次数（次）	1	2	3	4	5	6
抗剪强度	标准差(mm)	0.077	0.055	0.045	0.039	0.035	0.032
	变异系数（%）	9.4	6.6	5.4	4.7	4.2	3.8
破坏变形	标准差(次/mm)	0.136	0.096	0.078	0.068	0.061	0.055
	变异系数（%）	9.2	6.5	5.3	4.6	4.1	3.8

根据以上分析结果，可以得到不同试验精度要求时需要进行的试验次数。对车辙试验，当试验次数为3次时，动稳定度结果平均值的变异系数小于10%，但是要使永久变形的变异系数小于10%，试验次数必须超过5次，这样试验量会比较大。对抗剪试验，当试验次数为4次时，抗剪强度及破坏变形的变异系数均小于5%，因此将单轴贯入试验的试验次数定为4次是比较合理的。

另一方面，通过现场调查和抗剪强度测试，得到某高速公路不同断面路肩处芯样的抗剪强度与相应行车道车辙深度的关系，如图1-2-17所示。

华北地区一高速公路不同断面车辙深度与路肩处芯样抗剪强度的关系如图1-2-18所示，与上述高速公路的试验结果是一致的，即车辙深度与路面材料的初始抗剪强度有直接关系，车辙深度与路肩处芯样的抗剪强度成反比关系，抗剪强度越大相应车辙深度越小。这些结果充分说明车辙深度的大小由沥青混合料的抗剪强度决定，也验证了采用单轴贯入抗剪试验得到的抗剪强度进行车辙预估是完全可行的。

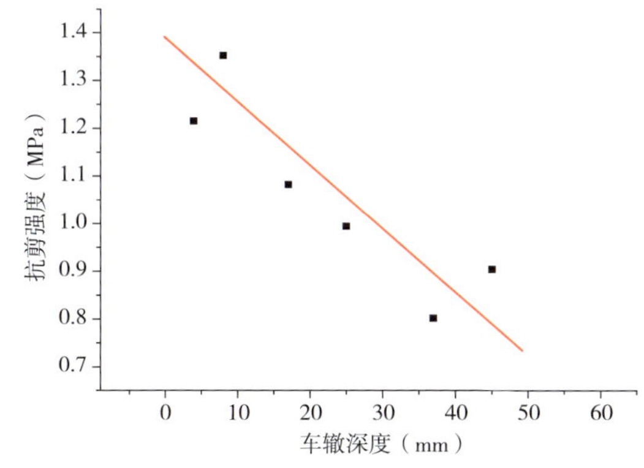

图1-2-17　不同断面车辙深度与路肩处芯样抗剪强度的关系

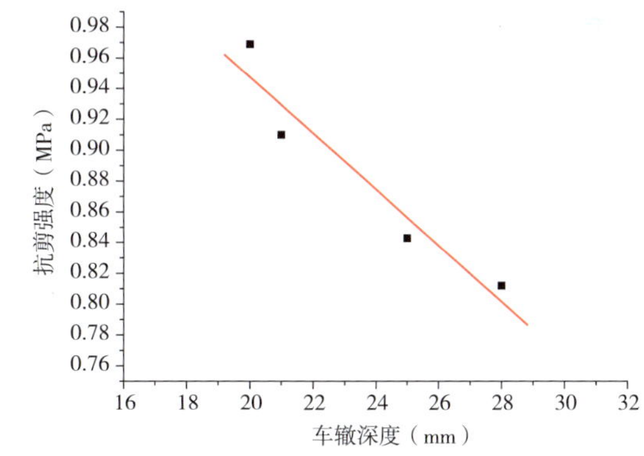

图1-2-18　不同断面车辙深度与路肩处芯样抗剪强度的关系

第三节　沥青路面车辙预估模型

对路面结构性能进行预测是路面结构设计和分析的核心内容和目标。好的性能预测模型是优化路面结构设计、制订养护维修方案，进行路面周期费用分析不可缺少的工具。根据力学经验法的基本思想，为建立有效的车辙设计指标首先必须建立正确的车辙预估模型，其中首要工作是构建合理的模型形式。

本节首先分析了车辙的影响因素，进而提出合理的车辙预估模型新框架，并拟确定建立车辙预估模型的试验数据处理方法。

一、沥青路面车辙的影响因素

沥青混凝土是矿料颗粒由沥青胶结作用以及矿料间自身相互嵌挤的骨架作用共同组成的混合料体系。沥青混凝土的变形力学特性极为复杂，高温时，在外荷载作用下，剪应力克服某些黏结较弱的团粒间沥青膜黏滞力作用而促使某些团粒发生相互错动。由于荷载不断重复作用，迫使这种相互错动将在更深更广泛的范围内不断重复产生，宏观上表现为侧向流动，并逐步累积形成车辙变形。

长期以来人们一直所倚重的黏弹性理论，其基本假定与实际情况有着很大的偏差，在其基础上建立的车辙预估模型并未起到人们预想中的作用。事实上，沥青混凝土的这种横向的侧向流动已经不再是经典的黏弹性理论中的微观层次上的流动，而是混合料结构不断调整在细观层次的流动。

沥青路面车辙的影响因素很多，如图1-2-19所示。

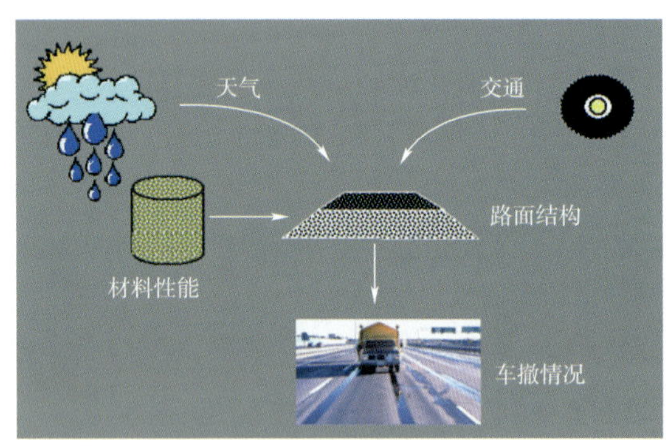

图1-2-19　沥青路面车辙的影响因素

由于近年来国内外沥青路面车辙病害频繁，各国均对其进行了大量的研究，产生车辙的主要影响因素如下：

（1）沥青混合料的抗剪强度(抗变形能力)；

（2）沥青路面的受力状态，与路面结构类型和行车荷载的大小有关；

（3）环境条件(温度和湿度)；

（4）交通量和行车速度(作用时间)；

（5）交通组成和轮迹横向分布。

二、车辙预估模型的新框架

建立车辙预估模型一方面是为了预估车辙变形量，而更为重要的一方面是如何根据车辙预估来指导路面结构设计和路面材料选用以及沥青混合料设计，以便控制车辙变形量和车辙变形速率。但是长期以来，面对复杂的车辙变形规律以及影响车辙的诸多因素，人们似乎难于提出一个完善的车辙预估方法，一直成为困扰道路研究人员的难题。

习惯上人们认为，理想的车辙预估模型应该是尽可能多地包括影响车辙的各种因素，采用沥青混凝土真实的本构关系来计算路面内的应力、应变，并建立在大量试验的基础上，该模型应能够准确地反映各个地区、各种路面结构、各种材料的车辙变形发展规律。理论上讲，模型参数越多、材料的本构关系越精确（如黏弹塑性），预估结果就越接近路面的真实情况。然而，就工程应用而言，却不是那么简单，模型越复杂设计时需要的参数就越多，而要精确地确定各种参数是一项相当复杂的工作，在实际应用中由于模型参数的不确定性往往会导致预估结果出现更大的误差。因此，如果片面追求精度、模型过于复杂，则相应的车辙预估方法必然十分烦琐而得不到广泛应用；反之，如果模型过于简单，对影响车辙发展的因素考虑不够完备，甚至遗漏了导致车辙的主要因素，这样就不能真实地反映沥青混凝土的变形规律，也达不到实用的目的。

因此，合理的车辙预估模型并不是越复杂越好，过于简单也是不可行的，而应该抓住沥青混凝土变形的主要机理，寻找一种精度与实用之间的平衡，做到理论明确、应用方便。作为一个通用的车辙预估模型应满足如下条件：

（1）能够反映沥青混凝土剪切变形的机理。

（2）能够包含影响车辙变形的主要因素，如：行车荷载、温度、材料性能、路面结构特性、行车速度。

（3）能够反映永久变形随各主要影响因素的变化规律。

（4）方程形式简单，参数含义明确，能够为现场修正及基于车辙的抗剪设计指标等深入研究奠定基础。

根据上述原则，经过大量的分析比较和深入研究，一种新的车辙预估模型更能够描述沥青混凝土的变形规律：

$$RD = F\left(\frac{\tau}{[\tau]},\ T,\ N,\ v\right) \tag{1-2-7}$$

式中：RD——车辙变形，mm；

T——路面温度，℃；

v——行车速度，km/h；

N——荷载作用次数，次；

τ——沥青亚层中的剪应力，MPa；

$[\tau]$——相应亚层沥青混凝土的抗剪强度，MPa。

该预估模型及相关参数的理论意义：

（1）该模型反映了车辙的剪切流动变形机理，包含影响车辙发展变化的主要因素，且能反映沥青混凝土永久变形的时间和温度依赖性，并适用于各种路面结构和沥青混合料类型。

（2）该模型中所包含的各个因子彼此是相互独立、不相关的，即T反映温度的影响；v反映行车速度的影响；N代表行车荷载累计作用次数；τ反映行车荷载及路面结构的影响；$[\tau]$表示沥青混合料的抗剪属性。

（3）为保证各个因子彼此相互独立，在建立模型的过程中统一采用沥青混合料60℃的抗剪强度$[\tau]$值反映其抗车辙性能好坏，在确定τ值时统一采用常温时的模量（20℃）进行计算，即τ不包含影响模量的温度等因素。

（4）$\tau/[\tau]$这一因子综合反映了荷载、路面结构及所用材料的影响，虽然τ和$[\tau]$都来源于弹性体系理论，但采用比值的形式可以消除计算时所采用弹性理论而带来的系统误差（两个值都来源于同一弹性系统）。

对于具体的某一沥青路面而言，路面不同深度的温度、材料的强度及受力状态均不相同，如图1-2-20所示。

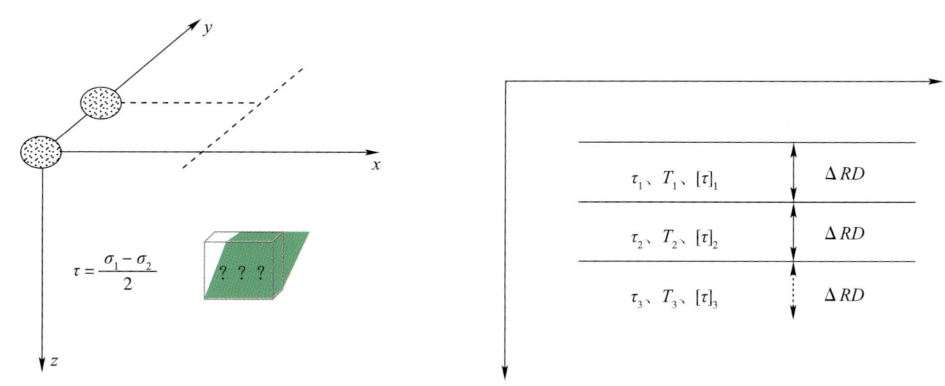

图1-2-20　路面深度方向分层示意图

注：y表示行车前进方向；x方向垂直于行车方向；z表示路面深度方向。

现取几种常用的路面结构，对其最大剪应力进行计算，结果如表1-2-12所示，剪应力沿深度的分布如图1-2-21所示。

标准轴载下不同路面结构的最大剪应力比较　　表1-2-12

路面结构	典型半刚性基层沥青路面	贫混凝土基层沥青路面	柔性基层沥青路面	厚沥青层半刚性基层沥青路面	厚基层半刚性基层沥青路面
最大剪应力(MPa)	0.2479	0.2813	0.2171	0.2513	0.2597
变化幅度(%)	0.00	13.51	-12.41	1.37	4.77

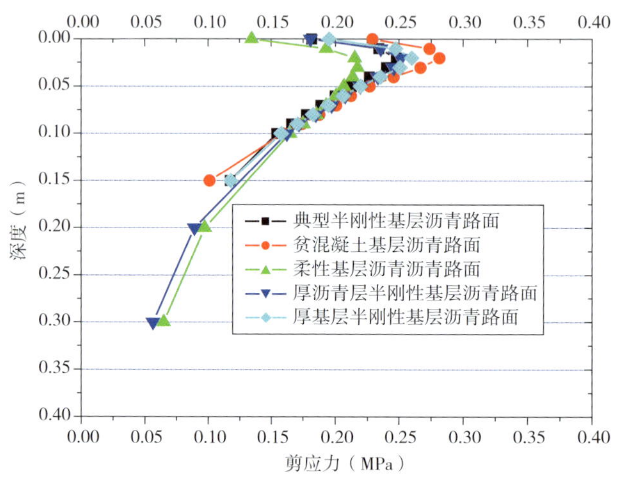

图1-2-21　标准轴载下不同路面结构的剪应力分布

从中可见，5种路面结构内沿深度各点的剪应力均不相同，因此仅用最大剪应力很难精确地描述不同路面结构的抗剪属性。因此，如果笼统地采用整个路面结构的平均温度、材料的平均强度以及平均受力状态进行统计回归，虽然在数学运算上十分简单，但所得出的车辙预估模型严格讲并不准确。

另一方面，路面的变形实际上是各亚层变形共同累加的结果，因此如果采用“亚层变形叠加”的办法无疑会使车辙预估方法具有更普遍的适用性。“分层叠加”的方法可以充分考虑沥青层各亚层的实际状态，包括温度、应力、材料强度，所得出的模型必然具有良好的通用性，如式（1-2-8）：

$$RD=\sum \Delta RD_i=\sum \Delta F\left(\frac{\tau_i}{[\tau]}, T_i, N, v\right) \tag{1-2-8}$$

式中：ΔRD_i——某一沥青亚层的变形，mm；

τ_i——相应亚层的剪应力，MPa；

$[\tau]$——相应亚层材料的抗剪强度，MPa；

T_i——相应亚层的实际温度，℃。

在这个模型中，亚层厚度取1cm。考虑到永久变形曲线的线性特征，通过大量分析研究确定的永久变形预估模型形式如下：

$$RD=\sum_{i=1}^{n}\left[\alpha \cdot T_i^{\beta} \cdot \left(\frac{N}{v^{\rho}}\right)^{\lambda\left(\frac{\tau_i}{[\tau]_i}\right)^{\eta}}\right] \tag{1-2-9}$$

式中：RD——沥青层永久变形，mm；

α、β、λ、η、ρ——待定模型参数；

n——路面结构分层数；

T_i——第i亚层平均温度，℃；

τ_i——第i亚层平均剪应力，MPa；

$[\tau]_i$——第i亚层抗剪强度，MPa；

v——车速，km/h；

N——轴载作用次数。

本章首先采用环道试验测定不同路面结构在不同荷载作用次数下的永久变形，以及预估模型必须的其他材料参数，然后将室内小型加速加载MMLS3试验及环道试验导入用遗传算法编写的程序算出模型的系数，建立车辙预估模型，最后对车辙预估模型进行标定及验证以得到最终的车辙预估模型。

三、建模的数据来源

（一）第一次环道试验

环道试验系统的主要技术参数：环道的环形试槽宽3.5m、深2m，中心线直径10.5m；加载试验机为双臂机，旋转臂每端最大荷载为6.5kN；车轮两端线速度为0~60km/h，范围内连续可调；拥有先进的室内温度控制系统，能在5~70℃范围内有效控制室温和路面温度；爬坡能力0~6%；可模拟车轮横向移动，横向移动宽度为±50cm，横向移动速度为100mm/min。

1.环道路面结构及材料

依照国内外沥青路面的结构形式特点，试验选用了三种沥青路面结构形式，都采用厚沥青层作为面层。三种路面结构中包括两种半刚性基层路面及一种柔性路面结构，三种路面结构形式如下：

1）方案A

路面厚度为60cm：上面层4cm SMA-13、中面层8cm Superpave-20、下面层8cm Superpave-25、上基层20cm LSM-25，下基层为20cm的水稳碎石。

2）方案B

路面厚度为59cm：上面层5cm SMA-13、中面层16cm Superpave-20、下面层16cm Superpave-25、基层为22cm的级配碎石。

3）方案C

路面厚度64cm：上面层4cm SMA-13、中面层8cm Superpave-20、下面层15cm Superpave-25、基层为36cm的水稳碎石，同时在半刚性基层与沥青层之间设置1cm稀浆封层。

2.环道荷载

环道试验采用普通橡胶轮胎，轮胎充气压力0.7MPa。环道荷载为110kN，车轮移动速度为35~40km/h，本次环道试验中不考虑车轮的横向移动，采用固定轮迹，车轮不做横向移动。由于实际轮胎与路面的接触形状比较复杂，在计算路面内的剪应力时为了研究的方便将轮胎接地形状简化为双矩形均布荷载，简化时保持轮胎接地面积不变。接地压力为0.76MPa，双轮中心距31.4cm，轮胎接地长19.2cm，宽18.6cm。

3.环道温度条件

表1-2-13为结构A路面结构层不同位置的实测平均温度，采用3次多项式对观测的路面温度与深度的关系进行回归，可以得到环道试验路的温度预估公式，判定系数R^2为0.9954。温度预估公式如式（1-2-10）所示，根据回归得到的温度预估公式，可以得到三种路面结构不同深度处的温度状况。

路面A结构层实测平均温度　　表1-2-13

结构层位置	SMA-13中部	Superpave-20底部	Superpave-25底部	LSM-25底部
相应深度（cm）	2	12	20	40
平均温度（℃）	59	55	51	45

$$T=0.003H^3-0.0169H^2+59.506 \quad (1\text{-}2\text{-}10)$$

式中：T——路面温度，℃；

H——路面深度，cm。

4.环道路面结构的永久变形

环道试验采用沥青路面位移计测定沥青层在荷载作用下的永久变形，位移计埋设在轮载作用带上，位于车轮中心以下各结构层层顶。本次环道试验加载50万次，环道加载装置采用固定轮迹，不做横向移动。各层永久变形测定结果如表1-2-14~表1-2-16所示。

环道A各结构层层顶测得的变形 表1-2-14

加载次数（次）	SMA-13（mm）	Superpave-20（mm）	Superpave-25（mm）	LSM-25（mm）	半刚性基层（mm）
1000	-1.86	-1.85	-0.62	-0.16	-0.02
2500	-2.8	-2.51	-0.87	-0.25	-0.01
5000	-3.48	-3.41	-1.04	-0.29	-0.01
10000	-4.25	-3.9	-1.28	-0.37	-0.01
20000	-5.74	-4.96	-1.87	-0.72	-0.02
50040	-8.89	-7.82	-3.61	-1.43	-0.04
70000	-10.14	-9.12	-4.32	-1.78	-0.04
100000	-10.98	-10.15	-4.94	-2	-0.05
125000	-11.42	-10.74	-5.29	-2.21	-0.04
148982	-12.04	-11.2	-5.71	-2.41	-0.06
175000	-12.44	-11.46	-5.78	-2.58	-0.07
250000	-13.05	-12.19	-6.32	-2.94	-0.09
298818	-13.55	-12.81	-6.77	-3.16	-0.1
350000	-13.91	-13.05	-6.99	-3.33	-0.12
500000	-15.09	-13.45	-7.43	-3.59	-0.19

环道B各结构层层顶测得的变形 表1-2-15

加载次数（次）	SMA-13（mm）	Superpave-20（mm）	Superpave-25（mm）	级配碎石基层（mm）
1000	-2.51	-2.49	-0.51	-0.01
2500	-3.4	-3.2	-0.61	-0.02
5000	-4.13	-3.84	-0.71	-0.02
10000	-5.12	-4.63	-0.73	-0.02
20000	-6.62	-5.91	-1.78	-0.02
50040	-9.69	-8.71	-2.01	-0.04
70000	-10.64	-9.75	-2.12	-0.05
100000	-11.32	-10.48	-2.7	-0.07

续上表

加载次数（次）	SMA-13（mm）	Superpave-20（mm）	Superpave-25（mm）	级配碎石基层（mm）
148982	-12.1	-11.37	-3.28	-0.08
250000	-12.88	-12.09	-3.45	-0.11
298818	-13.21	-12.46	-3.45	-0.13
350000	-13.47	-12.69	-3.54	-0.14
450000	-13.72	-12.85	-4.07	-0.15
500000	-14.02	-13.22	-4.24	-0.14

环道C各结构层层顶测得的变形　表1-2-16

加载次数（次）	SMA13（mm）	Superpave-20（mm）	Superpave-25（mm）	半刚性基层（mm）
1000	-1.29	-1.42	-0.39	-0.05
2500	-2.42	-2.09	-0.82	-0.06
5000	-3.05	-2.65	-1.06	-0.07
10000	-3.85	-3.22	-1.35	-0.07
20000	-5.99	-4.39	-1.85	-0.09
50040	-8.45	-7.3	-4.33	-0.14
70000	-9.61	-8.78	-5.26	-0.15
125000	-10.28	-10.24	-5.97	-0.14
148982	-10.65	-10.65	-6.24	-0.17
175000	-11.21	-11.25	-6.46	-0.2
250000	-12.01	-11.53	-7.08	-0.23
298818	-12.72	-11.98	-7.52	-0.28
350000	-13.21	-12.22	-7.92	-0.31
500000	-14.15	-12.52	-8.07	-0.38

对不同结构的结构层层顶永久变形的实测数据进行分析，发现永久变形主要发生在沥青层，以50万次荷载作用后的永久变形数据为例，三种结构中，半刚性基层(级配碎石)与土基的永久变形占路面结构永久变形的2%以下。

5.沥青混合料的抗剪强度

采用单轴贯入试验测定环道试验中各种沥青混合料的抗剪强度。试验中SMA-13采用为100mm×100mm圆柱体试件，其他沥青混合料采用150mm×100mm圆柱体试件，试件采用旋转压实成型，密度为马歇尔试件密度的百分之百，在MTS试验机上采用钢压头以直线波加载，加载速率为1mm/min，试验温度为60℃，试验过程中采集试件变形和所受压力的数据。经处理后的抗剪强度试验结果如表1-2-17所示。

单轴贯入试验结果　　表1-2-17

方　案	SMA-13（MPa）	Superpave-20/（MPa）	Superpave-25（MPa）	LSM-25（MPa）
环道A	1.152	0.881	0.812	0.640
环道B	1.256	0.912	0.797	
环道C	1.261	0.943	0.732	

6.路面材料的模量

为了分析路面结构内的应力分布状态，计算路面结构内的剪应力分布，必须对路面结构中采用的各种材料的模量及泊松比进行测定。按照《公路工程沥青及沥青混合料试验规程》中T 0702—2000，在20℃条件下进行抗压回弹模量试验；水泥稳定碎石及级配碎石的模量按路面结构的实际弯沉进行反算；其他结构层模量按相关规范推荐范围取值，模量参数如表1-2-18所示。

路面材料模量　　表1-2-18

材　料	SMA-13	Superpave-20	Superpave-25	LSM-25	CTB	GBS	SoiL
模量（MPa）	2084.5	1873.2	2226.7	2457.8	15000	350	45
泊松比	0.35	0.35	0.35	0.35	0.20	0.35	0.4

（二）小型室内加速加载试验

南非研制生产的MLS（Mobile Load Simulator）属于最新型的第四代加速加载试验设备，其加载速度较传统设备快8倍以上。常见的MLS设备有两种：大型MLS 10和小型MMLS 3。本试验采用小型的MMLS3仪器。MMLS3长3m，高1.5m，宽1m（如图1-2-22所示），加载对象为切割过的旋转压实试件（图1-2-23）。试验过程中，有独立的保温系统控制试件的温度、独立的电机VS mini J7（图1-2-24）控制加载次数和试轮的移动速度。

图1-2-22　吊装中的小型MMLS3

a)

b)

图1-2-23　试件形状及变形后断面

加载结束后，用一根变形测量仪测量每个试件的断面形状，并通过专门的计算机软件，通过与初始高程之差算得车辙深度。测量所用的仪器和软件界面如图1-2-25所示。软件界面中的曲线即为试件受荷载作用后的变形曲线。

1.试验方案

为了能够获得在不同抗剪强度、不同剪应力、不同车速下的车辙深度，特采用3种级配成型不同类型的沥青混合料：SMA-13、Superpave-13、AC-13。另外，由于相同类型混合料的不同高度试件具有不同的剪应力分布，因此将每种类型的混合料试件切割为3种不同的高度。这样，每组试件（9个）就正好能涵盖不同级配不同高度的试件。在试件下部垫上特制的金属垫片，以使不同高度试件的上表面基本平齐。

MMLS3能够调整车速，但车速是以控制电机VS mini J7的不同频率表示。确定了5个不同的频率：8Hz、18Hz、28Hz、38Hz、48Hz，用每个频率加载一组试件，经测定其对应的车速分别为1.5km/h、3.4km/h、5.4km/h、7.3km/h、9.3km/h。为了保持试验环境的稳定，同时尽早达到试件的破坏条件，控制试验温度为60℃。

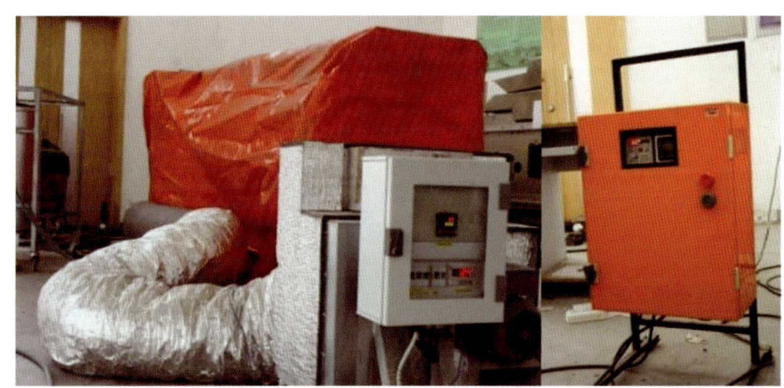

图1-2-24　保温系统及加载控制电机

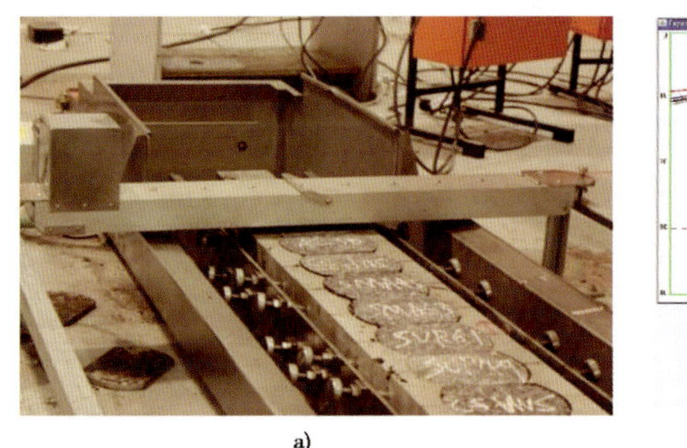

a)

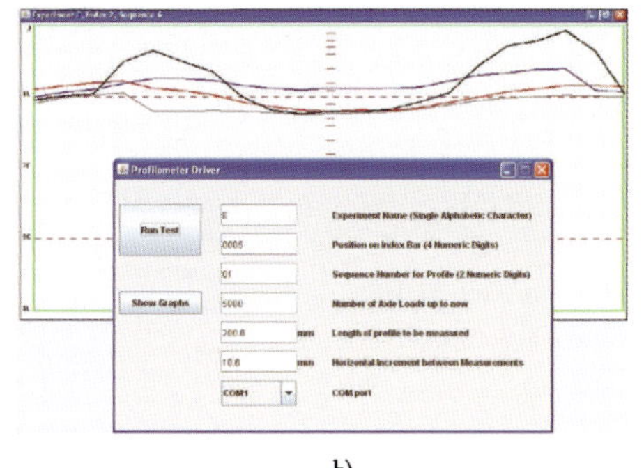

b)

图1-2-25　变形测量及软件界面

2.试验荷载

为了测得试轮与试件表面的接触面积，在试件上表面放上坐标纸，坐标纸上再放复写纸，之后再将MMLS3调整到标准位置使其与试件接触，从而在坐标纸上压出轮印。同时用压力检测仪测得此时轮载为2.62kN。确定轮印覆盖的方格数，得到该荷载作用面积为27.68cm^2。若将其等效为相同面积的圆形荷载，那么该圆形荷载半径为2.97cm。用轮载除以作用面积，得到轮胎的接地压强为0.95MPa。

3.试件的抗剪强度及实测永久变形

由试验可得Superpave-13、AC-13、SMA-13的抗剪强度分别为1.2MPa、1.107MPa、0.715MPa。

以轮迹带中点为观测点，测得各车速下不同高度不同材料试件的永久变形如表1-2-19所示。表中括号内的数字代表该试件的高度。

永久变形实测数据（单位：mm） 表1-2-19

控制电击频率：8Hz									
轮载次数（次）	SMA-13（40）	SMA-13（54）	SMA-13（62）	Superpave-13（42）	Superpave-13（51）	Superpave-13（62）	AC-13（42）	AC-13（52）	AC-13（60）
1000	0.94	0.39	0.61	1.64	1.51	1.17	1.45	1.36	1.54
2000	1	0.79	1.01	1.88	1.94	1.64	1.69	1.67	1.73
3000	1.47	1.25	1.5	2.05	2.29	1.85	2.02	1.81	1.96
4000	1.73	1.46	1.5	2.17	2.44	2.01	2.07	2.01	1.97
5000	1.89	1.57	1.53	2.21	2.72	2.37	2.2	2.12	2.12
6000	2.17	1.9	1.68	2.22	2.87	2.48	2.46	2.28	2.28
7000	2.27	2.01	1.82	2.53	2.89	2.6	2.54	2.36	2.39
8000	2.48	2.1	1.95	2.5	3.05	2.9	2.67	2.48	2.47
11000	3.52	2.98	3	3.46	3.93	3.72	3.51	3.29	3.26
14000	4.09	3.56	3.3	3.53	4.54	4.15	3.91	4.06	3.59
17000	4.18	3.71	3.57	3.67	4.59	4.17	4.01	4.21	3.66
22000	4.28	3.74	3.58	3.71	4.74	4.3	4.02	4.23	3.67
27000	4.35	3.96	3.87	3.82	4.8	4.45	4.25	4.08	3.99
32000	4.36	4.02	3.98	3.84	4.81	4.66	4.28	4.11	4
控制电击频率：18Hz									
轮载次数（次）	SMA-13（34）	SMA-13（43）	SMA-13（56）	Superpave-13（35）	Superpave-13（45）	Superpave-13（56）	AC-13（36）	AC-13（46）	AC-13（55）
1000	0.82	0.6	0.92	1.58	2.22	1.37	2.74	1.69	1.84
2000	1.17	0.86	0.95	2.06	2.45	1.44	2.4	1.77	1.86
3000	1.36	1.03	1.14	2.87	2.52	1.61	2.55	1.88	2.08
4000	1.73	1.23	1.34	2.94	2.61	1.82	2.51	2.15	2.2
5000	2.13	1.47	1.48	3.26	2.77	1.99	2.76	2.18	2.25
6000	2.27	1.61	1.56	3.39	2.93	1.93	2.89	2.25	2.37
8000	2.48	1.78	1.67	3.54	3.08	2.12	3.01	2.39	2.48
10000	2.64	1.71	1.83	3.72	3.22	2.48	3.17	2.34	2.74
14000	2.99	1.93	2.32	3.93	3.58	3.05	3.45	2.71	3.08
19000	3.16	2.13	2.73	4.09	3.7	3.13	3.54	2.76	3.24
24000	3.34	2.24	2.91	4.05	3.74	3.42	3.65	3	3.4
29000	3.57	2.41	3.12	4.18	4.06	3.52	3.74	3.15	3.58
34000	3.73	2.52	3.24	4.29	4.13	3.77	3.93	3.32	3.85

续上表

控制电击频率：28Hz									
轮载次数（次）	SMA-13（33）	SMA-13（42）	SMA-13（54）	Superpave-13（33）	Superpave-13（42）	Superpave-13（56）	AC-13（35）	AC-13（43）	AC-13（53）
576	0.24	0.46	0.53	1.31	1.35	0.95	1.04	0.99	0.36
1028	0.69	0.76	0.79	2	1.56	0.92	1.24	1.02	0.44
2000	1.1	1.11	0.91	2.66	2.07	1.25	1.51	1.26	0.76
3000	1.03	1	0.94	2.95	2.17	1.47	1.98	1.41	0.98
4000	1.26	1.32	1.09	3.41	2.69	2.07	2.6	2.02	1.47
5000	1.5	1.59	1.27	3.55	2.85	2.24	2.68	2.16	1.58
6000	1.77	1.91	1.45	3.52	2.93	2.43	3.09	2.64	1.76
8000	2.06	2.05	1.76	3.81	3.22	2.45	3.41	2.59	1.95
10000	2.45	2.38	1.99	4.09	3.57	2.59	3.66	3.09	2.26
14000	2.8	2.82	2.22	4.35	3.64	2.9	3.81	3.23	2.4
19000	3.07	2.95	2.57	4.48	3.86	3.06	4.06	3.53	2.63
24000	3.05	2.92	2.69	4.43	4.08	3.28	4.33	3.84	2.58
29000	3.46	3.26	2.82	4.83	4.24	3.24	4.38	3.93	2.9
34000	3.51	3.4	3.1	4.9	4.37	3.39	4.56	4.05	3.03
控制电击频率：38Hz									
轮载次数（次）	SMA-13（45）	SMA-13（52）	SMA-13（63）	Superpave-13（33）	Superpave-13（49）	Superpave-13（61）	AC-13（41）	AC-13（50）	AC-13（60）
1000	0.73	0.81	1.07	1.13	1.7	1.28	1.76	1.69	1.42
2000	0.83	0.68	1.18	1.32	2.05	1.38	1.84	1.87	1.42
3000	1.09	0.78	1.32	1.41	2	1.48	1.83	1.92	1.51
4000	0.94	0.93	1.28	1.61	2.04	1.55	2.02	1.97	1.54
5000	1.02	0.88	1.41	1.77	2.16	1.56	2.03	2.05	1.58
6000	1.12	0.88	1.47	1.82	2.39	1.64	2.04	2.12	1.68
8000	1.17	1.11	1.46	1.91	2.44	1.75	2.11	2.17	1.73
10000	1.22	1.25	1.41	2.05	2.39	1.95	2.21	2.27	1.76
14000	1.35	1.06	1.48	2.13	2.51	1.84	2.27	2.24	1.7
19000	1.56	1.47	1.78	2.42	2.61	2.03	2.36	2.41	1.93
24000	1.62	1.49	1.75	2.53	2.69	2.14	2.42	2.47	1.9
29000	1.66	1.59	1.77	2.58	2.79	2.16	2.46	2.58	1.94
34000	1.69	1.6	1.88	2.59	2.81	2.18	2.45	2.51	1.99

续上表

控制电击频率：48Hz									
轮载次数（次）	SMA-13（41）	SMA-13（53）	SMA-13（62）	Superpave-13（40）	Superpave-13（53）	Superpave-13（62）	AC-13（41）	AC-13（52）	AC-13（61）
1000	0.36	0.2	0.04	0.37	0.36	0.31	0.32	1.25	0.7
2000	0.37	0.22	0.19	0.92	0.6	0.69	0.54	1.27	0.83
3000	0.55	0.49	0.26	0.97	0.83	0.83	0.74	1.56	0.87
4000	0.57	0.5	0.4	0.94	0.96	0.89	0.87	1.63	1.19
6000	0.83	0.77	0.64	1.47	1.26	1.22	1.57	1.79	1.46
8000	0.91	0.62	0.6	1.53	1.38	1.27	1.43	1.84	1.54
10000	1.16	0.78	0.7	1.76	1.86	1.33	1.59	1.87	1.62
12000	1.12	0.98	0.89	1.99	1.91	1.5	1.8	1.96	1.96
14000	1.24	0.96	0.91	1.96	1.96	1.77	1.9	2.12	1.93
19000	1.16	1.04	1.16	1.99	2.21	1.77	1.88	1.99	2.07
24000	1.35	1.11	1.22	2.31	2.41	1.84	1.93	2.14	2.33
29000	1.46	1.17	0.94	2.25	2.39	1.91	2.09	2.12	2.38
34000	1.62	1.4	1.28	2.75	2.53	2.14	2.3	2.29	2.72

从上表可以看出，随着车速的增大，同一种类型的混合料试件的变形趋向于减小；AC-13和Superpave-13型混合料的变形相当，SMA-13变形最小。以50mm高度的试件为例，将三种级配在18Hz车速下产生的变形绘入图1-2-26中。

4.试件的有限元模型及剪应力计算结果

为了得到在MMLS3轮载作用下试件不同深度的剪应力，特用ANSYS进行有限元计算。计算采用8节点六面体单元。边界条件假设为：底面完全固定，左右两侧面没有x方向位移，前后两侧面没有y方向位移，有限元计算模型如图1-2-27所示，图中的箭头方向即为试轮行走的方向。

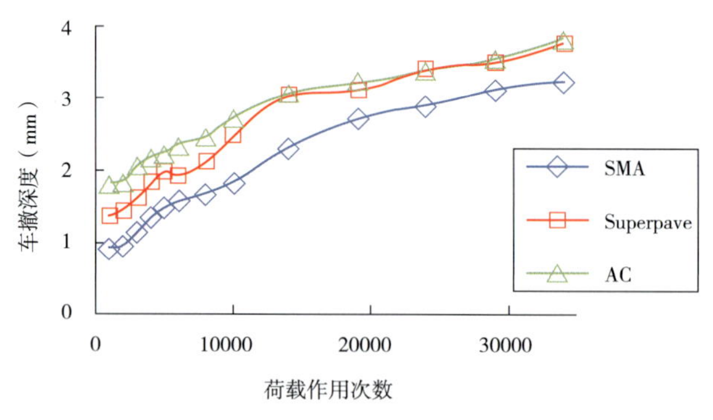

图1-2-26　不同级配混合料的变形

图1-2-27　试件的有限元计算模型

在上述荷载作用下计算各层的最大剪应力时，发现混合料模量对剪应力的影响很小。以高度为5cm的试件为例，不同模量下的剪应力分布如表1-2-20所示。

不同模量下试件剪应力沿深度的分布情况　　表1-2-20

离试件表面深度(cm)	模量1500（MPa）	模量3000（MPa）
0.5	0.417	0.414
1.5	0.267	0.267
2.5	0.228	0.228
3.5	0.202	0.202
4.5	0.189	0.189

可见，随着模量从1500MPa增加到3000MPa，试件内部产生的剪应力几乎没有变化。车辙预估模型中剪应力计算采用的模量是各层材料在20℃下的模量，一般沥青混合料20℃的抗压回弹模量介于1500~3000MPa，因此在计算中可以认为级配类型的不同对剪应力分布没有影响。

本次试验所用试件是由旋转压实试件（ϕ150mm×100mm）切割而成，由于切割误差，每组试件的高度都不完全一样。如果每个高度都计算一次剪应力的话，工作量会非常大。事实上，很多试件的高度都只有微小差别，如果高度的微小变化对剪应力没有太大影响的话，就可以用有代表性的高度计算多个试件的剪应力。以50mm左右的高度为例，计算剪应力沿深度的分布以说明高度对剪应力的影响，如表1-2-21所示。

不同高度试件剪应力沿深度的分布情况　　表1-2-21

离试件上表面的距离(cm)	高度47mm（MPa）	高度50mm（MPa）	高度53mm（MPa）
0.5	0.412	0.417	0.421
1.5	0.266	0.267	0.267
2.5	0.226	0.228	0.229
3.5	0.201	0.202	0.202
4.5	0.193	0.189	0.187

由表可见，高度从47mm增加到53mm，剪应力的最大变化只有0.009MPa，增幅仅为2%。因此，可以认为5mm左右的高差对沥青混合料试件内部的剪应力没有影响。在计算不同试件内部的剪应力时，只选取以下几个有代表性的高度：30mm、40mm、50mm、60mm。计算结果见表1-2-22。

试件剪应力计算结果　　表1-2-22

离试件上表面的距离(cm)	高度60mm（MPa）	高度50mm（MPa）	高度40mm（MPa）	高度30mm（MPa）
0.5	0.415	0.417	0.412	0.404
1.5	0.260	0.267	0.273	0.259
2.5	0.222	0.228	0.232	0.216
3.5	0.194	0.202	0.209	
4.5	0.177	0.189		
5.5	0.169			

（三）第二次环道试验

仍采用上述环道试验系统。此次环道试验共包含6种路面结构，详细的试验方案见第七章。不同方案中各场荷载作用次数下的绝对变形见表1-2-23。

不同方案中各场荷载作用次数下的绝对变形　　表1-2-23

加载次数（万次）	荷载（kN）	累计变形（mm）					
		结构1	结构2	结构3	结构4	结构5	结构6
20	110	6.991	7.694	8.617	6.539	7.471	8.645
20+15	110+130	9.526	9.993	11.012	8.989	10.246	10.870
20+15+15	110+130+150	14.531	14.105	15.524	14.040	15.202	15.155

考虑到建模的方便性，本研究主要采用前20万次的变形数据。

（四）永久变形中压密变形的区分方法

沥青混合料室内轮辙试验测定的永久变形之所以具有较大的变异性，一个重要原因是沥青混合料的压密变形。通过前面的永久变形变异性分析可以得到：沥青混合料在初始阶段，即压密阶段永久变形具有很大的变异性。另外，国内外的研究结论也表明：沥青混合料在永久变形过程中，不同阶段的变形模型实际上是不同的。因此，在对沥青路面的永久变形进行预估时，必须扣除之前产生的压密变形。

对于本书采用的室内轮辙试验和环道试验，一般只能观测到永久变形的前两个阶段，其第三阶段很难出现。因此，仅考虑区分沥青混合料永久变形第一阶段及第二阶段的方法，即如何区分沥青混合料的压密变形。在车辙预估模型中采用排除压密变形的影响，必然可以提高车辙预估模型的可靠性。

根据对沥青混合料永久变形的试验数据进行分析，久变形的第二阶段可以用幂函数$RD=a\times N^b$表示，而永久变形第一阶段的函数形式是未知的，且必然是与第二阶段的函数形式不同的。因此，在永久变形及荷载作用次数组成的双对数坐标图中，永久变形的第二阶段表现为一条直线，第一阶段表现为曲线或为与第二阶段直线斜率不同的直线。基于这种情况，本研究采用以下方法区分沥青混合料的压密变形：

第1步：将车辙直线转化为双对数形式（RD，N）~（lgRD，lg$N$）；

第2步：由于30~60min的车辙数据是比较稳定的，采用线性回归方法对（lgRD，lg$N$）进行回归可以得到回归参数（a，b），即：

$$\lg RD=a\times \lg N+b$$

第3步：判定区分点，采用回归模型预测变形值RD预测与实测变形值RD的差值与实测变形值RD的比值k=（$RD_{预测}-RD$）/RD作为判断指标，认为偏差率大于设定的标准偏差率时对应的沥青混合料的永久变形阶段为压密变形阶段。

第4步：车辙数据处理，假定得到的压密阶段的终点为（RD_t，N_t），首先将压密变形阶段的数据去掉，然后对第二阶段的数据进行处理（$RD-RD_t$，$N-N_t$）。

研究发现，车辙变形的偏差率随荷载作用次数的增加明显降低，并逐渐趋于稳定。这表明用车辙变形的偏差率区分车辙曲线的压密变形阶段是可行的。为了确定合理的偏差率标准，分别采用三种不同的偏差率15%、10%与7.5%对试验所得的10组车辙数据进行处理，最后得到三种不同偏差率处理后的数据变异性分析结果，如图1-2-28所示。

分析结果表明，经过去除压密变形的方法对车辙数据进行处理后，车辙试验永久变形的变异性显著降低。同时，随着偏差率标准的提高，沥青混合料永久变形的变异性逐渐降低，但是当偏差率由10%提高到7.5%时，变异系数的降低并不明显，因此将偏差率标准确定为10%。

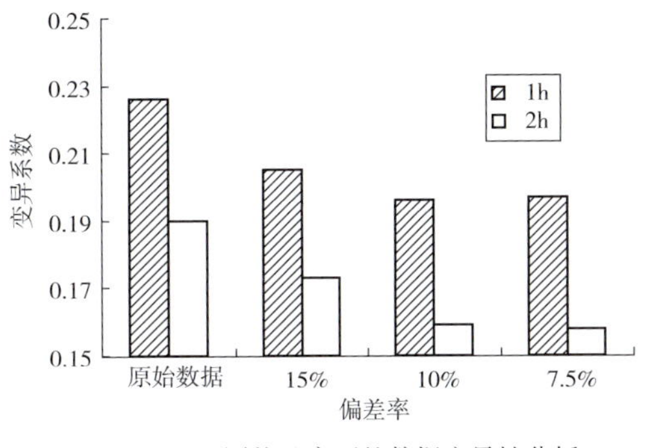

图1-2-28　不同偏差率下的数据变异性分析

四、模型系数的确定

下面采用VB6.0编写基于遗传算法的模型参数求解程序。

该程序总共包括9个窗体，主窗体如图1-2-29所示，主窗体可分为两个区域，菜单栏及结果显示区域。菜单栏中有数据查看、参数设定、程序计算及数据查看4组菜单。其余8个窗体均为弹出式窗体，分别由主窗口菜单栏中数据查看项下的6个下拉菜单项、参数设定菜单项及结果显示菜单项弹出。

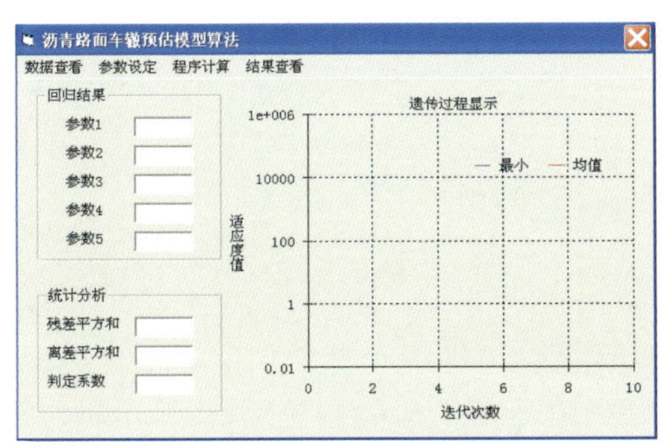

图1-2-29　程序主界面

将全部的环道试验数据和部分MMLS3的试验数据导入软件后，得到各参数的计算结果如表1-2-24所示。为了保证数据合理，两种试验的数据量必须相当。采用MMLS 3试验在每个车速下的变形数据各9个，包括荷载作用1000次、5000次、10000次时的变形。将表1-2-20中的参数代入式（1-2-9），得到考虑车速的永久变形预估模型，如式（1-2-11）。

模型参数计算结果　　表1-2-24

变量名	参数名称	计算数值	判定系数R^2
综合系数	α	$10^{-7.9271}$	0.8951
温度系数	β	3.6834	
轴次系数	λ	0.7863	
抗剪系数	η	0.6842	
速度系数	ρ	0.8538	

$$RD=\sum_{i=1}^{n}10^{-7.9271}\times T_i^{3.6834}\times\{v^{-0.8538}\times N\}^{0.7863}\left(\frac{\tau_i}{[\tau]_i}\right)^{0.6842} \tag{1-2-11}$$

用式1-2-11计算前三个环道结构在不同轴次下的车辙预估值，并与实测值相比较，如表1-2-25。同时以车辙预估值为横坐标、实测值为纵坐标作图，如图1-2-30所示。

环道车辙的预估值和实测值　　表1-2-25

荷载作用次数（次）	结构A		结构B		结构C	
	预估值	实测值	预估值	实测值	预估值	实测值
1000	3.63	1.86	2.89	2.51	1.23	1.29
2500	4.55	2.8	3.56	3.4	2.33	2.42
5000	5.42	3.48	4.18	4.13	3.35	3.05
10000	6.45	4.25	4.92	5.12	4.58	3.85

续上表

荷载作用次数（次）	结构 A		结构 B		结构 C	
	预估值	实测值	预估值	实测值	预估值	实测值
20000	7.70	5.74	5.79	6.62	6.06	5.99
50040	9.74	8.89	7.20	9.69	8.49	8.45
70000	10.63	10.14	7.80	10.64	9.53	9.61
100000	11.66	10.98	8.50	11.32		
125000	12.36	11.42			11.58	10.28
148982	12.94	12.04	9.35	12.1	12.27	10.65
175000	13.49	12.44			12.92	11.21
250000	14.82	13.05	10.60	12.88	14.49	12.01
298818	15.53	13.55	11.07	13.21	15.33	12.72
350000	16.19	13.91	11.51	13.47	16.10	13.21
450000			12.24	13.72		
500000	17.79	15.09	12.56	14.02	17.99	14.15

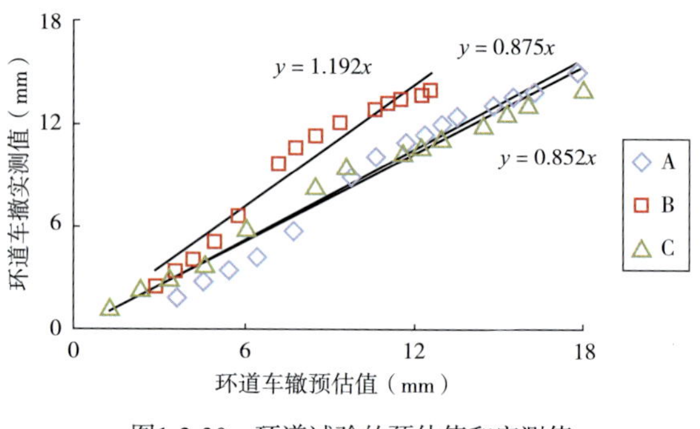

图1-2-30　环道试验的预估值和实测值

结构A的修正系数α（即纵坐标取值除以横坐标取值）为0.875，实测值与预估值的相关系数R^2=0.962；结构B的修正系数α=1.192，R^2=0.956；结构C的修正系数α=0.852，R^2=0.972。

可以看出，结构A和结构C的修正系数很接近，而结构B的修正系数与A、C差别较大。观察其结构组成可以发现，A和C都是半刚性基层路面，而B是柔性基层路面。由此可以认为基层类型相同时，不同面层的路面结构修正系数基本相同。

五、永久变形预估模型向车辙预估模型的转换

过去建立的预估模型都是针对沥青路面的永久变形进行预估，然而在建立沥青路面的损坏标准及对路面的损坏程度进行定量测量时，却都采用沥青路面的车辙指标。一方面由于与永久变形的测量相比，车辙深度的测量更加简单；另一方面，车辙指标能更加全面地反映路面损坏形式对路面结构的影响，它不仅包括向下的永久变形，还包括向上的隆起变形，而通过本书数值模拟分析及对实际路面结构损坏的调查发现，隆起变形在沥青路面的车辙深度中占有比较大的比重，不能忽略其影响。

事实上，沥青路面的隆起系数，即隆起变形与永久变形的比值是随荷载作用次数的增加而不断增大的，但是其增大幅度也是随荷载作用次数的增加而显著降低的，当荷载作用次数超过1000万次时，增大荷载作用次数对隆起系数的影响并不大。因此，直接在永久变形预估模型中乘一个系数而将永久变形转换为车辙预估模型是可行的，如式（1-2-12）所示，隆起系数的取值，半刚性基层路面取0.505，柔性基层路面取0.330。

$$RD=(1+L_P)\sum_{i=1}^{n}10^{-7.9271}\times T_i^{3.6834}\times\{v^{-0.8538}\times N\}^{0.7863\left(\frac{\tau_i}{[\tau]_i}\right)^{0.6842}} \tag{1-2-12}$$

式中：RD——沥青层总变形，mm；

L_p——隆起系数，半刚性路面取0.505，柔性路面取0.330；

T_i——沥青路面温度，℃；

τ_i——沥青路面在行车荷载作用下产生的最大剪应力，MPa；

$[\tau]_i$——沥青路面材料抗剪强度，MPa；

N——轴载作用次数；

v——行车速度，km/h。

六、车辙预估模型的标定

任何一种路面设计方法或性能预测模型都需要经过大量的现场实测数据的修正（标定）。试验实际上就是一种对模拟对象的简化模拟，它必然会忽略一些相对较为次要的因素，因此试验环境与实际环境相比存在一定差别。因此在建立车辙预估模型时，同样也只考虑影响路面车辙变形的一些主要因素而忽略次要因素。此外，在进行环道试验与室内车辙试验中都没有考虑荷载在车道内横向分布，而通过数值分析表明，车道荷载横向分布对路面车辙具有较大的影响。

因此，采用预估模型计算得到的理论值与实际观测得到的实际值之间必然有一定的差距，为了使现场实际路面的车辙测量值与模型计算值相吻合，必须对实验室的车辙预估模型进行标定。其基本思路是基于实际路面的结构、材料、温度、交通条件，校核通过理论模型计算得到的计算值与实测数据之间的偏差，最终使理论值与实测值相一致。车辙预估模型的标定过程可分为以下几个步骤：

（1）实际路面的调查及数据采集，包括对路面结构类型、厚度、结构计算参数、路段行车速度的调查和数据采集，同时进行现场取芯及对对应位置的车辙深度进行测定；

（2）收集道路交通量数据，并确定交通量；

（3）对沥青混合料取芯试验的抗剪强度进行测定；

（4）路面结构沥青层各亚层最大剪应力的计算；

（5）路面结构沥青层各亚层等效车辙温度的计算；

（6）采用车辙预估模型计算理论的车辙深度值；

（7）对比理论值与实测值，得到模型的线性修正系数。

图1-2-31所示为模型预测值与实测值的对比。

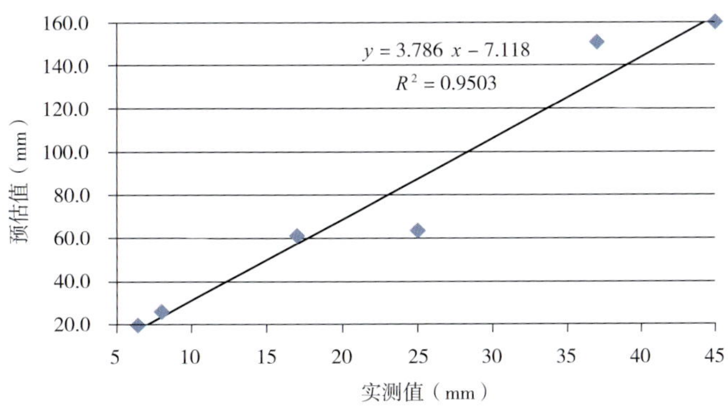

图1-2-31　车辙模型的预估值与实测值

修正后的车辙预估方程如式（1-2-13）所示。

$$RD = 0.62\ (1+L_P)\sum_{i=1}^{n} 10^{-7.9271} \times T_i^{3.6834} \times \{v^{-0.8538} \times N\}^{0.7863\left(\frac{\tau_i}{[\tau]_i}\right)} \qquad (1\text{-}2\text{-}13)$$

第四节　沥青混合料抗剪强度控制标准

通过上述分析可以看出，混合料抗剪强度与车辙深度之间存在一定的关系，因此，可以利用车辙预估模型，通过控制车辙深度得到混合料应达到的抗剪强度。

在一些发达国家，车辙深度已成为衡量路面质量的重要指标。根据我国的实际情况，一般只选取车辙允许深度RD_0为10mm、15mm和20mm三种情况来确定抗剪参数允许值。

根据式（1-2-13），可以得到不同车辙破坏标准对应的抗剪强度标准。

下面为了考虑路面结构不同结构层次的不同的抗剪要求，有必要引入平均抗剪安全系数的定义，各材料层抗剪强度与该层平均剪应力的比值即为平均安全系数。即：

$$k'=[\tau]_i/(\tau_i') \tag{1-2-14}$$

式中：$[\tau]_i$——沥青路面材料抗剪强度，MPa；

τ_i'——沥青层平均剪应力，沥青层亚层剪应力的平均值，MPa。

采用平均抗剪安全系数来反映各结构层的抗剪要求，在路面结构的抗剪设计中，当各沥青层平均抗剪安全系数大致相等时，材料性能可以得到较充分的利用。当各结构层采用相同的平均抗剪安全系数时，可以得到各结构层抗剪强度的比值，约为0.89:1:0.6。

试验采用重庆地区典型沥青路面结构组合为：4cmAC–13C+6cmAC–20C+8cmAC–25C+21cm水泥稳定级配碎石+22cm水泥稳定级配碎石+20cm水泥稳定碎石。

根据以上结构组合，按有限元模型计算该模型的沥青层各亚层产生的剪应力，计算荷载为标准轴载。

重庆地区年平均气温约为18℃，温度标准差2.2℃。当可靠度系数取85%时，按前述方法计算得到不同亚层的车辙等效温度如表1-2-26所示。

不同亚层的车辙等效温度　　表1-2-26

深度（cm）	0.5	1.5	2.5	3.5	4.5	5.5	6.5	7.5	8.5
温度（℃）	48.21	47.01	45.81	44.61	43.41	42.21	41.01	39.81	38.61
深度（cm）	9.5	10.5	11.5	12.5	13.5	14.5	15.5	16.5	17.5
温度（℃）	37.41	36.21	35.01	33.81	32.61	31.41	30.21	29.01	27.81

经计算可知，不同设计交通量下，不同车辙破坏标准对应的沥青混合料抗剪强度标准如表1-2-27所示。

沥青混合料抗剪强度标准　　表1-2-27

交通量	车辙深度标准（mm）	抗剪强度标准（MPa）		
		上面层	中面层	下面层
小于1200万次	10	0.76	0.85	0.60
	15	0.63	0.71	0.50
	20	0.56	0.63	0.44
1200万~2500万次	10	0.86	0.97	0.68
	15	0.72	0.81	0.57
	20	0.64	0.72	0.50

续上表

交通量	车辙深度标准（mm）	抗剪强度标准（MPa）		
		上面层	中面层	下面层
大于2500万次	10	0.89	1.00	0.70
	15	0.74	0.84	0.58
	20	0.66	0.74	0.52

注：小于1200万次（按1200计算），1200~2500万次（按2500万次计算），大于2500万次（按3000万次计算）。

第五节　沥青路面抗车辙对策

建立车辙预估方法一方面可以指导路面的养护、维修，另一方面可以指导路面结构和材料设计。

一、在结构设计方面

传统的沥青路面损坏主要有两类：疲劳开裂和永久变形，如图1-2-32所示。这两类损坏类型都是对路面危害极大的结构性损坏。在早期的研究中限于当时的施工水平和路面结构（沥青面层较薄），沥青路面的车辙被限定于路基的竖向永久变形。疲劳开裂是指在荷载重复作用下沥青面层底面弯拉应变引起的开裂，并且由下而上发展直至贯穿整个沥青面层，造成路面损坏。

传统的路面结构设计方法主要是针对这两类损坏的，包括我国的沥青路面设计方法、国际壳牌石油公司研究所的SHELL路面设计手册等，这类方法除了以圆形均布荷载近似描述轮载对路面的作用力外，还以路表的弯沉或路基顶面压应变和某些结构层层底拉应力作为设计控制指标。路表弯沉和路基顶面压应变反映的往往是路面的整体强度，其主要作用是控制路基路面结构的总变形，防止沉降、变形等整体强度不足的损坏，并不能反映出沥青路面及混合料的具体受力特性；而层底弯拉应力的主要作用是防止相应结构层的疲劳开裂，也没有反映沥青混合料的具体受力特性和沥青混合料的本质特性。

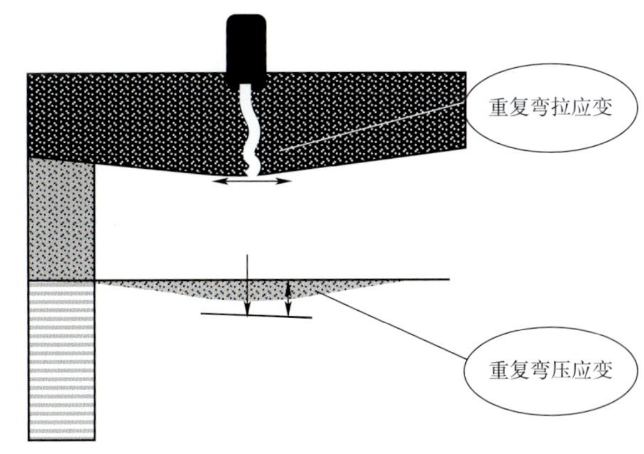

图1-2-32　传统沥青路面结构损坏模式

在传统的沥青混合料设计中，采用的是马歇尔方法进行设计。但利用马歇尔设计方法对混合料进行设计，其物理意义不明确，尤其对于稳定度的指标和概念，在目前的所有研究中，没有人能够说明这个指标与路面性能之间的关系；并且随着新兴路面材料和结构的兴起，如SMA、OGFC、大粒径路面等新材料的出现，用马歇尔方法根本无法评定混合料质量的优劣。

根据前面的分析可知，沥青路面在多轴次、重轴载、高轮压的非均布荷载作用下，在车轮荷载附近将产生较大的剪应力流，沥青路面发生车辙等剪切破坏是完全可能的；并且发生在路面中的剪应力是很大的，随着基层刚度的变化而变化，对于同一种轮载作用力和分布形式，基层的刚度越大，反映到面层中的剪应力也越大。然而，当前沥青混合料在设计和性能评估中，并没有考虑其剪切性能的好坏，当混合料以及沥青路面的各项指标均满足要求时，其性能和结构强度能否抵抗车辆荷载作用下的剪切破坏，是值得人们深入思考的一个问题。我国的沥青路面结构设计方法也没有针对车辙等剪切破坏的设计指标，且材料设计与结构设计一直处于相分离的“双轨”状态。

综上所述，现有沥青路面设计以及沥青混合料设计方法中没有针对车辙等剪切破坏的设计指标可能是导致目前我国高速公路上车辙比较严重的一个重要原因。因此，建议增加一个剪切指标来控制车辙等剪切破坏。图1-2-33是新设计体系所考虑的力学验算指标。新设计体系是指“按性能设计，按力学验算”的理论体系，它强化对性能的考虑，淡化力学的核心作用，将力学分析作为结构验算和材料设计的基础，可实现结构设计和材料设计的并轨。这里说的力学验算指标包括沥青层顶部的剪应力、底部的弯拉应变、整体性基层底面弯拉应力和路基顶面的压应变。弯拉应变和整体性材料底面的弯拉应力指标控制了路面结构的弯拉疲劳，是底部材料的设计依据；剪应力指标控制了沥青层上部的车辙和新型龟裂，是上、中面层材料的设计依据。

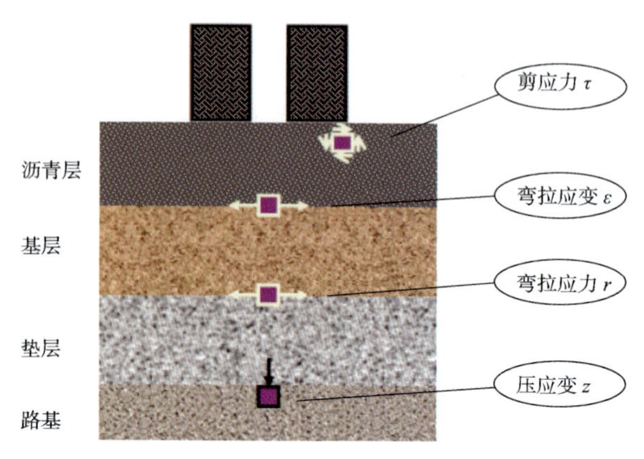

图1-2-33　沥青路面力学验算指标体系

沥青层顶部的剪应力是导致路面车辙或TDC开裂的主要原因，采用最大剪应力作为设计验算指标可以使路面结构的模量组合更为均衡、和谐。即要求结构层在车轮垂直荷载和水平荷载共同作用下，结构层内的最大剪应力峰值τ_{max}应不超过结构的容许剪应力τ_R，即满足下式：

$$\tau_{max}<\tau_R \qquad (1\text{-}2\text{-}15)$$

式中，容许剪应力τ_R的确定比较复杂，因其与混合料的抗剪强度有关。因此，实际应用中给出抗剪强度与剪应力的比值限值（暂称为抗剪强度结构系数）似乎更为合理。而这个比值可通过限制允许车辙深度，即采用前面建立的车辙预估模型来确定。

容许剪应力τ_R可表示为：

$$\tau_R=[\tau]/k \qquad (1\text{-}2\text{-}16)$$

由此可见，剪应力的允许值和混合料的抗剪强度有关，这也充分体现了结构设计与材料设计相统一的设计理念。从上述分析来看，我们可以根据交通量多少、地区环境差异、可接受的车辙允许深度以及混合料抗剪强度确定剪应力容许值τ_R，也可通过结构分析得到的理论最大剪应力峰值来控制混合料的抗剪强度，从而达到控制材料设计的目的。即：

$$[\tau]\geqslant k\cdot t，\text{或}\tau\leqslant[\tau]/k \qquad (1\text{-}2\text{-}17)$$

也就是说为防止路面产生剪切破坏，在路面设计时必须验算路面材料的抗剪强度$[\tau]$是否满足抗剪强度要求，或者说在路面设计时应验算荷载作用下路面结构中所产生的剪应力τ是否小于或等于容许剪应力。

二、材料设计方面

从材料设计角度考虑主要是提高混合料的抗剪强度。主要包括以下几种提高沥青混合料抗剪强度的措施：

（1）合理选择集料类型和品质。选择优质的具有丰富棱角性，表面粗糙的集料，能增加沥青混合料内部的摩擦嵌挤作用，提高沥青混合料的抗剪强度。

（2）合理选择沥青类型和用量。试验表明，沥青的黏度越大，软化点越高，沥青在高温状态下能保持一定的粘滞性，能避免产生过大的剪切变形，在夏季高温地区可适当降低沥青标号或者选用改性

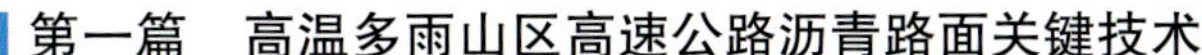

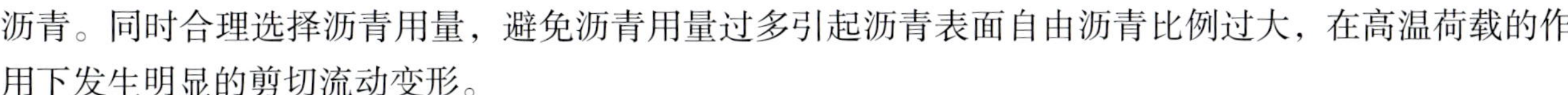

沥青。同时合理选择沥青用量，避免沥青用量过多引起沥青表面自由沥青比例过大，在高温荷载的作用下发生明显的剪切流动变形。

（3）合理选择级配。试验表明，骨架密实型的沥青混合料具有较高的抗剪强度，所以应合理选择级配，发挥集料的摩擦嵌挤作用，提高沥青混合料的抗剪强度。

（4）提高沥青混合料压实度。试验表明，空隙率的增大，会引起沥青混合料抗剪强度的大幅衰减，实际施工中，加大压实功，提高沥青混合料的压实度，降低空隙率能显著提高沥青混合料的抗剪强度。

综上所述，选择优质的具有丰富棱角性、表面粗糙的石料，黏度大的沥青，进行适当的级配设计，确定合适的沥青用量，加大压实功，使混合料充分嵌挤，并保证适当的空隙率，可以有效降低车辙的发生率。

第三章　高温多雨山区沥青路面抗水损坏性能评价及对策

水损坏作为沥青路面的主要破坏现象，已被广泛关注和长期研究，这些研究通常致力于结构的排水设计，改善材料界面黏附性能、混合料级配的密水性设计，以提高混合料压实度为主的施工工艺改进，以及原材料黏附性评价方法、混合料抗水损坏评价方法等，部分研究成果已列入规范或在工程中得到了广泛应用，对解决沥青路面水损坏问题起到了重要的作用。

经验表明，路面排水系统设计方法和沥青混合料材料设计方法的技术进步并不可能完全解决高速公路沥青路面水损坏问题。特别应该注意，近些年来沥青路面水损坏呈现一些新的特点，如由于沥青与集料黏结力不足（酸性石料大量应用）、沥青路面材料级配离析等原因导致的水损坏主要表现为坑槽类损坏，成为沥青路面早期破坏的主要现象。

对于高温多雨地区高速公路沥青路面，水损坏更是常见的早期病害之一，严重地影响了路面的外观和服务能力，而且水损坏会反复发生，造成了大量的养护和维修工作。显然，沥青路面水损坏问题的表象具有多样性，关键问题是：

（1）沥青与集料在环境老化、交通荷载、动水压力作用下的持续黏附能力；

（2）交通荷载和动水压力的影响是最主要的诱因；

（3）沥青路面施工质量的不均匀（离析）问题是坑槽类水损坏的主要客观因素，其核心是结构内部的体积关系严重变异。

第一节　沥青路面动水压力模拟试验方法

一、动水冲刷机理分析

1.沥青路面冲刷机理分析

在雨后的路面上，车轮驶过路面时间虽然非常短暂，但却能凭借巨大的压力迅速地将水挤入沥青路面的空隙结构中，造成沥青路面孔压上升；同时，在车轮驶过的瞬间沥青混凝土发生的压缩变形也使得原本存在于空隙内的水受到压缩，造成沥青路面孔压上升，部分水会侵入沥青与集料的界面。车轮驶过后，沥青路面的上覆压力消逝，同时车轮还会在路面表面造成一定的负压，使沥青路面内部的大孔隙压力和表面的负压形成大的压力差，加大了压力释放的势能，孔隙水压力的瞬间释放，会造成对沥青胶浆和集料界面的冲击，从而逐渐破坏沥青胶浆对集料的黏结力。这就是动水压力对沥青路面造成水损害的机理。

2.室内模拟动水冲刷机理分析

这里要讨论的是主动对试件施加动水压力，而不是通过压缩试件空隙结构使得孔隙水承受压力。

将试件浸没在水中，当施加正压力时，水会被压缩，同时空隙中残留的空气也会被压缩，水进一步充满沥青混合料中的开口空隙，即在开口空隙中流动，这种流动由于水承受压力而使得开口空隙表面承受法向力和剪切力，从而有可能侵入沥青与碎石黏结的薄弱面。在容器内水面上方空气压力被瞬间释放至大气压后，由于开口空隙内的水还承受压力，水会迅速发生与原来加压时反向的流动，甚至造成水击，从而造成对沥青膜与碎石黏结力的损失。这就是为什么只施加正压力试件也会遭受水损害的原因。

施加负压力时，水从开口空隙中流出，闭口空隙中的空气则膨胀，这种膨胀对沥青混合料的黏结力具有一定的破坏作用。这就是为什么施加负压力后试件遭受更严重水损坏的原因。正负压力交替作用下水在试件开口空隙中的这种流动模拟了沥青路面中的实际情况——动水冲刷。

通过上述对沥青路面、沥青混合料动水冲刷的异同点的分析可以发现，动水压力和真空吸力对沥青混凝土影响作用的机理，是压力的产生和瞬间释放，以及闭口空隙中的空气膨胀力，所以不必模拟沙滩和河岸的冲刷而使得水发生长距离流动，而这在室内实现是有困难的，以上分析对模拟动水压力具有指导意义。

二、动水冲刷系统设计

（一）模拟试验设计的目标

（1）冲刷模式、冲刷机理、孔隙水压力大小和冲刷频率与路面实际尽可能接近；

（2）冲刷对沥青混合料黏结力有明显影响，能够反映沥青混合料黏结力衰减规律；

（3）试验操作简单易行。

（二）气压式动水压力装置的设计

1.动水冲刷试验系统的组成介绍

试验使用的动水压力试验装置，如图1-3-1所示。试验装置按功能可分为控制系统、气压供应系统、调压系统和压力容器系统四个大的部分，以及其他的辅助部件。各部分功能分别介绍如下：

（1）控制系统由可编程控制器（PLC）控制对固态继电器供、断电时间，固态继电器连接电磁阀1、电磁阀4、真空电磁阀2，另有一个智能温控表可设定温度控制、动态显示温度，并连接发热棒。

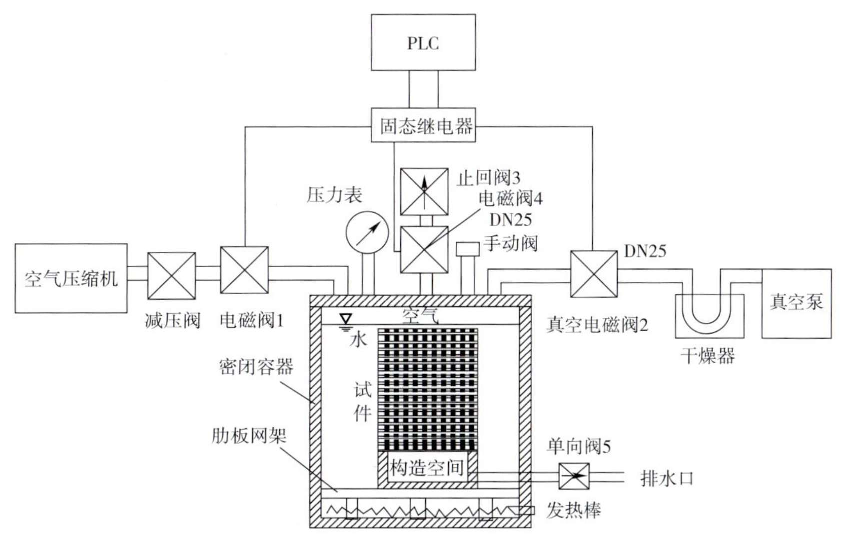

图1-3-1　动水冲刷试验系统示意图

（2）由空气压缩机施加正压力，最大正压力可达1.2MPa，即12个大气压，可以在3s的时间内使容器内达到0.7MPa的正压力；使用15L/s的双转子旋片式真空泵施加负压力，可以使得密闭容器内绝对压力小到10^{-1}Pa，在1.5s的时间内使容器内达到–0.095MPa。

（3）减压阀调节空气压缩机供应的气体压力，使得容器内气压稳定在0.7MPa；止回阀3用于施加负压力时阻止空气通过电磁阀4进入密闭容器；单向阀5用于定向排水冲刷试验时保持试件底面构造空间内不超过0.05MPa的水压力，在水压超过该值时排水。

（4）压力容器包括装水和试件的密闭容器和它的上盖、连接各电磁阀的管道等。

（5）其他辅助部件包括气流、水流缓冲板、手动阀、肋板网架等。

试验控制流程是：先向容器中加压4s，当容器的压力达到0.7MPa时，排气1.5s使容器内恢复大气压，即压力表读数为0，再抽真空2.5s使容器内达到-0.095MPa。正负压力交替的周期为8s，依此循环。

只施加正压力时关闭真空泵和连接真空泵的阀，其他条件相同。只施加正压力且需加速试验时，向容器中加压4s，当容器的压力达到0.7MPa时，排气1s使容器内恢复大气压，即压力表读数为0，不再抽真空，即周期为5s。

2.动水冲刷试验系统的优点

（1）能较好地模拟路面现场的正负压力，对沥青混凝土试件施加动水压力作用；

（2）正负压力大小、频率可以调节，取决于使用的空气压缩机（或压缩空气钢瓶）和真空泵的工作效率；

（3）可以采用不同冲刷模式；

（4）对试件没有限制，击实试件、旋转压实试件或路面现场芯样均可；

（5）试验温度可以调节，以更好地模拟路面现场实际条件。

3.模拟动水压力试验与路面实际工况的比较

由于模拟动水压力试验中气压的施加需要一定的时间，所以并不能达到车轮荷载的作用频率。而缓慢施加逐渐增大的水压力对沥青路面容易造成水沿着路面结构内连通空隙的渗流，水压力部分消散甚至完全不产生水压力。然而，在模拟动水压力试验中，由于试件尺寸有限，缓慢施加逐渐增大的水压力仍然能够产生水压力，因为密闭的容器内空间有限，水的渗流没有足够的空间。模拟动水压力试验的压力释放与路面工况一样都是瞬间发生的。

负压的施加还不能像路面工况一样在卸压的同时施加，而是需要在排气卸压完成后立即开始施加。尽管如此，负压的施加有利于将卸压进行得更彻底，防止压力释放不充分；负压使得试件内部非连通空隙发生一定的膨胀，因而沥青胶浆对集料的黏结力也受到它的影响。负压使得试件内部的强度变化更均匀，不会仅在连通空隙部位发生强度变化。

4.动水冲刷试验的操作步骤

（1）将试件放入方形容器内，加入水浸没试件顶面，水面离模具顶边12mm。

（2）拧紧螺钉，检查容器是否密闭不漏气、不漏水。

（3）开启控制箱电源，设定智能温度控制表的温度上下限，如果水温低于目标温度，智能温度控制表将自动开启加热棒加热；否则，直接人工加入冷却至目标温度的水，保温4h。

（4）检查真空泵油是否乳化，如果乳化则需换油。

（5）根据需要设定试验参数如减压阀压力、加压或抽真空时间等；开启空气压缩机和真空泵电源，开启PLC控制器，开始冲刷；检查冲刷的周期时间是否与设定一致，正负压力是否符合设计，否则停机检查、重设。

（6）根据排气时水珠喷出的实际情况，每隔15~20min停机加水一次，以保证方形容器内水位大致恒定，以及正负压力恒定。

（7）试验结束后关闭PLC控制器和上述三个电源，停止试验，打开手动阀确保方形容器内恢复大

气压，打开方形容器，将试件移至恒温箱以便进行力学性能试验。

三、动水冲刷试验参数选择

动水冲刷的试验参数主要包括压力大小、压力变化的频率、冲刷作用的时间和试验的温度。

1.孔隙水压力

根据上述研究现状，动水冲刷过程的正压取标准轮胎压力为0.7MPa。

2.作用频率

车轮荷载作用频率一般取10Hz，虽然车轮荷载的间歇时间对沥青混凝土的抗水损坏能力的恢复是有利的，但该频率对室内试验加速试件的损坏是有效的；由于空气压缩机和真空泵的工作效率，本试验最高频率只能取0.125Hz，即正负压力交替作用一次需8s。如果只施加正压，周期可缩短到5s，频率提高到0.2Hz。

3.冲刷时间

通过对常温（25℃）室内动水冲刷作用下的沥青混合料强度衰减规律进行试验分析，发现冲刷3h对劈裂强度有明显影响，前3h劈裂强度降低较快，冲刷时间继续增长强度降低变缓，详见第四章所述，因此在大量开展试验时选择3h作为试验时间。

4.试验温度

一般认为，除寒冷地区沥青路面发生的冻融破坏外，沥青路面水损害破坏主要发生在多雨季节，高温多雨季节也有发生。我国华北地区、长江中下游地区和华南地区多雨季节一般在春季，多为小雨、中雨，降雨时气温变化在5~22℃之间，雨后路面温度约在15~30℃之间，所以通常认为沥青路面水损坏发生在25℃左右；高温多雨季节即夏季，多为大雨、暴雨，降雨时气温变化在25~35℃之间，雨后路面温度约在25~65℃之间。因此，除了主要进行常温动水冲刷试验外，还需要对60℃高温的沥青混凝土进行动水冲刷试验。

第二节　沥青路面动水压力定向冲刷试验方法

本节在动水压力试验系统设计的基础上，设计了动水定向冲刷模式，对施加正负压力交替作用的该模式的排水条件进行了对比分析。对动水冲刷效果的评价方法进行了试验研究，对沥青混凝土在60℃高温、单向冲刷不排水模式下的沥青膜剥落的规律进行了试验研究。

一、定向冲刷模式的基本原理和实现方法

1.定向不排水冲刷模式

定向不排水冲刷模式试件受力分析如图1-3-2所示。

如图1-3-3所示，以环氧树脂封闭高135mm、直径150mm的试件的侧壁，连接试件底面和空心的圆柱形容器，以构造一个蓄水空间，引导压力水在试件内总体由冲刷端面向构造空间流动，即为定向冲刷模式。当不安装图1-3-1所示单向阀5、不设排水管道时，即为定向不排水冲刷模式。定向冲刷结束后，为评价试件强度指标等的变化，钻芯得到直径100mm的试件。

当向水面施加正压力时，试件上端面开口空隙或表面凹陷受到动水冲刷，同时水沿图1-3-3中贯通试件上下端面的连通空隙进入干碎石空隙，冲刷连通空隙。在这种冲刷模式下，沥青胶浆有可能沿冲刷方向迁移、剥落，使得研究沥青路面沥青迁移和剥落的规律成为可能。

由于试件内的连通空隙排水能力有限，1.5s的排气并不能使构造空间内的压力完全释放，抽真空时该空间内压力继续释放，使得孔隙水发生反方向的流动。这是定向冲刷模式不同于非定向模式之处。定向不排水冲刷模式的适用范围是空隙率在6%以上的沥青混合料。

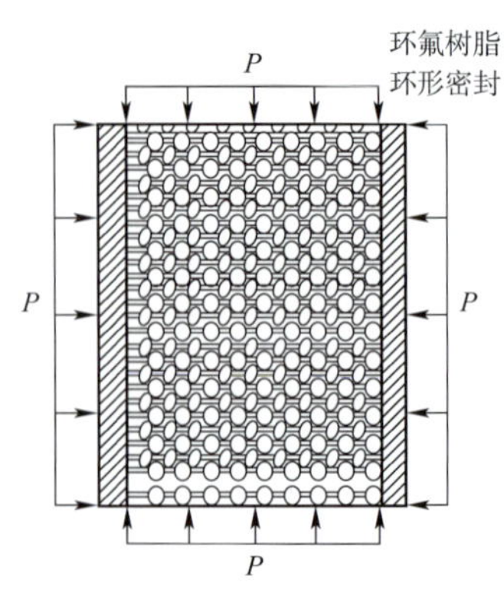

图1-3-2 定向不排水冲刷模式试件受力分析

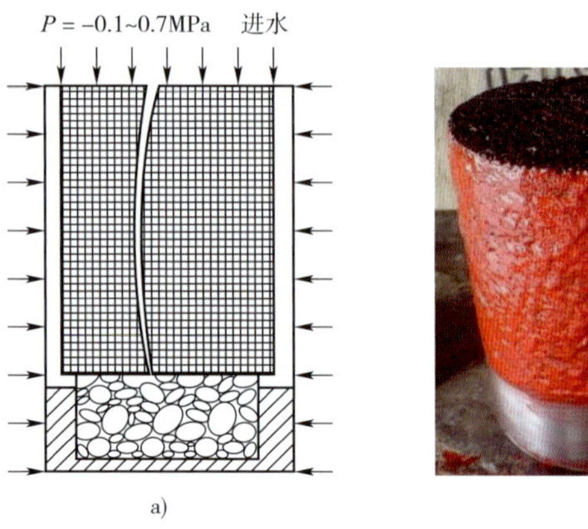

图1-3-3 定向冲刷模式的环氧树脂密封实现方式

2.定向排水冲刷模式

定向排水冲刷模式总体结构如图1-3-1所示，在试件下部的圆柱形容器的壁上开口，通过管道连接将构造空间内的水排出密闭的压力容器。试件的准备与定向不排水冲刷模式相同，再装上排水用单向阀5，则为定向排水冲刷。

二、定向冲刷模式试件内孔隙水压力分布的计算分析

1.材料参数

根据有限元程序计算结果，定向不排水冲刷模式试件内孔隙水压力处处大小相等，在任意时刻等于施加的气体压力。有限元计算所取的沥青混凝土参数见表1-3-1，下面计算分析定向排水冲刷模式的孔隙水压力分布。

有限元计算所取的沥青混凝土参数 表1-3-1

沥青混凝土试件的指标	有限元计算所取的参数	沥青混凝土试件的指标	有限元计算所取的参数
弹性模量	1.2×10^{8}Pa	密度	2360kg/m^{3}
泊松比	0.35	各方向渗透系数	5.4×10^{-3}m/s

2.荷载

根据冲刷容器内施加气压的规律，在有限元模拟分析中采用图1-3-4所示的周期性荷载。动水冲刷过程中气压达到目标值并稳定后，均匀作用于水的表面，通过水将大小相等的压力传递到试件表面，形成孔隙水压力，因此在有限元模拟计算中将荷载简化处理为直接对试件边界施加孔隙水压力，大小和随时间变化的规律与气压相同。

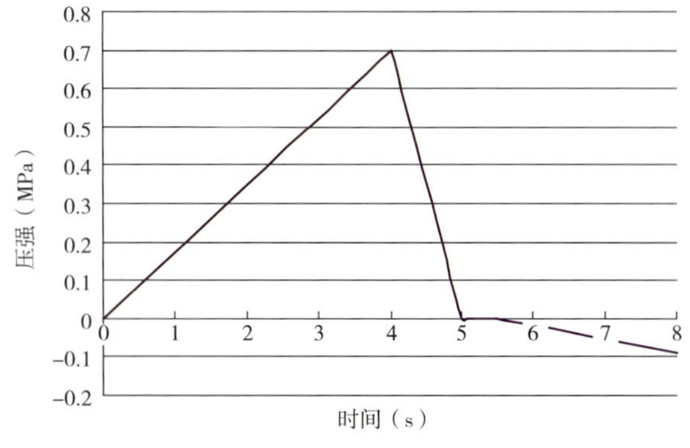

图1-3-4 一个周期8s时间内的加载

3.边界条件

轴对称模式下不允许对称轴发生垂直于轴向的变形，如图1-3-5所示。

4.计算结果及分析

由图1-3-6可见，定向冲刷模式下试件中的孔隙水压力呈层状分布，随着深度增大而减小，层的方向与荷载方向垂直。

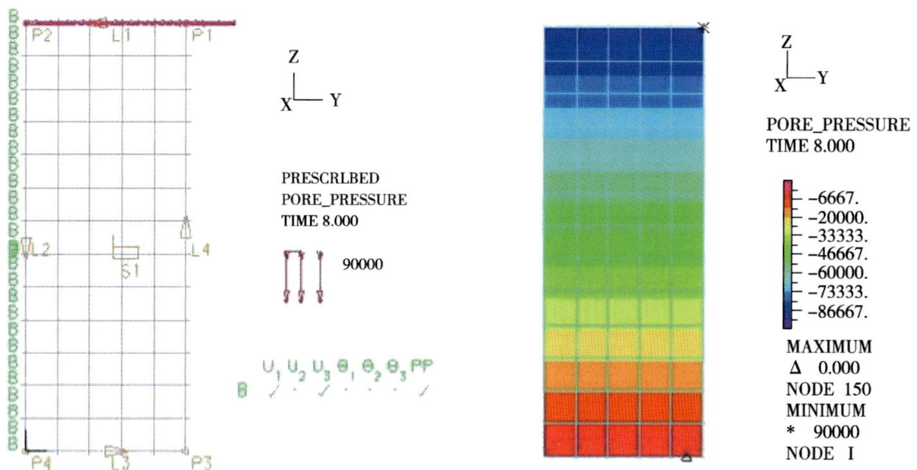

图1-3-5　计算孔隙水压力建立的轴对称模型　　　图1-3-6　轴对称模型计算孔隙水压力应力云图

三、动水冲刷模式的比较

车轮荷载迅速通过近似水饱和状态的沥青路面时，一般认为荷载作用频率为10Hz，将水迅速挤入路面空隙，车轮位置下沥青层结构内产生瞬间的孔隙水压力，在车轮位置以外横向水压力消散；而由于半刚性基层或致密的中面层等的存在，竖向孔隙水压力无法瞬间消散。因此，定向不排水冲刷模式较好地模拟了水饱和状态的沥青路面的实际情况。定向排水冲刷模式在竖向发生孔隙水压力消散，不符合沥青路面实际情况。非定向冲刷模式在各个方向都有相同大小的孔隙水压力，因而比沥青路面实际条件更为苛刻。

四、沥青混凝土动水冲刷破坏机理分析

（一）沥青混凝土强度随冲刷时间变化规律

定向不排水冲刷模式采用高度为135mm、直径150mm的旋转压实试件，冲刷后钻芯得到直径100mm的芯样，再沿着高度方向均分切后进行劈裂试验。由于封闭了试件的侧壁，使得侧面的表面开口但与冲刷端面不连通的空隙不再受到动水冲刷，因此冲刷效果不如非定向冲刷模式显著。

定向不排水冲刷12h试件强度损失约15%，与后面将要介绍的非定向冲刷3h试件劈裂强度损失17.1%比较可见，相同的冲刷时间，定向冲刷对试件劈裂强度的影响要小得多。定向冲刷6h以内试件劈裂强度反而增大，可能是因为试件受到了一个三向等值的围压，试件受到压缩，如表1-3-2所示。

定向不排水冲刷后劈裂强度变化　　　表1-3-2

冲刷时间（h）/ 试件部位	0		3		6		12	
	强度（MPa）	TSR（%）	强度（MPa）	TSR（%）	强度（MPa）	TSR（%）	强度（MPa）	TSR（%）
冲刷端	0.731	100	0.965	132	0.764	104.5	0.642	87.8
构造空间端	0.804	100	1.054	131.1	0.775	96.4	0.679	84.5

（二）常温定向冲刷试验现象

图1-3-7所示为AH–70沥青花岗岩碎石AC–13C混合料定向不排水冲刷后不锈钢模构造的空间内条纹状的粉料。试件常温冲刷后出现了粉料逸出的现象，说明冲刷对沥青胶浆产生了作用，黏附不好的粉料被从沥青表面冲落。

图1-3-7 花岗岩碎石混合料定向冲刷后构造空间内条纹状的粉料

（三）高温定向冲刷试验现象

1.试验条件

试验的一个周期为5s，其中4s加正压至0.7MPa，1s排气至大气压。由于定向冲刷模式试件强度变化较慢，试验提高了温度以加速试验进程。试件浸没在水中从30℃开始加热约3h，直至水温恒定在60℃开始冲刷。

2.试验现象

如图1-3-8所示，60℃定向冲刷6~9h后试件剪切破坏，类似于土的三轴试验中土样的破坏。粉料逸出、沥青膜剥落，剥落部位大多为集料棱角处，部分端面大面积裸露的集料可能是旋转压实制件过程中集料的破碎面。剪切破坏面上有剥落现象，而试件的两个端面虽然直接接触水却没有任何剥落，如图1-3-9所示。

a)

b)

图1-3-8 未掺水泥的AH-70沥青花岗岩AC-13C混合料60℃定向冲刷9h后剪切破坏

a)试件一；b)试件一

a)

b)

图1-3-9 未掺水泥的AH-70沥青花岗岩AC-13C混合料试件2碎石表面沥青剥落情况

3.试验结果分析

试验中由于水压力很大，构造空间在很短的时间内即被水充满，曾经在动水压力系统开启5min后停止，打开容器取出试件，固定底部圆柱形空心容器，敲击上部沥青混凝土试件致使试件从容器表面脱离，并发现容器内装满了水。试件在两个端面和侧壁都受到相同大小的水压力，则试件受力模式与土的三轴压缩试验相同，如图1-3-10所示。

试验中试件内的粉料包括矿粉首先被冲刷出来，导致沥青胶浆的黏度降低，对碎石的黏附性变差，为沥青膜的剥落创造了条件。剪切破坏面上有剥落现象，而试件的两个端面虽然直接接触水却没有任何剥落，说明试件内部黏结力降低、沥青膜剥落，在黏结力最薄弱部位发生剪切破坏，形成剪切滑移面。试件的空隙分布决定了黏结力最薄弱部位出现的位置。60℃定向冲刷后观察试件端面构造深度并无明显减小。

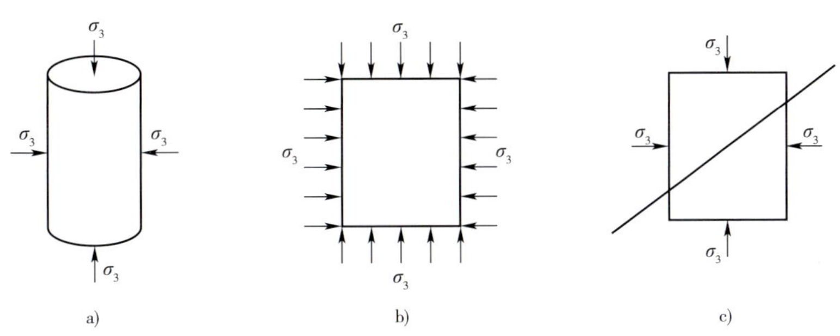

图1-3-10　试件受到三向大小相等的压力发生剪切破坏示意

定向冲刷模式对试件的强度破坏效果不如非定向冲刷模式，而试件均出现了剪切破坏，说明恒定60℃水温对降低沥青黏度、加速剥落是有效的。实际上环氧树脂固化形成的侧壁封闭具有一定的侧向抱紧力，延缓了试件的剪切破坏。

（四）沥青混凝土动水冲刷破坏机理分析

1.沥青路面内沥青胶浆迁移的主要原因

沥青混合料松铺在路面上，许多大颗粒就浮在表面，颗粒之间存在凹陷。经过碾压，大颗粒下沉，沥青胶浆则被反向地挤出，使得这些凹陷逐渐被填充。即使是压实度符合要求的路面在行车荷载作用下仍会被继续碾压密实，表现为车辙和泛油。对密级配沥青混合料，压实度符合要求的路面交工时空隙率为4%~7%，经过6~9年的行车碾压，路面空隙率往往下降到3%以内。因此，车轮荷载对沥青路面结构中沥青胶浆的迁移是直接影响的，它对路面的补充压实和过度压实是造成沥青胶浆迁移的主要原因。

2.动水压力对沥青路面沥青胶浆迁移的作用

在定向冲刷模式下，矿粉、石粉和水泥等粉料的逸出，表明施加逐渐增大的水压力的过程和突然排气卸压水压力迅速消散过程水对沥青胶团有剪切、冲击等作用，会破坏沥青膜对集料的黏结，造成粉料与沥青剥离，随动水流出，部分沉淀在试件表面，部分沉淀在密闭的压力容器底部。粉料的逸出还造成沥青胶团黏度降低，对集料的黏结力减弱。沥青膜对集料的黏结力的降低和沥青胶团黏度的降低相互促进，加速沥青从集料表面剥离。

3.渗水系数与动水压力的关系

通常测试的渗水系数是在较小的水头压力下进行的，且达西定律要求水的流动状态为层流，不能为紊流。水头压力直接影响渗透系数。1m水头约相当于0.01MPa的压力，而据目前已经有的理论分析路面孔隙水压力至少有0.3MPa，这么大的压力目前的渗透仪还达不到，压力太大时水的渗流也不再是层流，不符合达西定律。尽管如此，渗水系数仍然可以大致反映路面空隙率的大小，路面空隙率较小的连通空隙也较少，路面竖直方向不容易透水；也可以反映在雨天路面表面积水的情况下路面空隙中水是否饱和的状态，而路面空隙被水饱和时，车轮荷载迅速通过时容易产生孔隙水压力，如果路面空隙中未充满水，车轮荷载通过时不会产生孔隙水压力，仅仅是将部分水挤入路面空隙中。

4.沥青路面水损坏现象及原因分析

沥青路面水损坏主要有两种现象，一种是自上而下的，表现为表面松散、坑洞，沈金安[2]认为这是由于表面层混合料设计空隙率较大造成的；另一种是自下而上的，表现为口小底大，钻芯时会发现芯样下部松散、断芯。

李之达[4]等经理论分析与试验认为，超孔隙水压改变沥青混凝土的劈裂为剪切破坏形式，在无水状态下疲劳破坏的形式为劈裂状，而在有水状态疲劳破坏的形式则主要表现为剪切破坏；由于交变超孔隙水压的作用，沥青混凝土在有水状态的抗疲劳强度较无水状态的抗疲劳强度低；无论是在有水状态下还是在无水状态下，沥青混凝土的疲劳破坏均从刚性较好的(半刚性)下面层和中面层开始，然后反射到(柔性)上面层。

显然，通车分析的动水压力发生情况是雨天路面积水情况下，车轮荷载高速通过，迅速将水挤入路面空隙，通过后形成真空抽吸。在雨后路面表面水被排走，而路面空隙中仍存留大量水的情况，则没有讨论。造成沥青路面表面干燥而路面空隙中存留大量水的情况可能还有挖方路段泉水上冒等情况。在这种表面干燥而内部空隙中存留大量水情况下，车轮荷载的高速通过仍然会造成动水压力，因为沥青混凝土结构层被压缩，而空隙中的水来不及渗流。沥青路面空隙结构中的水在雨后会逐渐蒸发，水面逐渐下降，所以，结构层位越是靠下边，承受动水压力的时间越长，这可能是自下而上型水损坏现象更多的原因。在动水压力试验的初期，由于不了解排气至大气压时密闭容器中水的喷出对水面下降速度的影响规律，没有贸然定时向容器中加水，最后发现试件上部的劈裂强度损失小，而下部损失大，试验结果如表1-3-3所示。这种不按时加水的动水压力试验，正好模拟了路面结构中水位逐渐下降对路面水损坏现象造成的影响。

花岗岩碎石AC–13C沥青混凝土冲刷3h后劈裂强度损失 表1-3-3

试件编号	空隙率（%）	试件高度（mm）	破坏荷载（N）	15℃劈裂强度（MPa）	劈裂强度损失（%）
14上	7.3	30.1	7415.2	1.549	13.6
15上	7.0	29.5	7354.9	1.567	
16上	7.0	29.6	6308.1	1.340	
14下	7.5	29.4	6930.3	1.484	16.8
15下	7.3	29.5	6043	1.288	
16下	6.9	29.5	7127.8	1.517	

本文所有沥青混合料体积指标均按现行公路沥青路面施工技术规范计算，强度指标按现行沥青与沥青混合料试验规程计算。

第三节　沥青路面动水压力非定向冲刷试验方法

一、非定向冲刷模式

非定向冲刷模式试件侧壁不作封闭，因而试验准备工作较少，一次试验可以测试更多试件。气压均匀地作用于水面时，通过水等值地向沥青混凝土试件传递压力，忽略水的自重压力作用时，试件承受均布的水压力作用，处处相等，方向垂直于作用面。可见试件在竖直轴向承受压力，当气压与轮胎压力相当时，该轴向压力与路面符合。在水平方向试件受力平衡，但由于在水平方向与竖直方向大小相等，因而与路面实际条件存在差异。

在这种冲刷模式下，由于沥青混凝土试件的圆柱面和底面均暴露于水中，使得更多的闭口空隙

和非连通空隙受到动水冲刷，压力水容易侵入沥青和碎石的界面，因此比路面实际条件更为苛刻，它是一种简化了的冲刷模式。这种冲刷模式有利于室内试验迅速评价沥青混凝土的抗水损坏性能。

二、非定向动水冲刷模式的试验参数

（一）非定向冲刷正压力值比较试验

目前对沥青路面动水压力的分析还没有取得一致的结论，因此有必要分析动水压力绝对值对试验的影响。试验负压不变，正负压力作用频率不变，仅改变正压力大小。

为使得试验具有代表性，选取了抗冲刷能力较好的空隙率为4%左右的SBS改性沥青混合料，还选取了抗冲刷能力较差的空隙率为7%左右的AH–70沥青混合料，结果正压力取0.4MPa时它们的劈裂强度损失都接近于0，而正压力取0.7MPa时它们的劈裂强度损失都明显增加。因此，在后续试验中正压力都取0.7MPa。

（二）非定向冲刷模式沥青混凝土强度随时间变化规律分析

为评价沥青混合料劈裂强度随冲刷时间变化的规律，对花岗岩碎石AC–13C混合料在25℃动水冲刷不同的时间，然后在15℃测试试件的劈裂强度。由试验结果可知：与冻融循环相比，动水冲刷的效果显然要明显得多。随着冲刷时间增加，AH–70和SBS改性沥青混合料的劈裂强度持续降低，强度损失增大。冲刷的前3h劈裂强度降低较快，冲刷时间继续增长强度降低变缓。因此，在对沥青混合料水稳定性进行影响因素分析和级配离析影响等的分析时，可以采用25℃动水冲刷3h前后的劈裂强度指标。

（三）非定向冲刷的破坏能量确定

动水冲刷和冻融循环对沥青混合料的黏结力具有不同的作用机理，前者是模拟路面实际条件，利用水压力的交替循环变化对沥青膜进行撕裂、置换、瞬间乳化和冲刷流失等作用，而后者主要是利用冻融循环的较大的温差条件，以及60℃高温条件下水对沥青—石料界面的渗透进行破坏，间接反映水作用下沥青膜对石料的黏附能力。对同样的试件分别进行非定向冲刷和冻融循环，对比两种环境作用的效果，可以对动水冲刷的破坏能量有所了解，还可以了解两种环境作用的异同，从而对它们发生的机理有所认识。

1.试验方法

对处理前后的劈裂试验温度统一为15℃，选择花岗岩碎石制作试件；为获得普遍规律，选择AC–13C、级配离析的AC–13C和AM–13等类型混合料。试件制备时根据AC–13C混合料的沥青膜厚7.6μm调整级配离析的AC–13C的油石比，即使得离析级配的沥青膜厚不变。

冻融劈裂试验流程：将第一组试件放入25℃水浴中约1h，取出试件放入塑料袋中，加入约10mL的水，扎紧袋口放入–18℃±2℃的环境中保持16h±1h。取出试件立即放入60℃±0.5℃的恒温水槽不少于2h，然后放入25℃水浴中约2h，再将试件放置15℃环境箱中不少于8h，然后在材料试验机上进行劈裂。将第二组试件放置15℃环境箱中不少于8h，然后在材料试验机上进行劈裂。

2.试验结果及分析

试验结果显示，25℃动水冲刷短时间内对沥青混合料抗水损坏能力作用明显，对一些黏结力较低的混合料，如表1-3-4中AH–70沥青AC–13C混合料、表1-3-4中级配偏差下限的SBS改性AC–13C混合料，又如表1-3-5中双面击实各25次的AC–13C偏差下限混合料，25℃动水冲刷3h比冻融条件的劈裂强度损失更大。而在混合料初始黏结力较大的情况下，25℃动水冲刷3h的劈裂强度损失更小。可以说，25℃动水冲刷3h与冻融劈裂效果相接近，两个试验的劈裂强度损失的数值既没有数量级的差别，又没有明显的倍数关系。

上述试验结果中级配偏差上限的SBS改性AC-13C混合料其冻融循环后劈裂强度损失也达到了22.1%，即TSR为77.9%，动水冲刷3h后劈裂强度损失14.3%，说明级配细离析对混合料水稳定性能的影响一样应引起注意。

动水冲刷与冻融劈裂试验结果比较　　表1-3-4

混合料类型和击实次数	油石比（%）	空隙率（%）	处理方式	处理后15℃劈裂强度（MPa）	劈裂强度损失（%）
SBS改性沥青AC-13C，双面击实75次	4.7	3.7	25℃冲刷3h	2.156	11
		4.3	冻融劈裂	1.903	21.4
AH-70沥青AC-13C，双面击实75次	4.7	3.5	25℃冲刷3h	2.022	15.4
		3.8	冻融劈裂	2.106	12.1

动水冲刷与冻融劈裂试验结果比较　　表1-3-5

混合料类型和击实次数	油石比（%）	空隙率（%）	处理方式	处理后25℃劈裂强度（MPa）	劈裂强度损失（%）
AC-13C偏差下限，双面击实25次	3.5	11	25℃冲刷3h	0.787	26
		10.1	冻融劈裂	0.883	17
AC-13C偏差下限，双面击实75次	3.5	9.7	25℃冲刷3h	1.033	14.8
		9.2	冻融劈裂	0.928	23.5
AC-13C偏差上限，双面击实75次	5.9	1.2	25℃冲刷3h	1.345	14.3
		1	冻融劈裂	1.223	22.1
AM-13，双面击实50次	3	10.9	25℃冲刷3h	0.801	11.1
		11.4	冻融劈裂	0.796	11.6
AM-13，双面击实25次	3	11.9	25℃冲刷3h	0.585	4.3
		12.6	冻融劈裂	0.573	8.3

三、动水压力试验评价方法和指标研究

（一）间接拉伸试验

1.间接拉伸试验结果及分析

未冲刷试件的劈裂强度见表1-3-6。

未冲刷试件的劈裂强度　　表1-3-6

沥青类型	下列空隙率试件的15℃劈裂强度（MPa）	
	4%（击实75次）	7%（击实25次）
AH-70	2.396	1.719
SBS改性I-D	2.422	1.758

使用马歇尔击实方法制备的试件，直径100mm，高63.5mm左右。由图1-3-11、图1-3-12可见，相对于仅施加正压的动水冲刷，正负压交替作用的动水冲刷对黏结力的破坏作用更大，结合空隙率减小更大的试验结果进行分析，正负压力交替的剪切作用使得沥青膜在石料表面发生反复微小的流动，黏结力更容易损失，因而混合料更容易压缩变形。正压力对试件的劈裂强度损失作用相对于负压力要大，可能是由于正压力的绝对值更大，对促使水在试件内部流动、冲刷作用更大。

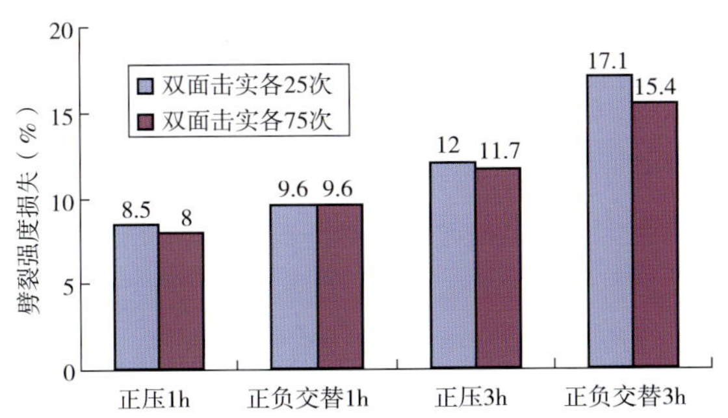

图1-3-11　AH-70沥青混合料冲刷后劈裂强度变化

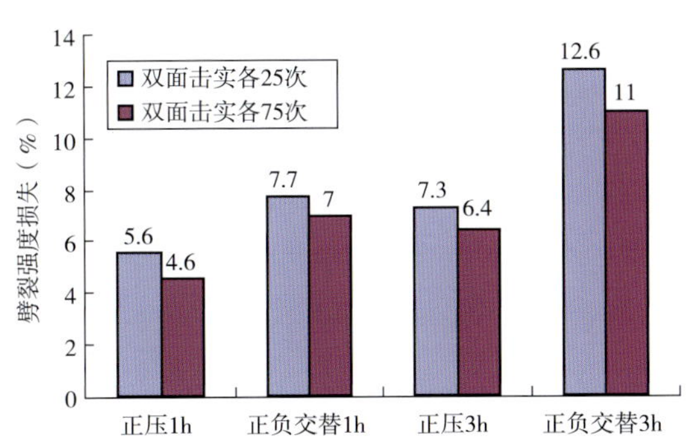

图1-3-12　SBS改性沥青混合料冲刷后劈裂强度变化

2.间接拉伸试验作为评价方法的讨论

目前国外研究者用劈裂强度比和回弹模量比表征沥青混合料的抗水损害能力，国内研究者用的最多的是劈裂强度比，生产单位限于试验条件较多地使用马歇尔稳定度比值。沥青混凝土的破坏主要是由于内部的黏结力不足以抵抗外荷载的作用而逐渐造成的，而黏结力又是构成沥青混合料抗水损害能力的主要因素之一。在间接拉伸的试验条件下，试件受拉破坏，可评价沥青混合料内部的黏结力。因此，间接拉伸的试验方法为研究沥青混合料的水稳定性创造了有利的机理条件。然而，间接拉伸测定沥青混凝土劈裂强度的试验方法存在以下三个问题：

（1）试件的不均匀性

包括两个方面的不均匀性，一个是试件成型本身的不均匀性，这是所有的沥青混合料试件都存在的问题，也是不可避免的，主要产生在装料环节，由于装料造成试件的级配和温度不均匀；另一个是动水冲刷造成的，由于试件内部空隙率分布的不均匀性，即使是空隙率相同的试件也会造成不同的冲刷效果。

（2）间接拉伸拉应力分布和破坏的特点

沥青混凝土的间接拉伸试验有两个特点：第一，对均质各向同性材料，在试件的中轴线上即图中原点处拉应力最大，由于试件中碎石的抗拉强度高于沥青与碎石的黏结强度，破坏只能在沥青与碎石的界面上发生，沥青混凝土试件中的沥青和集料这两种材料力学性质的差异导致上述应力分布曲线会发生重分布，曲线变得不光滑，破坏面变得凹凸不平，特别是可能裂缝首先出现在中轴附近，偏离中轴；第二，经过动水冲刷，原点处的黏结强度可能高于周围各点，因而不一定在原点最先发生破坏。

（3）劈裂破坏面与劈裂强度测定值的随机性

彭勇[26]等对不同级配混合料的试件切割后进行数字图像处理，提取不均匀性信息，分析不同混合料的不均匀性指标与劈裂强度的相互关系，发现混合料均匀性越差，劈裂强度不一定越大，但是劈裂强度的变异系数越大。

对于同一个级配的混合料，其不均匀性指标与劈裂强度的关系则可以作如下分析：间接拉伸试验中，一旦试件在两个压条间固定开始加载，试件的破坏面就已经决定，它就在两个压条中轴所夹的平面上，试件中轴在该平面内。这就是说，间接拉伸试验是以试件内的任意一个中轴面上的劈裂强度来代表整个试件的强度。而间接拉伸试验的上述应力分布和破坏的特点使得每一个中轴面上的应力分布和破坏都可能不同，即该面不一定是试件内强度最低的面，这就可能得到比真实劈裂强度大的测定强度。

那么，间接拉伸试验得到的劈裂强度与真实劈裂强度的差别，就依赖于试件的内部均匀性，如果试件在各个中轴面上的强度基本相同，则这一系统误差可以避免。显然，混合料的公称粒径越小，试件内部越均匀，用劈裂强度指标评价对级配离析影响最不敏感的AC-13C混合料，比其他混合料都要准确。这也是本文在评价沥青混合料的水损坏影响因素分析等需要大批量平行试件的试验中选择AC-13C混合料的重要原因。

（二）单轴压缩试验

与间接拉伸试验相比，强度最低面在哪里不影响单轴压缩试验测试结果，单轴压缩试验破坏总是发生在试件最薄弱的面上，因此可用该试验方法评价沥青混合料抗水损坏性能的可行性。

对同一组试件，单轴压缩试验同样具有试件不均匀的可能，试验数据的离散性与间接拉伸相当，现行试验规程给出的数据整理方法也与间接拉伸试验相同。尽管破坏发生在试件最薄弱的面上，使用单轴压缩试验方法和抗压强度指标评价沥青混合料抗水损害能力最大的缺点，就是物理意义不如间接拉伸合理。

在沥青路面的结构设计中，各结构层往往选择嵌挤级配和密实级配的混合料，它们具有强度高、高温稳定性好和密实不透水的优点。按嵌挤原则构成的沥青混合料的结构强度，是以矿质颗粒之间的嵌挤力和内摩阻力为主，沥青结合料的黏结作用为辅而构成的。按密实级配原则构成的沥青混合料的结构强度，是以沥青与矿料之间的黏聚力为主，矿质颗粒间的嵌挤力和内摩阻力为辅而构成的。也就是说，这两类结构混合料的强度都不是仅仅决定于沥青与矿料之间的黏聚力的。而单轴压缩试验评价的是沥青混合料黏聚力、嵌挤力和内摩阻力的综合结果，因此，可以说单轴压缩试验的评价方法和抗压强度的评价指标相比于间接拉伸试验的评价方法和劈裂强度的评价指标，并没有优越之处。这可能就是前人研究历来使用间接拉伸试验而不是单轴压缩试验的原因。

试验使用旋转压实方法制备的试件，直径100mm，高100mm，试验温度25℃，加载速率2mm/min。初始空隙率为4%和7%的试件的25℃抗压强度分别为2.413MPa、2.084MPa，全部试件都是AH-70沥青。由表1-3-7中试验结果可见，以抗压强度指标评价动水冲刷效果不理想。冲刷时间更长的试件抗压强度损失反而出现负值。

旋转压实试件冲刷后抗压强度损失　　表1-3-7

冲刷时间（h）	以下初始空隙率试件的25℃抗压强度损失（%）	
	4%	7%
9	12.7	12.5
15	−20.3	−3.6

（三）APA轮辙试验

1. APA轮辙试验方法

APA可测试干燥和浸水条件下沥青混合料的永久变形性能和疲劳性能。该仪器具有左、中、右三个平行加载轮。当进行车辙测试时，每组试件分别置于一条具有一定气压的充气软管下并与之直接接触。轮载通过作用于该充气软管将荷载间接施加于混合料试件，如此作用方式可模拟车辆与路面间的相互作用。试验结果以一定轮载作用次数的车辙深度值作为评价混合料永久变形性能的指标。本文中APA轮压设置为44.5kN，软管气压为700kPa，测试温度为60℃，轮载作用次数设置为8000次。通过APA数据采集系统，每个轮道可采集到一个车辙深度值。以三个轮道车辙深度的平均值作为最终的车辙深度测试结果。

APA试件颗粒长轴变化机理如图1-3-13所示。

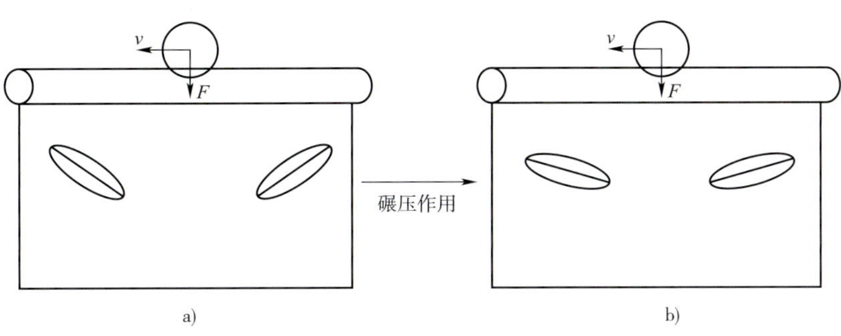

图1-3-13　APA试件颗粒长轴变化机理示意

a)碾压前；b)碾压后

2.数字图像处理方法

李智[25]提出使用等效短轴作为分离粗、细集料的重要形状参数，其意义如下：根据统计分析发现，对于粗集料颗粒边界上任意两点的连线(弦)，存在唯一最长弦，并确保其上每一点都在边界内部，即与边界只相交于两个端点，称该弦为粗集料颗粒最大主轴，可利用其定义颗粒状态方向。根据颗粒面积，将颗粒转换为具有相同面积和最大主轴的等效椭圆。在此椭圆中，与最大主轴相垂直的即为等效短轴，其物理意义如图1-3-14所示。将经过APA碾压的试件从辙槽最深处切开后，数字图像处理按照图1-3-15~图1-3-17的顺序进行，即依次拍摄数码照片、将照片二值化处理和提取颗粒信息。

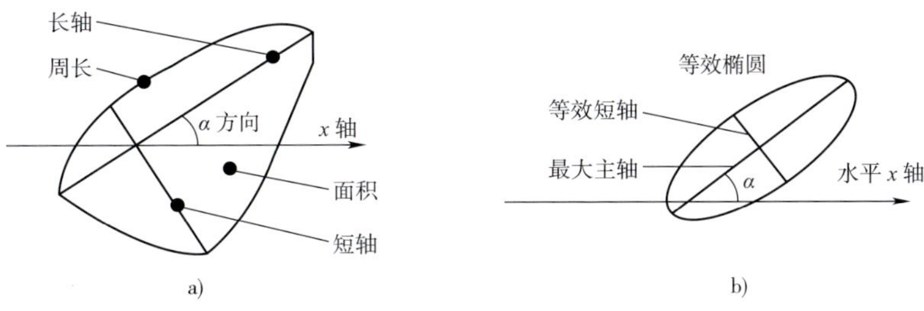

图1-3-14　集料长轴定向示意

图1-3-15　试件切割后的数码照片

图1-3-16　数码照片二值化处理后

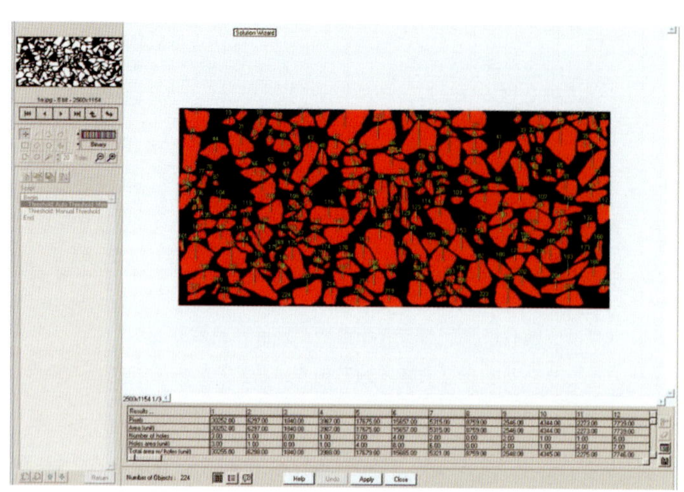

图1-3-17　提取颗粒几何信息

3.结果及分析

由表1-3-8中试验结果可见，APA60℃碾压8000次对试件的颗粒长轴定向角均有一定的影响。经过25℃非定向动水冲刷9h后，试件的辙槽深度增大，颗粒长轴定向角进一步减小，说明动水冲刷对沥青和集料的黏结力有一定的破坏，导致试件的高温抗轮碾变形能力降低。韩海峰等经APA试验发现，同干车辙相比，试件采用浸水车辙测试更易产生较大的永久变形，这与本试验得到的规律是一致的。

APA辙槽深度和颗粒长轴定向角评价沥青混合料抗水损坏能力的缺点是区分度太小，很容易被误差抵消，甚至得到相反的规律。

不同处理方式矿料长轴定向角变化规律　　表1-3-8

试件处理方式	下列初始空隙率试件的APA车辙深度（mm）		下列初始空隙率试件的颗粒长轴定向角平均值（°）	
	8.80%	4.20%	8.80%	4.20%
未处理试件	—	—	38.12	37.5
APA60℃碾压8000次	4.95	1.98	36.93	37.06
25℃动水冲刷9h后APA60℃碾压8000次	5.85	2.66	35.78	36.7

第四节　沥青混合料水稳定性影响因素及高温水煮法特殊黏附性试验评价

一、运用非定向动水冲刷评价沥青混合料抗水损坏能力的影响因素

（一）多因素影响分析

正交试验设计及试验结果如表1-3-9所示，共选择四个因素，每个因素各三个水平。其中沥青类型重复利用一个水平，即拟水平。

级配类型考虑了悬浮密实型、骨架密实型，主要是想比较目前高速公路表面层混合料常用的

AC–13C和SMA–13，空隙率较大的AK类混合料由于水稳定性差，试验设计时没有考虑进来。AC–13F高温稳定性不如AC–13C和SMA–13，但是水稳定性如何还没用动水压力的试验方法评价过，所以选择它。

石料石质考虑了酸性和碱性石料，没有选择被认为中性但是偏酸性的辉绿岩，是因为主要想比较石灰岩和玄武岩这两种碱性石料。

抗剥落措施选择工程上常用的普通硅酸盐水泥、消石灰和液体抗剥落剂（WETFIX BE）。

各试验所用矿料级配如表1-3-10所示。SMA混合料的木质素纤维掺量为混合料总质量的0.3%。各混合料类型设计空隙率均取4%。首先对成型的马歇尔试件在25℃进行动水冲刷3h，然后在15℃分别测试已冲刷试件与未处理试件的劈裂强度，试验结果如表1-3-9所示。

用$L_9(3^4)$表设计试验与试验结果　　表1-3-9

试验号	因素				最佳油石比（%）	劈裂强度损失（%）
	A级配类型	B沥青类型	C石料石质	D抗剥落措施		
1	1（SMA–13）	1（普通沥青）	1（玄武岩）	1（水泥）	5.8	9.2
2	1（SMA–13）	2（改性沥青）	2（花岗岩）	2（消石灰）	6.0	6.7
3	1（SMA–13）	3（改性沥青）	3（石灰岩）	3（抗剥落剂）	5.7	5.4
4	2（AC–13F）	1（普通沥青）	2（花岗岩）	3（抗剥落剂）	5.0	6.1
5	2（AC–13F）	2（改性沥青）	3（石灰岩）	1（水泥）	4.4	11.4
6	2（AC–13F）	3（改性沥青）	1（玄武岩）	2（消石灰）	4.7	10.4
7	3（AC–13C）	1（普通沥青）	3（石灰岩）	2（消石灰）	4.2	2.8
8	3（AC–13C）	2（改性沥青）	1（玄武岩）	3（抗剥落剂）	4.6	2.3
9	3（AC–13C）	3（改性沥青）	2（花岗岩）	1（水泥）	4.7	11.7
K_1	7.1	6.0	7.3	10.8	—	
K_2	9.3	6.8	8.2	6.6		
K_3	5.6	9.2	6.5	4.6		
R	3.7	3.2	1.7	6.2	—	

正交试验用混合料矿料级配　　表1-3-10

试验号	通过下列筛孔（mm）的质量百分比（%）									
	16	13.2	9.5	4.75	2.36	1.18	0.6	0.3	0.15	0.075
1	100	95.9	66	28.2	21	18.3	16	13.6	12	10.6
2	100	95.9	66	28.2	21	18.3	16	13.6	12	10.6
3	100	95.9	60.6	26.2	20	17.1	14.8	12.3	11.3	10.1
4	100	98	75	54	42	30.5	23.1	17.2	12.3	6.1
5	100	98	75	54	42	30.5	23.1	17.2	12.3	6.1
6	100	98	75	54	42	30.5	23.1	17.2	12.3	6.1
7	100	95.7	72	41.4	27.3	19.7	14.8	10.8	8.2	5.7
8	100	95.7	72	41.4	27.3	19.7	14.8	10.9	8.2	5.9
9	100	95.7	72	41.4	27.3	19.7	14.8	10.8	8.1	5.5

比较各因素的极值R可见，影响劈裂强度损失指标的因素由强到弱依次为抗剥落措施、级配类型、沥青类型和石料石质。常温下液体抗剥落剂改善了沥青与集料的界面黏结，提高了混合料的抗水损害性能，所以抗剥落措施对试验结果影响最显著。沥青类型对试验结果的影响仅排在第三位，可能是因为常温冲刷还不能很好地体现SBS改性沥青在黏度方面对普通沥青的优势，尽管动水冲刷前后SBS改性沥青混合料试件的劈裂强度都更高。在第二章特殊黏附性试验的多因素影响分析中，沥青类型对特殊黏附性的影响超过抗剥落措施，可能就是因为特殊黏附性的试验温度较高，所以与动水冲刷的结论不一样。

比较级配类型发现AC-13C比SMA-13的抗水损害性能更好，这与蒋俊等的研究结论是一致的。

（二）单因素影响分析

1.空隙率对抗水损坏能力的影响

总体上，沥青混合料劈裂强度随空隙率增大而减小，如图1-3-18~图1-3-20所示，不论是未处理的混合料、动水冲刷还是冻融后的混合料，都表现出这样的规律。

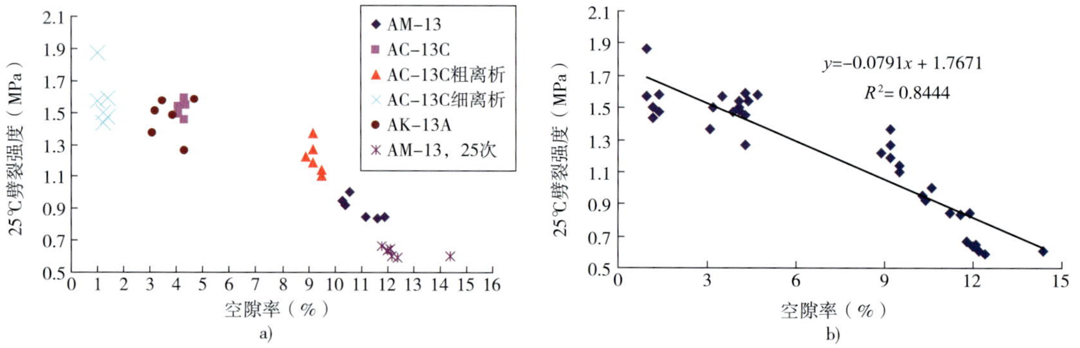

a)　　b)

图1-3-18　未处理的SBS改性沥青混合料25℃劈裂强度

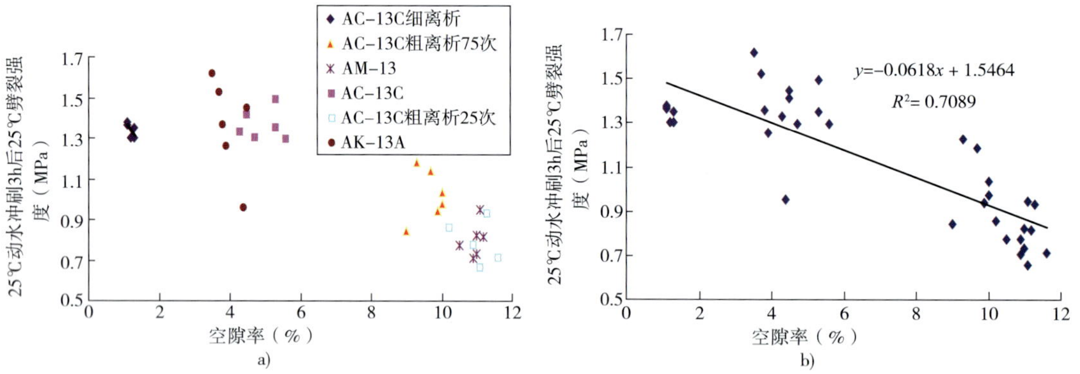

a)　　b)

图1-3-19　SBS改性沥青混合料25℃动水冲刷3h后25℃劈裂强度

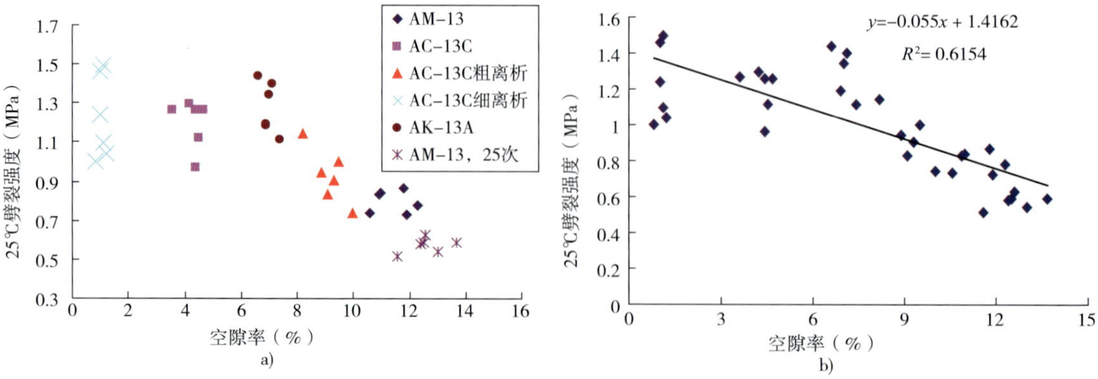

a)　　b)

图1-3-20　SBS改性沥青混合料冻融后25℃劈裂强度

由于沥青混合料具有其自身的级配特性，所以不同级配混合料的试件其空隙率分布在不同的区间内，没有一种混合料成型试件后空隙率能覆盖整个空隙率坐标，即达到想要的任意空隙率。例如，AC-13C、AK-13A属于传统的密实型沥青混凝土，其设计空隙率为4%，双面击实各75次成型的试件实际空隙率分布在3%~5%的范围内，如果减少击实次数至双面各25次，空隙率最大可增加到7%~9%，击实次数少于25次试件将会松散或掉粒；AM-13属于半开级配沥青混合料，其设计空隙率为10%~12%。

彭勇、孙立军[27]认为，无论是何种级配，沥青混合料的劈裂强度都随空隙率的增大而减小，也就是说，沥青混合料的级配并不是劈裂强度的主要影响因素，劈裂强度对混合料的级配变化并不敏感，它只随空隙率的变化而变化。

为分析空隙率与混合料水稳定性能的关系，应尽可能地测试更大空隙率范围的混合料，而要得到较大范围的空隙率分布的试件，可以通过两种方法，一种方法是调整试件的击实次数或压实功，另一种方法是选择不同类型级配的混合料，它们的设计空隙率不同。当然，也可以同时采用这两种方法。考虑到动水冲刷对试件的压实度变化比较敏感，主要以第二种方法为主得到不同空隙率的试件。因此，作者对不同击实次数AC-13C、AK-13A、AM-13和模拟离析级配AC-13C进行了动水冲刷后的劈裂试验，试验结果如表1-3-11所示，模拟离析混合料的油石比根据沥青膜厚与目标级配一致的原则调整得到。

为便于与冻融劈裂得到的结果相比较，作空隙率与TSR的关系曲线（图1-3-21），发现空隙率8%左右TSR最小，即劈裂强度损失最大，抗水损害能力最差。但这并不等于说空隙率12%左右的沥青路面抗水损坏性能就没问题了，从表1-3-11可以看到这些混合料劈裂强度较低，所以沥青路面表面层施工应避免路面空隙率超过6%，压实度低于98%。

这里要着重分析的是，SBS改性沥青AC-13C混合料空隙率达到12%，TSR超过100%，对AH-70沥青的试验结果出现了同样的规律。由表1-3-12可见，空隙率大于12%动水冲刷后劈裂强度损失很小，甚至增加。将动水冲刷的这一结果与冻融劈裂的试验结果比较可见，冻融劈裂试验在该空隙率水平仍然会有TSR小于100%的结果，是因为无论空隙率多少，试件都会受到冻融循环造成的温度应力对沥青集料界面黏结的破坏，以及在60℃水浴中水对沥青集料界面的侵入破坏。而在动水冲刷过程中，由于空隙率很大，造成孔隙水压力消散，或者根本不能形成孔隙水压力，反倒是水压力形成的围压使得试件进一步压密，劈裂强度有所增大。

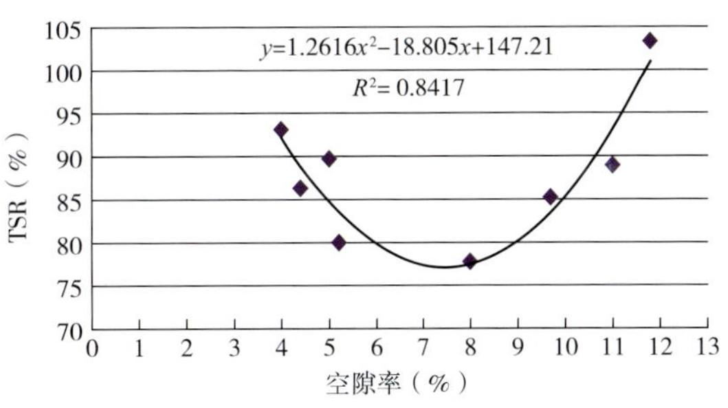

图1-3-21 SBS改性沥青AC-13C混合料空隙率与TSR的关系

SBS改性沥青混合料25℃动水冲刷3h劈裂试验结果 表1-3-11

混合料类型	油石比（%）	沥青膜厚（μm）	粉胶比	击实次数	空隙率（%）	VMA (%)	TSR（%）	冲刷后劈裂强度（MPa）
AM-13	3.0	7.7	1.29	25	11.8	16.9	103.3	0.644
AM-13	3.0	7.7	1.29	50	11	16.1	88.9	0.801
AC-13C偏差下限	3.5	7.6	1.25	75	9.7	15.9	85.2	1.033
AC-13C	4.7	7.6	1.41	25	8	14.1	77.8	1.01
AC-13C模拟粗离析1	4.7	7.6	1.40	75	5.2	14.2	80	0.972

续上表

混合料类型	油石比（%）	沥青膜厚（μm）	粉胶比	击实次数	空隙率（%）	VMA (%)	TSR（%）	冲刷后劈裂强度（MPa）
AC-13C	4.7	7.6	1.41	75	5	14.1	89.7	1.362
AC-13C模拟粗离析2	4.7	7.6	1.40	75	4.4	13.5	86.3	1
AK-13A	5.0	7.6	1.53	75	4	13.7	93.1	1.36
AC-13C偏差上限	5.9	7.6	1.50	75	1.2	13.0	85.7	1.345

AH-70沥青AM-13混合料25℃动水冲刷3h结果 表1-3-12

空隙率（%）	25℃劈裂强度（MPa）	强度损失（%）	TSR（%）
12	0.611	7.5	92.5
13	0.569	-4.6	104.6
14	0.542	-10.9	110.9

2.原材料对抗水损坏能力的影响

1）沥青类型的影响

由图1-3-22、图1-3-23可见，AH-70沥青AC-13C混合料动水冲刷后劈裂强度损失大于SBS改性沥青。

2）级配类型的影响

用SBS改性沥青、玄武岩碎石成型试件，掺2%水泥，对AC-13C、AC-13F和SMA-13三种级配混合料的试件在25℃条件下动水冲刷3h。由表1-3-13中试验结果可见，三种级配混合料抗冲刷能力相当，劈裂强度损失为负值是由试验结果的变异性造成的，表明冲刷前后试件的劈裂强度相当，冲刷后劈裂强度无明显降低。

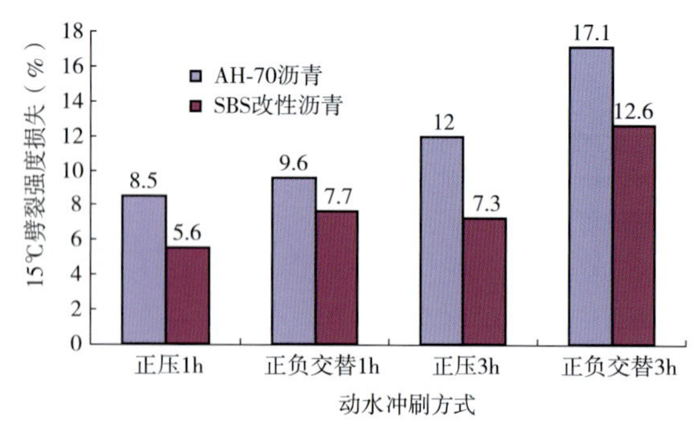

图1-3-22 双面击实25次AC-13C混合料劈裂强度

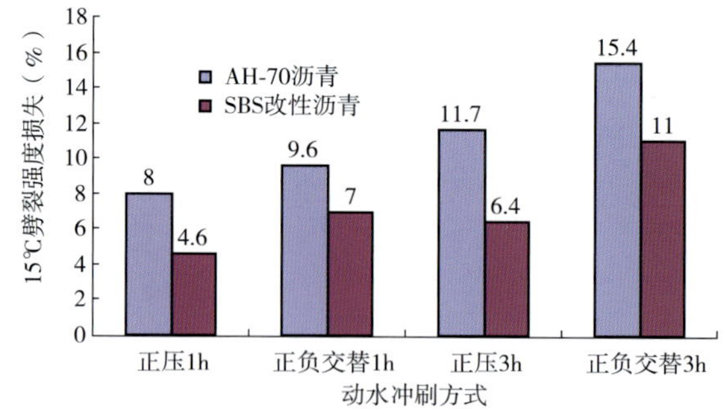

图1-3-23 双面击实75次AC-13C混合料强度损失

双面击实各75次的混合料动水冲刷3h劈裂试验结果 表1-3-13

级配类型	油石比（%）	空隙率（%）	劈裂强度损失（%）
AC-13C	4.7	4	-3.7
AC-13F	4.7	3.7	0.2
SMA-13	5.8	3.5	-3.3

将上述三种级配混合料减少击实次数至25次成型试件，其他条件不变，试验结果显示玄武岩AC-

13C出现劈裂强度损失，SMA-13劈裂强度损失更大，而AC-13F劈裂强度可认为无损失。AC-13C比SMA-13的劈裂强度损失稍小，说明AC-13C混合料抗水损害能力受压实离析影响不如SMA-13显著。在工程实际中，SMA-13铺筑的路面现场空隙率介于6%~8%之间是比较多的，在后文对实体工程SMA-13路面的调查中可以发现这一点，而表1-3-14中玄武岩碎石SMA-13在空隙率为5.6%劈裂强度损失即超过10%，表明压实轻微离析对SMA路面抗水损坏能力影响将会较大。

双面击实各25次的混合料动水冲刷3h劈裂试验结果　　表1-3-14

级配类型	油石比（%）	空隙率（%）	劈裂强度损失（%）
AC-13C	4.7	7	4.6
AC-13F	4.7	6.7	-5.7
SMA-13	5.8	5.6	10.3

3）抗剥落措施的影响

选择花岗岩碎石AH-70沥青AC-13C混合料，比较液体抗剥落剂、水泥和消石灰对水稳定性的改善作用。表1-3-15试验结果显示液体抗剥落剂的改善作用最好，其次是消石灰。

AH-70沥青AC-13C混合料抗剥落结果　　表1-3-15

抗剥落措施	油石比（%）	空隙率（%）	劈裂强度损失（%）
水泥	4.7	7.3	13.3
消石灰	4.7	7.5	10.7
液体抗剥落剂	4.7	6.8	5.6

二、运用高温水煮特殊黏附性试验评价沥青混合料水稳定性

水煮法作为一种将实际路面上受到的水的影响集中、强化，以模拟路面较长时间影响的方法，如果其模拟达不到应有的效果，则其适用性将大大受到限制，特别是在改性沥青应用越来越普遍的情况下。由于沥青的黏度对黏附性具有较大的影响，黏度较高的沥青对一些酸性碎石黏附性并不好，用于路面后的使用情况已经证明了这一点。改性沥青、高黏度沥青等对碎石的黏附性难以用常规水煮法评价，但这并能说明这类沥青对酸性石料的黏附性好，因此有必要降低改性沥青等的黏度至与普通沥青相当的水平，排除黏度对黏附性试验结果的干扰，来评价它们与碎石真实的黏附性。

为此，本文设计了可密闭的水煮容器，对高温条件下沥青对粗集料的特殊黏附性进行了研究，比较了不同沥青胶浆、碎石的黏附性。

（一）特殊黏附性试验方法设计

1.试验仪器工作原理

沥青与粗集料黏附性检验的水煮法与沥青混合料水稳定性检验的冻融劈裂法、Lottman法原理相似，都不是直接模拟造成沥青路面水损坏的动水压力，而是将实际路面上受到的水的影响集中、强化，使在较短的时间内能够模拟路面较长时间的影响。但是，100℃时SBS改性沥青与不同石质粗集料黏附性拉不开差距，使得水煮法的应用受到限制。将水煮温度提高到120℃时，水的分子动能增大，对沥青膜的撕裂作用加剧，而沥青或沥青胶浆黏度降低，对黏附性能具有一定的影响作用。

2.试验仪器设计

设计开发了高温水煮仪，最高水温可达190℃。高温水煮将普通水煮试验搬到密闭容器内进行，当

对密闭容器进行加热时，随着水温的升高，容器内空气温度升高，水蒸气不断产生，容器内压力增大，水的沸点升高，所以水始终不会沸腾。我们还对水是否沸腾进行了实测分析。高温水煮的水温实测可达到180℃。假设120℃时容器内水沸腾，水蒸气的压力达到水的饱和蒸汽压，继续加热水温不再升高，与实际测到180℃的情况相矛盾。故低于180℃时容器内水不会沸腾。但是，容器刚排气完毕，开启容器取出试样时，由于水温仍高于100℃，而压力恢复至大气压，水沸腾，所以这时要尽快取出试样。

（二）沥青对碎石黏附性的影响因素显著度排序

沥青对碎石黏附性的影响因素既有试验方法、条件等因素，又有材料因素，由于工程应用更关心后者，故只对后者展开试验分析，而选择试验条件120℃、15min进行试验。

由表1-3-16可见，WETFIX液体抗剥落剂的高温稳定性较差，不如掺加水泥效果好。尽管水泥对改善黏附性短期内效果不明显，它的作用可能是长期的，但它使得沥青的针入度减小、软化点升高、Brookfield黏度增大，因而对黏附性有一定的改善。试验还得到水泥、消石灰对增大沥青胶浆黏度的作用大于矿粉，这可能也是水泥、消石灰改善沥青混合料水稳定性的原因之一。

用L_8（2^7）表设计试验与试验结果 表1-3-16

试验号	因素				沥青质量损失（%）
	A(碎石石质)	B(沥青类型)	C(油石比)	D(抗剥落措施施)	
1	1（花岗岩）	1（AH–70）	1（4%）	1（水泥）	45.5
2	1（花岗岩）	1（AH–70）	1（4%）	2（WETFIX）	37.4
3	1（花岗岩）	2（SBS改性）	2（10%）	1（水泥）	0
4	1（花岗岩）	2（SBS改性）	2（10%）	2（WETFIX）	12.1
5	2（石灰岩）	1（AH–70）	2（10%）	1（水泥）	22.9
6	2（石灰岩）	1（AH–70）	2（10%）	2（WETFIX）	53.1
7	2（石灰岩）	2（SBS改性）	1（4%）	1（水泥）	0
8	2（石灰岩）	2（SBS改性）	1（4%）	2（WETFIX）	6.5
K_1	95	158.9	89.4	68.4	—
K_2	82.5	18.6	88.1	109.1	—
R	12.5	140.3	1.3	40.7	—

根据极差R值对各因素影响特殊黏附性显著程度排序结果为：B(沥青类型)>D(抗剥落措施)>A(碎石类型)>C(油石比)。沥青类型影响试验结果最显著，而试验中只选用了AH–70沥青和SBS改性沥青，它们的黏度相差很大，AH–70沥青中掺加消石灰、水泥或抗剥落剂都不如将AH–70沥青SBS改性对黏度提高多，可见本质上是黏度对黏附性结果影响最大。因此，在黏附性比较中，排除黏度的影响之后再进行比较是有必要的，这样才能得到全面的结论。

抗剥落措施对黏附性结果的影响排在第二位，说明特殊黏附性试验用于比较不同抗剥落措施的效果是有较好的分辨效果的，说明特殊黏附性试验具有应用价值。

在影响黏附性的材料因素中，油石比影响相对最小。由于碎石蘸沥青后在高温环境下使沥青滴落往往只能控制油石比到误差±1%且操作烦琐，故本文未对影响黏附性的材料因素中的油石比进行单因素影响试验分析。

由图1-3-24可见，部分碎石表面有完整的沥青膜，即沥青膜是整体变薄了，通过肉眼观察应判断为黏附性5级，然而由表1-3-16可见质量损失率为12.1%，借鉴剥落面积黏附性定级标准应判为3级。可见要反映出不同材料黏附性的差异，仅有120℃、15min的试验条件是不够的，还要采用定量化的指标来评价黏附性。

图1-3-24　掺WETFIX的SBS改性沥青与花岗岩120℃水煮后照片

（三）影响沥青对碎石黏附性的单因素分析

1.*碎石石质*

由表1-3-17可见，120℃、15min的试验条件下，SBS改性沥青对花岗岩的黏附性较玄武岩和石灰岩明显更差。如果把剥落面积黏附性定级标准运用于高温水煮质量损失分级方法，则花岗岩为3级，玄武岩为4级，石灰岩为5级，而在普通水煮试验时它们都被判断为黏附性等级5级，因此高温水煮对改性沥青对不同类型石料的黏附性具有明显的分级作用，可以反映出不同材料性能之间的差异。

120℃水煮15min条件下SBS改性沥青对碎石黏附性试验结果　　表1-3-17

碎石石质	花岗岩	玄武岩	石灰岩
油石比（%）	5.18	4.23	4.86
沥青质量损失率（%）	17.71	8.9	2.9

由表1-3-18中质量损失率可见，AH-70沥青对碎石黏附性排序结果为：石灰岩>玄武岩>辉绿岩>花岗岩。

碎石与沥青黏附性试验结果　　表1-3-18

试验条件		100℃,15min	100℃,15min	120℃,15min
沥青类型		AH-70	AH-70+0.3%WETFIX	AH-70+0.3%WETFIX
花岗岩	油石比（%）	7.2	4.2	4.2
	沥青质量损失率（%）	84.5	9.8	37.4
辉绿岩	油石比（%）	4.9	—	—
	沥青质量损失率（%）	68.4	—	—
玄武岩	油石比（%）	3.5	2.5	3
	沥青质量损失率（%）	59.6	43.4	67
石灰岩	油石比（%）	4.5	3.5	4.5
	沥青质量损失率（%）	49.6	46.2	69.4

2.*沥青类型*

由表1-3-19可见，SBS改性沥青对碎石黏附性优于AH-70沥青，抗剥落性能提高了66.8%。

120℃水煮15min条件下沥青对花岗岩碎石黏附性试验结果　　表1-3-19

沥青类型	SBS改性	AH-70	沥青类型	SBS改性	AH-70
油石比（%）	5.2	4.2	质量损失率（%）	17.7	84.5

3.抗剥落措施

1）抗剥落剂

由表1-3-18可见，花岗岩碎石与普通沥青100℃水煮15min时的沥青质量损失率为84.5%，添加占沥青质量0.3%的WETFIX抗剥落剂后，沥青质量损失率减小到9.8%，但将水煮温度提高到120℃时，沥青质量损失率又增加到37.4%（相比表1-3-19同条件试验结果84.5%，提高了47.1%）。不论试验温度为100℃或120℃，与玄武岩和石灰岩相比，掺加0.3%的WETFIX抗剥落剂对花岗岩效果更好。

由表1-3-18与表1-3-20对比可见，与AR-78固体抗剥落剂相比，掺加0.3%的WETFIX抗剥落剂对花岗岩效果更好，可能与它易于分散在沥青中有关。

碎石与沥青黏附性试验结果　　表1-3-20

试验条件		100℃,15min	100℃,15min	120℃,15min
沥青类型		AH-70	AH-70+0.3%AR-78	AH-70+0.3%AR-78
花岗岩	油石比（%）	7.2	4.1	6.1
	沥青质量损失率（%）	84.5	15.3	68.4
辉绿岩	油石比（%）	4.9	4.2	3.4
	沥青质量损失率（%）	68.4	14.4	68.8

2）消石灰和水泥

消石灰在沥青混合料内部以钙离子的状态存在于集料与沥青的界面上，一方面与沥青酸反应，一方面牢牢地吸附沥青，同时在使用过程中不可避免地会接触空气和水，它非但不会溶解，反而会逐渐变为$CaCO_3$，使集料很好地与沥青黏附。消石灰与CO_2反应生成$CaCO_3$是缓慢的，所以消石灰改善黏附性应该也是一个长期作用的过程。而由表1-3-21可见，AH-70沥青掺加水泥和消石灰后，沥青质量损失率均减小，对石灰岩的黏附性得到改善，因此这是沥青胶浆黏度增大的原因。因此碱性石料用于沥青路面时，没有必要掺加适用于改善沥青与酸性石料黏附性的抗剥落剂，采用SBS改性沥青，同时掺加消石灰或水泥即可。

相同温度、相同粉胶比时，沥青胶浆黏度有如下关系:矿粉沥青胶浆<水泥沥青胶浆<消石灰代替部分矿粉沥青胶浆，说明在沥青中加入水泥和消石灰，可以提高沥青胶浆的黏度，消石灰提高黏度的程度大于水泥提高黏度的程度，Brookfield旋转黏度和DSR试验结果是一致的。

100℃水煮15min条件下石灰岩碎石与沥青黏附性试验结果　　表1-3-21

沥青类型	AH-70	AH-70+50%水泥	AH-70+50%消石灰
油石比（%）	4.5	2.7	2.9
质量损失率（%）	49.6	13.4	10

三、两种试验方法结果的对比分析

两种试验方法对沥青类型、集料性质和抗剥落措施的影响结果是一致的，它们都表明SBS改性沥青比AH-70沥青混合料的水稳定性更好，采用石灰岩、玄武岩碎石的混合料水稳定性更好，WETFIX液体抗剥落剂较消石灰、水泥对改善混合料水稳定性更好。

特殊黏附性试验结果受沥青黏度影响最显著，其次是抗剥落措施，而非定向动水冲刷对劈裂强度的结果受抗剥落措施影响最显著，其次是级配类型，再次是沥青类型，反映出两种试验方法作用机理的差别。特殊黏附性试验是依靠水对沥青的乳化作用和水对沥青中部分成分的溶解，以及水对沥青与集料界面的侵入，破坏沥青对集料的黏附能力；而动水压力作用主要是通过压力的瞬间释放对沥青与集料界面产生剪切、冲击的力学作用，破坏沥青对集料的黏附能力。

第五节　沥青混合料不均匀性

一、沥青路面不均匀性研究现状

沥青混合料的离析是指经过摊铺压实后的沥青面层在一定区域范围内材料组成与设计不符，诸如沥青混合料的级配组成、沥青含量、空隙率、碾压温度等存在差异，从而使成型的路面表现出不同的路用性能，它主要包括集料离析和温度离析两大类型。

目前离析研究无论是对碎石、石屑，还是对生产出的沥青混合料，都主要关注各筛孔通过率变异系数，重在提醒人们离析的存在，以引起注意。彭余华[28]、扈惠敏[29]等还对生产过程中沥青、集料、矿粉等的变异性进行了大量研究。摊铺松铺的混合料在路面上其级配确定，这个最终级配也是碎石运输、堆放、混合料拌和、装载、运输、二次搅拌和摊铺等环节综合影响的结果，值得密切关注。彭余华对摊铺松铺造成的级配离析进行了研究。邓习树[30]、李冰[30]等对减小装载、运输造成的沥青混合料级配离析的二次搅拌和加热工艺进行了研究。

离析造成沥青混凝土的结构组成和体积指标变化，从而造成路用性能的差异，目前主要关注级配变异性与空隙率、渗水性和路用性能的关系。美国NCHRP–441还对离析导致沥青混凝土的力学性能进行了大量研究，如表1-3-22所示。

NCHRP–441关于离析对混合料物理力学性能的影响的结论　　表1-3-22

混合料性能	离析程度对混合料性质的损害			
	无离析	轻微离析	中等水平离析	严重离析
渗透性	轻微增加	随离析的严重程度增加		
回弹模量	没变化	80%~90%	70%~80%	50%~70%
动态模量	没变化	80%~90%	70%~80%	50%~70%
干拉伸强度	110%	90%~100%	50%~80%	30%~50%
湿拉伸强度	80%~90%	75%	50%	30%
低温拉伸应力	无评价方法			
疲劳寿命损失	未预测	38%	80%	99%
车辙隐患	无显著影响			不详

对离析产生的根源和原因，则主要关注产生级配变异、温度离析的各环节，针对各环节提出了一些质量检测和控制办法。美国ASTEC公司的专家对装载、运输、堆放、拌和楼冷热料仓等环节造成集料级配离析的现象做了详细介绍，并分析了现象产生的原因。

正是由于离析产生的根源和原因众多，对沥青路面不均匀性的解决办法，即控制方法和指标，业内出现了引入工业产品生产质量控制方法的趋势。郭大进等认为，沥青路面施工过程是否得到控制的评价过程可以分为4个环节：第一，指标选取及指标体系的建立；第二，指标赋权；第三，指标的量化；第四，指标数据的识别。认为经过前期调查分析、施工过程问题界定、初步确定指标和指标筛选与补充，最后运用层次分析法对各类指标进行筛选和补充，并依据一定的指标体系概念模型框架分组汇总，构成了路面质量施工过程控制指标体系。

二、沥青混合料不均匀性模拟方法

1.级配离析模拟对基础数据的需要

通常所说的离析是对成型的沥青路面上相邻部位混合料的级配均匀性。工程中经常抽检生产的沥青混合料级配，其实是检验生产的混合料级配对设计级配的符合性。如果工程没有变更使用的原材料和生产配合比，比较一段较长时间内抽检生产的沥青混合料级配，就可以评价生产的沥青混合料的级配稳定性。

而在现有的沥青混合料级配统计数据中，往往是对一条路进行抽检的结果，其中既有反映级配对设计符合性的数据，又有反映级配均匀性和稳定性的数据。在这种情况下，不妨把所有这些数据看作是同时施工和检测的结果，即把它们看作反映均匀性的结果，而对它们进行离析分布假设和检验分析。

我们知道，离析往往是由于生产、运输和摊铺过程中的系统误差造成的，如运输车装运沥青混合料过程会使粗颗粒从料堆上滚落，又如采用螺旋布料器的工作方式决定了混合料中大颗粒容易集中到两端，因此，运输和摊铺过程中的许多环节造成离析是不可完全避免的。正因为如此，沥青路面的均匀性和稳定性问题在一定程度上是允许存在的，而符合性主要是由人的主观愿望和机械设备的性能状况决定的，因而在很大程度上是可以避免的。在离析模拟中应剔除生产配比不符合设计的级配，即应剔除反映符合性问题的级配，或者对它们单独进行分析。

级配离析模拟主要关心的不是沥青路面整体的变异系数，而是典型离析形式，因此更加需要沥青混合料各筛孔实际通过率基础数据，以及施工中各种原因导致的级配整体偏离设计级配的原因等，即要找出造成典型离析的系统误差的原因，包括碎石加工备料、沥青混合料生成拌和、运输和摊铺等环节。

典型离析形式比如由于摊铺一幅内中间级配偏细而两边偏粗，又比如由于混合料粒径较大且没有采用改性沥青，层厚度范围内上部混合料偏细而下部偏粗。对这些可能存在的离析现象，应该有针对性地制定取样测试混合料组成的方法，从而得到有用的信息。

2.级配离析模拟方法分析

对沥青混合料组成离析的分析往往离不开级配分析，如文献［23，24］以空隙率指标将离析分为四类：无、轻度、中度和重度，分别采用不同的级配进行了性能测试。

（1）对摊铺机端部和中部混合料组成的典型离析形式分别考虑，同时引入概率统计的方法进行分析。

由于螺旋布料的摊铺工艺和不同粒径具有不同的运动能影响，摊铺机端部混合料往往最大粒径和公称最大粒径含量偏多，而0.6~2.36mm含量偏少，相应地沥青含量偏少。相反地，摊铺机中部混合料最大粒径和公称最大粒径含量偏少，而0.6~2.36mm含量偏多，相应地沥青含量偏多。路面粗离析区域空隙率偏大，所以模拟离析级配混合料还应考虑按不同击实次数制件以使得试件的空隙率符合路面实际水平，毕竟级配离析的模拟只是一个中间环节，最终目的是使空隙率等体积指标达到一定的水平，从而检验离析后的沥青混凝土具有什么样的抗水损坏能力。

（2）对拌和的沥青混合料的级配稳定性进行分析，即对路面施工较长时间内混合料的组成进行跟

踪测试分析。

当样本量很大时（n>30），样本均值近似服从正态分布。以设计级配或规范中值（无法取得设计级配时采用）的各粒径质量为期望值μ，对混合料筛分的基础数据统计得到一定的置信度下各粒径质量的波动范围，然后换算为各筛孔通过率，将波动范围的上、下限和中值作为级配离析的典型。当样本量特别大且其中包括有对摊铺机边部和中部混合料级配检测结果时，也可采用此方法进行分析。

表1-3-23为对安徽省某高速公路沥青路面工程的基础数据进行上述分析得到的结果，由于未提供设计级配，期望的级配采用了旧规范(JTJ 032—94)中值。表1-3-24为对广东省某高速公路SMA-13在拌和楼取样的组成分析结果。

AC-20I离析统计结果（%）　表1-3-23

筛孔（mm）	26.5	19	16	13.2	9.5	4.75	2.36	1.18	0.6	0.3	0.15	0.075
旧规范中值	100	97.5	82.5	71	62	48	37	27	21	15	10	6
平均值	100	97.2	86.5	74.8	60.9	42.8	30	22.2	16.7	12.6	9.7	6.3
上置信区间	100	97.8	83.2	71.8	62.7	48.6	37.7	27.4	21.4	15.4	10.3	6.1
下置信区间	100	97.2	81.8	70.2	61.3	47.4	36.3	26.6	20.6	14.6	9.7	5.9
最大通过率	100	99.3	90.9	80.2	66.2	48	42.4	27	21	16.1	13.3	7.4
最小通过率	100	95	78.7	67.9	55.6	34.5	25.3	19.1	13.8	10.7	8	5

由表1-3-23和表1-3-24可见，在$\alpha=0.05$时公称最大粒径置信上下限相差不超过3%，4.75mm和0.075mm通过率置信上下限相差不超过1.5%，说明高速公路沥青路面混合料生产能以很高的概率保证级配在很小的范围内波动，那么，沥青混合料生产造成的级配不稳定性不会对摊铺离析造成太大的影响。图1-3-25所示为对拌和站或运料车上的SMA-13混合料历次抽检得到的级配曲线，由图可见除两条级配曲线外其他都在允许偏差范围（两条虚线所示）内。

SMA-13离析统计结果（%）　表1-3-24

筛孔尺寸（mm）	16	13.2	9.5	4.75	2.36	1.18	0.6	0.3	0.15	0.075
设计值	100	96.7	62.2	25.7	21.4	17.3	15.2	13.1	11.9	9.7
平均值	100	94.5	60	26	20	16	14	12.4	11.1	9
标准差	0.1	2.9	3.9	1.6	1.8	1.1	0.9	0.7	0.8	1.3
上置信区间	100	98	64	26.4	22.2	17.8	15.6	13.4	12.3	10.3
下置信区间	100	95.4	60.4	25	20.6	16.8	14.8	12.8	11.5	9.1
最大通过率	100	97.3	66	29.1	22.3	17.1	15.6	13.9	12.8	11.5
最小通过率	99.4	84.6	51.3	23.3	15.1	13	12.1	11.3	9.9	6.9

（3）将工程中由于系统误差造成的偏离设计的级配作为典型级配，即反映混合料级配对设计符合性问题的试验分析。

例如某高速公路SMA-13施工中，由于碎石加工中产生约10%的3~5mm颗粒含量，而SMA-13并不需要那么多的3~5mm颗粒，只需要用到产量的约三分之一，结果生产的混合料的3~5mm掺量普遍偏大，路面压实困难。

由上述分析可见，方法（2）对路面级配离析的影响较小，一般情况下可剔除方法（3）两种系统

误差对路面级配离析造成的影响，则采用方法（1）模拟级配离析是可行的。

三、级配离析对沥青混合料抗水损坏能力影响的试验分析

（一）级配离析设计

AC-25C设计级配与模拟离析级配通过百分率　　表1-3-25

筛孔尺寸（m）	偏差下限（%）	设计级配（%）	偏差上限（%）	模拟粗离析1（%）	模拟粗离析2（%）	模拟细离析（%）
31.5	100	100	100	100	100	100
26.5	92.7	98.7	100	92.7	98.7	100
19	79.3	85.3	91.3	79.3	79.3	91.3
16	72.4	78.4	84.4	72.4	72.4	84.4
13.2	63	69	75	63	63	75
9.5	50.5	56.5	62.5	50.5	50.5	62.5
4.75	32.4	38.4	44.4	32.4	32.4	44.4
2.36	23.2	28.2	33.2	28.2	25.2	28.2
1.18	17.3	22.3	27.3	22.3	19.3	22.3
0.6	11	16	21	16	14	16
0.3	5.5	10.5	15.5	10.5	10.5	10.5
0.15	2.9	7.9	12.9	7.9	7.9	7.9
0.075	2.9	5	7	5	5	5

对AC-25C混合料，模拟摊铺机端部离析的影响级配考虑了两条级配曲线：模拟粗离析1级配只把最大粒径即26.5mm的含量增加了6%，相应地2.36mm的含量减少了6%，其他粒径含量不变；模拟粗离析2级配只把公称最大粒径即19mm的含量增加了6%，相应地2.36mm、1.18mm和0.6mm的含量共减少了6%，其他粒径含量不变。模拟摊铺机中部细离析只考虑了一条级配曲线，如表1-3-25所示。将表1-3-25中数据绘成图，如图1-3-26所示。

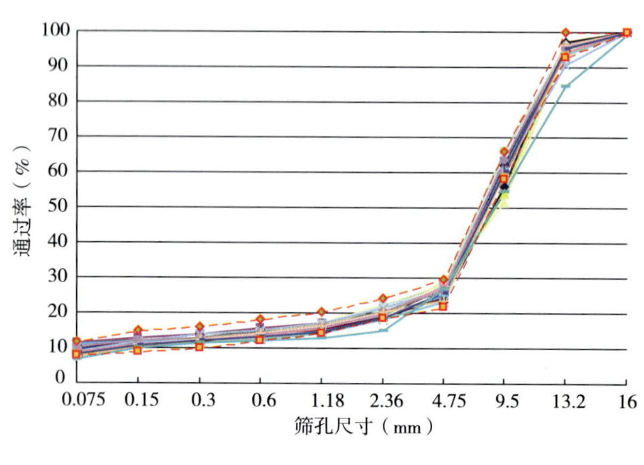

图1-3-25　SMA-13生产级配波动情况

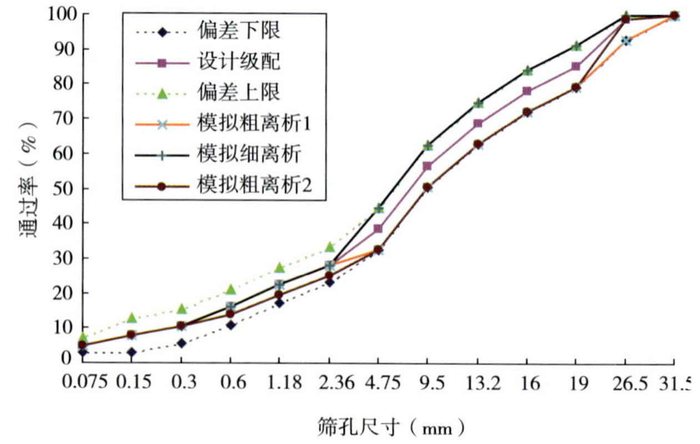

图1-3-26　AC-25C模拟级配离析和原级配对比

对花岗岩碎石SBS改性沥青AC-13C级配考虑摊铺机端部离析设计了两条曲线，如表1-3-26所示。将该表中数据绘成图，如图1-3-27和图1-3-28所示。

AC-13C设计级配与模拟离析级配通过百分率　　表1-3-26

筛孔尺寸（mm）	设计级配（%）	允许偏差上限（%）	允许偏差下限（%）	模拟离析1（%）	模拟离析2（%）
16	100	100	100	100	100
13.2	95.7	99.7	91.7	95.7	91.7
9.5	72	76	68	68	68
4.75	41.4	45.4	37.4	37.4	37.4
2.36	27.3	30.3	24.3	25.3	27.3
1.18	19.7	22.7	16.7	18.7	19.7
0.6	14.8	17.8	11.8	14.8	14.8
0.3	10.8	13.8	7.8	10.8	10.8
0.15	8.1	11.1	5.1	8.1	8.1
0.075	5.5	7.5	3.5	5.5	5.5

沥青混合料拌制后沥青在矿料表面裹覆稳定，不随着级配离析而发生重新分配，那么不论粗、细离析沥青膜厚保持不变。根据这一假设，对上述粗、细离析级配调整油量制作马歇尔试件，用于动水冲刷和冻融劈裂试验。

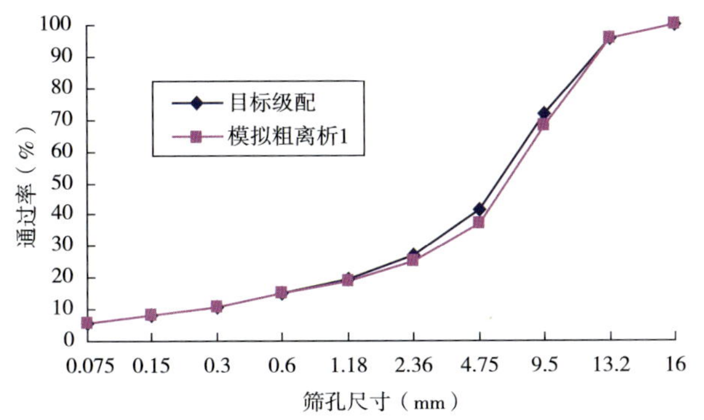

图1-3-27　AC-13C模拟离析级配1和原级配对比

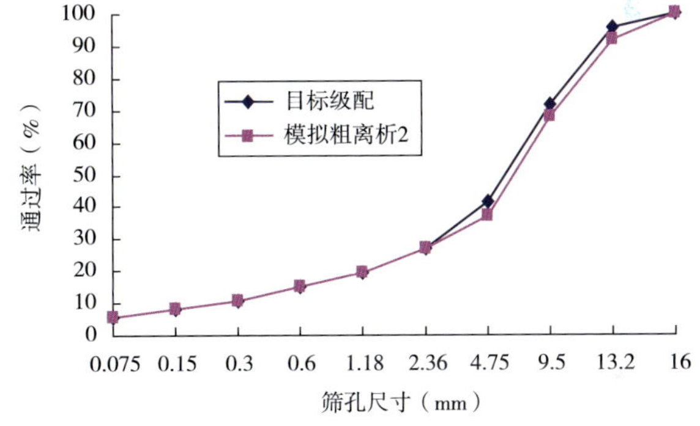

图1-3-28　AC-13C模拟离析级配2和原级配对比

（二）模拟离析的混合料动水冲刷试验结果

1.模拟离析级配AC-25C混合料动水冲刷试验结果

表1-3-27中模拟粗离析1和模拟离析2的混合料是考虑摊铺松铺级配离析规律设计的，尽管4.75mm通过率变化了6%，两个空隙率变化并不大，然而与设计级配相比较，劈裂强度损失均超过了30%。从施工符合设计的角度，级配离析达到模拟粗离析1和模拟离析2混合料的程度显然应引起重视了，不必要模拟更大范围的粗离析进行抗水损坏性能检验，其结果肯定是抗水损坏性能降低更加严重。

模拟离析级配AC-25C混合料25℃动水冲刷3h试验结果　　表1-3-27

级　配	油石比（%）	沥青膜厚（μm）	粉胶比	空隙率（%）	VMA（%）	劈裂强度损失（%）	与未处理的设计级配比较的劈裂强度损失（%）
设计级配	3.7	6.8	1.49	3.4	11.4	3.0	—
偏差下限	2.4	6.8	1.41	9	13.9	20.6	47.4
模拟粗离析2	3.6	6.8	1.53	4	11.8	18.6	35.1
模拟粗离析1	3.7	6.8	1.49	3.5	11.3	19.6	30.6
偏差上限	5.1	6.8	1.49	3	12.1	7.5	36.8
模拟细离析	3.7	6.8	1.48	4.5	12.6	3.1	23.5

由于粗离析区域混合料松铺空隙较大，混合料降温较快，往往伴随有路面压实不足，因此，对粗离析级配混合料减少击实次数成形试件进行了动水冲刷。如表1-3-28所示，偏差下限、模拟粗离析1和模拟粗离析2级配的混合料在25℃动水冲刷3h其强度损失都超过了25%，因此模拟粗离析级配应作为沥青混合料级配离析的控制下限，混合料的生产则更应控制在该范围以内。而试件空隙率为7%显然远远小于路面离析部位，这表明击实次数减少的并不多，如果再减少击实次数，动水冲刷后强度变化将会明显增加。考虑到AH-70沥青混合料试件容易掉粒、松散，没有采用更少击实次数的试件。

模拟离析级配欠密实AC-25C混合料25℃动水冲刷3h试验结果 表1-3-28

级　配	油石比（%）	空隙率（%）	劈裂强度损失（%）	与未处理的设计级配比较的劈裂强度损失（%）
模拟粗离析2	3.6	7.0（双面击实25次）	31.6	46.3
		4.0（双面击实50次）	21.3	27.9
模拟粗离析1	3.7	7.0（双面击实25次）	25.6	34.5

2.模拟离析级配AC-13C混合料动水冲刷试验结果

由表1-3-29可见，与未处理试件相比较，模拟离析级配混合料动水冲刷3h后，无论偏粗或偏细级配其劈裂强度损失均增大，增大比例与目标级配AC-13C相当。

与未处理试件比较的SBS改性沥青混合料动水冲刷试验结果 表1-3-29

级　配	击实次数	油石比（%）	沥青膜厚（μm）	粉胶比	空隙率（%）	VMA（%）	25℃劈裂强度损失（%）
AC-13C	75	4.7	7.6	1.41	4.2	14.1	10.3
允许偏差下限（粗）	75	3.5	7.6	1.25	9.6	15.9	14.8
	25	3.5	7.6	1.25	11	17.1	26
模拟粗离析1	75	4.7	7.6	1.40	5.2	14.2	20
模拟粗离析2	75	4.7	7.6	1.40	4.4	13.5	13.7
允许偏差上限（细）	75	5.9	7.6	1.50	1.2	13.0	14.3

由表1-3-30可见，AC-13C偏差下限级配混合料的实际空隙率为9.3%，已经很高了，但还未达到路面抽芯检查的最高空隙率水平，成型试件时减少击实次数到双面各25次，空隙率达到11.0%，接近路面最高空隙率水平。在沥青路面施工中，级配偏粗的区域往往空隙率偏大，降温较快，难以压实。因此模拟沥青路面级配粗离析时，必需同时考虑压实不足造成的影响。

与设计级配比较的SBS改性沥青混合料动水冲刷试验结果 表1-3-30

级　配	击实次数	油石比（%）	实际空隙率（%）	25℃劈裂强度（MPa）	冲刷前强度损失（%）	冲刷后劈裂强度（MPa）	冲刷后强度损失（%）
AC-13C	75	4.7	4.2	1.519	0	1.362	10.3
允许偏差下限（粗）	75	3.5	9.3	1.213	20.1	1.033	32
允许偏差下限（粗）	25	3.5	11	1.064	30	0.787	48.2
模拟粗离析1	75	4.7	5.2	1.215	20.0	0.972	36.0
模拟粗离析2	75	4.7	4.4	1.158	23.8	1.000	34.2
允许偏差上限（细）	75	5.9	1.2	1.57	-3.4	1.345	11.5

与设计级配AC-13C混合料相比较，模拟粗离析1、模拟粗离析2和级配偏差下限25℃劈裂强度损失都超过了20%，动水冲刷3h后25℃劈裂强度损失都超过了30%；当击实功不足时（双面击实各25次），偏差下限混合料25℃劈裂强度更是损失30%，动水冲刷3h后25℃劈裂强度损失48.2%。可见，即使不考虑压实不足，级配粗离析和级配偏差下限的AC-13C混合料都显得抗水损坏能力不足，为保证沥青混凝土有足够的抗水损坏能力，级配波动范围应小于现行公路沥青路面施工规范要求。

（三）模拟离析评价试验的结论和建议

如果仅考虑空隙率水平模拟离析混合料，理论上级配曲线可能整体向上或向下偏离设计级配曲线，也可能呈S形、反S形偏离设计级配曲线。摊铺离析的现场调查数据表明级配离析往往是发生在公称最大粒径和0.6~2.36mm粒径含量的变化，这就要求模拟离析同时考虑级配和空隙率两个指标，从而减少了级配离析模拟的工作量。

目前螺旋布料的摊铺工艺难以改进，为减小混合料摊铺环节产生的级配离析，只有通过控制摊铺宽度减小级配离析，保证摊铺机状况良好避免熨平板刮料等表面离析，双机联合摊铺搭接良好以保证热接缝质量，操作上提前收斗而不是等到刮板输料器上没有混合料了再收斗，或增加收斗次数，以及减小混合料的公称最大粒径。为减小级配离析而对摊铺后的混合料提出级配控制范围恐怕还存在不少的问题，现行公路沥青路面施工规范对摊铺离析也未提出检验控制标准，仅对沥青混合料的生产拌和提出了级配检验要求。

沥青混合料配合比设计的水稳定性能检验将处理前后的强度指标对比以判断是否满足要求，对模拟离析混合料则显然应从施工符合设计的角度，将模拟离析混合料处理后的强度指标与未处理设计级配的相比较，以评价离析混合料具有什么样的抗水损坏能力。

根据模拟离析动水压力评价试验结果（模拟粗离析6%，冲刷后强度损失30%左右），为保证沥青路面水稳定性，参照现行沥青路面施工技术规范，希望劈裂强度损失率应控制在20%之内，所以级配离析的控制应相应提高标准。建议在AC-25C沥青混合料的生产过程中控制0.075mm筛孔偏差不超过±2%，2.36mm以下筛孔偏差不超过-4%，4.75mm以上筛孔偏差不超过-4%。建议在AC-13C沥青混合料的生产过程中控制0.075mm筛孔偏差不超过±2%，2.36mm以下筛孔偏差不超过-3%，4.75mm以上筛孔偏差不超过-4%。AC-20C的情况建议参照AC-25C。

上述筛孔通过率控制具有一定的经验性，考虑到原材料、混合料配合比设计的差异等实际情况，也可以控制混合料级配离析的程度，即实行筛孔通过率和标准击实试件的空隙率的“双控”。具体方法为：对于密实型混合料，对不同粗离析程度的混合料进行标准击实试验确定空隙率，考虑到沥青混合料试件在8%的空隙率附近水稳定性最差，应以6%的空隙率作为界限，确定允许的级配离析范围，即级配粗离析不能造成空隙率超过该值。该方法具有较好的可操作性，特别适合沥青路面工程建设实际情况，因为参建各单位往往缺乏先进的试验仪器设备，且受工期影响耗时的室内试验不能迅速解决实际问题。

级配离析与空隙率变化紧密相关，在沥青路面施工时，级配粗离析的区域混合料温度降低较快，该区域压实后残留空隙率往往较大，而空隙率变化对沥青路面性能的影响显著。目前的压实工艺与双机联合梯次摊铺一样，相邻两个碾压轮迹纵向也是梯次搭接，横向有一定的重叠宽度，显然不能期望通过改变压实工艺比如先压边部后压中部等，以解决摊铺机端部沥青混合料级配粗离析带来的压实困难。因此，仍然必须从沥青混合料的生产、运输和摊铺等方面采取相应的技术和管理措施。

第六节　沥青路面水损坏技术对策

前面的研究表明，沥青路面离析后极易在动水作用下发生坑槽水害，因此本节有必要深入了解沥青路面施工过程对离析产生影响的主要工艺和因素，并通过全面分析，提出有效的技术对策。

离析通常是指拌和均匀、质量稳定的沥青混合料产品在施工环节中发生了级配非均质性变异，或者发生物理特性和力学特性不均匀性变化的现象。离析现象一般被分成两种类型：材料离析和温度离析。材料离析通常表现为沥青混合料粗、细集料出现分离，沥青含量和空隙率发生波动；温度离析则表现为混合料不同部位出现温度差异，致使施加相同压实功时，产生不同的压实度和不同的空隙率；此外，碾压过程中由于施加的压实功不同，将导致路面压实度出现差异和空隙率发生变化，并将其称为碾压离析。本节将从这三种离析状况着手，开展相关分析和研究工作。

一、沥青混合料离析与水损坏

沥青混合料摊铺碾压过程中的离析问题是沥青路面施工中最典型的不均匀性问题，也是本节讨论的重点。沥青混合料离析问题重新引起国内外道路工程领域技术人员的普遍重视，源自于美国20世纪90年代初开始普遍发生的水损坏现象。2001年初，美国国家沥青技术中心（NCAT）发布了一份研究报告，指出美国沥青路面水损坏现象频繁发生的主要原因为：

（1）1972年美国颁布空气质量保护法，自此沥青混合料拌和机不得排出粉尘，导致热拌沥青混合料中酸性粉尘含量增加；

（2）1973年石油危机之后美国对阿拉伯原油实行禁运，导致路用沥青性质因油源变化而改变；

（3）工业生产中广泛使用了连续式拌和机，导致沥青混合料中的粉尘含量增加；

（4）普遍采用钢轮振动压路机代替轮胎压路机，导致压实过程中搓柔作用减少；

（5）越来越多地使用了OGFC等开级配沥青混合料作为磨耗层；

（6）为了提高路表抗滑能力，磨耗层普遍采用了耐磨光性能良好的的酸性石料；

（7）旧水泥混凝土路面加铺沥青层后由于路表横向坡度较小，容易导致路面积水；

（8）为了提高沥青路面的车辙抵抗能力，沥青混合料中的沥青用量普遍降低；

（9）交通量增加，超载现象严重，轮胎压力普遍提高。

这些原因揭示了由于工业背景发生变化给沥青路面带来的新的损坏问题。其后，以NCAT为代表，美国开始了较为系统的沥青路面离析问题的研究，以寻求在这样的工业背景下减少沥青路面水损坏的有效途径。2000年NCAT承担了公路联合研究项目“热拌沥青混合料路面的离析”（NCHRP9-11），重点研究了沥青路面离析的判别检测方法及离析对沥青路面路用性能的影响。

二、改善沥青路面施工均匀性的技术对策

通过多年来一批技术研究成果的汇总和1000多公里高等级沥青路面施工质量控制经验的积累，深刻认识到，解决沥青路面施工离析，控制坑槽类水损坏的根本对策，一方面需要解决材料设计及其性能评价，另一方面抓好施工过程各环节的规范化和合理化同样十分关键。

（一）沥青路面摊铺与碾压工序中的离析问题

1.级配离析

1）送料系统产生的级配离析

拌和设备均匀生产的沥青混合料在摊铺过程中仍然可能产生级配离析。首先，拌制好的沥青混合

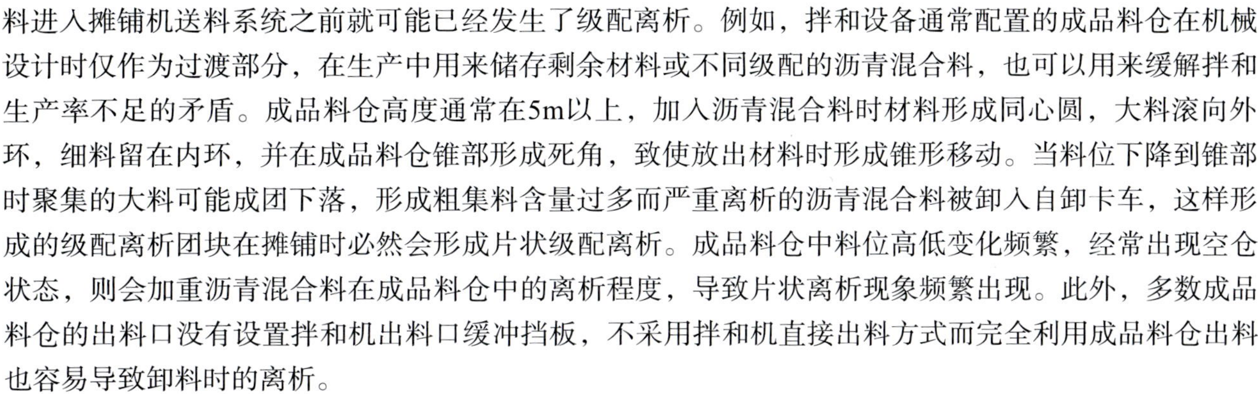

料进入摊铺机送料系统之前就可能已经发生了级配离析。例如，拌和设备通常配置的成品料仓在机械设计时仅作为过渡部分，在生产中用来储存剩余材料或不同级配的沥青混合料，也可以用来缓解拌和生产率不足的矛盾。成品料仓高度通常在5m以上，加入沥青混合料时材料形成同心圆，大料滚向外环，细料留在内环，并在成品料仓锥部形成死角，致使放出材料时形成锥形移动。当料位下降到锥部时聚集的大料可能成团下落，形成粗集料含量过多而严重离析的沥青混合料被卸入自卸卡车，这样形成的级配离析团块在摊铺时必然会形成片状级配离析。成品料仓中料位高低变化频繁，经常出现空仓状态，则会加重沥青混合料在成品料仓中的离析程度，导致片状离析现象频繁出现。此外，多数成品料仓的出料口没有设置拌和机出料口缓冲挡板，不采用拌和机直接出料方式而完全利用成品料仓出料也容易导致卸料时的离析。

成品沥青混合料卸入自卸卡车的过程也是级配离析容易发生的环节。自卸卡车在装料过程位置固定不变或仅向一个方向移动，沥青混合料的粗颗粒滚落到坡脚聚堆成团，进入摊铺机收料斗后致使铺层出现片状离析。

摊铺机的供料系统由刮板供料器、料斗闸门和布料螺旋共同组成。刮板供料器、料斗闸门和布料螺旋协同动作，才能保证布料螺旋布料均匀饱满。多数沥青混合料摊铺机的刮板供料器传输速度与布料螺旋转速匹配且联动控制，确定其中一个的工作参数就决定了另一个的工作参数。控制刮板供料器的运转速度或供料螺旋的转速后，通过固定摊铺机运行速度的试验段试铺作业方式确定料斗闸门开度，就可以实现有效的自动控制，保证布料均匀。

由于我国目前多数沥青路面铺设工程均存在拌和能力与摊铺能力不相匹配的生产能力问题，进行正式的摊铺作业时，摊铺机的摊铺速度难以按照试验段试铺作业的行走速度匀速运行，行走速度时块时慢的现象十分普遍，使得标定的刮板供料器运转速度和料斗闸门开度不能保证进入摊铺室内最恰当的沥青混合料数量。布料螺旋不均匀的断续转动产生粗细料在中间和两端分离，特别是摊铺机行走速度高于预先确定的速度时，容易造成输料系统供料不足，摊铺室内缺料，布料螺旋无法均匀布料，粗颗粒集料可能在布料螺旋边缘处滚落成团，从而形成局部的条带状离析。

送料系统中最常见的级配离析是所谓的“收斗”离析。由于自卸卡车卸料时产生了摊铺机受料斗中沥青混合料分布均匀性的变异，受料斗两侧粗料多、细料少，当车辆交替更换衔接时间隔时间过长，或施工人员对受料斗中材料分布进行较长时间整理，或操作人员不当操作，致使受料斗中间部分的沥青混合料被刮板输料器过分输送形成凹谷，两侧粗料滚入或被整体倾入刮板输料器，送入布料螺旋，产生集中的片状离析。也有很多机手为了防止受料斗两侧翼板黏附较多温度已经显著下降的粗料而影响自卸卡车卸料的工作面，通常会收起翼板清理这些残存沥青混合料，致使成团的温度较低、粗颗粒集中的沥青混合料成团地被刮板输料器送入布料螺旋，产生集中的片状离析。严重时几乎每车都会出现“收斗”离析，在摊铺后的铺层上形成有规律的片状离析。

2）布料螺旋与熨平板产生的级配离析

除摊铺机送料系统配置不当引起摊铺室料位变化导致的摊铺级配离析外，布料螺旋与熨平板的性能与配置也会产生级配离析。目前的摊铺机限于自身功率，需要适当提高螺旋位置以物料半埋螺旋方式节省功率，半埋螺旋引起的输料能力下降要靠提高螺旋转速予以补偿，布料螺旋高速旋转降低了螺旋的二次拌和功能，使得摊铺过程无法消除送料系统内已经存在的级配离析与温度离析。

摊铺机布料螺旋的安装位置、固定方式、螺旋直径等原因均可造成铺层的纵向条带状离析。左右两螺旋正中接合部以及螺旋链箱和左右螺旋各自的支撑对于布料螺旋均匀稳定地横向布料具有阻滞作用，特别是布料螺旋不连续工作时的加减速过程中抛扬物料或物料自行滚落通常会产生上下层离析和宽度方向上的离析，形成离析带。布料螺旋组装不正确，螺旋分料中专门用于均料的叶片漏装、螺旋

叶片过度磨损或螺旋的安装长度不足等，都会使混合料发生条带状离析。摊铺机分料螺旋长度不足时引起外侧缺料或料位过低，粗料滚落到外侧形成严重的粗离析。使用两台摊铺机联合作业时产生的最典型条带状离析可能多于9条，以双机并铺接缝为对称轴、两台摊铺机各自的两个布料螺旋支撑、中央分料器、摊铺机侧缘均可能发生严重的粗离析或者细离析。

熨平板拼装不合理或熨平板受力过大产生的变形均可造成条带状离析。摊铺过程中沥青混合料中的大粒径碎石不断嵌入熨平板的斜楔中，使得熨平板受力变形将铺层刻出一条离析带。

此外，较厚铺层（例如8cm的沥青底面层，10cm以上的沥青碎石混合料结构层）施工时，如果布料螺旋、前挡板等安装高度不当，容易产生铺层上下粗细分层的材料离析现象。

2.温度离析

沥青混合料拌和厂的成品沥青混合料本身就会产生温度变异，如果保温措施不当，运输过程产生的沥青混合料温度离析可能达到相当惊人的程度。采用美国进口红外摄相仪可以对施工全过程跟踪拍摄。由于自卸卡车车厢为钢板制成，导热性很强，沥青混合料导热系数很小，车厢周边温降很大，内部温降则很小会形成较大的温差。

自卸卡车运输途中沥青混合料的温度离析主要表现为内部与外部的温度差异，当自卸卡车将发生温度离析的沥青混合料徐徐卸入摊铺机受料斗时，由于受料斗内剩余的沥青混合料本身就存在温度离析，加之卸入的沥青混合料温度分布具有一定的随机性，就使得受料斗内沥青混合料的温度离析分布状况比较复杂。摊铺机将受料斗中温度离析后的沥青混合料摊铺到路面上，由于布料螺旋的二次混拌作用，铺层内的沥青混合料温度分布可能得以调整，也可能进一步发生离析。

碾压过程中压路机洒水冷却也可能导致铺层温度离析程度的变化。观测表明，某些型号的压路机冷却水洒布系统洒水量过大，仅一个往复碾压过程就可能使得路面表面温度降低16℃，由于压路机实际的碾压路线比较复杂，碾压过程中的温度分布变化也难以预测。

3.碾压离析

1）摊铺机横向初压振实程度的变化

沥青混合料摊铺机的工作装置上一般装备有振动器和振捣梁对混合料进行初压振实。在摊铺宽度方向，距离摊铺机中心越远，熨平板的支承刚度越弱，振动施加于沥青混合料的总作用力将减小，造成沿着熨平板方向的压实功变化，初压振实密度发生离析。

2）摊铺机纵向初压振实度变化

目前使用的多数摊铺机并未将振动或振捣频率与摊铺速度实现联动控制或建立相关关系，一旦熨平板的振动频率或振捣器的频率调定后，除非操作人员重新进行调整，其频率与摊铺速度无关而保持恒定。摊铺过程中由于作业阻力、行驶阻力，或材料供应不足等原因造成摊铺速度变化。由于振捣器的厚度很薄（约2~3cm），振动频率较低（一般小于25Hz），摊铺速度的大幅变化造成铺层初压密实度在行走方向发生变异。摊铺速度加快，振动器对所经过每点的击实次数减少，摊铺速度减慢，振动器对所经过每点的击实次数增加。

由于夯锤厚度较薄，相对于单位时间作业距离的变化而言对于速度的变化十分敏感，如摊铺速度由2m/min变化为4m/min时，对某点的击实次数下降了大约50%，击实功的变化必然造成初压密度变异，产生纵向的碾压离析。振动熨平板宽度大于350mm，最高振动频率大于55Hz，相对于摊铺速度的变化引起其对碾压点击实次数的变化相对较小，对材料的击实密度影响较小。

3）压路机产生的碾压离析

压路机特别是振动压路机在碾压过程中不可避免地会造成碾压离析，这是由于沿钢轮宽度方向对混合料施加的作用力不同。接近轮缘处，由于材料的推移，使压实功发生变化；由于碾压过程中重

叠宽度的影响，使压实功发生变化；由于钢轮碾压过程中对邻近钢轮的材料产生推移发生密实度的变化；由于碾压铺层边沿处有无侧限产生压实功的变化，以及振动压路机起振、停振而随之产生的过渡过程造成的压实功的离析。而这些压实功的变化并未引起工程技术人员的足够重视，但这种离析在某些情况下表现的相当严重。

4）铺层边缘侧限约束不同产生的碾压离析

铺层边缘无侧限，碾压时材料的推移不受限制，铺层边缘区域的密度难于达到要求。在设置路缘石或挡板后限制了碾压推移，铺层边缘的压实度得到提高。

5）压路机产生的纵向压实离析

振动压路机在碾压过程中进行着周期性的循环作业，起步→起振→停振→停机→返回。在起振阶段和停振阶段，振动轮的频率从零到设定值或从某振动值降低至零，在起振和停振过渡过程中，压路机对材料的压实功是变化的。设定的振动频率越高，这种变化越大。

除以上所述之外，振动压路机在碾压过程中的速度变化，振动频率变化、起步、停机、转弯、换向等均产生压路机的纵向碾压离析。合理的碾压长度应该考虑振动压路机起振和停振的时间，以起振时间与停振时间之和的5倍时间，乘以压路机行走速度确定。这样确定的碾压长度可以减少起振和停振造成的碾压不均匀现象。

（二）提高均匀性的质量对策

1.沥青路面施工设备的改进

沥青混合料摊铺设备是沥青路面施工中最重要的施工机械，其性能直接影响沥青路面施工包括均匀性在内的质量水平。为了满足各种工程质量要求的需要，目前的沥青混合料摊铺机在设计与制造方面已经进行了许多重要的技术改造。

沥青混合料摊铺机的设计与制造应用了成熟的机、电、液一体化技术，产品系列更加丰富并逐渐大型化，最大机型的摊铺宽度已达16m左右。全液压、全自控的先进摊铺机正在替代传统产品，结构功能更加完善、性能更加稳定。电液一体化摊铺机已经成为发展主流，自动化程度不断提高。新型摊铺机配置左右独立驱动的行走调速液压回路，依靠电控实现摊铺速度预选、恒速摊铺、直线行驶、圆滑转向及前后行驶等功能。左右独立驱动的螺旋调速液压回路，可以依靠电控实现速度预选及输料量比例控制等功能。左右独立驱动的刮板调速液压回路，能够依靠电控实现输料量的比例控制功能。振捣振动调速液压回路可以依靠电控实现频率预选功能。熨平装置提升液压回路可以依靠电控来实现熨平装置的浮动、减压、提升、下降、锁定等功能。自动调平液压回路可以依靠电控实现平整摊铺的功能；也可以依靠电控来实现振捣频率与摊铺速度的等振距比例控制。

1）摊铺机恒速控制得到广泛应用

在每个摊铺作业循环中，发动机转速的变化，液压元件容积效率的变化及履带（或轮胎）滑转率的变化，都会导致摊铺速度的不稳定，这是影响路面摊铺平整度十分重要的原因。为解决这个问题，现代大中型摊铺机几乎都采用了恒速控制技术来调整摊铺速度。对于履带式摊铺机，在行走液压传动的终端减速箱或液压马达上安装有速度传感器，测出实际的摊铺速度信号，反馈给控制器（即信号处理器）；速度控制器将输入的速度信号与设定的速度进行对比处理，然后输出信号去控制行走变量泵的排量。摊铺速度变慢时，增加变量泵的排量，提高速度；反之，则减小变量泵的排量，降低速度。总之，使速度偏差稳定在要求的范围内。对于轮胎式摊铺机，在发动机上安装有电子调速器，当由于负荷的变化导致发动机的转速发生变化时，电子调速器从发动机飞轮处或液压泵上检测出转速信号，与设定的转速对比处理后输出控制信号控制发动机的供油量，使发动机恢复到原来的设定转速。这些摊铺速度恒定控制技术对提高摊铺路面的平整度效果是明显的，在摊铺机上已经得到了广泛的应用。

2）自动调平装置成为重要特性

摊铺作业时，对于路况产生的干扰，只能靠摊铺机自身的自调平能力来抵抗，使得基层原有的纵坡坡形在摊铺层上得以递减，可起到摊铺的上层比下层平整的效果。对于物料产生的干扰，即由于混合料温度离析、骨料离析、间断输料、夯实不稳定等原因破坏了熨平装置原来的动力平衡，对于这种干扰，摊铺机是无能为力的。因此，摊铺机摊铺的路面平整度较差。为解决这个问题，产生于20世纪60年代的自动调平装置，经过了数次重大改进，从最初的简单开关式到比例自控式，再到比例脉冲自控式，达到了比较完善的程度。近十几年来，非接触式自动调平系统的问世，能高精度、高可靠性、全面补偿校正偏差，实现了自动调平系统的网络化、智能化控制。现在，自动调平装置已经完全成功地应用在摊铺机上，它已成为摊铺机的一个重要特性。

3）比例控制输料达到匹配新水平

以往的摊铺机，其刮板输料系统和螺旋输料系统都是采用机械传动，输料量的控制也都是开关式，输料量与实际生产率（即某种摊铺速度、宽度、厚度决定的生产率）之间难以稳定的匹配，最终影响到平整度。改用液压传动以后，一度螺旋输料系统采用比例控制，刮板输料系统仍是开关控制，除了与实际生产率之间的匹配仍不理想外，两者之间的匹配还不协调。现代高性能摊铺机，左、右刮板输料系统和左、右螺旋输料系统采用了电控变量泵和非接触式料位器，分别进行比例控制，使匹配输料达到了一个新水平，实现了在设定摊铺速度、宽度、厚度情况下连续稳定输料，并且液压系统的负荷也稳定，不但对提高平整度有利，而且提高了传动系统的可靠性。

4）抗离析摊铺技术日趋成熟

抗离析摊铺机采取的措施包括：采用螺旋叶片全埋输料方法，保证大小粒料能被均匀输送，铺层宽度方向粒料均匀，避免横向离析；螺旋前导料板离地间隙可调技术，用以减少粒料向铺层下方滚落，保证铺层厚度方向上粒料均匀，避免竖向离析；螺旋高度多级调整，对铺层表层粒料起到再次连续搅拌作用，使铺层厚度方向上粒料均匀，避免竖向离析；设置反向叶片、改进料槽宽度和螺旋支撑方式，可以改善输料阻滞现象，避免纵向带状离析；改善刮板宽度和料斗形状设计，减少料斗收合时的集料数量，减少大粒料滚落成堆，避免窝状离析；增大摊铺机料斗，减少收斗造成大粒径物料集中产生的局部片状离析；单机大宽幅摊铺，避免双机中接缝温度离析和带状离析等。

5）转运车技术近些年来也受到了广泛关注

转运车最早由美国ROADTEC公司开发，用来改进沥青路面摊铺工艺流程。沥青混凝土摊铺前增配沥青混合料转运车，运输车先把沥青混合料卸在转运车内，通过转运车内的搅拌系统将沥青混合料搅拌均匀后再输送到摊铺机内，再由摊铺机完成摊铺工作。相对历来的摊铺工艺流程，即自卸车—摊铺机—压路机，改进为自卸车—转运车—摊铺机—压路机，可以有效防止离析。

6）提高压路机，特别是振动压路机机械性能来减少碾压离析的问题已经得到重视

一些研究成果指出，改善压路机机械设计与加工质量是十分重要的。

提高碾压轮外圆表面圆柱度加工精度要求，减少振动压路机钢轮和激振器的相对安装位置偏差等，均可以有效提高钢轮压实功的均匀性，减少钢轮振动时振幅沿振动轮宽方向分布的不均匀，消除横向压实功分布变异导致的碾压离析现象。将双轮压路机前后轮起振轴旋转方向由同向改进为逆向，消除与压路机行进方向的依赖性，可以明显消解水平分力作用，防止发生碾压产生的发状裂纹，提高铺层的平整度。

通常，压路机的钢轮在左右方向一般不对称，钢轮振动时一侧端部振幅较大致使铺层留有压痕。行走液压马达的左右对称布置可以保持压路机左右均衡，直线行驶效果良好，很少产生单侧压痕。由于普遍地改进了压路机的洒水系统，改进后的洒水系统能根据沥青混合料的温度和材料类别控制洒水

量，碾轮喷水效果更加均匀，使得热沥青混合料铺层温度分布变异减小，碾压效果更加一致。

2.沥青混合料级配组成的评价与改进

尽管对于沥青混合料的级配组成及其设计方法开展了相当深入与广泛的研究，但从施工角度对沥青混合料离析抵抗能力的研究则几乎仍是空白，对不同类型沥青混合料压实特性的研究也相对不足。本书在前面开展的动水压力试验评价沥青混合料级配耐水损坏试验结果，也在一定程度上反映了级配耐离析的性能，此外，还将介绍一些有益的研究成果作为借鉴。

1）沥青混合料的耐离析特性

沥青混合料的级配可能影响到沥青路面各个方面的性能。一个良好的沥青混合料设计应考虑以下四点技术要求和其综合性。即通过级配中粗细集料的合理分布使粗集料形成稳定的骨架结构；通过良好的级配组成使其具有良好的体积性质；级配中粗集料部分组成合理，能够减少混合料施工过程中的级配离析现象；级配对压实特性的影响。

总结沥青混合料设计理论与方法的研究成果，可以认为，能够有效防止级配离析的沥青混合料级配组成应该具有如下的特点：

（1）关键筛孔的集料通过百分率应该适中，尽量接近粗集料形成骨架的嵌挤状态；

（2）避免最粗的几档集料产生过大的分计筛分结果，形成陡峭的级配；

（3）关键筛孔以上各粒径粗集料的颗粒分布应该尽量均匀；

（4）针对设计空隙率，矿质混合料的集料间隙率VMA应该适量，不宜过小也不宜过大；

（5）按照相同级配原理设计的沥青混合料，最大粒径越大越容易发生离析。

2）离析特性的数字图像分析技术

为了判定各类沥青混合料的耐级配离析性能，徐科在其博士学位论文中曾经定义了一个粗集料结构系数作为依据。该研究认为，沥青混合料级配离析的根本原因在于粗集料分布的不均匀，凭借数字图像处理技术，利用体视学方法，针对集料的二维分布，可以提出评价沥青混合料试件结构各向异性的指标“粗集料结构系数”，并对各种常规级配进行离析程度分析。

3）沥青混合料的压实特性

沥青混合料的压实特性反映了这类材料对于压路机施加碾压作用的阻抗，由于摊铺过程中存在温度离析、熨平板初压振实的不均匀现象，提高沥青混合料的可压实性有益于消除这些离析和不均匀现象。作为工程特性，沥青混合料的碾压阻抗主要和集料及沥青性能、砂及填料与结合料的相对比例、铺层厚度、铺层温度、环境因素有关。就碾压机理而言，碾压阻抗主要来自于沥青混合料组成材料及其混合料的力学特性：

（1）集料颗粒间对于相对位移、进入最紧密排列状态的阻抗，通常称为内摩阻力，主要依赖于集料颗粒的尺寸、强度等级、棱角性，也和矿质混合料的级配组成有关；

（2）沥青胶结料在碾压过程中既可发挥对于颗粒相对位移的润滑作用，也可以产生对于颗粒位移的阻滞作用，碾压条件下胶结料的黏度及其裹附集料后的沥青膜厚度是最主要的影响因素；

（3）来自于胶结料黏弹变形特性中弹性变形部分形成的黏滞阻力，是胶结料性质及其与集料结合状况的函数。

可根据沥青混合料对于碾压的阻抗程度将其分为硬性、一般、软性三类。硬性的沥青混合料难以压实，通常指大粒径级配及粗集粒颗粒含量较高的级配类型，较大的矿粉含量、使用黏稠沥青、沥青用量偏低，将使得这类沥青混合料的压实阻抗更加显著。压实硬性沥青混合料时需要克服颗粒间的内摩擦力，需要采用中、重型振动压路机振动压实。

软性沥青混合料在碾压时容易出现推移和裂缝，难以成形并获得良好的平整度，较多的裂缝降

低了铺层的疲劳寿命，碾压质量难以控制。沥青混合料呈现软性，通常是由于使用无棱角的粗集料，矿质混合料级配中集料最大粒径较小且粗集料含量低，矿粉用量小，沥青结合料偏软，沥青含量偏高等。碾压软性沥青混合料时，宜采用较低接触压力与较大接触面积的压路机型，采用较轻型的压路机以较低速度碾压软性沥青混合料更为适宜。

在沥青混合料的配合比设计阶段，可以通过实验室内制作试件的密实过程对沥青混合料的压实特性做出判断。

采用马歇尔法设计方法时，可以根据经验，分析击实次数与试件密实度的增大关系，经验地判断沥青混合料的碾压阻抗程度。如果击实过程中密度增加较快或击实次数较少便获得要求密度，那么可以判定设计的沥青混合料是容易压实的。

随着Superpave技术的逐渐发展，对于采用旋转压实仪（GSC）成形试件过程中沥青混合料的密度变化过程加以分析，可以获得设计的沥青混合料其碾压阻抗的基本判断。

3.加强沥青路面施工质量控制与管理

1）质量检测方法

沥青路面施工过程中产生的离析现象十分复杂，造成离析的原因也多种多样。因此，需要建立必要的质量检验体系，依靠适宜的检测手段，快速、无破损地获得沥青路面离析的真实状况，采用质量管理的适当方法，找出离析产生的原因，制定控制离析的对策和改进的方法，最大限度地减少离析现象。目前采用较多的检测手段和方法，如表1-3-31所示。

用于离析现象的检测手段与方法 表1-3-31

离析现象	检测手段	应用状况	说　明
温度离析	温度计	普遍采用	获取样本数较少
	红外热像仪	研究采用	可获取大样本
级配离析	钻芯取样筛分	规范规定	获取样本数较少
	无核密度仪或核子密度仪	较普遍采用	可获取大样本数据适于分析离析现象
	激光构造深度仪	较普遍采用	可获取大样本数据
	铺砂法	较普遍采用	获取样本数较少
	表面构造的数字图像法	研究采用	适于分析离析现象可获取大样本数据
	路面雷达测定	研究过程中	可获取大量样本数据，采集速度快
碾压离析	钻芯取样	规范规定	获取样本数较少
	无核密度仪或核子密度仪	较普遍采用	可获取达样大数据，适于分析离析现象
	路面雷达测定	研究过程中	可获取大量样本数据采集速度快

2）现场管理

加强沥青路面施工的现场质量控制与质量管理是改善沥青路面施工离析的主要途径，质量控制、质量保证与质量管理的内容包括：

（1）制定严格的施工质量管理办法。承包商在投标阶段就应该在标书中详细说明对于离析问题的质量控制方法和质量检验频率。监理部门也应在投标阶段明确施工离析问题的质量保证对策，明确操作流程和相应的抽检频率。业主则应认真审核承包商与监理部门的质量控制、质量保证的工作

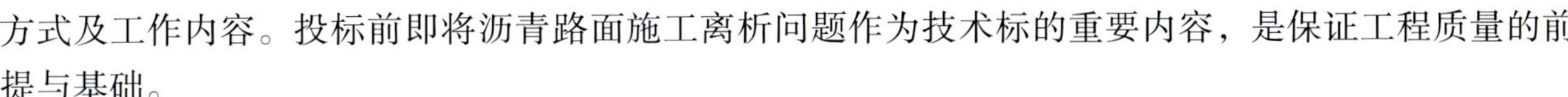

方式及工作内容。投标前即将沥青路面施工离析问题作为技术标的重要内容，是保证工程质量的前提与基础。

（2）确保施工机械的合理配置及其完好状况。就目前的沥青路面施工水平而言，沥青路面的施工机械水平直接影响路面离析程度，需要根据摊铺现场的施工条件和施工环境，按照前面介绍的技术要求选择配置合理的施工机具。施工设备进场后，特别是试验段铺筑前，应该列出详细的设备配置及完好状况检查表，确保最大限度地提高施工机械的质量水平。

（3）严格控制沥青混合料设计质量。现场的沥青混合料配合比设计不同于试验室研究，必须根据现场的备料情况、沥青的技术等级，在考虑其路用性能的同时，慎重考虑沥青混合料的施工特性。即使是试验研究证明其路用性能十分优良的沥青混合料级配，如果摊铺易于离析、碾压难以达到技术要求，也应该考虑施工的可行性予以必要的调整。

（4）抓住关键环节，确保施工过程的质量控制。沥青路面的施工质量控制与管理是一个过程控制与管理的问题，自备料开始即应考虑预防施工离析的对策。通常考虑的关键环节包括备料与料厂管理、试验室试验水平的比对与验证、配合比设计与验证、相邻下卧层的质量检验与评价、试验段铺筑与试验段施工质量评价、施工过程中的质量控制与质量保证等。

（5）充分重视试验段铺筑及铺筑质量评价。应在以上各项工作均得到落实的基础上进行试验段铺筑。试验段铺筑时需要注意沥青混合料拌和质量和质量稳定性，通过必要的检测手段验证沥青混合料的级配组成、体积特性是否满足设计要求，检验其作为批量产品的质量稳定性。通过温度离析、级配离析和碾压离析的有效检测，判断施工的离析程度及其可接受性，针对离析现象查找施工机械与质量控制方面存在的不足。必要时可以在承包商作出质量改进后重新铺筑试验段并进行质量评价。

（6）业主应根据施工过程中暴露出来的离析现象，以科学合理的方法手段进行不间断的质量纠错与质量改进。

第四章　高温多雨山区高速公路垫层及半刚性基层

半刚性基层是高速公路最常使用的基层、底基层结构形式，具有强度高、刚度大、就地取材、技术经济合理的优点，但其收缩裂缝问题至今仍困扰着公路工程界。虽然收缩裂缝问题难以完全避免，但已经有不少事实证明，经过科学的设计、认真的施工和严格的管理，半刚性基层的收缩裂缝是可以减少甚至避免的。因此，问题的关键是在设计和施工中应该采取什么样的技术措施来减少半刚性基层产生的裂缝和提高其耐久性。

垫层是设置在底基层与土基之间的结构层，在多雨地区和季节，土基软化后路面无法施工，降低了土基强度。如何让土基在频繁的雨水下保持良好的水稳定性是一个非常难解决问题。根据一些多雨地区的实际情况，路基顶面设置土基加固型垫层，其功能是为路面施工提供硬化的路基工作表面，提高土基模量，提高土基的水稳定性，有利于延长路面使用寿命。

第一节　水泥稳定类材料抗裂性能研究

提高水泥稳类材料基层沥青路面抗裂性能的措施主要有以下两个方面：

（1）提高混合料自身抗裂性能，主要包括采用抗裂型集料级配、掺加低开裂性外加剂、掺加粉煤灰、混合料体积设计法、强度标准要求等综合措施提高混合料抗裂性能。

（2）在半刚性基层和面层之间设置防反射裂缝层，包括土工织物、改性沥青封层、级配碎石应力消减隔离层。

本节主要研究采用低剂量粉煤灰外掺剂提高水泥稳定碎石混合料自身抗裂性能的措施。

一、混合料配合比设计

选定两种骨架密实级配，采用体积设计法进行预留空隙为2%、6%、10%、14%的混合料设计。根据空隙率与混合料的力学性能的关系推荐合理的空隙率范围和合理的粉煤灰剂量，并建立外掺粉煤灰水泥稳定碎石混合料的7d、28d回弹模量和劈裂强度与7d无侧限抗压强度的关系。

1）集料级配选择

试验所采用的2号级配为近年来工程实际运用中路用性能较好的级配，5号级配为《公路沥青路面设计规范》（JTG D50—2006）中推荐的骨架密实型石灰粉煤灰稳定类集料级配如表1-4-1所示。

水泥粉煤灰稳定碎石混合料级配（%）　　表1-4-1

筛孔尺寸(mm) 级配类型	31.5	26.5	19	9.5	4.75	2.36	0.6	0.075	备　注
2号	100	93.7	73	47	30	23	10.6	0	工地级配1
5号	100	97.5	58.0	29.0	16.0	11.0	3.0	0	骨架密实

2）结合料剂量的确定

外掺粉煤灰水泥稳定碎石混合料中结合料的剂量并不来源于混合料的击实试验，而是根据集料级配的空隙率和混合料的预留空隙率来推算其应填充的质量。至于各种结合料之间具体配合比例，由结合料强度试验决定。在做结合料强度试验时，仅仅将结合料按常规的静压法成形$\phi 5\times h5$cm试样，再测试其强度。最后根据强度和经济指标确定具体配合比例。

3）粉煤灰剂量的确定

通过对各筛孔尺寸的集料进行密度试验，试验结果列于表1-4-2中。

集料的表观密度　　表1-4-2

筛孔(mm)	26.5	19	9.5	4.75	2.36	1.18	0.6	0.3	0.15	0.075
表观密度（g/cm^3）	2.720	2.719	2.717	2.721	2.705	2.697	2.689	2.694	2.698	2.702

外掺粉煤灰水泥稳定碎石混合料中结合料的填充体积和结合料的剂量比例按照体积设计法进行。水泥的剂量采用内掺占4%，石灰掺配量也采用内掺占1%，通过不同的预留空隙，计算粉煤灰的用量，如表1-4-3所示。

结合料的用量比例　　表1-4-3

项　目	2　号				5　号			
集料面湿振实密度（g/cm^3）	2.037				1.974			
集料视密度（g/cm^3）	2.712				2.715			
集料空隙率(%)	24.90				28.55			
水泥干密度(g/cm^3)	1.833		水泥的最佳含水率（%）				15.38	
粉煤灰干密度(g/cm^3)	1.312		粉煤灰的最佳含水率（%）				25.0	
石灰干密度(g/cm^3)	1.276		石灰的最佳含水率（%）				34.6	
预留空隙率（%）	14	10	6	2	14	10	6	2
水泥剂量（%）	4	4	4	4	4	4	4	4
粉煤灰剂量（%）	3	5	7	9	5	7.5	9.5	11.5
石灰剂量（%）	1	1	1	1	1	1	1	1
集料用量（%）	92	90	88	86	90	87.5	85.5	83.5
	混合料							
计算最大干密度ρ'_0（g/cm^3）	2.272	2.249	2.228	2.208	2.246	2.225	2.204	2.183
计算最佳含水率ω'_0（%）	4.88	5.35	5.80	6.23	5.14	5.61	6.06	6.75

4）混合料配合比设计方案

本文试验采用重型击实试验方法确定外掺粉煤灰水泥混合料最佳含水率和最大干密度。具体试验方法参照《公路工程无机结合料稳定材料试验规程》（JTJ 057—94）。最佳含水率和最大干密度试验结果见表1-4-4，并与采用体积设计法计算出来的干密度和含水率进行了比较。

外掺粉煤灰水泥稳定碎石击实结果

表1-4-4

混合料名称	代　号	水泥:石灰:粉煤灰:碎石	最佳含水率(%)	最大干密度（g/cm³）
			w_0	r_0
外掺粉煤灰水泥稳定碎石	CLF2-1	4:1:3:92	5.40	2.319
	CLF2-2	4:1:5:90	5.84	2.302
	CLF2-3	4:1:7:88	6.30	2.272
	CLF2-4	4:1:9:86	6.70	2.244
	CLF5-1	4:1:5:90	5.64	2.302
	CLF5-2	4:1:7.5:87.5	6.20	2.278
	CLF5-3	4:1:9.5:85.5	6.52	2.246
	CLF5-4	4:1:11.5:83.5	6.90	2.225

二、外掺粉煤灰水泥稳定碎石力学性能研究

（一）强度特性

在新拌外掺粉煤灰水泥和集料的混合料中，粉煤灰微珠既有独特的“滚珠轴承”和“解絮”的行为，又能与水泥和细砂共同发挥混合料颗粒级配中的微集料作用。在混合料的前期硬化中，粉煤灰住往作为胶凝材料的“第二组分”，虽能由于“粉末效应”，扩展“水化场合”，增加凝胶生成量，但是这时外掺粉煤灰水泥稳定碎石混合料的硬化作用，毕竟取决于在数量和能量上占优势的水泥熟料矿物的水化，而粉煤灰的“低强度水泥”作用，也必须依靠它和水泥的共同作用才能产生。在混合料的后期硬化中，粉煤灰才表观出优异的火山灰性质。粉煤灰的致密作用主要是粉煤灰在混合料中活性充填行为的综合效果。过去，往往只注意粉煤灰的火山灰活性，掩盖了粉煤灰的活性充填致密作用的实质。其实粉煤灰致密作用的重要意义不逊于火山灰活性。因为粉煤灰的细度小，颗粒强度比较高，粉煤灰的致密作用对混合料强度的发展有利。更重要的是粉煤灰致密作用减少了混合料中的孔隙体积和较粗的空隙，特别是填塞了浆体的毛细孔通道，对基层的耐久性十分有利。

综上所述，粉煤灰在外掺粉煤灰水泥稳定类基层混合料中通过活性效应和填充效应等的综合效应，形成高强度、低模量、高密实度的优质路用基层材料。

（二）无侧限抗压强度

无侧限抗压强度是评价半刚性基层路用性能的一个重要指标。现行《公路路面基层施工技术规范》（JTJ 034—2000）中，对水泥稳定类基层混合料应用于各级公路唯一的指标就是混合料7d无侧限饱水抗压强度；而《公路沥青路面设计规范》(JTG D50—2006）规定在路面结构设计当中，半刚性外掺粉煤灰水泥稳定类基层的设计参数指标采用120d龄期的性能指标，这样就必须掌握7d抗压强度与后期强度尤其是120d龄期的抗压强度之间的关系。本章主要研究了强度变化规律，了解其发展规律，掌握其潜能，从而能够充分发挥水泥粉煤灰稳定碎石的优点。

对上述级配的混合料进行无侧限抗压强度试验，其结果如图1-4-1所示。

从试验结果可以看出，各种类型混合料的抗压强度随着龄期的增长呈增大的趋势。由图1-4-1看出，混合料的28d抗压强度增长速度较快，强度大小接近相同剂量的水泥稳定碎石混合料的强度，28d后强度增长变缓。这是因为，在混合料的前期硬化中，水泥熟料矿物的水化反应在先，火山灰反应二次水化反应在后，而这两类水化反应交替进行，而且相辅相成，互相制约。水泥熟料的水化反应为粉煤灰的二次

水化反应提供$Ca(OH)_2$，而粉煤灰则按照“粉末效应”的原理，为水泥熟料矿物水化反应提供较多的水化产物沉淀场合，从而促进水泥熟料矿物的水化等作用。粉煤灰往往作为胶凝材料的“第二组分”，虽能由于“粉末效应”，扩展“水化场合”，增加凝胶生成量，但是这时外掺粉煤灰水泥稳定碎石混合料的硬化作用，毕竟取决于在数量和能量上占优势的水泥熟料矿物的水化，而粉煤灰的“低强度等级水泥”作用，也必须依靠它和水泥的共同作用才能产生。在混合料的中后期硬化中，粉煤灰才表观出优异的火山灰性质：粉煤灰在常温下与水泥水化产物$Ca(OH)_2$作用发生火山灰反应，具有较高的致密性；同时，水化粉煤灰颗粒间凝胶物相互交叉嵌锁，增加了密实性，也增加了界面间的摩阻力。这种生成高强度水硬性的水化物，不但可消除水泥粉煤灰稳定碎石内的应力和应力集中，而且使外掺粉煤灰水泥稳定碎石具有更高的后期强度。现代的学术观点一般认为：水泥矿物的水化反应是支配28d强度的主要因素。所用水泥的变化引起的28d强度的变化要比粉煤灰变化的影响大得多。这就表现为混合料的7d强度比同期的相同剂量水泥稳定碎石的强度小，而28d抗压强度则逐渐接近同期水泥稳定碎石的抗压强度。90d强度增长变缓，但是仍有一定程度的增加，这时材料中水泥石灰与粉煤灰的火山灰反应成为强度增长的主要原因。

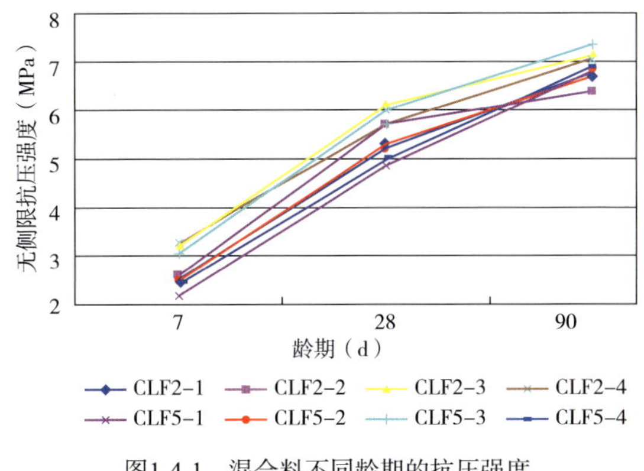

图1-4-1　混合料不同龄期的抗压强度

由图1-4-2可以看出，混合料的7d、28d、90d抗压强度随着粉煤灰的剂量的增大存在峰值，当水泥剂量为4%，石灰用量为1%，粉煤灰掺量为5%~9%时，两种级配混合料7d、28d、90d的抗压强度较高，粉煤灰剂量超过9%，强度呈降低趋势。粉煤灰的用量对混合料的强度影响存在最佳值。存在这种现象主要可以从粉煤灰的填充作用和活性作用两方面进行解释：一方面是由于粉煤灰的填充作用：随着粉煤灰的逐渐加入，不断填充结构中的空隙，使材料由原来的骨架空隙型结构，向骨架密实型结构转变，密实度大大提高，强度也逐渐增加。而当粉煤灰掺量进一步增加，超过了最佳掺量，则使粗颗粒相互分开，从而使骨架密实型结构转变成了悬浮密实型结构，强度下降。另一方面是由于粉煤灰的活性作用：在外掺粉煤灰水泥稳定碎石材料中，水泥主要提供大量的Ca，而粉煤灰的掺入为反应系统提供了大量的Si。当粉煤灰掺量适量时，使系统中的C/S处于最佳范围之间(0.83~1)，则此时反应的自由能变化最小，反应“推度力”最大，材料的宏观性能最好；而当粉煤灰继续掺加后，系统中的C/S超出了最佳范围之间，导致反应程度减少，强度性能下降。

由图1-4-3可以看出，混合料的抗压强度随剩余空隙率的变化存在峰值，剩余空隙率为6%~10%时，两种级配混合料的抗压强度较高。

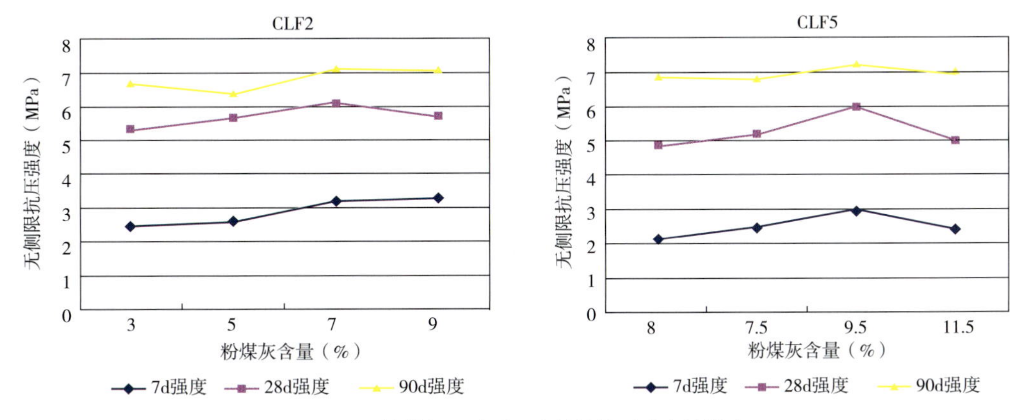

图1-4-2　粉煤灰用量对混合料的抗压强度的影响

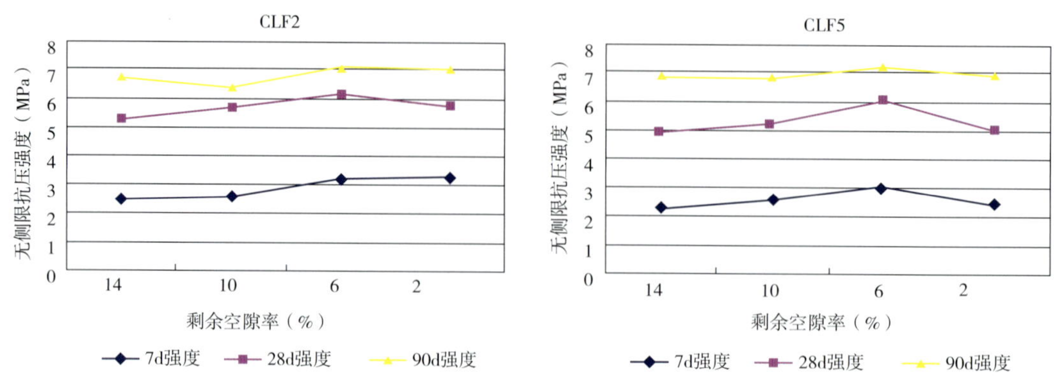

图1-4-3　混合料抗压强度和剩余空隙率大小关系

（三）劈裂强度

外掺粉煤灰水泥稳定碎石在性能上存在的一个不足是抗拉强度低，其明显低于抗压强度是混合料质量的临界指标。在受到荷载作用时或在环境的温湿度变化时，容易开裂，基层开裂以后，不仅破坏了基层的整体性，而且还会造成路面面层开裂。

如图1-4-4所示，劈裂破坏与无侧限抗压破坏的区别在于，前者表现为基体材料间和基体材料与集料之间接触面的破坏，后者表现为混合料整体间的错动性破坏，因此两者的破坏机理在本质上是不同的，强度主要贡献者也不同。对于劈裂强度而言，主要来源于基体材料之间的黏结作用，然后是集料与基体材料间的黏结作用，而集料间的嵌挤作用影响最弱。因此，混合料中必须具有足够的黏结性材料，使之充实于粗集料间，在成形过程中使混合料达到较高的压实度，而黏结性的发挥来源于水泥与粉煤灰以及集料中的细集料的充分接触。另外，混合料中的集料对黏结性基体来说，它破坏了基体的整体性，对混合料的劈裂强度很不利，集料越粗这种负面影响就越明显。所以，从图1-4-5可以看出，在同等条件下随着集料偏细，混合料在宏观上表现出良好的抗拉强度，即表现为在相同的剩余空隙率情况下2号级配混合料劈裂强度同比5号级配混合料要大。

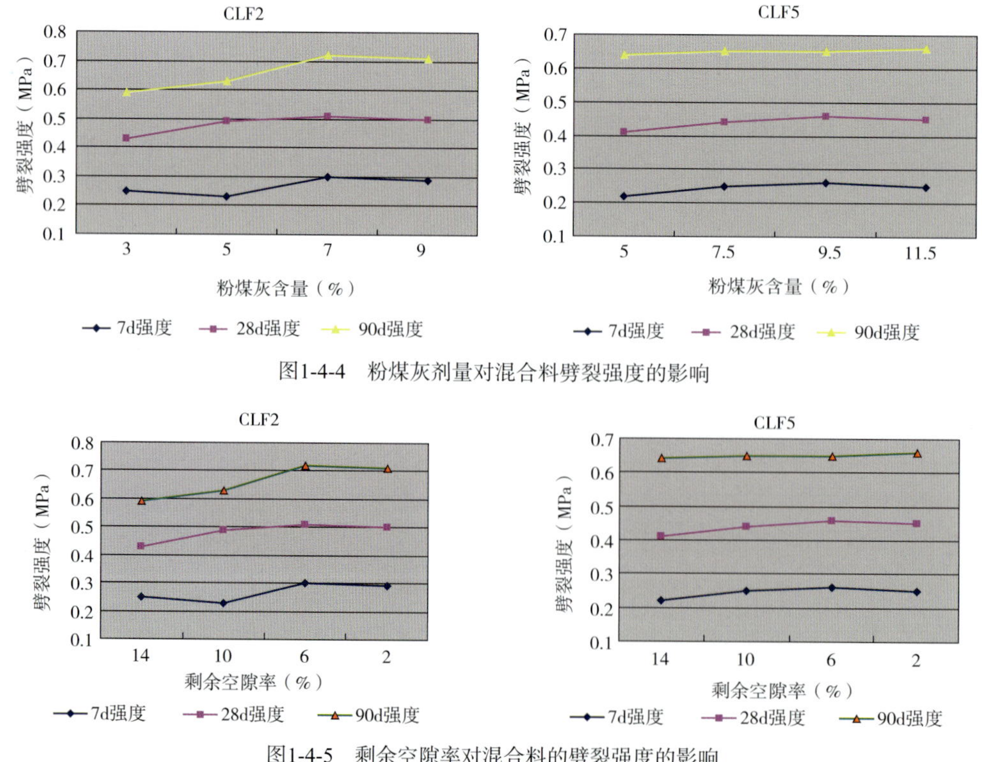

图1-4-4　粉煤灰剂量对混合料劈裂强度的影响

图1-4-5　剩余空隙率对混合料的劈裂强度的影响

通过以上对混合料抗压强度和劈裂强度的分析，我们可以看出，这两者的变化规律保持一定的一致性：在级配类型相同的情况下，强度随粉煤灰用量的变化和预留空隙率的大小存在最大峰值，即存在粉煤灰最佳用量范围和最佳预留空隙率大小；在水泥和粉煤灰比例相同的条件下，强度随级配的变化而变化，即集料级配偏细时强度较高。

（四）抗压回弹模量

本节对前述两种级配八种配比的外掺粉煤灰水泥稳定碎石混合进行了抗压模量试验，研究不同级配和不同粉煤灰剂量混合料的7d模量、28d、90d的模量变化规律。并分析了各种龄期的模量和7d抗压强度的关系。图1-4-6是各种混合料不同龄期的抗压回弹模量。

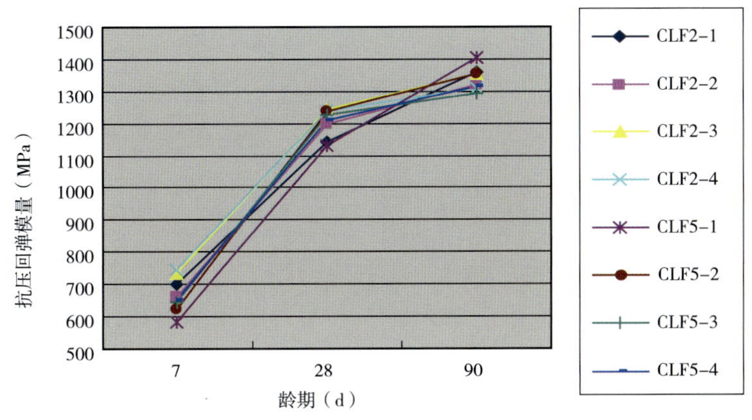

图1-4-6　混合料各种龄期的抗压回弹模量

由试验结果可知：两种级配类型混合料的抗压回弹模量随着龄期的增长而增大，增长速度随着领期的增长逐渐减少。其中CLF2-1增长速度最慢，CLF5-2增长速度最快。材料刚度增长规律解释是：稳定类材料刚度取决于原材料本身模量、反应生成物模量及其组成结构形式等。初期由于反应刚进行，胶结料的形成不足以使混合料成为整体。混合料还处于松散状态，因此早期刚度主要由材料组成结构形式及原材料本身模量决定，所以表现为很小。随着反应的进行，胶结物不断生成，使颗粒之间连接和整体结构逐步加强，所以在图上表现为刚度逐步增大；往后由于反应不断减弱，胶结物生成量也不断减少，刚度增长必然趋于平稳。不同材料之间刚度大小以及其增长曲线不同主要是因为其结构状况不同、反应生成胶结物速度不同所引起的。

三、外掺粉煤灰水泥稳定碎石收缩性能研究

外掺粉煤灰水泥稳定碎石混合料的收缩试验包括温度收缩系数测定和干燥收缩系数的测定。收缩系数的测定均采用10cm×10cm×40mm的梁式试件。

1.温度收缩

根据温度收缩试验方法，对不同的外掺粉煤灰水泥稳定碎石混合料进行温缩系数测试，试验结果如图1-4-7所示。

从图1-4-8可以看出，8种配比的外掺粉煤灰水泥稳定碎石混合料的温缩系数随着温度升高呈降低的趋势，在-10~0℃之间，温缩系数减小缓慢，原因在于粉煤灰的感温性能差，温度收缩效应慢，粉煤灰比例的增加能使一定温度范围内材料的温度收缩效应减小，随着温度的降低，粉煤灰的这种影响减弱。在温度区间为-30~-10℃之间，温缩系数变化最快，不同级配水泥粉煤灰稳定碎石的温缩系数在-30~-10℃达到最大，这就说明混合料在寒冷的冬天易发生温度收缩裂缝。

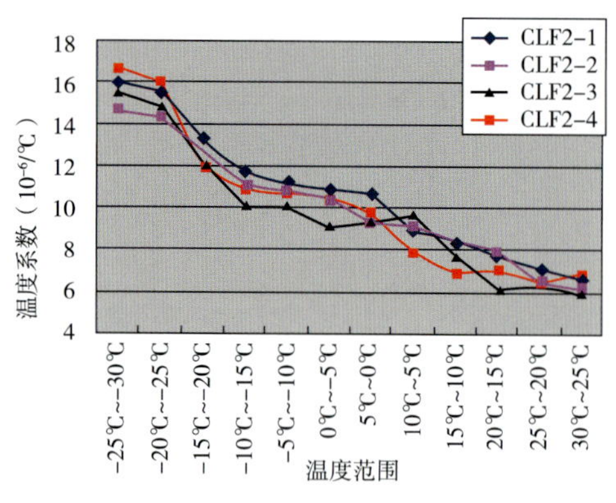

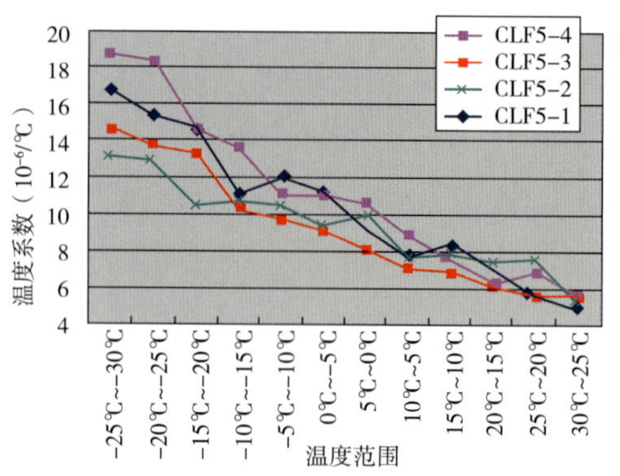

图1-4-7 混合料在不同温度段的温缩系数

从图1-4-9和图1-4-10可以看出，对于两种级配类型的混合料，粉煤灰的用量都存在最佳用量，使得混合料的平均温缩系数最小。2号级配混合料，最佳粉煤灰剂量为7%，平均温缩系数为9.74με/℃。当粉煤灰剂量为3%时，平均温缩系数为10.67με/℃，相比增长了9.5%。粉煤灰剂量为9%时，平均温缩系数为10.19με/℃，增长了4.6%；5号级配混合料，当粉煤灰剂量为9.5%时，混合料的温缩系数最小，为9.22με/℃。随着粉煤灰的剂量的减少，平均温缩系数逐渐增大，粉煤灰剂量为5.5%时，平均温缩系数为10.34με/℃，增大12%，当粉煤灰剂量超过10%，平均温缩系数迅速增长，为11.17με/℃，增大21%。因此，综合考虑两种级配类型混合料的温缩，粉煤灰的合理剂量推荐为5%~9.5%。剩余空隙率对混合料的温缩系数的影响结果与粉煤灰剂量的影响是相应的。因此，最佳剩余空隙率范围为6%~10%。

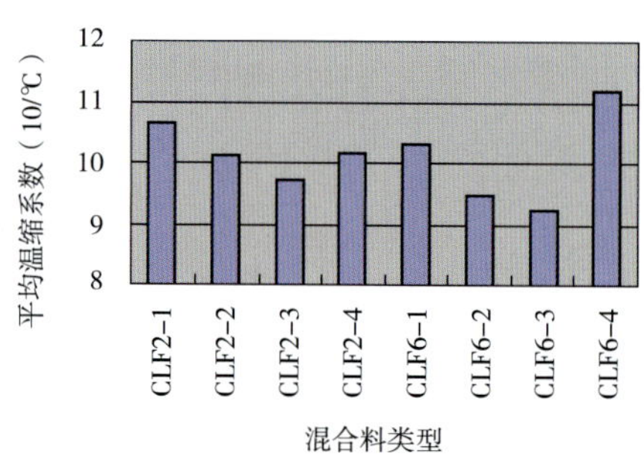

图1-4-8 各种混合料的平均温缩系数

图1-4-9 粉煤灰剂量对平均温缩系数的影响

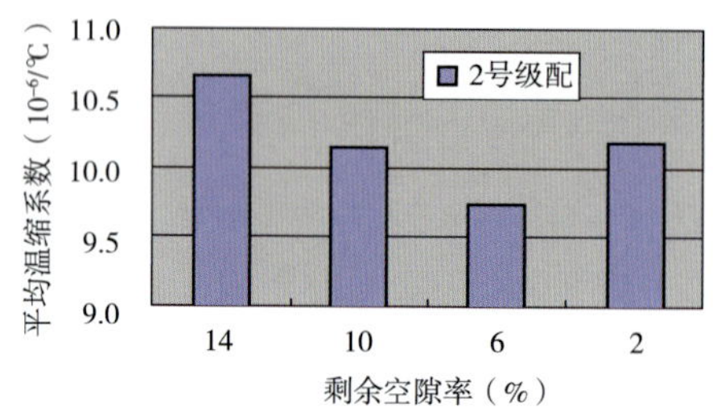

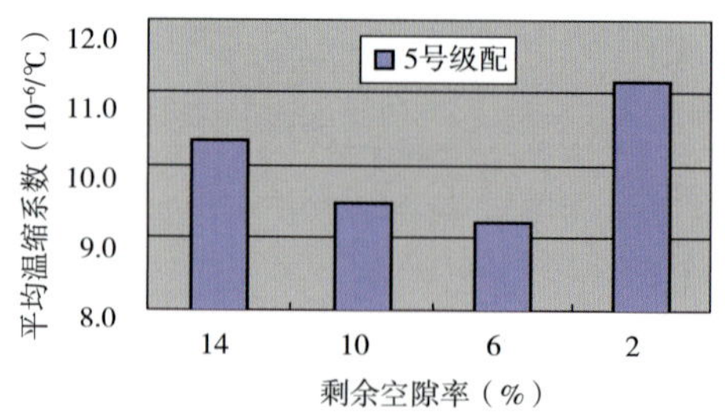

图1-4-10 剩余空隙率对混合料的平均温缩系数的影响

考虑级配对混合料温缩的影响，从图1-4-9可以看出，在粉煤灰剂量为5%、7%、9%时，两种级配类型的混合料水泥剂量均为4%，石灰用量为1%，平均温缩系数呈交替变化的趋势，整体考虑，2号级配的平均温缩系数比5号级配大，级配对混合料温缩的影响相比粉煤灰用量的影响要小。

当混合料在最密实的状态下，集料颗粒之间也不会相互紧密接触，而是被水泥粉煤灰及生成物所隔断，使集料与集料之间产生一定的隔离层。当水泥粉煤灰及其生成物发生收缩变形时，在被集料所包围的空隙内一部分虽然也变形，但受到集料框架的制约和影响，形变量较小。各集料之间的隔离层水泥粉煤灰及其生成物则不受约束，收缩量叠加值就是水泥粉煤灰碎石体积变化量。如果混合料中的粗集料形成骨架，而用水泥粉煤灰与细集料形成的水泥粉煤灰砂浆填充粗集料的空隙，使“富余”水泥粉煤灰在收缩时受到集料框架的约束，同时控制水泥粉煤灰的用量，这将有效地减少水泥粉煤灰碎石混合料产生的裂缝。本章采用体积设计法对2号级配、5号级配混合料进行设计，使结合料充分填充集料空隙，从而抑制水泥、粉煤灰及其生产物的温缩变形，提高混合料的抗温缩变形能力。

2.干燥收缩

试件在高低温烘箱中进行干缩试验，高低温烘箱恒温在+40℃，测量结果如图1-4-11、图1-4-12所示，由图可以知道，外掺粉煤灰水泥稳定碎石混合料的最大干缩系数发生在失水率为1.2%~2.5%之间。随着水分的逐渐减少，混合料的干缩应变逐渐增大，但后期增长速度较前期逐渐变慢。

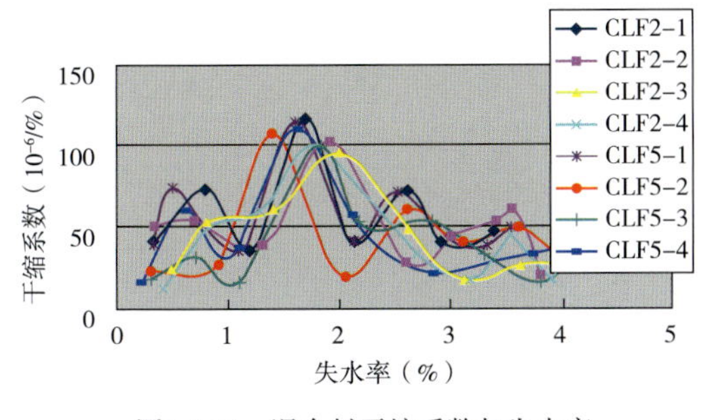

图1-4-11　混合料干缩系数与失水率

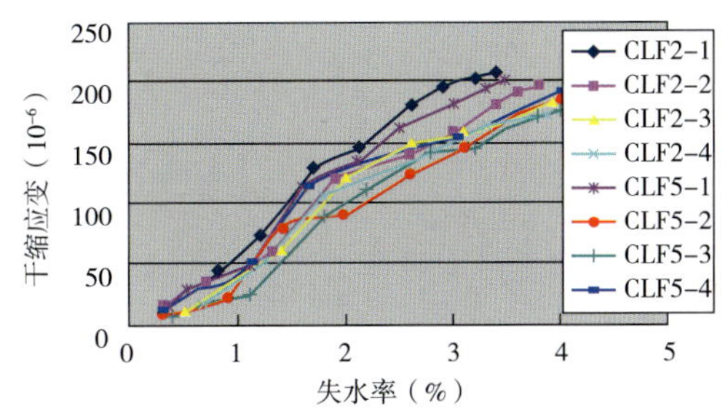

图1-4-12　干缩应变与失水率

从图1-4-13可以看出，在剩余空隙率为14%时，2号级配和5号级配的干缩系数相同，当剩余空隙率为10%时，2号级配和5号级配的干缩系数相差最大仅为5.5με/%，可以看出，集料级配对混合料干缩系数的影响较小。这可以从干燥收缩的定义找到原因，引起干燥收缩的作用机理对集料本身作用不大，在集料形成密实骨架后，整体材料中引起干燥收缩的毛细管作用、吸附水和分子间力作用及层间水作用的空间减小，再加上粉煤灰的微集料作用，使得整体的干缩系数取决于集料本身的干缩性能，只有在这种情况下集料对干燥收缩才有一定的影响，但这种影响力比起水泥或水分损失的影响来说要微弱的多。

水泥粉煤灰比例对干燥收缩的影响：从图1-4-14可以看出，随着粉煤灰剂量的增加，即水泥含量的减少，混合料的干燥收缩减小，2号级配，在粉煤灰剂量为3%时，干缩系数为56.5με/%，当粉煤灰剂量为9%时，干缩系数为41.2με/%，减少15.3με/%（27%）。5号级配，当粉煤灰剂量为5%时，干缩系数为56.5με/%，当粉煤灰剂量为9.5%时，干缩系数为39.9με/%，减少16.6με/%（29.4%）。这是因为水泥自身的特性所决定的，水泥含量减少，干缩系数减小，同时粉煤灰增多，收缩减弱，由于粉煤灰颗粒填充于水泥浆体中水泥颗粒间的空隙中后，能使水泥浆的密实度明显提高，硬化后水泥浆体的干缩明显减少，从而降低混合料的开裂，提高混合料的抗裂性能。粉煤灰对干燥收缩影响显著，即粉煤灰含量的变化同干燥收缩系数的变化是反向的。可见，粉煤灰含量的增多可以减弱水泥对混合料干燥收缩的影响，但也仅仅是在一定程度上改善混合料的干缩性能。有研究表面：当粉煤灰掺量大于10%时，混合料干缩系数迅速增加，其干缩量与水泥稳定碎石相同，粉煤灰的最佳掺配量为5%~10%。论文中，粉煤灰掺量为11.5%时，混合料的干缩系数为42.8με/%，较水泥稳定碎石干缩系数小，但比粉煤灰掺配为9.5%的干缩系数39.9με/%要大。因此，粉煤灰的合理剂量范围为5%~9.5%。

四、外掺粉煤灰水泥稳定碎石与水稳碎石路用性能比较

为研究掺加粉煤灰和石灰对水稳碎石的性能产生的作用，分别从力学性能、收缩性能方面对外掺粉煤灰水泥稳定碎石和水稳碎石进行综合比较。

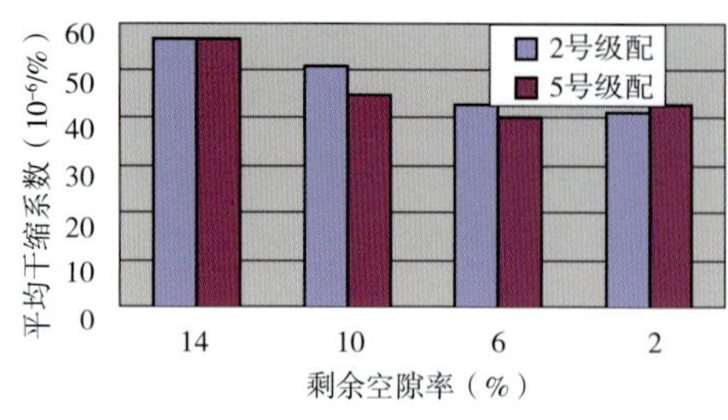

图1-4-13　剩余空隙率与平均干缩系数

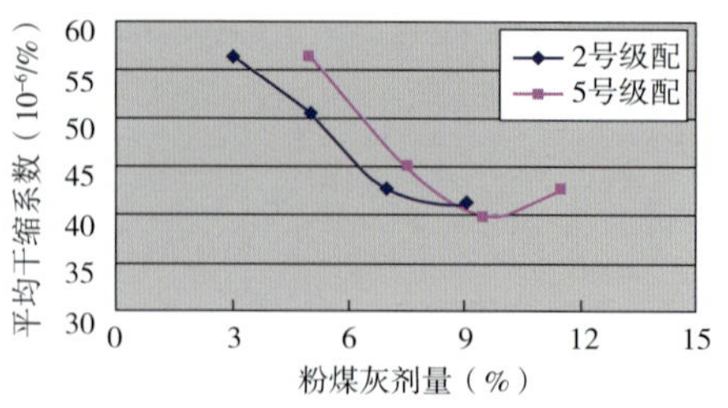

图1-4-14　粉煤灰剂量与平均干缩系数

1.力学性能比较

水稳碎石和外掺粉煤灰水泥稳定碎石的力学性能平均值如图1-4-15~图1-4-17所示。

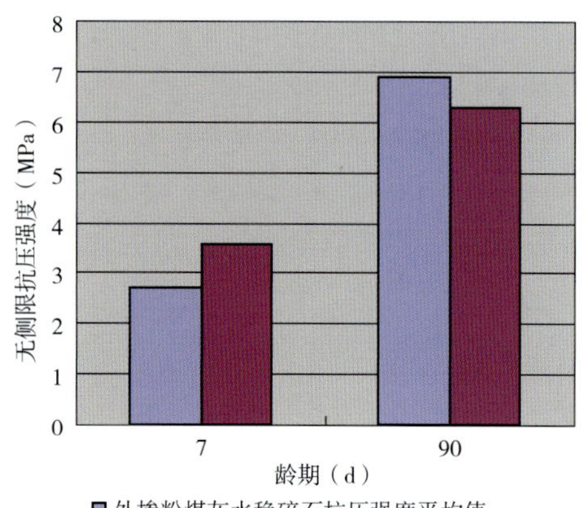

图1-4-15　抗压强度平均值比较

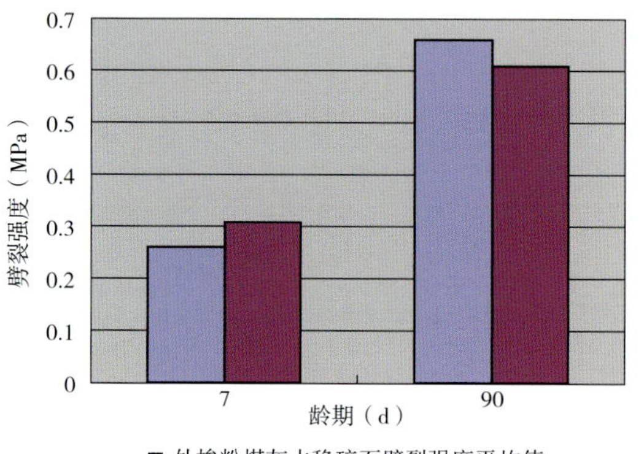

图1-4-16　劈裂强度平均值比较

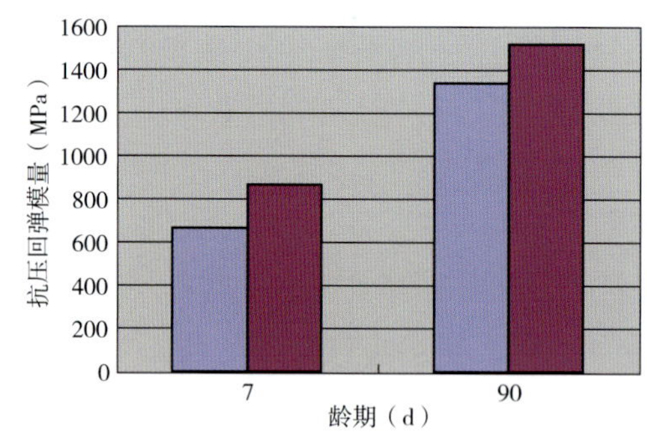

图1-4-17　回弹模量平均值比较

从图1-4-15~图1-4-17可以看出：

（1）外掺粉煤灰水泥稳定碎石的7d无侧限抗压强度和劈裂强度比水稳碎石低，但90d无侧限抗压强度和劈裂强度比水稳碎石高，可见外掺粉煤灰水泥稳定碎石后期抗压强度和劈裂强度增长较快。在抗压强度和劈裂强度较快增长的同时，与水稳碎石相比，回弹模量增长速度要缓慢的多。

（2）掺加粉煤灰使水稳碎石的初期抗压强度和劈裂强度降低，但是可以使后期抗压强度和劈裂强度增长，并且超过了水稳碎石。可见，外掺粉煤灰水稳碎石与水稳碎石相比较，具有高强度高抗裂低模量的优点，添加粉煤灰和石灰对水稳碎石的后期力学性能是有益的。

2.收缩性能比较

水稳碎石和外掺粉煤灰水泥稳定碎石的平均温缩系数和平均干缩系数如表1-4-5所示。

水稳碎石和外掺粉煤灰水泥稳定碎石的平均温缩系数和平均干缩系数　　表1-4-5

水稳代号	平均温缩系数(με/℃)	外掺粉煤灰水泥代号	平均温缩系数(με/℃)	水稳代号	干缩系数(με/%)	外掺粉煤灰水泥代号	干缩系数(με/%)
G1-3	11.14	CLF2-1	10.67	G1-3	53.5	CLF2-1	56.5
G1-4	11.45	CLF2-2	10.15	G1-4	61.6	CLF2-2	50.7
G1-4.5	11.85	CLF2-3	9.74	G1-5	66.4	CLF2-3	42.8
G1-5	12.49	CLF2-4	10.19	G1-5.5	71.2	CLF2-4	41.2
G1-5.5	12.89	CLF5-1	10.34	G4-3	60.5	CLF5-1	56.5
G4-3	11.4	CLF5-2	9.47	G4-4	70.6	CLF5-2	45.2
G4-4	11.85	CLF5-3	9.22	G4-5	78.4	CLF5-3	39.9
G4-4.5	12.39	CLF5-4	11.17	G4-5.5	82.2	CLF5-4	42.8
G4-5	13.12						
G4-5.5	13.57						
平均值	12.22		10.12		68.05		46.95

从表1-4-5和图1-4-18分析可知：

平均温缩系数：水稳碎石比外掺粉煤灰水泥稳定碎石平均温缩系数最大高出3.67（με/℃），平均值高出17%。

平均干缩系数：两者相差较大，水稳碎石比外掺粉煤灰水泥稳定碎石平均干缩系数最大高出42.3（με/%），平均值高出32%。

可见，外掺粉煤灰水泥稳定碎石比水稳碎石明显有较好的抗温缩和干缩性能，并且收缩性能提高的程度是很可观的，在同样的温度和湿度变化下，外掺粉煤灰可以大幅度降低水稳碎石半刚性基层的收缩应力。

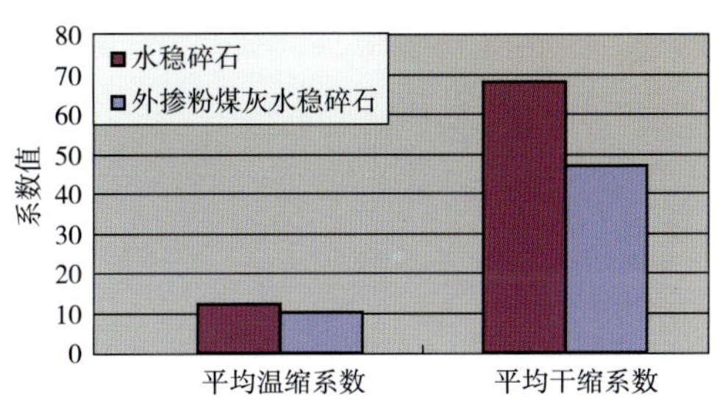

图1-4-18　水稳碎石和外掺粉煤灰水泥稳定碎石的收缩性能比较

第二节　土基加固型半刚性垫层功能及技术要求

一、土基加固型垫层功能和要求

据重庆地区多雨的实际情况，路基顶面应设置垫层，也可称为土基加固型垫层。其功能是：

（1）提供硬化的路基工作表面；

（2）提高土基模量；

（3）提高土基的水稳定性，延长道路寿命；

（4）在石质路段，深挖方地下水位较高路段，垫层可作为排水或隔水层，改善基础的接触条件。

根据重庆高温多雨地区的环境特点，土基加固型垫层材料和厚度的基本要求是：

（1）有较高的强度；

（2）不透水或透水性低；

（3）抗裂性能好；

（4）厚度应满足施工车辆荷载要求。

二、施工荷载对土基加固型垫层材料和厚度的技术要求

在底基层施工时，施工车辆会对垫层结构造成一定的破坏。运料车荷载一般都非常大，据现场调查，筑路材料运载车的总重一般都超过20t，最重可达到45t以上。同时，半刚性垫层材料的强度增长需要相当长的时间，在垫层材料还未达到一定强度时进行上层施工，施工车辆荷载很容易对垫层和路基造成破坏，影响工程质量和施工工期。

表1-4-6为某路段施工现场施工车辆基本参数和载重情况，数据是通过依托工程重庆水界高速试验段施工现场材料称量处收集而来，车辆的载重和一天的交通量是根据各种车型一个月的载重数据取平均值得到的。从车辆荷载数据可见，路面底基层、基层施工时，车辆后轴重一般都超过了标准轴载，最大可达到200kN。

施工车辆类型和交通量 表1-4-6

车型名称	后轴数	后轴轮组数	后轴距（m）	满载总重(kN)	前轴重(kN)	后轴重(kN)	次/日
东风EQ240	2	2	2	250	45.45	102.27	86
解放CA30A	2	2	2	300	54.55	122.73	100
东风EQ144	2	2	2	420	76.36	171.82	80
解放CA340	1	2		180	32.73	73.64	45
长征XD250	2	2	2	480	87.27	196.36	68
东风EQ155	2	2	2	350	63.64	143.18	135

1.双层体系力学模型建立

加铺垫层后，土基受力模式将有所改变，垫层与土基作为双层路基结构体系一起承受荷载。路基实际情况比较复杂，其组成材料性质多样。通过简化力学分析计算，可将垫层与路基视为双层匀质弹性层状体系。

根据重庆水界高速公路试验段养生完成后现场材料的力学试验，确定了半刚性垫层材料的模量E、劈裂强度σ_s，其中，为切合公路垫层与基层施工现场实际情况，二灰碎石和水稳碎石材料力学参数采用28d弹性模量和劈裂强度，确定双层结构计算的力学参数见表1-4-7。

双层结构体系的材料力学参数 表1-4-7

	垫层材料类型	弹性模量E（MPa）	劈裂强度σ_s（MPa）	泊松比
垫层	二灰碎石	500	0.206	0.25
	水稳碎石（1）	900	0.514	0.25
	水稳碎石（2）	1200	0.730	0.25
土基	E=40、70、100MPa			0.35

2.轴载与轮压和接地面积的关系

本节采用比利时设计方法中的轮载与轮压、轮胎接地面积关系的经验公式计算轮压。该法标准轴载为80kN，即标准轮载为20kN。

对于主要道路：

$$A=(0.008P+152)\pm 70 \tag{1-4-1}$$

式中：A——轮胎接地面积，cm^2；

P——每一个轮胎的荷载，N；

± 70——为保证率达到95%的离差范围。

在此公式的基础上，假定轮载P均匀分布在相当该接触面积A的圆面积上，圆半径为r，求得接地压力p：

$$p=\frac{P}{A}=\frac{P}{\pi r^2} \tag{1-4-2}$$

根据我国道路的实际情况，应采用如下公式：

$$A=0.008P+152 \tag{1-4-3}$$

按照上述公式计算汽车轮胎压力和接地面积，如表1-4-8所示：

轴重与轮胎压力和轮胎接地面积数据表　　表1-4-8

轴重(kN)	60	100	130	150	180	220
轮胎荷载（N）	15	25	32.5	37.5	45	55
接地面积(cm^2)	272	352	412	452	512	592
半径(cm)	9.30	10.59	11.45	11.99	12.77	13.73
轮压(MPa)	0.551	0.710	0.789	0.830	0.879	0.929

3.双层结构体系层底拉应力计算

在分析重载及超重载道路路面结构设计时，可以采用图1-4-19作为研究的力学图式和基本模型。该作用图式比较适合我国道路交通的具体情况，反映了随着轴重增加，轮压和轮胎接地面积变化的正确规律，即轮压和接地面积均随轴载的增加而增加，圆中心距保持不变的变化规律。

采用弹性层状理论对双层结构进行分析，通BISAR3.0计算软件进行各层底拉应力计算。计算点位如图1-4-20所示，分别计算A、B、C、D四点的拉应力值，取大值作为各层的拉应力。计算结果如表1-4-9、表1-4-10所示。

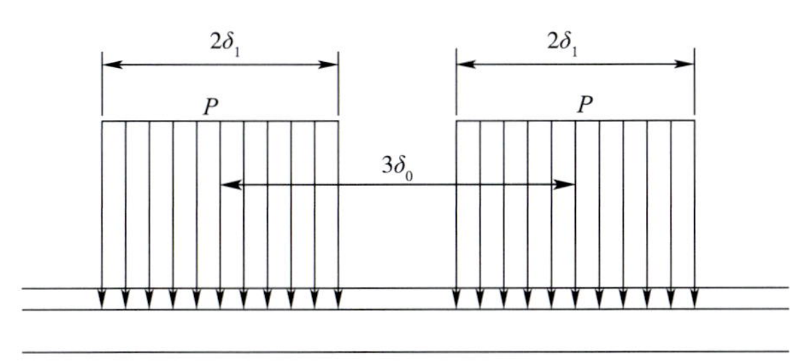

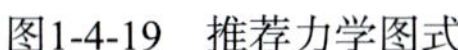

图1-4-19　推荐力学图式

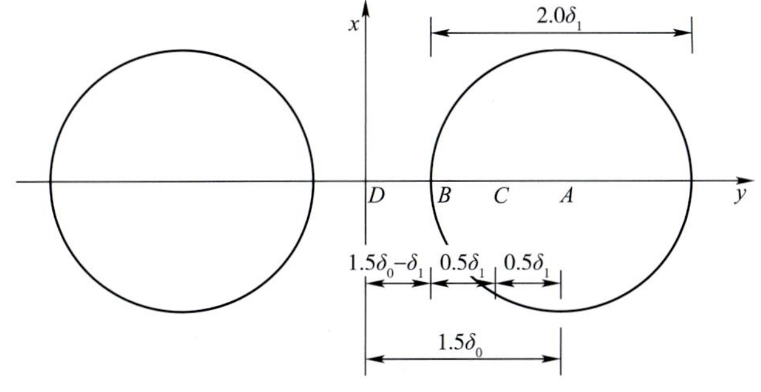

图1-4-20　拉应力计算点位

标准荷载作用下垫层的层底拉应力σ_f　　表1-4-9

双轮组单轴重	垫层类型	劈裂强度σ_s（MPa）	垫层模量	垫层厚度（cm）	土基模量（MPa）	
					40	70
100（kN）	二灰碎石	0.206	500	20	0.515	0.376
				30	0.314	0.235
				40	0.209	0.159

续上表

双轮组单轴重	垫层类型	劈裂强度σ_s（MPa）	垫层模量	垫层厚度（cm）	土基模量（MPa）	
					40	70
100（kN）	水稳碎石（1）	0.460	900	20	0.667	0.522
				30	0.397	0.318
				40	0.260	0.211
	水稳碎石（2）	0.520	1200	20	0.744	0.597
				30	0.438	0.359
				40	0.284	0.236

130kN荷载作用下垫层的层底拉应力σ_f 表1-4-10

双轮组单轴重	垫层类型	劈裂强度σ_s（MPa）	垫层模量	垫层厚度（cm）	土基模量（MPa）	
					40	70
130（kN）	二灰碎石	0.206	500	20	1.04	0.786
				30	0.548	0.422
				40	0.329	0.256
	水稳碎石（1）	0.460	900	20	1.303	1.054
				30	0.673	0.554
				40	0.402	0.333
	水稳碎石（2）	0.520	1200	20	1.426	1.183
				30	0.731	0.616
				40	0.436	0.369

4.计算结果分析

（1）在标准轴载100kN作用下，土基模量为40MPa、垫层厚度为20~40cm时，二灰碎石垫层层底拉应力为垫层材料劈裂强度的100%~250%，水稳碎石垫层层底拉应力为垫层材料劈裂强度的60%~150%；当土基模量为70MPa，垫层厚度为20~40cm时，二灰碎石垫层层底拉应力为垫层材料劈裂强度的80%~180%，水稳碎石垫层层底拉应力为垫层材料劈裂强度的45%~120%。

分析可知，在标准轴载下，垫层厚度为20~40cm时，垫层层底拉应力已经处于较高的水平，很容易造成垫层结构的永久性破坏。提高土基模量和垫层厚度都可以在一定程度上降低了垫层的层底拉应力，但不能使应力处于安全的水平。

（2）在130kN双轮组单轴重载下，采用20~40cm厚的二灰碎石垫层结构已经不能满足承载施工荷载的需要，垫层层底拉应力几乎全部接近或超过垫层材料的劈裂强度，尤其是在土基模量较低的情况下，层底拉应力甚至超过劈裂强度的250%，水泥稳定类厚度大于30cm是可满足要求的。

一般认为，垫层层底拉应力σ_f与垫层材料劈裂强度σ_s之比$\sigma_f / \sigma_s \leqslant 35\%$时无机结合料稳定材料可经受住无限次重复加载次数而无疲劳破裂。在垫层与土基双层体系中，垫层不论是在标准荷载还是在重荷载作用下，都处于较高的拉应力水平，甚至超过了材料的极限抗拉强度。因此，双层结构的荷载使用寿命主要受垫层的疲劳寿命控制，垫层材料和结构的设计对整个路面结构的耐久性非常重要。单从28d

养护时间的垫层材料承受施工车辆荷载的能力方面来看，水稳碎石材料要优于二灰碎石材料，二灰碎石垫层材料对养护时间的要求更为严格。

上述计算是在一系列假设的条件下运用弹性层状体系理论进行，不过，在一定程度上可以说明一些问题。超重施工荷载对垫层与路基双层体系的破坏，应当引起足够的重视。为了保证垫层和路基的承载能力，一方面要保证垫层的养护时间，在养护期间禁止重型车辆通行；另一方面，在底基层施工时要严格控制施工运载车辆的总重，使垫层和路基处于安全的应力水平内。

（3）通过提高土基模量和增加垫层厚度可以降低垫层的层底拉应力，也可以达到提高垫层结构抵抗施工车辆荷载能力的目的。考虑施工荷载，垫层设计厚度应在30~40cm，并且要保证一层摊铺。在不设置垫层的路段，底基层的厚度也应做适当的增加。

二灰碎石垫层下土基模量宜大于40MPa，施工车辆通行时，土基加固型垫层材料的劈裂强度宜达到0.4MPa。水泥稳定类在土基模量为40MPa或大于40MPa时，垫层厚度可为30cm。

（4）在高温多雨山区，根据材料要求，土基加固型垫层材料优先选用石灰粉煤灰稳定碎石，其次是低剂量水泥粉煤灰稳定碎石。

第五章　高温多雨山区基于抗变形性能的级配碎石基层设计方法

国外一般称级配碎石基层为粒料基层（granular base），或无结合料基层（unbound base，或untreated base，或unbound roadbase），或无结合料粒料基层（unbound granular base）。由于级配碎石具有良好的力学性能和使用性能，因此级配碎石粒料基层成为世界各国普遍采用的、主要的基层类型之一。目前，对于级配碎石基层，主要关注粒料基层在荷载作用下的残余变形。国内外对路基的控制指标主要有：路基顶面容许压应变法、分层总和法、限制弯沉等方法。此外，很多学者在对粒料土进行重复加载试验中发现，粒料的永久变形的发展存在一个临界应力水平。当重复施加的偏应力低于该应力水平时，变形—荷载循环曲线将趋近一条水平渐近线。另外，若偏应力高于该临界水平，永久变形将加速发展。

对于柔性路面来说，路面结构的永久变形由路面各组成部分（沥青层、粒料层和土基）永久变形总和而成。级配碎石层和土基的变形是整个路面结构永久变形的一部分。随着沥青层厚度的减小，扩散到级配碎石层的永久变形占总变形量的比例相应增大。美国各州公路工作者协会（AASHTO）通过环道试验调查了路面车辙破坏情况，对大量环道车辙试验破坏调查结果表明路面车辙主要由结构组合层的厚度减少所引起的，车辙深度的32%发生在面层，14%发生在基层，45%发生在底基层。粒料层变形占总变形的59%。因此提高级配碎石等粒料基层的抗永久变形性能具有重要的现实意义。

在级配碎石的设计方法上，《公路路面基层施工技术规范》（JTJ 034—2000）仅提出了针对不同层位级配碎石的压实度施工控制指标，并未提出级配碎石设计时的控制指标；《公路沥青路面设计规范》（JTG D50—2006）也针对级配碎石的不同层位提出了一定的级配范围要求，但在设计方法上仅提出了基层CBR值不小于100%和底基层CBR值不小于80%的简单要求。

实际上CBR试验受试模及试件尺寸的影响较大，因此往往不能很好地评价骨架密实型级配碎石的抗永久变形能力。此外，目前国内在级配碎石的设计方法上，仅提出了CBR值的控制指标，并未对级配碎石级配设计的级配优选方法提出具体的要求。

第一节　级配碎石材料组成及性能试验研究

级配碎石作为一种粒料类材料，由于没有沥青或水泥之类的有机或无机稳定材料，因此其强度、抗变形性能等相关特性除了与集料本身性能有关外，更重要的是与材料的级配组成有关。

一、级配碎石级配分析

关于级配碎石的级配范围，我国《公路路面基层施工技术规范》（JTJ 034—2000）针对最大粒径37.5mm和31.5mm的集料提出了不同的级配组成范围如表1-5-1所示。《公路沥青路面设计规范》（JTG

D50—2006）则根据级配碎石使用的不同层位和骨架结构提出了级配组成范围如表1-5-2所示。

级配碎石混合料级配组成范围 表1-5-1

筛孔尺寸（mm）	通过率（%）	
	级配范围1	级配范围2
37.5	100	—
31.5	90~100	100
19	73~88	85~100
9.5	49~69	52~74
4.75	29~54	29~54
2.36	17~37	17~37
0.6	8~20	8~20
0.075	0~7	0~7

级配碎石混合料级配组成范围 表1-5-2

筛孔尺寸（mm）	通过率（%）						
	上基层	基层			底基层及垫层		
	级配范围1	级配范围2	级配范围3	级配范围4	级配范围5	级配范围6	级配范围7
37.5		100			95~100	100	
31.5		90~100	100	100	85~95	85~100	100
26.5	100	79~95	90~100	85~95	75~90	65~85	80~100
19		60~85	75~95	66~80	60~82		
16	85~100	53~80	66~88	44~56	53~78	42~67	56~87
13.2		48~74	59~82	37~48	48~74		
9.5	60~80	40~65	46~71	31~41	40~65	20~40	30~60
4.75	30~50	25~50	30~55	28~38	25~50	10~27	18~46
2.36		18~40	18~40	18~28	18~40		
1.18	15~30	13~32	13~32	12~20	13~32	8~20	10~33
0.6	10~20	9~25	9~25	8~14	9~25	5~18	5~20
0.3		6~20	6~20	5~11	6~20		
0.15		3~13	3~13	3~9	3~13		
0.075	0~5	0~7	0~7	0~6	0~7	0~10	0~10
备注	防治反射裂缝两过渡层	连续型		骨架密实型	连续型	骨架型	连续型

由于37.5mm最大粒径的级配碎石混合料比31.5mm最大粒径的混合料容易离析，因此实体工程中级配碎石基层通常都采用31.5mm作为最大粒径，而26.5mm最大粒径的集料则多用在半柔性基层路面结构中。有研究表明，粒径较大的级配抗变形性能比粒径较小的级配好，因此综合考虑离析和抗变形性能的影响因素，本书主要针对31.5mm最大粒径的级配碎石进行试验研究。

将表1-5-1中的级配范围2、表1-5-2中的级配范围3、级配范围4和级配范围7在同一图形中汇总，可得到如图1-5-1所示的国内常用级配碎石级配组成范围汇总图。

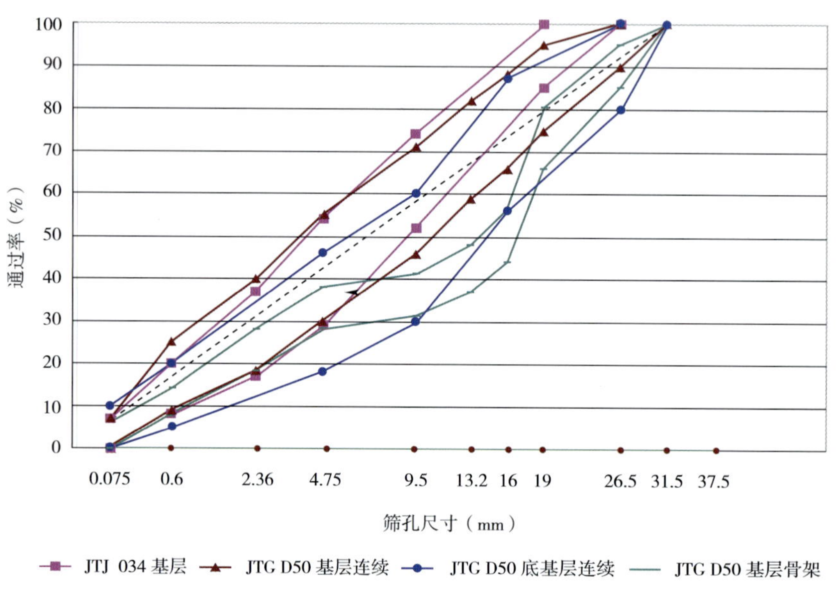

图1-5-1　国内常用级配碎石级配组成范围汇总图

从图1-5-1中几个不同级配范围上下限的级配曲线，可以看出：

（1）JTJ 034基层级配范围基本呈直线发展，并与最大理论密度线方向呈一定的倾角。该级配是典型的连续级配，比较容易压实，但由于细集料含量过多，工程中容易出现抗变形能力不足的情况。

（2）JTG D50基层连续级配4.75mm以下通过率与JTJ 034基层级配范围基本一致，但4.75mm以上筛孔的通过率向下调整，其级配范围与最大理论密度线基本平行。该级配与JTJ 034基层级配相比，9.5mm以上粗集料含量有所增加。

（3）JTG D50基层骨架级配实际上属于间断级配，其4.75~9.5mm集料含量很少，整个级配的级配范围很窄，因此在实际工程生产过程中很难配置出符合该级配范围的级配，而且工程应用中有可能出现离析现象。

（4）JTG D50底基层连续级配的范围较宽，其上限范围级配曲线的9.5mm以下通过率基本沿最大理论密度线方向发展，9.5mm以上则偏离最大理论密度线向上发展，使级配呈S型级配，其下限范围级配曲线则与上限走向基本一致，并保持一定的宽度范围。该级配范围符合S型级配的设计理念，但级配范围过宽，如应用于基层则不利于基层施工的级配控制和均匀性控制。

从上面的分析可以看出，JTJ 034基层级配范围和JTG D50连续型基层级配范围都过于靠近最大理论密度线，虽然容易压实，但容易抗变形能力出现不足的情况；JTG D50骨架密实基层级配则存在级配范围过窄的问题，实际工程设计中难以达到，施工中难以控制，级配容易出现离析的问题。

鉴于上述级配存在的问题，有必要针对级配碎石基层提出一个新的级配范围，并通过室内试验和工程应用对该级配范围的实用性进行深入研究。该级配范围上、下限的提出，应该充分借鉴前人的研

究成果，并充分考虑以下因素：

（1）级配范围的选择应该趋向于S型，这样有利于S型级配的设计，增加中间集料含量，适当减少公称粒径以上和4.75mm以下集料的含量，以增加级配的嵌挤作用，提高抗变形能力，并减少施工中级配的离析现象。

（2）有文献研究表明，0.075mm以下填料过多不利于级配碎石的抗变形能力，因此从提高级配碎石抗变形能力的方面考虑，其上限应该尽量偏小，当然，也不能为了提高变形能力而将0.075mm通过率限制得太小，否则实际工程中将难以达到。

（3）细集料含量过多不利于级配碎石基层的抗变形能力，因此经验级配范围上限应有效控制4.75mm关键筛孔的通过率，使其由最大理论密度线下方通过，从而保证级配碎石的级配属于粗级配。

（4）经验级配范围上下限之间应该保持合理的范围，范围过窄时在设计和施工控制中难以达到，范围过宽则减弱了级配范围对于设计和施工的指导作用。

（5）细集料含量过少，则设计级配的空隙率偏大，也不利于级配碎石形成稳定的结构，因此经验范围的下限不宜距离最大理论密度线过远，尤其是4.75mm筛孔的通过率也不宜过低。通过图1-5-1的对比可以发现，JTJ 034基层、JTG D50基层连续和JTG D50基层骨架三个级配范围下限在小于4.75mm的筛孔其通过率都非常接近，这说明了不同的研究人员对该下限通过率在经验上的认同。因此经验级配在4.75mm以下筛孔的下限通过率应该充分参考该通过率。

综合上述因素，编者提出了一个经验级配范围如表1-5-3所示。该级配范围上限级配的4.75mm以下筛孔与JTG—D50基层骨架级配基本一致，仅0.075mm通过率向下调微调至5%，4.75~13.2mm筛孔逐渐向最大理论密度线靠近，13.2mm以上则按S型级配的设计理念配置；下限级配的0.6mm以下筛孔与JTG–D50基层骨架级配一致，2.36和4.75mm筛孔与JTG—D50基层骨架级配接近，但通过率略微向下调整，4.75mm以上按S型级配的设计理念配置并与上限保持一定的间距。

级配碎石经验级配组成范围　　　　表1-5-3

筛孔尺寸（mm）	通过率（%）	筛孔尺寸（mm）	通过率（%）
31.5	100	9.5	41~57
26.5	90~100	4.75	26~38
19	72~90	2.36	17~28
16	58~80	0.6	8~14
13.2	50~68	0.075	0~5

为了研究不同级配组成对级配碎石混合料性能的影响，本研究以JTJ 034规范中级配范围2的上限和JTG D50规范中级配范围7的下限为控制范围，配置了10个不同的级配，各级配的级配组成如表1-5-4和图1-5-2所示。

10个试验级配中，级配6是经验范围上限；级配9是经验范围下限；级配7是经验范围的中值；级配8是9.5mm以上筛孔靠近经验级配下限，9.5mm以下逐渐靠近经验范围上限；级配10是水界路试验路级配碎石柔性基层的目标级配，级配3是昆安路实体工程级配碎石柔性基层的目标级配。级配1、2、4、5则是满足JTJ 034基层施工技术规范中级配范围2的级配要求，且由上限向下限逐渐过渡排列的级配。

试验级配的级配组成 表1-5-4

级配编号	通过以下筛孔（mm）的混合料通过率（%）									
	0.075	0.6	2.36	4.75	9.5	13.2	16	19	26.5	31.5
级配1	6.6	13.5	25.4	43.8	70.0	79.1	89.2	94.7	99.6	100
级配2	5.6	11.0	20.5	35.9	60.1	71.6	84.5	91.9	99.4	100
级配3	4.8	9.3	17.2	30.8	54.0	66.1	79.0	87.5	99.0	100
级配4	5.0	9.7	17.9	32.0	55.2	69.5	86.8	95.1	99.6	100
级配5	6.0	12.2	22.8	39.8	65.5	75.6	86.8	93.1	99.5	100
级配6	5.0	14.0	28.0	38.0	57.0	68.0	80.0	90.0	100	100
级配7	2.5	11.0	22.5	32.0	49.0	59.0	69.0	81.0	95.0	100
级配8	3.8	12.5	25.3	35.0	45.0	54.5	63.5	76.5	92.5	100
级配9	0.0	8.0	17.0	26.0	41.0	50.0	58.0	72.0	90.0	100
级配10	4.8	8.6	17.3	32.0	55.5	65.0	75.0	79.1	93.2	100

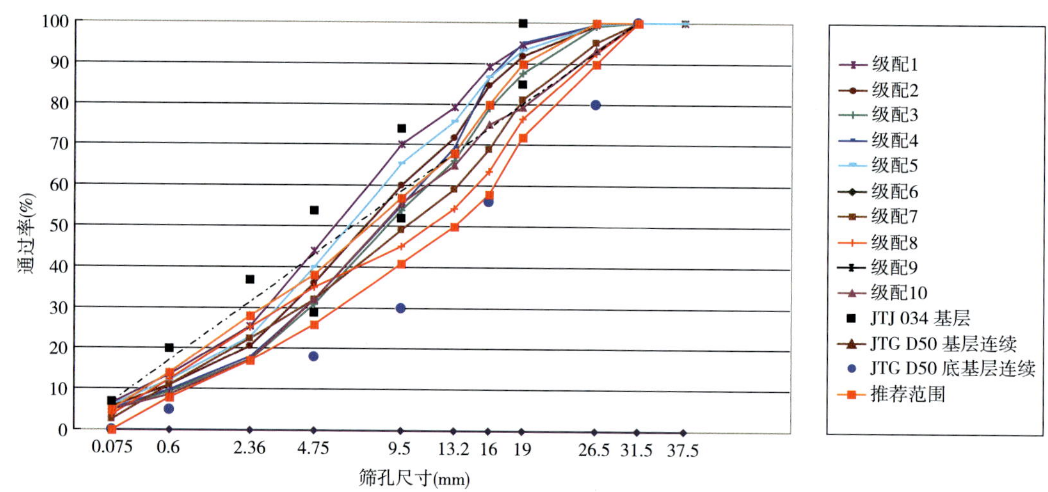

图1-5-2　试验级配的级配组成

本书采用了两种不同的石灰岩碎石集料，集料基本性质如表1-5-5所示。

集料基本性质 表1-5-5

指　标	单位	A集料	B集料	试验方法
石料压碎值	%	22	24	T 0316
表观相对密度	t/m³	2.45	2.45	T 0304
针片状颗粒含量	%	16	15	T 0312
细集料塑性指数	%	4.6	7	T 0320

二、CBR 试验

采用《公路土工试验规程》（JTJ 051—93）中CBR承载比试验方法T 0134—93对两种集料共19个试验级配进行CBR试验，试验得到各级配的CBR值如表1-5-6和表1-5-7所示。

A集料试验级配CBR值　　表1-5-6

级配编号	CBR(%)	级配编号	CBR(%)
级配1–A	293.2	级配2–A	220.8
级配6–A	270.9	级配4–A	202.4
级配7–A	261.7	级配3–A	180.4
级配8–A	233.6	级配10–A	165.8
级配5–A	227.1	级配9–A	163.2

B集料试验级配CBR值　　表1-5-7

级配编号	CBR(%)	级配编号	CBR(%)
级配7–B	209	级配4–B	128
级配6–B	197	级配2–B	109
级配1–B	173	级配9–B	105
级配3–B	140	级配8–B	103
级配5–B	134		

从表1-5-6和表1-5-7中可以看出，所有试验级配的CBR值都大于100%，满足基层级配碎石配合比设计的要求。

在CBR试件成型的重型击实过程中，发现部分级配由于粗集料含量过多，在击实锤作用下表面粗集料不断产生滑动，相当一部分击实功转化成了集料移动的动能，难以达到满意的击实效果。这也是级配9的CBR值相对较小的原因。

三、重复加载试验

为了研究级配碎石在长期行车荷载作用下的变形特性，本书采用应力控制模式，对B集料的9个试验级配进行了5000次的重复加载试验。表1-5-8是重复加载试验的试验结果，从表中的试验结果可以看出，9个级配经过5000次600kPa重复加载后，永久变形量均值都不大，但标准差和变异系数较大。可见，由于重复加载试验受试件成型方法和试模测限的影响，级配碎石总的永久变形量小、变异系数大，因此难以很好地对级配碎石的抗变形性能进行评价。

试验级配重复加载试验永久变形　　表1-5-8

级　配	试件编号	变形（mm）	均值（mm）	标准差（mm）	变异系数(%)
级配1–B	1–1	1.568	1.783	0.305	17.1
	1–2	1.998			
	1–3	—			
级配2–B	2–1	1.016	1.720	1.043	60.6
	2–2	2.918			
	2–3	1.227			

续上表

级　配	试件编号	变形（mm）	均值（mm）	标准差（mm）	变异系数(%)
级配3–B	3–1	2.274	2.010	0.373	18.5
	3–2	1.747			
	3–3	—			
级配4–B	4–1	1.299	1.323	0.034	2.6
	4–2	1.347			
	4–3	—			
级配5–B	5–1	1.923	2.204	0.903	41.0
	5–2	1.475			
	5–3	3.215			
级配6–B	6–1	2.205	1.625	0.504	31.0
	6–2	1.289			
	6–3	1.382			
级配7–B	7–1	1.847	1.995	0.484	24.3
	7–2	1.602			
	7–3	2.536			
级配8–B	8–1	1.564	1.422	0.124	8.7
	8–2	1.358			
	8–3	1.344			
级配9–B	9–1	1.892	2.851	1.044	36.6
	9–2	3.962			
	9–3	2.698			

四、车辙试验

如图1-5-3所示，级配碎石基层在行车荷载作用下，其承受的竖向应力、水平应力和剪应力在数值和方向上都是动态变化的，正是由于这种应力方向上的动态变化，级配碎石粒料之间的嵌挤状况也会发生相应的改变，从而增加级配碎石基层颗粒之间发生滑移的可能。因此，如何模拟行车荷载引起的级配碎石应力状况的动态变化，是分析级配碎石抗永久变形性能的关键。

此外，在实体工程中，级配碎石除了在施工结束后作为整体路面结构的一个重要部分，需要具有一定的强度和抗变形能力，以承载行车荷载的作用外，它还需要在施工过程中直接承受相当部分施工车辆的作用，这就对级配碎石材料的强度和抗变形能力提出了更高的要求。如果级配碎石材料不具备足够的抗变形能力，施工过程中在行车荷载的直接作用下，严重时级配碎石层有可能产生严重的松散破坏，为后期的施工带来不便。此外即便是没有产生松散破坏，而是产生一定深度的车辙，也会造成后期沥青层施工时车辙位置的沥青层过厚，影响沥青层压实，为工后车辙的产生埋下隐患。

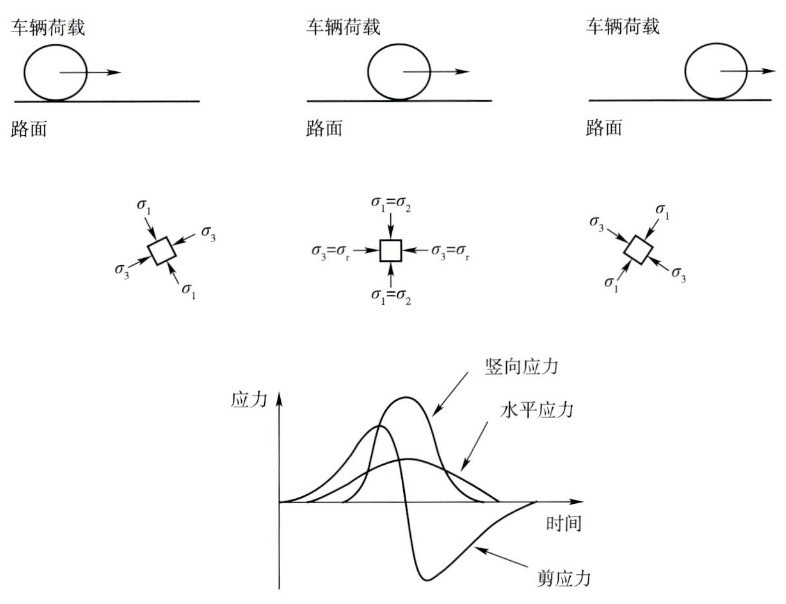

图1-5-3　级配粒料层单元在荷载作用下的应力状况

本书采用车辙试验模拟行车荷载对级配碎石的动态作用，对级配碎石的抗变形性能进行研究，同时检验级配碎石直接承受行车荷载作用时的稳定性。

（一）试验方法

1.试模尺寸

通常沥青混合料车辙试验采用的是尺寸为30cm × 30cm × 5cm的试模，这样的试模对于级配碎石的车辙试验显然是不合适的。为了适应级配碎石31.5mm的最大粒径，同时考虑到尽量减小试模侧板对级配碎石的侧向约束作用，本书采用了45cm × 30cm × 10cm的试模，10cm的高度使级配碎石的压实更为均匀，45cm的试模宽度则较大地降低了侧板对级配碎石的刚性约束。

2.试件成形方法

试模成形采用轮碾成型机成型，通过试压确定附加荷载和碾压次数，如图1-5-4所示。轮碾成型方法的详细规定详见附录。

3.试件密度测试方法

正式成型级配碎石车辙试验使用的板块状试件前，需要通过试压决定碾压次数，碾压次数以碾压后试件干密度达到标准密实度100 ± 1%为准。试件干密度的测试采用灌水法，级配碎石混合料轮碾成型试件的灌水法密度测试方法的详细规定见附录。

图1-5-4　级配碎石车辙试件成形

4.温度、荷载条件

试验温度为常温20℃。

车辙试验机的荷载通过在20℃环境温度下，以车辙试验机胶轮实际接地压力0.7MPa为控制标准，确定车辙

试验机的附加砝码重量。

5.试件的预处理

试件的预处理方法如图1-5-5所示。

图1-5-5　级配碎石车辙试件预处理

（1）级配碎石车辙试验碾压成形后，在室温下放置4~5h，待级配碎石表面风干后，用毛刷小心地在级配碎石表面涂刷一层改性乳化沥青，涂刷宽度为10~15cm宽，涂刷位置为试件宽度中央胶轮碾压处。

（2）涂刷完乳化沥青后，在室温下再放置12~24h，待乳化沥青破乳后，将试件上放置多孔压板，然后放入水槽中浸泡24h，水槽中水的高度应比试件高度高2~3cm。

（3）浸水24h后，将试件取出，在室温下放置5~10min至没有明显自由水流出试模为止，然后立即将试件放在车辙试验机上，开始车辙试验。

6.试验时间和数据处理

试验时间为2h。

车辙变形采用LVDT位移计测量级配碎石试件中心点的变形量，并根据测量结果计算45~60min动稳定度（以下简称第1h动稳定度）、60min变形量（以下简称1h变形量）、105~120min动稳定度（以下简称第2h动稳定度）、120min变形量（以下简称2h变形量）。

各统计参数以3~5个试验平均值为计算结果，当变异系数大于25%时，舍弃偏差较大的试验结果。

级配碎石车辙试验方法的详细规定见附录。

（二）车辙试验结果

本次试验的级配3-B即实体工程级配碎石基层的设计级配，采用重型击实方法确定的最大干密度为2.22g/cm^3，级配碎石试验段施工后的级配碎石干密度在2.32~2.39g/cm^{3}之间，平均值为2.36g/cm^3。可见，采用重型击实方法确定的最大干密度明显小于实际工程中通过重型压实机械碾压后的实际密度。为了更好地模拟实际工况，本次试验以试验段平均密度的98%，即2.31g/cm^{3}为车辙板试件成形的标准密度。根据这一标准密度，按碾压后试件干密度达到标准密实度100±1%为控制标准，通过试压后确定级配3-B的碾压次数为30次。为了比较在相同压实功条件下的各级配的密实度及其抗变形性能，其他级配也采用了与级配3-B相同的碾压次数。表1-5-9是30次碾压后各级配试件的干密度均值。

级配碎石试件干密度均值　　表1-5-9

编　号	干密度均值(g/cm^3)	编号	干密度均值(g/cm^3)
级配1–A	2.41	级配1–B	2.39
级配2–A	2.36	级配2–B	2.32
级配3–A	2.31	级配3–B	2.30
级配4–A	2.24	级配4–B	2.25
级配5–A	2.29	级配5–B	2.33
级配6–A	2.38	级配6–B	2.43
级配7–A	2.28	级配7–B	2.24
级配8–A	2.37	级配8–B	2.33
级配9–A	2.34	级配9–B	2.39
级配10–A	2.33	—	—

表1-5-10~表1-5-13是A、B两种集料共19个试验级配的车辙试验结果。

第 1h 动 稳 定 度　　表1-5-10

编　号		第 1h 动 稳 定 度			
		动稳定度(次/mm)	均值(次/mm)	标准差(次/mm)	变异系数(%)
级配1–A	1	3376.4	3101.9	511.1	16.5
	2	2512.2			
	3	3417.0			
级配2–A	1	3453.7	3218.5	383.4	11.9
	2	3425.7			
	3	2776.0			
级配3–A	1	5484.8	5320.9	367.5	6.9
	2	5578.0			
	3	4900.0			
级配4–A	1	3949.3	3770.7	880.2	23.3
	2	4548.0			
	3	2814.9			
级配5–A	1	4823.0	4640.0	258.8	5.6
	2	4457.0			
	3	—			
级配6–A	1	3449.3	5886.9	688.6	11.7
	2	5400.0			
	3	6373.8			

续上表

编号		第 1h 动稳定度			
		动稳定度(次/mm)	均值(次/mm)	标准差(次/mm)	变异系数(%)
级配7-A	1	6313.8	6392.4	1389.6	21.7
	2	7819.6			
	3	5043.7			
级配8-A	1	5200.0	5017.1	78.6	1.6
	2	5072.7			
	3	4961.6			
级配9-A	1	8753.9	8043.3	658.7	8.2
	2	8509.1			
	3	7577.5			
级配10-A	1	5220.4	5980.8	298.1	5.0
	2	6191.6			
	3	5770.0			
级配1-B	1	2613.2	2869.7	253.5	8.8
	2	3120.0			
	3	2875.8			
级配2-B	1	3198.6	3025.9	366.3	12.1
	2	2605.2			
	3	3274.0			
级配3-B	1	4420.3	4859.4	866.2	17.8
	2	5857.2			
	3	4300.8			
级配4-B	1	3953.5	3157.1	752.6	23.8
	2	3060.2			
	3	2457.6			
级配5-B	1	4359.7	3796.9	564.3	14.9
	2	3800.0			
	3	3231.1			
级配6-B	1	4016.5	3669.6	411.7	11.2
	2	3214.7			
	3	3777.7			
级配7-B	1	3637.2	4187.6	953.3	22.8
	2	3637.2			
	3	5288.4			

续上表

编号		第 1h 动 稳 定 度			
		动稳定度(次/mm)	均值(次/mm)	标准差(次/mm)	变异系数(%)
级配8-B	1	3157.2	3768.0	718.9	19.1
	2	4560.2			
	3	3586.7			
级配9-B	1	5786.5	6660.8	1067.0	16.0
	2	6346.1			
	3	7849.8			

第 2h 动 稳 定 度　　表1-5-11

编号		第 2h 动 稳 定 度			
		动稳定度(次/mm)	均值(次/mm)	标准差(次/mm)	变异系数(%)
级配1-A	1	6046.1	5568.8	433.7	7.8
	2	5461.3			
	3	5199.0			
级配2-A	1	8435.2	9104.5	2190.0	24.1
	2	7327.2			
	3	11551.0			
级配3-A	1	13920.3	14068.5	1547.8	11.0
	2	15685.0			
	3	12600.1			
级配4-A	1	11025.1	10080.7	1547.8	15.4
	2	10922.7			
	3	8294.4			
级配5-A	1	9479.3	8786.0	980.5	11.2
	2	8092.7			
	3	—			
级配6-A	1	5156.1	12372.2	487.7	3.9
	2	12027.3			
	3	12717.0			
级配7-A	1	21504.0	22481.5	1382.3	6.1
	2	23458.9			
	3	—			

续上表

编号		第2h动稳定度			
		动稳定度(次/mm)	均值(次/mm)	标准差(次/mm)	变异系数(%)
级配8–A	1	9296.3	9456.4	2213.5	23.4
	2	11745.6			
	3	7327.3			
级配9–A	1	22920.3	20654.4	3094.1	15.0
	2	21913.6			
	3	17129.3			
级配10–A	1	15468.4	28425.3	6286.3	22.1
	2	23980.2			
	3	32870.4			
级配1–B	1	4878.5	6100.7	1071.9	17.6
	2	6542.3			
	3	6881.3			
级配2–B	1	9585.4	7834.2	1684.3	21.5
	2	7691.4			
	3	6225.9			
级配3–B	1	12298.2	10377.9	2155.1	20.8
	2	10788.4			
	3	8047.0			
级配4–B	1	7759.6	7885.0	1368.2	17.4
	2	9311.6			
	3	6583.9			
级配5–B	1	9474.2	7625.2	1826.5	24.0
	2	7579.2			
	3	5822.1			
级配6–B	1	11639.5	11577.7	502.0	4.3
	2	11047.6			
	3	12045.9			
级配7–B	1	7668.4	7499.8	292.0	3.9
	2	7162.7			
	3	7668.4			

续上表

编号		第2h动稳定度			
		动稳定度(次/mm)	均值(次/mm)	标准差(次/mm)	变异系数(%)
级配8-B	1	10184.5	11764.3	1875.7	15.9
	2	11271.1			
	3	13837.4			
级配9-B	1	11787.3	13481.0	3183.1	23.6
	2	11502.9			
	3	17152.9			

1h变形量 表1-5-12

编号		1h变形量			
		最大变形量(mm)	均值(mm)	标准差(mm)	变异系数(%)
级配1-A	1	4.04	4.34	0.32	7.4
	2	4.30			
	3	4.67			
级配2-A	1	3.68	3.49	0.44	12.7
	2	2.98			
	3	3.79			
级配3-A	1	2.68	2.62	0.24	9.3
	2	2.36			
	3	2.84			
级配4-A	1	4.61	4.54	0.59	12.9
	2	3.92			
	3	5.09			
级配5-A	1	4.05	3.24	0.70	21.6
	2	2.86			
	3	2.81			
级配6-A	1	4.16	3.06	0.53	17.4
	2	2.68			
	3	3.44			
级配7-A	1	1.68	2.03	0.50	24.5
	2	2.38			
	3	—			

续上表

编号		1h 变形量			
		最大变形量(mm)	均值(mm)	标准差(mm)	变异系数(%)
级配8–A	1	3.09	3.38	0.47	14.0
	2	3.93			
	3	3.13			
级配9–A	1	2.20	2.39	0.31	12.9
	2	2.23			
	3	2.75			
级配10–A	1	3.13	2.81	0.37	13.0
	2	2.89			
	3	2.41			
级配1–B	1	4.32	4.34	0.66	15.1
	2	3.69			
	3	5.00			
级配2–B	1	3.49	3.97	0.69	17.5
	2	4.76			
	3	3.64			
级配3–B	1	4.26	3.66	0.59	16.2
	2	3.07			
	3	3.66			
级配4–B	1	4.49	5.14	0.77	14.9
	2	4.95			
	3	5.98			
级配5–B	1	4.15	4.06	0.23	5.6
	2	3.79			
	3	4.22			
级配6–B	1	3.41	3.80	0.75	19.7
	2	4.67			
	3	3.33			
级配7–B	1	3.74	3.03	0.63	20.8
	2	2.82			
	3	2.53			

续上表

编号		1h 变形量			
		最大变形量(mm)	均值(mm)	标准差(mm)	变异系数(%)
级配8-B	1	5.89	5.17	0.81	15.6
	2	5.33			
	3	4.30			
级配9-B	1	4.32	3.60	0.63	17.5
	2	3.24			
	3	3.23			

2h 变 形 量　　表1-5-13

编号		2h 变形量			
		最大变形量(mm)	均值(mm)	标准差(mm)	变异系数(%)
级配1-A	1	4.54	4.90	0.35	7.1
	2	4.94			
	3	5.24			
级配2-A	1	4.04	3.92	0.45	11.6
	2	3.42			
	3	4.31			
级配3-A	1	2.81	2.82	0.22	7.9
	2	2.60			
	3	3.05			
级配4-A	1	4.96	4.88	0.52	10.6
	2	4.32			
	3	5.35			
级配5-A	1	3.15	3.71	0.91	24.6
	2	3.22			
	3	—			
级配6-A	1	4.71	3.27	0.47	14.5
	2	2.93			
	3	3.60			
级配7-A	1	1.86	2.19	0.47	21.3
	2	2.52			
	3	—			

续上表

编号		2h变形量			
		最大变形量(mm)	均值(mm)	标准差(mm)	变异系数(%)
级配8–A	1	3.20	3.62	0.51	14.0
	2	4.18			
	3	3.47			
级配9–A	1	2.28	2.57	0.37	14.5
	2	2.44			
	3	3.00			
级配10–A	1	3.36	3.02	0.40	13.4
	2	3.13			
	3	2.57			
级配1–B	1	5.07	4.92	0.78	15.7
	2	4.09			
	3	5.62			
级配2–B	1	3.57	4.33	0.87	20.1
	2	5.28			
	3	4.15			
级配3–B	1	4.66	4.09	0.57	13.9
	2	3.52			
	3	4.09			
级配4–B	1	5.04	5.66	0.79	14.0
	2	5.38			
	3	6.55			
级配5–B	1	4.47	4.48	0.23	5.1
	2	4.26			
	3	4.72			
级配6–B	1	3.76	4.19	0.78	18.7
	2	5.09			
	3	3.71			
级配7–B	1	4.18	3.39	0.74	21.9
	2	3.30			
	3	2.70			

续上表

编　号		2h 变 形 量			
		最大变形量(mm)	均值(mm)	标准差(mm)	变异系数(%)
级配8-B	1	6.40	5.56	0.91	16.3
	2	5.68			
	3	4.60			
级配9-B	1	4.80	3.90	0.78	20.0
	2	3.47			
	3	3.43			

将集料A的10个级配，集料B的9个级配分别按第1h动稳定度、第2h动稳定度、1h变形量、2h变形量进行排序，可以得到表1-5-14和表1-5-15。

A集料级配碎石不同指标的抗车辙性能排序　　表1-5-14

序　号	第1h动稳定度排序		1h变形量排序		第2h动稳定度排序		2h变形量排序	
1	级配9	8043.3	级配7	2.03	级配10	28425.3	级配7	2.19
2	级配7	6392.4	级配9	2.39	级配7	22481.5	级配9	2.57
3	级配10	5980.8	级配3	2.62	级配9	20654.4	级配3	2.82
4	级配6	5886.9	级配10	2.81	级配3	14068.5	级配10	3.02
5	级配3	5320.9	级配6	3.06	级配6	12372.2	级配6	3.27
6	级配8	5017.1	级配5	3.24	级配4	10080.7	级配8	3.62
7	级配5	4640.0	级配8	3.38	级配8	9456.4	级配5	3.71
8	级配4	3770.7	级配2	3.49	级配2	9104.5	级配2	3.92
9	级配2	3218.5	级配1	4.34	级配5	8786.0	级配4	4.88
10	级配1	3101.9	级配4	4.54	级配1	5568.8	级配1	4.90

B集料级配碎石不同指标的抗车辙性能排序　　表1-5-15

序　号	第1h动稳定度排序		1h变形量排序		第2h动稳定度排序		2h变形量排序	
1	级配9	6660.8	级配7	3.028	级配9	13481.0	级配7	3.389
2	级配3	4859.4	级配9	3.597	级配8	11764.3	级配9	3.899
3	级配7	4187.6	级配3	3.659	级配6	11577.7	级配3	4.089
4	级配5	3796.9	级配6	3.801	级配3	10377.9	级配6	4.187
5	级配8	3768.0	级配2	3.965	级配4	7885.0	级配2	4.331
6	级配6	3669.6	级配5	4.055	级配2	7834.2	级配5	4.482
7	级配4	3157.1	级配1	4.338	级配5	7625.2	级配1	4.924
8	级配2	3025.9	级配4	5.142	级配7	7499.8	级配8	5.559
9	级配1	2869.7	级配8	5.171	级配1	6100.7	级配4	5.657

从表1-5-14~表1-5-15中可以看出，采用第1h动稳定度、第2h动稳定度、1h变形量、2h变形量分别对A集料的10个级配，B集料的9个级配进行排序时，其排序结果是不一致的。因此，如果只选用其中任意1个指标来评价混合料抗变形性能显然是片面且不合理的。实际上，4个指标中：第1h动稳定度和1h变形量反映了级配碎石初期的抗变形能力；第2h动稳定度和2h变形量则更倾向于反映级配碎石后期的抗变形能力。因此，为了更科学地对不同级配的抗车辙性能进行评价，本书根据表1-5-14和表1-5-15的排序结果，对不同级配的抗车辙性能采用加权的方式进行求和，对每一个指标，排序第*n*位的，加*n*分权值。经计算可得到表1-5-16和表1-5-17所示的级配碎石抗车辙性能加权排序结果，权值和越低，表明其抗车辙性能越强。

A集料10个试验级配中，4个抗车辙性能指标的权值合计为220分，10个试验级配的平均分为22分，因此可认为权值和低于22分的级配为抗车辙性能高于平均水平的级配；权值和高于22分的级配为抗车辙性能低于平均水平的级配。

B集料9个试验级配中，4个抗车辙性能指标的权值合计为180分，9个试验级配的平均分为20分，因此可认为权值和低于20分的级配为抗车辙性能高于平均水平的级配；权值和高于20分的级配为抗车辙性能低于平均水平的级配。

A集料级配碎石抗车辙性能加权排序 表1-5-16

级　配	权　　值				权值和
	第1h动稳定度	1h变形量	第2h动稳定度	2h变形量	
级配7–A	2	1	2	1	6
级配9–A	1	2	3	2	8
级配10–A	3	4	1	4	12
级配3–A	5	3	4	3	15
级配6–A	4	5	5	5	19
级配8–A	6	7	7	6	26
级配5–A	7	6	9	7	29
级配2–A	9	8	8	8	33
级配4–A	8	10	6	9	33
级配1–A	10	9	10	10	39

B集料级配碎石抗车辙性能加权排序 表1-5-17

级　配	权　　值				权值和
	第1h动稳定度	1h变形量	第2h动稳定度	2h变形量	
级配9–B	1	2	1	2	6
级配3–B	2	3	4	3	12
级配7–B	3	1	8	1	13
级配6–B	6	4	3	4	17
级配5–B	4	6	7	6	23
级配2–B	8	5	6	5	24
级配8–B	5	9	2	8	24
级配4–B	7	8	5	9	29
级配1–B	9	7	9	7	32

（三）级配碎石抗车辙性能分析

从表1-5-16和表1-5-17可以看出，A集料和B集料的试验级配经过加权排序后，虽然排序的结果不完全一致，但如果以权值的均值作为划分标准，两者具有非常一致的规律。即A集料和B集料试验级配中抗车辙性能权值高于和低于平均权值的试验级配都完全相同，高于平均权值的是级配1、级配2、级配4、级配5、级配8，低于平均权值的级配3、级配6、级配7、级配8、级配9、级配10。下面对10个试验级配分别进行分析：

1.抗车辙性能低于平均水平的试验级配分析

A集料和B集料试验级配中抗车辙性能低于平均水平的级配都包括了级配1、级配2、级配4、级配5和级配8，其级配组成如图1-5-6所示。

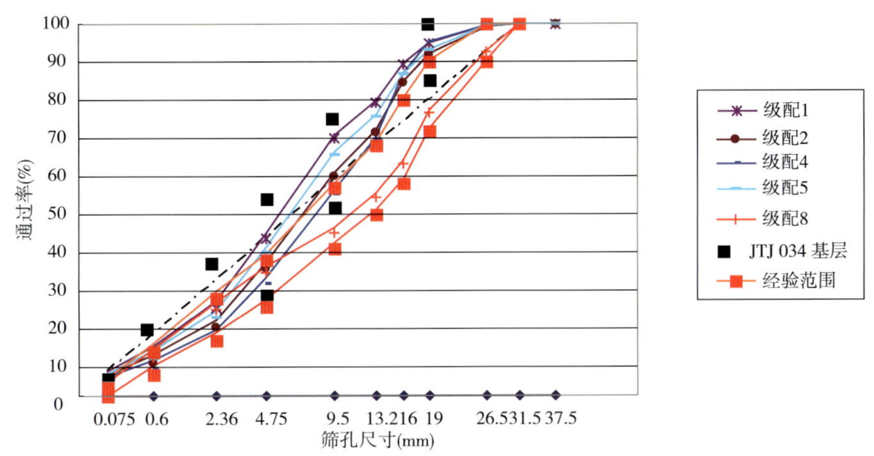

图1-5-6　抗车辙性能低于平均水平的级配

从图1-5-6的级配曲线图，结合前面车辙试验和CBR试验，可以得到以下分析结果：

（1）级配1、级配2、级配4和级配5都在JTJ 034—2000基层施工技术规范规定的基层级配碎石级配范围内，但其抗车辙性能都低于平均水平，可见该级配范围的级配在抗变形能力上并不理想。

（2）A集料的级配1–A的CBR值为293.2%，排序第一，但抗车辙性能最低，排序第十，权值达到39，远高于其他级配；B集料的级配1–B CBR值高达到173%，排序第三，但抗车辙性能排序也是最低，权值达到32。可见，CBR值并不能真实反映级配碎石的抗车辙变形能力，CBR值高的级配抗车辙变形能力不一定强。

（3）级配1距离经验级配范围最远，尤其是4.75mm和9.5mm筛孔的通过率过高，分别为43.8%和70%，虽然其CBR值较高，但由于细集料过多，其抗车辙变形性能，尤其是直接承受动态轮载作用时的抗变形性能较差。

（4）级配8是在经验级配范围内的级配，其抗车辙性能也低于平均水平，主要是由于其9.5mm以上的通过率靠近经验范围下限，4.75mm以下通过率靠近经验级配范围上限，说明级配8的粗集料和细集料较多，但中间集料较少，影响了级配碎石粒料间的有效嵌挤，因而降低了其抗车辙变形能力。

2.抗车辙性能高于平均水平的试验级配分析

A集料试验级配中级配7、级配9、级配10、级配3和级配6的抗车辙性能权值低于均值22分，而B集料试验级配中级配9、级配3、级配7和级配6抗车辙性能权值低于均值20分，上述级配的抗车辙性能高于试验级配的平均水平，其级配组成如图1-5-7所示。

从图1-5-7的级配曲线图，结合前面车辙试验和CBR试验，可以得到以下分析结果：

（1）A集料级配9–A的CBR值为163.2%，排序最后一位，但其抗车辙能力却排第二位，权值仅

为8，远低于平均权值22；B集料的级配9–B CBR值仅105%，在9个试验级配中排序倒数第8位，但抗车辙性能却列第一位，权值仅为6，远低于平均权值20。可见CBR值低的级配抗车辙变形能力并不一定差。

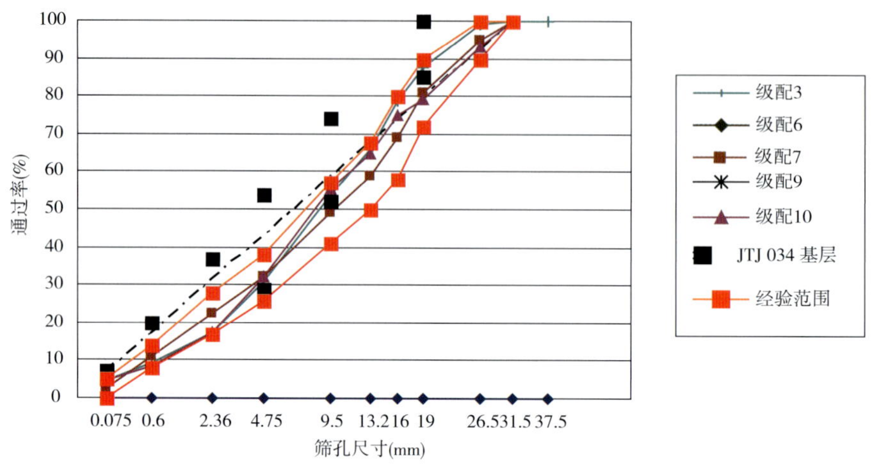

图1-5-7　抗车辙性能高于平均水平的级配

（2）级配6是经验范围上限，级配9是经验范围下限，级配7是经验范围的中值，级配3和级配10是实体工程中按S型级配设计理念设计的目标级配，级配符合经验级配范围的要求，且9.5mm以上筛孔靠近经验级配范围的中上部，9.5mm以下靠近经验范围的中下部，级配呈S型曲线。上述5个级配都符合经验级配范围的要求，且权值低于平均值，抗车辙性能高于平均水平，说明该经验级配范围比JTJ 034—2000的基层级配范围更加合理。

（四）级配碎石抗车辙性能评价指标

从前面的分析可知，CBR值并不能真实反映级配碎石在行车荷载作用下的抗车辙变形能力，因此有必要寻找新的指标用于评价级配碎石抗车辙性能。一个好的抗车辙性能评价指标应该具备以下三个特征：

（1）指标应能较好地反映级配碎石的抗车辙和抗松散能力；

（2）指标应该具有相对较小的变异性；

（3）指标应该概念明确，易于获得和计算。

如前所述通过级配碎石车辙试验方法可以得到1h动稳定度、2h动稳定度、1h变形量、2h变形量共4个指标，4个指标都能在一定程度上反映级配碎石的抗车辙能力，那么这4个指标哪些更符合上述评价指标的特征呢？这也是本书下面需要明确的问题。

1. 4个参数指标与级配碎石抗车辙性能的相关性

关于指标反映抗车辙能力的好坏，实际上就是指标与抗车辙性能的相关性大小问题。将前面A、B集料共19个试验级配车辙试验的结果按4个不同参数分别进行排序，可以得到表1-5-18所示的排序结果。按4个参数加权评价方法，可以得到19个级配的加权排序结果如表1-5-19所示。将各个级配的权值和与4个评价参数分别按线性关系拟合，可以得到4个参数分别与权值和的相关性，如图1-5-8 ~ 图1-5-11所示，从图中可以看出：

（1）2h变形量、1h动稳定度、2h变形量三个指标与权值和的相关系数较好，分别是0.8542、0.846和0.8042；2h动稳定度与权值和的相关系数较小，仅0.627。

（2）4个指标与抗车辙性能权值和的相关性由大至小排序分别是：2h变形量>1h动稳定度>1h变形量>2h动稳定度。

A、B集料试验级配不同指标的抗车辙性能排序　　表1-5-18

序　号	第1h动稳定度排序（次/mm）		第2h动稳定度排序（次/mm）		1h变形量排序（mm）		2h变形量排序（mm）	
1	级配9–A	8043	级配9–A	20654	级配7–A	2.03	级配7–A	2.19
2	级配9–B	6661	级配10–A	28425	级配9–A	2.39	级配9–A	2.57
3	级配7–A	6392	级配7–A	22481	级配3–A	2.62	级配3–A	2.82
4	级配10–A	5981	级配3–A	14068	级配10–A	2.81	级配10–A	3.02
5	级配6–A	5887	级配9–B	13481	级配7–B	3.03	级配6–A	3.27
6	级配3–A	5321	级配6–A	12372	级配6–A	3.06	级配7–B	3.39
7	级配8–A	5017	级配8–B	11764	级配5–A	3.24	级配8–A	3.62
8	级配3–B	4859	级配6–B	11578	级配8–A	3.38	级配5–A	3.71
9	级配5–A	4640	级配3–B	10378	级配2–A	3.49	级配9–B	3.90
10	级配7–B	4188	级配4–A	10081	级配9–B	3.60	级配2–A	3.92
11	级配5–B	3797	级配8–A	9456	级配3–B	3.66	级配3–B	4.09
12	级配4–A	3771	级配2–A	9104	级配6–B	3.80	级配6–B	4.19
13	级配8–B	3768	级配5–A	8786	级配2–B	3.97	级配2–B	4.33
14	级配6–B	3670	级配4–B	7885	级配5–B	4.06	级配5–B	4.48
15	级配2–A	3218	级配2–B	7834	级配1–A	4.13	级配1–A	4.66
16	级配1–A	3215	级配5–B	7625	级配1–B	4.34	级配4–A	4.83
17	级配4–B	3157	级配7–B	7500	级配4–A	4.50	级配1–B	4.92
18	级配2–B	3026	级配1–A	6317	级配4–B	5.14	级配8–B	5.56
19	级配1–B	2870	级配1–B	6101	级配8–B	5.17	级配4–B	5.66

A、B集料试验级配抗车辙性能加权排序　　表1-5-19

级　配	权　值				权值和	排序
	1h动稳定度	1h变形量	2h动稳定度	2h变形量		
级配9–A	1	1	2	2	6	1
级配7–A	3	3	1	1	8	2
级配10–A	4	2	4	4	14	3
级配3–A	6	4	3	3	16	4
级配6–A	5	6	6	5	22	5
级配9–B	2	5	10	9	26	6
级配8–A	7	11	8	7	33	7
级配5–A	9	13	7	8	37	8
级配7–B	10	17	5	6	38	9
级配3–B	8	9	11	11	39	10
级配2–A	15	12	9	10	46	11
级配6–B	14	8	12	12	46	12
级配4–A	12	10	17	16	55	13
级配5–B	11	16	14	14	55	14

续上表

级　配	权　　值				权值和	排序
	1h动稳定度	1h变形量	2h动稳定度	2h变形量		
级配8-B	13	7	19	18	57	15
级配2-B	18	15	13	13	59	16
级配1-A	16	18	15	15	64	17
级配4-B	17	14	18	19	68	18
级配1-B	19	19	16	17	71	19

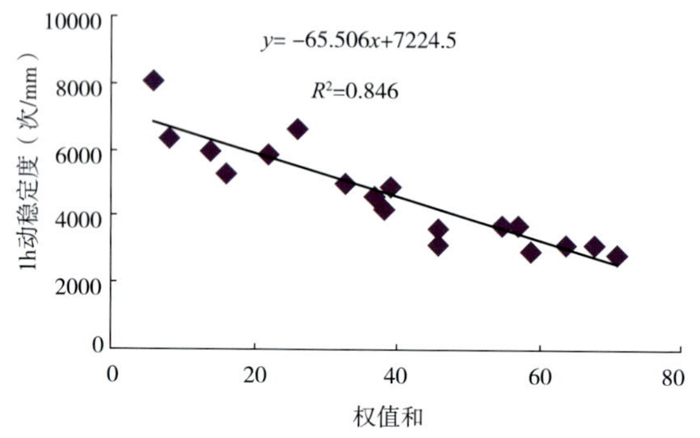

图1-5-8　1h动稳定度与权值和相关性

图1-5-9　2h动稳定度与权值和相关性

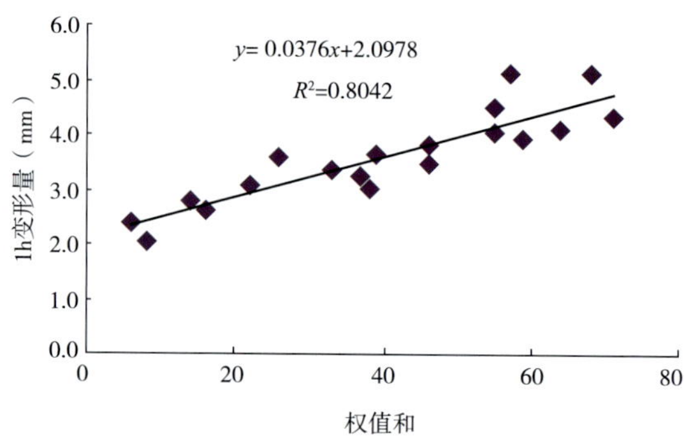

图1-5-10　1h变形量与权值和相关性

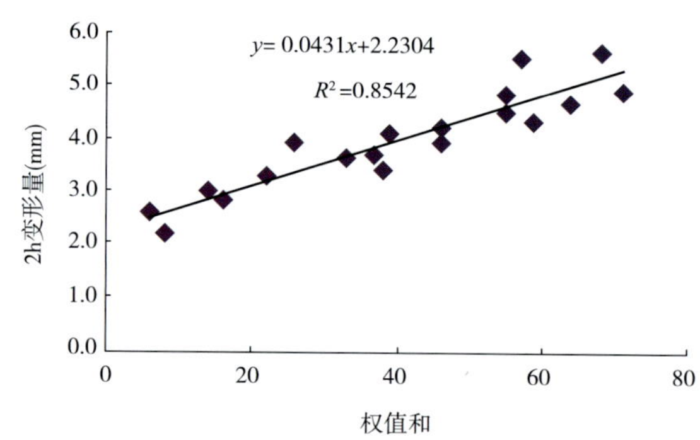

图1-5-11　2h变形量与权值和相关性

2. 4个参数指标的试验变异性

试验参数的变异性是反映该参数试验稳定性的重要标准。将表1-5-10~表1-5-13中各参数指标试验变异性取均值可得到4个不同参数的试验变异性均值，如表1-5-20所示。从表中可以看出：

（1）1h动稳定度的变异系数均值明显比其他小，仅为13.63%；其次是2h变形量，为15.02%；而2h动稳定度和1h变形量的变异系数比较接近，分别为15.20%和15.19%。

（2）4个指标的试验变异性均值由小至大排序分别是：1h动稳定度<2h变形量<1h变形量<2h动稳定度。

车辙试验各指标变异系数均值　　表1-5-20

指标参数	变异系数均值（%）	指标参数	变异系数均值（%）
1h动稳定度	13.63	1h变形量	15.19
2h动稳定度	15.20	2h变形量	15.02

3. 指标的概念及计算方法

本书提出的4个指标是借鉴沥青混合料车辙试验方法提出的，其概念明确并且易于被广大工程人员理解，且4个指标都是易于获得和计算的。

4. 4个参数指标互相之间的相关性

将表1-5-10~表1-5-14中各个级配的4个评价参数分别两两按线性关系拟合，可得4个参数相互之间的相关性，如图1-5-12所示，从图中可以看出，1h变形量与2h变形量之间存在明显的线性相关性，且相关系数达到0.9914，而其他参数之间的相关系数都小于0.6。

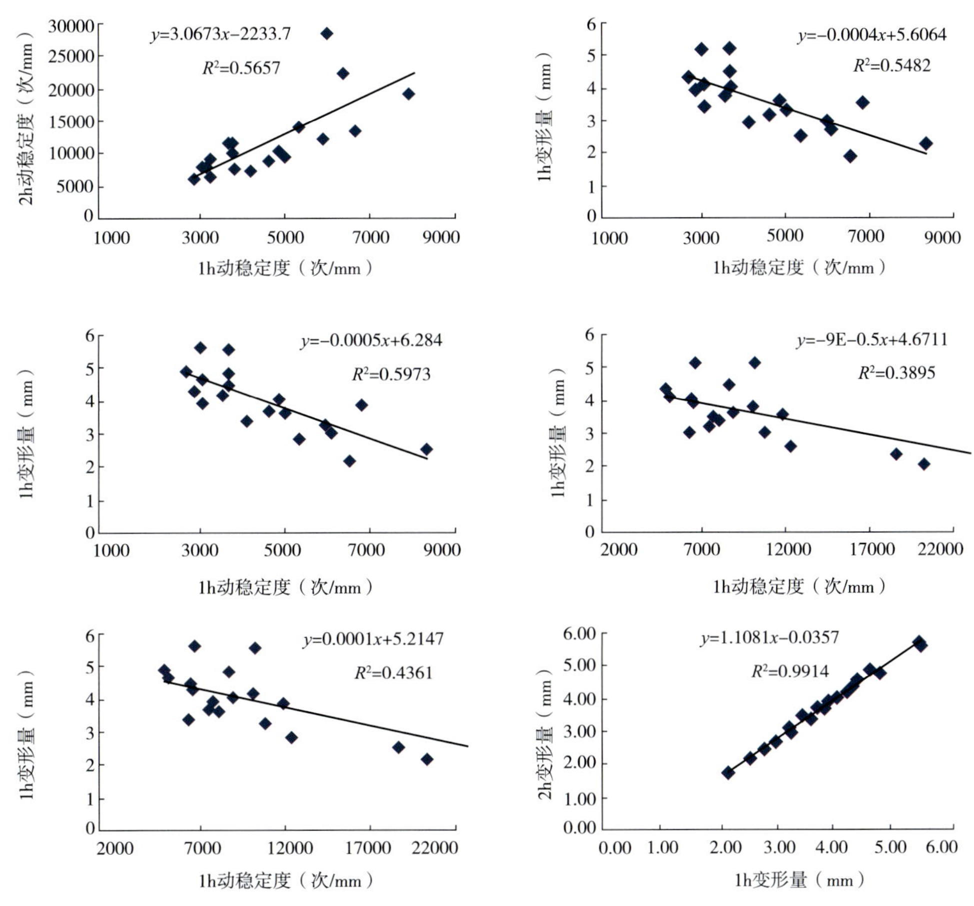

图1-5-12　指标相关性

鉴于1h变形量与2h变形量之间良好的相关性，在确定抗车辙性能指标时只需选择其中一个指标即可。此外，前面的分析中已表明2h变形量与车辙性能的相关性更好，因此宜选择2h变形量作为控制指标。

5.抗车辙性能指标分析基本结论

从上面的分析可知，1h动稳定度、1h变形量、2h变形量三个指标都符合评价指标应该具备的三个基本特征，能较好地反映级配碎石的抗车辙和抗松散能力，变异性相对较小，概念明确，易于获得和计算，均可作为评价级配碎石抗车辙能力的指标。同时，考虑到1h变形量与2h变形量的良好线性相关性，最终确定将1h动稳定度和2h变形量作为评价级配碎石抗车辙性能的控制指标。

（五）级配碎石抗车辙性能评价标准

前面确定了级配碎石抗车辙性能的评价指标，但要完善设计方法，还应针对相应的指标提出明确的级配碎石抗车辙性能的技术标准要求。国内外诸多材料评价标准的提出，除了理论分析外，更多的是通过成功或失败经验的总结而得到的。

本书对A、B两种不同石灰岩集料组成的共19种级配碎石开展了系统的室内试验研究，应该说相关试验结果在一定程度上反映了不同材料组成级配碎石的抗车辙性能。从表1-5-19中可以看出，B集料的级配3在19个级配中权值和为39，略低于平均值40，抗车辙性能排序第十位，正好处于19个试验级配的中间平均水平。B集料级配3正是在昆安高速公路实体工程中得到应用的目标级配。该实体工程位于昆明西出口，沿线有昆明钢铁厂等大型厂矿，交通量大，重载车辆多，目前已经通车3年，工后的检测表明该级配碎石基层状况良好，具有较好的抗车辙变形能力。此外，该级配碎石基层在施工期间，曾有一段早期施工的300m试验段，在仅施工了透层油和1cm改性沥青稀浆封层的情况下，在雨季承受了5个月交通荷载的直接作用，除个别路段的表面稀浆封层因雨水和荷载作用破坏外，整体结构和强度仍保持完好，这说明了该级配具有较强的直接承受车辆荷载作用的能力，完全能适应施工期间正常的施工车辆通行。

综上所述，本研究结合室内试验和实体工程的应用情况，建议以B集料级配3的室内车辙试验的1h动稳定度和2h变形量两个指标为参考，取整后作为重庆高温多雨山区高速公路级配碎石基层抗车辙性能评价标准。两个参数取整后如表1-5-21所示。

级配碎石抗车辙性能技术标准　　表1-5-21

试验指标	单　位	技术要求
1h动稳定度	次/mm	≥4800
2h变形量	mm	≤4.0

第二节　基于抗车辙变形性能的级配碎石设计方法

通过前面的试验研究，论证了级配碎石抗车辙试验方法的有效性，确定了经验级配范围，提出了评价指标和标准，最终可形成以下基于抗车辙变形性能的级配碎石设计方法，详见附录。

第六章　高温多雨山区高速公路长大坡段沥青路面技术对策

随着经济社会不断发展，在今后相当长的一个时期内，我国高速公路建设将由东南沿海一带经济发达的平原、微丘区转向西部山岭地区。受山岭区地形、地貌、地质条件限制，山区高速公路线形往往难以达到理想状态，个别地方甚至突破规范值不得不进行特殊设计。大量调查研究发现，山区高速公路沥青路面的典型病害为车辙，而严重的车辙又往往发生在长大坡路段。实地调查发现，长大坡路段上坡方向表现为车辙、下坡方向则多表现为推移和拥包。进一步调研发现，在长大坡路段，车速(坡度、坡长、车况)、荷载、温度是产生路面车辙最为直接的三个因素。不少高速公路的长大坡路段沥青路面在通车后不久就出现了沥青层推挤、拥包等早期损坏现象，严重影响了高速公路的使用性能和车辆行驶安全。

长大坡路段沥青路面的车辙问题已经引起了高度重视，特别是在我国重车超载、导致车辆动力性能差，以及驾驶行为不尽规范的现实情况下，显得尤为突出。对于我国典型的半刚性基层沥青路面，车辙一旦产生，维修起来将十分困难。因此，研究长大坡路段沥青路面抗车辙技术已成为我国发展山区高速公路迫切需要解决的问题。

第一节　长大坡路段沥青路面损坏分析

长大坡路段车辙产生的因素是多方面的，一是外部因素，主要是温度、荷载大小、车速等；二是内部因素，主要是结构组合、厚度、材料、混合料性能以及施工质量等。

一、温度对车辙的影响

黑褐色的沥青混合料具有较强的吸热能力，而整个路面又构成了一个巨大的温度场，由于热量的大量聚集，使得路面温度不断升高，这是在夏季沥青路面的温度远高于气温的重要原因。根据各地的温度观测数据分析，在高温时路表温度往往较气温高出20℃左右，在特殊地方甚至高出30℃，如一些山区通风不好的山谷路段或四周高中间低凹路段。高温时沥青路面长时间处于高温状态，在外部荷载的作用下就很容易产生流动变形，从而形成车辙、推移、拥包等病害。沥青混合料是沥青和集料混和而成的，由于沥青为黏弹塑性体，从而使得沥青混合料也具有黏弹塑性特性，因此具有明显的温度敏感性。

室内车辙试验也表明沥青混合料具有明显的高温敏感性，如图1-6-1所示的车辙试验中不同温度下的变形量和动稳定度情况，早期大量试验研究得出温度与动稳定度关系式：

$$\lg DS = 4.8974 - 0.0303T \tag{1-6-1}$$

式中：DS——沥青混合料不同温度下的动稳定度，次/mm；

T——试验温度，℃。

对于同一种混合料，随着温度的升高，沥青混合料的抗车辙指标动稳定度迅速下降，相应地变形量迅速增加，这说明温度对沥青混合料的抗车辙能力有很大影响。研究资料表明，当温度达到沥青软化点附近时，沥青混合料的动稳定度将出现大幅度下降，在软化点附近的温度范围内沥青的弹性比例降低，沥青混合料黏结力降低，已经开始发生黏塑性流动，此时在行车作用下极易产生永久性变形。沥青软化点温度附近大约±3℃的温度范围，是混合料抗车辙性能对温度变化最敏感的温度区间。这是因为沥青混合料的抗车辙性能由两部分组成，一是集料间的嵌挤力，二是沥青的黏结力。对于特定的沥青混合料，集料间的嵌挤力在试验温度范围内变化很小，可认为是一定值。沥青结合料的黏结力随着温度的升高而降低。在达到沥青软化点以前，黏结力变化的幅度相对较小，所以沥青混合料的温度—动稳定度曲线比较平缓；达到沥青结合料的软化点以后，沥青结合料基本上处于流动状态，黏结力急剧下降，对沥青混合料抗车辙性能的贡献大幅度减小，所以在沥青软化点温度附近抗车辙性能急剧下降；超过沥青结合料的软化点以后，混合料的抗车辙性能主要靠集料间的嵌挤力来提供，所以这一阶段动稳定度的下降速度最小。此时，随着沥青黏度的下降，润滑能力越来越强，使得集料间的内摩擦角不断减小，因此混合料抗车辙能力还是有所下降。

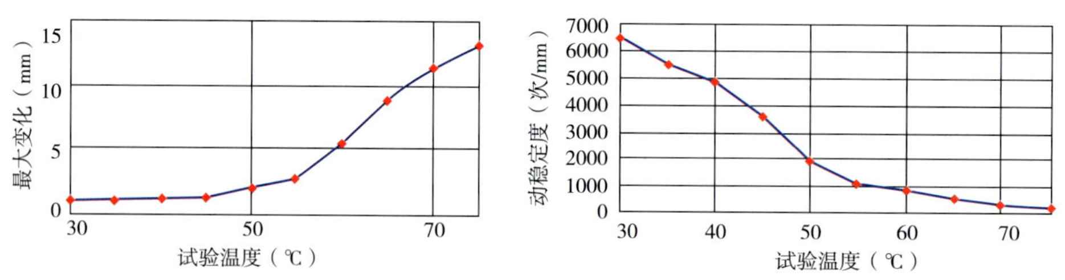

图1-6-1　车辙试验中不同温度下的变形量和动稳定度情况

我国大量发生车辙的高速公路，相同的特点是都发生在夏季炎热季节，有时仅仅发生在几天内，而低于某个温度几乎没有车辙。一般情况下，气温低于30℃时，一般很少发生大的车辙，甚至气温低于35℃时，即路表温度一般低于55℃时，车辙能够限制在几毫米，即车辙会产生但不大；而气温超过38℃，路面车辙会很快增加，如果气温连续超过40℃，几天就会使沥青路面发生严重的车辙损坏。重庆渝黔Ⅱ期就是一个例证，前后一个月就导致了沥青路面车辙的极大增加，类似的情况在我国已经非常普遍。

（一）极端高温温度场情况

为了研究高温对沥青路面影响，有必要进行路面结构温度场分布的测量。重庆交通科研设计院2006年8月30日在渝黔Ⅰ期右幅K37+500进行了24h路面温度场的测量，结果见图1-6-2及表1-6-1。

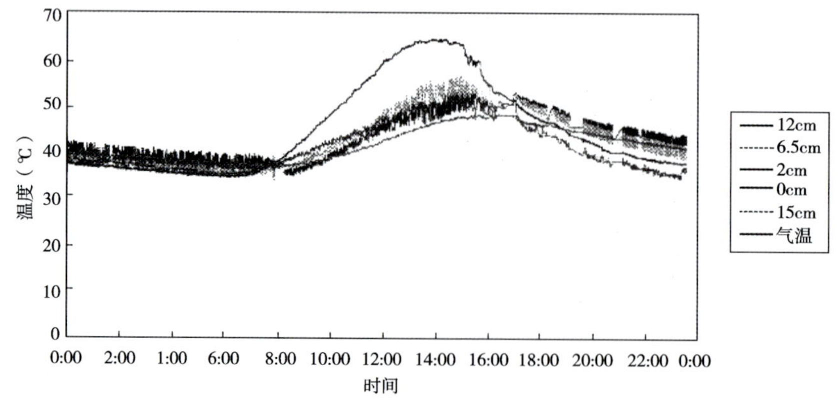

图1-6-2　渝黔Ⅰ期路面温度场实测结果

渝黔I期路面温度场实测温度数据（℃）　　表1-6-1

测温位置	气温	路表	2.0cm深	6.5cm深	12cm深	15cm深
最高值	52.7	64.8	62	56.8	55.3	48.5
最低值	34.5	34.2	42.5	33.6	35.1	36.4
平均值	40.5	43.7	42.5	43.4	44.1	42.7

重庆地区为1-4-1气候区，70号基质沥青的软化点要求大于46℃，SBS改性沥青的软化点要求大于60℃。以渝黔II期为例，70号沥青软化点为44~51℃，SBS改性沥青的软化点为61~79℃，根据以上图表的温度看，在极端高温条件下路面结构的温度非常高，使得沥青混合料的抗车辙性能受到极大挑战。大量温度测试结果表明，公路沥青路面结构在高温条件下，极端最高温度都超过了60℃，沥青路面内实际极端温度往往达到64～67℃，路面实际承受的温度已超过车辙试验的试验温度60℃，鉴于这种情况，有必要对车辙试验条件进行调整。

（二）高温条件下的路面剪应变计算

夏季温度非常高，路表面温度随之升高，沥青混合料的强度和劲度大幅度下降，导致沥青混合料产生横向剪切流动，沥青混合料抗剪强度降低。当抗剪强度下降至小于所受的剪应力时，沥青混合料就产生剪切变形，在大量重车的反复作用下，轮迹带逐渐变形下凹，两侧逐渐膨起，形成车辙，继续发展则成为辙槽。因此计算分析沥青混合料的剪切应变对于分析沥青路面结构的车辙损坏特点具有一定的意义。

计算高温下的路面剪应变首先须确定高温下沥青层的温度分布和不同层位下对应温度条件的模量。

根据图1-6-2实测路面沥青层温度情况，通过插值得到上、中、下面层的各层温度，并根据式（1-6-2）和式（1-6-3）计算沥青及沥青混合料的动态模量，计算参数见表1-6-2和表1-6-3，计算模型参考《沥青稳定碎石与级配碎石结构设计指标研究》推荐方法：

1.计算各沥青层的沥青黏度

$$\lg\lg(\eta)=A+VTS\lg(1.8\times T+459.67+32) \tag{1-6-2}$$

式中：A——对于70号沥青为10.6508，对于SBS改性沥青为9.715；

VTS——对于70号沥青为-3.5537，对于SBS改性沥青为-3.208；

η——沥青黏度，10^{-3}Pa·s。

2.混合料的动态模量

$$\lg E=1.588912+0.02932\rho_{0.075}-0.001767\rho_{0.075}^{2}-0.002841\rho_{4.75}-0.058097v_a-\frac{0.802208v_b}{V_b+V_a}+\frac{3.871977-0.0021\rho_{4.75}+0.003958\rho_{9.5}-0.000017\rho_{19}^{2}+0.000421\rho_{19}}{1+e^{(-0.603313-0.313351\lg f-0.393532\lg\eta)}} \tag{1-6-3}$$

式中：E——动态模量或复数模量，MPa；

$\rho_{0.075}$——0.075mm通过率；

$\rho_{4.75}$——4.75mm筛上累计筛余百分率；

$\rho_{9.5}$——9.5mm筛上累计筛余百分率；

ρ_{19}——19mm筛上累计筛余百分率；

η——沥青黏度，10^{5}Pa·s；

f——加载频率，Hz；

V_a——空隙率，%；

V_b——沥青体积率，%。

3.水稳基层和底基层的动态模量

$$E=1400\times\sigma_{UCS} \tag{1-6-4}$$

由该式得到的水稳基层、底基层的模量分别为6300MPa和3500MPa。

沥青混合料动态模量计算基本参数　表1-6-2

参数名称	单　位	对应混合料的参数取值		
		AC-13	AC-20	AC-25
$\rho_{0.075}$	%	6	5.5	5
$\rho_{4.75}$	%	47	59	62
$\rho_{9.5}$	%	23.5	39	45
ρ_{19}	%	0	0	17.5
V_a	%	6.5	6.5	6.5
V_b	%	11.6	11.6	11.6
V	km/h	70	70	70
A	—	9.715	10.6508	10.6508
VTS	—	-3.208	-3.5537	-3.5537

典型半刚性基层路面剪应变分析结构　表1-6-3

层　位	混合料类型	厚度（cm）	备　注
1	改性AC-13	1	SBS改性上面层
2	改性AC-13	1	
3	改性AC-13	2	
4	AC-20	2.5	70号沥青中面层
5	AC-20	2.5	
6	AC-25	3	70号沥青下面层
7	AC-25	3	
8	水稳基层	20	设计强度4.5MPa
9	水稳底基层	30	设计强度2.5MPa
10	路基土		模量35MPa

如图1-6-3为根据2006年8月30日气温条件下各沥青层平均温度及预估的各层沥青混合料动态模量变化情况。从中可以看出随着温度上升，各层沥青混合料的模量急剧下降，其中表面层动态模量由最大4831MPa，降低到最低720MPa，模量相差6.7倍；中面层动态模量由最大3780MPa，降低到最低597MPa，模量相差6.3倍；而下面层降低幅度最小，动态模量由最大3355MPa，降低到最低930MPa，

模量相差3.6倍，以上模量的差异还只是1天内的变化。

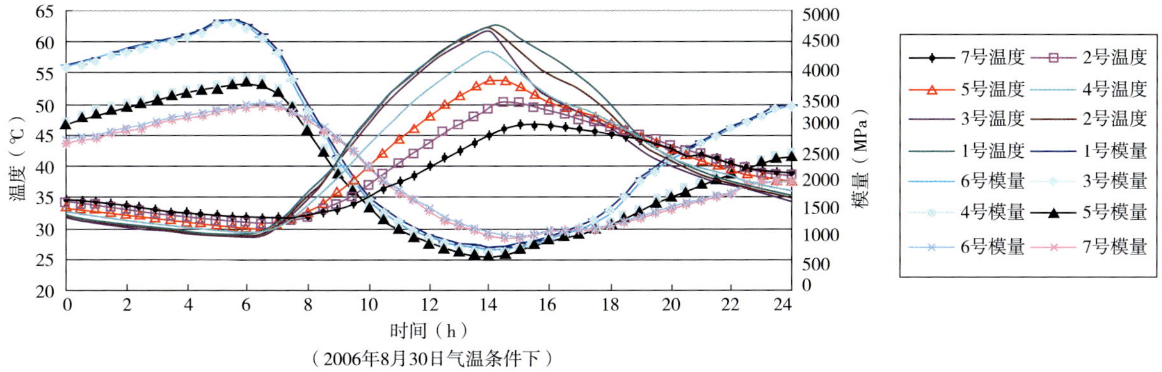

图1-6-3　各沥青层平均温度及预估的各层沥青混合料动态模量

图1-6-4为2006年8月30日气温条件下100kN双圆荷载条件下的15cm典型半刚性沥青路面的最大剪应变和最大剪应变深度情况。从中可以看出由于高温下沥青混合料的模量极大降低，沥青混合料内部的应力分布发生了极大的变化，影响车辙的剪应变急剧增加，极端高温使得沥青路面处于极高的剪应变状态。还可以看出，一天内沥青路面内温度是波动变化的，相应的沥青路面结构的最大剪应变也是不断变化的，随着温度的上升，到了14点左右，路面温度最高，此时路面体的结构剪应变也达到最大。

图1-6-5为2006年8月30日气温条件下100kN双圆荷载条件下的不同时刻路面结构剪应变较大值(最大值的90%~100%)沿深度变化情况。从中可以看出在高温情况下，沥青路面结构在标准荷载作用下随着温度的上升总体上剪应变的极大值是向面层发展的；总体来看，剪应变极大值出现在路表面以下1~11cm的位置，这些位置较容易产生剪切破坏，可见，在重庆的高温条件下，就典型的半刚性沥青路面，沥青面层的表面层、中面层和下面层均会产生剪切破坏，相对而言中面层是产生剪切破坏最严重的层位，因此在高温区域应该注意加强中面层的抗车辙性能。

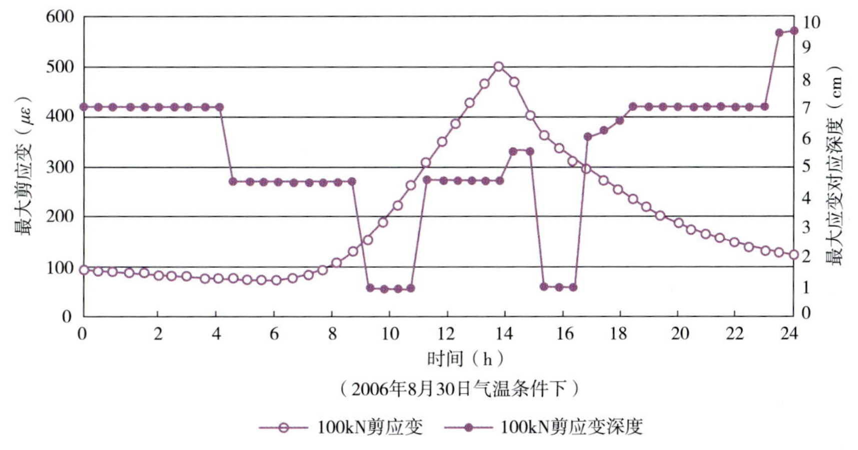

图1-6-4　100kN双圆荷载条件的最大剪应变和最大剪应变深度

（三）经年温度实际变化下的车辙预估

一年之中温度、荷载等因素是不断变化的，如交通量、荷载大小以及每一时刻的温度均随时间在不断变化，其对路面结构的使用性能也随时间会产生较大的变化，最终沥青路面车辙量应该是每天每一时刻的变形不断积累的结果。

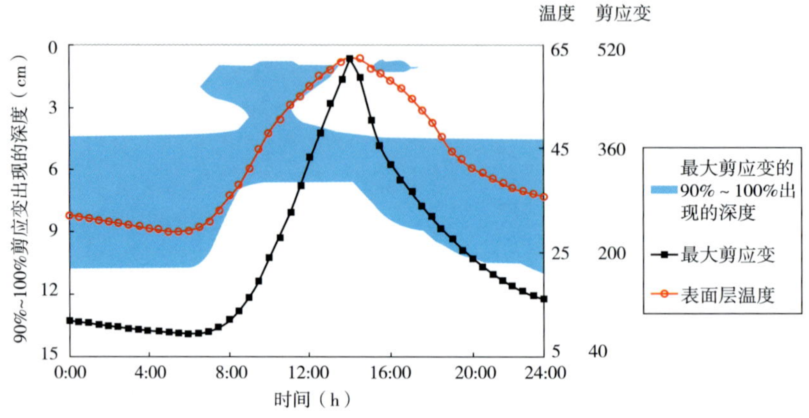

图1-6-5 不同时刻路面结构剪应变较大值沿深度变化情况

为了全面分析重庆市的荷载条件、温度条件对沥青路面车辙的影响，借助AASHTO 2002年MEPDG软件程序进行车辙预估分析。分析计算之前，需要搜集重庆市的荷载条件参数、气候条件参数和路面结构参数。荷载参数包括：

（1）车辆类型分布系数；

（2）交通量月调节系数；

（3）交通量小时分布系数；

（4）车辆轴数系数；

（5）轴重分布系数；

（6）交通量情况等。

气候条件参数包括：

（1）经度、纬度和海拔；

（2）天气条件（气温、风速、相对湿度、日照率）等。

路面结构参数：以重庆市典型路面结构为例，其路面结构参数如表1-6-4和表1-6-5所示。

典型半刚性基层路面剪应变分析结构 表1-6-4

层位	混合料类型	厚度（cm）	备 注
1	改性AC-13	4	SBS改性上面层
2	AC-20	5	70号沥青中面层
3	AC-25	6	70号沥青下面层
4	水稳层	50	—
5	路基土	—	—

沥青混合料动态模量计算基本参数 表1-6-5

参数名称	单 位	对应混合料的参数取值		
		AC-13	AC-20	AC-25
$\rho_{0.075}$	%	6	5.5	5
$\rho_{4.75}$	%	47	59	62
$\rho_{9.5}$	%	23.5	39	45

续上表

参数名称	单　位	对应混合料的参数取值		
		AC-13	AC-20	AC-25
ρ_{19}	%	0	0	7.5
V_a	%	7	7	7
V_b	%	11.6	11.6	11.6
V	km/h	80	80	80
A	—	9.715	10.6508	10.6508
VTS	—	-3.208	-3.5537	-3.5537

通过以上气候参数可以计算得到沥青路面结构各层的温度分布情况，进而计算出路面结构各层的动态模量，计算结果表明：一年内高温下表面层2cm处的沥青混合料动态模量只有1079MPa，而在低温下达到29763MPa，相差27.6倍；而中面层最大动态模量为28528MPa，最低为760MPa，相差37.5倍；下面层最大动态模量为28609MPa，最低为974MPa，相差29.4倍。由此可见，温度对沥青路面的动态模量影响非常大，从而对沥青路面的性能产生巨大影响。

图1-6-6为2006~2009年各层位和所有沥青层的累计车辙变形量预估情况，最大车辙量是发生在中面层，其次是表面层，下面层的车辙量最小。计算各层车辙量占所有沥青层车辙量的百分比分别是，表面层32%，上中面层38%，下中面层为19%，下面层为11%，可见中面层，特别是上中面层的车辙量是最大的，这与前面的高温剪应变的计算结果是较为吻合的。进一步计算发现，各层位车辙深度的比例还受荷载水平、温度差异的影响；荷载增加、温度偏低，表面层车辙比例降低而下面层车辙比例增加，但是最大车辙还是发生在中面层，中面层在各种情况下的车辙量均占沥青层的55%以上。

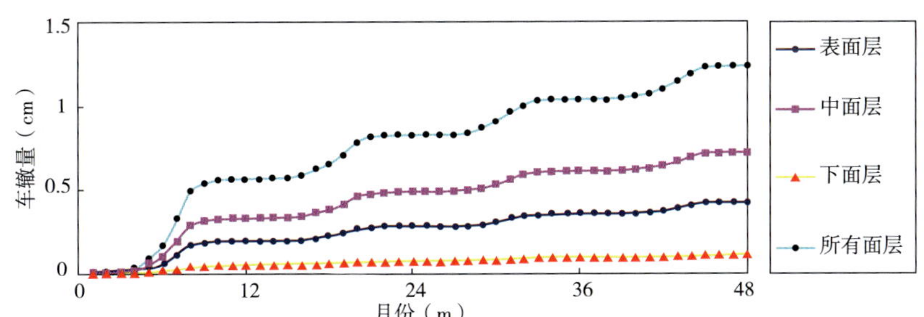

图1-6-6　2006~2009年各层位和所有沥青层的累计车辙变形量预估

图1-6-7为2006~2009年各层位和所有沥青层的月车辙变形量预估情况。月车辙变形量与当月的温度状况具有极大的相关性，温度较高的4~9月份月车辙变形量较大，而1~3月份、10~12月份的温度较低，其车辙变形量较低。统计后发现，4~9月份车辙变形量占全年的90%以上。

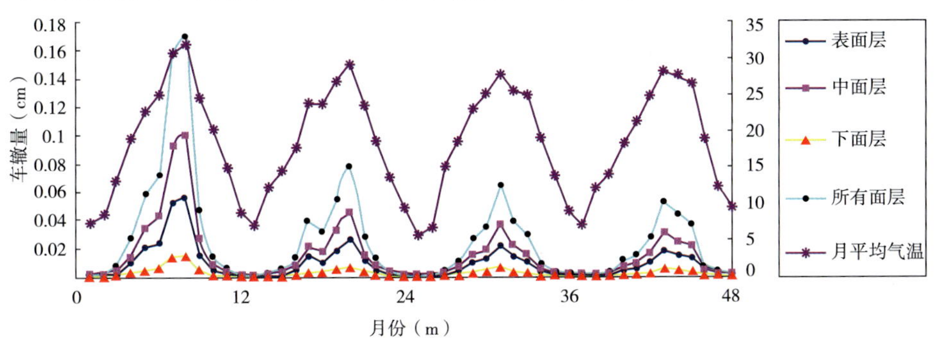

图1-6-7　2006~2009年各层位和所有沥青层的月车辙变形量预估

图1-6-8为2006年8760h气温与车辙增加量情况，可以看出随着气温的上升，沥青路面的车辙呈指数增长。

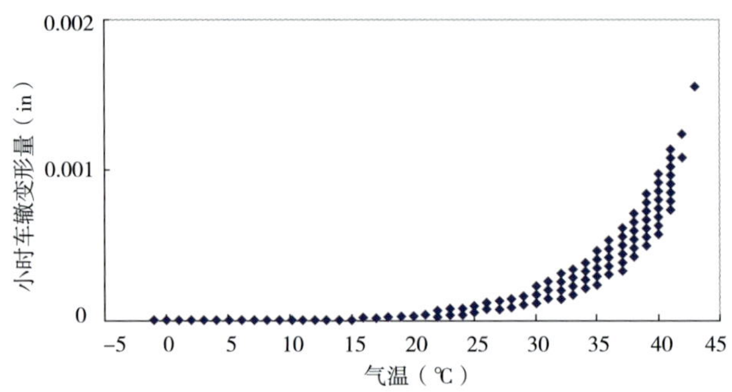

图1-6-8　2006年8760h气温与车辙增加量情况

二、荷载对车辙的影响

荷载也是导致沥青路面发生车辙的一个重要因素，其对路面破坏非常显著。

（一）重庆地区交通荷载情况

重庆地区高速公路目前交通量整体不太大，但是重庆地区的交通量保持了较高的增长率。调查中发现很多运输业主将新车买回后，通过更换弹簧钢板、加固大梁、加高车厢、变换厚轮胎增加刹车水箱等途径进行加固改装，改装后的货车承载能力增强，带来的超载情况也非常严重，统计表明大、中型货车的超载重量是标准载重量的50%~120%。

对重庆市某3条高速公路治超时动态称重系统(WIM)测得的实际轴重数据，通过计算可以得到不同轴载的轴重分布情况，按照我国《超限车辆行驶公路管理规定》(交通部2000年2号令)，单轴、双联轴和三联轴载重分别超出10t、18t和22t为超限，按照此标准三轴轴载类型超限比例分别达到6.6％、37.7％、59％，三轴轴载类型合计占总分析交通量的17.8％，占总货车交通量的30.7％。

荷载的增加，将导致轮胎气压的增加，已经超出了规范的0.7MPa设计要求，如一般解放CA10B、东风EQ140主车额定载重50kN，而实际载重高达80~100kN，轮胎气压普遍为0.9~1MPa，红岩、斯太尔主车额定载重150kN，实际载重可达380kN，轮胎气压一般为1.0~1.1MPa。根据相关数据，重庆地区多数货车的轮胎充气压力从0.7MPa增加到0.9MPa，少数超过1.0MPa。

（二）不同荷载条件对车辙试验动稳定度的影响

荷载对路面车辙的影响，可以通过室内车辙试验进行对比分析。表1-6-6是三种不同沥青混合料不同荷载在温度60℃的车辙试验动稳定度结果，从试验结果可以看出随着荷载压力的增加，沥青混合料的动稳定度急剧下降。图1-6-9为沥青混合料荷载压力对动稳定度和车辙的影响。

不同荷载在温度60℃的车辙试验动稳定度结果（单位：次/mm）　　表1-6-6

荷载压力(MPa)	0.5	0.6	0.7	0.8
混合料1	1437	1276	1312	916
混合料2	874	754	666	393
混合料3	860	525	482	339

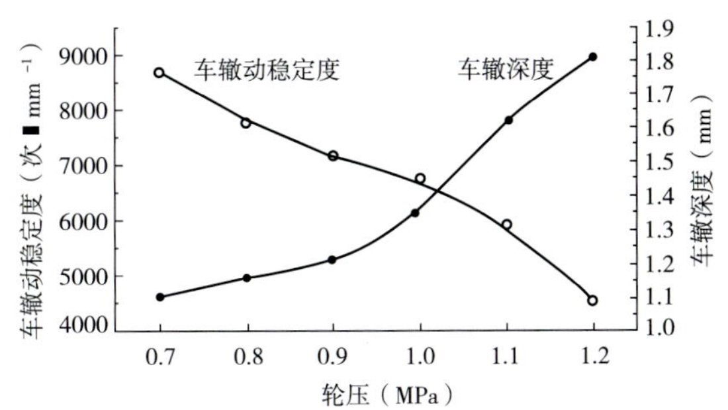

图1-6-9　沥青混合料荷载压力对动稳定度、车辙变形的影响

在标准温度60℃时70号沥青的沥青混合料荷载压力与动稳定度关系：

$$\lg DS = 3.4593 - 0.5746\rho \tag{1-6-5}$$

式中：ρ——接地压强，MPa；

DS——沥青混合料60℃时动稳定度，次/mm。

（三）基于动稳定度的荷载、温度等效和荷载、温度叠加效应

大量的研究数据表明，随着荷载的增加，动稳定度将按对数的比例下降。按照式1-6-5和式1-6-1可以根据动稳定度将60℃条件下的不同超载情况换算成为对应的等效温度值，减去60℃，即得到等效的增加温度值，同样的方法可以得到试验温度40℃条件下的等效转换，汇总数据如图1-6-10。

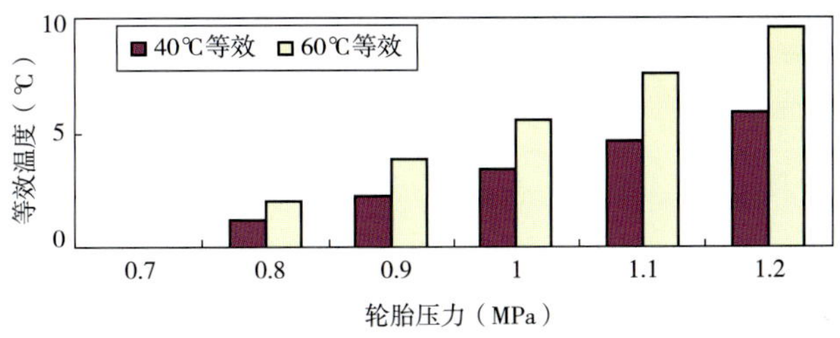

图1-6-10　不同温度条件下不同荷载压力下等效的温度增加值

由图可以看出，在1.2MPa情况下，相应0.7MPa，40℃试验条件下，等效的温度增加值为5.8℃，相当于温度从40℃升高到45.8℃；在60℃试验条件下，等效的温度增加值为9.6℃，相当于温度从60℃升高到69.6℃。可见温度越高，荷载增加等效的温度增加越高。

为进一步分析荷载和温度的叠加对沥青混合料车辙影响，选用70号沥青沥青混合料，采用“60℃、0.7MPa”、“60℃、0.9MPa”、“70℃、0.7MPa”、“70℃、0.9MPa”等四种试验条件，试验结果如图1-6-11所示。在不同温度条件下，如60℃条件0.9MPa较0.7MPa的动稳定度下降了33.8%，而在70℃条件下，动稳定度下降了45.6%。

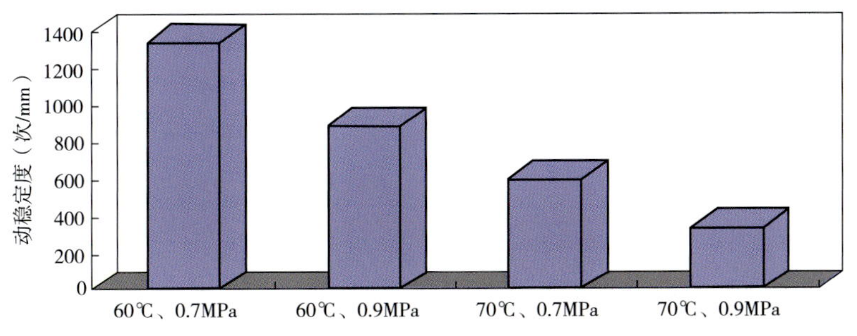

图1-6-11　不同温度、荷载条件下的动稳定度

从以上试验结果可以看出：在温度不变、荷载从0.7MPa增加到0.9MPa时，动稳定度下降了33.8%；而在荷载不变，温度增加10℃的条件下，动稳定度下降了55.2%；在温度和荷载都增加的条件

下，动稳定度减少了75.6%。由此发现，高温和超载的叠加对沥青路面抗车辙能力产生很大影响。

（四）高温条件下超载的结构剪应变分析

由于重交通条件和重（超）载车辆使路面结构的受力状态发生了变化，许多车辙的产生就是由于沥青混合料不能抵抗较大的剪应变而发生了破坏，导致车辙的形成。计算表明，随着轴载的增加，最大剪应变的影响深度逐渐加深，剪应变值不断加大。图1-6-12为2006年8月30日气温条件下100kN、150kN和200kN双圆荷载条件下的最大剪应变和最大剪应变深度情况，通过此图可以看出，在相同条件下最大剪应变随着荷载增加而增加，但是剪应变的增加并非随着荷载的增加成正比，相应于100kN，150kN和200kN荷载分别增加了50%、100%，按照轮胎接地压力的0.401次方与荷载大小成正比，得到150kN和200kN荷载下的轮胎接地压力分别为0.823MPa和0.924MPa，相应于0.7MPa相应增加了17.6%和32%，计算的最大剪应变相应增加了12%~21.6%、21.8%~37.8%，剪应变的增加比例与轮胎接地压力增加比例接近。

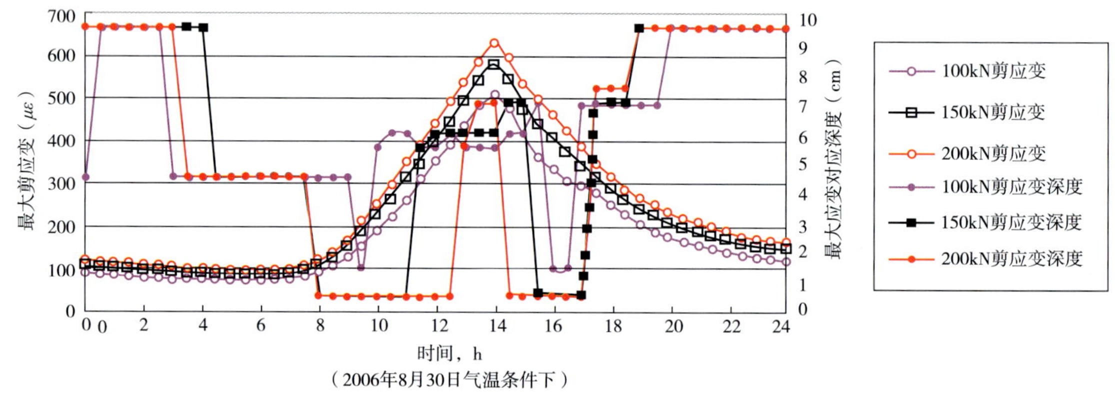

图1-6-12　100kN、150kN和200kN双圆荷载条件下的最大剪应变和最大剪应变深度

（五）经年温度实际变化下的不同荷载的车辙预估

采用表6-4和表6-5的基本数据，考虑不同的荷载条件下沥青路面车辙的发展情况，为了表示不同的荷载，假定每个区间的轴载载重同时相应增加-30%、+30%，这样可以得到重庆市典型轴载特征70%和130%荷载下的轴载分布系数，通过2002AASHTO模型计算，得到图1-6-13，即2006~2009年70%、130%荷载条件下的沥青面层的累计车辙变形量预估情况。从中可以看出随着荷载的增加，沥青路面的车辙也是增加的，计算得到130%荷载条件下的车辙量是100%荷载条件下的1.227倍，增加了22.7%，而70%条件下车辙量降低了14%，可以看出车辙量并非与荷载成指数增加，实际上车辙量的增加量要低于荷载轴重增加率；但是轴载从70%增加到100%与载重从100%增加到130%，后者车辙量的增加率要大大高于前者，即如果路面本来的荷载就属于重载、超载水平较高，此时如果荷载进一步加重，其对沥青路面的破坏会更大。

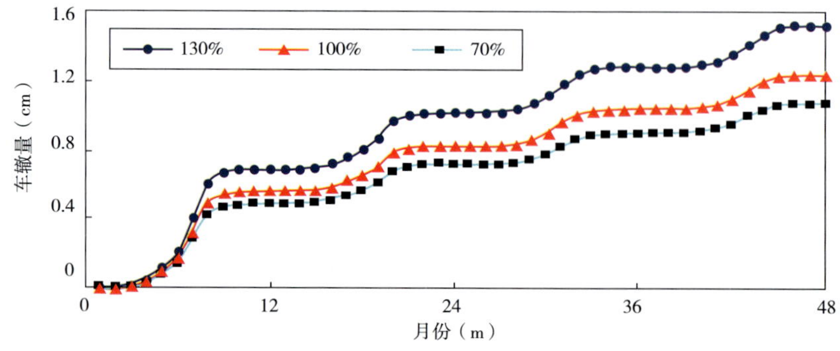

图1-6-13　2006~2009年不同荷载条件下沥青面层累计车辙变形量预估

三、路面纵坡对车辙的影响

许多调查结果发现，长大坡路段是沥青路面产生车辙的频发部位。主要是由于交通荷载在这些路段的通行状况与正常路段不同，表现为荷载作用时间变长、沥青混合料模量降低、荷载水平作用力加大以及结构剪应变的增加，再加上温度等因素影响，特别是在我国重车超载、动力性能差及驾驶行为不尽规范的现实情况下，这就使得长大坡路段车辙问题较为突出。

长大坡路段车辆行车速度的衰减受纵坡大小、坡长，车辆的爬坡性能、车辆的载重，海拔高度等影响。对山区高速公路的车辆行驶状态进行了大量的调查和分析表明：

（1）重型车辆在纵坡上运行时，有明显的减速过程。随着坡度的增大，减速的幅度呈增大趋势。

（2）同样的坡度下，随着坡长增加，车速逐渐降低，从坡底至坡中车辆的减速幅度往往要大于从坡中到坡顶。

同时，在上坡路段，沿路面表面的车辆重力的水平分力会阻碍车辆的行驶，此时车辆需要增加牵引力来克服水平阻力才能保持正常前进，纵坡越大、车辆载重越大，水平阻力就越大，图1-6-14是车辆上坡时车速与水平力变化示意图。

车辆上坡时，开始速度较快，车辆可以靠惯性来爬坡，车辆对路面施加的水平力较小，在爬坡到一定距离后，车速迅速下降到一个临界值后、惯性力不能维持车辆的继续前进，需要增加牵引力才能继续爬坡，车辆对路面施加的水平力会突然增大，此后会稳定在一个较高的水平。

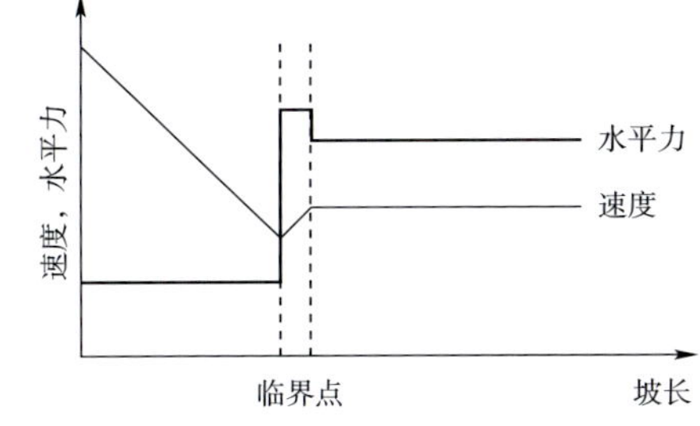

图1-6-14　爬坡时车辆速度与水平力示意图

1.行车速度对沥青、沥青混合料的影响

移动轴载驶过路面结构时，会对路面结构内各点产生应力脉冲，影响荷载作用时间的因素包括行车速度、路面结构形式及结构组合、各层材料特性等参数。行车速度越大，作用时间越短。

如法国的力学分析程序中考虑了行车速度不同结构厚度下的（平均）等效作用时间和频率，可以看出厚度越深，车辆行驶速度越低，作用时间越长，等效频率越低，见表1-6-7。

法国设计指南采用的不同车速和厚度下的等效作用时间和频率　　表1-6-7

结构情况	车 速 10m/s		车 速 25m/s	
	作用时间	等效频率	作用时间	等效频率
薄层路面50cm	0.05s	20Hz	0.02s	50Hz
厚层路面200cm	0.2s	5Hz	0.08s	12.5Hz

诺丁汉大学荷载作用时间的计算模型

$$T=10^{5\times10-4\times h_{ac}-0.2-0.94\lg V} \tag{1-6-6}$$

式中：h_{ac}——沥青层厚度，mm；

V——车速，km/h；

T——荷载平均作用时间，s。

根据式（1-6-6）模型计算不同结构层位的作用时间和等效频率见图1-6-15。

荷载作用时间、频率的变化对沥青、沥青混合料性能产生很大影响，图1-6-16中可以看出随着车速的降低，荷载作用时间迅速增加，沥青黏度随荷载作用时间的增加而迅速降低。

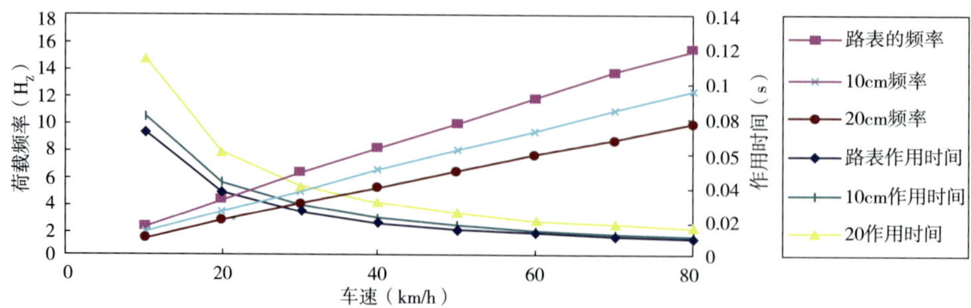

图1-6-15　不同车速和不同深度下的荷载作用时间和频率

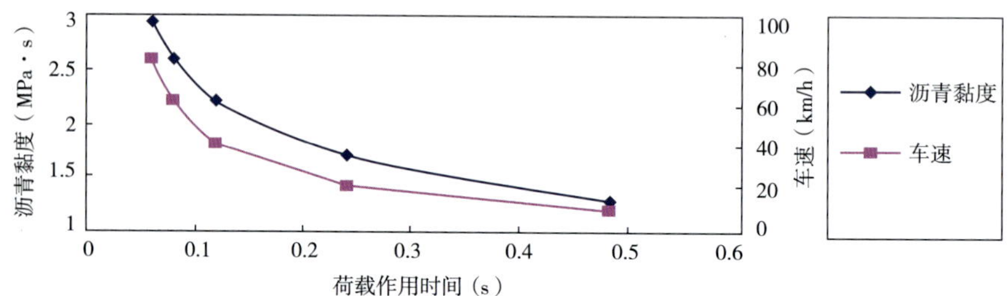

图1-6-16　不同荷载作用时间下的沥青黏度

随着荷载作用时间的增加，沥青黏度逐渐降低，继而导致沥青混合料模量的降低。从图1-6-17和图1-6-18可以看出，随着车速的降低，沥青混合料的动态模量也降低，相对于车速80km/h而言，车速40km/h和20km/h时沥青中上面层混合料动态模量分别下降约18%和32%。

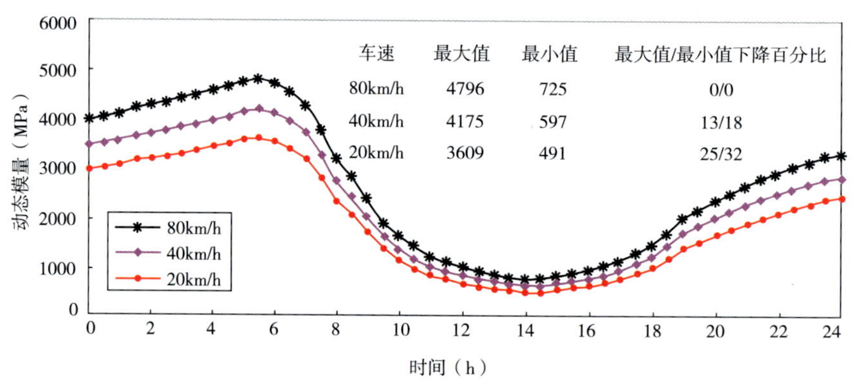

图1-6-17　表面层动态模量随车速降低情况

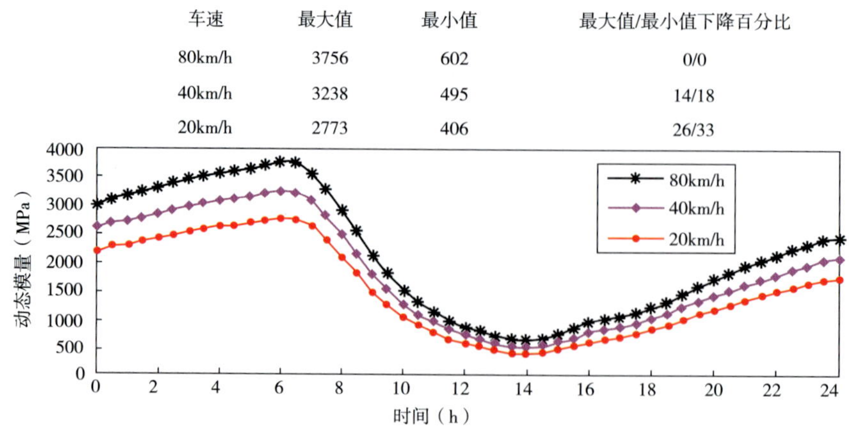

图1-6-18　中面层动态模量随车速降低情况

运用式（1-6-6）车速与频率的转换关系，通过室内试验研究不同车速和不同温度下沥青混合料车辙因子的变化情况，图1-6-19及表1-6-8为70号沥青在不同车速和温度条件下车辙因子的变化情况，可见车速降低、温度升高，车辙因子均较大幅度下降。

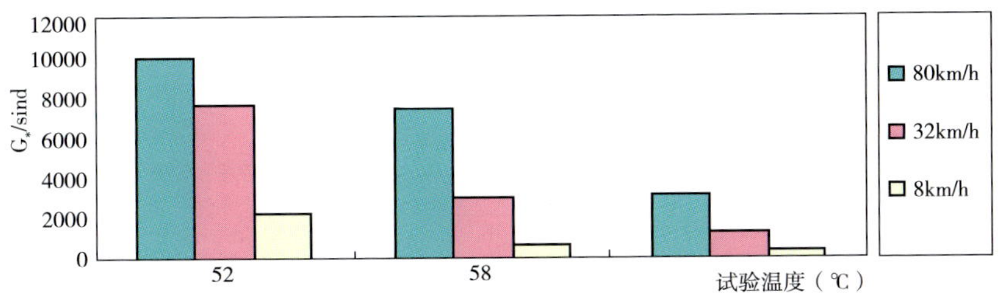

图1-6-19　70号沥青旋转薄膜老化后DSR车辙因子的变化情况

70号沥青旋转薄膜老化后DSR车辙因子降低百分比（单位：%）　　表1-6-8

车速＼试验温度	52℃	58℃	64℃
80km/h	0	0	0
32km/h	24	60	60
8km/h	78	91	88

2.重载、慢速条件下的沥青路面结构剪应变计算

沥青混合料属于黏弹性材料，车速的降低，相当于作用时间的延长，这会直接导致路面的破坏增加；另外荷载频率的降低，会影响沥青路面的荷载传递，也会影响沥青路面材料力学性能，如模量的降低，进而影响沥青路面的应力应变水平和结构应力应变的分布。

同样采用重庆市2006年8月30日气温条件，计算典型半刚性沥青路面在100kN、200kN双圆荷载条件下的最大剪应变和最大剪应变深度情况，考虑20km/h、40km/h和80km/h车速情况。

图1-6-20为100kN下不同车速下的沥青路面剪应变图，随着车速的降低，最大剪应变迅速增加，相应80km/h时，得到40km/h和20km/h下最大剪应变相应增加了16.2%~23.5%、37.7%~52.3%；同时慢速40km/h和20km/h条件下对沥青路面的破坏较相应的50%、100%超载破坏更大。

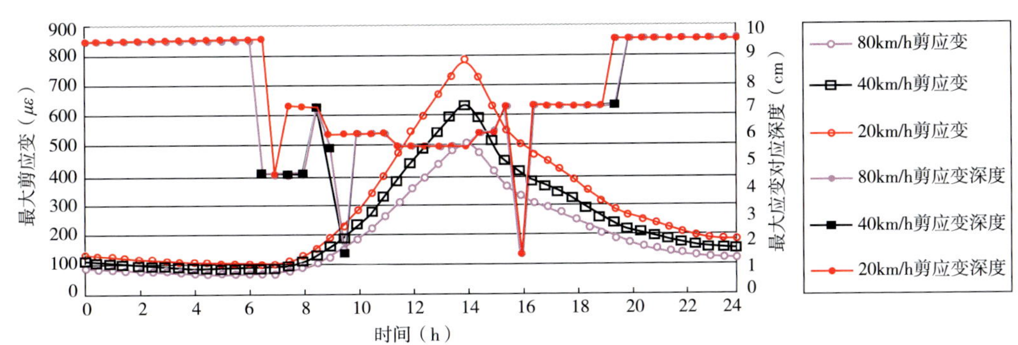

图1-6-20　100kN双圆荷载条件下的不同车速的最大剪应变和最大剪应变深度

图1-6-21为200kN下不同车速下的沥青路面剪应变图，得到40km/h和20km/h下计算最大剪应变相应增加了14.9%~24.2%、33.8%~54.0%；200kN的40km/h和20km/h下计算最大剪应变相应于100kN荷载80km/h的最大剪应变增加了49.0%~69.7%、73.4%~109%，所以荷载和慢速交通的叠加造成的沥青路面的破坏非常大。

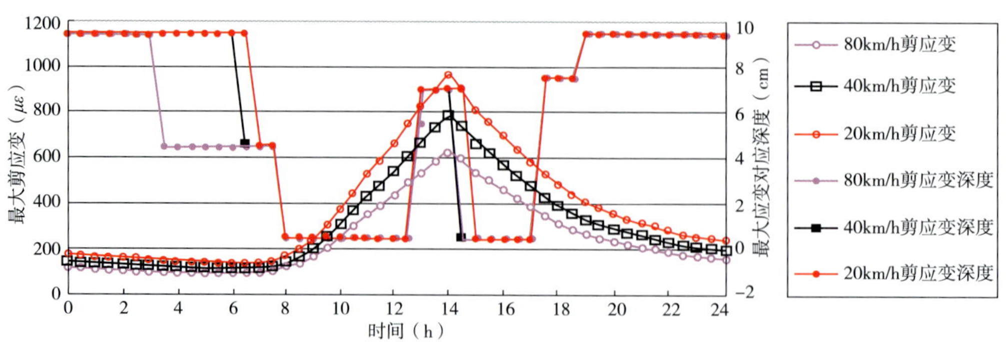

图1-6-21　200kN双圆荷载条件下的不同车速的最大剪应变和最大剪应变深度

3.重载、慢速以及水平应力下的沥青路面结构剪应变计算

长大上坡沥青路面在交通荷载作用下，不仅仅是车速降低和沥青混合料模量的降低导致结构剪应变的增加，同时在长大坡路段行车荷载水平阻力的增加导致表面层荷载水平应力的成倍增加，路表剪切应变的增加会引起不确定破坏面的剪切变形，产生推移、拥包等病害。

在上坡路段，车辆由于动力方面的原因，运行模式一般包括冲坡、减速、再加速的过程。在这个过程中，行车对沥青路面结构的荷载作用模式不断发生改变，沥青路面结构的受力状况也随之产生变化，特别是轮胎与路面表面摩擦产生的水平力随各个阶段不同而改变，使其受力情况变得更为复杂。

取滚动摩擦系数f=0.015，计算不同上坡坡度下的垂直荷载和水平荷载，进而计算结构剪应变，最大剪应变的结果如图1-6-22所示。可见不同纵坡下的结构最大剪应变变化很小，相对于0%纵坡、3%和5%纵坡下的结构最大剪应变仅增加了0.2%~2.1%和0.4%~4.7%。

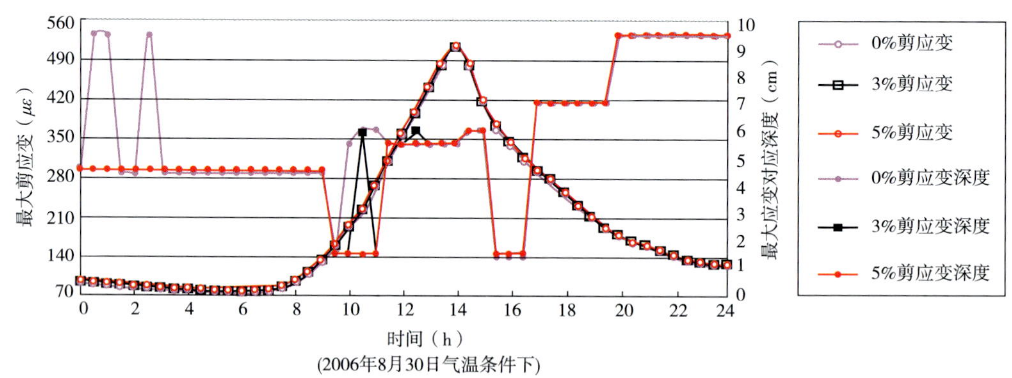

图1-6-22　100kN双圆荷载条件下的不同纵坡最大剪应变和最大剪应变深度

为了研究水平应力对最大剪应变位置的影响，计算2006年8月30日气温条件下100kN双圆荷载在0:00、8:00、14:00、22:00时刻3%、5%纵坡相对0%纵坡时的最大剪应变沿深度相对变化情况，见图1-6-23。

由图得知，纵坡的水平力对剪应变的影响主要在面层0~7cm和下面层的底部，特别是路面下0~3.5cm处，其中路表面增加最大，3%、5%纵坡相对0%纵坡增加值为11%~18%、18%~30%，且路面温度越高，增加比例越大，表面层剪应变的增加容易产生表面的推挤、拥包等变形损坏。另外，水平应力的增加也会使下面层的底部剪应变有所增加，但是由于沥青层底的剪应变水平本身不大，且受纵坡影响增加的比例较小，3%、5%纵坡下增加仅为2.84%、4.68%，因此相对而言影响不会太大。

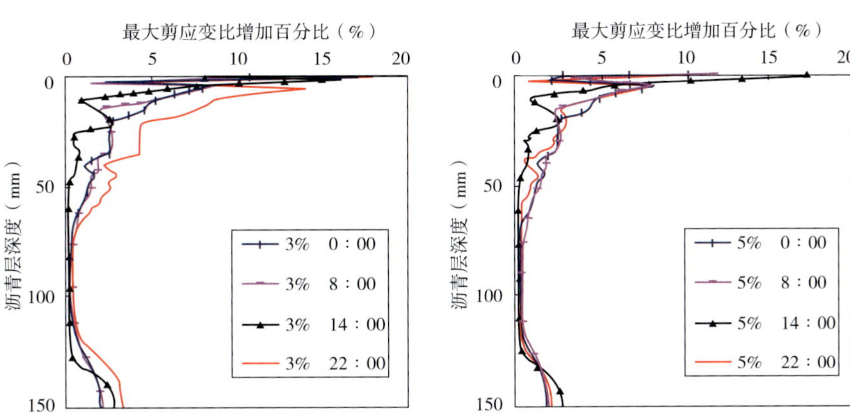

图1-6-23　3%、5%纵坡在不同时刻相对0%纵坡下沿深度方向最大剪应变变化情况

4.经年温度实际变化下的不同车速的车辙预估

采用表1-6-4和表1-6-5的基本数据，考虑70%、100%和130%三种荷载条件和40km/h、20km/h两种车速，计算2006~2009年4年的累计车辙变形量预估情况见图1-6-24和图1-6-25，130%荷载条件下的车辙量是100%荷载条件下的1.227倍，增加了22.7%，而70%条件下车辙量降低了14%，可以看出车辙量并非与荷载成指数增加，实际上车辙量的增加量要低于荷载轴重增加率；但是轴载从70%增加到100%与载重从100%增加到130%，后者的车辙量的增加率要远远高于前者，即如果道路本身荷载就属于重载，此时如果荷载进一步加重，其对沥青路面的破坏将更大。

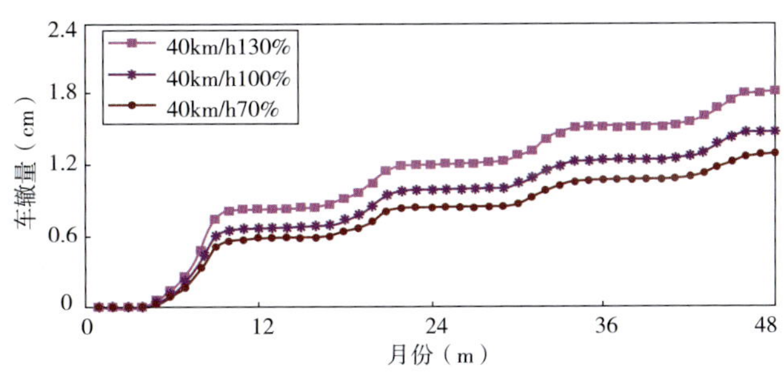

图1-6-24　40km/h车速下沥青面层的累计车辙变形量预估

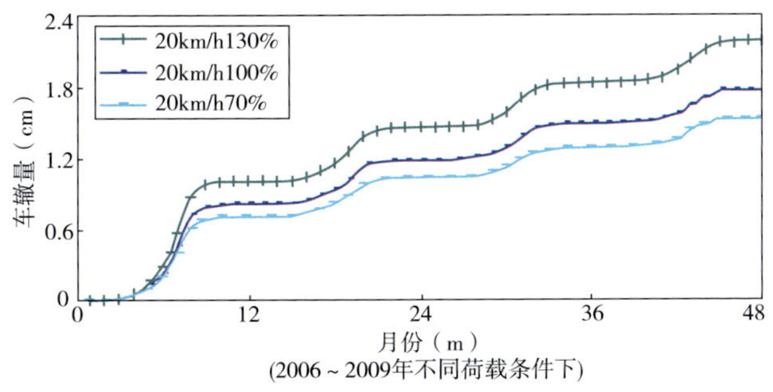

图1-6-25　20km/h车速下沥青面层的累计车辙变形量预估

将不同荷载、不同车速条件下车辙预估的比值汇总于表1-6-9，可见在相同荷载条件下车速从80km/h下降到40km/h、20km/h时，相应的车辙增加了20%、46%，这个比例与剪应变的增加比例接近，相当于70%荷载水平增加了50%和90%。另外，荷载水平和车速的叠加对路面的破坏非常大，在130%、20km/h条件下车辙量会增加1倍。

不同荷载、车速条件下的车辙比值　　表1-6-9

荷载水平 车速（km/h）	70%	100%	130%
80	1.00	1.16	1.42
40	1.20	1.40	1.71
20	1.46	1.69	2.07

注：各种条件的最终车辙与70%荷载80km/h条件的最终车辙比值。

5.其他方面因素对车辙的影响

除了高温、荷载和纵坡下慢速交通等外因造成的沥青路面的损坏外，还有很多其他因素：

（1）沥青混凝土的矿料级配和沥青用量不合适。我国早期已通车的很多高速公路都使用连续式I型密实级配，为避免产生水破坏，在沥青混凝土中多用细集料，矿料级配没有足够的嵌挤能力，特别是中下面层采用I型密实级配，如AC-20I、AC-25，这些沥青混凝土的高温抗形变能力较差，不同单位的试验结果表明，其动稳定度常小于1000次/mm。

（2）对于长大坡这一特殊路段没有采用有针对性的技术措施，如沥青结合料的黏度偏低，一些工程根据气温、荷载条件需要采用50号等硬沥青，而习惯性采用70号或90号沥青，沥青混合料的高温稳定性较差；没有针对长大坡路段适当提高设计空隙率、降低油石比等有针对性的技术措施；目前相关规范还没有针对长大纵坡等特殊路段的设计指导，高温、重载慢速下的长大坡路段外部条件复杂，而动稳定度等试验条件没有进行适当调整。

（3）目前我国高速公路的外部条件恶劣，在高速公路的后期运营中没有采取针对性的减缓措施，特别是高温、超载条件下的运营管理问题。另外，沥青路面发生车辙后没有及时进行观测和采取措施，车辙一旦产生，达到一定值后，车辆的渠化会更加明显，车辙发展速度就会加快，会导致中面层被剪切破坏、松散，进而进一步导致下面层的剪切破坏、直至整个结构失去承载能力。

第二节　高速公路长大坡路段界定方法和标准

长大坡路段技术的研究首先需要确定哪些是长大坡路段，并确定长大坡路段的界定方法和标准。

目前美国SHRP、澳大利亚、加拿大、欧洲等一些国家标准中对于长大坡(陡坡)、交叉口等特殊路段在混合料设计中有明确规定和要求，主要是通过行车速度界定。美国SHRP技术标准中对于不同路段不同车速分为3个等级，包括标准速度(>70km/h Standard Traffic，对应正常路段)、慢速(20~70km/h,Slow Traffic，对应长大坡路段)和怠速(≤20km/h, Standing Traffic，对应交叉路口)三个速度标准，对应不同车速的路段需要采取相应的技术标准。

国外的那些方法对于我国确定长大坡路段的界定方法和界定标准有一定的借鉴意义，但是由于我国公路沥青路面的重载、超载情况比较突出，所以还不能完全照搬国外的标准，在长大坡路段的界定标准上需要考虑重载慢速共同作用下的路面损坏的问题。

另外，如果采用行车车速作为长大坡路段的一个界定标准，如何进行不同路段的车速预估，即如何预估或确定连续路段的重载、超载条件下的车速也是需要进一步研究的问题。通过对已有道路的车速、路面车辙损坏调查，建立起标准的车速预估程序和对应的车速标准，本部分研究成果将成为长大坡路段沥青路面技术的一个很好的补充，将为我国制定相应技术规范提供依据，同时在此基础上研究

制定长大坡路段的界定标准，用以指导长大坡沥青路面工程建设，其研究具有显著的经济效益和工程实用价值。

一、长大坡路段的界定指标

国内对长大坡路段的理解往往认为是纵坡较大的路段，因此一般采用纵坡大于一定坡度后即为长大坡路段。实际上纵坡的坡度只是一个方面，而影响路面性能的不仅是纵坡的坡度，影响路面性能的主要因素是车速的降低和水平应力随纵坡的增加。

研究表明，单独以一个纵坡进行长大纵坡的界定意义不大，纵坡上的车速不仅与作用路段的纵坡坡度有关，还与坡长有关，而且与前面驶入时的车速有关，因此纵坡路段的车速是连续性的，长大纵坡的界定必须考虑连续纵坡的情况，而纵坡本身不具有连续性，通过连续纵坡的车速预估才可以描述连续纵坡对沥青路面的车辙造成的影响。

下面介绍一例高速公路一连续爬坡段的车辙情况。图1-6-26中数字为坡度。该路段地处山谷，通风条件差，散热慢，在同样的日照条件下，地面温度比附近地区要高4~9℃，路面内部温度甚至高20℃以上。

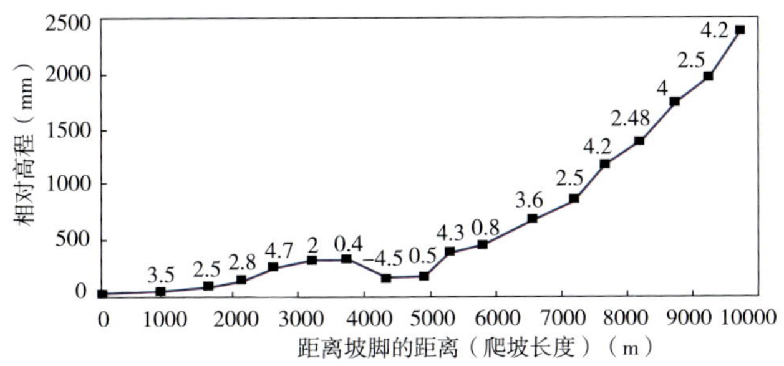

图1-6-26　高速公路上坡路段纵坡情况

对这段路的车辙进行调查发现，车辙在连续上坡路段尤为严重。其中有一段连续10余公里的上坡路段，离开坡脚越远，车辙深度越大，一般在10~30mm左右，最大处车辙达52mm。主要原因是由于车辆爬坡能力较差，上坡时速度逐渐减慢，上坡大约1km以后，速度就减到最低，大部分重载车的速度只能维持15~20km/h，个别的不超过10km/h。第2个坡段从坡脚至坡顶连续上坡4.6km，坡度与车辙的情况如图1-6-27所示。可以看出在开始第一个纵坡坡度为4.3，但是车辙并不大，第二个0.8%纵坡的车辙还比4.3%的大，后面的情况也是一样的，这说明并不是纵坡越大，车辙深度越大，车辙深度主要是受车速连续变化的影响。

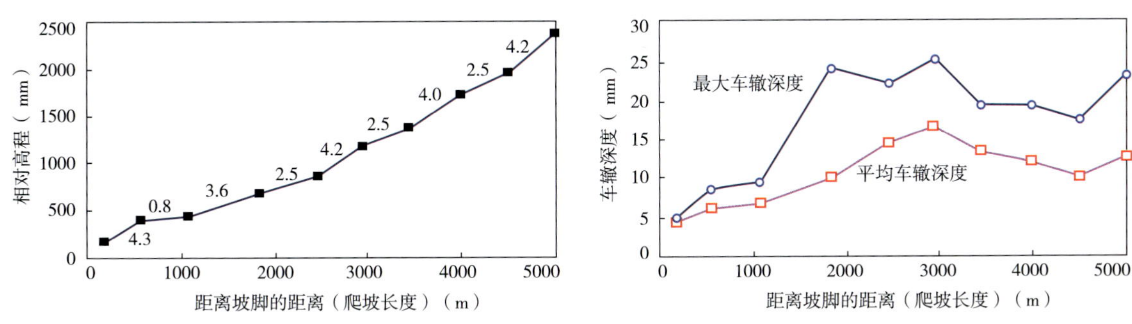

图1-6-27　上坡路段的车辙与纵坡的对应情况

通过大量文献调研，国外也采用车速标准来进行长大坡段的界定，其优点为：

（1）可以描述行车荷载在同一纵坡上不同的位置车辙的损坏情况；由于车速的连续性，能很好描述长大纵坡的连续性；

（2）可以将长大纵坡问题转化为不同荷载、温度、车速(荷载频率或者加载时间)下沥青及沥青混合料的性能。

通过以上研究分析，认为采用车速进行长大坡段的界定是可行的。

二、连续纵坡下车速的预估模型

通过车辆行驶的受力分析和运动方程可以看出，影响车辆行驶速度的因素有很多，主要包括：

（1）车辆动力因素、荷载大小(重载、超载比例)；

（2）纵坡情况(纵坡大小、纵坡长度、前后纵坡的衔接情况)、平面线性情况(直道、弯道和弯道半径等)；

（3）海拔高度、风速。

根据汽车动力学理论，每一种车辆的运行速度是可以通过计算得到的，但是在实际使用过程中，由于驾驶员操作习惯的不同，地形气候条件的差别，道路与交通条件的变化以及车辆本身动力因素、使用年限不一，都会导致理论计算与实际相差很大的结果，很难找出与实际相符的纵坡与车辆运行速度的相互关系。为了得到可供实际使用的重载慢速预估模型，本研究从实际出发，采用车速测量、数理统计和理论分析相结合的方法，利用已有的车速预估模型，建立重载慢速预估模型。主要研究步骤如下：

1.调查车辆选择

汽车的动力性是指汽车在良好路面上直线行驶时由汽车受到的纵向外力决定所能达到的平均行驶速度，由3个方面的主要指标来评价：最高车速、加速度和最大爬坡度。一般以总质量分摊的功率作为研究汽车爬坡性能的标准，部分调查的重型车参数见表1-6-10。车辆调查发现，近些年来我国货车的主要性能都得到一定的提高，尤其是其爬坡性能。

国产新旧货车主要性能对照表　　表1-6-10

汽车型号	最大功率[kW/(r/min)]	最大转矩[(N·m)/(r/min)]	最高车速(km/h)	最大爬坡坡度(°)
解放CA140	103/–	392/–	88	20
解放CA1091 K2(5t)	103/2900	392/1800~2000	90	28
解放CA3160 PK2T1(8t)	125/2900	451/1800~2000	84	25
解放CA1260 P2K1T1(16t)	195/2300	954/1400	86	28
东风EQ140	99.3/–	352.8/–	90	28
东风EQ1146G	155/2500	658/1500	95	30
黄河JN150	117.7/–	686/–	71	27
黄河JN151	117.7/–	607.6/–	67	27
斯太尔(陕西)	191/2600	830/1600~1700	89	46

2.调查路段的选择和车速的调查

调查路段是主要以山区地形为主的重庆、福建、山西三省份的高速公路，也包括了陕西、浙江和北京的部分数据，纵坡坡长选择1000~20000m的上坡路段。在纵坡路段采集车速时取4个断面，分别设置在上坡起点、纵坡中段1/2和3/4位置以及坡顶不同位置。

调查表明：

（1）在上坡路段载重汽车速度主要取决于坡度、坡长以及车辆的功率/重量比和驶入速度，而风的阻力和驾驶员技能等因素影响很小。

（2）汽车在相同条件公路上行驶，由于其车型、动力性能、加速性能、装载质量不同，行驶速度也有所不同。一般情况下，小轿车和小客车的速度在80~90km/h之间，小货车和大中型客车的速度在60~70km/h之间，中型载货汽车的速度在40~50km/h之间，大型载货汽车的速度在20~40km/h之间，超载的大、中型载货汽车速度甚至仅为10~30km/h。

（3）货车在上坡时，有明显的减速过程。随着坡度的增大，减速的幅度呈逐步增大的趋势。从数据分析看，在上坡时，从坡底至坡中时减速的幅度往往大于从坡中到坡顶的幅度。这说明上坡时，货车能在比较短的坡长达到相对稳定的运行车速，此后坡长对其运行速度的影响会减小。

（4）相同情况下，车辆爬坡性能受载重率（装载质量）影响很大，车辆超载率越大，荷载上坡时车速降低越明显。海拔对货车爬坡性能也有一定影响，根据相关资料海拔高度每增加1km，发动机功率会降低11%~13%，3000m以上时，发动机功率会降低30%~40%。

（5）交通量的增加会明显降低上坡路段的通行能力。当日平均交通量达到8000辆左右时，道路发生拥挤状况，导致车辆的行车速度减慢。

3.车速预估模型建立和优化

通过汽车行驶理论公式计算不同车辆类型、实载率以及不同海拔、坡度下上坡起点、纵坡中段1/2和3/4位置以及坡顶不同位置的车速。对观测的车速数据进行数理统计，计算不同百分率下的车速值，与相应的理论计算结果进行比较，并进行理论计算值修正，通过编制软件，在大量数据分析基础上进行车速计算参数的标定，形成初步的预估模型。

对初步预估模型，进行车速预估参数与实测车辙深度、车辙面积的相关性分析，选择最佳的车辙相关性好的车速预估参数。通过这一步主要是筛选出最佳车辆参数、最佳车速的百分率标准等参数；选择相关性最高的参数组合作为模型，使预估结果与实际车辆行驶的车速比较吻合，计算得到的车速与路面的车辙病害具有较高的相关性。

从图1-6-28可以看出，同一点处的车速差异较大，但是从不同点处的车速分布概率对比来看，不同位置的车速分布具有一定的规律性，因此可以通过统计分析的方法来确定不同纵坡处的代表车速值。

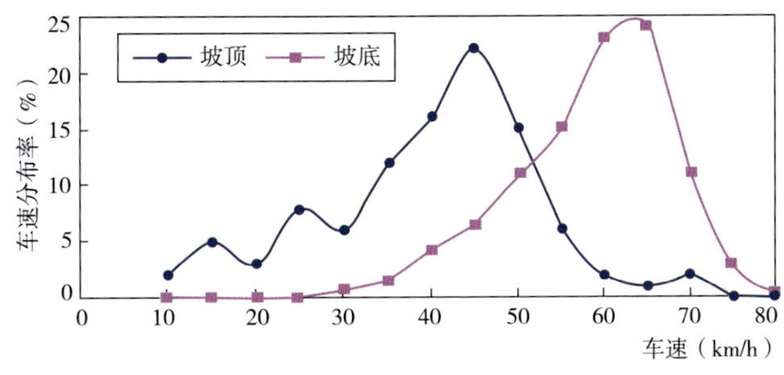

图1-6-28　某一纵坡坡底、坡顶的车速分布率

图1-6-29为某一纵坡坡底、坡顶不同累计百分率下的车速，随着所取累计百分率的水平不同，不同路段的车速的差异也是变化的，车速累计分布率取太高或太低，不同路段的差异就会缩小，很难区分，因此为了取得预估的车速与路面损坏有较好的一致性，必须通过现场调查不同路段的车辙与车速的相关性来选择合适的车速预估中代表性车速确定方法。

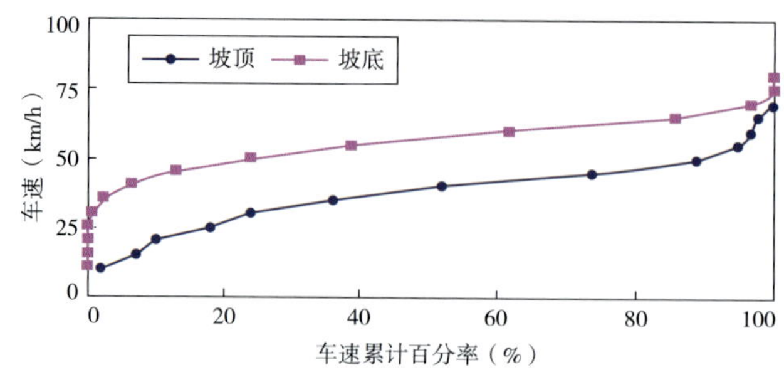

图1-6-29　某一纵坡坡底、坡顶不同累计百分率下的车速

在以上工作基础上，编制了连续纵坡车速预估程序，如图1-6-30所示，主要考虑以下修正因素：

（1）海拔高度修正；

（2）超载修正。

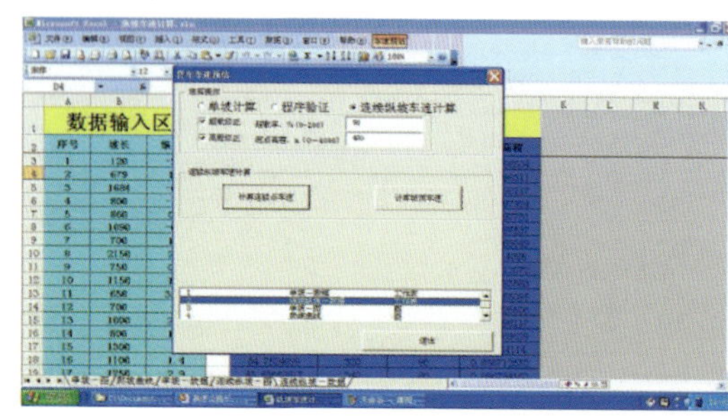

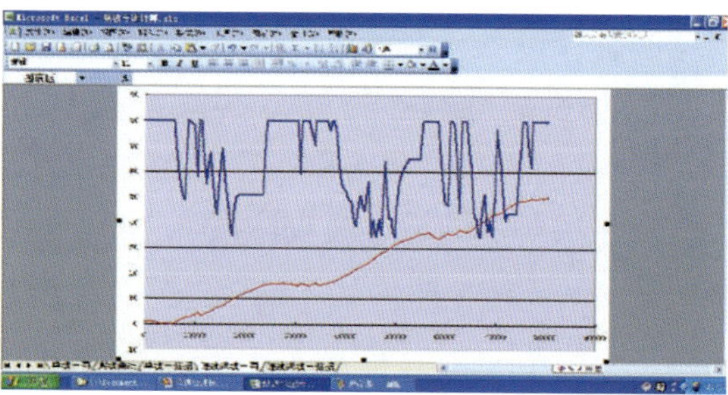

图1-6-30　基于路面车辙损坏的长大坡路段界定车辙预估程序界面

三、长大上坡路段的界定标准

表1-6-11为美国SHRP设计方法中根据车速和交通量进行沥青PG等级的选择情况。

SHRP中沥青PG等级的选择标准　　表1-6-11

车速 交通量（10^6辆）	准静态交通 (≤20km/h)	慢速交通 (20~70km/h)	标准交通 (>70km/h)
<0.3	—	—	—
0.3~3	2	1	—
3~10	2	1	—
10~30	2	1	*
>30	2	1	1

注：表中数字为对应情况下PG高温等级基础上需要提高的等级数；*根据情况可增加1级。

在AASHTO的设计标准中也给出了结构设计时，采用不同的运行车速，推荐的车速如表1-6-12所示。

AASHTO标准推荐车速　　表1-6-12

车速 道路	推荐车速（km/h）
州际公路	96
州主要公路	72
城市道路	24
交叉路口	0.8

虽然以上的方法可以借鉴，但是一方面没有确定不同路段的车速方法，另外SHRP中20~70km/h范围太宽，而且与我国的实际荷载情况不相等，同时车速的标准必须与车速的确定方法一致，所以不能直接引用。

建立基于车辙性能的长大纵坡的车速界定标准还需从车速对沥青路面结构性能影响进行分析、综合考虑。为此，经过车速预估模型参数的优化后，再进行不同路段的车速预估，并与对应调查路段的车辙深度、车辙和推挤面积等损坏情况进行对比分析，确定基于优化后车速预估模型参数的长大纵坡界定的车速标准。

图1-6-31为在APT基础上进行有限元分析得出的车速与车辙的关系、图1-6-32为葡萄牙IP5公路上不同车速下不同路段平均车速的车辙深度，图1-6-33为重庆梁万路段平均车速与车辙的关系，由此可见车速越快，车辙越小，反之车辙越大。

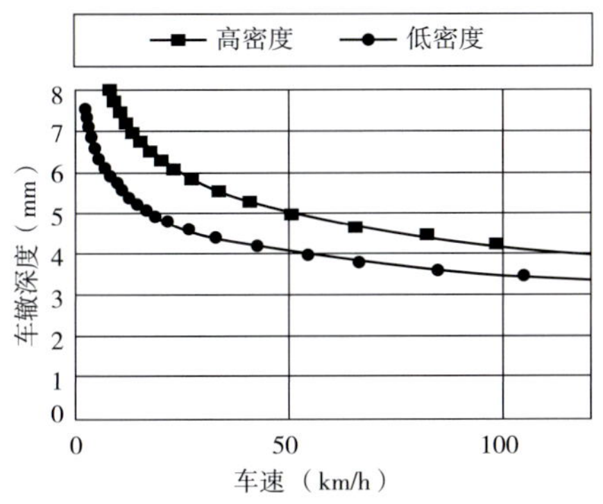

图1-6-31　在APT基础上进行有限元分析得出的车速—车辙关系

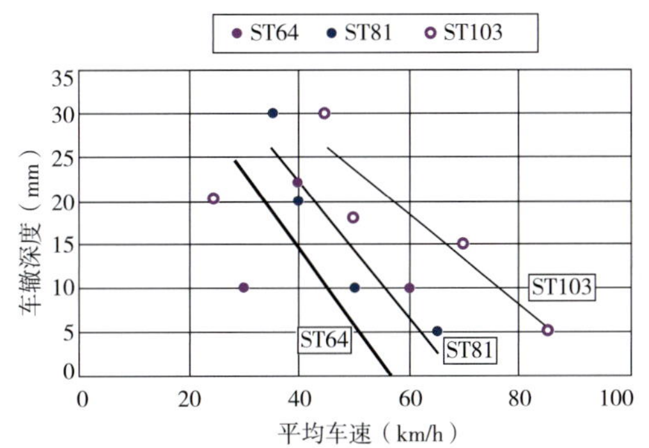

图1-6-32　葡萄牙IP5公路上不同车速下不同路段的平均车速—车辙深度情况

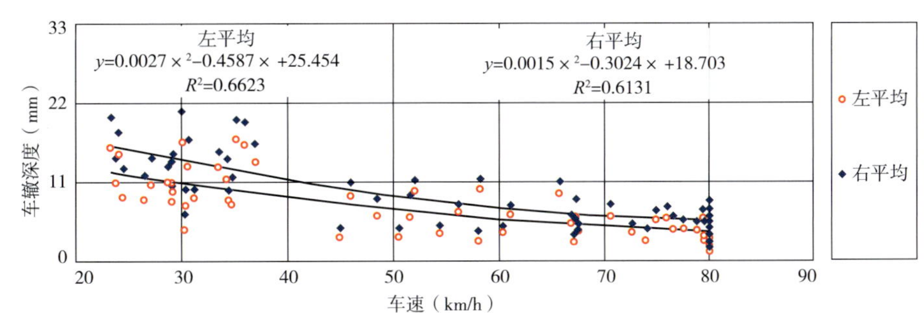

图1-6-33　梁万高速公路路段平均车速与路段平均车辙情况

图1-6-34中根据车辙的水平，路面车辙可以分为三个区，大于70km/h、40~70km/h和40km/h以下。车速大于70km/h车辙较为集中，40~70km/h时车辙分散增大，车辙量也增加，而车速降低到40km/h以下，波动范围更大，车辙明显增加，三个区车辙平均值和范围分别为：

>70km/h　5.78mm和0.54~12.71mm

40~70km/h　6.82mm和0.25~18.11mm

<40 km/h　13.12mm和0.64~56.12mm

从图1-6-35单位里程车辙损坏面积看，车速小于40km/h路段损坏率是40~70km/h和大于70km/h路段的6.3倍和8.4倍。

另外，图1-6-36为渝黔Ⅱ期一路段车辙与平均车速的关系图，图中数据可以看出，当车速小于某一个值时，车辙深度明显增加。车速小于40km/h，车辙一般范围为4.94~51mm，平均值为22.7mm；车速大于40km/h，车辙一般范围为2~39mm，平均值为11.6mm。车速低于40km/h的平均车辙深度比车速大于40km/h平均车辙深度大1倍。

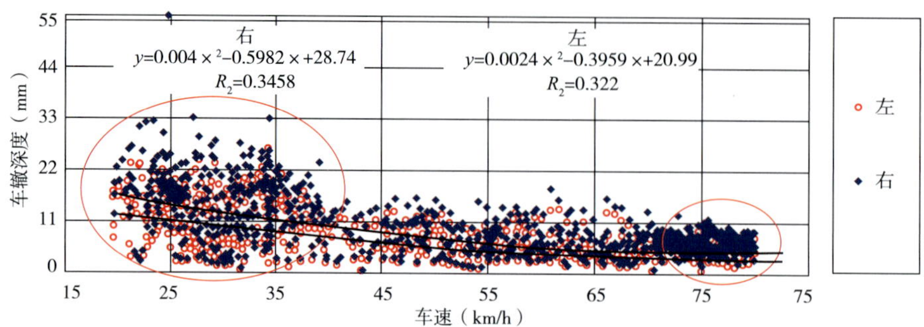

图1-6-34　梁万高速公路20m一处车速—车辙

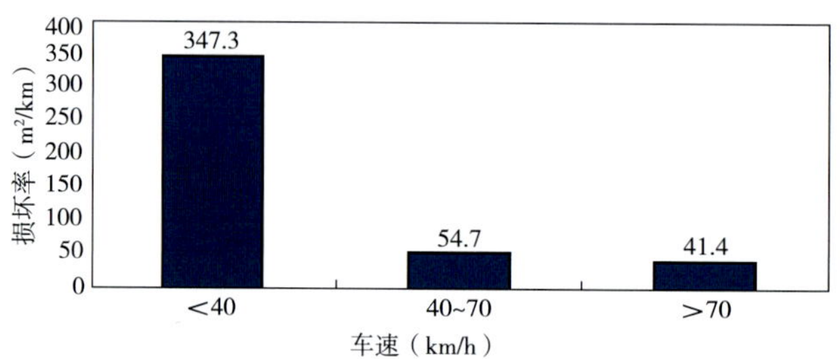

图1-6-35　梁万高速公路单位里程车辙损坏面积与车速

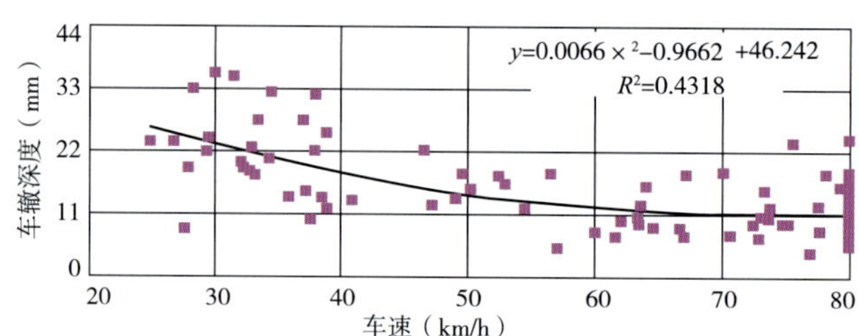

图1-6-36　渝黔Ⅱ期路段平均车速—路段平均车辙

从图1-6-37单位里程车辙损坏面积看，当车速小于40km/h时，路段损坏率是车速40~70km/h和大于70km/h的6.7倍和7.9倍。从单位里程推拥损坏面积看，车速小于40km/h时路段损坏率是车速40~70km/h和大于70km/h的19.6倍和11.0倍。

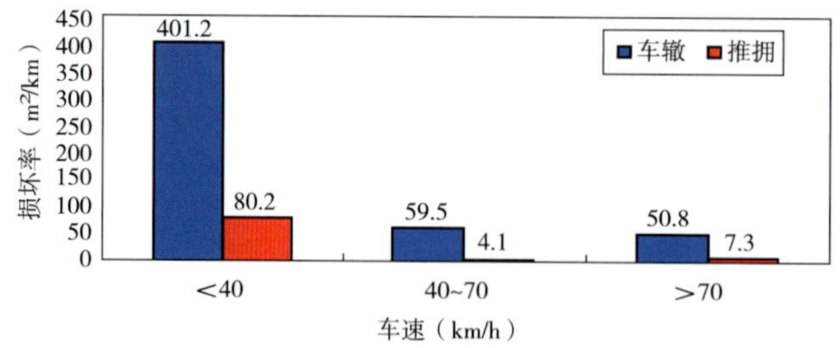

图1-6-37　渝黔II车速—单位里程车辙、推拥损坏面积关系

图1-6-38宁高速公路车速与车辙关系，基本规律同上。

根据大量路段路面车辙、推挤等损坏与预估车速的对比分析，由于我国重载较多、超载现象较为普遍，建议最低车速低于40km/h作为长大纵坡界定的一个标准。需要说明的是，建议将最低车速标准

40km/h只是考虑了平均超载率、海拔高度下与标准路段的对比得到的，车速的标准还应该考虑不同地区的温度、交通量的影响。

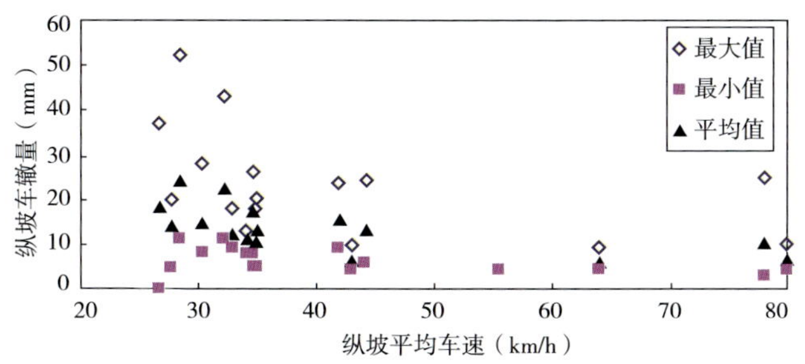

图1-6-38　宁高速公路一纵坡路段平均车速与路段车辙

通过计算分析认为：

（1）海拔高度以及超载率情况可以通过预估模型输入起点海拔高度、荷载的平均超载率算出不同路段下的车速，而无需改变标准。

（2）对于温度和交通量，则必须考虑这些因素对车速界定标准的影响。通过前面车辙预估方法，可以进行不同车速、温度条件和不同交通量水平下的沥青路面车辙预估，进而分析得到这些因素下的简单车辙模型，这些模型再通过一些路段的调查数据的验证和修正，可以得到不同温度、交通量的车速修正参数。

$$V_{标准}=0.165T_{eff}^{1.18}e^{0.0267N} \quad （1\text{-}6\text{-}7）$$

式中：$V_{标准}$——换算后的长大坡路段界定的标准车速，km/h；

N——15年的标准轴次，百万次，范围为6~30百万次；

T_{eff}——年日平均温度的等效温度，℉。T_{eff}按下式计算：

$$T_{eff}=\sqrt[1/11]{\frac{\sum_{i=1}^{n}T_i^{11}}{n}} \quad （1\text{-}6\text{-}8）$$

T_i——一年内第i天的日平均气温，℉；

n——一年内的总天数。

四、长大上坡路段界定注意问题

确定重载车车速低于标准车速的路段作为长大坡路段界定标准，同时考虑施工的连续性，一般要求界定的路段连续1000m以上，同时在长大纵坡的界定时应考虑可靠性，宜在按车速标准确定的路段桩号基础上，在起点和终点可各延长200m，考虑施工操作性也可界定到最近的结构物（桥隧）。当2个或者2个以上的相邻长大坡路段的位置比较接近（如距离小于1000m）时，为方便施工，可以将这些路段合并，界定为1个长大坡路段。

实际界定中会包含部分桥梁和隧道，对于桥梁和隧道需根据实际情况可以不按长大坡路段作特殊设计，特别是隧道中高温问题一般不突出，可以不考虑，但是对于路面与桥或者路面与隧道连接处需要按照长大坡路段进行设计。需要注意的是，由于行驶车辆车速变化的连续性，界定的路段起始点或终点并不是就一定在一个纵坡起点或终点。同时，长大坡路段的界定具有方向性，如左幅为长大纵坡路段，对应桩号的右幅往往是长下坡路段。在长大坡路段界定时是按照施工设计图纸的纵坡和桩号进行界定，施工中一些构造物桩号以及纵坡的坡度会有变化和变更，因此在实际施工桩号时需要考虑这些因素做相应调整。

在实际界定中，若连续坡段长度较短（如小于400m）时，不便于施工组织，建议按以下方法处理：

（1）当全线(或一合同段)长大纵坡不是很多，可以采用一些简单而有效的设计方案进行处理。比如：

①如果相同结构层长大坡路段和常规路段设计的胶结料相同，长大坡路段混合料级配设计可以采用与相邻常规路段的混合料级配配合比，只是较常规路段油石比适当降低，这样保证施工中集料配比、筛网等设置一致。

②如果相同结构层长大坡路段和常规路段的胶结料的设计不同，如常规路段为70号道路石油沥青，而长大纵坡段设计为50号沥青或者SBS改性沥青等，此时由于规模小，为了施工的方便，胶结料宜选用70号沥青+抗车辙剂或70号沥青+岩沥青，抗车辙剂或岩沥青可以采取直接投放方法施工，而基质沥青、集料配比等与相邻常规路段不变，对于施工单位施工影响非常小，这样可以保持施工的连续性。

（2）如果全线交通量大、高温重载突出，可将较短的连续路段的起点和终点适当延长，如400m连续路段，起点和终点各往后或往前延长200m（或界定到最近的结构物），这样可施工路段长度达到800m，便于规模化连续施工。

（3）当全线交通量不大，高温重载不是很突出时，长大坡路段也可以无需特殊设计，但是建议将油石比适当降低一些，同时按照长大坡路段的施工工艺作稍微调整。

五、长大下坡路段的界定标准与方法

通过现场病害调查发现，在连续下坡路段，当纵坡较大、连续下坡时，车辆下坡为了保持车辆运行车速的稳定性，需要不断地制动，这种制动会导致沥青路面产生推挤、拥包病害。

长大下坡路段车辆由于受汽车沿纵坡方向的水平分力作用产生加速，车速将随着时间越来越大，当速度大于某一个极值(如100km/h)，则需要人为制动来减速，车辆在高速中不停制动会加速路面的损坏。对于一路段其坡度越大、且坡度越长则这种制动的频率会增加。图1-6-39为模拟某一典型货车车辆在高速公路不同路段的车速，目标车速为80km/h，极限车速为100km/h，当车速达到100km/h时，则车速自动下降到80km/h（模拟制动的车速降低），如果该路段能够连续出现多个锯齿图形，说明在该路段需要经过多次制动才能使得货车不至于速度达到极限而出现不能控制的状态，锯齿越多或者锯齿间隔越小则这种制动距离越小、车辆制动越频繁，这些路段由于车辆不停制动其产生推移、拥包等病害的可能性会更大。因此，可以根据制动频率（锯齿越多）或制动距离（锯齿间隔越短）情况来作为长大下坡路段的界定标准。长大下坡路段的界定方法与长大上坡路段的界定方法基本相同。

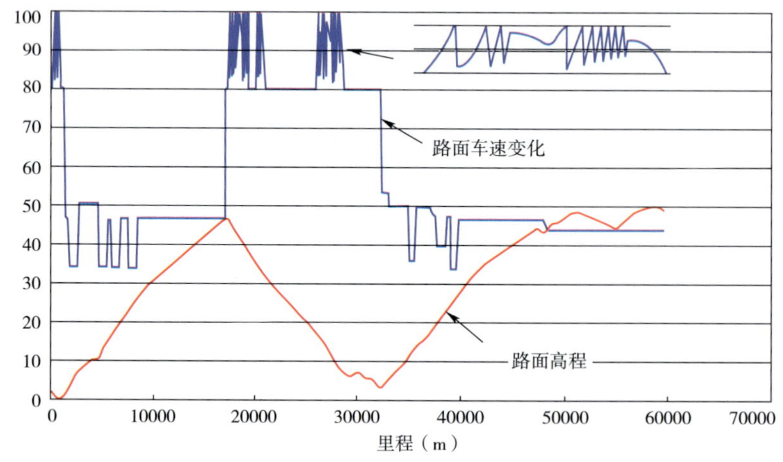

图1-6-39 模拟车辆在不同纵坡上制动的车速变化

第三节　长大坡路段沥青路面抗车辙技术措施

要防止山区长大上坡路段沥青混凝土路面产生车辙，就要针对不利的交通荷载运行特点和沥青混凝土路面结构的受力特点，从原材料选择、沥青混合料配合比设计、路面结构组合设计以及施工工艺、工程质量控制以及运营管理几个方面采取措施，全面提高长大坡路段沥青路面使用性能。

一、提高沥青胶结料的性能

根据现场性能调查，发现很多沥青路面不仅表面层产生了车辙，在中下面层也产生了严重车辙。重庆地区高温较为突出，而且持续时间长，因此不仅沥青路面表面层需要承受高温，中面层也承受着巨大的高温，最大剪应变往往在中面层出现最高值；对于长大坡路段，由于行车速度慢，荷载的作用时间长，在重载、高温共同作用下，沥青层较深层位的车辙变形非常大，因此下面层的沥青混合料的抗车辙性能要求也应该提高，而提高沥青混合料性能的最有效方法就是提高胶结料的性能。

近几年在各省的高速公路从表面层改性，到双层改性，甚至三层改性越来越多，特别是一些重交通、特重交通、高温的长大坡路段，传统的技术方案下的沥青路面维修养护非常困难，提高胶结料性能、采用双层改性势在必行。

1.不同的沥青胶结料的混合料常规性能试验

针对6种不同的沥青胶结料，首先进行常规性能指标的研究。表1-6-13、表1-6-14、表1-6-15分别为马歇尔试验、浸水马歇尔试验和冻融劈裂试验检测结果。表中数据显示，6种胶结料对应的混合料检测结果均满足技术要求。单看6种沥青胶结料的混合料常规性能数据很难判断对应的沥青混合料的路用性能的优劣。

马歇尔试验结果　　表1-6-13

沥青胶结料类型	马歇尔试验	
	稳定度（kN）	技术要求（kN）
SBS	12.34	≥8
70号+抗车辙剂	12.91	≥8
70号+岩沥青	12.55	≥8
70号+湖沥青	12.16	≥8
50号	11.38	≥8
70号	10.35	≥8

浸水马歇尔试验结果　　表1-6-14

沥青胶结料类型	浸水马歇尔试验			
	饱水45min(kN)	饱水48h(kN)	残留稳定度比值(%)	技术要求(%)
SBS	11.8	10.6	89.7	85
70号沥青+抗车辙剂	11.6	10.2	88.1	85
70号沥青+岩沥青	13.6	12.6	92.6	85
70号沥青+湖沥青	11.9	10.9	91.2	85
50号沥青	11.4	10.3	90.9	80
70号沥青	10.9	9.7	89.6	80

冻融劈裂试验结果

表1-6-15

沥青胶结料类型	冻融劈裂试验			
	未冻融试件劈裂强度(MPa)	48h劈裂(MPa)	TSR比值(%)	技术要求(%)
SBS	0.967	0.906	93.7	80
70号+抗车辙剂	1.126	1.051	93.3	80
70号+岩沥青	1.204	1.101	91.5	80
70号+湖沥青	1.181	1.042	88.3	80
50号	0.954	0.881	92.3	75
70号	0.905	0.824	91.1	75

2.不同胶结料的混合料轮碾车辙试验

为了进一步的研究不同胶结料的性能，采用相同的油石比与级配成形车辙试件，按照规程规定要求进行车辙试验。表1-6-16为车辙试验结果，图1-6-40为5种沥青胶结料对应的混合料车辙曲线。

车辙试验结果

表1-6-16

胶结料类型	动稳定度（次/mm）	
组　别	第一组	第二组
SBS	7875	8630
70号+抗车辙剂	5048	6176
70号+岩沥青	4523	4942
70号+湖沥青	2100	（现场未用）
50号	1800	2496
70号	1236	1176

注：第一组为水界路集料北京室内试验配合比设计中的车辙试验结果，其中采用的50号沥青偏软；第二组为水界拌和楼热料仓取料通过筛分后进行的混合料车辙试验结果，50号沥青硬一些。

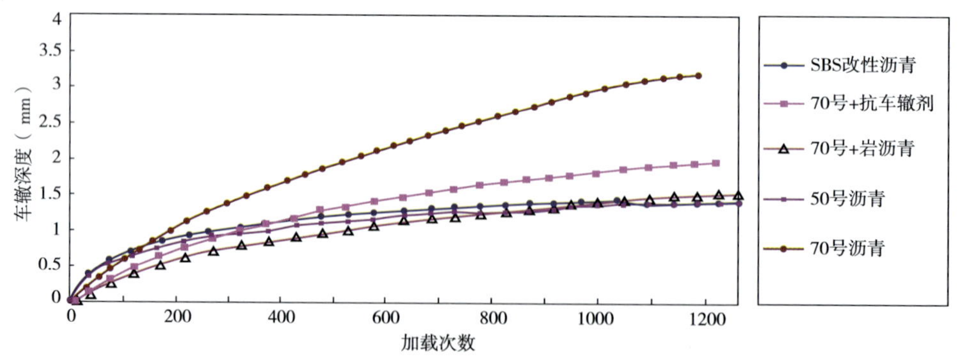

图1-6-40　5种不同的沥青胶结料对应的混合料的车辙动稳定度曲线

轮碾车辙试验的试验温度为60℃，在相同的试验条件下，五种沥青胶结料对应的混合料中，70号+岩沥青、SBS改性沥青、70号+抗车辙剂三种胶结料抗车辙性能相差不大，试验完毕后的车辙最大值只有1.5mm左右，50号沥青虽然与上述三种胶结料有所差别，但车辙深度也没有超过2.0mm，抗车辙性能良好；而70号沥青所对应的混合料的抗车辙性能则相反，曲线斜率减小的幅度很小，车辙深

度递增的趋势明显。

3.不同胶结料的混合料APA试验

本次试验采用APA干法车辙试验，采用旋转压实机成型直径ϕ150mm，高75mm的圆柱形试件。APA试验可以根据需要设定轮压、试验温度和试验速度，本次试验采用钢制轮子作用于软管产生荷载轮压为0.7MPa，试验温度分别设定为50℃、60℃和70℃，运行速度设定为20次/mm、50次/mm两种情况；通过软管作用于圆柱形试件表面来回运行8000次，通过测量沥青混合料的轮辙深度和变形曲线的特征判断沥青混合料的抗车辙性能。图1-6-41即为APA试验设备及内部构造。

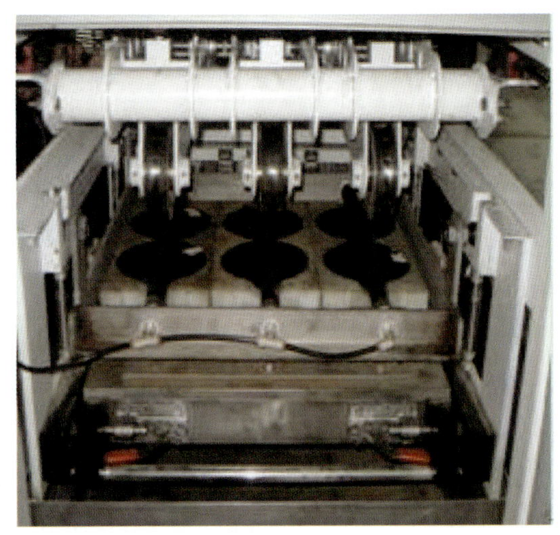

图1-6-41　试验所用APA车辙试验仪以及准备试验时的车辙试件

图1-6-42~图1-6-46分别为不同沥青胶结料、不同温度和不同加载速度下的变形曲线图。图中结果表明：

1）不同胶结料的沥青混合料抗车辙性能

由图1-6-42~图1-6-46可以看出，不同沥青胶结料的沥青混合料，无论是什么温度和运行速度，70号沥青的沥青混合料的抗车辙性能最差，SBS的抗车辙性能最佳，50号沥青、70号+抗车辙剂、70号+岩沥青三种胶结料处于中间，但总体看，50号沥青、SBS改性、70号+抗车辙剂、70号+岩沥青4种胶结料的沥青混合料抗车辙性能较为接近。

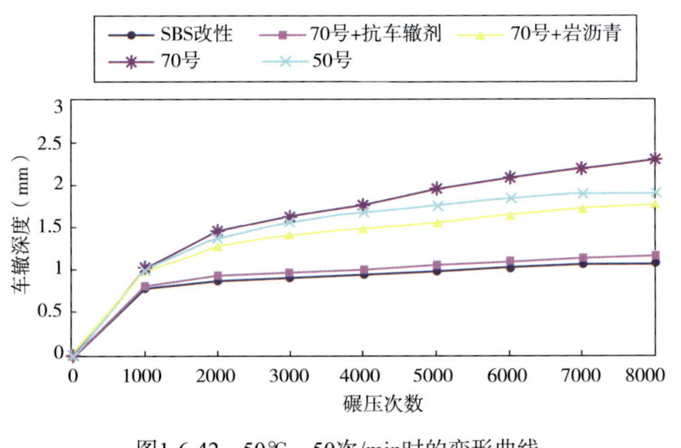

图1-6-42　50℃、50次/min时的变形曲线

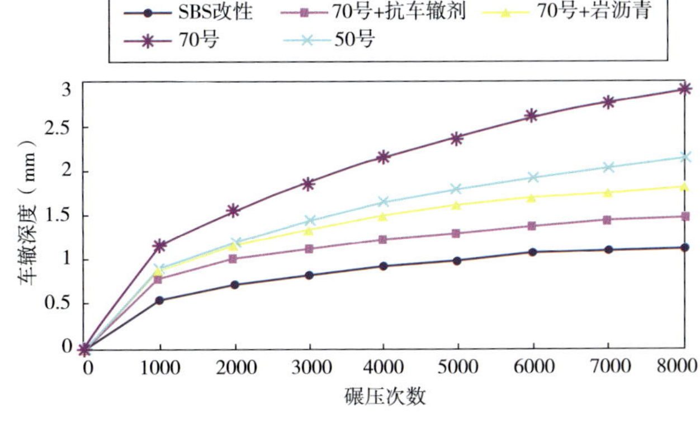

图1-6-43　50℃、20次/min时的变形曲线

在相同加载速度下，如图1-6-42、图1-6-44和图1-6-46对比不同的温度对车辙的影响不难发现，对于同一种沥青胶结料，温度由50℃递增到70℃，车辙增加趋势非常明显，其中70号沥青的趋势最为突

出，试验结束后车辙深度由最初50℃的2.32mm激增到70℃的9.44mm，而其余四种沥青对应的混合料车辙虽然也有增长趋势，但增长幅度不大。表1-6-17为加载速度50次/min时，APA运行8000次后不同胶结料在不同温度下的车辙深度，将表1-6-17数据表示在图1-6-47中，可以更加明显看出五种胶结料车辙变形受温度影响情况。

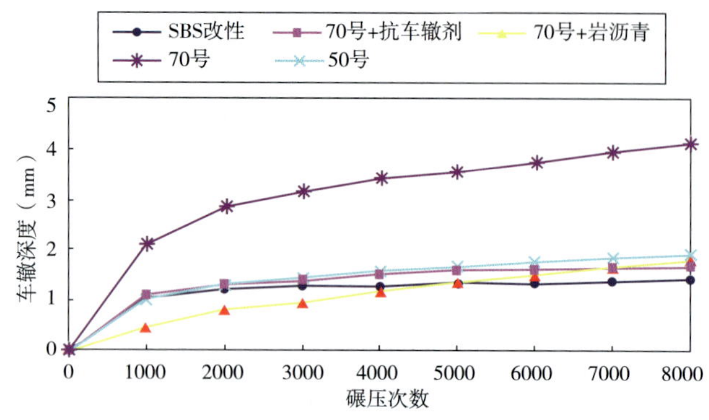

图1-6-44　60℃、50次/min时的变形曲线

图1-6-45　70℃、20次/min时的变形曲线

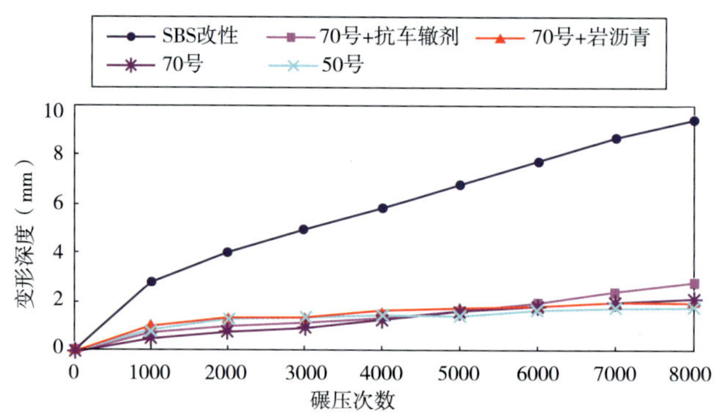

图1-6-46　70℃、50次/min时的变形曲线

由表1-6-17和图1-6-47可见，50号沥青、SBS改性、70号+抗车辙剂、70号+岩沥青四种胶结料对应得四条温度影响下的车辙深度曲线几乎一致，50~60℃段平均变形增长率为15.4%，60~70℃为24.9%；而70号沥青在50~60℃段增长率达到了79.5%，60~70℃段则更高达126.7%。因此，从不同阶段的车辙变形增加率看，70号沥青的温度敏感性非常大。

不同胶结料在不同温度下的车辙深度汇总（单位：mm）　　表1-6-17

温度（℃）	70号	70号+抗车辙剂	70号+岩沥青	SBS改性	50号
50	2.3196	1.2998	1.6921	1.0776	1.9135
60	4.1642	1.7256	1.8032	1.4235	1.9532
70	9.4425	2.7120	1.9900	1.8379	2.0835

通过以上APA数据分析可见，50号沥青、SBS改性、70号+抗车辙剂、70号+岩沥青4种胶结料的沥青混合料抗车辙性能和高温敏感性较为接近，70号沥青胶结料的沥青混合料抗车辙性能和高温敏感性较差，因此70号沥青不宜应用于高温地区沥青路面中上面层。

2）温度与运行速度叠加对沥青混合料抗车辙性能影响

图1-6-48为50℃、70℃时不同胶结料在不同加载速度下的车辙深度情况，可以看出，相同情况下

运行速度由50次/min降低为20次/min时，车辙深度明显增加。

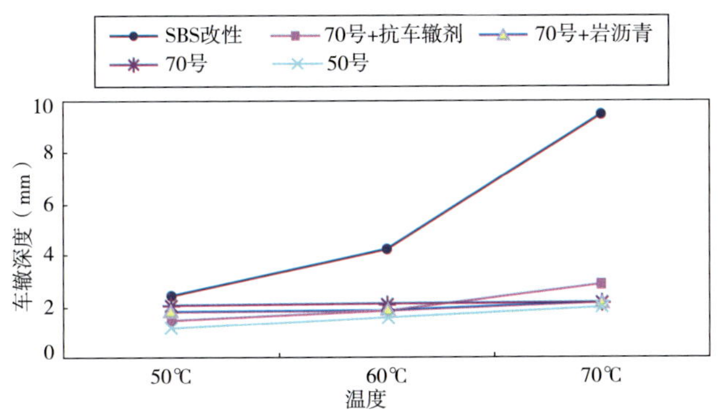

图1-6-47　不同胶结料对应不同温度下的车辙深度

图1-6-49为不同温度下运行速度20次/min的车辙变形相对50次/min时增加百分率情况，可以看出50℃时，平均车辙变形增加率为12.1%，而70℃时平均车辙变形增加率为20.2%，可以看出随着温度增加，运行速度对车辙变形影响更加显著。同时可以看出，70号沥青胶结料的沥青混合料车辙变形增加百分率明显较其他沥青胶结料显著，可见70号沥青胶结料受运行速度影响更加显著。因此可以得到如下结论：在高温炎热地区、连续上坡路段，70号沥青不适合作为中上面层的混合料胶结料。

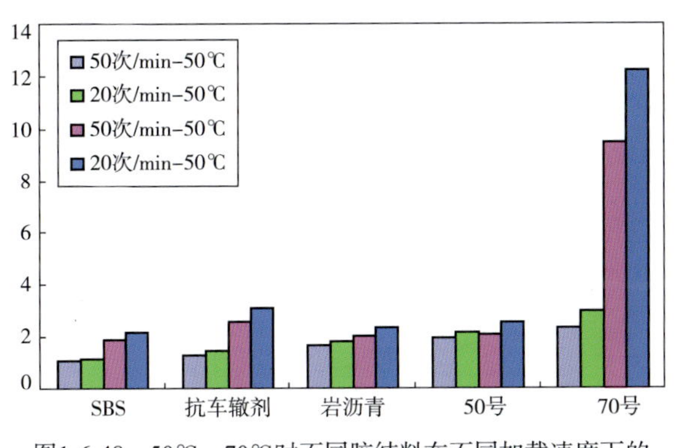

图1-6-48　50℃、70℃时不同胶结料在不同加载速度下的车辙深度

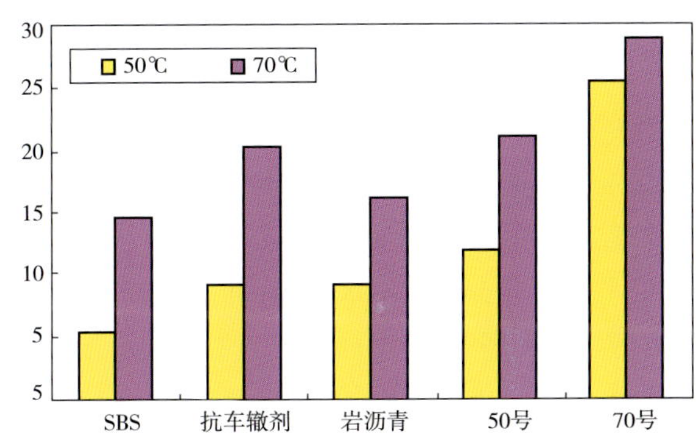

图1-6-49　不同温度下运行速度20次/min的车辙变形相对50次/min时增加百分率

4.不同胶结料的混合料MMLS加速加载试验

为了进一步比较各种沥青混合料的使用性能，采用南非的可移动式路面加速加载模拟试验设备MMLS进行抗车辙能力验证。MMLS试验机是沥青路面使用性能评价的一种试验手段，通过MMLS，可以对沥青路面或沥青混合料的相关特性进行研究。该设备每小时可以施加7200次荷载，橡胶轮胎压为0.7MPa；设备可以对试验的温度进行控制，采用加热空气的方法进行气浴加载试验。

该设备的最大特点是不仅能够再室内成型试件上进行沥青混合料性能评价（特别是高温稳定性），同时也能在现场修筑完成的沥青路面上对沥青路面使用性能进行评价，这就不同于单纯室内的车辙试验，而是将室和室外试验相结合，可以对沥青混合料和实际的沥青路面的抗车辙性能进行综合评价和设计验证。试验采用气浴加热的方式，试验采用50℃、60℃、70℃三种温度条件，每种温度下加载21万次。

从图1-6-50、图1-6-51可以看出，SBS、50号沥青、岩沥青要明显优于70号沥青，特别是在高温情况下。同时可见，不同胶结料的混合料随温度升高车辙深度逐渐增加，其中50~60℃不同胶结料的沥青混合料车辙深度变化不大；但是60℃之后，所有胶结料的沥青混合料均有显著增加，可见在高温60℃之后

继续升温沥青混合料高温车辙深度的增长速率明显加快，其中以70号的车辙增长的速率最大。

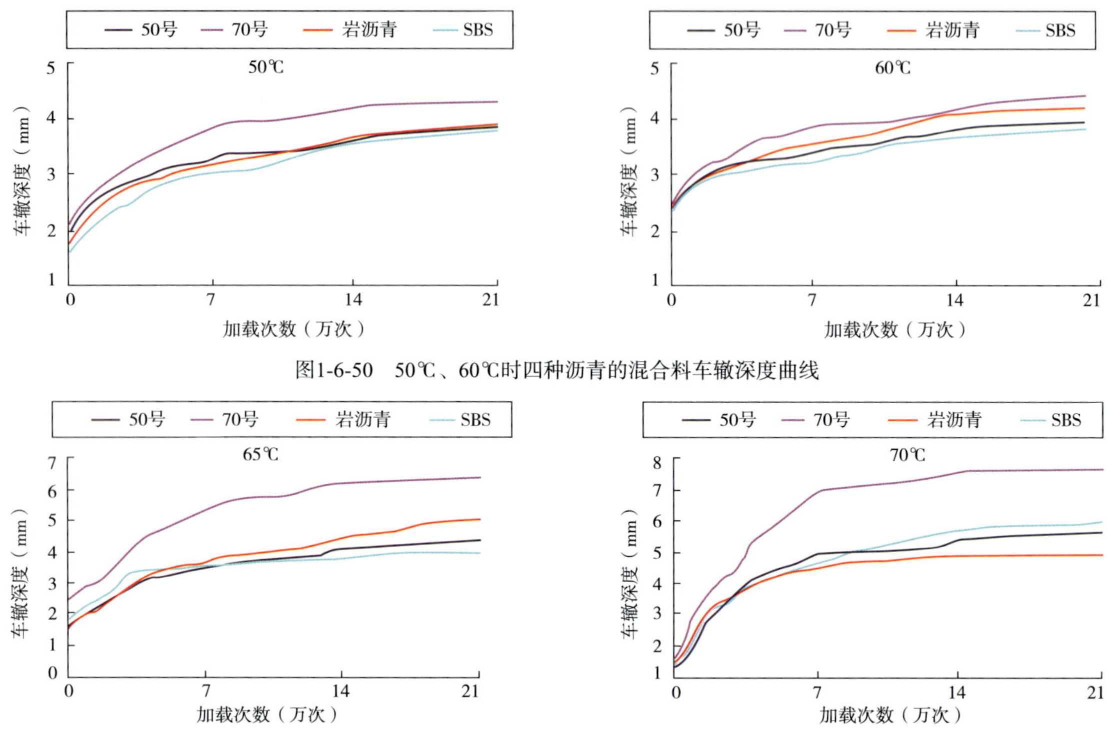

图1-6-50　50℃、60℃时四种沥青的混合料车辙深度曲线

图1-6-51　65℃、70℃时四种沥青混合料车辙深度曲线

图1-6-52~图1-6-55为同一沥青胶结料在不同温度下的车辙深度曲线，可以看出四种沥青的混合料在50℃、60℃时变形曲线相差不大，而在60~70℃时变形变化明显，说明60~70℃区间具有突变的特征；70号沥青混合料在各温度条件下车辙深度最大，表明70号沥青的混合料高温稳定性最差；其他三种沥青胶结料混合料的车辙曲线比较相近。

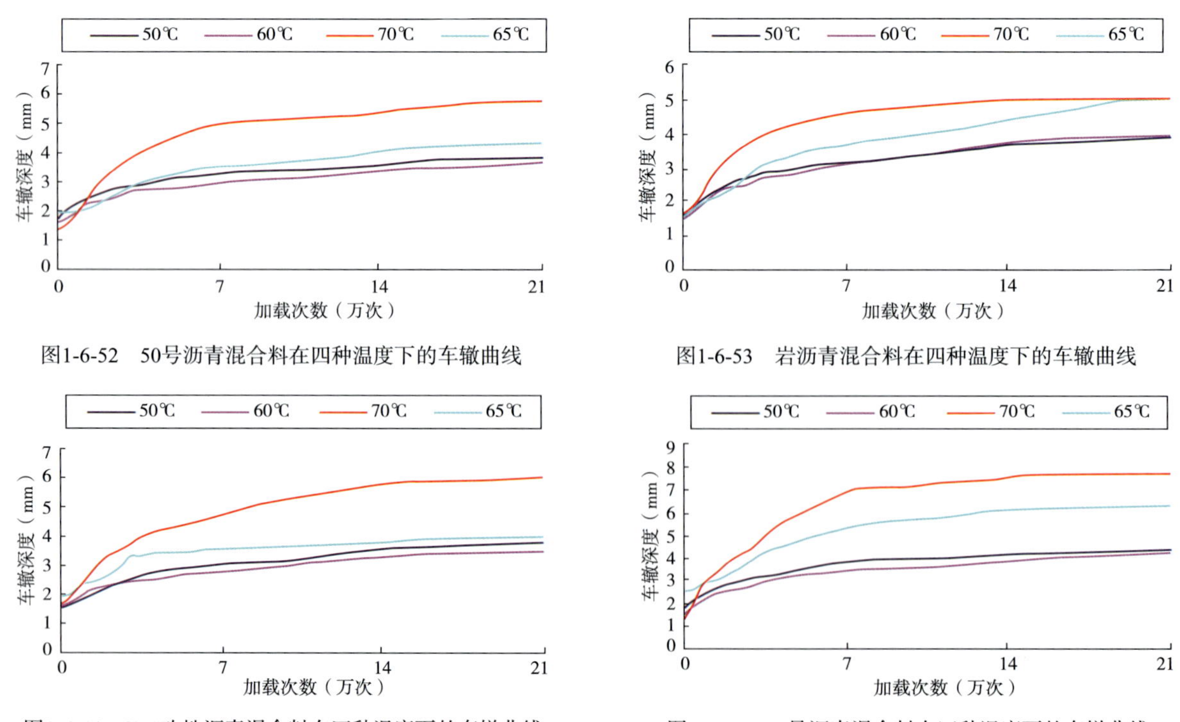

图1-6-52　50号沥青混合料在四种温度下的车辙曲线

图1-6-53　岩沥青混合料在四种温度下的车辙曲线

图1-6-54　SBS改性沥青混合料在四种温度下的车辙曲线

图1-6-55　70号沥青混合料在四种温度下的车辙曲线

5.改变胶结料性能对沥青路面应力应变影响

采用改性沥青等胶结料，必然改变沥青的黏度，沥青黏度增加，沥青胶结料的模量会增加，相同条件下沥青混合料的动态模量会显著增加，进而改变沥青混合料的结构剪应变水平。图1-6-56为SBS改性沥青和70号沥青在不同车速下的动态模量比较，考虑了80km/h和20km/h两种情况，可见SBS的沥青混合料模量相对70号沥青混合料在高温条件下增加非常显著，其相应模量最大增加幅度达76%，同时模量的增加，会改变最大剪应变的值和剪应变的分布状况。

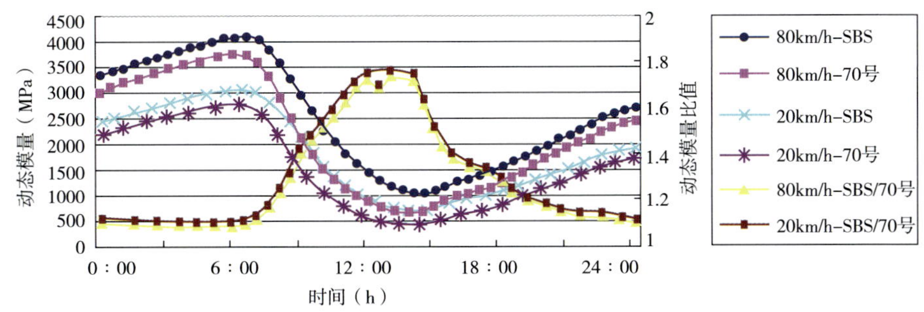

图1-6-56　中面层SBS改性沥青、70号沥青混合料动态模量的比较

图1-6-57为中面层采用不同胶结料对结构最大剪应变的影响情况，由此可见，采用SBS中面层可以在高温条件下降低沥青混合料的最大剪应变，最大幅度可降低23%。

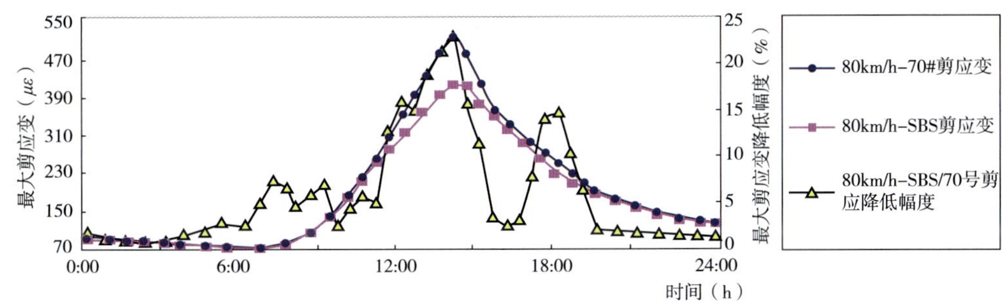

图1-6-57　中面层混合料结构最大剪应变对比情况

图1-6-58为2006年8月30日00:00~14:00期间气温条件下中面层混合料(SBS、70号沥青混合料)沿深度方向最大剪应变的降低幅度情况，计算结果表明采用SBS后剪应变降低幅度最大的是中面层，而且温度越高降低幅度越大，最大降低幅度达40.87%，因此中面层改性对于提高中面层的抗剪切能力具有非常重要的意义。中面层采用改性沥青后对下面层的剪应变也有所降低，但是影响不大。

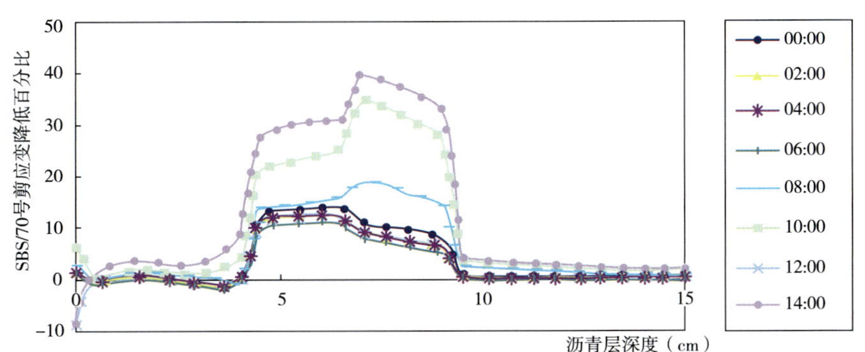

图1-6-58　中面层混合料)沿深度方向最大剪应变降低幅度

6.高温炎热长大坡路段胶结料选择原则

通过以上分析可以看出50号沥青、SBS改性沥青、掺抗车辙剂、岩沥青等不同胶结料的沥青混合料性能明显较70号沥青混合料的抗车辙性能有所增强，而且温度敏感性下降，提高胶结料性能可以显

著提高沥青混合料的高温抗车辙能力。同时提高胶结料性能，也提高了沥青混合料的动态模量，特别是高温下的动态模量，使得剪应变水平极大降低，因此提高沥青胶结料性能对提高路面结构的抗剪切破坏具有重要意义。

重庆地区高温炎热，长大坡路段中面层再采用普通70号沥青明显不能满足工程实际需要，因此必须提高胶结料性能，SBS改性沥青、50号沥青、70号掺加抗车辙剂、岩沥青和湖沥青均为可选方案，且各有优势。50号沥青的沥青混合料的动稳定度与70号沥青相比有明显提高，且最为经济，混合料设计、施工和质量控制与70号沥青相差不大，重庆地区根据工程实际条件在中、下面层采用50号沥青是可行的。

由于重庆市各条高速公路的具体情况不同，各条高速公路具体的沥青混合料设计不同，很难确定一种固定的长大坡路段胶结料类型。根据重庆地区的特点，建议长大坡路段的各层胶结料按如下原则进行选择：

（1）表面层采用SBS改性沥青，同时适当增加其黏度、软化点指标，降低针入度指标。

（2）中面层，可以根据情况选择采用SBS改性沥青、抗车辙剂或岩沥青等，中、轻交通可采用50号沥青；而重交通的长大坡路段的中面层，宜选择SBS改性或抗车辙剂改性沥青，对于特重交通的长大坡路段的中面层可选择复合改性或纤维等物理改性技术。

（3）下面层或ATB柔性基层可选择50号、30号沥青，或抗车辙剂等掺加剂，剂量可以根据工程实际情况、经济性选择。

二、选择合理结构组合和适当增加沥青层厚度

1.合理半刚性基层模量

采用结构4cmAC(SBS)-13+5cmAC-20(70号)+6cmAC-25(70号)+20cm水稳+30cm水稳，沥青层各层模量按照2006年8月30日气温下的温度场计算，考虑车速为20km/h，水稳基层模量考虑9500MPa、6300MPa和3000MPa三种情况，计算5%纵坡和200kN荷载条件下的不同结构和厚度组合的剪应变情况，如图1-6-59~图1-6-62所示。

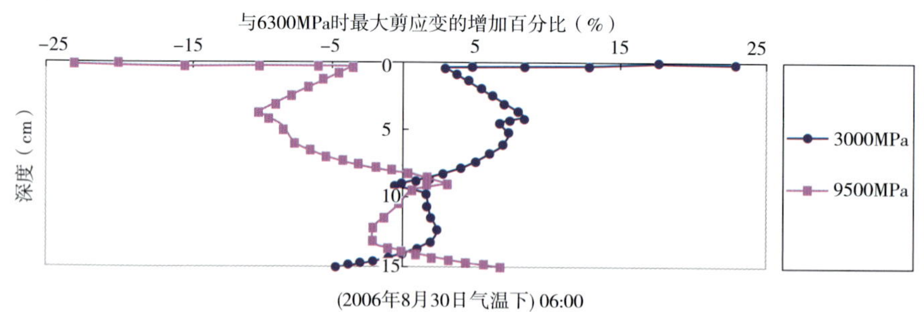

图1-6-59　不同基层模量沿深度方向最大剪应变与6300MPa时的增加百分比

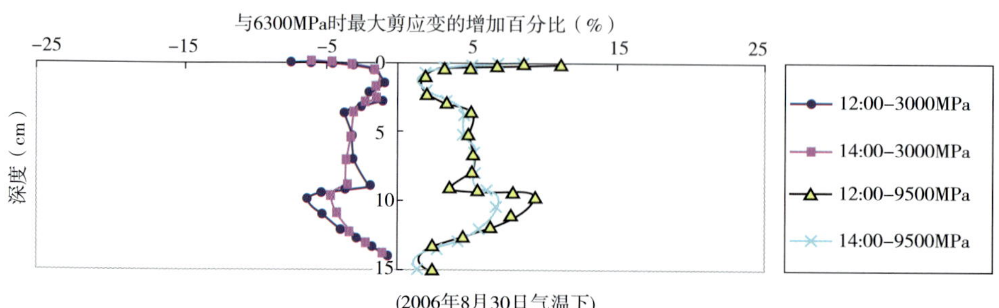

图1-6-60　不同基层模量沿深度方向最大剪应变与6300MPa时的增加百分比

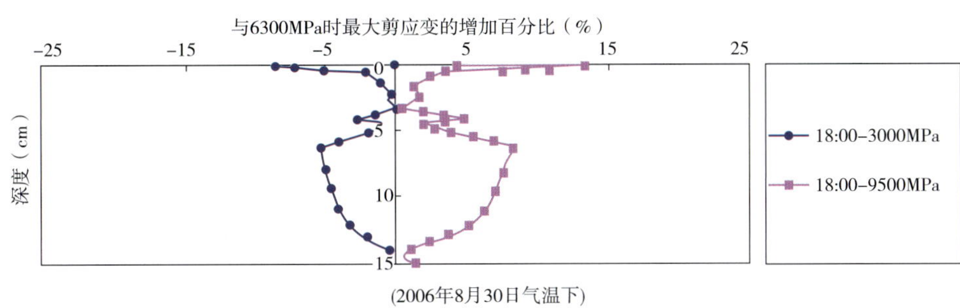

图1-6-61　不同基层模量沿深度方向最大剪应变与6300MPa时的增加百分比

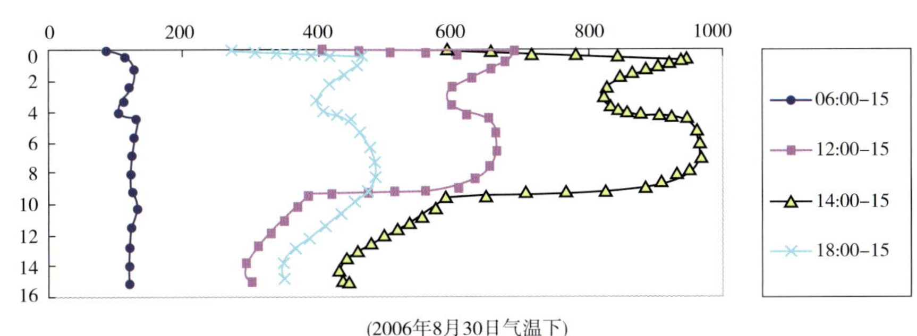

图1-6-62　基层模量6300MPa时沿深度方向最大剪应变变化情况

计算结果表明：在不同时刻沥青层内温度条件不同，其沥青混合料动态模量也不同，半刚性基层的模量值不同对沥青混合料的剪应变影响也不同。

在一天温度最低的时刻06:00，混合料整体温度最低，沥青层动态模量最大，此时基层采用9300MPa的模量，计算的最大剪应变较6300MPa明显偏低，而3000MPa时计算最大剪应变明显偏大，表明在相对较低温度下，采用水泥剂量高、模量大的半刚性基层是有利的；而在12:00、14:00、18:00等温度较高时刻则刚好相反，此时影响较大的位置是接近路表和中面层中部以下。通过剪应变计算可以看出，温度较高和较低时，最大剪应变随基层模量的变化趋势是不同的。温度较高时，面层模量较低，基层模量越大最大剪应变越大；温度较低时，面层模量较高，基层模量越大最大剪应变越小。但是，在高温情况下的最大剪应变是低温时的2.5~8.5倍，在低剪应变水平下剪应变增加5%~10%可能效果不明显，而在高应变水平下剪应变增加5%~10%影响则会非常显著。

同时，半刚性基层模量的提高，需要增加水泥剂量，相应的半刚性基层的耐久性指标会降低。目前上坡路段车辙主要是在高温季节，沥青面层模量较低情况下发生，因此根据重庆地区车辙主要是发生在高温时间特点，半刚性基层的模量需要确定一个合理的值，在满足其他强度要求下尽量取低限值。

2.适当增加沥青层的厚度

图1-6-63为英国大量调查得出的沥青层厚度与车辙率的关系，确定最薄沥青层不小于18cm。

美国一直认为，沥青层厚度在某一范围是最不利的，AASHTO提出了在5~15cm是最不利的，当沥青层厚度大于10cm以后，随沥青层的增加，车辙量是降低的，从沥青路面耐久性考虑沥青层不宜低于18cm，见图1-6-64。

利用前面的重庆地区试验路的材料参数、交通量与轴载、路面温度场等现场数据，应用MEPDG计算重庆2006~2009年气候条件下，半刚性及以下各层参数不变，计算不同沥青厚度下的路面车辙变化情况，如图1-6-65所示：

半刚性沥青路面计算的车辙随厚度变化趋势与AASHTO的计算结果较为接近，随着沥青层的厚度增加车辙将增加，当沥青层厚度增加到12cm以后，车辙量反而降低，在单层改性沥青条件下，沥青层增加到20cm较15cm时车辙量降低13.4%，26cm时较15cm下降了32.9%；而双层改性的26cm半刚性基层车辙量可降低40.5%。

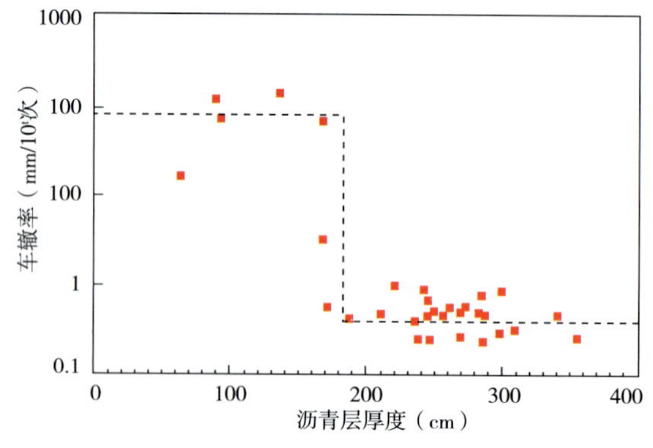

图1-6-63 英国得出的沥青层厚度与沥青车辙率关系曲线

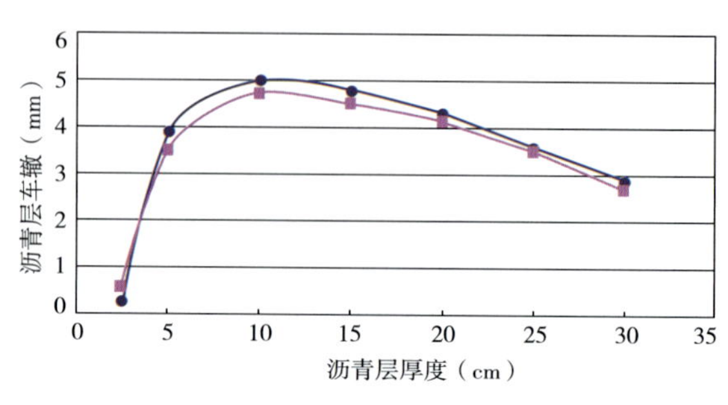

图1-6-64 AASHTO 2002给出的沥青层厚度对车辙量影响曲线

目前很多省在对过去半刚性沥青路面结构进行经验总结后，对沥青层的厚度进行了调整，普遍将过去采用的15cm厚度增加到18cm及以上。山东省2006年后大面积推广30cm以上沥青面层，江西、福建、河北等省将沥青层增加到24cm~26cm，陕西先后将沥青层厚度增加过2次，分别增加到18~20cm，再增加到20~22cm；广东省将34cm的厚沥青层写进设计指南，同时全国绝大部分省都开始尝试采用厚沥青层沥青路面。

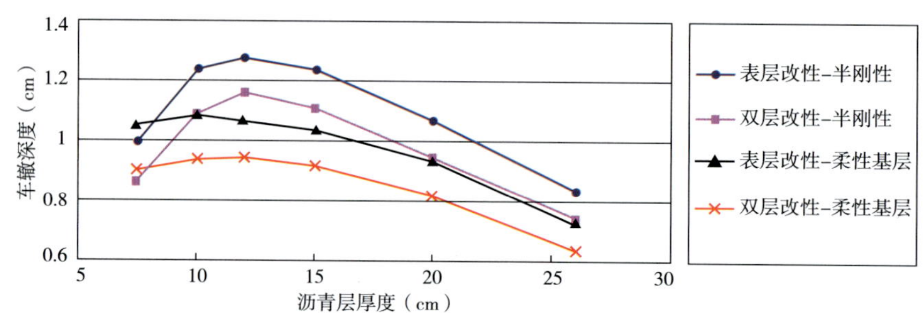

图1-6-65 2006~2009重庆气候条件下不同沥青层厚度下的车辙深度

3.积极推广柔性结构

近年来，国内很多单位针对高速公路沥青路面早期损坏问题，对高速公路沥青路面结构形形式开展了多项研究，其中交通部西部科技项目“高速公路早期损坏及预防措施的研究”、“西部地区合理路面厚度及路面结构型式研究”、山西省交通厅重点科技项目“重载交通抗车辙沥青路面设计技术研究”、福建省交通科研计划项目“福建省高速公路新型结构沥青路面的研究”等项目在沥青路面结构组合形式的应用与效果评价、抗车辙能力强的沥青混合料类型与结构组合等方面取得了长足进步，特别是这些研究成果在经过了2~5年以上的交通荷载作用后，使用效果良好。

采用与上一节相同参数，将20cm半刚性基层调整为18cm级配碎石，半刚性底基层调整为32cm，计算重庆的2006~2009年的气候参数条件下的柔性基层的车辙，计算结果见图1-6-65。柔性基层路面车辙深度随沥青层厚度变化趋势与半刚性基层结构基本一致，不过沥青层增加到10cm以后车辙开始下降。与15cm半刚性基层相比，采用级配碎石基层，在20cm、26cm和双层改性26cm三个条件下，车辙量同比下降了24.6%、41.4%和48.8%。所以采用级配碎石在重庆的气候和荷载条件下对于提高抗车辙性能会更加有利。

为了进一步分析不同荷载、车速水平下的不同结构的抗车辙性能，计算了4个结构在2006~2009年气候条件下70%、100%、130%和150%荷载水平下80km/h和40km/h条件下的车辙情况，计算结果如图1-6-66、图1-6-67所示。

从图1-6-66和图1-6-67中可以看出，随着路面荷载水平的增加，路面车辙深度成线性增加关系，曲线基本平行，只有稍微的差异；就相对敏感性来说，柔性结构优于半刚性结构，沥青层越厚越不敏感；相同条件下车速越低，对荷载的变化就越敏感。

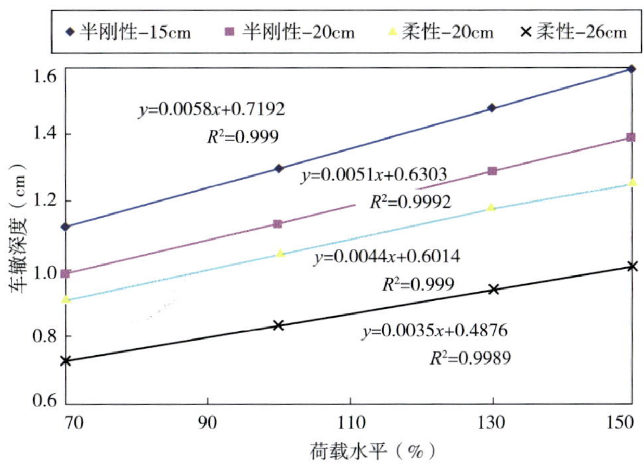

图1-6-66　80km/h车速下2006~2009年气候条件下的路面结构的车辙变化情况

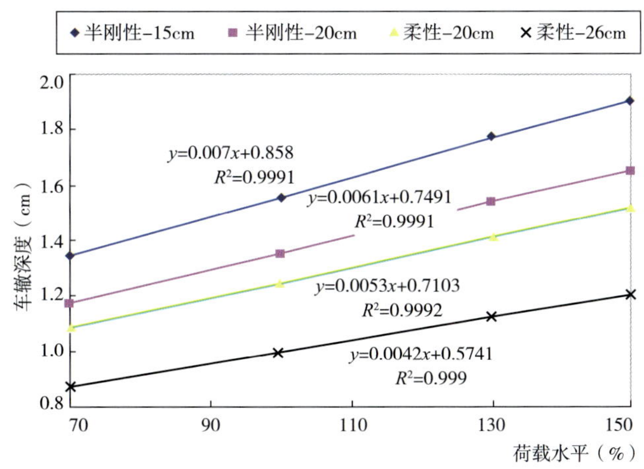

图1-6-67　40km/h车速下2006~2009年气候条件下的路面结构的车辙变化情况

为了解车辙在路面沥青层中的变化情况，计算分析在车速80km/h，路面荷载100%条件下不同沥青层厚的路面上、中、下面层车辙深度比例，结果如表1-6-18所示：

沥青路面上、中、下面层车辙深度比例对比　　表1-6-18

路面结构层位	半刚性路面结构			柔性路面结构		
	沥青层厚15cm（4+5+6）	沥青层厚20cm（4+6+10）	沥青层厚26cm（4+6+16）	沥青层厚15cm（4+5+6）	沥青层厚20cm（4+6+10）	沥青层厚26cm（4+6+16）
上面层	33.8%	34.3%	36.1%	29.2%	31.4%	32.1%
中面层	57.9%	61.7%	60.1%	59.8%	63.8%	63.5%
下面层	8.3%	4.0%	3.8%	11.0%	4.8%	4.5%

表1-6-18中数据显示，沥青层的车辙主要发生在中面层，约占60%左右；随着沥青层厚的增加，下面层的车辙比例逐渐减小，所以增加沥青层厚不会产生结构性车辙，同时柔性基层相对于半刚性基层，下面层的车辙比例偏大一些。

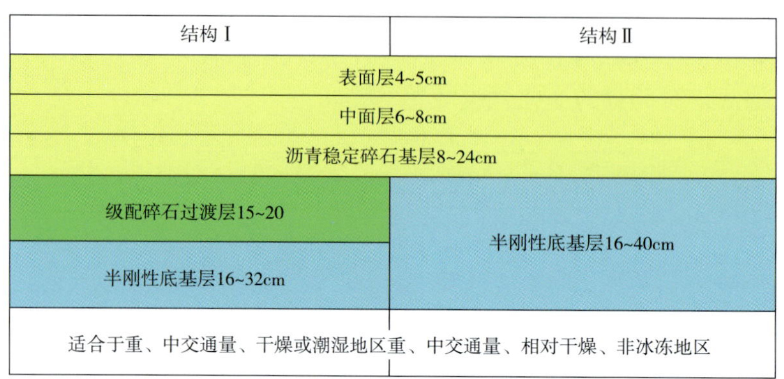

图1-6-68　推荐的沥青路面结构

增加沥青层厚度不会增加沥青路面的车辙已有很多证明。例如京津塘高速和广深珠高速，是我国早期修建的沥青层最厚的路面，其中京津塘高速沥青层有20~25cm，广深珠高速沥青层有30cm，其车辙情况并不严重，而且各项性能良好。已有研究成果表明：高温条件下，由于沥青层会软化，强度进而降低，并由于半刚性基层的强度较高，其沥青层产生压密形变和剪切形变都比较大。因此，在高温和重载条件下，柔性基层沥青路面结构形式与半刚性基层结构形式相比，柔性基层结构形式反而具有较好的高温抗形变能力。

结合以往的研究，以增加沥青层厚度将各种破坏限制在沥青层顶部而不至于产生结构性的损坏为出发点，以极大提高沥青路面长期使用性能和耐久性为宗旨，本书提出了推荐的长大坡路段的沥青路面结构，沥青层厚度宜大于20cm。

三、改善混合料的矿料级配

选择合理的矿料级配，是提高集料嵌挤能力与路面性能，减少高温车辙和水损坏，防止混合料结构性离析的基础性工作。

对于中、轻交通的长大坡路段，可选择C型嵌挤骨架结构AC-13或AC-16，重庆潮湿多雨，在选择级配时需要考虑高温车辙和水损坏、施工等因素。对于重、特重交通量的长大坡路段，建议标准轴次大于800万次的长大坡路段采用改性SMA面层，以显著提高沥青路面的使用性能。

对混合料级配调整，不仅注重表面层混合料调整，更应该对中面层的级配进行调整优化，中面层的级配应重点考虑抗车辙性能，提高粗集料的含量，形成“S”型级配曲线，可以在国内AC-20C和SUP-20基础上，结合本地情况进行优化。

对于下面层，设计厚度小于8cm时，尽量选择AC-25C型级配，并进行级配优化；设计厚度大于8cm，可以选择粗集料较多、沥青用量较低的ATB-25混合料，如果厚度达到9cm以上还可以选择ATB-30，同时要求检测其抗车辙性能指标(采用长300mm × 宽300mm × 高100mm试模)及水稳定性指标。

通过对重庆地区沥青路面温度场的现场观测表明，沥青路面的表面层温度能够高达65℃以上，长大坡路段在重载慢速作用下，沥青混合料的等效作用温度显著高出目前试验规定的60℃标准，因此在高温、重载慢速作用下的长大坡路段仍然采用60℃试验温度不太合适。

根据数据分析和温度等效，提出针对重庆市温度及荷载条件下的沥青混合料车辙试验温度条件见表1-6-19。

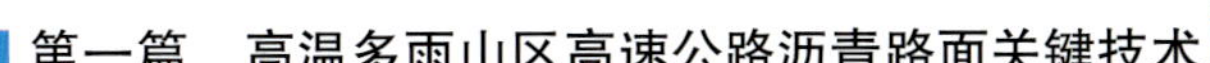

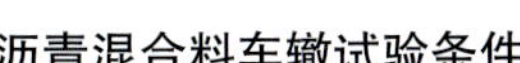
沥青混合料车辙试验条件　　表1-6-19

交通情况		中、轻交通		重荷载交通		特重交通	
交通量		<1200万次		1200万~2000万次		>2000万次	
试验条件		温度条件	荷载条件	温度条件	荷载条件	温度条件	荷载条件
层位	0~5cm	65	0.7MPa	70	0.7MPa	70	0.8MPa
	5~10cm	65	0.7MPa	65	0.7MPa	65	0.8MPa
	>10cm	60	0.7MPa	60	0.7MPa	60	0.8MPa

四、适当提高设计空隙率、合理降低沥青用量

沥青路面在通过行车荷载作用后最终的空隙率水平对沥青路面的性能影响很大，空隙率大，沥青容易老化、路面耐久性差，抗水损坏性能差；此外，空隙率过大，在行车荷载作用下会出现二次压密型车辙，因此路面抗车辙性能也很差。

随着现场空隙率的降低，沥青的各项性能会改善、提高，但是当空隙率降低太大时，相对沥青含量会变大，当温度升高时，沥青膨胀，由于空隙率小，沥青混合料易被沥青挤开，同时沥青黏度降低而发软，又起到了润滑作用，因此不仅黏聚力降低，而且内摩阻力也在降低，使沥青混合料的抗流变能力明显下降。因此一般要求现场空隙率应大于3%而小于7%。路面最终空隙率与竣工初期沥青路面运营中的温度和荷载条件相关。因此，为了控制路面最终的空隙率状态，必须根据沥青路面可预见的荷载、温度条件选择合适的混合料设计空隙率。

重庆高温突出，而且在长大坡路段由于重载慢速荷载的作用，这种压密趋势会更大。因此对于一般路段的高温长大坡路段表面层和中面层的空隙率标准，建议调整为4%~6%，重载、特重交通为4.5%~6%。

沥青用量是影响高温稳定性的最重要因素之一，根据交通量和温度条件进行沥青用量的调整是预防车辙最重要的技术措施。为了进行长大坡路面技术研究，通过对不同油石比下抗车辙性能的研究，进行了不同油石比下抗车辙性能的研究，试验结果如表1-6-20所示。试验数据表明：在最佳油石比基础上，适当降低0.1%~0.5%油石比各种胶结料下的混合料抗车辙性能都有明显增加，一般动稳定度可增加20%~60%。这说明对于重载交通、慢速交通的长大坡路段，适当降低油石比有利于提高其高温、慢速条件下的抗车辙性能。这与GTM、SUPERPAVE设计的结果是一样的。

AC-20C降低沥青用量前后车辙试验结果对比　　表1-6-20

胶结料类型	动稳定度提高幅度（%）	变形量降低幅度（%）
SBS	25	43.3
70号+抗车辙剂	37.4	36.4
70号+岩沥青	61.5	22.1
70号+湖沥青	57.4	20.5
50号	40.4	34.6

采用GTM方法设计的初衷就是为了解决重载交通对路面的车辙问题，采用不同的车辙轮压进行了车辙试验的结果见表1-6-21。

不同设计方法车辙试验对比结果　　表1-6-21

级配类型	设计方法	最佳油石比(%)	相应于不同车辙试验轮压下的动稳定度(次/mm)		
			0.7(MPa)	0.9(MPa)	1.1(MPa)
AC-16下限	马歇尔	4.35	961		
	GTM0.7MPa	4.0	1536	1043	798
AC-16中限	马歇尔	4.5	854		
	GTM0.7MPa	4.1	1541	1164	843
AC-16I上限	马歇尔	4.4	749		
	GTM0.7MPa	4.1	1229	980	640

表1-6-21中结果可见，由于GTM法所设计的沥青混凝土具有较高的密实度，沥青用量比马歇尔方法设计的沥青用量低（0.3%~0.4%），因此动稳定度普遍要大得多，说明沥青混凝土具有较高的抗车辙能力。因此对重载交通的长大坡路段的沥青混合料，在配合比设计的最佳用油量基础上适当减少沥青用量作为设计沥青用量是适宜的。

大量实践表明，适当降低油石比可以提高车辙等抗变形能力，特别对于炎热、重载和长大坡路段，对于提高路面性能具有一定的意义，但是值得注意的是，降低油石比不是简单的降低油石比就行了，降低油石比，会造成一些体积参数接近技术要求的临界值甚至达不到要求；如果油石比降低太大，还会极大降低沥青混合料的抗渗水性能、抗低温弯曲和疲劳性能等，同时现场碾压困难，压实度，特别是空隙率难以达到要求。由此降低油石比是一个系统工程，必须多方面综合考虑，特别是对施工质量和施工控制的要求会更加严格。

我国沥青路面施工技术规范中对于降低油石比只是指出可适当降低0.1%~0.5%油石比，具体降多少工程要根据实际情况确定。此外，如设计的空隙率大于5%或油石比降低幅度大于0.25%，建议压实度提高到98%；或者现场按照空隙率标准严格控制在3%~7%范围内；检测的渗水系数应符合设计要求。

五、提高层间联结性能

山区公路由于纵坡、弯道等路段水平应力增加，导致沥青层表面剪应变水平显著提高。在高温条件下，长大坡路段在水平荷载、重载、慢速交通条件下各沥青层层间的剪应变增加非常大，其中表面层与中面层、中面层与下面层的层间剪切影响最大。而且在高温下，黏层油会变软，层间联结力急剧下降，由于黏结力不足，夏季高温时层间容易产生滑移、拥包等病害，滑移会直接导致路面出现开裂、变形，而拥包则直接影响了路面的平整度。

同时层间条件对沥青层的剪应变影响也非常大，当路面层间的黏结破坏后，沥青层底的剪应变会成倍增加，沥青层会迅速被剪切破坏。

因此长大坡路段提高沥青层之间的层间联结非常重要，特别是提高高温条件下的层间黏结，因此层间黏结不仅要有一定的强度，还要有较好的高温稳定性。通过拉拔和剪切试验表明，层间黏结强度受粘层油的性能影响非常大，粘层油的黏度越大，其层间强度越高，如图1-6-69所示。

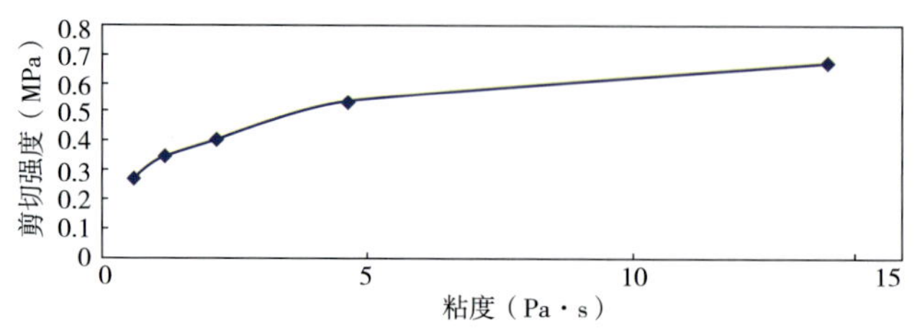

图1-6-69　不同黏度下层间剪切强度

在图1-6-70中，不同黏层油其抗剪切强度影响较大，25℃时SBR改性乳化沥青和SBS改性乳化沥青最好，其次是热沥青，而普通乳化沥青最差，在60℃时黏层油随温度升高，剪切强度均显著下降，其中普通乳化沥青的黏层油剪切强度下降最大，而SBS改性沥青的剪切强度下降最小，其剪切强度在60℃时也是最大的。长大坡路段黏层油建议采用改性乳化沥青或热沥青黏层油，而不宜采用乳化沥青，建议如表1-6-22所示。

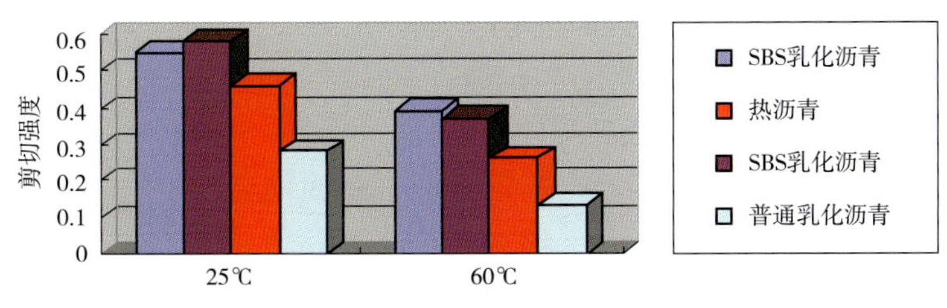

图1-6-70　不同黏层油在不同温度下的剪切强度

长大坡路段黏层油的选择要求　　表1-6-22

交通情况		中、轻交通	重荷载交通	特重交通
交通量		<1200万次	1200~2000万次	>2000万次
层位	表—中	改性乳化沥青	改性乳化沥青	改性乳化沥青或改性沥青防水黏结层
	中—下	改性乳化沥青	改性乳化沥青	改性乳化沥青
	下面层以下	普通乳化沥青或热沥青	改性乳化沥青或热沥青	改性乳化沥青或热沥青

六、矿质原材料选择

提高嵌挤能力首先要严把材料关。沥青混合料要使用质地坚硬、粗糙，形状接近立方体的集料，应采用棱角性高的集料。为了保证材料的洁净度，减少含泥量，一方面要求生产碎石时要增设抽风装置，条件许可时可采用水洗；应控制石屑和天然砂的使用，尽量采用棱角性好的制砂机轧制的机制砂。与含有大量不耐冲击的薄片和棱角的石屑相比，机制砂棱角性好，形状大部分接近立方体，高温稳定性最好。

为了提高沥青的黏附性，作为填料的矿粉，必须使用磨细的石灰岩矿粉。同时，为了提高集料与沥青的黏附性，建议推广掺加磨细的干燥消石灰粉代替部分矿粉使用，掺配要在工厂进行，才能够保证添加的稳定性、均匀性。另外，表面层尽量采用优质的石料，特别是选择黏附性好的集料，减少水损坏，同时也提高抗滑移、推拥性能。当采用破碎砾石时，应选择较大且洁净的砾石加工破碎，采用掺加消石灰、抗剥落剂，同时采用石灰岩的细集料等措施提高抗剥落和水损性能。

七、长大坡路段施工工艺

长大坡路段施工中，摊铺机、压路机等施工机械不仅仅要抵抗沥青混合料的阻力，同时需要克服自重沿纵坡方向分力，因此对施工机械的动力性能有一定的影响。为了提高摊铺、碾压等工艺稳定性和均匀性，要求适当降低摊铺、碾压等施工环节的速度，同时根据长大坡路段的机械受力特点进行工艺的完善。

1.长大坡路段的摊铺

考虑降低行车对路面的破坏和减少行车对沥青混合料稳定性影响以及提高路面抗滑性能，在一般路段和长大上坡路段应使得摊铺方向与行车方向一致；而在连续下坡路段，则摊铺方向应与行车方向

相反。即无论是长大上坡还是长大下坡，摊铺机均从坡底向坡顶摊铺，这样也提高了摊铺的均匀性和稳定性。

2.长大坡路段的碾压

建议长大坡路段的碾压方向与摊铺方向保持一致，即无论连续上坡还是连续下坡，施工时均是由坡脚向坡顶碾压。这样能够获得最佳的碾压效果，使混合料的结构更加稳定。当压路机碾压与摊铺方向不一致时，压路机碾轮旋转过程中对路表面产生作用力，对集料颗粒有一个推剪作用，当开启振动时该作用力大大增强，可能把颗粒压碎，同时将集料向水平方向重新排列，会影响到混合料的整体稳定性。

在纵坡较大路段，如果压路机从坡顶向下行驶进行振动碾压，由于混合料刚刚摊铺，黏结力差，巨大的激振力加上压路机自身的重力影响，会对混合料形成纵向剪切，在内部形成过度剪切破坏，同时对层间黏结层的破坏非常大。所以在长大上坡和长大下坡路段应该明确规定碾压方向，主要是振动碾压方向，严禁振动压路机沿下坡方向的振动碾压，特别是严禁下坡方向的强振。但是往往碰到连续上坡或一般路段中间夹一个不长的下坡路段，或者连续下坡中夹着一个上坡或纵坡不大的一般路段。此时从施工组织来说，改变摊铺方向会有困难，也不太现实，应该优先考虑主要路段的纵坡方向，确定一个摊铺方向，而不宜不停更换摊铺方向。同时反坡段(坡向与连续坡不一致的坡)碾压方向应根据情况进行调整，总的原则是小纵坡(小于2.5%)时碾压方向可与摊铺方向一致，大纵坡(大于2.5%)时需要从坡底向坡顶碾压。

由于纵坡路段的压路机的受力特点不同于小纵坡和水平路段，因此对压路机的组合和工序要求也应该有所差别。

对于初压，由于大纵坡路段上坡和下坡路段水平应力较大，因此在大纵坡路段的初压不宜直接采用振动碾压或胶轮碾压；宜优先选择吨位相对小的双轮驱动的振动压路机静压一遍，前进时应前后轮同时驱动，同时滚轮轮重与直径比小的滚轮在前碾压。或者选择质量小的光轮压路机进行静压，此时，前轮从动，后轮驱动。

复压时，在长大上坡或下坡路段，应由坡底向坡顶振动碾压，应采用先轻后重的原则，第一遍宜采用压路机组中吨位较小的振动压路机沿上坡方向上行振动，且宜前轮不振后轮振压，否则在强振力作用下压路机会产生反弹下滑的趋势，影响碾压的稳定性，且容易造成沥青混合料剪切破坏。初始振动碾压应采用低振幅轻振碾压，不宜采取强振；之后可以逐渐增加激振力或选择双轮振动碾压。同时，严禁在大纵坡上振动压路机下行振动碾压。

此外，纵坡路段上坡碾压，压路机起步、停止和加速都要平稳，避免速度过高或过低；下坡碾压应避免突然变速和制动。压路机转移、转向或停驶时要先停止振动；每次碾压后尽可能在已碾压好的、平缓路段换向，压路机停放时应与行驶方向成一定角度，以便更容易消除压痕。

碾压弯道时，容易在热铺混合料上产生横向剪切力。影响横向剪切力的因素很多，主要有压路机线压力、轮径和轮宽，混合料的种类及级配，碾压速度，铺层厚度和混合料的温度，下层性能状况等。横向剪切力会导致热铺沥青混合料产生推移，为了提高弯道碾压效果：

（1）应选用铰链转向式压路机，先从弯道内侧或弯道较低的一边开始碾压，以利于形成良好的支承面；

（2）对急弯路段尽可能采用直线碾压，即缺角式碾压，如图1-6-71所示；并逐一转换压道，对缺角处用小型机具压实，不要在压实的混合料上换向；

（3）当不采用直线碾压，而需要转向时，此时应注意转向同速度相吻合，并尽量采用振动碾压，以减少剪切力。

在降低油石比情况下，为了保证空隙率达到要求，应根据实际情况，通过各种措施适当提高现场压实度，进行综合调整：

（1）适当提高拌和、摊铺、碾压等施工环节温度，对施工的气温和路表温度也宜适当提高；

（2）运输车严格要求双层篷布中间加海绵覆盖(即使是在气温较高时)，从拌和到摊铺混合料等候时间不宜过长；

（3）增加压路机的台数、优化碾压工艺和碾压参数，要求紧跟摊铺机及时碾压，减少碾压段落长度；

（4）严格控制级配的波动和沥青用量的波动。

此外，为了提高沥青路面质量，尽量减少施工过程中的离析也是非常必要的。

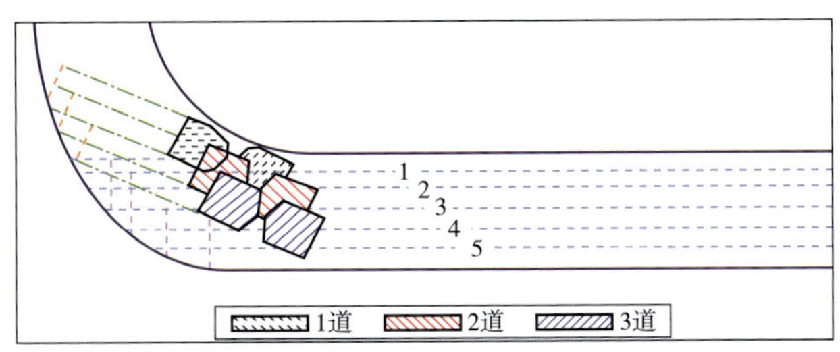

图1-6-71　急弯道碾压工艺

八、设计中尽量避免设置长大坡路段或增设专用车道或爬坡车道

在夏季高温地区公路路线设计时要避免长大陡坡的连续出现，尽量减小坡度，控制坡长，特别是考虑重车重载行车特点，设置一些缓和坡段，不能仅满足于符合技术标准的纵坡要求。对于过长且陡的坡段，设计时可以改为桥、隧，以避免出现长大纵坡。如果确因地形限制不得不采用长大坡段，应考虑长大坡路段的通行能力，特别是考虑重车重载行车特点，在长大坡路段的上坡方向适当增加车道数，在设计车道数的基础上至少增加一个专用车道或爬坡车道。

载货汽车由于在长大坡路段连续上坡，车速低，为避免连续上坡路段行车道、超车道汽车排队影响通行能力，将上坡侧爬坡车道改为连续的一个车道，呈不对称的横断面布置；或在大纵坡路段，视坡度大小、纵坡长度以及两端接线纵坡情况，增设爬坡车道。爬坡车道是专供低速行驶的载货汽车使用，路面面层类型可选用水泥混凝土路面。

九、积极运营管理和交通措施防治车辙

上个世纪以来，极端高温天气日益多发，在高速公路的长上坡路段，重载、高温和慢速行车不利条件的综合作用会加速沥青路面的破坏，此时需要从沥青混合料设计、沥青路面施工以及道路交通管理等几方面采取综合措施，采取积极的运营管理和交通控制措施对于防治车辙也会产生非常好的效果。

通过分析2006年8760h气温与车辙增加量情况，可以看出随着气温的上升，沥青路面的车辙呈指数增长。

图1-6-72为2006年8760h的路表温度和气温对应的小时数和车辙量累计百分率，分别反映大于路表（气温）某一温度值的小时数占全年8760h的百分数和大于路表（气温）某一温度值的车辙累计量占全年车辙量的百分数，从表1-6-23可以看出全年气温32℃（路表温度42℃）仅占全年8760h的9.9%，但是其车辙量则占全年52%以上。

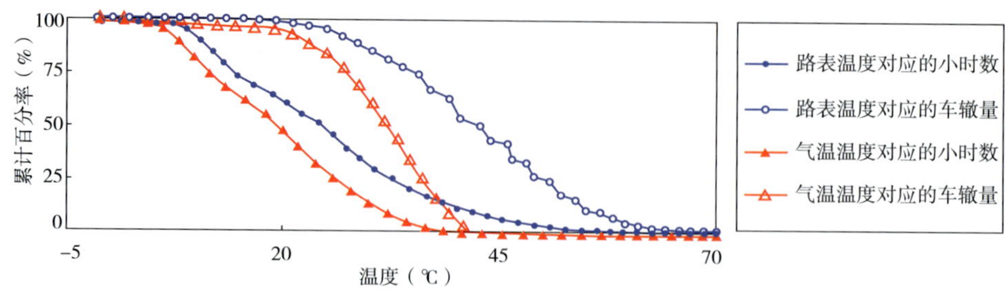

图1-6-72　2006年8760h的路表温度和气温对应的小时数和车辙量累计百分率

2006年8760h的路表温度和气温对应的小时数和车辙量累计百分率　　表1-6-23

路表温度（℃）	42	46	50	54
气温（℃）	32	34	36	38
小时累计数（%）	9.9	6.2	3.3	1.5
车辙量累计百分率（%）	52	40	27	15

图1-6-73为2006年全年每小时35~40℃气温累计小时数与交通量小时分布系数，气温累计小时数反映全年平均每一时刻的某一温度的累计小时数，可以看出35~40℃高温主要分布在10:00~21:00，而图中红线为交通量小时分布系数，可见重庆交通量主要集中在08:00~21:00，因此高温和荷载在时间上存在较大重叠，在气温相对较低的21:00~08:00的10个小时区间交通量相对较低。

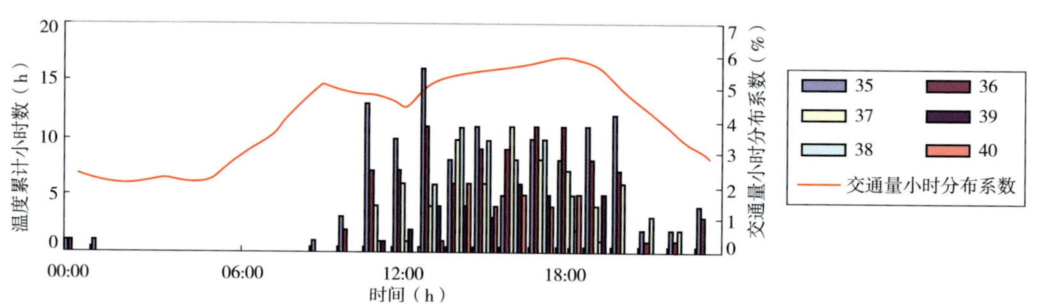

图1-6-73　2006年每小时35~40℃气温累计小时数与交通量小时分布系数

鉴于高温对沥青路面的破坏，对高温、重载超过一定水平后进行交通限制，严禁重车高温通行，特别是禁止超载车高温时段通行，鼓励重车、超载车辆在21:00~08:00时段行驶。

为了降低车辙病害发生后沥青路面的车辙加速发展，应该在高温时段及时进行车辙发展情况的调查、观测，当车辙发展到一定程度后及时的处理和维修养护，而且在没有处理前进行荷载限制，进行重载交通管制、限行。

在高温情况下进行交通控制的同时，还可以采取洒水等措施，降低沥青路面的路表温度，有利于提高沥青路面高温抗车辙性能，如图1-6-74所示。

通过以上分析，重庆地区高温条件非常突出，建议积极采取交通管理措施来减少高温对沥青路面影响：

（1）建立重庆地区高速公路沥青路面温度监测系统，通过在全地区各条高速公路的重点上坡路段布置测量设备对气温或者是沥青路面的温度场进行监测，进行极端高温的监测、预报和预警。

（2）在气温或路面体内温度超过设定预警温度（表1-6-24）时，在长上坡等重点路段对重载车辆

续上表

序　号	厚度（cm）	混合料类型	模量（MPa）	泊松比（μ）
方　案　2				
1	4	AC-13C（改性沥青、玄武岩）	1085	0.4
2	6	AC-20C（抗车辙剂）	1909	0.4
3	10	ATB-25	1186	0.4
4	20	水泥稳定级配碎石	9926	0.3
5	23	水泥稳定级配碎石	9926	0.3
6	20	低剂量水泥稳定碎石	7920	0.3
7	117	土基	77.4	0.35
方　案　3				
序　号	厚度（cm）	混合料类型	模量（MPa）	泊松比（μ）
1	4	AC-13C（改性沥青、玄武岩）	1085	0.4
2	6	AC-20C（改性沥青）	1498	0.4
3	8	ATB-25	1162	0.4
4	8	ATB-25	1567	0.4
5	20	水泥稳定级配碎石	9926	0.3
6	17	水泥稳定级配碎石	9926	0.3
7	20	低剂量水泥稳定碎石	7920	0.3
8	117	土基	77.4	0.35
方　案　4				
序　号	厚度（cm）	混合料类型	模量（MPa）	泊松比（μ）
1	4	AC-13C（改性沥青）	1085	0.4
2	6	AC-20C（改性沥青）	1498	0.4
3	6	AC-20C	1134	0.4
4	18	水泥稳定级配碎石	9926	0.3
5	15	水泥稳定级配碎石	9926	0.3
6	15	水泥稳定级配碎石	9926	0.3
7	19	低剂量水泥稳定碎石	7920	0.3
8	117	土基	77.4	0.35
方　案　6				
序　号	厚度（cm）	混合料类型	模量（MPa）	泊松比（μ）
1	4	AC-13C（改性沥青、玄武岩）	1085	0.4
2	6	AC-20C（改性沥青）	1498	0.4
3	8	ATB-25	1162	0.4
4	8	ATB-25	1567	0.4
5	15	级配碎石	437.7	0.35

续上表

方　案　6				
序　号	厚度（cm）	混合料类型	模量（MPa）	泊松比（μ）
6	15	级配碎石	437.7	0.35
7	20	低剂量水泥稳定碎石	7920	0.3
8	124	土基	77.4	0.35
方　案　7				
序　号	厚度（cm）	混合料类型	模量（MPa）	泊松比（μ）
1	4	AC-13C（改性沥青、玄武岩）	1085	0.4
2	6	AC-20C（改性沥青）	1498	0.4
3	8	ATB-25	1162	0.4
4	8	ATB-25	1567	0.4
5	17	级配碎石	437.7	0.35
6	20	水泥稳定级配碎石	9926	0.3
7	20	低剂量水泥稳定碎石	7920	0.3
8	117	土基	77.4	0.35

（二）最大剪应力分析

研究表明，沥青路面的永久变形与其承受的剪应力大小密切相关。在双圆均布荷载作用下，轮胎中心B点以下的沥青混凝土承受的剪应力最大。6个分析方案的沥青混凝土层最大剪应力如表1-7-2和图1-7-1所示。从图表中可以看出：

（1）最大剪应力产生在7cm的位置，正好位于沥青中面层的中间。

（2）不同沥青路面结构对沥青层最大剪应力的分布状况影响不大。

（3）各方案按沥青混凝土层最大剪应力排序，由大至小是：方案2>方案4>方案1>方案3>方案7>方案6。可见不同路面结构组合中，按最大剪应力排序由大至小是：柔性基层结构>倒装基层结构>厚沥青层的半刚性结构>薄沥青层的半刚性基层结构。

沥青层最大剪应力

表1-7-2

深度（m）	应　力					
	1_ST（Pa）	2_ST（Pa）	3_ST（Pa）	4_ST（Pa）	6_ST（Pa）	7_ST（Pa）
0	74562	77054.5	64056.5	87561.5	8678.5	25213
-0.01	107022	103450	98191	117726	51180	66604
-0.02	139485	129848	132362	147893	93687	107999
-0.03	167054	153792	161161	174956	122834	137314
-0.04	194689	177737	189962	202021	151996	166639
-0.05	211516	201742	206562	217756	169092	183213
-0.06	228408	225748	224620	233493	186195	199792
-0.07	245301	249755	242679	249231	204000	218758

续上表

深度（m）	应　力					
	1_ST（Pa）	2_ST（Pa）	3_ST（Pa）	4_ST（Pa）	6_ST（Pa）	7_ST（Pa）
-0.08	237655	243544	236348	240118	202654	215787
-0.09	230016	237339	230022	231011	201324	212827
-0.1	222386	231143	223700	221912	200012	209879
-0.11	207148	213206	208123	198834	186748	195675
-0.12	191921	195280	192554	175775	173509	181487
-0.13	176709	177370	176996	152742	160302	167320
-0.14	161515	159482	161453	136041	147138	153181
-0.15	146345	141622	151116	119393	139780	145334
-0.16	133120	129015	140798	102823	132438	137497
-0.17	119935	116448	130503		125115	129671
-0.18	106802	103935	120238		117815	121861
-0.19	93744	91496.5	112174		119015	121975
-0.2	80796	79168.5	104144		120219	122091
-0.21			96155.1		121426	122207
-0.22			88219		122636	122325
-0.23			80970.5		116918	116087
-0.24			73787		111201	109848
-0.25			66687.1		105484	103610
-0.26			59697.6		99768.1	97372.7

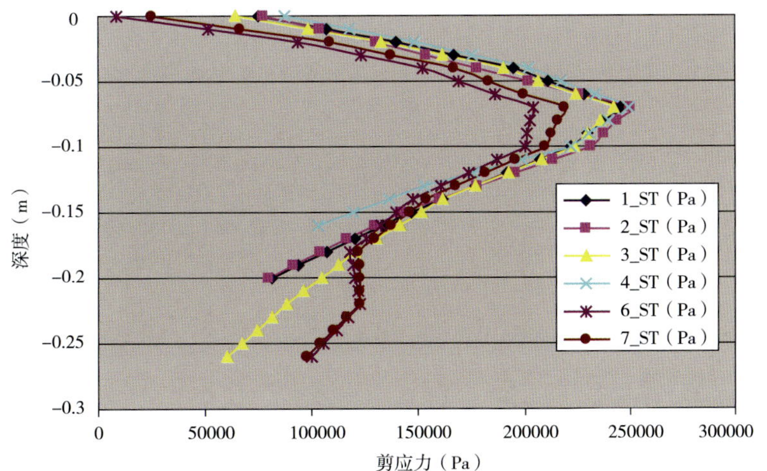

图1-7-1　沥青层最大剪应力分布

二、柔性基层沥青路面结构分析

（一）荷载和沥青层厚度影响分析

在高温条件下，沥青层模量较低，相应地应力扩散作用也较低，当行车速度较慢时，柔性基层沥

青路面的级配碎石基层顶面承受较大的压应力，此工况是级配碎石基层最容易产生变形和破坏的不利工况。分析在此工况条件下，荷载大小和沥青层厚度对级配碎石基层顶面压应力和压应变的影响，对于减小级配碎石基层变形，防止因级配碎石过度变形而引起的路面结构性破坏，增强柔性基层沥青路面结构设计的科学性和针对性具有重要意义。

为了分析高温最不利条件下柔性基层沥青路面结构的应力应变状况，本分析采用了高温条件下的静态模量参数，参数取值借鉴文献[12]的试验结果。表1-7-3是6种不同沥青层厚度的柔性基层沥青路面结构方案及计算参数，计算荷载分别为700kPa、1050kPa和1400kPa。

荷载和沥青层厚度影响分析方案及计算参数 表1-7-3

沥青层厚度（cm）	各亚层厚度（cm）	混合料类型	模量（MPa）	泊松比
13	5	改性沥青细粒式	374.7	0.4
	8	改性沥青中粒式	613.5	0.4
	8	级配碎石	259	0.3
	8	级配碎石	259	0.3
	9	级配碎石	259	0.3
	15	级配碎石	259	0.3
	15	级配碎石	259	0.3
	132	路基	175.8	0.35
18	4	改性沥青细粒式	374.7	0.4
	6	改性沥青中粒式	613.5	0.4
	8	普通沥青粗粒式	670.6	0.4
	9	级配碎石	259	0.3
	20	级配碎石	259	0.3
	21	级配碎石	259	0.3
	132	路基	175.8	0.35
21	5	改性沥青细粒式	374.7	0.4
	8	改性沥青中粒式	613.5	0.4
	8	普通沥青粗粒式	670.6	0.4
	8	级配碎石	259	0.3
	9	级配碎石	259	0.3
	15	级配碎石	259	0.3
	15	级配碎石	259	0.3
	132	路基	175.8	0.35

续上表

沥青层厚度（cm）	各亚层厚度（cm）	混合料类型	模量（MPa）	泊松比
25	5	改性沥青细粒式	374.7	0.4
	8	改性沥青中粒式	613.5	0.4
	12	普通沥青粗粒式	670.6	0.4
	20	级配碎石	259	0.3
	23	级配碎石	259	0.3
	132	路基	175.8	0.35
29	5	改性沥青细粒式	374.7	0.4
	8	改性沥青中粒式	613.5	0.4
	8	普通沥青粗粒式	670.6	0.4
	8	普通沥青粗粒式	808.7	0.4
	9	级配碎石	259	0.3
	15	级配碎石	259	0.3
	15	级配碎石	259	0.3
	132	路基	175.8	0.35
38	5	改性沥青细粒式	374.7	0.4
	8	改性沥青中粒式	613.5	0.4
	8	普通沥青粗粒式	670.6	0.4
	8	普通沥青粗粒式	808.7	0.4
	9	普通沥青粗粒式	808.7	0.4
	15	级配碎石	259	0.3
	15	级配碎石	259	0.3
	132	路基	175.8	0.35

1.荷载对级配碎石基层的影响

表1-7-4是不同荷载和沥青层厚度条件下，级配碎石基层顶面最大压应力和最大压应变的有限元分析结果。

级配碎石顶面最大压应力、最大压应变表　　表1-7-4

沥青层厚度（cm）	压 应 力 （kPa）			压 应 变 （με）		
	700kPa	1050kPa	1400kPa	700KPa	1050kPa	1400kPa
13	337.2	505.6	674.1	925.2	1387.7	1850.1
18	220.6	330.8	441.0	615.4	923.0	1230.6
21	179.4	269.0	358.6	517.5	776.2	1034.9

续上表

沥青层厚度（cm）	压 应 力 （kPa）			压 应 变 （με）		
	700kPa	1050kPa	1400kPa	700KPa	1050kPa	1400kPa
25	138.7	208.0	277.3	391.9	587.7	783.6
29	111.3	166.9	222.6	330.1	495.2	660.2
38	73.0	109.6	146.2	232.9	349.1	465.4

图1-7-2是不同沥青层厚度条件下，荷载与级配碎石基层顶面最大压应力和最大压应变的关系图，表1-7-5、表1-7-6分别是荷载与最大压应力和压应变的线性拟合结果，从图表中可以看出：荷载与柔性基层沥青路面级配碎石基层顶面的压应力和压应变呈非常良好的线性正相关性，相关系数R^2都等于1，而且其线性拟合参数b实际上约等于式（1-7-1）的计算结果，考虑到参数a很小，因此当其他路面结构参数不变时，级配碎石顶面最大压应力或最大压应变是随荷载大小成比例变化的。

$$b=\frac{M_{700}}{700} \tag{1-7-1}$$

式中：M_{700}——荷载为700kPa时的压应力或压应变。

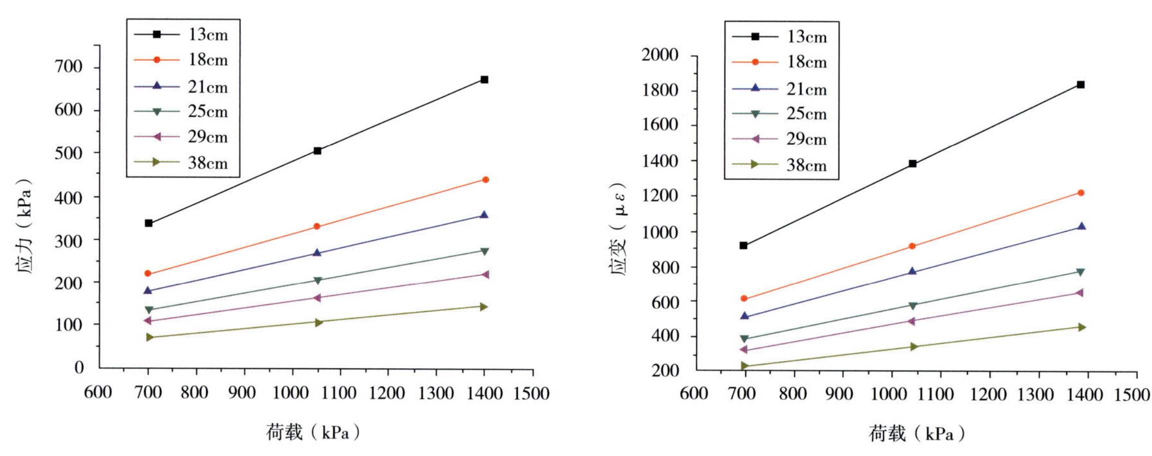

图1-7-2 荷载与级配碎石基层顶面最大压应力及最大压应变关系

荷载与级配碎石顶面压应力关系的线性拟合参数 表1-7-5

沥青层厚度（cm）	截距a	斜率b	Adj. R^2	线性拟合公式
13	0.221	0.48133	1	$y=a+bx$ 式中： y——压应力，kPa； x——荷载，kPa； a、b——拟合参数
18	0.119	0.31492	1	
21	0.081	0.25611	1	
25	0.055	0.19802	1	
29	0.046	0.15895	1	
38	-0.3018	0.10465	1	

荷载与级配碎石顶面压应变关系的线性拟合参数　　表1-7-6

沥青层厚度（cm）	截距a	斜率b	Adj. R^2	线性拟合公式
13	0.312	1.32129	1	$y=a+bx$ 式中： y——压应力，kPa； x——荷载，kPa； a、b——拟合参数
18	0.194	0.87885	1	
21	0.156	0.73912	1	
25	0.115	0.55964	1	
29	0.104	0.47147	1	
38	0.329	0.33218	1	

2.沥青层厚度对级配碎石基层的影响

图1-7-3是沥青层厚度与级配碎石顶面最大压应力和最大压应变的关系图，从图中可以看出，级配碎石基层顶面的最大压应力或压应变与沥青层厚度呈幂函数关系，幂指数小于零说明最大压应力或最大压应变随沥青层厚度的增加而逐渐单调减小。

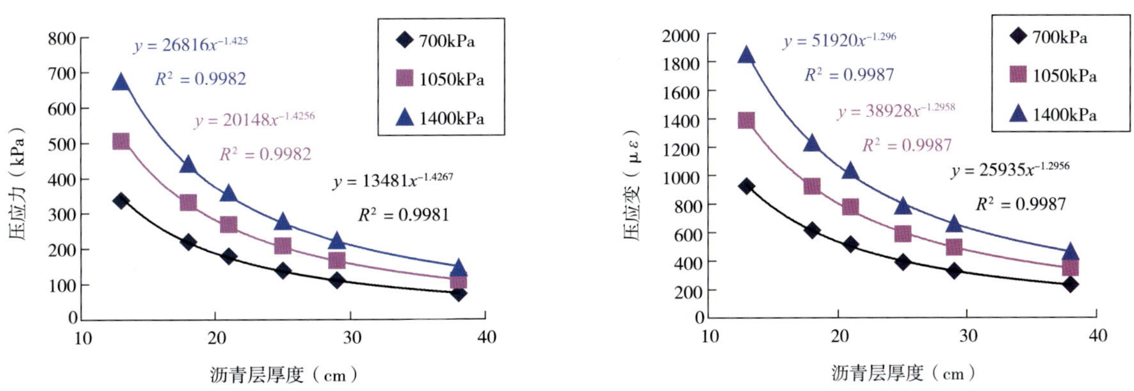

图1-7-3　沥青层厚度与级配碎石顶面压应力及压应变关系

（二）沥青层模量及厚度影响分析

沥青层模量对级配碎石柔性基层顶面压应力压应变，对于沥青层的剪应力剪应变都有重要影响。本节采用三维有限元分析表1-7-7所示柔性基层沥青路面结构中级配碎石顶面的最大压应力压应变以及沥青层最大剪应力剪应变。

沥青层模量影响分析方案及计算参数　　表1-7-7

沥青层厚度（cm）	各亚层厚度（cm）	混合料类型	模量（MPa）	泊松比
13	13	沥青混凝土	300~1500	0.4
	55	级配碎石	259	0.3
	132	路基	175.8	0.35
21	21	沥青混凝土	300~1500	0.4
	47	级配碎石	259	0.3
	132	路基	175.8	0.35
29	29	沥青混凝土	300~1500	0.4
	39	级配碎石	259	0.3
	132	路基	175.8	0.35

续上表

沥青层厚度（cm）	各亚层厚度（cm）	混合料类型	模量（MPa）	泊松比
38	38	沥青混凝土	300~1500	0.4
	30	级配碎石	259	0.3
	132	路基	175.8	0.35

1.沥青层模量对级配碎石基层的影响

表1-7-8和图1-7-4~图1-7-5是在不同沥青层厚度，不同沥青层模量条件下，级配碎石基层顶面最大压应力和压应变的分析结果。从图表中可以看出：

（1）级配碎石基层顶面的最大压应力或压应变与沥青层模量呈幂指数小于零的幂函数关系，幂指数小于零说明最大压应力或最大压应变随沥青层厚度的增加而逐渐单调减小。

（2）从图1-7-4~图1-7-5中可以看出，沥青层较薄的方案中幂函数拟合曲线的斜率较陡，沥青层较厚的方案幂函数拟合曲线斜率相对较平缓，这说明对于柔性基层路面结构，沥青层较薄的结构中级配碎石基层顶面最大压应力压应变受沥青层模量影响要比沥青层较厚的结构相对较大。

级配碎石顶面最大压应力、最大压应变 表1-7-8

沥青层模量（MPa）	应力（kPa）				应变（με）			
	13cm沥青层	21cm沥青层	29cm沥青层	38cm沥青层	13cm沥青层	21cm沥青层	29cm沥青层	38cm沥青层
300	378.3	209.5	137.3	95.0	1236.4	709.3	478.5	346.3
600	323.8	175.7	113.0	76.3	899.5	516.9	352.9	253.4
900	290.2	155.0	98.2	65.1	749.5	429.0	293.0	208.4
1200	266.5	140.5	88.4	57.7	657.1	374.2	255.6	179.6
1500	248.7	129.6	81.0	52.1	592.3	335.5	228.7	159.0

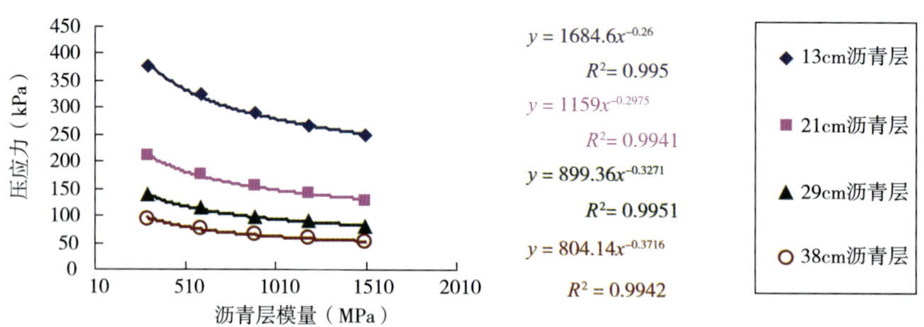

图1-7-4 沥青层模量与级配碎石顶面最大压应力关系

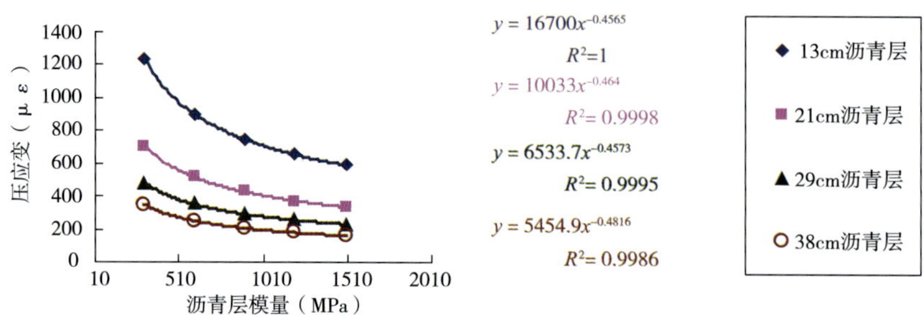

图1-7-5 沥青层模量与级配碎石顶面最大压应变关系

2.沥青层模量对沥青层最大剪应力剪应变的影响

表1-7-9和图1-7-6、图1-7-7是在不同沥青层厚度，不同沥青层模量条件下，沥青层最大剪应力和剪应变的分析结果。从图表中可以看出：

（1）沥青层最大剪应力随沥青层模量的增加而增大，呈幂指数大于零的幂函数关系；

（2）最大剪应变随沥青层模量的增加而减小，呈幂指数小于零的幂函数关系；

（3）从图1-7-7还可以看出，随着沥青层模量的提高，沥青层的最大剪应变在逐渐减小，但对比29cm和38cm的两个方案可以发现，虽然38cm方案的最大剪应变仍比29cm方案的最大剪应变小，但二者的差别已经很小，大约为0.3%~5.1%。

沥青层最大剪应力、最大剪应变表　　表1-7-9

沥青层模量（MPa）	应力（kPa）				应变（με）			
	13cm沥青层	21cm沥青层	29cm沥青层	38cm沥青层	13cm沥青层	21cm沥青层	29cm沥青层	38cm沥青层
300	139.8	137.1	136.2	135.8	1304.8	1279.4	1271.1	1267.3
600	163.9	148.6	142.7	139.5	765.0	693.6	665.7	650.9
900	180.2	156.6	147.0	141.9	560.6	487.1	457.3	441.4
1200	192.4	162.5	150.2	143.6	449.0	379.3	350.4	335.0
1500	202.2	167.3	152.6	144.9	377.5	312.3	284.9	270.4

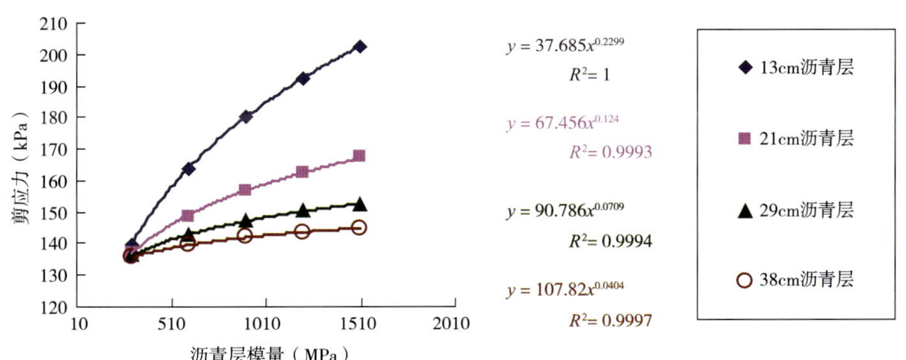

图1-7-6　沥青层模量与沥青层最大剪应力关系

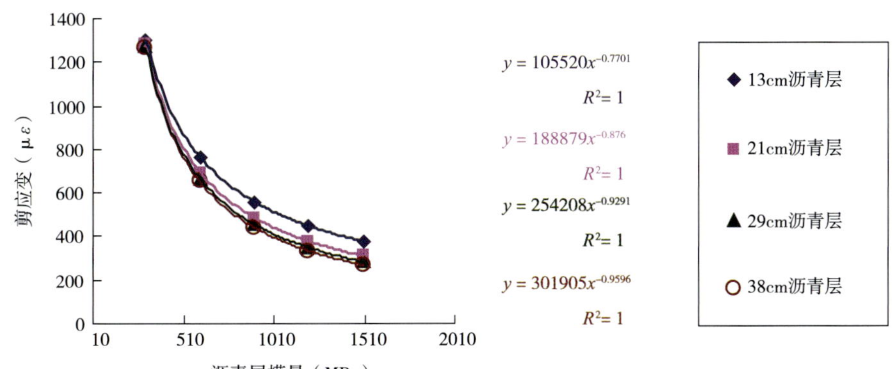

图1-7-7　沥青层模量与沥青层最大剪应变关系

3.沥青层厚度对沥青层最大剪应力剪应变的影响

图1-7-8、图1-7-9是沥青层最大剪应力和最大剪应变与沥青层厚度的关系图。从图中可以看出：沥青层最大剪应力和最大剪应变与沥青层厚度呈良好的负相关性，即随着沥青层厚度的增加，沥青层的最大剪应力和最大剪应变都有逐渐减小的趋势，这一趋势在沥青层模量较低时表现尤为明显。

因此，适当增加沥青层厚度，对于减少沥青层最大剪应力和最大剪应变，提高沥青层抗剪切破坏的性能是有利的。

通过有限元计算还发现，在整个沥青层模量一致的条件下，沥青层13~38cm厚度时，其最大剪应力和最大剪应变产生的位置都在轮胎外侧边沿深约5cm的位置。

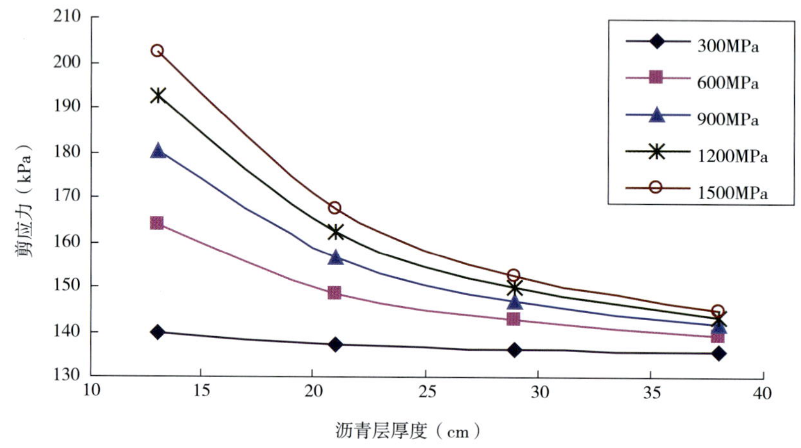

图1-7-8　沥青层厚度与沥青层最大剪应力关系

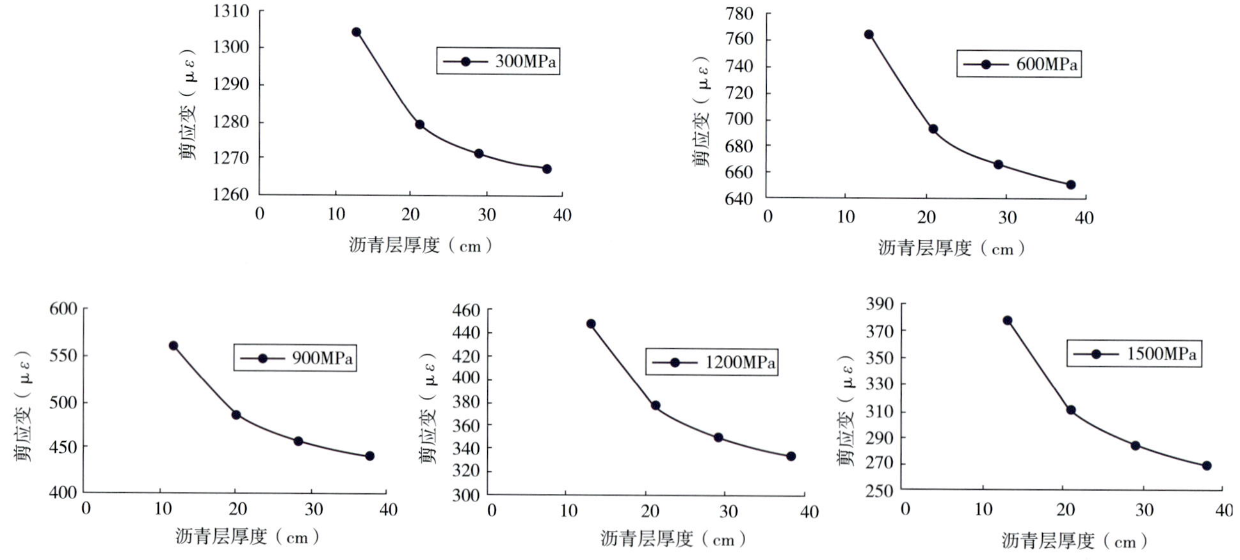

图1-7-9　沥青层厚度与沥青层最大剪应变关系

（三）底基层模量影响分析

对于采用级配碎石基层的沥青路面，不同的底基层模量对级配碎石基层顶面和路基顶面的应力应变状况有何影响，也是路面结构类型选择和结构设计需要关注的问题。本书中所涉及的级配碎石柔性基层沥青路面与倒装基层沥青路面的差别在于倒装基层沥青路面在级配碎石基层下设置了一层半刚性底基层，这一差别在本质上就是底基层模量的差别。由于半刚性底基层与级配碎石柔性底基层的模量

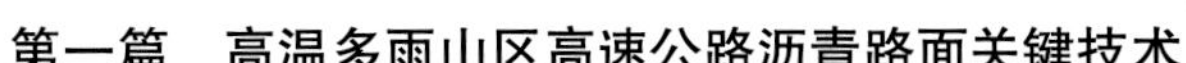

差异较大，对于级配碎石基层和路基顶面的应力应变可能会有较大影响，因此本节分析了如表1-7-10所示的路面结构方案（注：路基采用设计阶段常用的模量）。

沥青层模量影响分析方案及计算参数　表1-7-10

沥青层厚度（cm）	各亚层层厚（cm）	混合料类型	模量（MPa）	泊松比
38	5	改性沥青细粒式	374.7	0.4
	8	改性沥青中粒式	613.5	0.4
	8	普通沥青粗粒式	670.6	0.4
	8	普通沥青粗粒式	808.7	0.4
	9	普通沥青粗粒式	808.7	0.4
	15	级配碎石	320	0.3
	15	底基层	320~4300	0.2
	132	路基	50	0.35
29	5	改性沥青细粒式	374.7	0.4
	7	改性沥青中粒式	613.5	0.4
	8	普通沥青粗粒式	808.7	0.4
	9	普通沥青粗粒式	808.7	0.4
	18	级配碎石	320	0.3
	21	底基层	320~4300	0.2
	132	路基	50	0.35
21	5	改性沥青细粒式	374.7	0.4
	8	改性沥青中粒式	613.5	0.4
	8	普通沥青粗粒式	670.6	0.4
	17	级配碎石	320	0.3
	30	底基层	320~4300	0.2
	132	路基	50	0.35
13	5	改性沥青细粒式	374.7	0.4
	8	改性沥青中粒式	613.5	0.4
	16	级配碎石	320	0.3
	39	底基层	320~4300	0.2
	132	路基	50	0.35

1.底基层模量对级配碎石基层的影响

表1-7-11和图1-7-10~图1-7-13是在不同沥青面层厚度条件下，不同底基层模量对级配碎石基层顶面最大压应力和压应变影响的分析计算结果，从图表中可以看出：

（1）对于13~38cm沥青面层厚度的4种方案，级配碎石基层顶面的最大压应力与底基层模量之间

都呈幂指数大于0的幂函数关系，级配碎石基层顶面的最大压应力随底基层模量的增加而单调增加。

（2）当沥青面层为较薄的13cm和21cm时，级配碎石基层顶面的最大压应变与底基层模量之间也呈正相关性，级配碎石基层顶面的最大压应变随底基层模量的增加而单调增加。

（3）当沥青面层为较厚的29cm和38cm时，级配碎石基层顶面的最大压应变随底基层模量的增加先逐渐减小，当底基层模量增大到一定时级配碎石基层顶面最大压应变达到最小值，之后又随底基层模量的增加而逐渐增加。

这说明，对于沥青层较薄的路面，底基层模量的增加会造成级配碎石基层顶面最大压应力和最大压应变的增加，对于级配碎石基层的稳定是不利的；对于沥青层较厚的路面，虽然级配碎石基层顶面的最大压应力也随底基层模量的增加而单调增加，但是其最大压应变则是随模量的增加先减小后增加，即对于沥青层较厚的路面，存在一个最佳底基层模量，在这一底基层模量条件下，级配碎石基层顶面的最大压应变最小。

底基层模量对级配碎石基层影响分析计算结果 表1-7-11

底基层模量（MPa）	最大压应力（kPa）				最大压应变（με）			
	13cm 沥青层	21cm 沥青层	29cm 沥青层	38cm 沥青层	13cm 沥青层	21cm 沥青层	29cm 沥青层	38cm 沥青层
4300	371.1	205.6	125.7	84.5	845.7	461.1	277.7	195.4
3300	370.2	204.4	124.2	83.0	840.9	457.9	275.8	194.4
2300	368.7	202.5	122.1	81.0	834.0	453.9	273.6	193.7
1300	365.6	199.0	118.5	77.6	822.7	448.4	271.5	194.2
640	360.0	193.3	113.3	73.0	809.7	443.8	271.1	197.0
320	352.4	186.1	107.2	67.8	798.8	441.7	271.8	200.6

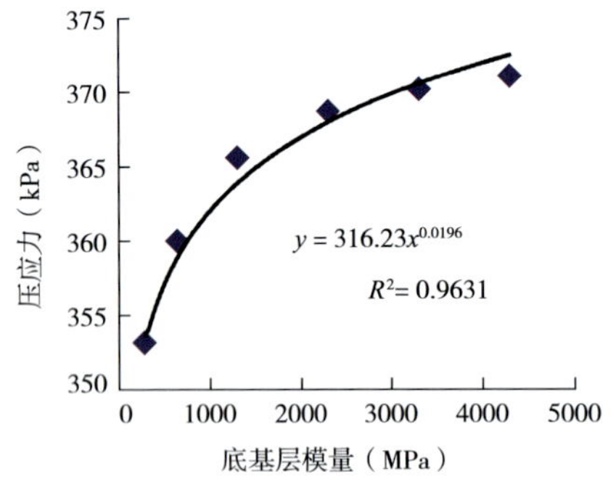

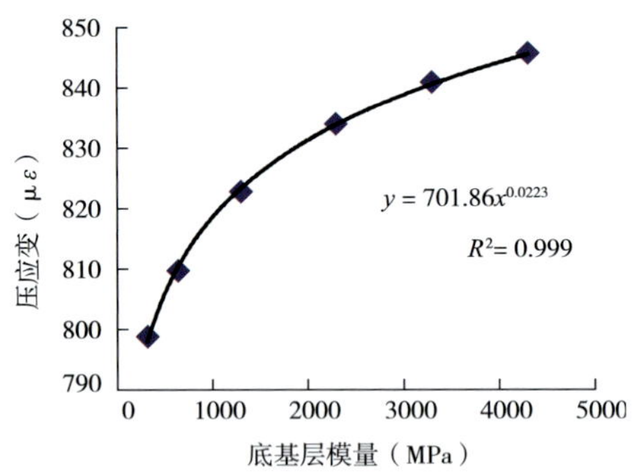

图1-7-10 底基层模量与级配碎石基层顶面最大压压应力及最大压应变（13cm沥青层）

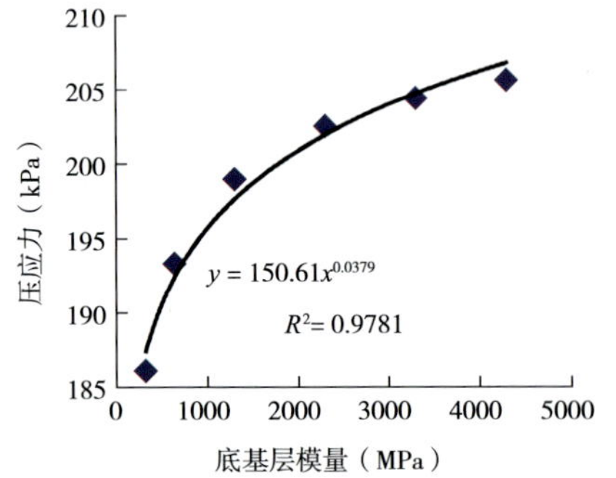

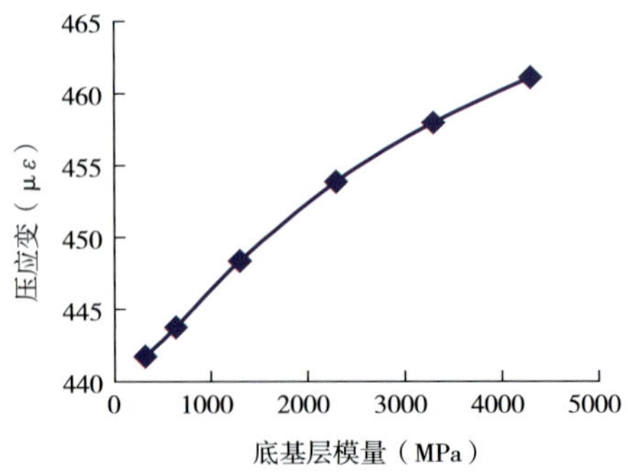

图1-7-11 底基层模量与级配碎石基层顶面最大压应力及压应变（21cm沥青层）

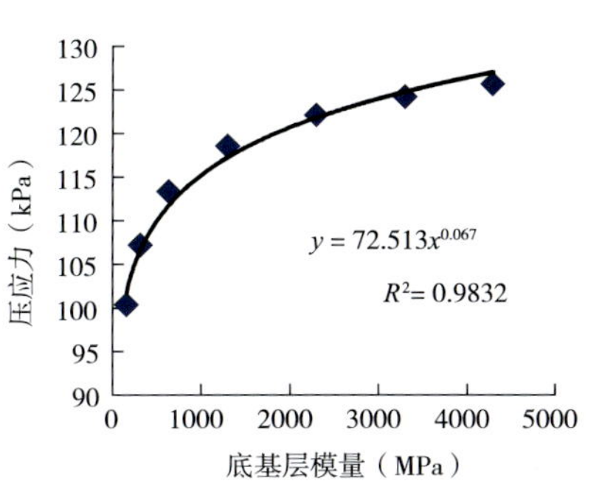

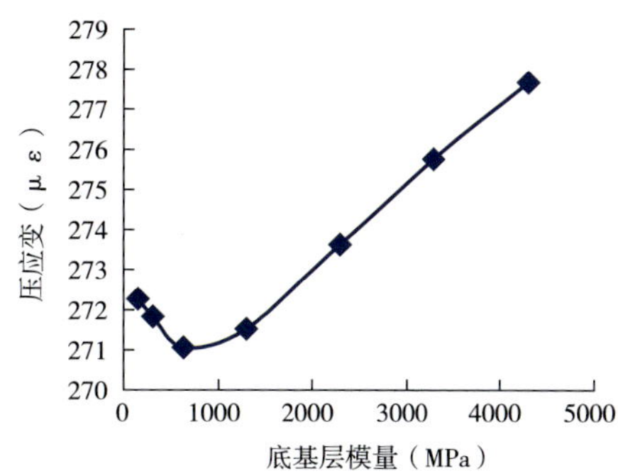

图1-7-12　底基层模量与级配碎石基层顶面最大压应力及压应变（29cm沥青层）

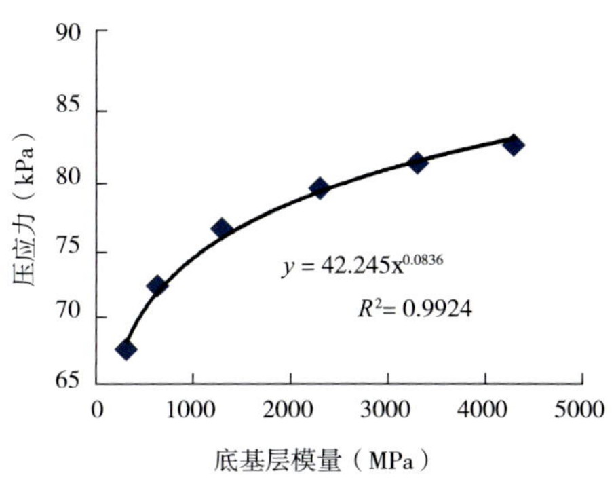

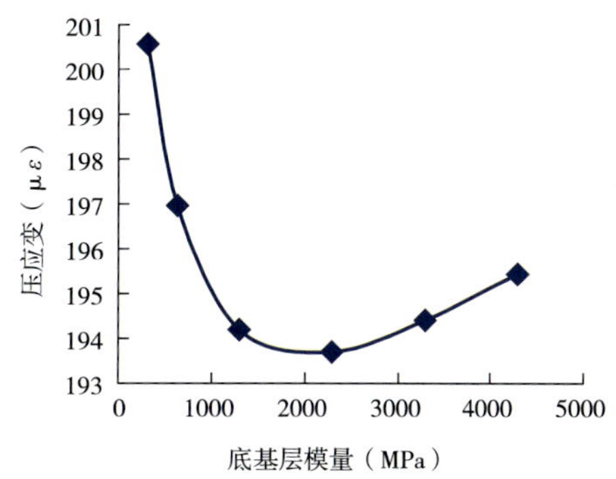

图1-7-13　底基层模量与级配碎石基层顶面最大压应力及压应变（38cm沥青层）

图1-7-14、图1-7-15是13~38cm沥青面层厚度4种路面结构的底基层模量与级配碎石基层顶面最大压应力和压应变关系汇总图，从图中可以看出，虽然底基层模量对于级配碎石基层顶面的最大压应力和压应变有一定影响，但相对于沥青面层的厚度对级配碎石基层顶面最大压应力和压应变的影响要小很多。

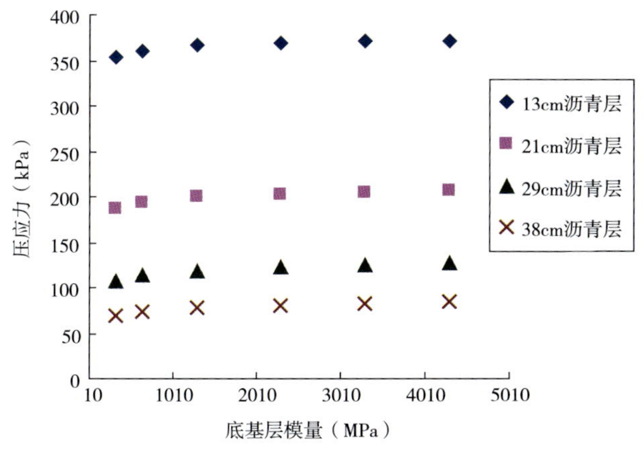

图1-7-14　底基层模量与级配碎石基层顶面最大压应力

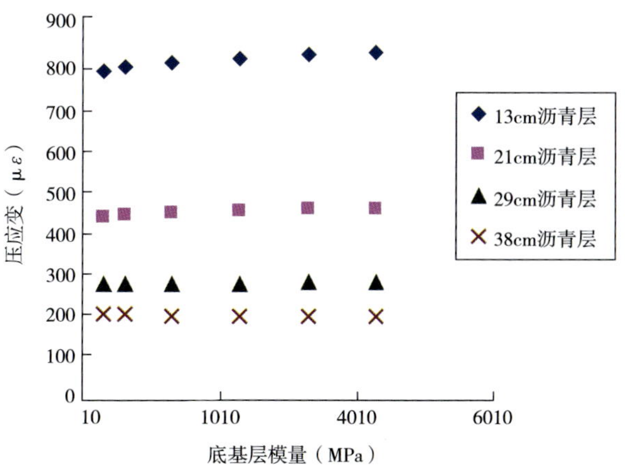

图1-7-15　底基层模量与级配碎石基层顶面最大压应变

2.底基层模量对路基的影响

表1-7-12和图1-7-16~图1-7-19是在不同沥青面层厚度条件下，不同底基层模量对路基顶面最大压应力和压应变影响的分析计算结果，从图表中可以看出：

路基顶面最大压应力和压应变与底基层模量呈幂指数小于0的幂函数关系，级配碎石基层顶面的最大压应力和最大压应变均随底基层模量的增加而单调减小。

底基层模量对路基影响分析计算结果 表1-7-12

底基层模量（MPa）	应力（kPa）				应变（με）			
	13cm沥青层	21cm沥青层	29cm沥青层	38cm沥青层	13cm沥青层	21cm沥青层	29cm沥青层	38cm沥青层
4300	9.2	10.5	13.2	12.7	69.1	78.6	87.3	91.0
3300	9.8	11.0	13.4	12.8	77.8	87.0	94.4	97.2
2300	10.7	11.7	13.6	13.0	91.6	99.7	105.2	106.8
1300	12.3	12.9	14.2	13.4	118.1	123.6	125.8	125.7
640	14.6	14.7	15.1	14.2	160.8	161.7	159.1	155.8
320	17.1	16.5	16.1	15.0	216.4	210.4	200.5	191.3

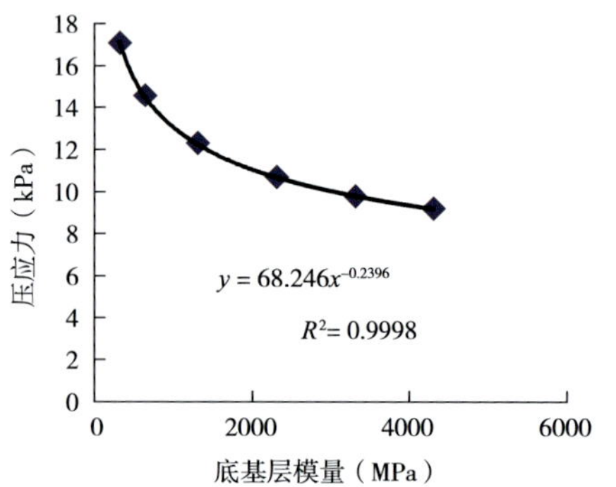

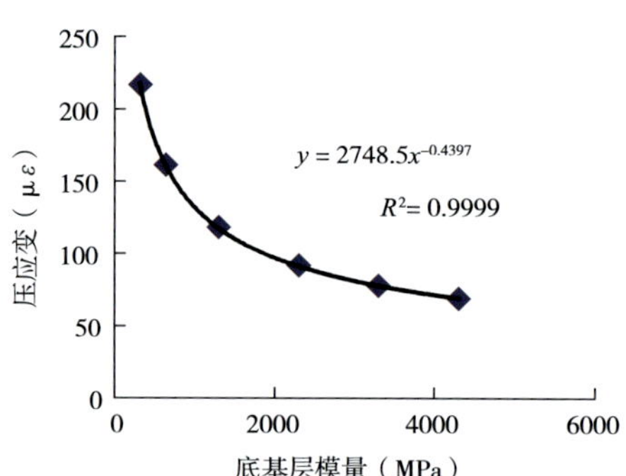

图1-7-16 底基层模量与路基顶面最大压应力及压应变（13cm沥青层）

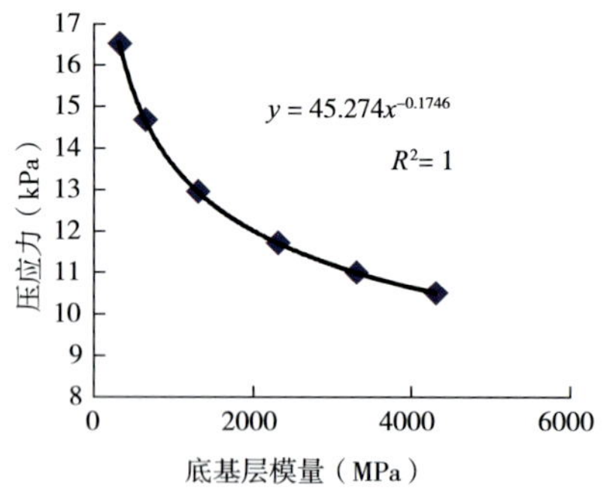

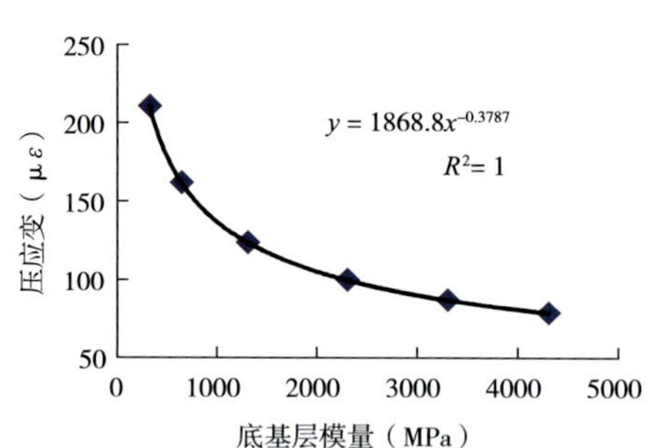

图1-7-17 底基层模量与路基顶面最大压应力及压应变（21cm沥青层）

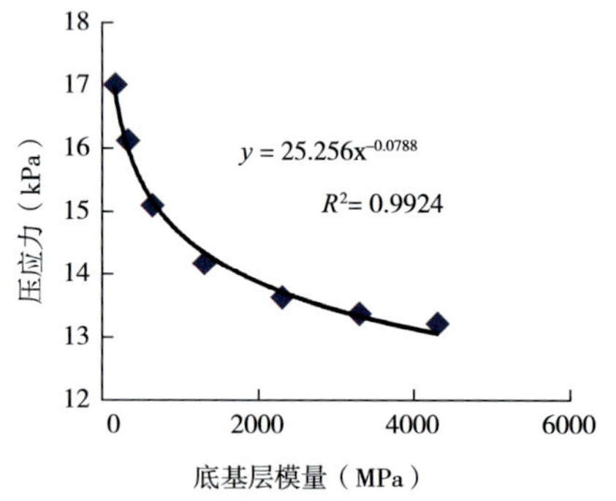

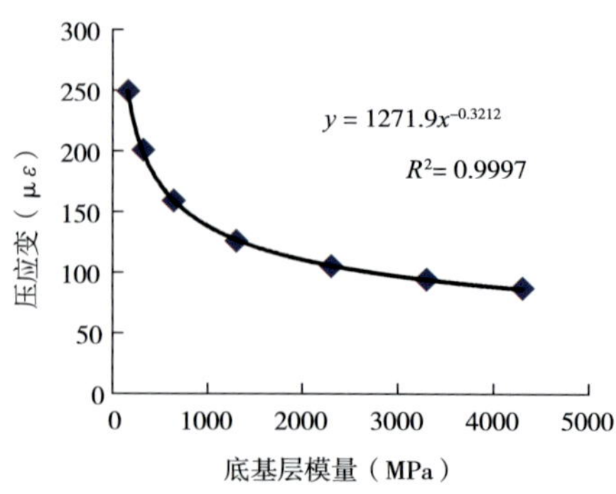

图1-7-18 底基层模量与路基顶面最大压应力及压应变（29cm沥青层）

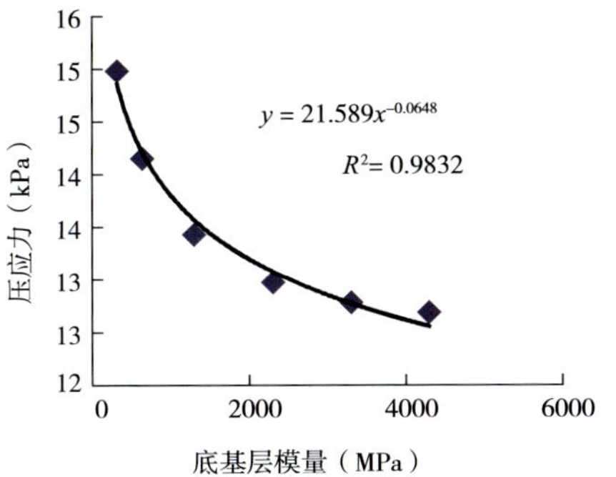

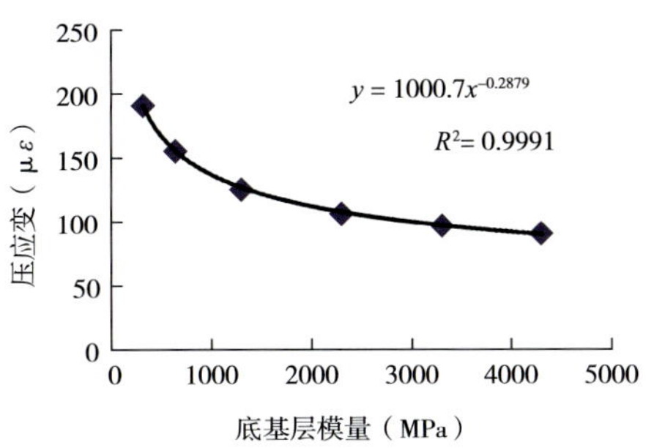

图1-7-19　底基层模量与路基顶面最大压应力及压应变（38cm沥青层）

图1-7-20、图1-7-21是13~38cm沥青面层厚度4种路面结构的底基层模量与路基顶面最大压应力和压应变关系汇总图，对比图1-7-14、图1-7-15可以发现，底基层模量对路基顶面最大压应力和最大压应变的影响较大，对级配碎石基层顶面最大压应力和最大压应变的影响则相对较小。

当底基层模量由320MPa（接近柔性级配碎石材料模量）增加到1300MPa（接近半刚性水稳碎石材料模量）时，级配碎石和路基顶面最大压应力和压应变的变化量如表1-7-13和表1-7-14所示，从表中可以看出：底基层模量对于路基顶面最大压应变的影响很明显，最大压应变减小了34%~45%；底基层模量对于级配碎石基层顶面最大压应变的影响不显著，仅为－3%~3%。

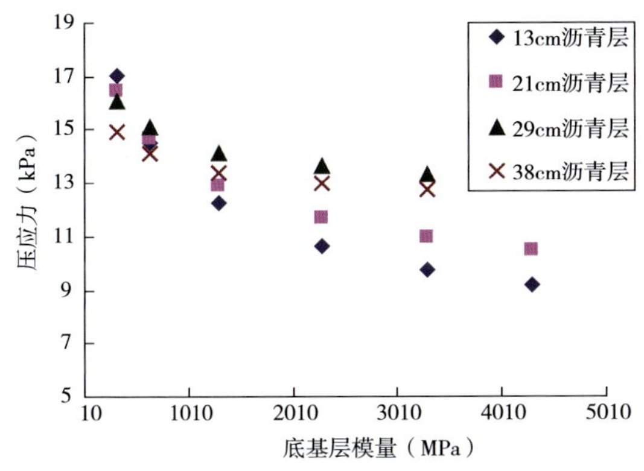

图1-7-20　底基层模量与路基顶面最大压应力

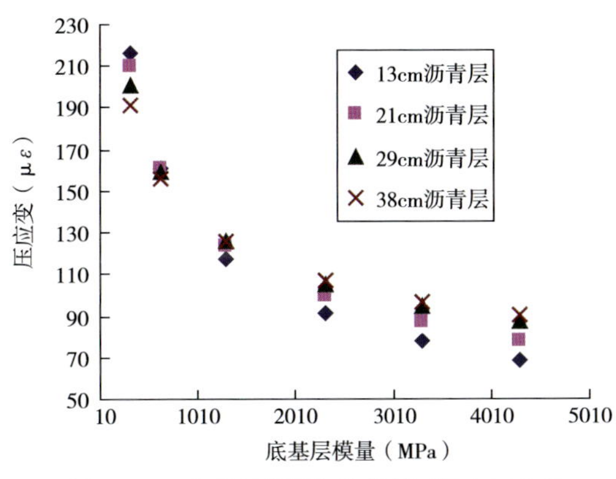

图1-7-21　底基层模量与路基顶面最大压应变

级配碎石顶面最大压应力和压应变变化量　　表1-7-13

沥青层厚度（cm）	最大应力		最大应变	
	变化量（kPa）	变化量百分比	变化量（με）	变化量百分比
13cm	13.2	4%	24.0	3%
21cm	12.9	7%	6.6	2%
29cm	11.3	11%	-0.3	0%
38cm	9.8	15%	-6.4	-3%

路基顶面最大压应力和压应变变化量　　表1-7-14

沥青层厚度（cm）	最大应力		最大应变	
	变化量（kPa）	变化量百分比	变化量（με）	变化量百分比
13cm	-4.8	-28%	-98.2	-45%
21cm	-3.6	-22%	-86.8	-41%
29cm	-1.9	-12%	-74.7	-37%
38cm	-1.6	-10%	-65.7	-34%

三、半刚性基层沥青路面抗裂性能数值分析

（一）断裂力学的基本概念

任何工程结构都不可避免地存在着类似于裂纹的缺陷。这些缺陷或是结构材料中固有的，或是制造加工过程中造成的，也可能是使用过程中造成的损伤。它们些缺陷的存在和扩展，降低了结构的承载能力，甚至使之失效。断裂力学就是研究含裂缝的构件在各种环境下（包括荷载作用、温度变化、湿度变化等）裂缝的平衡、扩展和失稳规律，以及其强度的一门学科。其中用弹性力学的线性理论研究含裂纹体在载荷作用下的力学行为和失效准则的工程学科称为线弹性断裂力学。

按裂纹的受力特点和位移特点，可以把它们抽象化为三种基本类型[13]：

（1）张开型裂缝（I型），如图1-7-22a)所示。其特点是：正应力σ和裂缝表面垂直，在正应力作用下，裂缝尖端处左右两个平面张开而扩展，且裂缝扩展的方向和σ作用方向垂直。这种裂缝扩展模式称为张开型裂缝，也称为I型裂缝。

（2）滑开型裂缝（II型），如图1-7-22b)所示。其特点是：剪应力τ和裂缝表面平行，而且它的作用方向也与裂缝方向垂直。在剪应力作用下裂缝的上下两个平面相对滑移而扩展。这种裂缝扩展模式称为滑开型裂缝，或称为II型裂缝。

（3）撕开型裂缝（III型），如图1-7-22c)所示。其特点是：剪应力τ和裂缝表面平行，而且它的作用方向也与裂缝方向平行。在剪应力作用下裂缝的上下两个平面撕裂扩展。这种裂缝扩展模式称为撕开型裂缝，或称为III型裂缝。

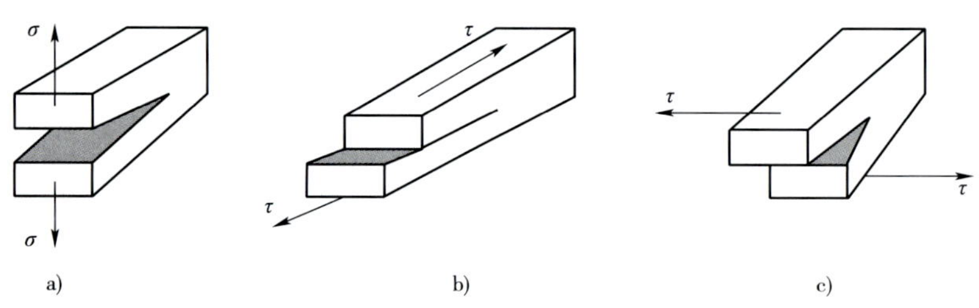

图1-7-22 裂缝扩展模式

实际工程结构不仅承受拉伸载荷，还可能承受剪切（面内剪切或离面剪切）与扭转载荷，因此裂纹可能同时承受I型、II型和III型载荷，即出现复合型断裂裂缝。在半刚性沥青路面中，基层反射裂缝向面层扩展的主要形式是I型和II型。因此本书主要研究在裂缝方向上对称荷载和偏载作用下，基层反射裂缝向面层扩展的规律以及防裂下封层的机理。

实际工程中，裂纹多处于复合型变形状态，因此复合型裂纹失稳与扩展规律的研究具有重要的工程意义。目前，国内外提出的复合型断裂准则主要包括最大应力准则，应变能密度因子准则，应变能释放率准则等。根据复合型的应变能释放率准则[14]，裂缝扩展必须考虑三种开裂模式的综合作用，其应力强度因子也应该是三种应力强度因子K_{I}、K_{II}、K_{III}的组合，当应变能释放率之和达到临界值时，裂纹开始扩展，即

$$K_{\mathrm{I}}^2+K_{\mathrm{II}}^2+\frac{1}{1+2v}K_{\mathrm{III}}^2=K_{\mathrm{IC}}^2 \tag{1-7-2}$$

上述复合型断裂准则虽然都有各自的物理意义和适用性，但是应用于工程中时仍然存在问题。由于受裂纹检测技术水平的限制，目前还不能对裂纹的性质、尺寸、形状和方位做出准确的判断[14]。同时，各种理论在一些情况下所得的结果与试验结果尚存在一定差异。因此，人们通过实验，总结归纳出了一些复合型断裂准则的经验公式[15]，对于K_{I}—K_{II}复合型裂纹，根据最大应力准则和应变能密度因子准则的试验结果，从偏重安全的角度，取试验数据的下限作为K_{I}—K_{II}复合型准则，即

$$K_{\mathrm{I}}+K_{\mathrm{II}}=K_{\mathrm{IC}}$$

沥青路面反射裂缝主要属于Ⅰ、Ⅱ复合型裂缝，因此其等效应力强度因子K_e满足公式1-7-3时，裂缝就会扩展。

$$K_e=K_{\mathrm{I}}+K_{\mathrm{II}}\geqslant=K_{\mathrm{IC}} \tag{1-7-3}$$

常见沥青混凝土的断裂韧度[16]，经试验测得其组织范围为0.5~0.8MPa·$m^{1/2}$。

（二）有限元模型

1.几何模型

有限元分析采用二维模型，模型及荷载位置如图1-7-23所示。

2.边界条件

（1）底面上z方向的位移为0；前后两面x方向位移为0；左右两面y方向的位移为0。

（2）层间接触：各结构层层间完全连续。

3.荷载条件

如图1-7-24所示，荷载为双轮组双圆均布荷载，荷载半径10.65cm，两轮间隙10.65cm，压强分别取0.70MPa、1.05 MPa、1.40MPa（对应车辆荷载为100kN、150kN和200kN）。

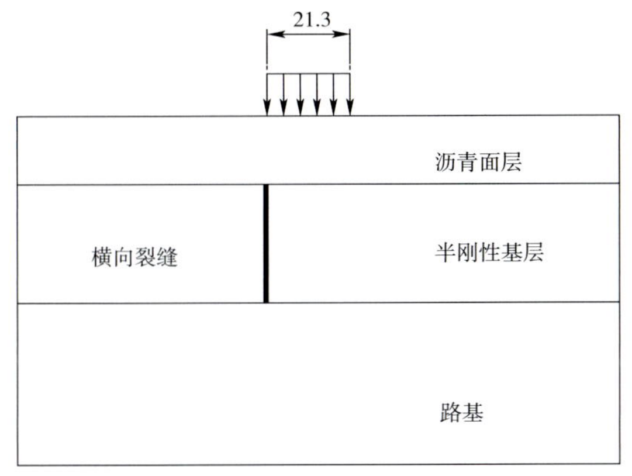

图1-7-23　2D均布荷载模型（尺寸单位：cm）

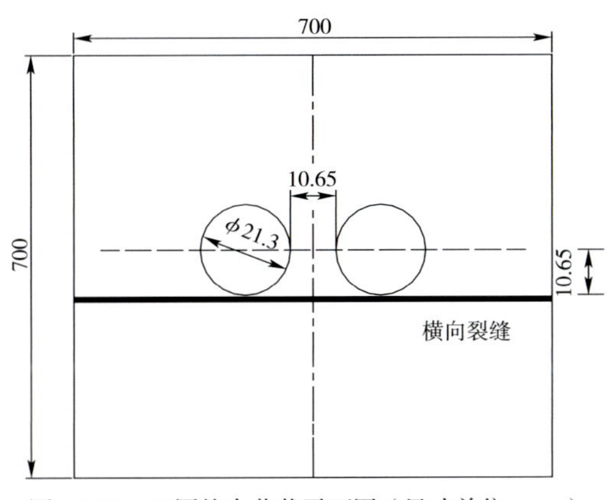

图1-7-24　双圆均布荷载平面图（尺寸单位：cm）

（三）有限元分析结果

1.半刚性基层裂缝对应力应变的影响分析

图1-7-25~图1-7-30是均布荷载作用于裂缝一侧条件下，路面结构内部的应力应变图示，图1-7-31、图1-7-32是沥青层底面应力、应变图，图1-7-33、图1-7-34是路基顶面应力应变图，从图中可以看出，由于半刚性基层裂缝的存在，对路面结构内部应力应变产生了较大的影响：

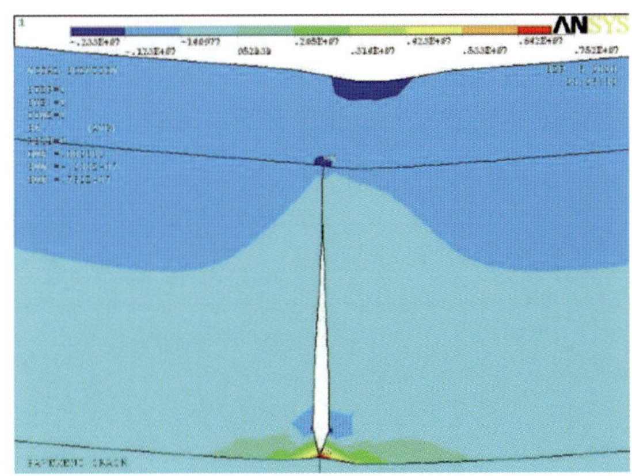

图1-7-25　X方向应力

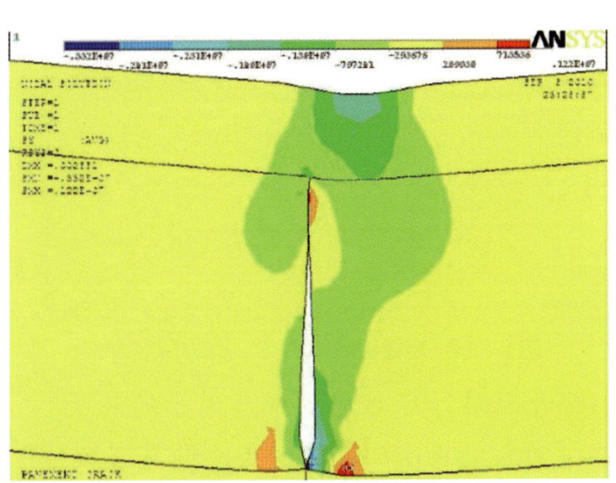

图1-7-26　Y方向应力

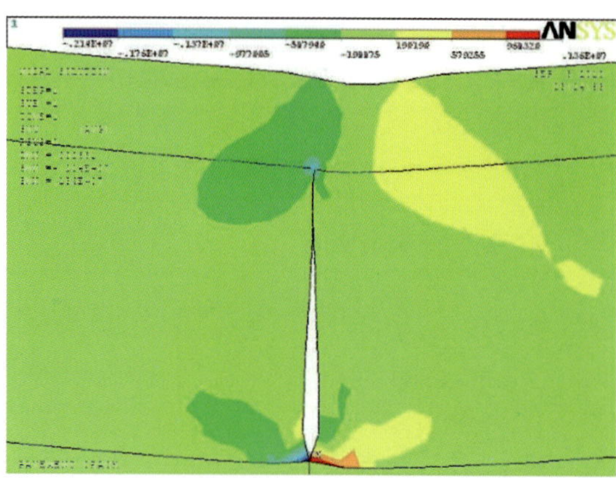

图1-7-27　*XY*方向剪应力

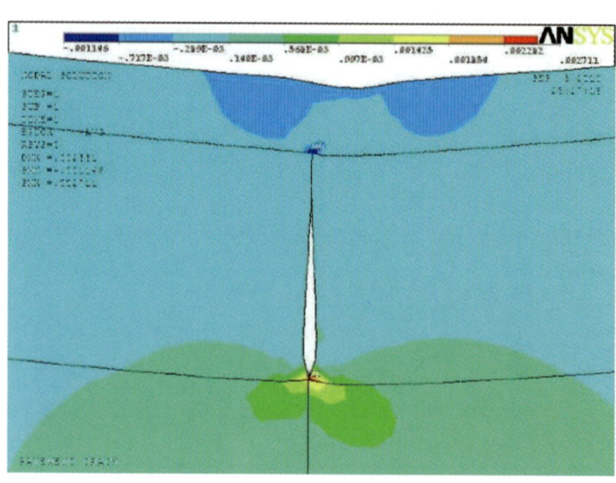

图1-7-28　*X*方向应变

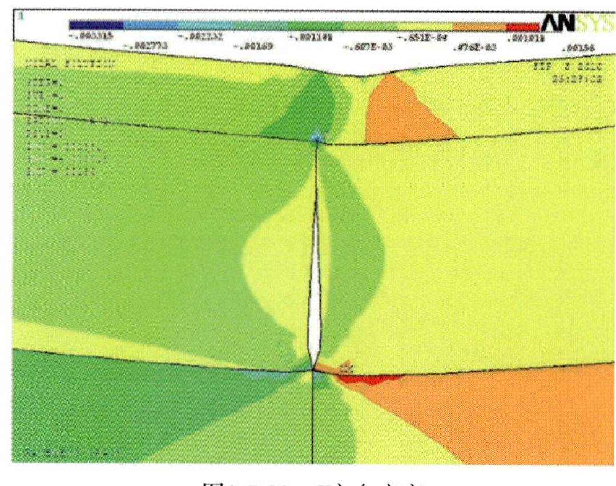

图1-7-29　*Y*方向应变

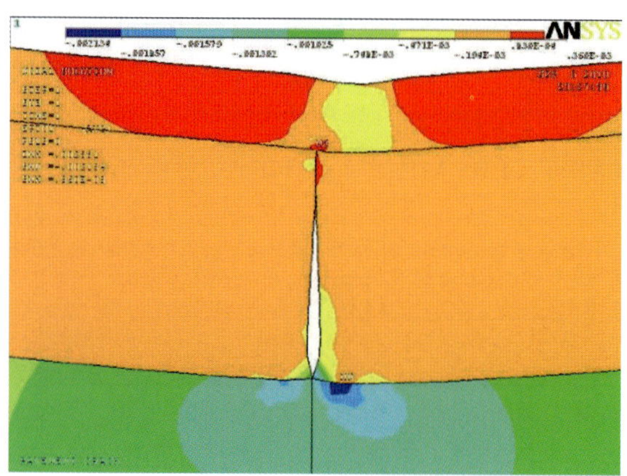

图1-7-30　*XY*方向剪应变

（1）在半刚性基层裂缝的上下两端，都存在明显的应力集中区域；

（2）在半刚性基层裂缝上端与沥青层交接位置，其应力集中现象较为明显，产生较大的应变，因此容易产生反射裂缝；

（3）在半刚性基层裂缝下端与路基交接位置，其应力集中现象尤其明显，此处由于路基的塑性特征明显，不容易产生裂缝，但容易产生不可恢复的塑性变形，其路基塑性变形的产生，会进一步加速路面的变形和裂缝反射。

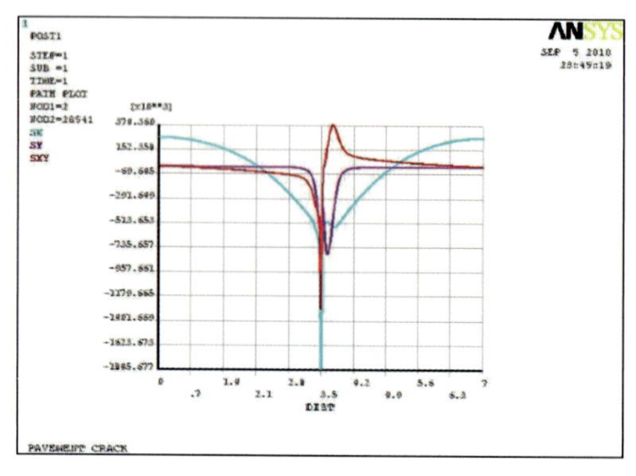

图1-7-31　沥青层底面*X*、*Y*、*XY*方向应力

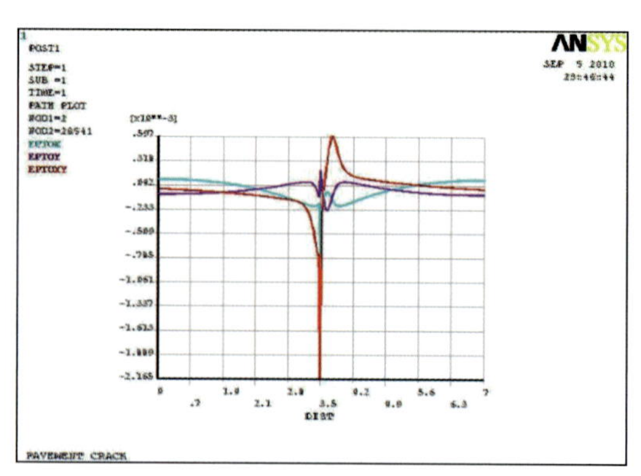

图1-7-32　沥青层底面*X*、*Y*、*XY*方向应变

2.沥青面层厚度对应力强度因子的影响

为了分析沥青面层厚度对半刚性基层裂缝顶端应力强度因子的影响，本节对不同厚度沥青面层的路面结构进行了分析，有限元分析中沥青面层厚度为10~76cm，基层统一采用66cm厚半刚性基层，路

基厚度统一设定为4m减去基层和沥青面层厚度。

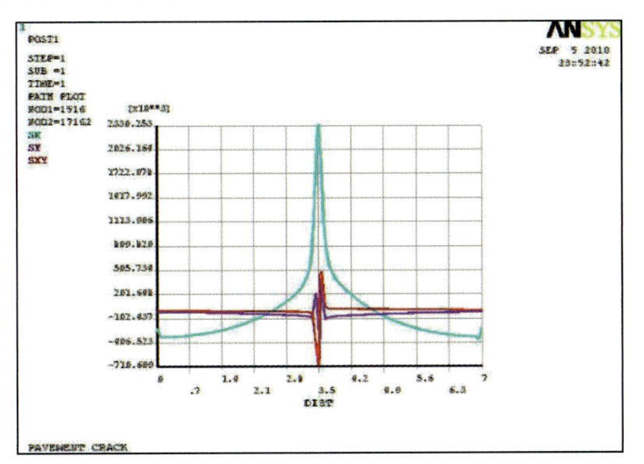

图1-7-33　路基顶面X、Y、XY方向应力

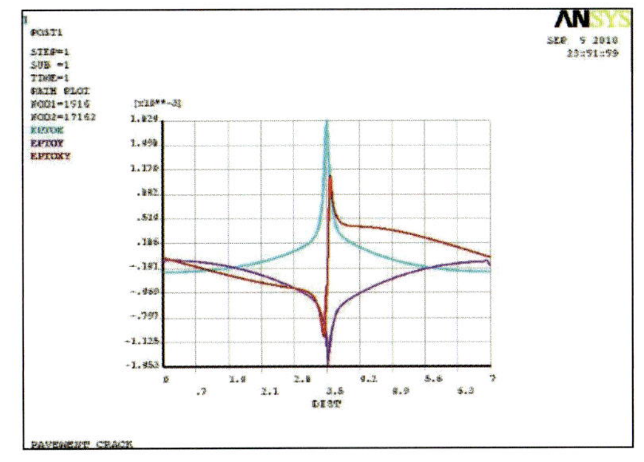

图1-7-34　路基顶面X、Y、XY方向应变

为了分析静态和动态条件下应力强度因子的区别，本节还分别采用静态和动态模量进行对比分析。路面各结构层材料的静态模量参数如表1-7-15所示，各结构层材料的动态模量参数如表1-7-16所示。

路面各结构层材料静态模量参数表　表1-7-15

混合料类型	模量（MPa）	泊松比（μ）
沥青混凝土	1200	0.4
水泥稳定级配碎石	3000	0.3
土基	50	0.35

路面各结构层材料动态模量参数表　表1-7-16

混合料类型	模量（MPa）	泊松比（μ）
沥青混凝土	7000	0.4
水泥稳定级配碎石	9000	0.3
土基	80	0.35

1）基于静态模量的分析

表1-7-17和图1-7-35是不同厚度沥青面层条件下半刚性基层裂缝顶端沥青面层底部的应力强度因子，从图中可以看出：在采用静态模量参数的条件下，裂缝顶端的K_{I}、K_{II}型应力强度因子和等效强度因子K_e都呈明显的单调下降趋势，沥青面层厚度的增加对于应力强度因子的减小具有明显效果。

考虑到沥青混凝土的断裂韧度在0.5~0.8MPa·m$^{1/2}$之间，取0.5MPa·m$^{1/2}$为沥青混凝土断裂韧度代表值，由于实际工程中存在不同程度的变异性，如高速公路考虑1.3的安全系数，则临界值为0.3846 MPa·m$^{1/2}$。当沥青层厚度小于16cm时，强度因子K_e已大于临界值；当沥青层厚度小18cm时，强度因子K_e仍略大于临界值。因此对于半刚性基层沥青路面，在进行结构设计时沥青层厚度宜选择18cm以上，以减小半刚性基层沥青路面产生裂缝的可能性。

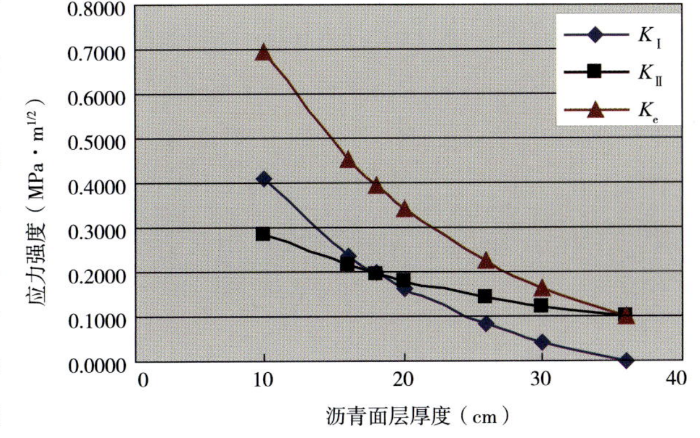

图1-7-35　应力强度因子

应 力 强 度 因 子　表1-7-17

路面厚度（cm）	应力强度因子（MPa·m$^{1/2}$）		
	K_{I}	K_{II}	K_e
10	0.4119	0.2842	0.6961
16	0.2392	0.2142	0.4534
18	0.1985	0.1963	0.3949

续上表

路面厚度（cm）	应力强度因子（MPa·m$^{1/2}$）		
	K_I	K_{II}	K_e
20	0.1633	0.1802	0.3435
26	0.0825	0.1415	0.2240
30	0.0435	0.1218	0.1653
36	0.0002	0.0990	0.0991

（2）基于动态模量的分析

表1-7-18和图1-7-36是不同厚度沥青面层条件下半刚性基层裂缝顶端沥青面层底部的应力强度因子，从图中可以看出，在动态模量参数的条件下，裂缝顶端应力强度因子的变化规律与静态参数条件下明显不同的特点，主要表现为：

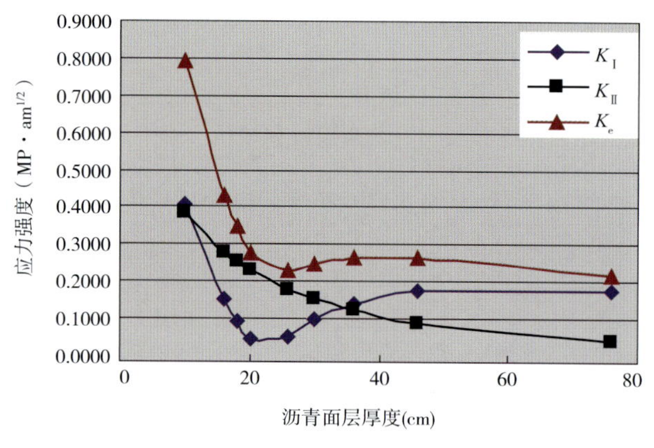

图1-7-36　应力强度因子

（1）I型应力强度因子K_{II}随厚度的增加逐渐单调减小；

（2）II型应力强度因子K_{II}随厚度的增加逐渐减小，在20cm时达到最小值，之后逐渐增大并在46cm之后变化趋于平缓。

（3）等价应力强度因子K_e在沥青层厚度由10cm增加到20cm或26cm过程中，等价应力强度因子大幅减小，之后沥青层厚度的增加对应力强度因子的影响明显减小，其值始终保持在相对稳定的一定水平范围内。

（4）取0.5MPa·m$^{1/2}$为沥青混凝土断裂韧度的代表值，如考虑工程变异性后高速公路取1.3的安全系数，则临界值为0.3846MPa·m$^{1/2}$。

①当沥青层厚度小于16cm时，等效强度因子K_e已大于临界值，此时沥青路面比较容易产生反射裂缝。

②当沥青层厚度等于18cm时，等效强度因子K_e已接近临界值，此时沥青路面可能产生反射裂缝的可能性与施工变异性密切相关。

③当沥青层厚度大于26cm时，厚度的增加对等效应力强度因子影响不大，因此再增加沥青层厚度是不经济的。

应力强度因子　　表1-7-18

路面厚度（cm）	应力强度因子（MPa·m$^{1/2}$）		
	K_I	K_{II}	K_e
10	0.4077	0.3855	0.7932
16	0.1516	0.2785	0.4301
18	0.0950	0.2528	0.3478
20	0.0475	0.2301	0.2777
26	0.0546	0.1773	0.2319

续上表

路面厚度（cm）	应力强度因子（MPa·m$^{1/2}$）		
	K_I	K_{II}	K_e
30	0.0993	0.1512	0.2505
36	0.1435	0.1216	0.2651
46	0.1797	0.0884	0.2681
76	0.1778	0.0424	0.2202

表1-7-19和图1-7-37是增加沥青层厚度时等效应力强度因子K_e相对于10cm工况的减小幅度，从图表中可以看出：

（1）当沥青层厚度由10cm增加为16cm、20cm时，等效应力强度因子K_e大幅下降，分别下降了45.8%和65%。

（2）当沥青层厚度增加到26cm时，等效应力强度因子K_e达到合理厚度范围内的极小值，下降70.8%。

（3）当沥青层厚度超过26cm时，K_e的下降幅度反而减小，直到厚度超过76cm时下降幅度才进一步增大。

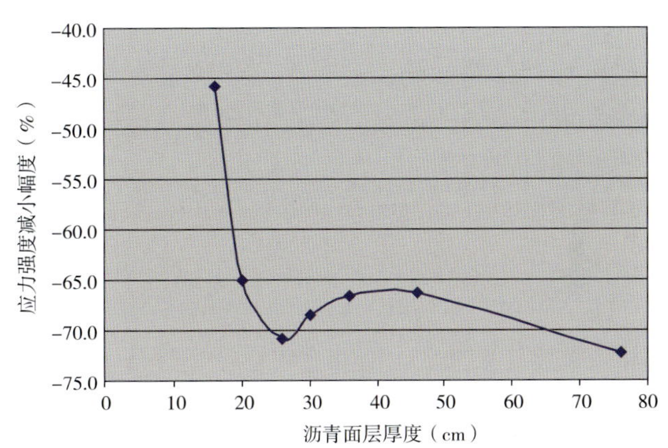

图1-7-37　等效应力强度因子减小幅度

可见，在动态荷载作用下，要降低应力强度因子，延缓半刚性基层沥青路面反射裂缝的发生，适当增加沥青层厚度是有效的手段，但其厚度宜在18~26cm范围内。因为当沥青层厚度超过26cm时，有效应力强度因子反而有增大的可能性。

等效应力强度因子减小幅度　　表1-7-19

路面厚度（cm）	K_e减小幅度（%）	路面厚度（cm）	K_e减小幅度（%）
16	-45.8	36	-66.6
20	-65.0	46	-66.2
26	-70.8	76	-72.2
30	-68.4		

3）不同模量参数下应力强度因子分析

对比并总结上述静态模量参数和动态模量参数工况下，沥青层厚度对应力强度因子的影响分析，可以得到以下基本结论：

（1）对于半刚性基层沥青路面，16cm的沥青面层偏薄，在半刚性基层裂缝与沥青层底面位置的等效强度因子K_e已超过常规沥青混凝土的断裂韧度临界值0.3846MPa·m$^{1/2}$，容易产生反射裂缝。

（2）对于半刚性基层沥青路面，当沥青层厚度等于18cm时，等效强度因子K_e已接近临界值0.3846 MPa·m$^{1/2}$，此时沥青路面可能产生反射裂缝的可能性与施工变异性密切相关。

（3）对于半刚性基层沥青路面，当沥青面层厚度超过26cm时，厚度的增加对应力强度因子的影响较小，因此再增加沥青层厚度是不经济的。

综上所述，对于半刚性基层沥青路面，沥青面层厚度应在18~26cm之间，如建设资金允许可将沥青层厚度设置为20~26cm，此厚度范围内等效应力强度因子比薄层路面大幅减小，有利于减小或延缓反射裂缝的产生。

第二节　沥青路面足尺环道试验

南非Fred Hugo等（1991）[17]对常用于路面工程研究的各种方法的投入费用与产出成果之间的关系进行了总结分析，认为采用计算机模拟或工程经验判断的研究方法投入最低，但产出也较低；室内试验或现场试验研究的投入处于偏低到中等之间的水平，获得的成果也处于中等偏低到中等；实体工程试验路研究的花费较高，取得的成果也较好；路面长期性能研究是投入费用和时间最多，但同时也是获得成果最大的研究方法；路面加速加载试验则是投入处于中等或中等偏上水平，但研究成果也中等偏上的一种研究方法。

环道试验是众多加速加载试验之中的一种。由于室内各种小型试件对于沥青路面结构或材料的试验评价方法还不能完全模拟路面行车荷载的作用，其试验分析仍不能完全反映某一结构或材料的实际路用性能，而在实际公路上修筑的试验路又需要很长时间的荷载检验和观测才能得到有价值的结果。路面加速加载试验（APT），能够真实模拟实际行车荷载，并在短期内达到较高荷载作用次数，能够在合理的时间内快速、安全地对一些关键的路面技术问题进行研究，因此日益引起路面工程界的重视。

本书采用重庆交通科研设计院的环道试验系统，对7种不同的沥青路面结构进行了加速加载试验研究。该环道试验是目前亚洲最大的环道试验系统，主要技术参数如下：

（1）环道的环型试槽宽3.5m、深2m，中心线直径为10.5m；

（2）加载试验机为双臂机，旋转臂每端最大轮荷为7.5t；

（3）车轮两端线速度为0~60km/h，范围内连续可调；

（4）拥有先进的室内温度控制系统，能在5~70℃范围内有效控制室温和路面温度；

（5）模拟爬坡能力0~6%；

（6）可模拟车轮横向移动，横向移动宽度±50cm，横向移动速度0~100mm/min。

一、环道试验路面结构方案

试验路铺于“HS—10.5”环道试槽内，圆形环道试槽中心线周长33m，槽宽3.5m，深2m。拟铺筑的典型路面结构包括：

1.半刚性基层（底基层）类

结构1：重庆地区常用的路面结构形式，沥青层厚20cm，两层改性。

序　号	厚度（cm）	混合料类型	序　号	厚度（cm）	混合料类型
1	4	AC-13C（改性沥青）	5	20	水泥稳定级配碎石
2	6	AC-20C（改性沥青）	6	23	水泥稳定级配碎石
3	10	ATB-25	7	20	低剂量水泥稳定碎石
4	0.8	改性乳化沥青稀浆封层			
总厚度83cm，沥青层厚20cm					

结构2：重庆地区常用的路面结构形式，沥青层厚20cm，两层改性。

序 号	厚度（cm）	混合料类型	序 号	厚度（cm）	混合料类型
1	4	AC-13C（改性沥青）	5	20	水泥稳定级配碎石
2	6	AC-20C（抗车辙剂）	6	23	水泥稳定级配碎石
3	10	ATB-25	7	20	低剂量水泥稳定碎石
4	0.8	改性乳化沥青稀浆封层			
总厚度83cm，沥青层厚20cm					

结构3：采用26cm沥青层。

序 号	厚度（cm）	混合料类型	序 号	厚度（cm）	混合料类型
1	4	AC-13C（改性沥青）	5	0.8	改性乳化沥青稀浆封层
2	6	AC-20C（改性沥青）	6	20	水泥稳定级配碎石
3	8	ATB-25	7	17	水泥稳定级配碎石
4	8	ATB-25	8	20	低剂量水泥稳定碎石
总厚度83cm，沥青层厚26cm					

结构4：采用16cm沥青层，表面层用石灰岩。

序 号	厚度（cm）	混合料类型	序 号	厚度（cm）	混合料类型
1	4	AC-13C（改性沥青，石灰岩）	5	18	水泥稳定级配碎石
2	6	AC-20C（普通沥青）	6	15	水泥稳定级配碎石
3	6	AC-20C	7	15	水泥稳定级配碎石
4	0.8	改性乳化沥青稀浆封层	8	19	低剂量水泥稳定碎石
总厚度83cm，沥青层厚16cm					

结构5：采用16cm沥青层，表面层用砂岩。

序 号	厚度（cm）	混合料类型	序 号	厚度（cm）	混合料类型
1	4	AC-13C（改性沥青，砂岩）	5	18	水泥稳定级配碎石
2	6	AC-20C（改性沥青）	6	15	水泥稳定级配碎石
3	6	AC-20C	7	15	水泥稳定级配碎石
4	0.8	改性乳化沥青稀浆封层	8	19	低剂量水泥稳定碎石
总厚度83cm，沥青层厚16cm					

2.级配碎石基层类

结构6：级配碎石柔性基层结构，采用26cm沥青层。

序　号	厚度（cm）	混合料类型	序　号	厚度（cm）	混合料类型
1	4	AC-13C（改性沥青）	5	0.8	改性乳化沥青稀浆封层
2	6	AC-20C（改性沥青）	6	2×15	级配碎石
3	8	ATB-25	7	20	低剂量水泥稳定碎石
4	8	ATB-25			
总厚度76cm，沥青层厚26cm					

3.组合式基层类

结构7：设置半刚性底基层，级配碎石柔性基层的组合式基层沥青路面结构，沥青层厚26cm。

序　号	厚度（cm）	混合料类型	序　号	厚度（cm）	混合料类型
1	4	AC-13C（改性沥青）	5	0.8	改性乳化沥青稀浆封层
2	6	AC-20C（改性沥青）	6	17	级配碎石
3	8	ATB-25	7	20	水泥稳定级配碎石
4	8	ATB-25	8	20	低剂量水泥稳定碎石
总厚度83cm，沥青层厚26cm					

二、环道试验测试系统

环道试验是路面加速加载试验（APT）的一种，APT试验需要根据不同的试验目的和试验需求，利用一套复杂的试验测试系统实时监控野外或室内试验路面结构及材料的性能，并通过测试系统检测路面在荷载作用下的各种结构响应。

APT试验测试系统使用的传感器一般包括压力传感器、位移传感器、湿度传感器、温度传感器等。由于试验路需要模拟行车荷载，因此路面加速加载试验使用的这些传感器一般都需要预埋，这就对传感器的密封、抗压、尺寸等有非常苛刻的要求。此外，为了准确反映路面在荷载作用下结构响应的变化，还对传感器的精度和量程提出了很高的要求。因此，普通岩土工程常用的传感器一般不能满足其要求，需要使用专门设计和制作的特殊传感器。

（一）传感器种类

为了测试试验路不同结构的沥青层层底拉应变和级配碎石柔性基层变形状况，在试验路段埋设了4种传感器，分别为Soil Compression Gage（土压缩测量仪，简称SCG）、沥青路面层间变形传感器（ACG-I）、Asphalt Strain Gage（沥青应变仪，简称ASG）和温度传感器。

1.土压缩测量仪

环道试验路使用的土压缩测量仪为美国CTL公司制造的Soil Compression Gage（SCG）如图1-7-38所示。传感器SCG用于测量土层的压缩形变值，经过压实埋设于土层之中，使之与土层紧密结合，真实反映土层形变情况。传感器SCG工作温度范围为-34~60℃，测量时采用5V直流电激励，接线为四线式，两根传感器电源线和两根信号线。传感导线内有金属屏蔽层包裹，能够较好地屏蔽外界电子噪声

干扰，保证传感器测量数据的准确性。

2.沥青路面层间变形传感器

环道试验路使用的沥青路面层间变形传感器为重庆交通科研设计院研制的ACG–I（Asphalt Pavement Compression Gage），如图1-7-39所示。传感器ACG–I用于测量沥青混凝土面层的压缩形变值，经过压实埋设于沥青混凝土层之中，使之紧密结合，真实反映沥青混凝土面层层形变情况。传感器ACG–I工作温度范围为–34~60℃，测量时采用5V直流电激励，接线为四线式，两根传感器电源线和两根信号线。传感导线内有金属屏蔽层包裹，能够较好地屏蔽外界电子噪声干扰，保证传感器测量的数据准确性。

图1-7-38　土压缩测量仪

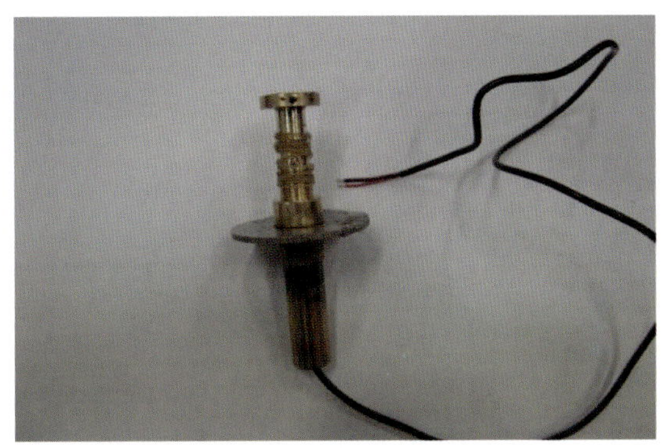

图1-7-39　沥青路面层间变形传感器

3.沥青应变仪

试验路所使用的沥青应变仪为美国CTL公司制造的Asphalt Strain Gage（ASG），如图1-7-40所示。沥青应变仪能够承受高温，能够在施工的同时埋设于沥青路面各结构层之间。主要用来测量荷载作用于沥青路面后各结构层所产生的应变和应力。传感器采用全桥式结构，工作温度范围为–34~204℃，测量时采用5V直流电激励，接线为四线式，两根传感器电源线和两根信号线。传感导线内有金属屏蔽层，较好地屏蔽了外界电子噪声干扰，保证数据的准确性；同时导线外还有Teflon材料包裹，使其能够承受205℃的高温。ASG的这些特性保证了其长寿命、高存活率和高精度等优点。

4. 温度传感器

试验路使用的温度传感器为Pt电阻温度传感器，用于测量沥青路面各结构层内温度,如图1-7-41所示。

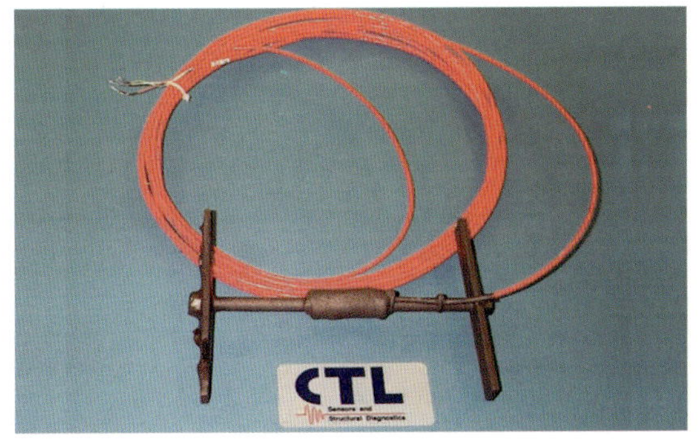

图1-7-40　沥青应变仪

图1-7-41　Pt电阻温度传感器

（二）传感器埋设

1.土压缩测量仪的埋设

环道试验路共埋设（SCG）传感器11个，其中3个损坏，各传感器的具体情况如表1-7-20所示。

试验路SCG传感器埋设情况　　表1-7-20

结构方案	埋设位置	传感器编号
6	下基层轮隙中心	SCG-B2
	上基层内轮中心	SCG-B3
	上基层内轮中心	SCG-B5
	上基层轮隙中心	SCG-B6
	土基顶面轮隙中心	SCG-B10
7	上基层内轮中心	SCG-B8
	上基层轮隙中心	SCG-B9
	土基顶面轮隙中心	SCG-B11

SCG传感器埋设的具体步骤为：

（1）选择传感器需要埋设的地点，并在该点上做好标识；

（2）以选点为圆心，挖一个直径约15~20cm，贯穿传感器所要埋设结构层的圆孔供埋设传感器使用，并在圆孔侧面挖开一宽约2cm，深约10cm，直达路缘的沟槽，用于传感器导线的埋设；

（3）将SCG传感器拉伸杆拉出适当距离，使得传感器长度与压实后结构层厚度大致相同，用润滑脂涂抹传感器拉伸杆，防止传感器拉伸杆生锈，并将塑料布缠绕在传感器拉伸杆上，防止水和其他杂质进入传感器内部；

（4）用塑料布和传感器所埋设结构层的石料将传感器包裹成圆柱状，放置于挖好的圆孔内，传感器导线放置在挖好的沟内，如图1-7-42所示；

（5）将圆孔和导线沟用结构层所用石料回填，用压路机或人工压实。

2.沥青应变仪ASG的埋设

试验路共埋设ASG传感器10个，传感器埋设具体情况见表1-7-21。

图1-7-42　SCG土压缩盒传感器埋设

试验路ASG传感器埋设情况　　表1-7-21

结构方案	传感器编号	横向位置	深度（cm）	层　位
1	ASG-N4	内轮中心	20cm	底面层ATB-25下
	ASG-N7	内轮中心	10cm	中面层AC-20下
	ASG-N8	内轮中心	10cm	中面层AC-20下

续上表

结构方案	传感器编号	横向位置	深度（cm）	层　位
3	ASG-N3	内轮中心	26cm	底面层ATB-25下
	ASG-N5	内轮中心	26cm	底面层ATB-25下
	ASG-N11	内轮中心	10cm	中面层AC-20下
4	ASG-N6	内轮中心	10cm	中面层AC-20下
6	ASG-N13	轮隙中心	26cm	底面层ATB-25下
7	ASG-N9	内轮中心	10cm	中面层AC-20下
	ASG-N12	内轮中心	26cm	底面层ATB-25下

ASG传感器埋设的具体步骤为：

（1）选择传感器需要埋设的地点，并在该点上做好标识；

（2）在选定地点，挖一面积15cm×25cm长方形的浅坑，供埋设传感器， 并在坑侧面挖开一宽约2cm，深约1cm，直达路缘的沟槽，用于传感器导线的埋设， 如图1-7-43a)所示；

（3）准备好以0~3mm规格石料、矿粉和沥青拌和而成的沥青砂胶，供传感器埋设时使用；

（4）在挖好的坑及线槽内洒布乳化沥青，如图1-7-43b)所示；

（5）乳化沥青破乳凝固后，将准备好的沥青砂胶浇注入浅坑，并将ASG传感器放置在沥青砂胶所形成的薄层上，按压传感器，使传感器嵌入沥青砂胶之中，同时保证传感器的水平和不发生侧翻，如图1-7-43c)所示；

（6）待沥青砂胶稍微冷却，传感器位置基本稳定之后，用沥青砂胶将传感器完全覆盖；

（7）用沥青混合料将传感器和导线坑槽回填覆盖，夯实混合料，如图1-7-43d)所示。

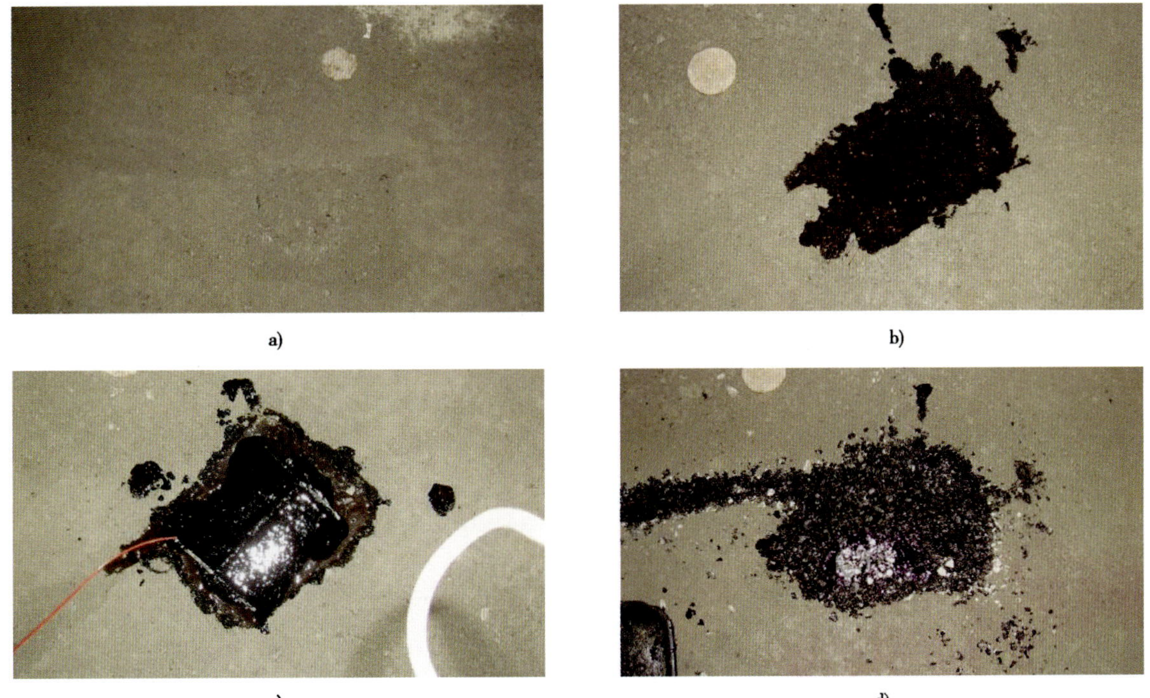

a)　b)　c)　d)

图1-7-43　ASG沥青层应变传感器埋设

3.沥青路面层间变形传感器的埋设

沥青路面层间变形传感器采用后埋法，试验路共埋设层间变形传感器32个，主要埋设于环道轮迹带内侧中心，部分埋设于外侧中心。埋设步骤如下：

（1）选择传感器需要埋设的地点，并在该点上做好标识；

（2）在选定地点，钻直径100mm的圆孔直至埋设层位，供埋设传感器， 在下承层另钻孔10mm；

（3）准备好与埋设层位相同的沥青混合料供传感器埋设时使用；

（4）在挖好的坑及线槽内洒布乳化沥青；

（5）乳化沥青破乳凝固后，传感器置入孔内；

（6）用沥青混合料将传感器和导线坑槽回填覆盖，夯实混合料，如图1-7-44所示。

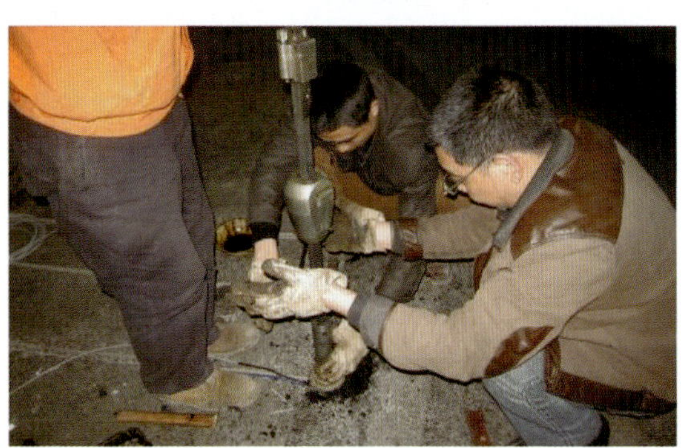

图1-7-44　沥青路面层间变形传感器埋设

4. 温度传感器的埋设

温度传感器的埋设具体步骤为：

（1）在铺筑好的试验路上钻芯取样；

（2）用完整的芯样，在需要测量温度的结构层位置钻孔放置Pt电阻温度传感器；

（3）回填芯样。

三、沥青路面结构高温永久变形特性环道试验

较深的车辙（永久变形）不仅是一种主要的沥青路面结构破坏形式，而且是一个潜在的安全隐患，因为随着水在车辙处的聚集，路面与轮胎之间存在薄层水，有可能会造成车辆打滑，导致车辆方向失控。冬天，车辙处的水可能会在车道上结成薄冰，将更严重的影响驾驶员对车辆方向的控制。因此，沥青路面的永久变形一直是公路工程界密切关注的问题。

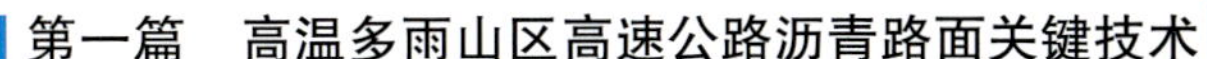

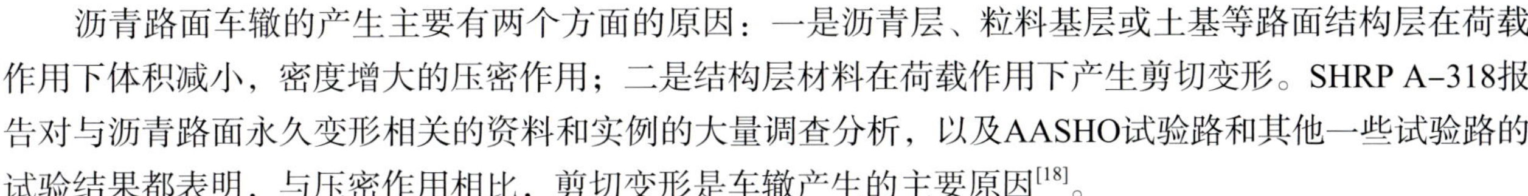

沥青路面车辙的产生主要有两个方面的原因：一是沥青层、粒料基层或土基等路面结构层在荷载作用下体积减小，密度增大的压密作用；二是结构层材料在荷载作用下产生剪切变形。SHRP A–318报告对与沥青路面永久变形相关的资料和实例的大量调查分析，以及AASHO试验路和其他一些试验路的试验结果都表明，与压密作用相比，剪切变形是车辙产生的主要原因[18]。

重庆是全国有名的“四大火炉”之一，夏季极端最高气温可达到40℃以上。2006年重庆高温超过40℃的日数达到创纪录的56d，綦江县日极端气温达44.5℃，路面实测温度达到65℃。炎热的气候当年即造成渝黔路、渝长路等高速公路出现较大面积的车辙破坏。因此，沥青路面结构的高温抗车辙性能是重庆地区路面结构设计和研究必须充分考虑的问题。

本书正是针对重庆地区实际情况，采用重庆交通科研设计院的环道试验系统，在高温条件下，模拟行车荷载，进行足尺试验路的加速加载试验，以研究柔性基层沥青、半刚性基层等沥青路面结构在行车荷载作用下的永久变形特性。

（一）试验条件

影响沥青路面车辙的因素主要有交通状况、气候条件、结构组成、材料特性和施工工艺等。对于室内环道试验，在试验路面施工结束后，路面结构组成、所使用的材料及施工等均已成为确定的因素，因而在环道机加载运行过程中将只有交通荷载和温度条件会发生变化。因而只要保持温度变化均匀稳定，试验路面的车辙就只与环道加载次数即交通量有关。

1.交通荷载条件

本次环道试验加载75万次，加载过程中荷载大小、运行速度等荷载条件如表1-7-22所示。

环道试验荷载条件　　表1-7-22

分计加载（万次）	累计加载（万次）	荷载条件	运行速度（km/h）	横向轮迹
20	20	荷载110kN，轮胎气压0.7MPa	25~30	固定轮迹，不作横向移动
15	35	荷载130kN，轮胎气压0.7MPa		
15	50	荷载150kN，轮胎气压1.0MPa		
10	60	荷载110kN，轮胎气压1.0MPa		
10	70	荷载130kN，轮胎气压1.0MPa		
5	75	荷载150kN，轮胎气压1.0MPa		

2.温度条件

采用室内环道试验室的远红外加热温控系统，将环道试验路面表面温度控制在60℃左右，表1-7-23和图1-7-45是环道高温车辙试验期间，路面不同深度处的实测平均温度。

室内环道足尺路面结构层实测平均温度　　表1-7-23

深度（cm）	平均温度（℃）	深度（cm）	平均温度（℃）
2	54.2	18	41.6
4	49.1	20	40.5
10	43.9	26	35.5

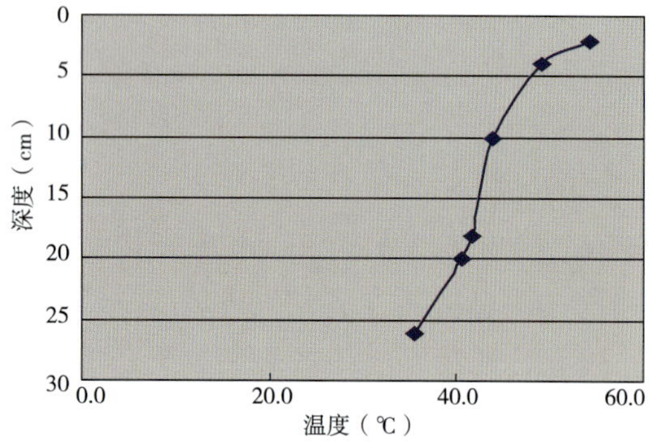

图1-7-45　环道路面加载期间实际温度梯度

（二）环道车辙试验测试及分析

1.各结构沥青面层永久变形测试及分析

环道试验方案一、二、三、四、六、七共6个方案各沥青面层的永久变形如图1-7-46~图1-7-51所示。图1-7-52是各方案沥青面层累计永久变形图。从上述图中可以看出：

（1）除采用中面层抗车辙剂的方案2和下面层变形较大的方案6外，其他路面结构的中面层变形最大。

（2）各方案沥青面层的累计变形差别不大，即路面结构对沥青车辙的影响不大。

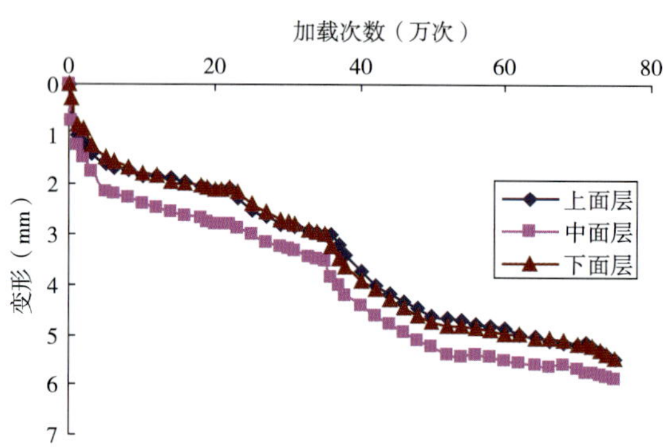

图1-7-46　方案一各结构层永久变形

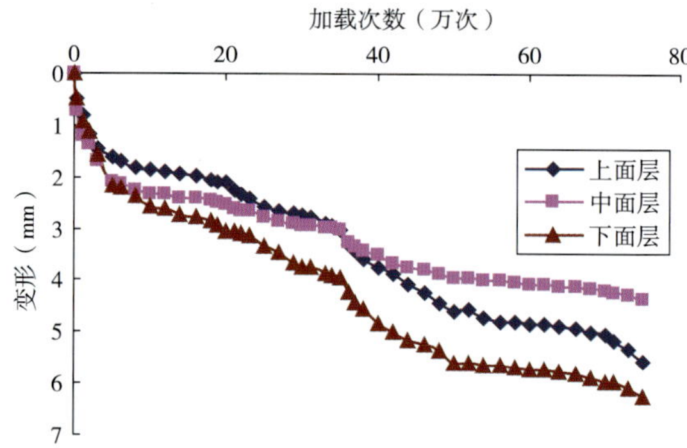

图1-7-47　方案二各结构层永久变形

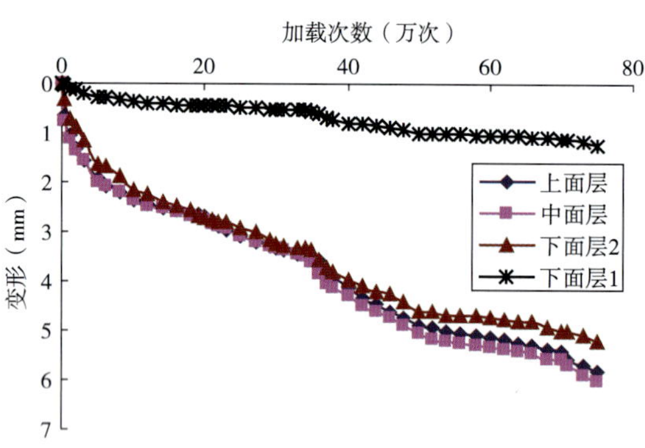

图1-7-48　方案三各结构层永久变形

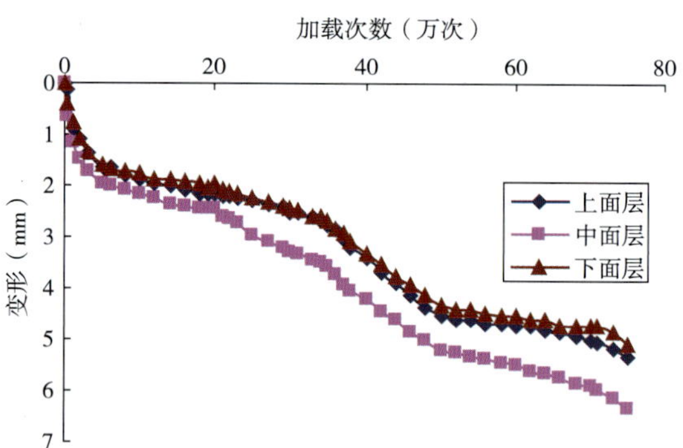

图1-7-49　方案四各结构层永久变形

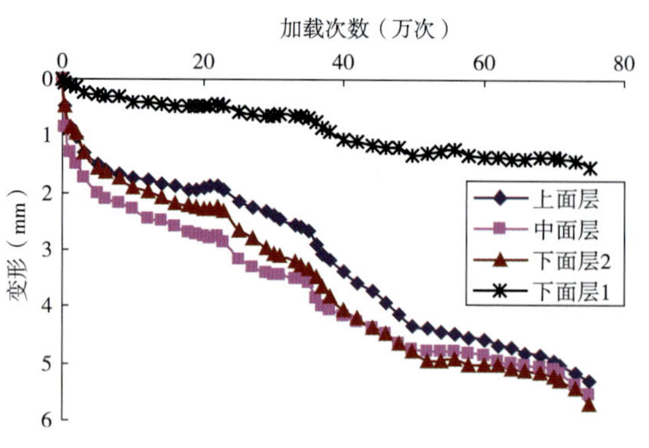

图1-7-50　方案六各结构层永久变形

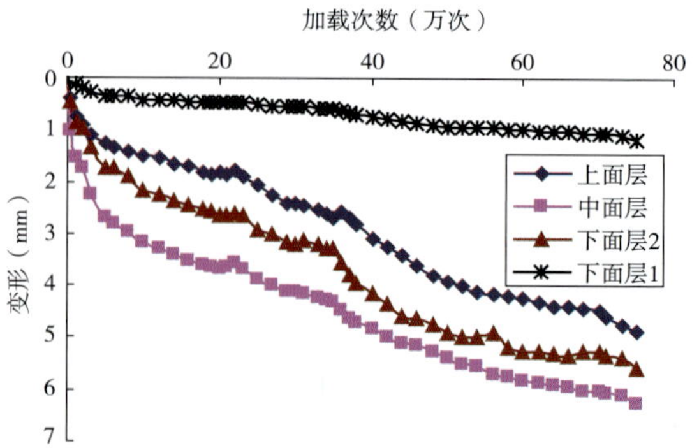

图1-7-51　方案七各结构层永久变形

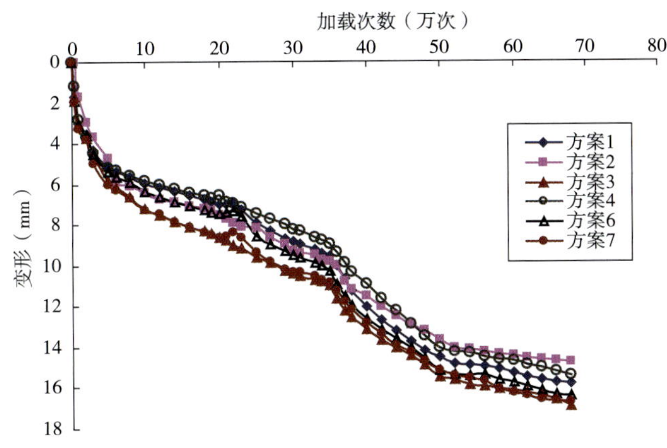

图1-7-52　各方案沥青面层累计永久变形

2.沥青面层变形率分析

表1-7-24是各试验结构实测沥青层厚度及对应的累计变形，如果忽略不同试验结构的差异，沥青层厚度与对应的累计变形在同一图表中进行分析，拟合后可得到图1-7-53所示的累计变形与沥青层厚度关系图。

沥青层厚度及对应的累计变形　　表1-7-24

厚度（cm）	方案1	方案3	方案4	方案6	方案7
4	5.447	5.818	5.339	5.280	4.860
10	11.328	11.823	11.669	10.796	11.120
16	—	—	16.757	—	—
18	—	17.025	—	16.486	16.705
20	16.771	—	—	—	—
26	—	18.253	—	18.016	17.884

拟合曲线方程式为：

$$y=\frac{-30.253}{1+\exp[(x-28.77958)/61.77491]}+18.91468 \tag{1-7-4}$$

对该方程求导可得下列方程式：

$$y'=\frac{dy}{dx}=\frac{0.489729.\exp[(x-28.77958)/61.77491]}{\{1-\exp[(x-28.77958)/61.77491]\}^2} \tag{1-7-5}$$

式中 $\frac{dy}{dx}$ 即为不同深度处沥青混凝土的变形率，该方程对应的曲线如图1-7-54所示。从图1-7-54中可以看出，从表层开始沥青层的变形率随深度的增加而逐渐变大，在4cm附近变形率达到最大值，之后变形率逐渐减小。图1-7-54所示的变形率变化规律虽然是忽略了不同试验结构差异得到的，与实际变形率会有一定区别，但由于试验结构的加载条件、温度条件一致，因此图1-7-54仍在一定程度上反映了较厚沥青层路面的沥青层变形率随深度的规律变化，说明沥青层的变形率主要是产生在20cm深度范围以内。

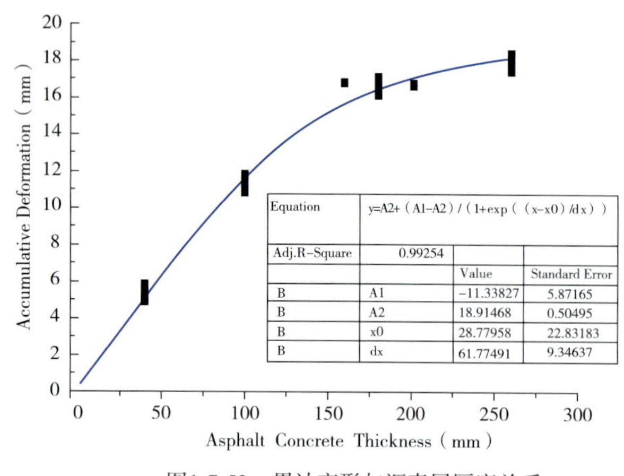

图1-7-53 累计变形与沥青层厚度关系

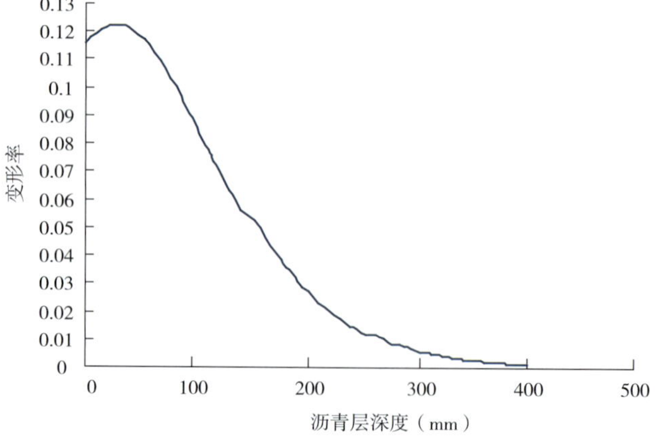

图1-7-54 变形率与沥青层深度关系

上述关于变形率的分析，都是以环道试验的路面结构实际变形、加载次数和温度条件为基础，因此对于其试验结果的分析应该充分考虑环道温度场与野外温度场的差异性。考虑到环道与野外路面温度梯度的差异，上述沥青路面永久变形主要产生在20cm以上范围沥青层。

3.级配碎石基层和土基变形测试分析

在环道试验方案6和方案7的级配碎石上、下基层，土基顶面都埋设了SGC土压缩传感器，将各传感器检测的变形数据按不同方案不同层位进行平均后可得到图1-7-55、图1-7-56所示的结果。从图表中可以看出：

（1）本次环道试验的试验方案6和方案7，土基几乎没有变形。可见即便在150kN的超载条件下，本试验的路面结构方案也具有足够的强度，以保证路基不因超载而产生塑性变形。

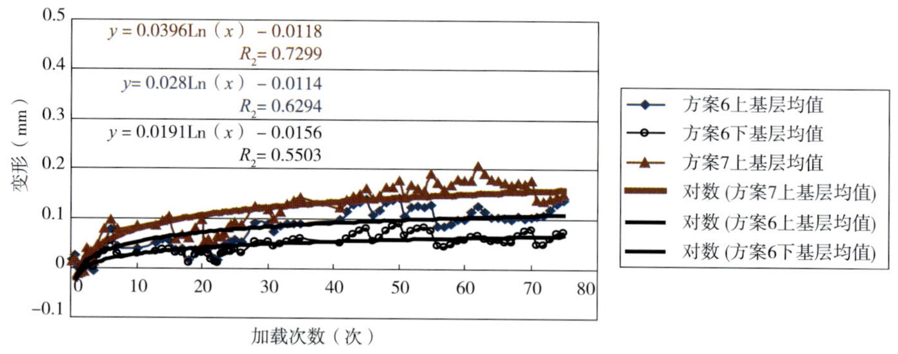

图1-7-55 级配碎石上、下基层变形

（2）级配碎石的变形曲线呈锯齿状，其锯齿大多以5万次为一个波动周期，正好与本次环道试验大部分加载循环相对应。这说明级配碎石在5万次的连续加载过程中，级配碎石产生逐渐增加的累积变形，但在加载停止后，级配碎石的一部分变形得以恢复，而下次加载则从恢复后的变形开始产生累积。

（3）从图1-7-55的变形拟合曲线可以看出，级配碎石的变形总体的趋势是随荷载作用次数的增加而增加的，但同时也可以看出方案6上基层的级配碎石变形比方案7略小，可见方案7半刚性底基层的高模量会引起级配碎石上基层变形的增加。

（4）从图1-7-57中还可以粗略地分辨出级配碎石基层变形可分为4个阶段趋势特征，即在0~5万次时变形小幅增加，5~20万次时保持在一定的稳定水平，20~35万次和35~50万次时变形缓慢增加，50万次以后变形再次保持在相对稳定的范围内。这一阶段趋势特征，正好与本次环道试验的阶段加载相一致。可见荷载的增加会造成级配碎石顶面压应力增加，从而引起级配碎石产生一定的塑性变形，但之后级配碎石变形在该荷水平下能保持在稳定的范围内，即不再产生明显的塑性变形。

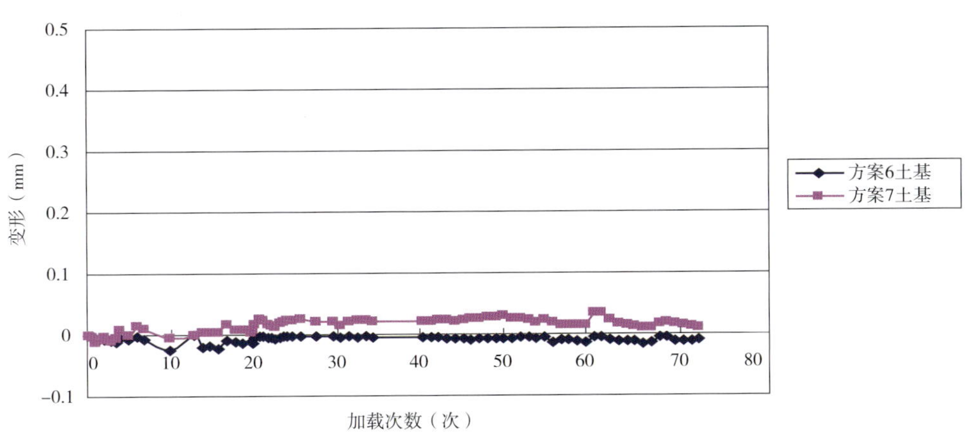

图1-7-56　土基变形

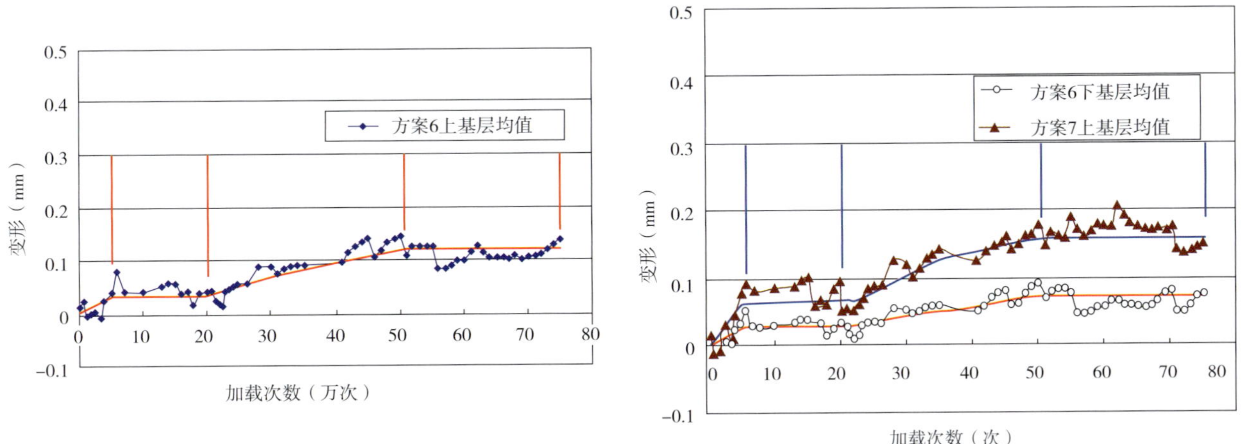

图1-7-57　级配碎石基层变形阶段趋势特征

四、沥青路面结构响应及疲劳特性环道试验

对于沥青路面结构疲劳特性的研究，过去重庆交通科研设计院（原交通部重庆公路科研所）曾经对强基薄面的半刚性基层沥青路面结构疲劳特性进行过比较深入的研究[19,20]，并总结得出了半刚性基层沥青路面的疲劳方程。对于本书涉及的几种新型沥青路面结构，由于结构的整体强度很高，在短期内很难通过环道试验使其产生裂缝等明显的疲劳破坏。

因此本书在完成第一阶段路面高温永久变形特性研究后，第二阶段环道试验的主要目的是通过在较低温度下的加速加载试验，测量沥青路面结构的层底拉应变，分析沥青路面应变随荷载作用变化的规律。

（一）试验条件

常温疲劳试验阶段试验条件如下：

（1）温度条件：路表以下2cm处控制在20℃左右。

（2）荷载标准： 110kN。

（3）加载次数： 50万次。其中在路基干燥条件下加载25万次；表面喷水模拟降雨的条件下加载25万次。

（4）加载方式：固定轮迹。

（5）加载速度：30km/h 。

（二）动态应变测试分析

各动态应变传感器实测的动态应变随加载次数的变化如表1-7-25及图1-7-58~图1-7-64所示，从图中可以看出：

（1）在0~105万次加载期间，实测应变值没有明显衰减的迹象，表明本次试验1、3、6、7几个方案的路面结构在经历高温0~75万次加载及常温75~105万次加载后结构强度仍然很高，没有出现结构疲劳的迹象。

（2）但在模拟降雨条件的105~130万次加载，采用级配碎石基层的方案6、方案7实测应变值明显增加（ASG-N13 、ASG-N12），而半刚性基层的方案1、3实测应变没有明显变化，这说明雨水的浸润对级配碎石强度有明显减弱作用。

路面20℃时30km/h条件下动态应变　　表1-7-25

方　案	1		3		6	7	
传感器编号	ASG-N4 20cm	ASG-N8 10cm	ASG-N5 26cm	ASG-N11 10cm	ASG-N13 26cm	ASG-N12 26cm	ASG-N9 10cm
加载次数（万次）	平均拉应变（με）						
0	11.2	10.4	26.8	10.4	12.5	11.3	12.1
80	12.0			21.6	15.2	14.9	
90	12.5			22.9	13.5	10.3	
95	9.3		29.2	16.8	12.4	10.4	23.8
100	10.4			21.6	12.8	10.4	29.7
105	10.9		30.4	18.6	13.0	9.0	21.2
110	11.0	14.0	29.7	21.0	35.7	30.7	24.9
115	8.5	12.0	29.4	21.2	43.0	28.2	24.7
125	8.3	10.3	24.4	19.6	44.8	31.8	20.8
130	8.9	11.3	27.3	20.0	47.7	22.9	25.0

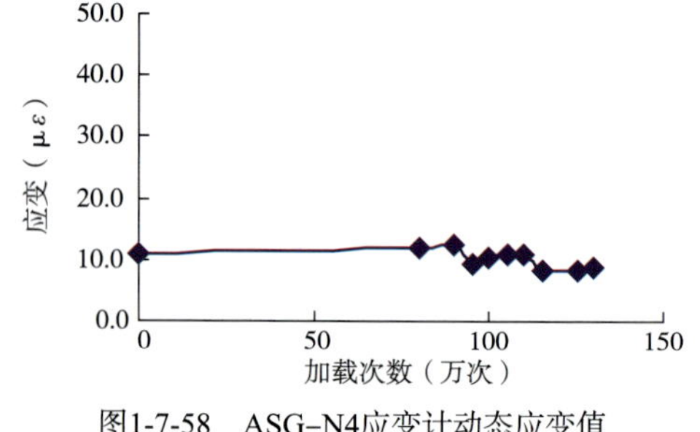

图1-7-58　ASG-N4应变计动态应变值

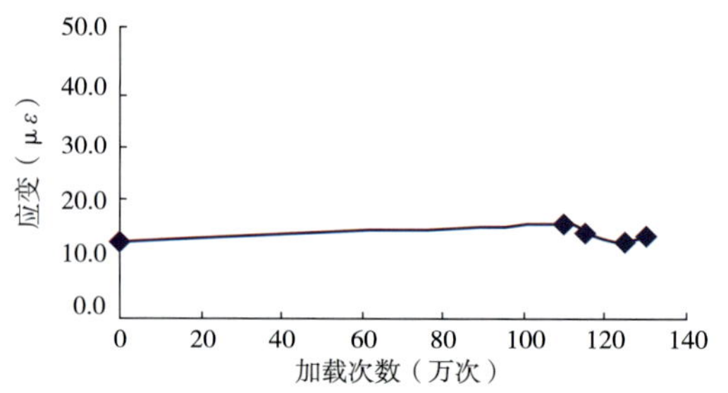

图1-7-59　ASG-N8应变计动态应变值

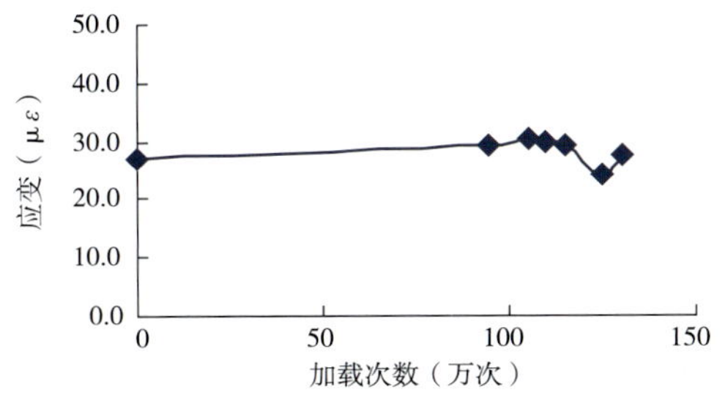

图1-7-60　ASG-N5应变计动态应变值

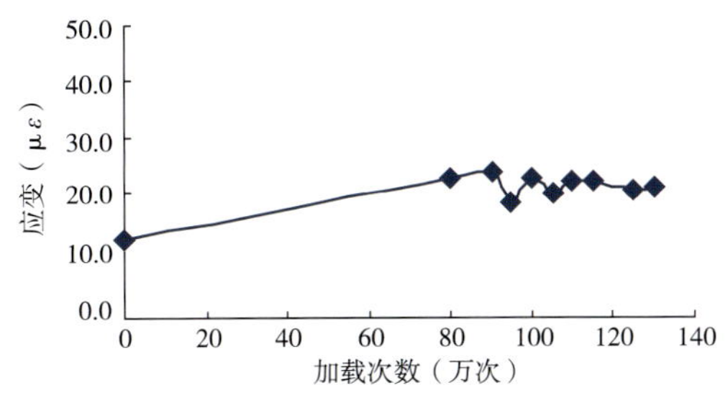

图1-7-61　ASG-N11应变计动态应变值

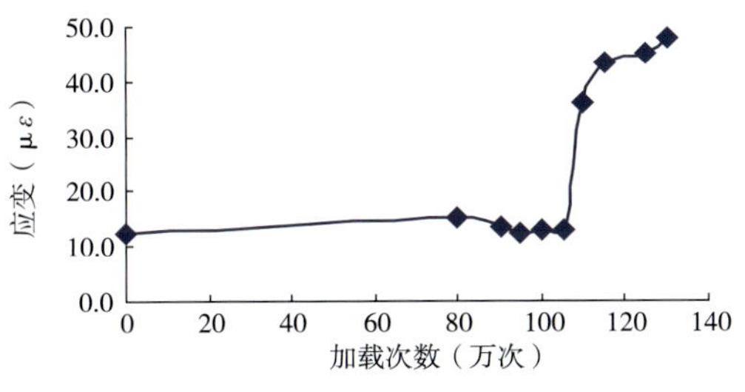

图1-7-62　ASG-N13应变计动态应变值

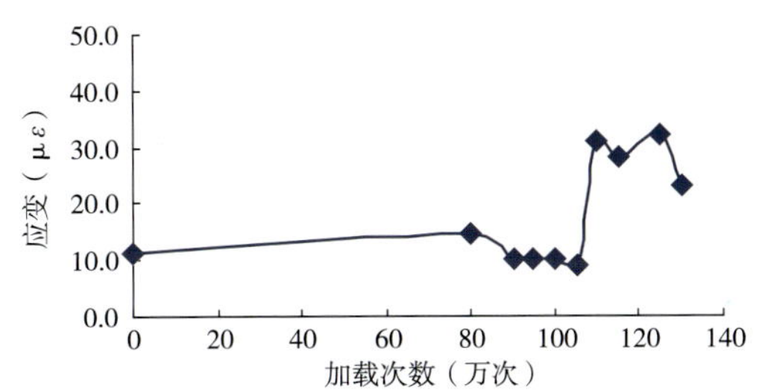

图1-7-63　ASG-N12应变计动态应变值

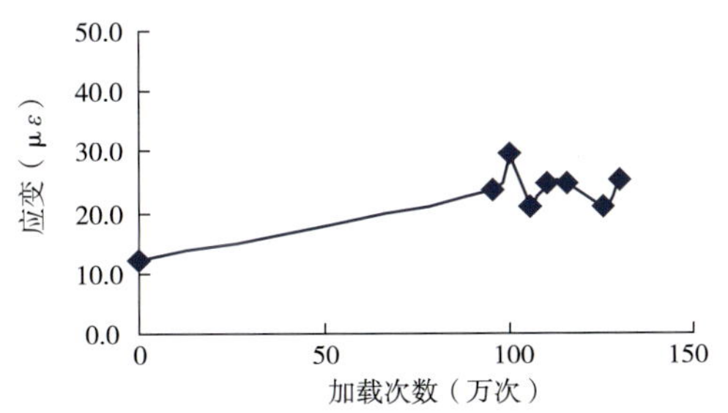

图1-7-64　ASG-N9应变计动态应变值

（三）动态应变与行车速度关系分析

在环道低温疲劳试验中，初步发现了沥青混凝土层底拉应变与行车速度存在一定的相关性，为了进一步验证这一特性，将环道试验室温度控制在20℃，测试了不同行车速度下沥青层底应变的结构响应，测试结果如表1-7-26及图1-7-65所示。

不同行车速度下的应变值　　表1-7-26

速度（km/h）	ASG-N4	ASG-N5	ASG-N13
5	23.4	45.7	24.2
10	17.3	39.4	19.2
15	13.7	32.5	13.7
20	13.6	30.5	13.1
25	12.9	30.7	13.7
30	11.2	26.8	12.5

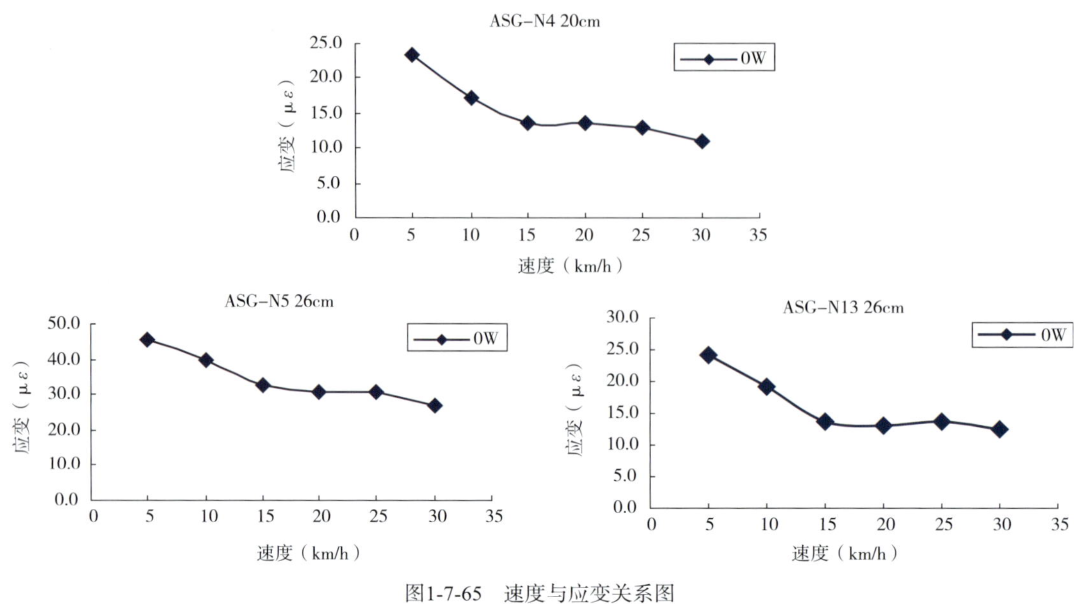

图1-7-65　速度与应变关系图

通过上面的分析可以看出，沥青层层底拉应变与行车速度有负相关性，行车速度越慢，沥青层层底拉应变越大。

第三节　野外路面结构试验路试验

一、野外试验路基本情况

编者曾经在水江~界石高速公路K20+500~K25+900铺筑了6个不同方案的试验路，试验路段全长5.4km。根据工可报告，本路段交通量预测结果（小客车，辆/日）见表1-7-27，设计年限内路面设计弯沉见表1-7-28，沥青路面各结构层材料设计参数如表1-7-29和表1-7–30所示。

交通量特征年预测结果表　　表1-7-27

年　份	2008年	2010年	2015年	2020年	2025年
交通量	10492	14558	22933	32941	42060

设 计 弯 沉 计 值　　表1-7-28

累计当量轴次（万次）	1964	
基层类型	半刚性基层	组合式基层、柔性基层
设计弯沉（1/100mm）	20.9	33.4

沥青混合料设计参数　　表1-7-29

材 料 名 称	抗压模量（MPa）		劈裂强度15℃（MPa）
	20℃	15℃	
细粒式改性沥青混凝土（AC–13C）	1200	1800	1.2
中粒式改性（不改性）沥青混凝土（AC–20C）	1000	1600	0.8
沥青碎石（ATB–25）	800	1000	0.6

基层及土基材料设计参数　　表1-7-30

材料名称	抗压模量（回弹模量）（MPa）	劈裂强度15℃（MPa）
水泥稳定碎石基层	1200	0.5
低剂量水泥稳定碎石底基层	900	0.4
低剂量水泥稳定碎石垫层	450	0.3
级配碎石层	250	—
土　基	35	—

二、试验段路面结构方案

路面结构试验段包括3种类型共6种结构的试验段，具体方案如下。

方案1-1：沥青层厚20cm，双层改性。（单幅1123.4m）

序　号	厚度（cm）	混合料类型	路面竣工验收弯沉值（0.01mm）
1	4	AC-13C（改性沥青）	20.6
2	6	AC-20C（改性沥青）	22.1
3	10	ATB-25（普通沥青）	24.4
4	0.6	改性乳化沥青稀浆封层	—
5	20	水泥稳定级配碎石	28.8
6	23	水泥稳定级配碎石	53.2
7	20	低剂量水泥稳定碎石	158.9
8	—	路基	266.2
总厚度83cm，沥青层厚20cm。（封层厚度计入基层）			

方案1-2：采用26cm沥青层，双层改性。（单幅845.0m）

序　号	厚度（cm）	混合料类型	路面竣工验收弯沉值（0.01mm）
1	4	AC-13C（改性沥青）	20.9
2	6	AC-20C（改性沥青）	22.6
3	8	ATB-25	25
4	8	ATB-25	—
5	0.6	改性乳化沥青稀浆封层	—
6	20	水泥稳定级配碎石	33.1
7	17	水泥稳定级配碎石	66
8	20	低剂量水泥稳定碎石	158.9
9	—	路基	266.2
总厚度83cm，沥青层厚26cm。（封层厚度计入基层）			

方案1–3：设置半刚性底基层，级配碎石柔性基层的组合式基层沥青路面结构，沥青层厚26cm。（单幅1000.0m）

序　号	厚度（cm）	混合料类型	路面竣工验收弯沉值（0.01mm）
1	4	AC–13C（改性沥青）	26.8
2	6	AC–20C（改性沥青）	29.9
3	8	ATB–25	35.3
4	8	ATB–25	—
5	0.6	改性乳化沥青稀浆封层	—
6	17	级配碎石	49.9
7	20	水泥稳定级配碎石	59
8	20	低剂量水泥稳定碎石	158.9
9	—	路基	266.2
总厚度83cm，沥青层厚26cm。（封层厚度计入基层）			

方案1–4：级配碎石柔性基层结构，采用26cm沥青层。（单幅443.0m）

序　号	厚度（cm）	混合料类型	路面竣工验收弯沉值（0.01mm）
1	4	AC–13C（改性沥青）	30.7
2	6	AC–20C（改性沥青）	34.5
3	8	ATB–25	41.5
4	8	ATB–25	—
5	0.6	改性乳化沥青稀浆封层	—
6	17	级配碎石	65.9
7	20	级配碎石	—
8	20	低剂量水泥稳定碎石	158.9
9	—	路基	266.2
总厚度83cm，沥青层厚26cm。（封层厚度计入基层）			

方案1–5：级配碎石柔性基层结构，采用30cm沥青层。（单幅848.5m）

序　号	厚度（cm）	混合料类型	路面竣工验收弯沉值（0.01mm）
1	4	AC–13C（改性沥青）	29.1
2	6	AC–20C（改性沥青）	32.6
3	10	ATB–25	38.6
4	10	ATB–25	—
5	0.6	改性乳化沥青稀浆封层	—
6	2 × 16.5	级配碎石	69.7
7	20	低剂量水泥稳定碎石	158.9
8	—	路基	266.2
总厚度83cm，沥青层厚30cm。（封层厚度计入基层）			

方案1–6：级配碎石柔性基层结构，采用36cm沥青层。（单幅558.3m）

序　号	厚度（cm）	混合料类型	路面竣工验收弯沉值（0.01mm）
1	4	AC–13C（改性沥青）	27.2
2	8	AC–20C（改性沥青）	30.1
3	12	ATB–25	37
4	12	ATB–25	—
5	0.6	改性乳化沥青稀浆封层	—
6	2×13.5	级配碎石	76.7
7	20	低剂量水泥稳定碎石	158.9
8	—	路基	266.2
总厚度83cm，沥青层厚36cm。（封层厚度计入基层）			

上述方案包括6个路面结构研究试验方案，各方案均安排在界水高速公路，全长5.4km，桩号为K20+500~K25+900，各方案的具体长度及布置如下表1-7-31所示。

试验段段落布置　　表1-7-31

左　幅			
方案编号		试验段长度（m）	桩　号
典型结构试验段	方案1–1	362.5	K20+500~K20+862.5
	桥梁	65.1	K20+862.5~K20+927.53
	方案1–1	760.9	K20+927.5~K21+688.5
	桥梁	90.6	K21+688.5~K21+779.1
	方案1–2	451.0	K21+779.1~K22+230
	桥梁	34.0	K22+230~K22+264
	方案1–2	394.0	K22+264~K22+658
	方案1–3	1000.0	K22+658~K23+658
	桥梁	199.0	K23+658~K23+857
	方案1–4	443.0	K23+857~K24+300
	方案1–5	848.5	K24+300~K25+148.5
	桥梁	193.3	K25+148.5~K25+341.8
	方案1–6	558.3	K25+341.8~K25+900

三、通车后的检测

界水高速公路于2007年11月通车，在通车3年和4年后对界水高速公路试验路段分别进行了检测。

（一）弯沉检测

通车3年后，对试验路段的弯沉进行了试验检测，检测结果如表1-7-32所示。从弯沉检测结果看，经过近3年的实际交通荷载作用，方案2～6的弯沉代表值仍能满足设计初的要求，且检测值的变异系数和标准差较小。方案1的弯沉检测均值仍满足设计要求，但由于变异系数和标准差较大，代表值已大于了设计初20.9的要求。而方案1弯沉变异性大的原因，可能与半刚性基层裂缝或者路基填方不均匀有关。

通车3年后的弯沉检测　　表1-7-32

方　案	均　值	标 准 差	代 表 值
方案1	15.4	11.3	34.0
方案2	9.2	5.0	17.5
方案3	18.5	5.8	28.1
方案4	20.0	4.1	26.8
方案5	18.5	4.8	26.5
方案6	16.9	4.9	24.9

（二）车辙检测

通车4年后，采用车载路面激光断面测试系统（如图1-7-66所示）对界水高速方案1～方案6试验路段和混凝土桥面（沥青层厚10cm）路段的车辙深度进行了检测，检测结果如表1-7-33所示。从检测结果可以看出：

（1）经过近4年的实际交通荷载作用，水界高速公路野外6个试验路段的车辙都不大。这表明：当路面结构设计合理（如柔性基层的沥青层有足够厚度）且施工质量得到有效保证时，路面结构组合对车辙略有影响，但总体来说结构组合对车辙的影响不大。

（2）6个试验方案加上桥面铺装共7个检测路段的平均车辙从大至小排序为：方案4>方案5>方案3>方案1>方案2>方案6>桥面铺装。

（3）对比采用级配碎石柔性基层的方案4～方案6，可以看出随着沥青层厚度的增加，车辙深度反而减小。

（4）对比采用半刚性基层的方案1和方案2，沥青层厚分别是20cm和26cm，但车辙分别为5.92cm和5.80cm，总体来说差别不大，这说明沥青层厚度由20cm增加为26cm，并不会引起车辙深度的明显增加。

图1-7-66　路面激光断面测试系统

（5）将桥面与方案1～方案2的平均车辙和平均厚度的变形率对比，发现虽然桥面5.11mm的平均车辙比方案1、方案2都略小，但由于其厚度仅为10cm，比方案1、方案2小一倍以上，因此其平均厚度的变形率要大很多。从表中可以看出桥面沥青层的平均变形率为0.051，是方案1和方案2的1.73和2.29倍。可见桥面刚性基层较大的模量，以及较薄的沥青层厚度会明显造成沥青层变形率的增加，因此当桥面沥青混合料抗车辙性能不足时，更容易产生较明显的车辙。

通车4年后的相对车辙　　表1-7-33

路　段	平均车辙（mm）	标准差（mm）	变异系数（%）	沥青面层厚度（mm）	平均变形率	基层类型
桥面	5.11	1.34	26.20	100	0.051	刚性
方案1	5.92	1.26	21.35	200	0.030	半刚性
方案2	5.80	1.61	27.73	260	0.022	半刚性
方案3	6.79	1.53	22.50	260	0.026	组合式（级配碎石基层+半刚性底基层）
方案4	7.98	1.71	21.42	260	0.031	级配碎石柔性
方案5	7.31	1.94	26.48	300	0.024	级配碎石柔性
方案6	5.38	1.33	24.63	360	0.015	级配碎石柔性

第四节　重庆地区高速公路沥青路面合理结构形式分析

为了研究并提出适应重庆高温、多雨、山区特殊地理气候条件的沥青路面合理结构，对重庆主要高速公路沥青路面的路面结构及其病害进行了调查研究；用有限元数值模拟方法对不同类型沥青路面结构在荷载作用下的结构响应特点进行分析；采用足尺环道试验模拟重庆地区高温、常温和降雨的实际工况条件，实测了行车荷载作用下不同结构组合的沥青路面应变、变形等结构响应；在野外实体工程中铺筑了不同路面结构的试验路，并进行了跟踪观测。下面将结合本节的主要研究结论，分析并探讨重庆地区高速公路沥青路面的合理结构形式。

所谓沥青路面的合理结构形式，核心的问题实际上是两个：一是基层采用何种组合形式；二是沥青层厚度。从目前的工程实践来说，基层结构形式的组合调整和厚度调整实际上与设计理念、路基条件等因素有关，但一般对造价影响不大。但沥青层厚度的变化通常会对造价造成较大影响，因此也往往是确定路面合理结构的核心问题。下面将围绕路面结构的上述两个核心问题，对重庆地区高速公路沥青路面的合理结构形式进行分析总结。

一、重庆传统半刚性基层沥青路面结构的病害特点分析

通过对重庆高速公路沥青路面结构和病害的调查，得到三个主要结论：

（1）重庆目前高速公路沥青路面病害中，数量最多的病害是半刚性基层引起的横向裂缝；影响面积（即折合面积）最大的病害是沉陷和网裂，且有相当大部分的网裂、沉陷这类水损坏与裂缝相伴产生，并与半刚性基层裂缝贯穿沥青路面有密切关系。

（2）车辙也是重庆地区高速公路的主要病害形式之一，其产生具有时间和空间上的集中性，主要在夏季极端高温时集中出现在上坡路段，且中上面层的车辙变形较大。

（3）在路面病害调查中，没有发现典型的疲劳破坏。

上述重庆沥青路面病害特点的分析结论表明，重庆目前高速公路沥青路面最主要的问题不是与结构强度相关的疲劳问题，而是与传统半刚性基层沥青路面结构特点相关的早期病害问题。

重庆2006年以前通车的高速公路，沥青路面基本都属于传统的强基薄面结构，沥青层厚度在12~16cm之间，由于沥青层偏薄，半刚性基层裂缝在2~3年时即开始逐渐反射到沥青面层表面，4~6年

时贯穿沥青层的反射裂缝迅速增加，进一步引起网裂沉陷等水损坏的快速发展，损坏面积不断扩大，之后路面不得不进行大修。这充分揭示了为什么我国大部分传统半刚性基层沥青路面都在5~8年时需要进行大修的原因。

综上所述，要提高重庆地区高速公路沥青路面耐久性，减少早期损坏，有必要对传统沥青路面结构进行改进，相关改进的技术措施主要有以下方面：

（1）结构方面措施：横向裂缝是数量最多的病害，同时也与大量的水损坏密切相关，因此在结构方面可适当增加半刚性基层沥青路面的沥青层厚度，以延缓或减少反射裂缝的产生，从而减少路面早期损坏，也可酌情考虑采用级配碎石柔性基层或倒装基层的沥青路面结构。

（2）在材料方面，关键是通过科学的级配设计和施工管理，减少半刚性基层的收缩裂缝。

二、半刚性基层沥青路面的合理结构形式

从病害调查结果中可以看出：现有的传统半刚性基层沥青路面并没有表现出典型的疲劳损坏现象，更多的破坏是裂缝、网裂、沉陷等早期病害。因此，对传统半刚性基层沥青路面结构的改进，关键的不是如何提高其强度，而是通过合理的设计，延缓或减少裂缝类病害的产生。

增加沥青层厚度一方面可以减小沥青层底部的应力强度因子，另一方面可延长反射裂缝的反射路径，是延缓或减少裂缝类病害产生的有效措施。当然，由于沥青层厚度的增加会提高路面造价，不可能无限增加其厚度。因此，半刚性基层沥青路面关键的问题是沥青层的合理厚度问题。关于半刚性基层路面的沥青层厚度问题，可从本研究以下三个方面的结论考虑：

（一）疲劳方面

对半刚性基层沥青路面的疲劳问题主要从半刚性基层沥青路面对层间接触条件的敏感性方面来分析。数值分析表明：沥青层越薄，对半刚性基层与沥青层之间层间接触条件的敏感性越强；当沥青层厚度达到20cm时，只要层间接触的摩擦系数超过0.5，其最大拉应变对接触条件的敏感性也得到较大降低；当沥青面层厚度达到26cm以上时，最大拉应变对半刚性基层与沥青层之间的层间接触条件敏感性降到极低的水平。

（二）抗裂性方面

（1）对于半刚性基层沥青路面，16cm的沥青面层偏薄，当半刚性基层裂缝与沥青层底面位置的应力强度因子已接近或超过常规沥青混凝土的断裂韧度0.5MPa·$m^{1/2}$时，容易产生反射裂缝；

（2）对于半刚性基层沥青路面，当沥青面层厚度超过26cm时，厚度的增加对应力强度因子的影响较小，甚至有可能变大，因此再增加沥青层厚度是不经济的；

因此，从抗裂的角度考虑，传统半刚性基层沥青路面由于沥青层偏薄，抗裂性明显不足，有必要适当增加沥青层厚度，提高路面抗裂性能，沥青面层厚度应在18~26cm之间，建设资金条件允许时推荐厚度为20~26cm，此厚度范围内等效应力强度因子比薄层路面大幅减小，有利于减小或延缓反射裂缝的产生。

（三）车辙方面

过去有不少工程人员担心沥青层厚度的增加，会造成沥青路面产生过大的车辙。第二节中的环道试验结果表明，沥青路面厚度的增加对路面车辙总体来说影响不大。野外试验路经过4年的验证也表明，沥青层厚度的增加对车辙深度的影响不明显。影响沥青路面厚度的关键因素是沥青混合料本身的抗车辙性能。

综上所述，通过对半刚性基层沥青路面的抗疲劳、抗裂、抗车辙三个方面的系统分析表明：对于重庆地区高速公路，传统半刚性基层沥青路面沥青层偏薄，宜将半刚性基层沥青路面的沥青层厚度增

加至20~26cm。

三、柔性基层和倒装式基层沥青路面的合理结构形式

对于柔性基层和倒装式基层沥青路面结构，过薄的沥青层会造成级配碎石基层或土基产生过大变形，过厚的沥青层则会造成成本的过度增加。因此，柔性基层和倒装式基层沥青路面的合理结构形式的关键问题同样是沥青层的合理厚度问题。

通过足尺环道试验系统，分别模拟高温和降雨两个最不利工况，对沥青层厚26cm的级配碎石柔性基层方案6和倒装式基层方案7进行了加速加载试验研究，相关研究表明；

（1）方案6和方案7经历了110~150kN荷载在高温条件件的75万次和常温条件的30万次作用，级配碎石仅产生了不超过0.2mm的微小变形，路基几乎没有产生变形。可见，在当沥青层厚度达到26cm时，设计和施工良好的级配碎石和路基具有足够的抗变形能力以抵御重载车辆的作用。

（2）但在模拟降雨条件的105~130万次加载过程中，采用级配碎石基层的方案6、方案7实测应变值明显增加（ASG–N13 、ASG–N12），这说明雨水的浸润对级配碎石强度有一定减弱作用。但此时荷载为110kN，最大应变仅47.7με，仍小于长寿命路面70με的要求。

（3）水界高速公路柔性基层和倒装基层沥青路面试验路段，3、4年后的检测表明：

①对于采用级配碎石柔性基层的路面结构，沥青层厚度的增加并不会造成车辙的增加，反而有利于减小车辙。

②沥青层厚26cm的柔性基层方案4和倒装基层方案3的车辙，经3年行车作用后，其车辙仅比沥青层厚20cm的半刚性基层方案1车辙略大。

③沥青层厚36cm的柔性基层方案6，其车辙则比半刚性基层方案小。

④柔性基层和倒装基层的方案3至方案6，其弯沉检测值变异性小，代表值小于设计要求，均具有足够的强度和承载力。

综上所述，足尺环道试验和实体工程的试验都表明：26cm的沥青层厚度对于柔性基层和倒装基层沥青路面结构一般情况下都是可以满足其抗车辙和抗疲劳性能的，也是能够满足重庆地区一般高速公路的路用性能要求的。当然，对于矿区、码头区等一些重载和超载交通非常集中的路段，建议酌情适当增加沥青层厚度。

四、重庆地区沥青路面车辙问题的解决措施

车辙也是重庆地区高速公路的主要病害形式之一。病害调查表明：

（1）重庆地区沥青路面车辙的产生具有时间和空间上的集中性，主要在夏季极端高温时集中出现在上坡路段，且中上面层的车辙变形较大；

（2）重庆沥青路面车辙产生的主要外因是夏季炎热的气候条件，主要内因是部分路段的沥青混合料级配变异性大，沥青用量偏高。

（3）山区高速公路的突出问题在于长大坡路段沥青路面的高温稳定性不足，且最大车辙发生的层位主要在中面层，其次是表面层，最后是下面层[21]。

足尺环道试验和野外试验路的研究则表明：

（1）沥青路面的车辙主要发生在20cm以上的沥青层，其中中面层的变形最大，其次是表面层。

（2）不同的沥青路面结构组合对车辙影响不大。

（3）沥青层厚度的增加对半刚性基层沥青路面车辙影响不大，对柔性基层沥青路面车辙则有一定

改善作用。

综上所述，要提高重庆地区高速公路沥青路面的抗车辙性能，关键是采取措施提高沥青混合料的抗车辙性能，其主要措施有以下方面：

（1）提高施工质量控制水平，减小混合料级配和沥青用量的变异性。

（2）对交通量大、重载交通多的高速公路，中面层宜全线采用改性沥青，如建设资金紧张，建议在长上坡路段的中面层采用改性沥青，以提高路面抗车辙性能。

五、重庆高温多雨山区高速公路沥青路面合理结构推荐

根据上述研究成果，推荐重庆地区高速公路沥青路面的合理沥青层厚度如表1-7-34所示。

不同交通等级高速公路的沥青路面典型结构　　表1-7-34

<table>
<tr><td colspan="2">交通等级</td><td>中等交通</td><td colspan="2">重交通</td><td colspan="2">特重交通</td></tr>
<tr><td colspan="2">交通量</td><td><1200万</td><td colspan="2">1200万~2500万</td><td colspan="2">>2500</td></tr>
<tr><td rowspan="3">沥青层</td><td>沥青层厚度</td><td>18~20cm</td><td>20~26cm</td><td>26~30cm</td><td>20~26cm</td><td>>30cm</td></tr>
<tr><td>各亚层厚度及混合料类型</td><td colspan="5">沥青层各亚层厚度及混合料类型选择可参考以下原则：
1.各亚层厚度的确定应遵循压实厚度与集料公称最大粒径相匹配的原则，即沥青混合料的各亚层厚度应为集料最大公称粒径的3倍以上；
2.沥青路面各亚层集料的最大粒径由上至下宜逐渐增大</td></tr>
<tr><td>沥青的选择原则</td><td>上面层采用改性沥青</td><td colspan="2">上面层采用改性沥青；
长上坡路段中面层采用改性沥青；
条件允许时可全路段中面层采用改性沥青</td><td colspan="2">上面层采用改性沥青；
中面层宜采用改性沥青</td></tr>
<tr><td rowspan="2">基层</td><td>基层类型</td><td>半刚性基层</td><td>半刚性基层</td><td>级配碎石柔性基层（包括倒装基层）</td><td>半刚性基层</td><td>级配碎石柔性基层（包括倒装基层）</td></tr>
<tr><td>基层厚度</td><td colspan="5">基层厚度确定可参考以下原则：
1.基层总厚度根据规范的结构计算确定；
2.在总厚度确定的条件下，根据现有施工机械的压实功确定各亚层适宜的压实厚度（一般为15~23cm）</td></tr>
<tr><td rowspan="2">垫层或路基加强层</td><td>垫层类型</td><td colspan="5">垫层类型确定可参考以下原则：
1.路基均匀性不好的路段，建议设置级配碎石垫层；
2.路基材料不良，模量较低的路段，建议设置级配碎石垫层；
3.对于地下水系丰富的路段，建议采用级配碎石垫层；
4.其他路段，可采用低剂量水泥稳定材料或其他无机稳定类材料</td></tr>
<tr><td>垫层厚度</td><td colspan="5">垫层厚度确定参考以下原则：
1.为减少离析，提高结构完整性，最小厚度不宜小于15cm；
2.最大厚度应根据碾压机械的压实功确定；
3.低剂量水稳碎石的厚度不宜小于20cm</td></tr>
</table>

第八章　砂岩、石灰岩抗滑磨耗层试验研究

高速公路沥青混凝土路面抗滑表面层直接受交通荷载与气候的双重作用，为了提供舒适、安全的行车条件，应具有良好的力学特性与功能特性，因此不仅要具有优良的高温抗车辙能力、抗裂与抗水损害特性，还应具有优良的抗滑、耐磨功能；具有适当的抗滑能力才能够保证路面和车轮有良好的附着特性，以便在较短的时间内制动，从而增强行车的安全性。

根据以往经验以及相关资料的调研发现，沥青路面表层的抗滑、耐磨能力的大小主要取决于沥青路面表层结构的宏观纹理（即表面构造深度）以及集料颗粒本身的微观纹理。集料的特性（集料的类型、微观纹理、粒径、级配、磨光性能、抗压性能、抗冲击性能等）对沥青抗滑磨耗层的抗滑性能有决定性影响。沥青路面在使用过程中，经过车轮反复滚动摩擦的作用，集料表面会逐渐磨光，从而导致道路表面光滑，尤其在雨季常会因此而酿成车祸。沥青路面表面变得光滑的内在原因是集料质地软、缺少棱角、耐磨性差等。因此，在高速公路的修建过程中，表层所用集料的选择，一般尽可能考虑采用质地比较硬的、纹理较深的、耐磨能力强的岩石进行加工，以便满足沥青路面表面层的抗滑、耐磨的要求；在高等级的公路中，表面层采用的集料一般为坚固性、耐磨性好，抗压能力强的玄武岩或花岗岩，而相对较软的石灰岩一般用于中、下面层。

但是，根据现场调查结果，重庆地区的岩石，石灰岩占绝大多数，同时分布有少量的砂岩，未发现有玄武岩的存在。其中，石灰岩大都是坚硬的中厚层状强岩溶化灰岩，砂岩多为较坚硬—软弱的中厚层状砂、泥岩互层岩组。

众所周知，石灰岩材料作为集料用于沥青面层时，其优点是：石灰岩材料呈碱性，与沥青有良好的黏附性，使用过程中的抗剥落性能较好；其缺点是：石灰岩主要由碳酸钙组成，强度一般较玄武岩、花岗岩等硬质岩石低，耐磨性相对较差。砂岩、石灰岩在沥青路面中的应用则比较少，尤其是用于沥青路面表层，在重庆地区的高速公路中没有应用的先例。

本书结合重庆高速公路建设的需求，选择了来自于彭水保家的刘承武采石厂的石灰岩和来自武隆县土坎镇的隆盛采石厂的砂岩作为主要研究材料。

第一节　砂岩、石灰岩集料（石料）试验

一、砂岩、石灰岩岩石的试验研究

（一）力学性质试验研究

岩石的抗压强度、软化系数是表征其力学性质的两个重要指标。抗压强度的大小直接表征岩石的坚硬程度。岩石的软化性是指岩石在水的作用下，强度及稳定性降低的一种性质，用软化系数来表示。软化系数（K_P）是岩石试件的饱和状态下抗压强度(σ_{cw})与烘干状态下抗压强度(σ_c)的比值，即

$$K_P=\frac{\sigma_{cw}}{\sigma_c} \tag{1-8-1}$$

式中：σ_c——岩石在烘干状态下单轴抗压强度；

σ_{cw}——岩石在饱水状态下的单轴抗压强度；

K_P——软化系数，岩石软化性的指标，其值越小，表示岩石在水作用下的强度和稳定性越差。

当软化系数$K_P > 0.75$时，岩石的软化性较弱，说明岩石的抗冻性和抗风化能力强。而$K_P < 0.75$的岩石则是软化性较强、工程地质性质较差的岩石。

根据《公路工程岩石试验规程》（JTG E41—2005）中的T 0221—2005 单轴抗压强度试验，通过对所选择的石灰岩、砂岩的力学性质进行的试验研究，所得的试验结果见表1-8-1。

石灰岩、砂岩力学性质试验结果表　　表1-8-1

材　料	单轴抗压强度（MPa）		软化系数	技　术　指　标	
	烘干状态	饱和状态		饱和抗压强度（MPa）	软化系数
砂　岩	117.2	110.4	0.94	>60	>0.75
石灰岩	152.9	137.6	0.90		

由表1-8-1、表1-8-2可以看出，由现场取得的砂岩以及石灰岩均属于坚硬岩石，其软化性较弱。

岩石坚硬程度分类表[22]　　表1-8-2

坚硬程度	坚硬岩	较坚硬岩	较软岩	软　岩	极软岩
饱和单轴抗压强度（MPa）	>60	60 ~ 30	30 ~ 15	15 ~ 5	<5

（二）　耐久性试验研究

1.岩石的冻融试验

岩石在太阳辐射、大气、水和生物作用下会出现破碎、疏松及矿物成分发生变化的现象。导致上述现象的作用称风化作用。风化作用包括：

（1）物理风化作用。主要包括温度变化引起的岩石胀缩、岩石裂隙中水的冻结和盐类结晶引起的撑胀、岩石因荷载解除引起的膨胀等。

（2）化学风化作用。主要包括水对岩石的溶解作用；矿物吸收水分形成新的含水矿物，从而引起岩石膨胀崩解的水化作用；矿物与水反应分解为新矿物的水解作用；岩石因受空气或水中游离氧作用而致破坏的氧化作用。

可以用软化系数和冻融系数来表示集料抗风化能力的强弱。

岩石的自然风化需要漫长的时间，在短期内要实现对岩石的自然风化进行试验研究基本不可能。另外考虑到加速岩石风化的室内装置非常昂贵，因此，在研究过程中采用了较易实现的、类似风化的模拟方法，即对制得的试件，采用《公路工程岩石试验规程》（JTG E41—2005）中的T0241—1994抗冻性试验的试验方法、试验条件进行试验，即用若干次的冻融循环来模拟岩石在风吹、日晒、雨水等作用若干年后的风化情况，从而实现对岩石的抗风化能力、耐久性的研究。

岩石的风化系数为风化的岩石与新鲜的岩石的饱和单轴抗压强度之比，本书中采用冻融循环后的饱和抗压强度与未经冻融的饱和抗压强度的比来表示。

《公路工程岩石试验规程》（JTG E41—2005）中T0241—1994抗冻性试验，用质量损失率和冻融系数来表示岩石的耐久性的。岩石的抗冻性试验是指在浸水条件下，经过多次冻结与融化交替作用后测定试件的质量损失率以及单轴饱水抗压强度的变化。

冻融后的质量损失率表达式：

$$L=\frac{m_s-m_f}{m_s}\times 100 \tag{1-8-2}$$

式中：L——冻融后的质量损失率，%；

m_s——试验前烘干试件的质量，g；

m_f——试验后烘干试件的质量，g。

冻融系数(K_f)是指岩石试件经反复冻融后的饱和抗压强度(R_f)与未经冻融的饱和抗压强度(R_s)之比，用百分数表示，即：

冻融系数的公式表达式为：

$$K_f = \frac{R_f}{R_s} \times 100 \tag{1-8-3}$$

式中：K_f——冻融系数，%；

R_f——经若干次冻融试验后的试件饱水抗压强度，MPa；

R_s——未经冻融试验的试件饱水抗压强度，MPa。

抗冻系数大于75%，质量损失率小于2%时，为抗冻性好的岩石。未受风化作用的岩浆岩和某些变质岩，软化系数大都接近于1，是弱软化的岩石，其抗水、抗风化和抗冻性强；软化系数小于0.75的岩石，认为是强软化的岩石，工作性质比较差。通过对岩石冻融系数及冻融后的质量损失，可以衡量岩石的抗风化能力，判断岩石是否可以用于沥青路面表层。

根据《公路工程岩石试验规程》（JTG E41—2005）中T0241—1994 抗冻性试验，对砂岩、石灰岩进行了耐久性试验研究，其质量损失率、冻融系数结果见表1-8-3。

砂岩、石灰岩各状态下的冻融系数及质量损失率　　表1-8-3

材　料	饱和单轴抗压强度（MPa）		15次的冻融系数（风化系数）（规范规定＞75）	15次冻融质量损失率（%）（规范规定＜2）
	未　冻	15　次		
砂　岩	110.4	103.6	94.84	0.2
石灰岩	137.6	127.4	92.58	0.11

从以上数据可以看出：

（1）砂岩的冻融系数较石灰岩稍大，但是，其质量损失率也稍大，两种材料的两个指标均比较接近；

（2）从现场取得的石灰岩、砂岩的冻融系数、质量损失率均能满足弱软化岩石的要求。

2.坚固性

坚固性试验是确定碎石或砾石经饱和硫酸钠溶液多次浸泡与烘干循环，承受硫酸钠结晶压而不发生显著破坏或强度降低的性能，是测定石料坚固性能的方法。由于路面石料长时间裸露在外，经受风、雪、雨、温度等对石料的反复作用，而产生物理和化学反应，使得岩石产生风化，强度降低，会减少路面的使用年限，因此坚固性试验也是模拟石料在自然风化和其他外界物理化学因素作用下抵抗破裂的能力，集料坚固性的好坏直接决定集料的耐久性。

试验方法及加载方式为：采用《公路工程集料试验规程》中T0314—2000的试验方法对集料进行5次试验循环（一个试验循环为4h的浸泡、4h的105℃ ± 5℃烘干），为了对不同材料坚固性的时效性进行研究，增加了试验循环次数，分别为10次、15次、20次，试验结果详见表1-8-4和图1-8-1。

四种集料坚固性试验的质量损失率试验数据结果（%）　　表1-8-4

集料 ＼ 循环次数（N）	5	10	15	20	回归方程	相关系数
石灰岩	1.16	8.17	9.77	12.79	$Q = -0.0399N^2+1.7273N-6.1375$	0.9839
砂　岩	1.77	8.3	12.22	14.29	$Q=-0.0446N^2+1.9446N-6.8$	0.9998

续上表

集料 \ 循环次数（N）	5	10	15	20	回归方程	相关系数
玄武岩	0.36	2.73	3.12	3.74	$Q=-0.0175N^2+0.6481N-2.3325$	0.9812
					$Q=0.2106N-0.145$	0.9197
花岗岩	1.64	3.92	5.64	7.69	$Q=0.3974N-0.245$	0.9986
技术标准（高速公路）	12	/				

由表1-8-4、图1-8-1可以看出：

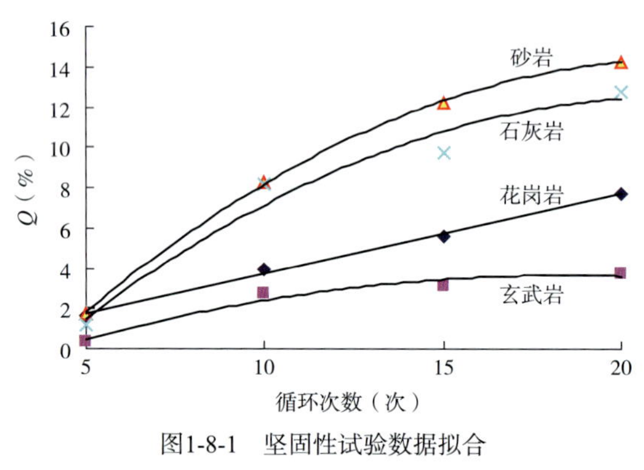

图1-8-1　坚固性试验数据拟合

（1）在标准试验条件下，各集料的坚固性均满足规范要求；

（2）按坚固性指标，各集料优劣顺序为：砂岩<石灰岩<花岗岩<玄武岩；

（3）根据表1-8-4中的回归方程分别计算可得到不同材料的坚固性降低到规范的技术要求时的循环次数：石灰岩为18、砂岩为15、玄武岩为58、花岗岩为31。可见在坚固性指标方面，4种集料在指标上都具有足够的富余。

二、砂岩、石灰岩集料抗滑耐磨性试验

在标准试验条件下，对砂岩、石灰岩、玄武岩、花岗岩4种集料磨耗值、冲击值、压碎值、坚固性、磨光值试验结果汇总于表1-8-5。从表1-8-5可以看出：

（1）4种集料与集料抗滑磨耗性能相关的指标均能满足规范要求；

（2）在相同的试验条件下，从磨耗值、冲击值、压碎值、坚固性4个指标看，石灰岩、砂岩、玄武岩、花岗岩的优劣顺序基本均为：玄武岩>花岗岩>砂岩>石灰岩；从磨光值指标看，其优劣顺序为：砂岩> 玄武岩>石灰岩>花岗岩。

标准试验条件下4种材料各项指标汇总表　　表1-8-5

材料 \ 指标	磨耗值（%）	冲击值（%）	压碎值（%）	坚固性（%）	磨光值（BPN）
石灰岩	19	13.2	19.2	1.16	49.6
砂　岩	12.6	10	16.8	1.77	61.4
玄武岩	7.9	5.4	11.1	0.36	54.1
花岗岩	8.2	7.5	12.9	1.64	46.3

本书还对4种集料采用增加磨耗次数、冲击次数、荷载压力和磨光次数的方法，对集料磨耗值、冲击值、压碎值、磨光值进行研究，表1-8-6是各指标分别与相应的磨耗次数、荷载压力等之间按线性关系拟合后的斜率。由表1-8-6可以看出：

（1）4种材料中，石灰岩的抗滑耐磨性能相对较弱，但与规范的表面层集料指标要求相比，石灰岩各项指标仍有较大的富余；

（2）砂岩、玄武岩、花岗岩三种材料，相对于不同的指标其衰减速度的排序各不相同，但同样远

大于规范要求。

不同技术指标的线性回归方程的斜率汇总表　　表1-8-6

指标 材料	磨耗值	冲击值	压碎值	磨光值
石灰岩	0.0474	0.7219	0.0364	-4.8611
砂　岩	0.0274	0.6180	0.0182	-2.7292
玄武岩	0.0208	0.47394	0.0288	-3.9844
花岗岩	0.0184	0.5055	0.0335	-3.8542

磨耗值、冲击值、压碎值、磨光值4个试验指标中，磨光值试验是与实际路面抗滑性能相关性最大的指标，采用增加磨光次数的方法进行磨光值试验，试验结果如图1-8-2所示。从图中可以看出，4种不同集料在不同磨光次数条件下，其磨光值的排序均为：砂岩>玄武岩 >石灰岩>花岗岩。

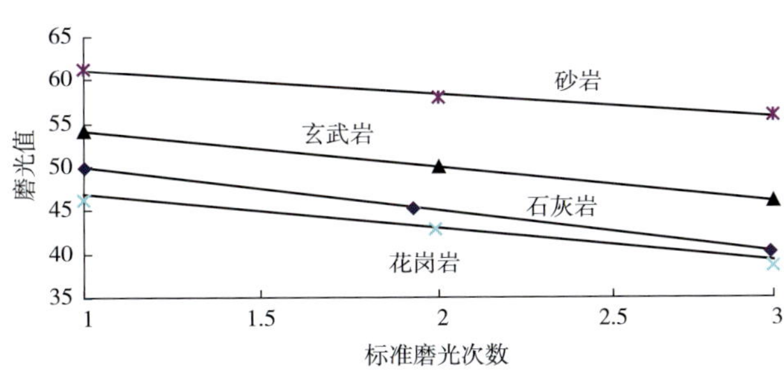

图1-8-2　标准磨光次数与磨光值的关系

第二节　沥青混合料抗滑耐磨性能试验

在道路工程中，针对集料抗滑耐磨性能的研究已有较多的试验方法以及相关技术指标，但是，对沥青混合料的抗滑耐磨性的研究，国内外虽也有一些相关的试验研究，但是方法不统一，其研究成果可比性较差。另外，在现有的关于沥青混合料抗滑耐磨性能的研究中，多以其本身的研究为主，将集料以及沥青混合料的抗滑耐磨性能结合起来研究的就更为不多。本书 在上述章节对集料抗滑耐磨性能研究的基础上，采用自行研发的 “小型加速加载试验机” 对沥青混合料的抗滑耐磨性能进行了试验研究。

如图1-8-3所示，小型加速加载试验机试验分别采用了实心轮和真空轮胎。实心轮宽度为100mm，直径为200mm，橡胶层厚度为25mm；实心橡胶硬度（国际标准硬度）：20℃时为84 ± 4，60℃时为78 ± 2。真空轮胎直径25cm、宽10cm。加载时碾压速度为60转/min，试验温度为常温，实心轮胎配重过程中采取的原则是：常温（15~25℃）的压强0.7MPa ± 0.5MPa，实际配重为90kg。真空轮胎：该轮胎非定制的，因此，仅能根据该轮胎的承载能力进行配重，该轮胎的最大承载能力为36psi，即0.25MPa，据此通过实测得出该轮胎的配重为80kg。

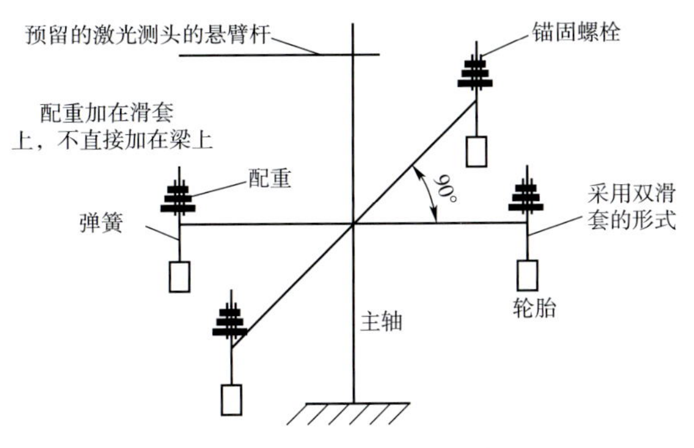

图1-8-3　加速加载试验机示意图

小型加速加载试验的试验条件如下：

温度：室温下10～20℃；

荷载：自重+配重合计为80kg，压强为0.22MPa（真空轮胎）；

运行速度：60r/min。

4种沥青混合料的加速加载试验结果见表1-8-7、表1-8-8、图1-8-4、图1-8-5。

采用真空轮胎时的摩擦系数与磨耗时间汇总表 表1-8-7

时　间（h）	玄武岩（BNP）	砂岩（BNP）	相对于初始值的变化量（ΔBPN）	
0.0	69.9	69.2	玄武岩	砂　岩
2.0	57.0	66.1	12.9	3.1
4.5	54.1	64.1	15.7	5.1
6.5	52.9	63.6	17.0	5.6
8.5	50.9	61.5	19.0	7.7
10.5	48.2	60.8	21.6	8.4
12.5	47.1	59.8	22.8	9.5
14.5	46.1	58.9	23.8	10.3
16.5	45.1	57.7	24.8	11.5
18.5	45.3	59.1	24.6	10.1

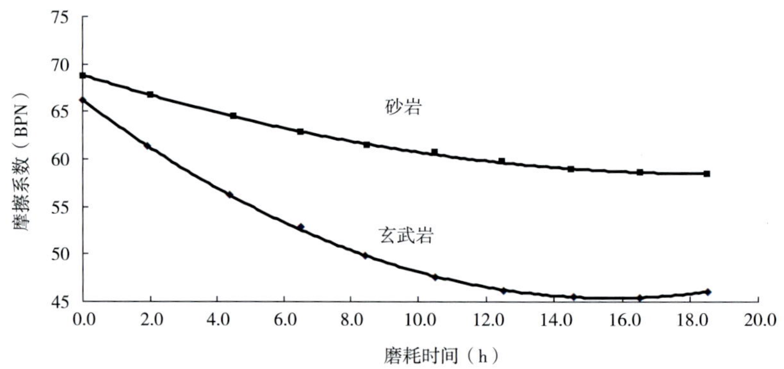

图1-8-4　摩擦系数—磨耗时间关系曲线

采用实心轮胎时的摩擦系数与磨耗时间汇总表 表1-8-8

时　间（h）	石灰岩（BNP）	砂岩（BNP）	砂岩+石灰岩（BNP）	相对于初始值的变化量（ΔBPN）		
0	57.45	68.1	64.5	石灰岩	砂岩	砂岩+石灰岩
2	46.4	64.3	56.6	11.1	3.8	7.9
4	44.7	63.1	55.5	12.8	5	9.0
6	42.5	61.6	53.3	15.0	6.5	11.3
8	41	—	52.6	16.5	—	12.0
10	39.4	59.6	51.7	18.1	8.5	12.8
12	36.2	—	51	21.3	—	13.5
14		58.2	—	—	9.9	—

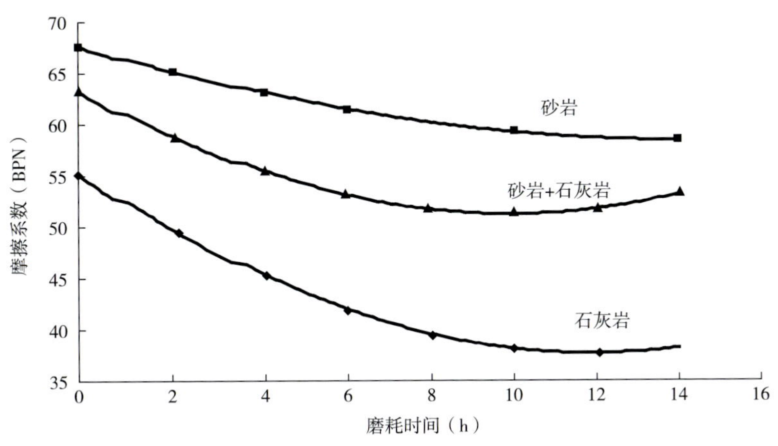

图1-8-5　摩擦系数—磨耗时间关系曲线

影响沥青混合料试件的初始摩擦系数主要因素有集料的磨光值以及混合料的级配两个方面的因素，本书主要考察不同材料的混合料的摩擦系数的衰减规律，因此对不同材料的初始摩擦系数的大小不进行讨论，主要讨论不同材料的摩擦系数的衰减过程以及衰减规律。

由以上图表可以看出，不同材料的摩擦系数随着磨耗时间的增加而衰减的速度各不相同，但是都有一个共性，即在磨耗的初期摩擦系数的下降速度较快，到后期，其衰减相对较慢。

为了分析不同材料的摩擦系数随时间的衰减规律，利用上表中的摩擦系数的绝对变化量进行了摩擦系数相对变化量（=（初始摩擦系数-各时间点的摩擦系数）/初始摩擦系数×100%）的计算，结果见图1-8-6、图1-8-7。

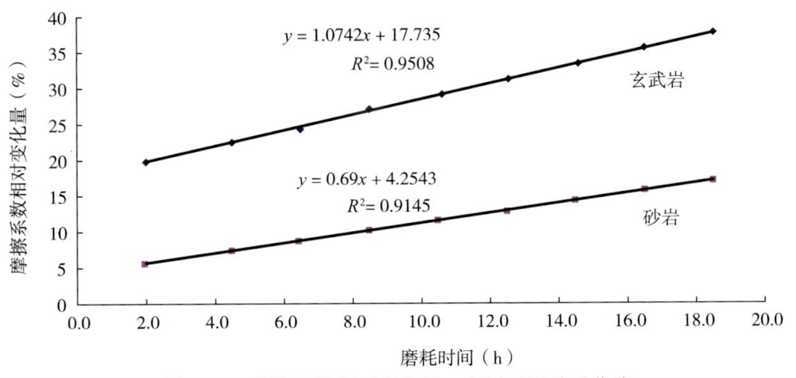

图1-8-6　摩擦系数相对变化量—磨耗时间关系曲线

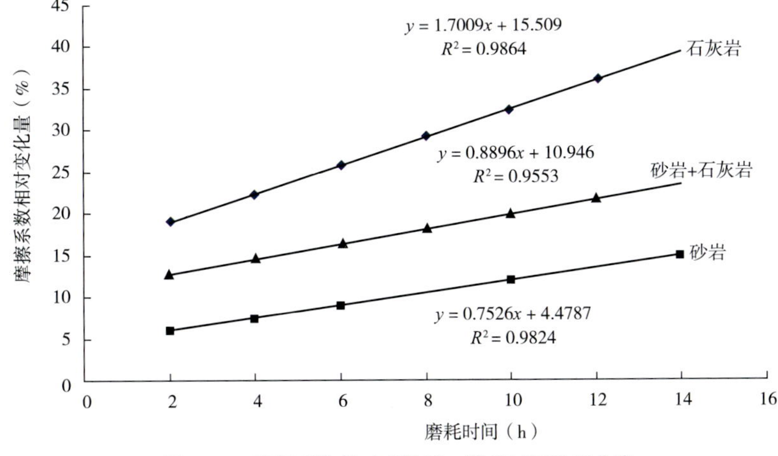

图1-8-7　摩擦系数相对变化量—磨耗时间关系曲线

由图1-8-6、图1-8-7可以看出：

（1）摩擦系数相对变化量与荷载作用时间呈直线关系，不因材料的不同而变化。无论在实心轮胎还是真空充气轮胎作用下，各材料的摩擦系数的衰减规律均呈线性关系，且相关系数较大，均在0.95以上；

（2）石灰岩沥青混合料的摩擦系数衰减最快，砂岩沥青混合料的衰减最慢。

用摩擦系数相对变化量—时间关系曲线的斜率（k）表示摩擦系数的衰减速度，通过该斜率大小可以明显看出各种材料的摩擦系数的衰减速度，该斜率越大，说明该材料的抗滑耐磨性能越差。石灰岩的衰减速度为1.7009，玄武岩的衰减速度为1.0742，砂岩的衰减速度为0.7213（（0.69+0.7526）/2），砂岩+石灰岩的衰减速度为0.8896。从该角度看，砂岩的抗滑效果最好，石灰岩的抗滑耐磨效果相对较差。

由分析可知，材料的摩擦系数衰减速度越快，说明其抗滑耐磨性能越差，即上述斜率越大，其抗滑耐磨性能越差，两者成反比关系。为了叙述方便，此处采用该斜率的倒数（$1/k$）表示沥青混合料的抗滑耐磨性能，称为沥青混合料的抗滑耐磨指数，该指数越大说明其抗滑耐磨性能越好，反之则越差。

根据以上定义，将各材料的抗滑耐磨指数汇总于表1-8-9。

各材料沥青混合料抗滑耐磨指数汇总表

表1-8-9

材　料	斜率 k	抗滑耐磨指数	以玄武岩为基准的比较
玄武岩	1.0742	0.93	1
石灰岩	1.7009	0.59	0.63
砂　岩	0.7213	1.39	1.49
砂岩+石灰岩	0.8896	1.12	1.21

由表1-8-9可以看出，根据沥青混合料的抗滑耐磨指数，石灰岩沥青混合料的抗滑耐磨能力是玄武岩的0.63倍，砂岩是玄武岩的1.49倍。

第三节　抗滑磨耗层环道加速加载试验

本书还采用足尺环道试验对玄武岩、砂岩、石灰岩三种材料铺筑的沥青路面进行了对比试验研究，总的加载次数达到120万次，各种材料抗滑表层摩擦系数随加载次数的变化情况如表1-8-10和图1-8-8所示。

从表1-8-10和图1-8-8中可以看出：

（1）在20万次加载以前，抗滑表层由于施工时隔离剂中含植物油，因此初值比较低，随着加载次数的增加，隔离剂逐渐被去除，20万次时各方案的摆值达到高点。

（2）20～50万次之间，随着加载次数的增加，各方案的抗滑表层摩擦摆值逐渐降低；50万～105万次之间，各方案的抗滑表层摩擦摆值保持在一个相对稳定的水平；105万~130万次之间，由于采用喷淋装置模拟降雨，各方案的摆值有明显下降，各方案摆值都在42左右。

上述抗滑磨耗层的环道试验表明，砂岩、石灰岩的抗滑磨耗性能与玄武岩相当，同时水与轮载的共同作用会加速抗滑性能的下降。

抗滑表层摩擦摆值　表1-8-10

加载次数（万次）	玄武岩（BNP）	砂岩（BNP）	石灰岩（BNP）	加载次数（万次）	玄武岩（BNP）	砂岩（BNP）	石灰岩（BNP）
0	47.4	45.5	49.7	50	44.5	46.8	46.0
5	49.0	48.5	50.7	60	44.8	46.3	44.3
10	48.3	49.3	51.0	70	44.3	47.0	45.7
20	47.3	52.5	49.7	80	45.0	47.3	45.3
30	47.0	50.8	49.0	105	44.3	46.3	45.0
40	45.4	48.5	47.0	130	43.8	44.0	43.3

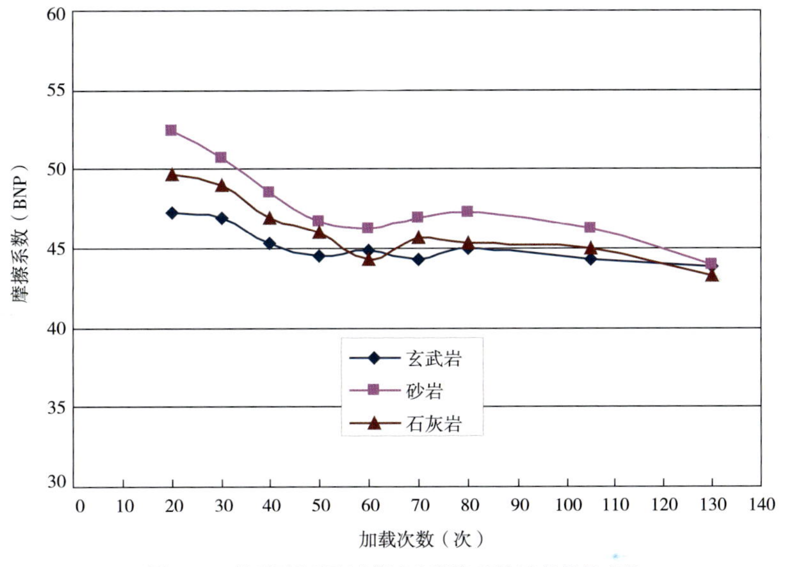

图1-8-8　抗滑磨耗层环道试验摩擦系数随荷载的变化

第四节　抗滑磨耗层野外试验路试验

在界水高速公路铺筑了石灰岩、砂岩的试验路段，其主线则是采用玄武岩。试验路段具体位置为：K25+260~K25+610（石灰岩段）、K25+610~K25+900（砂岩段）。

试验路铺筑所用的石灰岩来自于彭水保家的刘承武采石厂，砂岩来源于武隆县土坎镇的隆盛采石厂。

一、施工结束后的试验路检测

在试验路段铺设完毕后第7天进行了现场检测工作，主要包括构造深度、横向力系数2个参数，详细试验结果见表1-8-11。

施工后试验路段测试结果　表1-8-11

路　段	构造深度（mm）	横向力系数*SFC*
玄武岩路段	0.86	57.1
石灰岩路段	0.71	61.0
砂岩路段	0.64	63.4
技术要求	>0.55	>55

根据构造深度、渗水系数、摩擦系数、横向力系数的测量结果可知，试验路段的构造深度、横向力系数等均能满足高速公路的要求。

二、通车3年后的试验路检测

2010年9月16日，在试验路通车两年后，为了进一步掌握试验段在行车荷载作用下路面抗滑性能的变化，采用横向力系数测试车（图1-8-9），对试验段及邻近的路段再次进行检测，检测结果如表1-8-12所示。

通车3年的试验路段测试结果　　表1-8-12

路　段	横向力系数 *SFC*	3年后横向力系数下降幅度（%）
玄武岩路段（SUP13）	50.1	7
石灰岩路段（AC-13C）	49.4	11.6
砂岩路段（AC-13C）	58.9	4.5
技术要求	≥40	—

从表1-8-11可以看出，试验段采用玄武岩、砂岩、石灰岩铺筑的路段在施工后构造深度、摩擦系数、横向力系数都符合规范要求。从表1-8-12则可以看出，经过两年的运行后，三种集料铺筑的路段横向力系数都有所降低，但都满足《公路沥青路面养护技术规范》（JTJ 073.2—2001）中抗滑性能养护的质量标准要求，三个路段横向力系数SFC由大至小排序分别为砂岩段>玄武岩段>石灰岩段。此外，将通车2年后的SFC与通车前做对比，发现石灰岩路段SFC的下降幅度最大，达到11.6，其次是玄武岩为7，砂岩段的下降幅度最小，仅为4.5。可见野外试验路段与室内试验结果是比较一致的，本次试验的材料中，集料抗滑性能的排序由高到低分别是：砂岩>玄武岩>石灰岩。

图1-8-9　横向力系数检测系统

附录1　基于抗车辙变形性能的级配碎石基层设计方法（草案）

1　一般规定

1.1　本方法适用于级配碎石基层和底基层。

2　材料选择和准备

2.1　级配碎石的各种矿料必须按现行《公路工程集料试验规程》规定的方法，从工程实际使用的材料中取代表性样品。

2.2　材料应符合《公路路面基层施工技术规范》（JTJ 034—2000）或设计的要求。

3　矿料级配设计

3.1　矿料配合比设计宜借助电子计算机的电子表格用试配法进行。

3.2　矿料级配曲线按《公路工程沥青及沥青混合料试验规程》T0725的方法绘制。以原点与通过集料最大粒径100%的点的连线作为沥青混合料的最大密度线。

3.3　对高速公路和一级公路，宜在设计级配范围内选择1～3组粗细不同的初选配比，绘制设计级配曲线，分别位于设计级配范围的上方、中值及下方。合成级配宜按S型曲线进行级配设计，级配曲线不得有太多的锯齿形交错。当反复调整不能满意时，宜更换材料设计。

3.4　推荐的基层级配范围如附表1-1所示。

级配碎石级配组成范围　　附表1-1

筛孔尺寸（mm）	通过率（%）	筛孔尺寸（mm）	通过率（%）
31.5	100	9.5	41～57
26.5	90～100	4.75	26～38
19	72～90	2.36	17～28
16	58～80	0.6	8～14
13.2	50～68	0.075	0～5

4　重型击实试验

4.1　对初选配比用重型击实试验确定最佳含水率和最大干密度。

5　级配碎石车辙试件成型

5.1　根据附录2的《级配碎石板状试件轮碾成型方法草案》成型级配碎石板状车辙试件5～6块。

5.2　试件应根据附录3的《级配碎石轮碾成型试件密度试验方法草案》测试密度并记录。

6　级配碎石车辙试验

6.1　根据附录3的《级配碎石车辙试验方法草案》进行级配碎石车辙试验，根据试验结果计算1h动稳定度、2h变形量。

6.2　初选级配满足附表1-2的技术标准要求时，设计完成，否则应重新选择级配或者更换材料。

级配碎石抗车辙性能技术标准　　附表1-2

试验指标	单　位	技术要求
1h 动稳定度	次/mm	≥4800
2h 变形量	mm	≤4.0

7　优选级配并提交配合比设计报告

7.1　当有两个以上初选级配符合表2的技术标准要求时，宜选用1h动稳定度更大和2h变形量更小的级配作为标准级配。

7.2　如果两个指标的排序不一致，可进一步计算1h变形量和2h动稳定度指标，并采用三参数或四参数加权评价方法进行级配优选。

7.3　级配碎石配合比设计报告应包括材料品种，矿料级配，标准级配，最佳含水率，最大干密度。

附录2　级配碎石板状试件轮碾成型方法（草案）

1　目的与适用范围

1.1　本方法适用于在试验室用轮碾成型法进行级配碎石混合料车辙试验板块状试件制作及密度测试。

1.2　轮碾法适用于长450mm，宽300mm，厚100mm的板块状试件成型。

1.3　级配碎石混合料的最大粒径不宜大于37.5mm。

2　仪具与材料

2.1　轮碾成型机：轮碾成型机的式样如附图2-1所示，它具有与钢筒式压路机相似的圆弧形碾压轮，轮宽300mm，压实线荷载为300N/cm，碾压行程等于试件长度450mm。

2.2　试模：由高碳钢或工具钢制成，试模内部尺寸为长450mm，宽300mm，高100mm。

3　方法与步骤

3.1　准备工作

3.1.1　试验前将级配碎石各档集料烘干。

3.1.2　根据标准压实方法（可选择重型击实试验或振动压实试验方法）确定的最佳含水率，按比例配置级配碎石混合料试样，拌匀后闷料12～24h备用。试样重量可根据标准压实方法确定的最大干密度和车辙试件体积计算确定，由于混合料较多，为了保证混合料的均匀性，1个试件的混合料宜平均分为2～3份分别制备。

附图2-1　轮碾成型机

3.2　轮碾成型步骤

3.2.1　试验室用轮碾成型机制备级配碎石试件，试件尺寸为450mm × 300mm × 100mm。

3.2.2　在试模上装好试模框架，将制备好的级配碎石混合料倒入平底盆，用小铲将盆中的级配碎石混合料均匀拌和由边至中按顺序转圈装入试模，中部要略高于四周。

3.2.3　取下试模框架，用小型击实锤由边至中转圈夯实一遍，整平成凸圆弧形。

3.2.4　将盛有级配碎石混合料的试模置于轮碾机的平台上，试样表面平铺一张裁好尺寸的普通纸，轻轻放下碾压轮，调整总荷载为9kN（线荷载300N/cm）。

3.2.5　启动轮碾机，先在一个方向碾压2个往返（4次），卸载，再抬起碾压轮，将试件调转方向，再加相同荷载碾压至预定的碾压次数。试件正式压实前，应经试压决定碾压次数，碾压次数以碾压后试件干密度达到要求的密度为准。

3.2.6　压实成型后，揭去表面的纸。

附录3　级配碎石轮碾成型试件密度试验方法（草案）

1　目的与适用范围

1.1　本试验方法适用于试验室测定级配碎石轮碾成型试件的密度。

2　仪具与材料

2.1　试模套框：试模套框为钢制方框，其内壁尺寸为长450mm，宽300mm，高50mm，框架内表面和上下表面必须保持光滑平顺，能与级配碎石板块状试件的试模（试模内壁尺寸为450mm×300mm×100mm）紧密结合。

2.2　薄膜：聚乙烯塑料薄膜。

2.3　天平：称量50kg，感量0.5g。

2.4　其他：小铁铲、水平尺、温度计等。

3　方法与步骤

3.1　将成型好的板块状级配碎石试件连同试模放置于水平的地面或试验台上。用小铁铲将试模边沿的碎石、石屑等残留物清除。

3.2　将试模套框放置于试模之上，保持试模套框与试模紧密结合。

3.3　用水平尺检测试模套框是否水平，不水平则在试模下放置垫片进行调整，直至试模套框水平为止。

3.4　将聚乙烯塑料薄膜沿试模套框内壁及级配碎石试件上表面紧贴铺好。

3.5　将水向铺好的薄膜内缓缓注入。在注水时，牵住薄膜的某一部位，一边拉、一边松，一边注水，以使薄膜与试模套框、试件之间的空气得以排出，从而提高薄膜与试模套框、试件之间的密贴程度。

3.6　水的注入可采用储水筒法和减重法。

3.6.1　储水筒注水法：记录储水筒内初始水位高度h_1，拧开储水筒的注入开关，将水注入塑料薄膜中。当水面接近试模套框上边缘时，将水流调小，直至水面与套环上边缘齐平时关闭注水管，持续3～5min，记录储水筒内水位高度h_2。

3.6.2　减重注水法：先将储水筒或其他水容器装上足够的水，称取容器与水的总重m_1，将水缓缓注入塑料薄膜中直至水面与套环上边缘齐平，称取容器与水的总重m_2。同时记录所注入水的水温t。

3.7　取出薄膜和水，拆掉试模，称量此时试件总质量m_p，烘干至恒重，称量试件总质量m_d。

4　试验结果整理

4.1　按式（1）或式（2）计算注入薄膜内的水的体积：

$$V_w=(h_1+h_2)A_w \tag{1}$$

$$V_w=\frac{m_1-m_2}{\rho_w} \tag{2}$$

式中：V_w——注入薄膜的水的体积，cm^3；

h_1——储水筒内初始水位高度，cm；

h_2——储水筒内注水终了时水位高度，cm；

A_w——储水筒断面积，cm^2；

m_1——注水前容器与水的总质量，g；

m_2——注水终了后容器与水的总质量，g；

ρ_w——水在温度为t时的密度，g/cm^3。

4.2　按式（3）计算试件的体积

$$V=V_1+V_2-V_w \tag{3}$$

式中：V——试件体积，cm^3；

V_1——试模内部体积，cm^3；

V_2——试模套框内部体积，cm^3。

同一试件体积测定进行三次，取平均值为试件体积。

4.3　按式（4）计算试件干密度：

$$\rho_d=\frac{m_d}{V} \tag{4}$$

参考文献

［1］沈金安. 沥青及沥青混合料路用性能［M］. 北京：人民交通出版社，2003，5：433-439.

［2］沈金安，李福普，陈景. 高速公路沥青路面早期损坏分析与防治对策［M］. 北京:人民交通出版社，2004. 12：96-102.

［3］孙立军. 沥青路面结构行为理论［M］. 上海：同济大学出版社，2003.

［4］李之达，沈成武，周增国，等. 超孔隙水压力对沥青混凝土的影响［J］. 湘潭大学自然科学学报，2003，25（4）：98-109.

［5］Scherocman J A, Mesh K A, Proctor J J. The effect of multiple freeze-thaw-cycle conditioning on the moisture damage in asphalt mixtures. Proceedings Association of Asphalt Paving Technologists, 1986.

［6］GARY HLCIS R. Moisture Damage in Asphalt Concrete［R］. National Cooperative Highway Research Program Synthesis of Highway Practice 175 Report, 1991.

［7］丛林，郑晓光，等. 施工离析对沥青混合料性能的影响分析［J］. 同济大学学报(自然科学版)，2005，35（4）：477-451.

［8］麻旭荣，李立寒. 沥青混合料级配离析判别指标的探讨［J］. 公路交通科技，2006，23（2）：48-51.

［9］沙庆林. 高速公路沥青路面早期破坏现象及预防［M］. 北京：人民交通出版社，2001：343-364.

［10］王龙. 基于振动成型的级配实施强度与变形特性研究［D］. 哈尔滨：哈尔滨工业大学，2006.

［11］何兆益，唐伯明等. 柔性基层沥青路面非线性特性及模量研究. 公路交通科技，2001，18（1）：13-16.

［12］重庆交通科研设计院.云南省沥青路面柔性基层研究[R]，2009.

［13］沈成康.断裂力学[M].上海：同济大学出版社，1996.

［14］程靳，赵树山. 断裂力学[M].北京：科学出版社,2006.

［15］Shan R C. Fracture Analysis. ASTM SPT 560,1974,29

［16］郭峰.沥青路面纵向裂缝扩展的数值模拟分析[D].吉林大学，2009.

［17］孟书涛.沥青路面合理结构研究·东南大学博士论文，2005.

［18］黄晓明，张晓冰，邓学钧. 沥青路面车辙形成规律环道试验研究[J] .东南大学学报（自然科学版）. 2006. 30（5）.

［19］重庆交通科研设计院.半刚性基层沥青路面结构疲劳寿命的环道试验研究[R].

［20］重庆交通科研设计院.沥青混合料和半刚性基层材料疲劳特性的研究[R]，1995.

［21］交通运输部公路科学研究院.高速公路长大坡段沥青路面技术研究[R]，2010.

［22］中华人民共和国国家标准.GB 50021—2001　岩土工程勘察设计规范[S].北京：中国建筑工业出版社，2001.

［23］李立寒，麻旭荣.级配离析沥青混合料性能的试验研究[J]. 同济大学学报（自然科学版），Vol.35，No.2，2007，12：1622-1626.

[24] M. Stroup-Gardiner，E. R. Brown. Segregation in Hot-Mix Asphalt Pavements[M]. Washington, D.C.: National Academy Press, 2000: 66-88.

[25] 李智.沥青混合料数字图像处理技术的方法研究[J].公路交通科技，2003，6：13-16.

[26] 彭勇.数字图像处理在沥青混合料均匀性评价中的应用[J].吉林大学学报，2007,37（06）.

[27] 彭勇，孙立军，等.沥青混合料劈裂强度的影响因素[J].吉林大学学报，2007,37（06）.

[28] 彭余华.沥青混合料离析特征判别与控制方法的研究[D].长安大学，2006.

[29] 扈惠敏.沥青路面施工质量变异性研究[D].长安大学，2005.

[30] 邓习树，李白光，李冰.基于转运车的沥青混凝土路面机械化施工工艺应用研究[J].中国公路学报.2005，18（2）：116-119

第二篇

Superpave沥青混合料在重庆市高速公路中的应用

第一章　绪　　论

1993年随着Superpave设计方法的问世，美国道路工作者也深刻认识到，Superpave技术的研究成果是在严格控制的试验条件下和有限的变化因素下得到的。推广Superpave技术的主要问题将面临着如何解决实际施工时不确定因素影响，如何解决采用新工艺新设备遇到的问题。在Superpave技术诞生之前，沥青混合料设计系统在美国各个州是很不相同的，而且绝大多数是经验性的，而Superpave技术是将希望寄于路面性能上的，因此它需要许多附加的试验和数据，要求业主和承包商必须进行更多的培训，完成更多的测试和数据分析。为了成功地推广Superpave路面，各种组织应运而生，联邦公路局在全国范围内起到了积极的领导作用。为了达到这个目标，举办了许多培训活动，成立许多专门委员会，并创立了分别位于德克萨斯交通运输研究院、普度大学、奥本大学、内华达大学、滨州立大学5个Superpave路面推广中心。联邦公路局通过各州成立的Superpave路面技术应用办公室有5个，即Superpave路面技术推广组、沥青混合料技术工作组、沥青胶结料专家组、沥青混合料专家组、Superpave路面性能预测模型（软件）专家组。经过联邦公路局等推广单位的努力，Superpave体系日趋完善，和它刚推出来时相比，已经有了不少的改进，在实际工程中应用越来越多。对美国各州Superpave应用情况的调查表明：目前美国有4个州没有确定是否推广Superpave混合料设计方法，有13个州部分采用了Superpave路面，其余州已全部采用了Superpave混合料设计方法。总之，Superpave路面从1996年95个项目发展到2001年的4586个项目，与传统的沥青混合料相比，1996~2001年占整个热拌沥青混合料的 1%增加到2002年的 60%。

在欧洲，世界道路协会（PIARC）的技术委员会“柔性道路”分委会针对欧洲国家在1996年底对“SHRP/Superpave在其他国家的经验”进行了一次问卷调查，调查表明：欧洲大部分国家对Superpave技术很感兴趣，而且有接近二十个国家应用了Superpave技术，并对其应用效果比较满意。

综合表明：Superpave技术起源于美国，在美国的应用较为广泛，在欧洲也有一定程度的应用，但总的说来，Superpave设计体系还需要逐步完善。

一、Superpave技术设备引进

Superpave技术自出现以来，一直受到我国工程界的关注。1995年，江苏省交通科学研究院率先引进了SHRP胶结料试验设备，包括动态剪切流变仪、弯曲梁流变仪、直接拉伸试验仪、旋转黏度仪、旋转薄膜烘箱以及压力老化仪。混合料设计试验仪包括SHRP旋转压实仪、最大理论密度试验仪以及混合料分析试验仪器——Superpave简单剪切试验仪等，开始了Superpave技术在我国的研究、应用。其他科研院所、大专院校、业主设计咨询监理单位也逐步投入精力展开了Superpave的应用及研究工作。据不完全统计，截至2005年年底我国共有66家单位购买了混合料设备，43家单位购买了SHRP沥青试验设备。

表2-1-1列出了截至2005年年底我国拥有Superpave技术设备的单位，从单位分布情况看，覆盖了我国的绝大部分地区。

截至2005年年底我国拥有Superpave技术设备的单位一览表 表2-1-1

<table>
<tr><th>设备名称</th><th>单位性质</th><th>具 体 单 位</th></tr>
<tr><td rowspan="4">拥有全部SHRP设备（15）</td><td>科研院（5）</td><td>重庆 、福建、 江苏、山东、 山西交科院（所）</td></tr>
<tr><td>大专院校（6）</td><td>长沙理工大学、华南理工大学、东南大学（2）、长安大学、重庆交通大学</td></tr>
<tr><td>业主设计咨询监理（2）</td><td>天津市政设计研究院、山东华瑞</td></tr>
<tr><td>供应商（2）</td><td>北京科氏研发中心、深圳路安特公司</td></tr>
<tr><td rowspan="5">拥有全套或部分胶结料设备（22+21）</td><td>科研院（6）</td><td>重庆、福建、江苏、山东、山西交科院（所）</td></tr>
<tr><td>大专院校（8）</td><td>长沙理工大学、广州大学、华南理工大学、石油大学、东南大学（2）、长安大学、重庆交通大学</td></tr>
<tr><td>业主设计咨询监理（2）</td><td>天津市政设计研究院、山东华瑞</td></tr>
<tr><td>供应商（5）</td><td>北京科氏研发中心、深圳路安特、浙江壳牌、中石化石油化工研究院、中油辽河石化公司研究所</td></tr>
<tr><td>承包人（1）</td><td>沈阳三鑫公路工程有限公司</td></tr>
<tr><td rowspan="5">拥有混合料设备（66）</td><td>科研院（13）</td><td>略</td></tr>
<tr><td>大专院校（13）</td><td>略</td></tr>
<tr><td>业主设计咨询监理（19）</td><td>略</td></tr>
<tr><td>供应商（3）</td><td>略</td></tr>
<tr><td>承包人（8）</td><td>略</td></tr>
</table>

二、Superpave技术引进与推广应用

自1999年同济大学在我国铺筑第一条Superpave路面试验路起，我国目前有江苏、重庆、山东、广东、四川、天津等省、直辖市修筑了Superpave路面。截至2009年10月，Superpave在我国的应用规模逐年增加，共有18个省份和地区，近8 000km高速公路采用了Superpave技术，共铺筑Superpave混合料近5000万t。表2-1-2列出了截至2009年10月Superpave技术的应用情况。

Superpave混合料铺筑主要类型为Sup-13、Sup-20和Sup-25，截至2009年10月使用量分别为939.95万t、2098万t和1821.6万t，具体数据见表2-1-3，各地使用量最多的为Sup-20，用作中面层和下面层。

我国Superpaver技术应用情况一览表（截至2009年10月） 表2-1-2

<table>
<tr><th rowspan="2">省、直辖市</th><th colspan="2">里 程 统 计</th><th colspan="2">混 合 料 数 量</th></tr>
<tr><th>铺筑里程（km）</th><th>比例（%）</th><th>使用数量（万t）</th><th>比例（%）</th></tr>
<tr><td>江苏</td><td>1786</td><td>23.2</td><td>1585</td><td>32.6</td></tr>
<tr><td>湖北</td><td>1415</td><td>18.3</td><td>556</td><td>11.4</td></tr>
<tr><td>内蒙古</td><td>572</td><td>7.4</td><td>491</td><td>10.1</td></tr>
<tr><td>湖南</td><td>424</td><td>5.5</td><td>160</td><td>3.3</td></tr>
<tr><td>天津</td><td>241</td><td>3.1</td><td>142</td><td>2.9</td></tr>
<tr><td>江西</td><td>126</td><td>1.6</td><td>114</td><td>2.3</td></tr>
</table>

续上表

省、直辖市	里程统计		混合料数量	
	铺筑里程（km）	比例（%）	使用数量（万t）	比例（%）
山东	1435	18.6	1038	21.4
陕西	167	2.2	81	1.7
上海	129	1.7	127	2.6
广东	45	0.6	27	0.6
福建	44	0.6	15	0.3
四川	5	0.1	0.5	0.0
重庆	146	1.9	15	0.3
新疆	0.5	0.0	0.05	0.0
河南	210	2.7	79	1.6
青海	428	5.5	64	1.3
浙江	422	5.5	327	6.7
宁夏	118	1.5	38	0.8
合　计	7713.5	100.0	4859.55	100.0

不同Superpave混合料类型在我国应用情况一览表　　表2-1-3

Superpave混合料类型	铺筑数量（万t）	百分比（%）
Sup-13	939.95	19.3
Sup-20	2098	43.2
Sup-25	1821.6	37.5
合　计	4859.55	

应用情况表明，Superpave路面更加均匀密实，有效减少了路面离析现象，同时，Superpave路面具有优良的抗车辙性能和较好的抗水损害能力，其路用性能更加优良。

在技术交流方面，2001年起，为了提高试验的质量，加快高性能沥青路面技术的推广，由江苏省交通科学研究院和中国石油大学（华东）等单位成立了推广Superpave技术的核心小组，其目的：①提高各试验单位的试验研究水平；②定期交流Superpave技术的应用经验和研究成果；③介绍国外Superpave最新研究进展；④解决Superpave技术生产应用中遇到的问题。并分别于2001年8月、2001年12月、2003年4月、2005年12月举行了全国Superpave技术研讨会。

Superpave技术在江苏省的应用尤其广泛，对应Superpave混合料摊铺数量占据全国总量的70%以上，已通车的Superpave路面近1800km，且很多在建高速公路和干线公路也都采用了Superpave路面。近几年来，应用Superpave技术的高速公路主要包括以下工程：江苏京沪高速淮阴南连接线，连徐、宁宿徐高速，汾灌高速，宁靖盐高速，宁连高速、锡宜高速、徐宿高速、沪宁高速东段，通启高速，扬州西北绕城公路，润扬大桥南连接线，沪宁高速和312国道扩建工程等。经过一段时间的使用，目前，这些Superpave路面反映出较传统沥青路面的优越性，正在发挥着良好的作用。

第二章　重庆市Superpave路面材料标准

第一节　沥青胶结料指标体系

一、我国沥青胶结料指标体系

我国根据针入度或者黏度对沥青进行分级，分别称为针入度分级或黏度分级。不论针入度分级或黏度分级，都是在标准试验温度时测定的，例如针入度分级只说明中等温度（25℃）时的情况，黏度分级则只提供较高温度（60℃、135℃）时的黏度性质。近几年，尽管对针入度分级或黏度分级都做了一些改进，如在针入度分级中增加针入度—温度关系，黏度分级中增加黏度—温度关系，但是随着人们对道路沥青认识的不断深入，沥青路面结构变化和行车载荷变化对沥青性能提出新的要求，人们对目前我国现有的沥青评价体系能否反映沥青在使用环境下的性质提出了疑问。

在我国现行的道路沥青评价体系中，规范沥青性能的主要是25℃温度下沥青的针入度、软化点、延度和模拟沥青热拌和过程中沥青的抗老化能力。在这一评价体系中，表征沥青性能的温度区间为25℃至软化点温度。由于沥青的性能是随温度变化的，不同来源的沥青，不同标号的沥青，其性质随温度的变化规律是不同的，因此沥青的性质随温度变化出现峰值时所对应的温度是不同的。所以，用25℃至软化点温度仅30℃左右的温度区间表征实际可能出现的-30~60℃的温度区间是不全面的。

在我国现行的重交通道路沥青评价体系中，用25℃的针入度规范沥青在疲劳温度下的黏稠性，可以根据路面环境统计温度条件和载荷情况选择一定的针入度范围，用15℃的延度（有时用10℃的延度）规范沥青的低温性能，用沥青的软化点规范沥青的高温性能，用薄膜烘箱试验模拟拌和过程中沥青的抗老化性能，所表征的温度区间是15℃（10℃）至软化点温度。而在路面的使用过程中，路面的低温可能达到-30~-40℃，高温可能达到60~70℃，在这一评价体系中，虽然拓宽了温度范围，并且增加了沥青的蜡含量，间接规范沥青的低温性能，但有限的温度区间能否表征沥青在整个使用温度区间内的性能还需要进一步研究。

在我国现行的道路沥青和道路石油沥青评价体系中，仅包含了用薄膜烘箱试验模拟拌和过程沥青的抗老化性能的方法，且道路沥青的这个方法只提出了报告值，能规范热稳定性质的仅有模拟热储存和运输过程的蒸发试验。沥青与其他石油产品（如汽油、柴油）不同，产品的使用性能不仅体现在使用时的瞬间，还反映在路面的整个服务期内。由于沥青在路面服务过程中性质变化机理和规律与热拌和过程是截然不同的，因此，用模拟热拌和过程的抗老化性能延伸理解沥青在服务过程中的抗老化性能是不科学的。

二、Superpave沥青胶结料指标体系

Superpave沥青选择体系试图将沥青技术指标与沥青路面路用性能联系起来，而沥青路面路用性能主要受到温度和交通的影响，所以Superpave沥青路面将根据工程所在地的气候和交通条件来选择胶结料，称为PG（Performance Grade）分级体系。

(一) Superpave沥青分级——PG分级介绍

SHRP沥青性能PG分级直接与路面性能相结合，它的显著特色是一反固定温度进行试验而改为标准值的办法，即改用标准值不变而改变试验温度的办法，也即“标准是一致的，试验条件是不同的”。不管建设项目在什么地方，哪怕是赤道或者北极，都期望得到同样良好的沥青性能，而达到此良好性能的温度条件则是不同的。

Superpave胶结料规范的精髓在于，通过模拟胶结料寿命期三个重要阶段进行沥青胶结料试验。第一阶段采用原样沥青进行试验，以模拟沥青胶结料的运输、储存和装卸阶段；第二阶段采用旋转薄膜烘箱老化后的试样进行试验，以模拟在沥青混合料拌和、摊铺过程中的沥青老化过程，旋转薄膜烘箱老化试验方法是将胶结料薄膜暴露于高温（163℃@75min）和空气中老化，相当于混合料在拌和、运输和摊铺过程中的胶结料老化；第三阶段采用压力老化箱老化后的试样进行试验，以模拟沥青路面层混合料中胶结料的长期老化，压力老化箱老化试验方法将沥青试样暴露于高温（110℃@20d）和压力条件（2.1MPa）下，以模拟路面服务期间的老化年份。

表2-2-1列出用于Superpave PG分级体系规范的Superpave胶结料试验设备及其在规范中使用的目的。

Superpave胶结料试验设备及其在规范中使用的目的　　表2-2-1

设　备	目　的
旋转薄膜烘箱（RTFO） 压力老化箱（PAV）	模拟胶结料老化（硬化）特征
动态剪切流变仪（DSR）	测试胶结料高温和中温的性能
旋转黏度仪（RV）	测试胶结料高温性能
弯曲梁流变仪（BBR） 直接拉伸试验机（DTT）	测试胶结料低温性能

PG性能分级胶结料由诸如PG64–22的术语来定义。前面的数字“64”为“高温等级”，意思是胶结料在高达64℃温度时仍具有足够的物理特性，相应于胶结料所期望的服务气候的路面高温；同样，后面的数字“–22”为“低温等级”，意指胶结料在路面温度降至至少–22℃时仍具有足够的物理特性。

在所有的PG分级中规范要求的物理性 能指标是一样的，不同级别胶结料的区别在于满足要求的温度是不同的。例如，一种标记为PG64–22的胶结料表示其要符合的高温物理性质指标要求的最低试验温度不小于64℃，低温物理性质指标要求的试验温度要低于–22℃。这些物理性质直接与实际的路用性能相关，因此第一个指标（温度）越高，沥青胶结料抵抗高温车辙及推移变形的能力越强，同样第二个指标（PG温度）越低，其抵抗低温开裂的性能愈好，高温、低温的标记在各自的方向（高、低）以6℃递增，这样使其可能的分级几乎是无限的。

胶结料气温选择：选择沥青胶结料的设计温度是路面温度，而非空气温度。对于表面层，Superpave定义路面高温设计温度是路表面下20mm处的路面温度，路面低温设计温度是在路表面的最低温度。

Superpave体系允许设计者规定路面高温、路面低温设计温度的可靠度来选择胶结料等级，最高路面温度（HT）由过去30年中连续7d的最高平均气温来推算，而最低路面温度（LT）是由过去30年中最低的气温来推算。可靠度是一年中实际温度不超过设计温度的百分率，高可靠度意味着低风险。路面高温、路面低温设计温度由气候影响模型计算。气候影响模型很多，常用计算公式如下：

1.高温路面设计温度

LTPP算法：

$$T_{pav}=54.32+0.78T_{air}-0.0025L_{at}^{2}-15.14\lg(H+25)+Z\sqrt{9+0.61\delta_{air}^{2}} \qquad (2\text{-}2\text{-}1)$$

式中：T_{pav}——路表面下Hmm处的最高温度，℃；

T_{air}——最高空气温度，℃；

L_{at}——项目工地纬度，(°)；

δ_{air}——温度最高的7d平均温度的标准差，℃；

Z——根据标准正态分布表，$Z=2.005$，98%的可靠度。

SHRP算法：

$$T_{20mm}=(T_{air}-0.00618\times L_{at}^2+0.2289\times L_{at}+42.2)\times 0.9545-17.78 \tag{2-2-2}$$

式中：T_{20mm}——路表面下20mm处的最高温度，℃；

T_{air}——最高空气温度，℃；

L_{at}——项目工地纬度，(°)；

当可靠度为98%时，$Z=2.055$。

2.路面低温设计温度

LTPP Bind 公式模型：

$$T_{pav}=-1.56+0.72T_{air}-0.004L_{at}^2+6.26\lg(H+25)-Z\sqrt{4.4+0.52\delta_{air}^2} \tag{2-2-3}$$

式中：T_{pav}——路面下20mm处的最低温度，℃；

T_{air}——最低空气温度，℃；

L_{at}——项目工地纬度，(°)；

δ_{air}——平均低温的标准差，℃;

Z——根据标准正态分布表，$Z=2.005$，98%的可靠度。

SHRP 算法：

$$T_{pav}=T_{air} \tag{2-2-4}$$

加拿大改进SHRP 算法：

$$T_{pav}=0.859T_{air}+1.7 \tag{2-2-5}$$

这些计算公式中，最具有代表性的就是带有概率性的LTPP气候影响模型，也是本书采用的计算模型。

值得一提的是，对于低速、停滞荷载情况，Superpave需要另外的办法来选取胶结料的高温等级。对于设计荷载下低速度的道路，高温等级需要高一级。这种按交通荷载和速度来调整高温等级的做法叫做grade-bumping（跳级）。

（二）PG分级的优缺点

Superpave沥青性能规范最突出的优点是所有指标概念清晰，对路用性能进行了较为全面的考虑，便于用户选择同温度及荷载条件相适应的沥青路用性能等级PG。

同传统的针入度、黏度为指标的经验性规范相比，Superpave沥青性能规范特别强调了沥青的路用性能，即在规范中全面考虑了高温、低温、疲劳和老化。此外，在选择沥青等级时还将交通量及行驶速度等交通因素进行了综合考虑。因此，对于一特定工程项目中沥青的选用要根据温度及交通条件“量体裁衣”。

沥青胶结料PG性能分级试验根本目的是要把沥青性质与路面破坏模式，如疲劳开裂、低温开裂、老化、高温车辙等联系起来。SHRP沥青胶结料规范标准具体如下：

1.安全性

原样沥青胶结料的闪点最低为230℃。

2.泵送和操作

原样沥青胶结料135℃的黏度最大为3Pa·s（PV）。

3.永久变形

为减小辙槽，应使初始沥青结合料的$G^*/\sin\delta$最小为1.00kPa（DSR），经旋转薄膜烘箱试验老化的沥青结合料的$G^*/\sin\delta$最小为2.2kPa（DSR）。

4.过度老化

旋转薄膜烘箱（或薄膜烘箱）试验后，沥青结合料的质量损失最大为1%。

5.疲劳裂缝

已经过RFTO和PAV老化的沥青结合料的$G^*/\sin\delta$最大为5000kPa（DSR）。

6.低温裂缝

为减轻裂缝，沥青结合料60s的蠕变劲度最大为300MPa，m值最小为0.300（BBR），速度为1.0mm/min，直接拉力试验的破坏应变最小为1%（DTT）。

7.储存引起的物理硬化

对经过RFTO和PAV老化结合料进行弯曲试验，至今尚未提出必须达到的标准值。

当然，Superpave PG分级体系也有许多不足之处，例如对于改性沥青（尤其是SBS改性沥青），由于没有考虑改性沥青的储存稳定性，评价改性沥青路用性能指标的有效性尚值得进一步探讨等。但总体而言，Superpave PG分级更多地考虑沥青路面路用性能，比根据经验建立的针入度规范更趋合理，引进和吸收PG分级体系成熟和合理部分，对于完善重庆市现有的胶结料体系是有益的。

三、重庆市部分地区沥青PG等级推荐

重庆市属中亚热带湿润季风气候，具有夏热冬暖，光热同季，无霜期长，雨量充沛，湿润多阴等特点。年平均气温16~18℃，极端最低气温为－3.7℃（1961年），极端最高气温为43.9℃（2006年，见图2-2-1）。多年月平均气温在20℃以上的夏热期为5~9月，月平均气温低于10℃的冬寒期为12月至次年2月。年无霜期331d，多年平均相对湿度为80%~82%。年平均降水量较丰富，大部分地区在1000~1 350mm，最大平均降雨量为1378.3mm，最小平均降雨量为783.2mm。日最大降水量为214.80mm（1964年8月28日），1h最大降水为79mm（1983年8月29日）。降雨多集中在5~9月，占全年总降水量的70%左右（见图2-2-2），7月份降雨最多，平均达159mm，12月至次年2月降雨最少，不足25mm。冬季多偏北风，风速4~6m/s，夏季偏南风，最大风速17m/s，最大风力六级；春秋两季，风向多变，风力微弱，风速一般为1~3m/s。

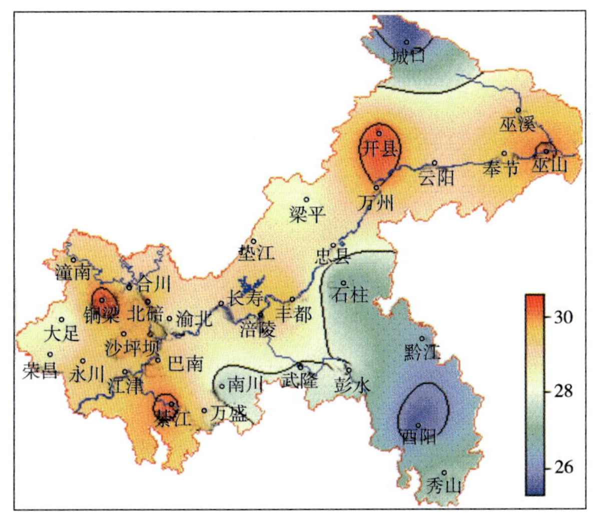

图2-2-1　重庆市2006年夏季平均气温分布图（单位：℃）

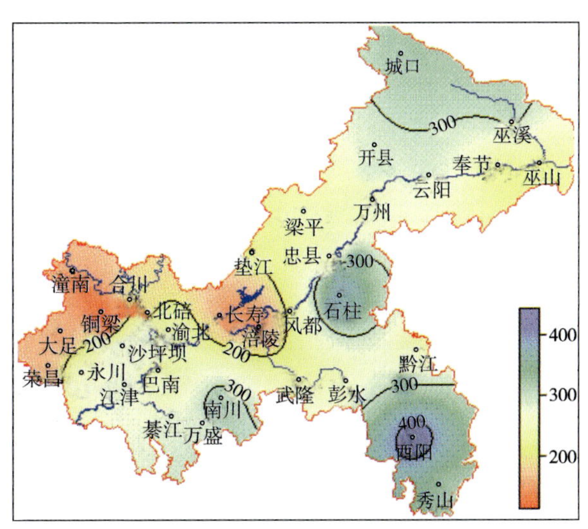

图2-2-2　重庆市2006年夏季降雨量分布图（单位：mm）

重庆市气候炎热多雨，沥青路面高温车辙和水损害是路面破坏的主要形式。选择沥青时，更应关注其高温性能。表2-2-2是重庆市部分气象站气象资料（基于1961~2000年气象资料）。

重庆市部分气象站气象资料（基于1961~2000年气象资料）　　表2-2-2

站名	经度（°）	纬度（°）	气温（℃）			
			最低气温		最高气温	
			多年平均值	标准差	最热7d平均值	标准差
城口（万源）	108.67	31.98	-6	2	34	1
奉节	109.52	31.07	-3	2	36	1
涪陵	107.30	29.70	0	2	38	1
开县（达州）	108.40	31.23	-2	2	36	1
梁平	107.78	30.67	-3	1	36	1
綦江（泸州）	106.57	29.42	1	2	36	1
黔江（来凤）	109.00	29.50	-5	2	34	1
荣昌（内江）	106.22	29.62	-1	2	35	1
沙坪坝	106.40	29.50	1	2	38	1
潼南（遂宁）	106.22	30.03	-2	1	36	1
万县	108.20	30.90	-2	2	38	1
巫山（巴东）	109.87	31.10	-3	2	37	1
酉阳	108.80	29.00	-5	1	33	1
忠县（遂宁）	108.03	30.33	-2	1	36	1

根据统计学原理，基于上述气象资料，按照2σ（98%保证率）计算路面温度。再由公式（2-2-1）和公式（2-2-3）分别计算路面高温和低温设计温度，路面高、低温设计温度与路面厚度呈一次线性关系，如图2-2-3所示。根据最不利原则，PG等级选择时，上面层用路面表面设计温度，中面层用路面表面以下40mm深度设计温度，下面层用路面表面以下100mm深度设计温度，由此得到重庆市部分地区所需要的沥青PG等级，如表2-2-3所示。

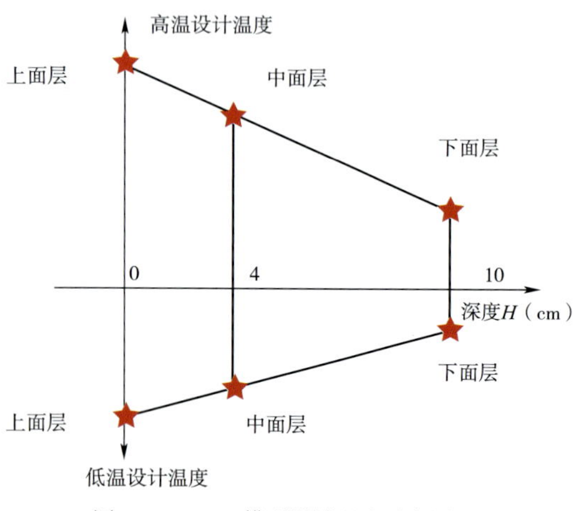

图2-2-3　LTPP模型设计温度示意图

由表2-2-3中数据可知，本次计算的14个地区中：

（1）上面层沥青要求的高温等级为PG70；要求的低温等级中，有4/14的地区要求为PG-4，有10/14的地区的要求为PG-10。

（2）中面层沥青要求的高温等级为PG64；要求的低温等级中，有10/14的地区要求为PG -4，4/14的地区要求为PG-10。

（3）下面层沥青要求的高温等级为PG58；要求的低温等级中，有13/14的地区要求为PG-4，1/14的地区要求为PG-10。

重庆市部分地区PG等级计算结果（LTPP模型算法） 表2-2-3

气象站名	沥青下面层			沥青中面层			沥青上面层		
	低温（℃）	高温（℃）	PG等级	低温（℃）	高温（℃）	PG等级	低温（℃）	高温（℃）	PG等级
城口（万源）	-4.7	54.0	PG58-10	-6.7	58.8	PG64-10	-9.3	65.0	PG70-10
奉节	-2.4	55.7	PG58-4	-4.3	60.5	PG64-10	-6.9	66.8	PG70-10
涪陵	0.1	57.4	PG58-4	-1.9	62.2	PG64-4	-4.4	68.5	PG70-10
开县（达州）	-1.7	55.6	PG58-4	-3.7	60.4	PG64-4	-6.3	66.7	PG70-10
梁平	-0.1	55.7	PG58-4	-2.1	60.5	PG64-4	-4.7	66.8	PG70-10
綦江（泸州）	0.9	55.9	PG58-4	-1.1	60.7	PG64-4	-3.7	67.0	PG70-4
黔江（来凤）	-3.4	54.3	PG58-4	-5.4	59.1	PG64-10	-8.0	65.4	PG70-10
荣昌（内江）	-0.6	55.1	PG58-4	-2.6	59.9	PG64-4	-5.1	66.2	PG70-10
沙坪坝	0.9	57.5	PG58-4	-1.1	62.3	PG64-4	-3.7	68.6	PG70-4
潼南（遂宁）	0.7	55.8	PG58-4	-1.3	60.6	PG64-4	-3.9	66.9	PG70-4
万县	-1.6	57.3	PG58-4	-3.6	62.1	PG64-4	-6.2	68.3	PG70-10
巫山（巴东）	-2.4	56.4	PG58-4	-4.4	61.2	PG64-10	-6.9	67.5	PG70-10
酉阳	-1.2	53.6	PG58-4	-3.2	58.4	PG64-4	-5.8	64.7	PG70-10
忠县（遂宁）	0.7	55.8	PG58-4	-1.3	60.6	PG64-4	-3.9	66.9	PG70-4

注：表中数据仅为按气候条件进行计算的结果，未按交通速度、交通量水平进行修正。

沥青材料选择时还应结合项目所在地区的具体情况及交通速度、交通量水平进行PG等级修正，美国的修正方法如表2-2-4所示。

基于交通速度和交通量水平的沥青胶结料PG等级的调整⑤ 表2-2-4

设计ESALs'（百万次）①	交通轴载速度		
	静止交通②	慢速交通③	标准交通④
<0.3	—⑥		
0.3~3	2	1	
3~10	2	1	
10~30	2	1	—⑥
≥30	2	1	1

注：①设计交通量是设计20年内的远景交通量，不管设计的路面实际设计年限是多少年，用20年的设计交通量ESAL车道，据此选择合适的N设计。

②平均交通速度小于20km/h。

③平均交通速度为20~70km/h。

④平均交通速度大于70km/h。

⑤增加高温等级（一个等级6℃），不调整低温等级。

⑥考虑增加一个高温等级。

但值得注意的是，美国的设计标准轴载为80kN，而我国的设计标准轴载为100kN；我国累计当量轴次的计算一般采用的是15年内远景交通量，而美国Superpave设计交通量采用的是20年内远景交通量。同时，我国正处于经济迅速发展的阶段，车辆的增长率非常高，且目前超载现象也相当严重，因此，直接按照美国的修正方法进行胶结料选择（PG等级跳级）显然也不是很合适，很有必要进行标准轴载的换算。美国Superpave中累计当量轴载作用次数（ESAL）被定义为18000磅（80kN）、四轮双轴，用于大多数路面设计方法，作为各种型号的轴转换为一种设计交通量，如果轴的重量不同，就要用一个荷载当量系数计算ESAL，轴荷载同ESAL的关系不是一个等量，而是4次方关系，即如果80kN的荷载转换成100kN时，其ESAL的换算系数是=$(100\text{kN}/80\text{kN})^4=2.441$。

采用上述换算系数对表2-2-4中的ESAL进行换算后，可得出按我国标准轴载计算后的设计累计当量轴次与PG选择时的修正关系，如表2-2-5所示。但要说明的是，本研究的换算仅限于对轴载的简单换算，而没有考虑两者在交通量组成、荷载组成上的不同，应用过程中还应结合具体情况根据已有成功经验论证取用。

基于交通速度和交通量水平的重庆市沥青胶结料PG等级的调整⑤ 表2-2-5

设计ESALs′（百万次）①	交 通 轴 载 速 度		
	静止交通②	慢速交通③	标准交通④
<0.1	1		
0.1~1.2	2	1	
1.2~4.1	2	1	
4.1~12.3	2	1	1
≥12.3	2	1	1

注：①设计交通量是设计20年内的远景交通量，不管设计的路面实际设计年限是多少年，用20年的设计交通量ESAL车道，据此选择合适的*N*设计。
②平均交通速度小于20km/h。
③平均交通速度为20~70km/h。
④平均交通速度大于70km/h。
⑤增加高温等级（一个等级6℃），不调整低温等级。

编者收集了重庆市近年来已建和在建高速公路的设计ESALs′，见表2-2-6。从表中数据可以看出，重庆市的大部分高速公路设计累计当量轴次均在1000万次以上，有部分高速公路的设计累计当量轴次接近2000万，因此，重庆市高速公路路面各层沥青胶结料的选择时均需考虑高温等级调级以适应交通量水平。

重庆市近年来已建和在建高速公路设计ESALs′ 表2-2-6

重庆市近年已建和在建高速公路名称	设计ESALs′	重庆市近年已建和在建高速公路名称	设计ESALs′
渝遂高速	11581760	水界高速	19640000
外环高速	19 014 920	洪西高速	10366520
水武高速	6 911 331	石忠高速	5701612
上酉高速	10 366 520		

注：上述数据仅根据15年设计交通量数据计算。

结合计算结果及重庆市的实际情况，重庆市的高低温等级应作如下考虑：

（1）对于低温等级，由表2-2-6可知，PG–10的沥青材料可满足各层路面对沥青低温等级的需要，但考虑到重庆市多雨的气候特点，阵雨会使沥青路面温度急剧下降，温度骤降造成沥青路面发生开裂，为了减小沥青路面低温开裂，可在原计算基础上适当提高低温等级要求，建议至少提高1个低温等级。

（2）对于高温等级，由表2-2-3可知，高温等级为PG–70、PG–64、PG–58的沥青材料可分别满足气候条件对上、中、下面层沥青高温等级的需要；而从表2-2-5、表2-2-6来看，同时考虑交通量水平时，各层的高温等级应至少提高1个等级，即上、中、下面层分别达到PG–76、PG–70、PG–64。

（3）重庆市地面起伏较大，高速公路长大纵坡比较多，若考虑车辆低速对路面性能的影响，为减少车辙病害产生，对于沥青高温等级还应考虑提高等级。

四、重庆市沥青材料选择建议

编者对近年来检测的沥青材料PG等级检测结果进行统计，结果表明，大部分70号沥青材料的PG分级能达到PG64–22，50号沥青材料的PG分级能达到PG70–16，改性沥青材料的PG分级可根据需要进行调配，能达到PG76–22、PG82–22等。

结合表2-2-3计算结果，编者建议，重庆市高速公路沥青路面沥青材料选择时：

（1）上面层应选择改性沥青材料，其高温等级应达到PG–76及以上要求，低温等级应达到PG–16及以上要求。

（2）中面层沥青材料的高温等级应达到PG–70及以上要求，其低温等级应达到PG–16及以上要求，可选择50号沥青、改性沥青等材料。而对于平均交通速度小于20km/h的长上坡路段宜采用改性沥青材料。

（3）下面层高温等级应达到PG–64及以上要求，低温等级应达到PG–16及以上要求，可选择70号沥青、50号沥青、改性沥青等材料，而对于平均交通速度小于20km/h的长上坡路段不宜采用70号沥青材料。

对于各层沥青材料，除应满足SHRP PG分级要求外，还需满足我国针入度分级指标体系要求，以综合评价沥青材料的技术特点和路用性能。

第二节 集料标准

反映集料质量的指标包括集料的化学成分、强度、棱角性、吸水率、针片状含量、软弱颗粒含量、粉尘含量、级配稳定性等。总的来说，集料的这些技术指标中，按其性质可以分为两类：一类是反映材料来源的“资源特性”，或称为料源特性、天然特性，它是由石料产地所决定的，如化学成分、强度、密度、压碎值等，这部分指标受产地和成本的制约，可选择和变更的余地不大；另一类是反映集料加工水平的“加工特性”，如级配组成、针片状含量、破碎面比例、棱角性、含泥量、砂当量、粉尘含量等，这部分指标与加工生产设备和生产工艺密切相关。

重庆市高速公路沥青路面中、下面层用集料均为就地取材，而上面层用集料外购较多，本课题主要针对中、下面层用集料技术指标进行研究。

我国现行《公路沥青路面施工技术规范》（JTG F40—2004）对沥青面层中、下面层用集料提出了具体的技术指标要求，其中反映料源特性和加工特性的试验项目和技术指标分别见表2-2-7、表2-2-8。

集料料源特性技术指标要求 表2-2-7

试验项目	试验方法	技术指标
表观相对密度	T 0304	≥ 2.5
吸水率（%）	T 0304	≤ 3.0
黏附性（级）	T 0663	≥4级
压碎值（%）	T 0316	≤ 28
磨耗值（%）	T 0317	≤ 30
坚固性（%）	T 0314	≤ 12
软弱颗粒含量（%）	T 0320	≤ 5.0

集料加工特性技术指标 表2-2-8

试验项目	试验方法	技术指标
针片状含量（%）	T 0312	≤ 18
粗集料小于0.075mm含量（%）	T 0310	≤ 1.0
细集料棱角性（s）	T 0345	≥ 30
细集料砂当量（%）	T 0334	≥ 60
亚甲蓝值（g/kg）	T 0346	≤ 25
细集料小于0.075mm含量（%）	T 0310	≤ 15

为了解重庆市路面用集料使用现状，编者先后对重庆市周边100多家可拟供高速公路建设的料场进行了现场考察，考察内容包括集料加工生产设备、生产工艺、宕口管理、集料成品质量等。可以说，此次考察面非常广，涵盖了重庆市各区域主要料场，试验结果具有普遍性。

一、料源特性指标分析

编者对反映集料料源特性的技术指标进行了分析，并在此基础上提出适合重庆市的料源特性指标标准。

1.母材岩性及黏附性试验分析

从母材岩性试验结果来看，岩性主要为两类：石灰岩和花岗岩，其中长江、嘉陵江河床上卵石集料为花岗岩，其余均为石灰岩，储量丰富，并有在高速公路上成功应用的经验。

从与道路石油沥青的黏附性试验结果来看，均能满足规范对沥青路面中、下面层集料黏附性不小于4级的要求，其中黏附性达到5级的共有80家，黏附性满足4级要求的为8家（均为卵石集料，花岗岩）。

2.压碎值试验结果分析

粗集料压碎值试验结果如图2-2-4所示。

从试验结果来看，最大值为24.9%，最小值为9.5%（鹅卵石），其余数值主要分布在18%~24%之间，均能满足相关规范要求的沥青路面中、下面层集料压碎值不大于28%的要求，整体质量较好。

压碎值指标用于评定集料的强度和质量，是集料质量控制的关键指标之一。该指标反映沥青路面面层的集料在受到车轮荷载作用并处于受剪和受折状态下所受的破坏程度。压碎值小，意味着其强度较高，抗破坏能力强，通过提高压碎值标准可间接地达到提高集料母材要求的目的，结合已有试验结果及其他省份应用经验，建议可将中、下面层集料压碎值技术标准由不大于28%提高到不大于26%。

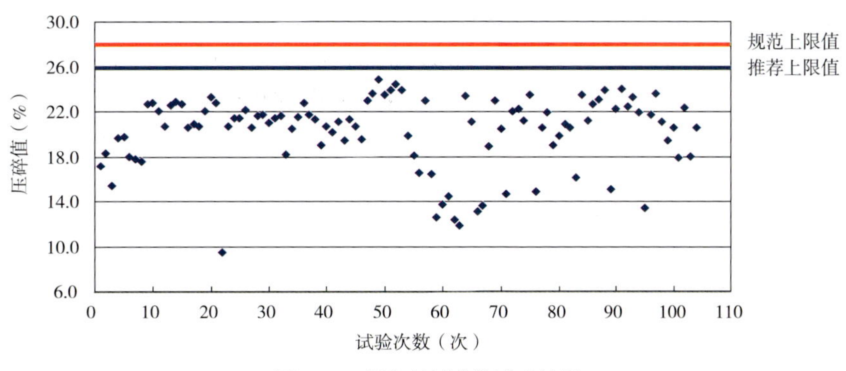

图2-2-4　粗集料压碎值试验结果

3.粗集料洛杉矶磨耗值试验分析

粗集料洛杉矶磨耗值试验结果如图2-2-5所示。

从试验结果来看，最大值为26.7%，最小值为8.4%（鹅卵石），其余数值主要分布在18%~24%之间，均能满足相关规范要求的沥青路面中、下面层集料磨耗值不大于30%的要求，整体质量较好。

粗集料洛杉矶磨耗值试验是测定标准条件下粗集料抵抗摩擦、撞击的能力，以磨耗损失表示，与集料压碎值试验相比，可更好地模拟集料在生产运输及施工过程中发生磨损的情况，也可以从侧面反映集料的强度。磨耗值小，意味集料的抗磨损能力强。通过提高集料磨耗值要求可减少其在运输、生产过程中的变形，达到稳定级配的目的。结合已有试验结果及其他省份应用经验，建议可将中、下面层集料洛杉矶磨耗值技术标准由不大于30%提高到不大于28%。

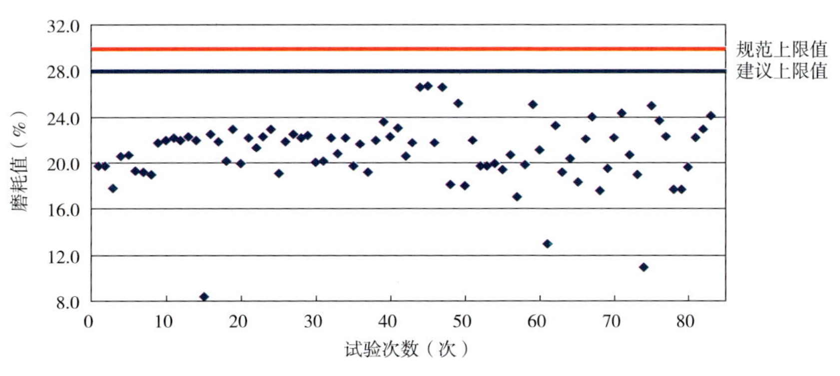

图2-2-5　粗集料洛杉矶磨耗值试验结果

4.粗集料表观相对密度、吸水率试验分析

我国规范对高速公路表面层集料表观相对密度、吸水率要求分别为不小于2.6和不大于2.0%，对于其他层位，上述两指标要求分别为不小于2.5和不大于3.0%。集料表观相对密度和吸水率的大小只影响集料成本的高低。但国外对吸水率是不作要求的，因为吸水率的大小对于沥青路面的使用情况并没有多少影响。通过研究得到集料表观相对密度和吸水率的试验结果如图2-2-6、图2-2-7所示。

从试验结果来看，所检测样本的吸水率均满足规范要求，且吸水率主要分布在0.5%左右，鉴于吸

水率的大小主要影响工程造价，但对于沥青路面的使用情况并没有多少影响，编者建议不提高其技术标准。

从试验结果来看，表观相对密度最小值为2.667，最大值为2.973（鹅卵石），其数值主要分布在2.70~2.75之间。集料密度对路面性能影响不大，但可间接反映集料在纯度、致密性、强度方面的状况，提高密度对优选集料产品有利。结合已有试验结果及其他省份应用经验，建议可适当提高集料表观相对密度要求，由不小于2.5提高到不小于2.6。

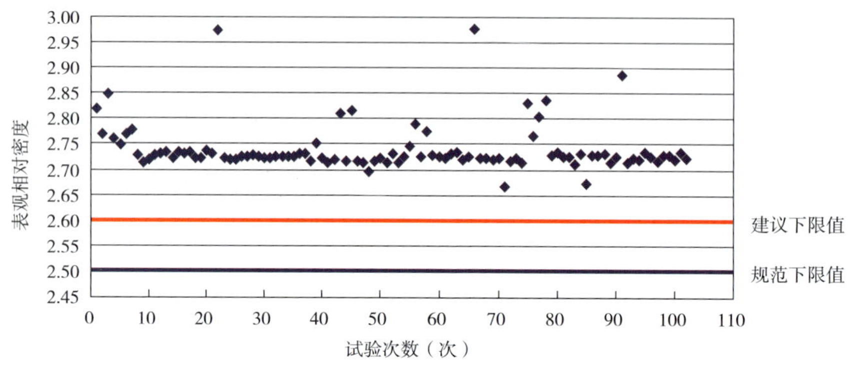

图2-2-6　粗集料表观相对密度试验结果

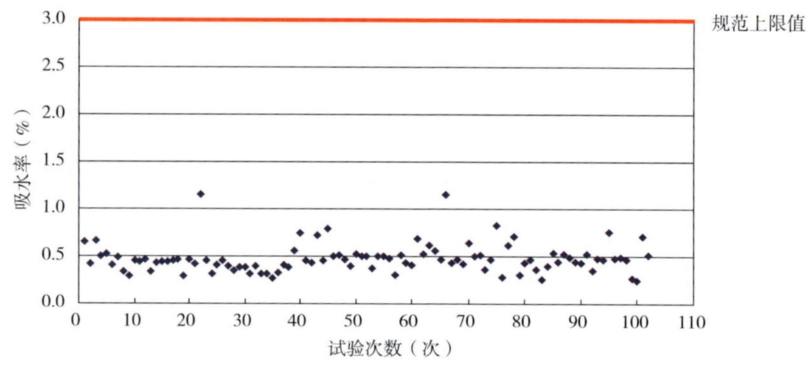

图2-2-7　粗集料吸水率试验结果

5.其他指标试验结果分析

软石含量是指集料中软弱颗粒的含量，它是影响高等级沥青路面的一项重要指标。软石含量的大小主要与集料本身的结构、性质有关。

粗集料坚固性试验是确定碎石或砾石经饱和硫酸钠溶液多次浸泡与烘干循环，承受硫酸钠结晶压而不发生显著破坏或强度降低的性能。坚固性试验是模拟集料在自然状态下受到雨水的浸泡和日照所受到的损害。

受现场试验条件限制，上述两指标试验样本较少，但从试验结果来看，集料的软石含量、坚固性均能满足规范要求。

从编者考察情况来看，重庆市石灰岩储量非常丰富，分布较广，重庆市境内长江、嘉陵江河床上卵石储量也非常丰富。从反映集料料源特性的各指标试验结果来看，重庆市现有母材加工的集料各项料源特性指标均能满足规范要求，也就是说，重庆市现有母材是高速公路沥青路面理想的集料料源，且储量丰富，其“料源特性”可以满足高速公路建设需要。

编者结合试验结果及理论分析，对部分料源特性指标在规范的基础上进行了标准提高，以利于选择更优的集料。编者建议的重庆市集料料源特性技术指标要求如表2-2-9所示。

建议的重庆市集料料源特性技术指标　　表2-2-9

试验项目	试验方法	技术指标
表观相对密度	T 0304	≥ 2.6
吸水率（%）	T 0304	≤ 3.0
黏附性（级）	T 0663	≥4
压碎值（%）	T 0316	≤ 26
磨耗值（%）	T 0317	≤ 28
坚固性（%）	T 0314	≤ 12
软弱颗粒含量（%）	T 0320	≤ 5.0

二、加工特性指标分析

集料加工特性指标主要由集料加工厂的生产线组成、加工工艺决定。编者对集料加工特性指标的试验结果进行了分析，主要分析了粗集料的针片状含量、粗细集料粉尘含量、细集料砂当量4个指标。

1.针片状含量试验结果分析

以下试验结果为混合料的针片状试验结果，具体试验结果如图2-2-8所示。

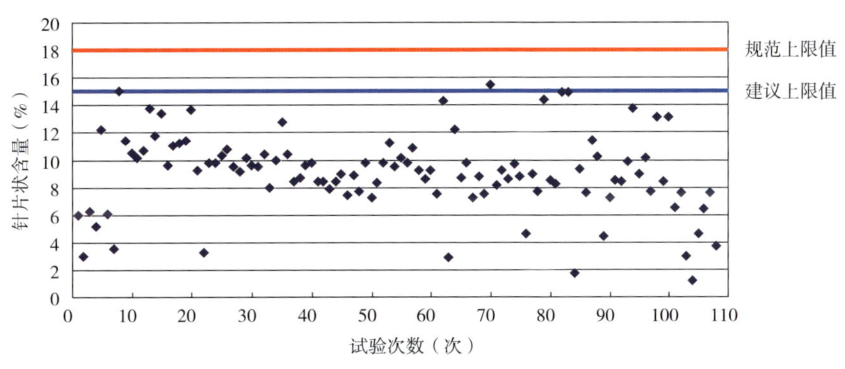

图2-2-8　粗集料针片状含量试验结果

从试验结果来看，针片状含量最大值为15.5%，大部分集料的针片状含量在12%以下，满足国家规范对沥青路面中、下面层对集料针片状含量不大于18%（混合料）的要求。调研过程中发现，集料加工过程中采用二次反击破的集料针片状含量普遍在12%以内；而不采用反击破的厂家，其集料针片状含量相对要高些。

集料中的针片状颗粒在施工过程中易发生折断，会造成混合料级配波动、路面水损害、稳定性差等质量隐患，应严格控制，可适当提高标准。从现有试验结果及其他省份的应用经验来看，对于重庆市，建议可将集料针片状含量技术指标由规范的不大于18%提高到不大于15%（混合料）。

2.粗集料粉尘含量试验结果分析

本节所指混合料粉尘含量指各档料粉尘含量的平均值，具体结果如图2-2-9所示。

从试验结果来看，粉尘含量出现超标现象的较多，约有22.6%的厂家集料粉尘含量不能满足规范要求。现场调研发现，采用了除尘设备的厂家，其集料粉尘含量相对更低，更容易满足规范要求。从单档料的粉尘含量试验结果来看，粗集料S14即3~5mm集料的粉尘含量不容易满足规范要求，其他规格集料粉尘含量一般能满足要求，主要原因为3~5mm集料比表面积较大，吸附的粉尘量也大，一般不易满足要求。规范正是考虑到这个点，允许将S14即3~5mm集料的粉尘含量放宽到3%。集料粉尘含量对混合料性能是有影响的，而其中的泥土成分或非碱性成分对沥青混合料的影响则可能是致命的。而从调研情况来看，现有集料加工厂家均不能完全保证进入生产线的母材是洁净不含泥土等杂质的，也就不能保证集料中的粉尘不含泥土成分。鉴于此，编者建议暂不执行规范对粗集料S14即3~5mm集料粉尘含量放宽要求的规定，粗集料粉尘含量均按不大于1%控制。从本次试验结果来看，重庆市有77.4%的厂家可满足上述要求。

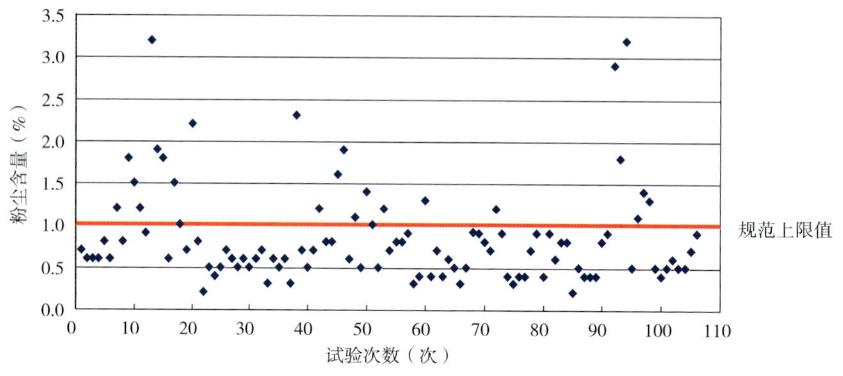

图2-2-9　粗集料粉尘含量试验结果

3.细集料粉尘含量试验结果分析

我国《公路工程集料试验规程》（JTG E42—2005）规定，在沥青混合料中，细集料是指粒径小于2.36mm 的天然砂、人工砂（机制砂）及石屑。为提高集料质量，重庆市高速公路建设过程中，对于沥青面层用细集料要求采用机制砂。本研究过程中，编者对机制砂、部分石屑进行了取样试验，试验结果如图2-2-10所示。

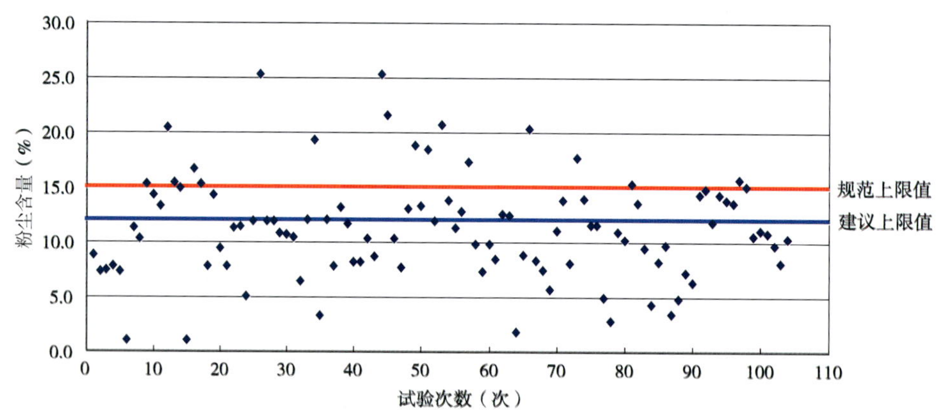

图2-2-10　细集料粉尘含量试验结果

从试验结果来看，粉尘含量最大值高达25.2%，有16.3%的厂家细集料粉尘含量不能满足规范要求，有64.4%的厂家细集料粉尘含量能控制在12%以内。

从调研情况来看，集料粉尘含量受除尘设备、天气状况、集料干燥程度影响较大，雨天加工的集料粉尘含量均不能满足规范要求，无除尘设备或设备不工作的厂家，其粉尘含量也不能满足规范要求，潮湿状况下的母材加工后的集料其粉尘含量也易出现不合格现象。粉尘含量对混合料性能有影响，尤其是其泥土成分或非碱性成分，对于重庆市各集料加工厂来说，目前均不能保证集料的粉尘中不含泥土或非碱性成分。从确保混合料性能角度出发，建议现阶段提高细集料粉尘含量指标要求，由规范规定的不大于15%提高到不大于12%。从试验结果来看，有约64.4%的厂家可满足此要求。

4.细集料砂当量试验结果分析

细集料粉尘含量、砂当量指标都是反映集料洁净程度的重要指标。与细集料粉尘含量指标不同的是，砂当量指标主要反映了集料中所含泥土的含量，显得尤为重要，砂当量值越高说明集料洁净程度越高。

编者对取样的细集料进行砂当量试验，试验结果如图2-2-11所示。

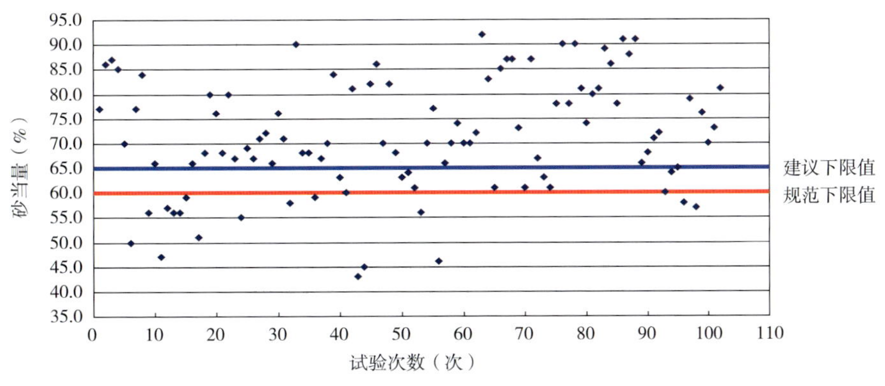

图2-2-11　细集料砂当量试验结果

从试验结果来看，有16.7%的厂家细集料砂当量不能满足规范要求，有73.5%的厂家细集料砂当量能控制在65%以上。

从调研情况来看，细集料砂当量与粉尘含量有一定的关系，但同时与加工宕口管理有关。编者对细集料粉尘含量指标与砂当量指标进行了回归分析，结果如图2-2-12所示。

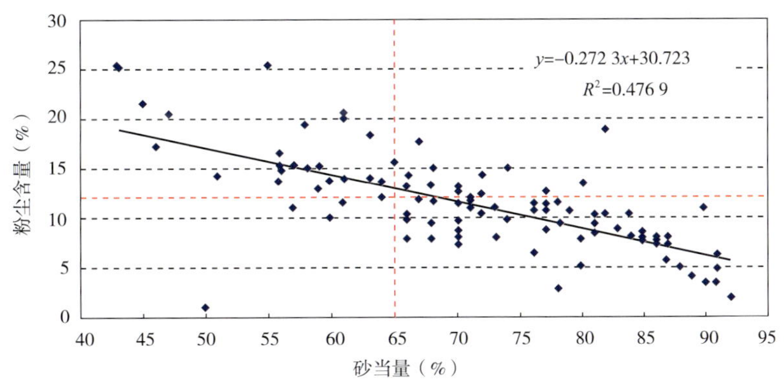

图2-2-12　细集料粉尘含量与砂当量相关关系

从101组试验检测数据的分析来看，粉尘含量与砂当量线性关系并不理想，回归系数仅为0.4769，说明两数据之间并不存在必然的联系，但粉尘含量高的集料其砂当量相对也较低。根据粉尘含量试验结果分析后的建议及图2-2-12中所得的相关关系，当粉尘含量为12%时，对应的砂当量值为68.76%。

结果分析同时显示，粉尘含量小于15%的样品中，砂当量满足不小于60%的样品比例为92.77%；粉尘含量小于12%的样品中，砂当量满足不小于65%的样品比例为92.03%。

综合上述分析结果，编者建议将重庆市细集料砂当量值指标提高到不小于65%。根据试验结果，有73.5%的厂家能满足要求。

5.细集料棱角性指标研究

在Superpave沥青混合料设计体系中，细集料棱角性（FAA）是指未经压实的细集料的松方空隙率。美国公路战略研究计划（SHRP）和我国《公路沥青路面施工技术规范》（JTG F40—2004）中都着重强调细集料棱角性对沥青混合料的施工和使用性能起着至关重要的作用。随着Superpave技术的引进，细集料棱角性指标越来越被人们所关注。

细集料棱角性是评定天然砂、人工砂、石屑等细集料颗粒对沥青混合料的内摩擦角和抗流动变形能力的重要指标，对沥青混合料的VMA等体积指标以及抗剪阻力均有重要影响。

Superpave设计体系中细集料棱角性是通过细集料的毛体积相对密度计算得到的空隙率来表示的，中等交通量以上的道路一般要求该空隙率不小于45%；欧洲一些国家细集料的棱角性一直采用流值试验（EN 933-6:2001）来测试，相应的指标为流动指数（flow coefficient）。

表2-2-10为美国标准规定的Superpave级配的细集料棱角性指标要求。

Superpave细集料棱角性指标要求 表2-2-10

设计道路交通量（百万辆ESALs′）	细集料未压实的空隙率（%）最小	
	≤100mm	>100mm
<0.3	—	—
0.3~3	40	40
3~10	45	40
10~30	45	40
≥30	45	45

我国《公路沥青路面施工技术规范》（JTG F04—2004）中鉴于试验方法等原因而采用了欧洲的流动指数作为评价细集料棱角性的技术指标，试验方法采用T 0345—2005法，要求细集料棱角性所对应的流动时间应不小于30s。从编者检测的数据来看，所取样品的棱角性均能满足上述规范要求。

有关我国规范对于细集料棱角性指标要求是否合适的问题，江苏省交通科学研究院曾做过专题研究，并得出如下研究结论：我国目前相关规范中棱角性指标要求偏低，当细集料棱角性采用T 0344试验方法时，要求未压实空隙率应大于42%；当采用T 0345为标准试验方法时，要求流动时间应大于45s。根据上述研究，编者建议重庆市细集料棱角性采用T 0345试验方法，要求流动时间应大于45s。

亚甲蓝试验主要是用来评价细集料中的含泥量。从试验数据来看，亚甲蓝值均较小，一般不超过5g/kg，满足规范要求的不大于25g/kg。

加工特性指标主要由生产线组成、加工工艺等决定。从现有试验数据来看，现有集料在粉尘含量、砂当量指标上还存在不合格项，有待于进一步加强质量控制。编者结合室内试验结果及理论分析，对部分加工特性指标在规范基础上进行了标准提高，以利于选择更优的集料。建议的重庆市集料加工特性技术指标要求如表2-2-11所示。

集料加工特性技术指标（建议值） 表2-2-11

试验项目	试验方法	技术指标
针片状含量（混合料）（%）	T 0312	≤15
粗集料小于0.075mm含量（%）	T 0310	≤1.0
细集料棱角性（s）	T 0345	≥45
细集料砂当量（%）	T 0334	≥65
亚甲蓝值（g/kg）	T 0346	≤25
细集料小于0.075mm含量（%）	T 0310	≤12

编者对各集料加工的生产工艺、生产线组成等方面进行了持续的跟踪调研。总体而言，由于重庆市高速公路建设起步较晚，2006年调研的大部分厂家主要还是供料于地方一级公路建设，集料加工厂普遍存在规模较小、生产设备陈旧、生产工艺落后等现象，还没有形成大规模、集团化的集料加工厂，集料质量整体上还处于较低的水平，主要表现在针片状含量偏高、粉尘含量大等。随着重庆市高速公路建设速度的加快，为满足路用集料质量、数量要求，编者协助重庆高速公路发展有限公司成功实施了集料准入制度。该制度中规定了集料加工厂规模要求、生产设备要求、生产线组成要求、产量要求、集料准入实施办法等，具体要求如下：① 拥有固定的宕口；②具有采矿许可证、安全生产许可证、爆炸物品使用许可证、营业执照及税务登记证；③具有一条及以上的反击式路面集料专用生产线，每条生产线至少采用两级或以上的破碎方式；④采用反击筛分联合机、二级以上吸尘装置或水洗装置；⑤年生产能力不小于10万t；⑥成品集料满足编者提出的各项技术指标要求。

经过近三年的市场培育，一些规模较大、生产设备和生产工艺较先进的集料加工厂已经形成，至2009年10月底，共有40家集料加工厂获得了重庆高速公路沥青路面中、下面层集料的准入资格，年产量约6400万t；共有15家机制砂加工厂获得了重庆高速公路沥青路面机制砂的准入资格，年产量约600万t。准入厂家生产的集料均能满足本课题提出的技术指标要求，集料准入制度的实施有效地提高了重庆市集料质量。

三、重庆市集料技术标准

根据上述分析结果，编者建议的重庆市沥青路面中、下面层集料技术指标要求如表2-2-12、表2-2-13所示，其中表面层用集料的技术指标主要结合国内其他省份的应用经验提出。

重庆市沥青混合料用粗集料质量技术要求（建议值）　　表2-2-12

指　标		单　位	高　速　公　路	
			表面层	其他层次
石料压碎值	不大于	%	24	26
洛杉矶磨耗损失	不大于	%	26	28
表观相对密度	不小于		2.60	2.60
吸水率	不大于	%	2.0	3.0
磨光值	不小于	%	42	
坚固性	不大于	%	12	12
针片状颗粒含量（混合料）	不大于	%	12	15
其中粒径大于9.5mm	不大于	%	15	18
其中粒径小于9.5mm	不大于	%	18	20
水洗法小于0.075mm颗粒含量	不大于	%	1	1
软石含量	不大于	%	3	5
集料与沥青的黏附性	不小于	级	5	4

重庆市沥青混合料用细集料质量要求（建议值）　表2-2-13

项　目		单　位	高速公路
表观相对密度	不小于		2.50
坚固性（>0.3mm部分）	不小于	%	12
小于0.075mm的颗粒含量	不大于	%	12
砂当量	不小于	%	65
亚甲蓝值	不大于	g/kg	25
棱角性（流动时间）	不小于	s	45

第三章　重庆市Superpave沥青混合料设计方法及体积指标

第一节　Superpave配合比设计现状

Superpave型混合料级配为“嵌挤密实型”级配，其设计体系的一个重要特点就是改变了传统级配中值的概念，而引入了限制区（禁区）和控制点的概念。

控制点控制了集料级配必须通过的主要范围。控制点设在最大公称粒径、中间粒径（2.36mm）以及最小粒径（0.075mm）处，控制点值随公称最大粒径的大小而变化。公称最大粒径与最大粒径的区别在于，最大粒径是大于公称最大粒径的上一级粒径，而公称最大粒径指第一次筛余大于10%的粒径。

限制区是在中等尺寸（4.75mm或2.36mm）和0.3mm尺寸之间沿着最大密度级配线上形成的一个区域，为不应通过的带状区域。通过限制区的级配曲线通常呈驼峰状，因此被称作“驼峰”级配。以往的观念认为,“驼峰”级配对应的混合料中砂的含量较高，这种级配通常会引起混合料的软弱，在施工中该类混合料很难压实，并且在使用过程中抵抗永久变形的能力较差。但随着研究的不断深入，人们已逐渐认识到只要能够严格控制原材料的质量，尤其是细集料只要满足了棱角性指标的要求，就不会出现驼峰级配造成的危害，级配也就没必要刻意避开限制区。但由于一些地区沥青混合料中仍在使用部分天然砂，因此仍然建议级配尽量避开限制区。

与传统混合料设计过程中根据多组不同沥青用量对应各项体积指标的图表求取最佳沥青用量的方式有所不同，Superpave混合料设计过程中的最佳沥青用量的确定是先根据不同合成级配的有效相对密度，预先估算不同合成级配的沥青用量，通过试拌压实结果优选出合成级配后，再进行该级配不同沥青用量的压实特性评估，以最终确定设计沥青用量。同时，Superpave混合料的设计沥青用量还需要满足粉胶比的要求。

Superpave混合料试件成型是通过旋转压实仪（SGC）来实现的。旋转压实仪通过模拟现场压路机搓揉机理来使试件压实成型，因此，与传统的马歇尔击实仪相比，旋转压实仪可以能更好地模拟现场压实效果，更合乎实际情况。Superpave混合料的设计空隙率按精确值4.0%来控制，空隙率平均值波动范围很小。

根据以往室内配合比统计结果可知，同一混合料分别采用马歇尔击实和旋转压实成型，马歇尔空隙率约比旋转压实空隙率大0.8%~1.2%。与此同时，马歇尔击实过程中因击实使得扁平细长颗粒产生桥架作用而易获得较高的VMA，而在旋转压实仪的搓揉作用下，扁平细长颗粒容易被搓揉到一个稳定的状态，倾向于水平状态，从而导致VMA的减少。相比之下，Superpave型混合料能更真实地反映现场混合料的体积特性，既能给沥青胶结料提供足够的VMA，又能提供更稳定的集料骨架来承载交通荷载。

国内Superpave目标配合比设计过程中，引入了沥青混合料设计过程中的性能验证试验。与AC型混合料设计过程一样，Superpave混合料设计过程同样需要进行高温稳定性、低温稳定性、抗水损害性等性能验证环节，与传统的马歇尔设计方法相比，在混合料抗水损害性能验证环节中，Superpave采用的是一个与冻融劈裂试验类似但试验条件更为苛刻的AASHTO T283试验。

第二节　设计级配优化

Superpave混合料采用0.45次方的级配图来确定允许的级配，级配组成采用了限制区和禁区的概念，级配范围比较宽。从目前我国应用情况来看，大多采用的是粗级配的Superpave，即混合料设计时大多采用禁区以下的级配范围，这就造成所设计的混合料中细集料含量偏少、沥青用量偏少，渗透系数增加，对沥青混合料的耐久性存在一定的影响。而这种选用粗级配的主要原因是Superpave结构设计中建议集料级配不要通过限制区，而实际上，相关资料显示，有些公路机构成功地应用穿过限制区上部的级配，同时经验表明一些穿过限制区的级配也有令人满意的结果，其前提条件是混合料具有足够的VMA等。

但同样困扰我们的是，细级配的Superpave混合料将比粗级配的Superpave混合料有着更高的沥青用量，渗透性能也将有明显的改善，但可能会造成体积指标的缺陷或高温性能的下降。

贝雷法是美国伊利诺伊州运输部（IDOT）的罗伯特·贝雷（Robert D・Bailey）首先提出的，既可用于级配设计也可用于级配评价，旨在使设计级配形成稳定的骨架结构并具有合适的矿料空隙率，提高沥青路面的抗车辙能力和耐久性。这一方法最初于20世纪80年代早期应用于IDOT的第5区，90年代在美国得到普及应用。

一、贝雷法原理

贝雷法采用逐级填充理论进行级配设计和评价，其主体思想是以形成的粗集料骨架作为混合料的承重主体，使设计的混合料能够提供较高的抗车辙性能，同时通过调整粗细集料的比例，以保证设计的混合料具有耐久性。

贝雷法采用粗集料粗比CA、细集料粗比FA_c、细集料细比FA_f分别评价各级装填特性以最终判断集料骨架性是否良好。

（一）贝雷法对粗细集料的划分

贝雷法的精髓是根据混合料最大公称粒径对集料分界点进行分类并进一步细化，从集料体积性质和装填特性出发对集料的骨架性和混合料适宜性进行评价。

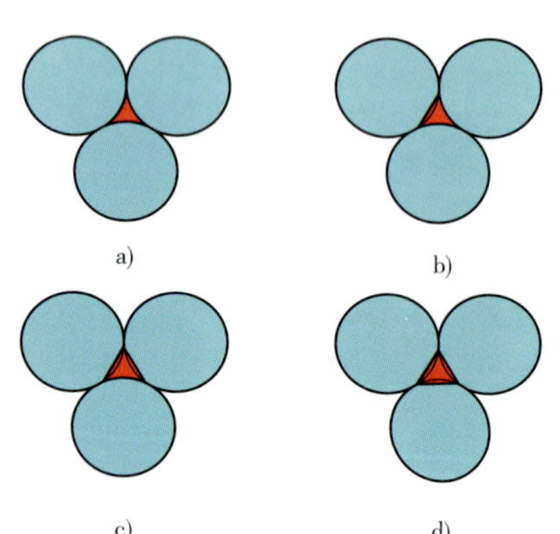

图2-3-1　颗粒形状组合和合成空隙组示意图
a)全部为圆0.15d；b)2圆/1扁0.20d；c)1圆/2扁0.24d；d)全扁0.29d

贝雷法所用数学模型是平面的圆模型。当三个圆球相互嵌挤，接触面分别是球面或平面时，有四种可能的组合，如图2-3-1所示。按此理论，根据集料接触面棱角性不同，颗粒之间形成的空隙在0.15d~0.29d（d为颗粒的直径）之间，贝雷法取最小和最大空隙的平均值（0.22）与最大公称粒的乘积对应的筛孔孔径（PCS）作为混合料中粗细集料的分界点，如式（2-3-1）所示。大于分界点的集料是粗集料，小于分界点的集料是细集料。

$$PCS = NMPS \times 0.22 \qquad (2\text{-}3\text{-}1)$$

式中：PCS —— 关键控制粒径；

NMPS ——最大公称粒径。

（二）对其他粒径的划分

粗集料形成嵌挤结构，所形成的空隙由细集料填充，这些细集料相互嵌挤，又形成了更小一级的空隙，由更细的集料填充，形成多级嵌挤结构。因此，也需要对细集料进行逐级划分，将细集料中较粗成分和较细成分划分开。粗细集料划分的思想同样适用于对细集料划分，通过逐级划分将细集料分成较粗和较细成分，再将其中较细成分再划分。计算公式如下：

$$FAIB = PCS \times 0.22 \quad (2\text{-}3\text{-}2)$$

$$FASB = FAIB \times 0.22 \quad (2\text{-}3\text{-}3)$$

式中：FAIB——细集料一级分界粒径；

FASB——细集料二级分界粒径。

贝雷法对粗集料的划分相对较简单，取最大公称尺寸D的一半作为半筛尺寸。

（三）贝雷法级配评价参数

贝雷法采用三个控制参数来评价混合料级配的骨架性：粗集料粗比CA、细集料粗比FA_c以及细集料细比FA_f。

1.粗集料粗料比CA

为了检验混合料中粗集料嵌挤程度，贝雷法采用CA比评价，其计算公式如下，分子可以看做是粗料中较细的成分，分母可以看做是粗料中的较粗成分。

$$CA = \frac{P_{(NMPS/2)} - P_{PCS}}{100\% - P_{(NMPS/2)}} \quad (2\text{-}3\text{-}4)$$

式中：$P_{(PCS)}$——关键控制筛孔通过率；

$P_{(NMPS/2)}$——半筛尺寸筛孔的通过率。

用粗集料粗比CA来评价粗集料的装填特性。贝雷法认为：粗集料的CA值直接影响到混合料间隙率和施工过程中的和易性。CA值偏小时，粗集料含量较多，混合料比较容易压实，但填充粗集料形成的空隙所需要的细集料大大增多，而且其中粗集料成分不均衡，容易发生离析；CA值大于1.0时，粗集料中的较细部分含量较多，较细成分占据上风，粗集料粒较少，较细的粗集料决定着粗集料结构的构成，粗集料已被完全分开，在混合物中起到填充空隙的作用，设计混合料不能形成良好的骨架结构；CA值接近于1时，两部分数量接近，都不能在形成骨架方面占据上风，这种混合料虽然不容易发生离析，但由于中间料过多，不能形成一致的骨架结构，这种混合料很难压实，碾压时很容易发生推移现象。

根据美国工程经验，粗集料CA值应控制在0.4~0.8之间。

2.细集料的粗比FA_c

粗集料相互嵌挤形成骨架，并形成空隙，细集料则填充这些空隙。细集料可以看作和整个混合料级配一样，也具有一定的粗细成分，较粗成分所形成的空隙由较细成分来填充。评价细集料中较粗成分的嵌挤特性用FA_c值表示，其计算公式如下：

$$FA_c = \frac{P_{FAIB}}{P_{PCS}} \quad (2\text{-}3\text{-}5)$$

式中：FA_c——细集料的粗比；

P_{PCS}——关键控制筛孔通过率；

P_{FAIB}——细集料一级筛孔的通过率。

贝雷法认为：FA_c过大的混合料较容易表现“软化”现象，在0.45次方级配曲线上于0.3~2.36mm处容易形成细料驼峰现象，这是典型的不良组成；相反，如果FA_c过小，细集料中粗料成分所形成的空隙无法被充分填充，混合料级配不均匀，混合料非常敏感且难于压实。

混合料的空隙率和间隙率可以通过改变FA_c调整。当FA_c增加时，混合料的空隙率减小；相反，当减小时，混合料的空隙率增加。根据美国工程经验，FA_c的取值应该在0.25~0.50之间。

3.细集料的细比FA_f

评价细集料中较细成分的嵌挤特性用FA_f表示，其计算公式如下：

$$FA_f=\frac{P_{FASB}}{P_{FAIB}} \tag{2-3-6}$$

式中：FA_f ——细集料的细比；

P_{FAIB} ——细集料一级筛孔的通过率；

P_{FASB} ——细集料二级分界筛孔的通过率。

贝雷法认为：FA_f过小，粗颗粒间隙没有被足够的细料填充，这种混合料级配不均衡，非常敏感且难于压实；同样，细集料FA_f不宜过大，以阻止细料过量装填大颗粒形成的空隙，太高的FA_f会使得混合料空隙率过低，在0.45次方曲线图上表现为驼峰级配。

根据美国工程经验，细集料FA_f值也应控制在0.25~0.50之间。

贝雷法级配控制点及相应控制参数如表2-3-1所示。

贝雷法级配控制点和参数比例汇总　　表2-3-1

最大公称粒径（mm）	37	25	19	12.5	9.5	4.75
关键控制筛孔（PCS，mm）	9.5	4.75	4.75	2.36	2.36	1.18
半筛孔（mm）	19	13.2	9.5	4.75	4.75	2.36
粗集料粗比CA	$\frac{P_{19}-P_{9.5}}{100-P_{19}}$	$\frac{P_{13.2}-P_{4.75}}{100-P_{13.2}}$	$\frac{P_{9.5}-P_{4.75}}{100-P_{9.5}}$	$\frac{P_{4.75}-P_{2.36}}{100-P_{4.75}}$	$\frac{P_{4.75}-P_{2.36}}{100-P_{4.75}}$	$\frac{P_{2.36}-P_{1.18}}{100-P_{2.36}}$
细集料一级分界粒径（FAIB，mm）	2.36	1.18	1.18	0.6	0.6	0.3
细集料粗比FA_c	$\frac{P_{2.36}}{P_{9.5}}$	$\frac{P_{1.18}}{P_{4.75}}$	$\frac{P_{1.18}}{P_{4.75}}$	$\frac{P_{0.6}}{P_{2.36}}$	$\frac{P_{0.6}}{P_{2.36}}$	$\frac{P_{0.3}}{P_{1.18}}$
细集料二级分界粒径（FASB，mm）	0.6	0.3	0.3	0.15	0.15	0.075
细集料细比FA_f	$\frac{P_{0.6}}{P_{2.36}}$	$\frac{P_{0.3}}{P_{1.18}}$	$\frac{P_{0.3}}{P_{1.18}}$	$\frac{P_{0.3}}{P_{1.18}}$	$\frac{P_{0.15}}{P_{0.6}}$	$\frac{P_{0.075}}{P_{0.3}}$

二、级配评价

编者采用贝雷法对不同工程项目所用的Sup-20、Sup-25级配进行了评价。

1.Sup-25级配评价

编者共对28个项目的下面层Sup-25混合料贝雷法参数指标进行分析，具体数据见表2-3-2。

Sup-25混合料级配评价数据表　　表2-3-2

序　号	$P_{13.2}$（%）	$P_{4.75}$（%）	$P_{13.2}$-$P_{4.75}$（%）	$P_{1.18}$（%）	$P_{2.36}$-$P_{1.18}$（%）	$P_{0.3}$（%）	CA	FA_c	FA_f
1	70.8	38.8	32.0	17.5	6.5	7.8	1.10	0.45	0.45
2	65.0	39.3	25.7	18.7	7.1	8.1	0.73	0.48	0.43
3	67.4	33.3	34.1	17.9	8.0	6.7	1.05	0.54	0.37
4	67.9	35.6	32.3	15.2	6.4	6.7	1.01	0.43	0.44
5	66.6	39.3	27.3	17.7	8.5	7.9	0.82	0.45	0.45

续上表

序　号	$P_{13.2}$（%）	$P_{4.75}$（%）	$P_{13.2}$-$P_{4.75}$（%）	$P_{1.18}$（%）	$P_{2.36}$-$P_{1.18}$（%）	$P_{0.3}$（%）	CA	FA_c	FA_f
6	66.6	35.6	31.0	15.1	6.2	8.3	0.93	0.42	0.55
7	64.1	36.3	27.8	16.0	5.9	7.1	0.77	0.44	0.44
8	68.7	37.9	30.8	16.6	5.4	7.1	0.98	0.44	0.43
9	64.4	34.2	30.2	18.3	5.2	7.0	0.85	0.54	0.38
10	64.4	39.8	24.6	20.3	5.6	7.5	0.69	0.51	0.37
11	65.9	32.8	33.1	15.9	4.7	7.2	0.97	0.48	0.45
12	64.1	30.5	33.6	15.2	4.0	7.0	0.94	0.50	0.46
13	75.7	36.6	39.1	20.5	6.1	7.0	1.61	0.56	0.34
14	71.1	39.0	32.1	21.0	4.7	10.0	1.11	0.54	0.48
15	71.1	39.0	32.1	21.0	4.7	10.0	1.11	0.54	0.48
16	69.4	36.5	32.9	14.9	9.2	7.1	1.08	0.41	0.48
17	72.1	39.1	33.0	20.1	5.2	8.8	1.18	0.51	0.44
18	75.6	38.9	36.7	19.1	7.7	7.8	1.50	0.49	0.41
19	72.4	35.1	37.3	19.0	4.7	8.9	1.35	0.54	0.47
20	61.9	31.4	30.5	16.1	5.5	7.7	0.80	0.51	0.48
21	74.6	39.5	35.1	15.8	8.5	7.0	1.38	0.40	0.44
22	76.0	37.5	38.5	15.9	5.5	7.0	1.60	0.42	0.44
23	74.3	34.9	39.4	15.2	7.1	7.3	1.53	0.44	0.48
24	65.3	35.1	30.2	13.5	7.0	8.2	0.87	0.38	0.61
25	67.9	39.2	28.7	13.8	7.6	8.3	0.89	0.35	0.60
26	66.5	39.7	26.8	17.7	5.4	7.6	0.80	0.45	0.43
27	74.3	34.9	39.4	15.2	7.1	7.3	1.53	0.44	0.48
28	76.0	37.5	38.5	15.9	5.5	7.0	1.60	0.42	0.44

（1）CA值分析

从表2-3-2的CA值计算结果来看，有25/28个样品的CA值大于0.8，不满足美国提出的经验要求（0.4~0.8）。按贝雷法理论分析可认为，这些混合料使用了较多的中间粒径集料（4.75~13.2mm），而13.2mm以上集料用量较少。这种混合料均匀性好、不易离析，但不能形成良好的骨架结构。而从室内试验及路面实际使用效果来看，这种混合料具有较好的路用性能，现场使用效果较好，且由于混合料在均匀性方面得到了改善，路面离析减少，水损害发生几率也大大降低。对于Sup–25混合料，若要求CA满足0.4~0.8的要求，则可能导致13.2mm以上集料用量大幅增加或是4.75~13.2mm用量大幅减少，施工过程中离析现象难以避免，影响路面均匀性，从而可能引发其他病害的发生。因此，对Sup–25混合料级配不宜按CA要求在0.4~0.8之间进行控制。

为研究影响CA值的主要指标，分别将$P_{13.2}$、$P_{4.75}$、$P_{13.2}-P_{4.75}$与CA值进行了相关关系分析，其中$P_{4.75}$

与CA值的相关关系较差，相关系数不到0.1，而CA值与$P_{13.2}$、$P_{13.2}-P_{4.75}$的相关关系较好，相关系数分别为0.9018和0.8878，如图2-3-2、图2-3-3所示，说明13.2mm筛孔通过率及中间粒径集料对CA影响显著。

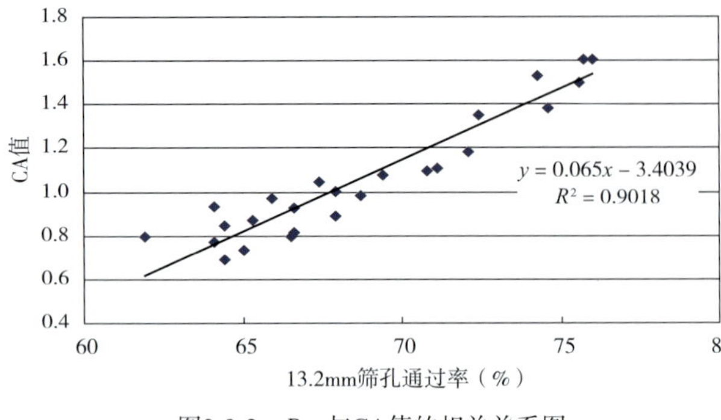

图2-3-2　$P_{13.2}$与CA值的相关关系图

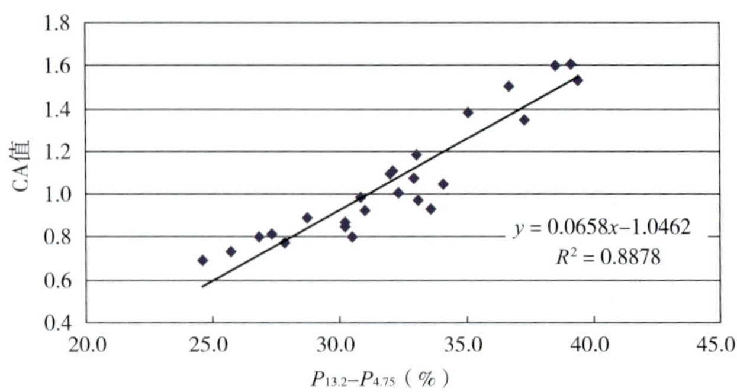

图2-3-3　$P_{13.2}-P_{4.75}$与CA值的相关关系图

由$P_{13.2}$与CA值的关系式y=0.065x−3.4039可知，当CA值范围为0.4~0.8时，其对应的13.2mm筛孔通过率范围为59%~65%；由$P_{13.2}-P_{4.75}$与CA值的关系式y=0.0658x−1.0462可知，当CA值范围为0.4~0.8时，4.75~13.2mm档集料用量范围为22%~28%。由以上可推导知，关键控制筛孔4.75mm的通过率为30%~43%，当CA值取中值0.6时，4.75mm筛孔通过率为37%，此时级配既有较好的骨架性，又有较好的均匀性。

美国AASHTO M323−07规定，公称最大粒径为26.5mm的混合料，采用关键筛孔4.75mm的通过率划分粗细级配，临界值为40%，4.75mm筛孔通过率小于40%时为粗级配，重载交通道路宜选择粗级配，与我国规范要求一致。结合本研究，考虑重庆市高温多雨山区高速公路的特点，为提高路面抗车辙能力，建议重庆市Sup−25混合料关键筛孔4.75mm通过率范围为30%~40%。

（2）FA_c、FA_f值分析

从表2-3-2的FA_c、FA_f值计算结果来看，FA_c值主要分布在0.4~0.6之间，对于1.18mm筛孔通过率穿过Superpave规定的禁区的级配，其FA_c值均接近或超过0.5；同样，FA_f值也主要分布在0.4~0.5之间，是否通过禁区对FA_f值没有影响。

对1.18mm筛孔通过率与FA_c值的相关关系进行了分析，两者相关系数为0.6659，见图2-3-4。

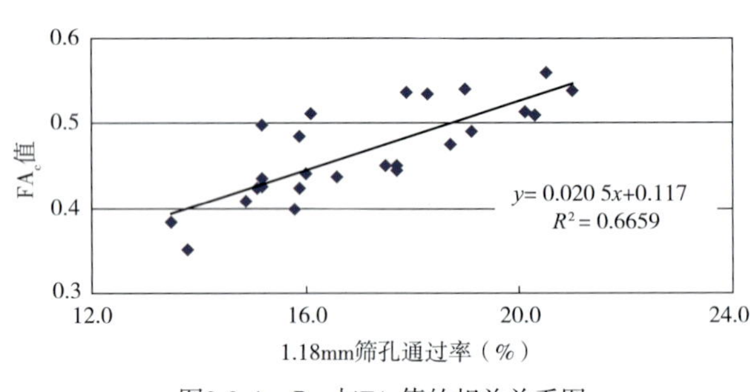

图2-3-4　$P_{1.18}$与FA_c值的相关关系图

采用图2-3-4中得出的关系式对Superpave规定的1.18mm筛孔的限制区上下限进行了分析，上下限对应的FA_c值分别为0.5和0.7，也就是说，当1.18mm筛孔通过率从禁区中通过时，其得到的FA_c值将大于0.5。从贝雷法理论来看，这种级配易在细集料部分形成驼峰，级配较为敏感，这也正是Superpave提出限制区要求的主要原因。因此，限制级配通过禁区对保证FA_c值满足要求有利。

而大量研究也证明，在体积指标满足要求的前提下，级配通过禁区甚至从禁区上方通过都是可以的，当1.18mm筛孔通过率取限制区最大值24.1时，其对应的FA_c值为0.7。同时采用我国规范规定的1.18mm筛孔通过率上下限对FA_c值进行了计算，得出FA_c的范围为0.36~0.79。本次收集的Sup−25级配的FA_c值除1个样本为0.35不在此范围内外，其余均在此范围内。建议对于Sup−25级配，FA_c取值范围为0.35~0.80。

对于FA_f，从贝雷法计算公式来看，$FA_f=P_{0.3}/(P_{4.75}\times FA_c)=(P_{0.3}/P_{4.75})\times(1/FA_c)$，从本次收集的数据来看$P_{0.3}$的平均值为7.9%，$P_{4.75}$的平均值为36.4%，取$FA_c$值为0.35~0.8，计算得$FA_f$的范围为0.27~0.62，

所有样本中，共有9个样本的CA值小于0.4。根据贝雷法理论，这种混合料中粗集料含量较多，施工过程中容易离析。而从级配数据上来看，这些级配中，9.5mm筛孔通过率普遍接近我国规范对AC–20级配中9.5mm筛孔的下限值，这种混合料施工均匀性控制难度较大，这与现场及经验相符。对于CA值大于0.8的两个样本，9.5mm筛孔通过率均接近我国规范对AC–20级配中9.5mm筛孔的上限值，混合料均匀性较好，但总体偏细，骨架性欠佳。总的来说，CA值不满足要求的级配，其在级配设计上均存在一定的不足。

根据工程经验及上述分析，对于Sup–20级配，采用CA值范围为0.4~0.8进行控制是可行的。

为研究影响CA值的主要指标，分别将$P_{9.5}$、$P_{4.75}$、$P_{9.5}-P_{4.75}$与CA值进行了相关关系分析。分析发现，$P_{4.75}$与CA值的相关关系较差，相关系数仅为0.01，而CA值与$P_{9.5}$、$P_{9.5}-P_{4.75}$的相关关系较好，相关系数分别为0.9835和0.8227，如图2-3-5、图2-3-6所示，说明9.5mm筛孔通过率及中间粒径集料含量对CA值的影响显著。

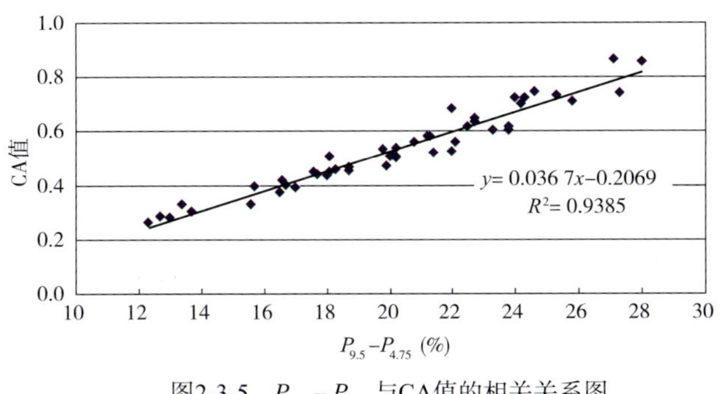

图2-3-5 $P_{9.5}-P_{4.75}$与CA值的相关关系图

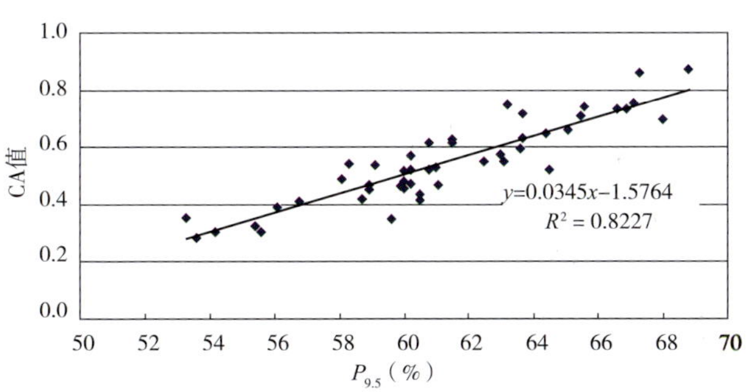

图2-3-6 $P_{9.5}$与CA值的相关关系图

由$P_{9.5}$与CA值的关系式y=0.0345x–1.5764可知，当CA值范围为0.4~0.8时，其对应的9.5mm筛孔通过率范围为57%~69%；由$P_{9.5}-P_{4.75}$与CA值的关系式y=0.0367x–0.2069可知，当CA值范围为0.4~0.8时，4.75~9.5mm档集料用量范围为17%~27%。由以上可推导知，关键控制筛孔4.75mm通过率为30%~52%，其9.5mm筛孔通过率应满足以下要求：17%≤$P_{9.5}-P_{4.75}$≤27%。当CA值取中值0.6时，4.75mm筛孔通过率为41%，此时混合料既有较好的骨架性，又有较好的均匀性。

美国AASHTO M323–07规定，公称最大粒径为19.0mm的混合料，采用关键筛孔4.75mm的通过率划分粗细级配，临界值为47%，4.75mm筛孔通过率小于47%为粗级配，重载交通道路宜选择粗级配。我国规范同样以4.75mm筛孔通过率划分粗细级配，但临界值为45%。结合本研究，考虑重庆市高温多雨山区高速公路的特点，为提高路面抗车辙能力，建议重庆市Sup–20混合料应采用粗级配。为与我国规范一致，建议关键筛网4.75mm通过率范围为30%~45%。

（2）FA_c、FA_f值分析

从表2-3-3的FA_c、FA_f值计算结果来看，FA_c值主要分布在0.4~0.5之间，其中有9/57个样本值分布在0.5~0.6之间；同样，FA_f值也主要分布在0.4~0.5之间，超出0.5的样本数为5个。按贝雷法原理分析可知，所设计的级配在细集料部分具有较好的骨架性，细集料级配设计合理。

同时对各细集料部分筛孔通过率、各档料含量与FA_c、FA_f值的相关关系进行了分析。分析发现，除1.18mm筛孔通过率与FA_c值相关关系较好外，其余相关关系均比较差。$P_{1.18}$与FA_c值的相关关系见图2-3-7。

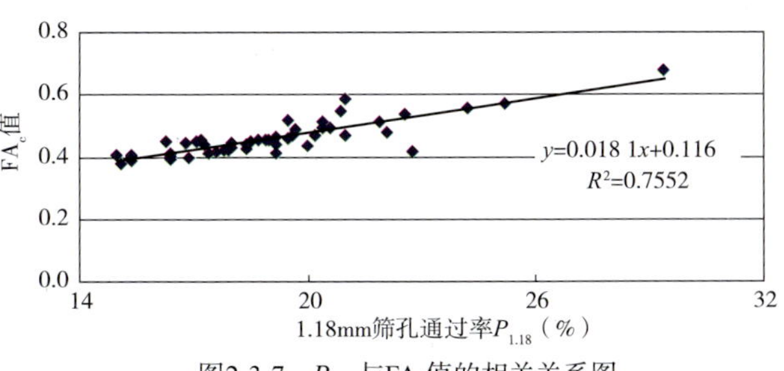

图2-3-7 $P_{1.18}$与FA_c值的相关关系图

采用图2-3-7中得出的关系式对Superpave规定的1.18mm筛孔的限制区上、下限进行了分析，上、下限对应的FA_c值分别为0.52和0.58。也就是说，当1.18mm筛孔通过率走禁区中通过时，其得到的FA_c值将大于0.5。从贝雷法理论来看，这种级配易在细集料部分形成驼峰，级配较为敏感。这也正是Superpave提出限制区要求的主要原因。因此，限制级配通过禁区对保证FA_c值满足要求有利。

而大量研究也证明，在体积指标满足要求的前提下，级配通过禁区甚至从禁区上方通过都是可以的，当1.18mm筛孔通过率取限制区最大值28.3时，其对应的FA_c值为0.58。采用国家规范规定的1.18mm筛孔通过率上、下限对FA_c值进行了计算，得出FA_c的范围为0.3~0.7，本次收集的Sup-20级配的FA_c值均在该范围内，建议对于Sup-20级配，FA_c取值范围为0.3~0.7。

对于FA_f，从贝雷法计算公式来看，$FA_f=P_{0.3}/(P_{4.75}\times FA_c)=(P_{0.3}/P_{4.75})\times(1/FA_c)$。从本次收集的数据来看，$P_{0.3}$的平均值为8.2%，$P_{4.75}$的平均值为41.3%，取$FA_c$值为0.3~0.7，计算得$FA_f$的范围为0.3~0.7。

同时也发现，FA_c、FA_f值与混合料体积指标之间并不存在一定的相关关系。

结合贝雷参数计算结果，提出的重庆市Superpave混合料级配范围要求见表2-3-4。级配设计过程中应优先选择粗级配混合料。对于是否通过限制区问题将在后续章节进行分析。

重庆市Superpave混合料级配要求 表2-3-4

标准筛孔（mm）	通过百分率标准（控制点）				
	公称最大尺寸				
	9.5mm	12.5mm	19mm	25mm	37.5mm
50					100
37.5				100	90~100
25			100	90~100	
19		100	90~100		
12.5	100	90~100			
9.5	90~100				
4.75			30~45	30~40	
2.36	32~67	28~58	23~49	19~45	15~41
0.075	2.0~10.0	2.0~10.0	2.0~8.0	1.0~7.0	0.0~6.0
	限制区范围（建议取消）				
4.75				39.5	34.7
2.36	47.2	39.1	34.6	26.8~30.8	23.3~27.3
1.18	31.6~37.6	25.6~31.6	22.3~28.3	18.1~24.1	15.5~21.5
0.60	23.5~27.5	19.1~23.1	16.7~20.7	13.6~17.6	11.7~15.7
0.30	18.7	15.5	13.7	11.4	10

第三节　室内设计次数优化

Superpave沥青混合料设计时，采用设计旋转压实次数$N_{设计}$来区别不同混合料的压实功。设计旋转压实次数$N_{设计}$是交通量水平的函数，交通量水平由ESALs′表示，N设计值的范围如表2-3-5所示。

Superpave旋转压实次数　　表2-3-5

设计ESALs′（百万次）	压实参数			应用的典型道路
	$N_{初始}$	$N_{设计}$	$N_{最大}$	
<0.3	6	50	75	很轻的交通量（地方/县级道路，货车被禁止通行的城市街道）
0.3~3	7	75	115	中等交通量（集散道路，大多数县级道路）
3~30	8	100	160	中等至重交通量（城市街道，省道，国道，一般高速公路）
≥30	9	125	205	重交通量（大交通量高速公路，爬坡道路，货车称重站）

按照美国设计规范的规定，重庆市许多高速公路的设计旋转压实次数应采用125次，但我国目前在进行Superpave混合料设计时采用的是100次。之所以不采用125次作为旋转压实次数，主要是考虑与施工现场碾压压实的匹配问题，如果采用125次设计旋转压实次数可能会造成现场压实的困难。

随着施工机械制造技术的发展，高速公路沥青路面施工机械不断更新，压路机的压实功不断增加，出现了26t、30t等大吨位胶轮压路机以及13t双钢轮振动压路机，这对沥青混合料的设计提出了新的问题，沥青混合料室内压实功必须与路面施工机械的压实功相匹配，才能确保沥青路面的施工质量。经验表明，马歇尔双面75次击实的击实功小于现今路面的压实功，与实际路面施工情况不相匹配；而采用设计次数100次旋转压实设计的沥青路面，与现有实际路面施工的压实功比较匹配，通过合理的碾压组合，可使路面施工现场的空隙率满足设计要求。

选择合理的压实功的最终目的是要设计出高质量的混合料，并能够付诸于实践。目前常用的混合料设计方法，无论是马歇尔法还是Superpave法，都是依据交通量的大小来选择压实功的，选择的原则都是较大的交通量选择较大的压实功。较大的交通量对路面结构中沥青混合料各方面的性能有更高的要求，现行的选取原则意味着增加压实功能设计出更好的混合料，以满足大交通量的要求。如果这个假设是正确的，那么对于交通量较小的道路，如果采用较大的压实功进行设计，只要材料满足要求且具有现场的可实施性，则可以得到超过该道路性能要求的混合料，延长路面的使用寿命。而从现有路面使用情况来看，上述假设并不完全成立。因此，仅按交通量大小来选择压实功是不合理的，合理压实功的选择应遵循以下原则：

（1）和集料性质匹配。如果集料强度不够，而选取的压实功较大，在室内试件成型或现场碾压过程中会有不少集料被压碎，从而使混合料的实际级配和目标级配偏差较大，对混合料进行的体积指标分析和性能试验则不能真实地反映目标级配的情况，同时，集料的破碎还将影响混合料的路用性能。

（2）和现场压实情况匹配。对于特定的项目，如果现场压实设备和施工水平不够，而采用较大的设计压实功，则可能导致现场难于压实，空隙率过大，影响路面质量。

（3）和现场混合料的性能要求匹配。选择不同的压实功，可能会对沥青混合料各方面的性质造成不同的影响，所以要根据具体工程所处的环境条件、路面结构形式、混合料的层位等因素确定混合料的性能要求，然后选取合理的压实功来得到混合料各方面性能的优化和平衡。

对于重庆市，从现有的集料特性、现场压实设备及压实工艺来看，现阶段Superpave沥青路面旋转压实设计次数为100次是合适的。

一、旋转压实次数对混合料设计的影响

通常认为，当采用较大的设计旋转压实次数时，会降低沥青混合料的沥青用量，但这一观点并不正确。因为，在实际工程中，沥青是沥青混合料中最贵的组成部分，在满足设计指标的前提下，承包人或设计者都会选择较低的沥青用量以降低工程造价。研究表明，当目标空隙率保持不变时，VMA变化1%将使沥青用量变化大约0.4%，所以设计者会调整集料级配使设计得到的混合料的VMA接近最低规范的要求。理论上，在进行Superpave混合料设计时，如果集料级配保持不变，改变设计旋转压实次数将改变设计沥青用量，当旋转压实次数增加时，VMA减小，从而导致沥青用量降低。但在实际设计时并非如此，例如某设计者在100次旋转压实下设计了一个混合料，其VMA等于或稍高于最低要求，对同样的原材料，设计旋转改为125次旋转压实次数，如果集料级配不变，较高的旋转实次数将会使VMA不满足要求，从而迫使设计者调整级配，使VMA重新满足于最低要求。在不同的旋转压实次数下，混合料的VMA没有变化，而沥青吸收率受级配变化的影响很小，由于VMA是空隙率和有效沥青体积之和，所以沥青用量也不会变化。

根据上述初步结论，进行了Sup-13以及Sup-20粗、细级配在不同压实功下的配合比设计，采用100次和125次两种旋转压实次数。Sup-13混合料设计集料用四川华蓥山和重庆泉泰建材有限公司生产的玄武岩，矿粉用重庆旺江建材厂生产的矿粉，沥青来自泸州。Sup-20混合料设计集料用重庆南川路业石料厂生产的石灰岩，沥青用深圳路安特沥青高新技术有限公司生产的SBS，矿粉用重庆旺江建材厂生产的矿粉。集料、沥青以及矿粉的性质都符合有关的技术标准。两种混合料对应的两种旋转压实次数的级配曲线组成见表2-3-6、图2-3-8以及表2-3-7、图2-3-9。

Sup-13混合料设计级配 表2-3-6

旋转压实次数（次）	沥青用量（%）	集料组成级配，下列筛孔（mm）的通过率（%）									
		19	13.2	9.5	4.75	2.36	1.18	0.6	0.3	0.15	0.075
100	5.0	100	95.6	74.3	49.4	33.1	19.5	13.2	8.2	6.5	5.2
125	5.0	100	95.4	73.4	47.1	30.3	17.9	12.2	7.6	6.1	4.9

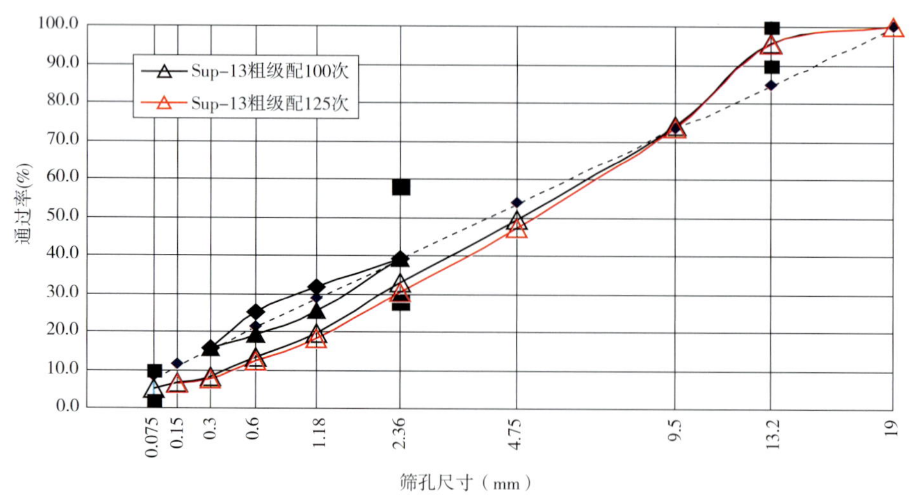

图2-3-8 Sup-13混合料配合比设计级配曲线图

Sup-20混合料配合比设计级配　　表2-3-7

旋转压实次数（次）		沥青用量（%）	集料组成级配，下列筛孔（mm）的通过率（%）										
			26.5	19	13.2	9.5	4.75	2.36	1.18	0.6	0.3	0.15	0.075
细级配	100	4.4	100	99.2	75.6	60.9	47.9	34.0	22.7	16.0	8.9	6.9	4.4
	125	4.4	100	99.3	79.2	64.2	49.9	34	22.7	16	8.9	6.9	4.5
粗级配	100	4.4	100	99	71	55.6	43	30.3	20.8	15.1	9.3	7.5	5.3
	125	4.4	100	99	70	54.2	40.7	27.2	18.6	13.5	8.2	6.6	4.6

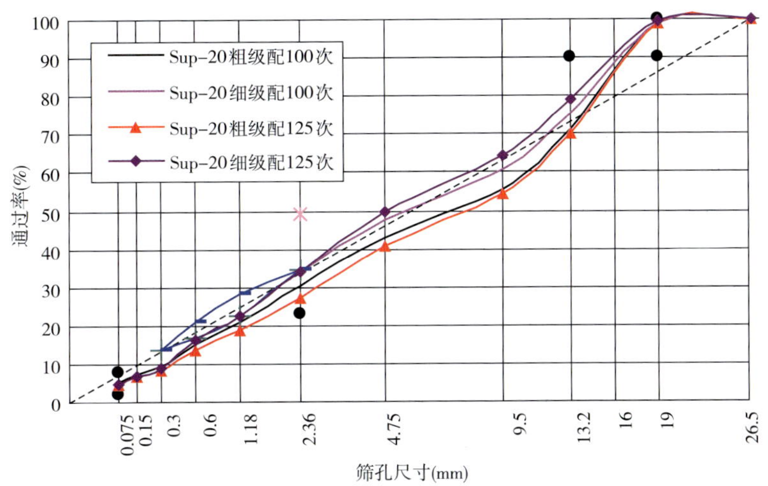

图2-3-9　Sup-20混合料配合比设计级配曲线图

本课题在对Sup-20混合料在不同旋转压实次数下进行设计时，不但要求目标空隙率都为4.0%，还要求VMA尽可能靠近13.5%。首先对100次旋转压实次数进行设计，得到级配曲线如图2-3-9所示，此时空隙率和VMA分别为4.0%和13.4%，沥青用量为4.4%，其他体积指标见表2-3-8，均满足Superpave规范要求。

如果保持100次旋转压实下得到的级配曲线不变，而将旋转压实次数变为125次，那么VMA将低于13%，所以当旋转压实次数采用125次时，为了满足VMA的要求，必须对级配进行调整。通过试验研究，当把级配调整到如图2-3-9所示曲线时，VMA为13.4%，满足要求，此时沥青用量为4.4%，和100次旋转压实下得到的沥青用量基本没有差别。

不同旋转压实次数下混合料试验结果汇总表　　表2-3-8

沥青混合料特性	Sup-13		Sup-20粗级配		Sup-20细级配		技术指标
	100次	125次	100次	125次	100次	125次	
沥青用量（%）	5.0	5.0	4.4	4.4	4.4	4.4	
空隙率VV（%）	4.08	4.05	4.06	4.03	4.08	4.02	4.0
矿料间隙率VMA（%）	14.32	14.32	13.43	13.43	13.36	13.34	≥14.0/≥13.0
饱和度VFA（%）	71.51	71.72	69.77	70.00	69.46	69.86	65~75
粉胶比DP（%）	1.30	1.24	1.33	1.15	1.07	1.14	0.6~1.2*
初始次数压实度（%）	86.5	85.5	85.2	84.3	85.9	86.5	≤89
最大次数压实度（%）	97.8	97.9	97.9	97.9	97.9	98.0	≤98

注：*对于粗级配的Superpave混合料，粉胶比可以放宽至0.8~1.6。

综上所述，在沥青混合料设计中，旋转压实次数（压实功）并不一定影响沥青用量，但却可以迫使设计者调整级配，以满足体积指标的要求。

二、提高设计次数后集料压碎情况

合理的压实功必须和集料的性质相匹配，不能在压实过程中造成过多集料的破碎。以往Superpave路面设计时普遍采用100次设计旋转压实次数，而当采用125次设计旋转压实次数进行Superpave路面混合料设计时，相应的现场碾压功就需要明显增大，这就会带来一个新的问题，即集料在增大的压实功作用下是否会出现压碎。

本课题分别对Sup-20在较高旋转压实次数下（100次和125次）成型的试件松散后进行抽提试验，并和目标级配进行了比较，以分析旋转压实成型过程中集料的压碎情况，试验结果见表2-3-9。

Sup-20集料压碎情况 表2-3-9

旋转压实次数（次）	筛孔尺寸（mm）	26.5	19	13.2	9.5	4.75	2.36	1.18	0.6	0.3	0.15	0.075
125	目标级配	100	97.8	79.3	67.5	44.6	24.6	17.2	11.2	7.7	5.8	4.5
	抽提级配	100	98.2	79.7	68.2	45.2	25.3	17.9	11.6	8.0	6.0	4.8
	变化幅度	0.0	0.4	0.4	0.7	0.6	0.7	0.7	0.4	0.3	0.2	0.3
	平均幅度	0.4										
100	目标级配	100	98.0	81.1	69.6	47.1	26.6	18.7	12.3	8.5	6.5	5.1
	抽提级配	100	99.5	82.2	70.8	48.0	27.7	19.6	13.0	9.0	7.2	5.5
	变化幅度	0.0	1.5	1.1	1.2	0.9	1.1	0.9	0.7	0.5	0.7	0.4
	平均幅度	0.8										

需要说明的是，所有试件的制作都是对各料堆集料进行分档筛后配制的。由试验结果可知，对于本课题研究中所用的集料，无论是采用100次还是125次旋转压实次数，压实前后级配的变化都是很小的。由表2-3-9可以看出，125次旋转压实的抽提级配的各个筛孔变化幅度和100次旋转压实的变化幅度相当，幅度最大不超过2%，且125次旋转压实下的平均变化幅度还要小于100次旋转压实。这表明对于本课题研究中所用的集料，旋转压实次数从100次增加到125次，并不会引起更多的集料被压碎。

总体而言，对于目前重庆市普遍采用的石灰岩集料，当采用125次设计旋压次数后，并没有使集料被过度压碎，混合料的级配变化控制在一个合理的范围之内。当然，级配的变化还与石料的性质有关，因此还有必要对其他类型石料进行研究，以确定增加设计压实次数后，是否会影响混合料的级配。

三、旋转压实次数对混合料路用性能的影响

以上研究结果表明，采用不同的旋转压实次数并不一定影响沥青混合料的最佳沥青用量，但它却迫使设计者调整级配以满足VMA的要求，不同的级配在沥青混合料中形成不同的集料空间结构，这可能影响到沥青混合料的性能。本课题通过室内试验对上述设计的各类沥青混合料的高温性能、耐久性能、抗水损坏性能和低温性能进行研究。

1.高温稳定性研究

利用车辙试验（JTJ 052—2000）对各种混合料的高温性能进行评价。车辙试验温度为60℃，轮压

0.7MPa。图2-3-10为不同压实次数下Sup-13和Sup-20动稳定度试验结果。

由试验结果可知，所设计的混合料的高温稳定性随设计旋转压实次数的增加而增加。对于Sup-13混合料，125次旋转压实下得到的混合料动稳定度比100次旋转压实下得到的混合料动稳定度提高了19.7%；对于Sup-20细级配混合料，125次旋转压实下得到的混合料动稳定度比100次旋转压实下得到的混合料动稳定度提高了13.7%；对于Sup-20粗级配混合料，125次旋转压实下得到的混合料动稳定度比100次旋转压实下得到的混合料动稳定度提高了3.1%。

综上所述，增加设计旋转压实次数可以提高沥青混合料的高温稳定性，当设计旋转压实次数增加25次时，沥青混合料动稳定度可以增加，增加的幅度与混合料本身的设计级配有关。因此，解决路面的高温性能不足问题的途径不仅仅是采用更高级的胶结料，也可通过对级配的优化以获得更好的高温性能。

2.低温抗裂性研究

用-10℃低温小梁弯曲试验对混合料低温性能进行评估，参照我国《公路沥青及沥青混合料试验规程》（JTG E20—2011）的要求，先成型车辙板，然后切割成25mm×30mm×250mm的小梁试件进行低温弯曲试验。试验条件：试验温度-10℃，试验加载速率50mm/min。试验结果见图2-3-11、表2-3-10。

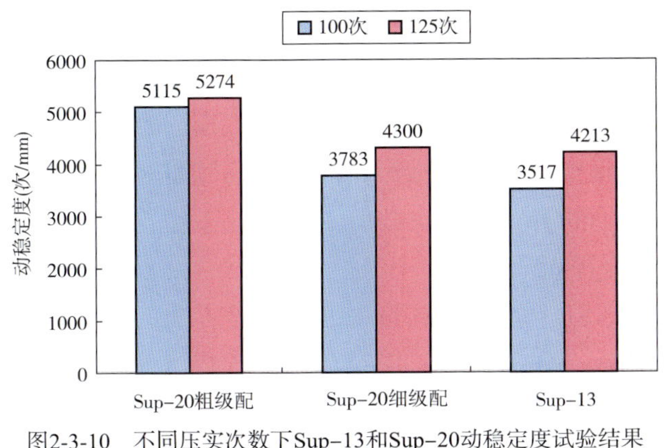

图2-3-10 不同压实次数下Sup-13和Sup-20动稳定度试验结果

图2-3-11 不同旋转压实次数下小梁弯曲试验结果

不同压实次数下小梁弯曲试验结果表 表2-3-10

混合料类型			最大荷载（kN）	跨中挠度（mm）	抗弯拉强度（MPa）	劲度模量（MPa）	破坏应变（με）	要求（με）
Sup-20	细级配	100 次	1.095	0.499	9.01	3443.4	2615.3	≥2500
		125次	1.00	0.509	8.85	3323.4	2664.0	
	粗级配	100 次	1.01	0.509	8.72	3269.2	2668.0	
		125 次	1.163	0.527	9.39	3377.8	2782.4	
Sup-13	100次		1.098	0.506	9.00	3380.1	2661.2	
	125次		1.201	0.517	9.86	3626.6	2718.4	

从试验结果可以看出，随着旋转压实次数的增大，混合料的低温弯曲应变有一定提高，但幅度很小，不同旋转压实次数确定的混合料的破坏应变基本保持在同一个水平之上；随着旋转压实次数的增大，粗级配混合料的弯曲劲度模量有大幅上升，表明增大旋转压实次数可以一定程度地提高沥青混合料的强度。

3.水稳定性研究

表2-3-11为不同旋转压实次数下浸水马歇尔稳定度试验结果。由表2-3-11可知，各种混合料的水稳

定性指标均满足我国规范的要求，旋转压实次数的变化对混合料的残留稳定值很小。需要注意的是，空隙率是影响水稳定性试验结果的主要因素之一，我国现行的浸水马歇尔试验是在规定的马歇尔击实次数下成型试件的，对于不同的沥青混合料，用于水稳定性试验的试件空隙率则会不同，这说明浸水马歇尔试验不能在相同基准面上对不同混合料的水稳定性进行比较分析。

不同旋转压实次数下浸水马歇尔稳定度试验结果　表2-3-11

混合料类型			非条件（0.5h）空隙率（%）	非条件（0.5h）马歇尔稳定度（kN）	条件（48h）空隙率（%）	条件（48h）马歇尔稳定度（kN）	残留稳定度S_0（%）	要求（%）
Sup-13		100次	5.12	14.55	5.08	12.98	89.2	≥85
		125次	5.35	15.36	6.39	13.74	89.5	
Sup-20	粗级配	100次	5.30	14.52	5.41	13.01	89.6	
		125次	5.19	15.28	6.25	13.11	85.8	
	细级配	100次	5.34	16.01	5.40	14.01	87.5	
		125次	5.41	16.25	6.39	14.81	91.1	

由表2-3-11中的Sup-13试验结果表明，不同旋转压实次数下得到的混合料的水稳性试验结果相近。由于采用相同的马歇尔击实功，试件的空隙率随旋转压实次数的增加而增加。然而，在实际施工过程中，混合料的压实以空隙率为控制指标，而不是以压实功为控制指标，故浸水马歇尔试验的试验条件与施工实际情况不符。但是，我们可以预测当采用不同旋转压实次数将混合料成型为相同空隙率的试件时，其水稳定性将随着设计旋转压实次数的增加而提高。

Superpave中评价沥青混合料的水稳定性主要采用AASHTO T283试验法，该试验方法与我国冻融劈裂方法最大的区别在于其规定试件成型按空隙率来控制。AASHTO T283试验法要求将试件压实到约7%的空隙率，然后进行冻融循环，分别测定条件和非条件试验环境下试件的间接拉伸强度，将两者的比值——劈裂强度比作为评价混合料水稳定性的指标。表2-3-12为Sup-13和Sup-20混合料的AASHTO T283试验结果。

不同压实次数下Sup-13和Sup-20A混合料的ASHTO T283试验结果　表2-3-12

混合料类型			非条件 空隙率（%）	非条件 劈裂强度（MPa）	条件 空隙率（%）	条件 冻融劈裂强度（MPa）	TSR*（%）	要求（%）
Sup-13		100次	6.98	0.709 2	7.01	0.590 2	83.2	≥80
		125次	7.01	0.756 9	6.99	0.635 0	87.0	
Sup-20	粗级配	100次	6.82	0.613 1	6.89	0.523 3	85.3	
		125次	6.77	0.701 0	6.83	0.601 0	85.7	
	细级配	100次	6.96	0.691 9	6.95	0.600 5	86.8	
		125次	6.92	0.720 9	6.96	0.623 6	86.5	

由试验结果可知，当采用相同的空隙率控制时，混合料的水稳定性相差不大，试件的劈裂强度随着旋转压实次数的增加而明显增大，说明采用更大的设计压实次数可以提高混合料的劈裂强度。

通过以上研究得到如下结论：

（1）Superpave混合料的设计单一地根据交通量大小来确定压实功是不合理的。合理的压实功应按集料性质、现场压实情况、混合料性能要求相匹配的原则来选取，现阶段重庆市Superpave沥青路面旋转压实设计次数为100次是合适的。

（2）由于承包人或设计者在各项指标都满足的前提下会选用较低的沥青用量，所以设计沥青用量取决于VMA的最低要求，而不一定受旋转压实次数的影响。

（3）不同旋转压实次数下得到的混合料低温、抗水损害性能没有显著区别。当集料的抗压碎性能和现场压实功满足要求时，可适当地提高设计旋转压实次数，以提高沥青混合料的高温性能。

第四节　限制区对Superpave性能的影响

进行Superpave混合料设计时建议集料级配不要通过限制区，其理由主要有两个：①促使集料远离最大密度线以获得足够的VMA；②减少天然砂对混合料性能产生的负面影响。国外的工程经验表明，当混合料中使用较多的天然砂，且级配穿过限制区时，有可能产生软弱的混合料，影响沥青混合料的路用性能。然而，我国很多地方在进行高等级公路建设时都明确强调禁止使用天然砂，那么在这种情况下还有没有必要避开限制区？此外，我国一些地方盛产坚硬且棱角性较好的集料，比如玄武岩、安山岩等，在利用这些集料进行Superpave混合料设计时，如果要刻意地避开限制区，通常会遇到混合料难以压实的问题，从而造成VMA、空隙率过大，不满足设计要求，影响了当地原材料的应用，还额外增加了工程投入。可以设想，如果在Superpave混合料设计时允许级配通过限制区，那么上述问题就自然而然得到了解决。因此，针对限制区对Superpave混合料性能的影响展开研究，以此明确限制区在Superpave混合料设计时是否仍有必要存在。

选取第三节中的集料和沥青进行Sup-13混合料设计，级配曲线见图2-3-12，三种混合料体积指标见表2-3-13。

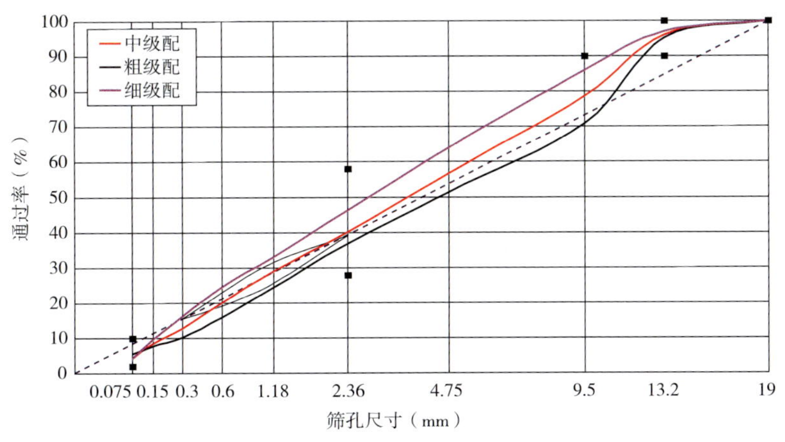

图2-3-12　Sup-13 粗、细及穿过限制区的级配

由表2-3-13中试验数据可知，各项指标均满足规范要求。同时表2-3-13中的数据还表明，无论级配是采用粗级配、穿过限制区的级配还是细级配，沥青用量变化都不大，基本在4.8%左右。分析其原因，可能在于当空隙率和VMA都接近于目标值时，对于不同级配的沥青混合料，其有效沥青体积应相等。如前所述，不同级配对沥青吸收的影响很小，这就必然导致各种混合料中的沥青用量是基本不变的。由此可得出进一步的结论：改变沥青用量只能通过改变VMA指标要求或目标空隙率来实现。

旋转压实混合料设计体积指标 表2-3-13

级配类型	沥青用量（%）	估计沥青用量（%）	有效沥青用量（%）	空隙率VV（%）	矿料间隙率VMA（%）	饱和度VFA（%）	粉胶比DP（%）	G_{mm}	初始压实度（%）
走限制区上方	4.85	4.84	3.80	4.0	14.48	72.51	1.08	2.676	87.5
穿过限制区	4.80	4.81	3.73	4.0	14.50	72.28	1.10	2.678	87.1
走限制区下方	4.85	4.87	3.74	4.0	14.56	72.19	1.47	2.676	86.8
技术要求				4.0	≥13	65~75	0.6~1.2*		≤89

注：*对于粗级配的Superpave混合料，粉胶比可以放宽至0.8~1.6。

研究结果表明，采用粗级配、穿过限制区的级配以及细级配对沥青混合料的最佳沥青用量影响不大，但不同级配在沥青混合料中形成不同的骨架空间结构，这可能影响到沥青混合料的性能。

对以上三种级配进行了沥青混合料路用性能的试验研究。

1.高温稳定性

本课题利用我国规范中的车辙试验法（T 0719—1993）对三种Sup-13混合料的高温性能进行评价。

在设计沥青用量、设计空隙率以及VMA一致的情况下，分析级配变化对沥青混合料抗永久变形能力的影响。试验温度60℃，车辙板试件的空隙率为4.0%。试验结果见表2-3-14、图2-3-13。

车辙试验结果 表2-3-14

级配位置	动稳定度（次/mm）			平均值
走限制区上方	7875	9000	7875	8250
穿过限制区	7875	6300	7875	7350
走限制区下方	7875	7875	6300	7350
技术要求				>2800

试验结果表明，通过限制区的混合料的抗车辙性能与不经过限制区的混合料的抗车辙性能较为接近，由此说明通过限制区的级配并不会影响混合料的抗车辙性能。

2.水稳定性研究

采用浸水马歇尔试验、冻融劈裂试验和美国AASHTO T283试验方法来评价三种沥青混合料的水稳定性，试验结果见表2-3-15、表2-3-16以及图2-3-14。

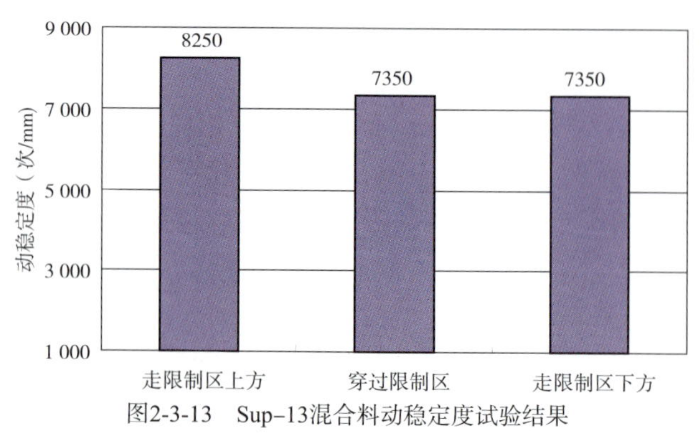

图2-3-13 Sup-13混合料动稳定度试验结果

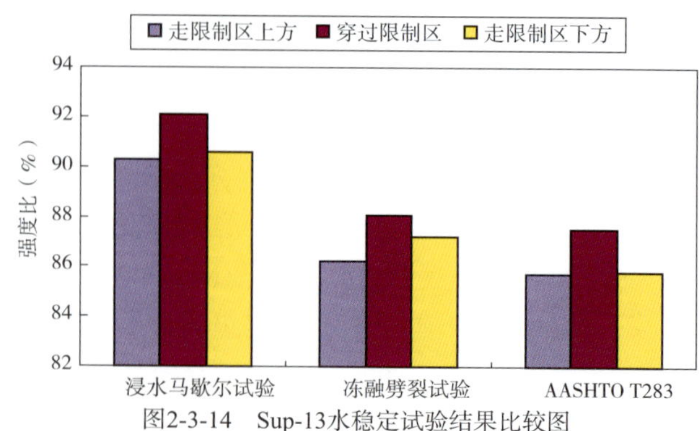

图2-3-14 Sup-13水稳定试验结果比较图

水稳定性试验结果

表2-3-15

级配位置	浸水马歇尔试验			冻融劈裂试验			
	非条件稳定度（kN）	条件稳定度（kN）	残留稳定度（%）	非条件劈裂强度（MPa）	条件劈裂强度（MPa）	50次空隙率（%）	TSR（%）
走限制区上方	17.12	15.45	90.3	1.2532	1.0799	5.33	86.2
穿过限制区	12.95	11.93	92.1	1.1375	1.0025	6.3	88.1
走限制区下方	12.59	11.4	90.6	1.1436	0.9973	6.33	87.2
技术要求			≥85	技术要求			≥80

AASHTO T283试验结果

表2-3-16

级配位置	浸水马歇尔试验		
	非条件稳定度（MPa）	条件稳定度（MPa）	TSR（%）
走限制区上方	1.4251	1.2210	85.7
穿过限制区	1.2792	1.1191	87.5
走限制区下方	1.1967	1.0268	85.8
技术要求			≥80

由试验结果可知，三种级配的混合料水稳定性均满足规范要求，走限制区级配的水稳定性能更优，但相差不大，可认为三种级配的混合料的抗水损害能力相当，通过限制区与否并不对抗水损害性能产生明显影响。

3.低温性能

利用我国现行规范中的低温小梁弯曲试验（T 0715—1993）对混合料低温性能进行评价，试验温度为-10℃，荷载加载速率50mm/min，试验结果见图2-3-15。

由试验结果可知，三种级配的沥青混合料完全满足我国规范要求的破坏应变大于2500με的要求，走限制区上方和穿过限制区的混合料破坏应变较为接近，走限制区下方的混合料破坏应变稍小，相差约15%。

4.抗疲劳性能

抗疲劳性能反映了沥青路面混合料抵抗车辆荷载反复作用下弯拉应力（应变）的能力，可以较好地反映沥青混合料的路用性能。本次采用四点梁疲劳试验（Four Point Bending Fatigue Test，AASHTO P8—94）评价沥青混合料的疲劳性能。试验机为英国COOPER公司生产的气动伺服诺丁汉沥青材料试验仪NU-14。

根据要求分别成型三种级配对应混合料的疲劳试验梁。疲劳试验温度为15℃，采用控制应变的加载方式，加载微应变为600με。试验结果见图2-3-16。

由试验结果可以看出，三种级配混合料的抗疲劳性能基本没有差距，穿过限制区的混合料也同样具有良好的抗疲劳性能，而走限制区上方的细级配混合料的抗疲劳性能稍差于其他两种混合料。

通过以上研究，得到如下结论：

（1）设计沥青用量主要取决于VMA的最低指标要求，而不受级配是否穿过限制区的影响。

（2）当不使用天然砂且原材料指标和体积指标都满足要求时，穿过限制区的级配与避开限制区的级配有同样甚至更好的性能。采用穿过限制区的级配为解决利用难于压实的集料生产Superpave混合料提供了有效途径，建议取消限制区要求。

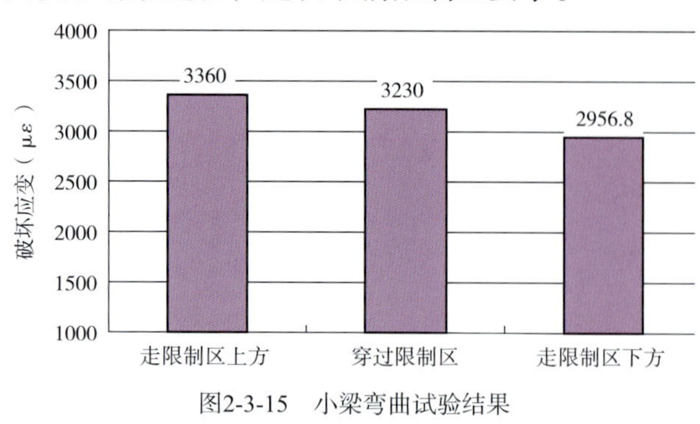

图2-3-15　小梁弯曲试验结果

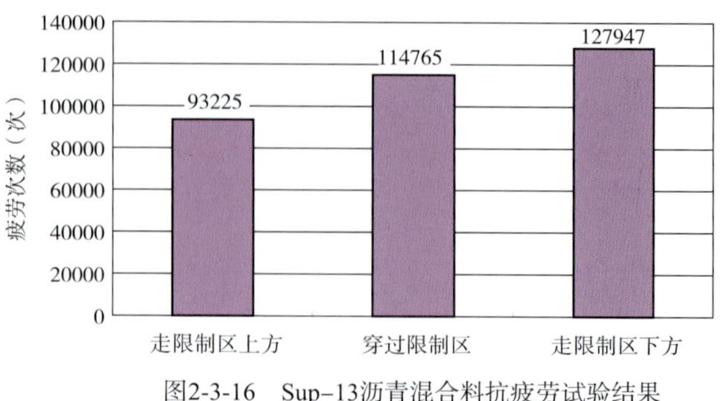

图2-3-16　Sup-13沥青混合料抗疲劳试验结果

第五节　设计空隙率优化

与马歇尔设计方法不同的是，Superpave混合料设计的主导思想是采用室内旋转压实方法以4%的空隙率来进行沥青混凝土的配合比设计，以4%空隙率对应的油石比为最佳油石比，而选用4%空隙率的目的是为了保证沥青混合料有良好的抗车辙性能。对于沥青混合料，其各种性能是相互影响而又相互制约的，过分考虑高温性能会引起其他性能包括耐久性能的损失。同时，外界条件的不同对沥青混合料的性能有着不同的要求，而在进行沥青混合料设计时不论何种条件均采用同样的设计标准显然也是不妥的。

选择目标空隙率3%、4%、5%进行Sup-20混合料性能的比较试验。三种空隙率控制下的设计级配组成和沥青用量见表2-3-17，混合料的体积指标见表2-3-18，由表2-3-18可知，三种级配的混合料体积指标都符合Superpave技术标准。

不同目标空隙率下设计的Sup-20混合料级配组成表　　表2-3-17

空隙率（%）	沥青用量（%）	通过下列筛孔（方孔筛，mm）的质量百分率（%）										
		26.5	19.0	13.2	9.5	4.75	2.36	1.18	0.6	0.3	0.15	0.075
3	4.4	100	99.2	75.6	60.6	47.8	33.2	22.6	16.2	9.5	7.6	5.2
4	4.4	100	99	71	55.6	43	30.3	20.8	15.1	9.3	7.5	5.3
5	4.4	100	98.9	66.9	51.1	39.1	26.4	18.5	13.7	8.8	7.3	5.3

不同目标空隙率下设计的Sup-20混合料体积指标汇总表　　表2-3-18

沥青混合料特性	选 择 不 同 的 空 隙 率			技术指标
空隙率VV（%）	3	4	5	4.0
矿料间隙率VMA（%）	13.21	13.43	14.13	≥13.0
饱和度VFA（%）	68.62	69.77	71.70	65~75
粉胶比DP（%）	1.44	1.33	1.17	0.6~1.2*
初始次数压实度（%）	86.0	85.2	84.0	≤89
最大次数压实度（%）	96.9	97.9	94.8	≤98

注：*对于粗级配的Superpave混合料，粉胶比可放宽至0.8~1.6。

表2-3-19、表2-3-20以及表2-3-21分别为三种级配车辙试验、低温小梁弯曲以及AASHTO T283试验结果。

不同目标空隙率下设计的Sup-20混合料车辙试验结果　　表2-3-19

空隙率（%）	动稳定度（次/mm）				要　求
	1	2	3	平均	
3	4200	3706	4500	4135	≥3000
4	4846	5250	5250	5115	
5	4846	4500	4500	4615	

不同目标空隙率下设计的Sup-20混合料低温小梁弯曲试验结果　　表2-3-20

空隙率（%）	试件编号	最大荷载（kN）	跨中挠度（mm）	抗弯拉强度（MPa）	劲度模量（MPa）	破坏应变（με）
3	1	1.104	0.496	9.05	3466.1	2611.4
	2	1.123	0.501	9.09	3437.7	2645.3
	3	1.156	0.503	9.51	3623.4	2625.7
	4	1.078	0.509	8.86	3315.2	2672.3
	5	1.174	0.492	9.77	3792.8	2575.6
	6	1.084	0.499	8.58	3249.1	2642.2
	平　均	1.120	0.500	9.15	3480.7	2628.7
4	1	0.98	0.506	8.91	3344.5	2664.1
	2	0.96	0.523	8.56	3099.8	2761.4
	3	1.01	0.508	8.96	3369.2	2659.4
	4	0.97	0.499	8.75	3359.2	2604.8
	5	1.13	0.502	8.68	3274.8	2650.6
	6	1.03	0.514	8.45	3167.6	2667.7
	平　均	1.01	0.509	8.72	3269.2	2668.0
5	1	1.294	0.51	10.58	3930.7	2692.8
	2	1.306	0.507	10.55	3930.3	2684.6
	3	1.278	0.523	10.54	3873.1	2722.2
	4	1.256	0.519	10.21	3757.8	2717.0
	5	1.316	0.511	10.75	3996.9	2690.4
	6	1.245	0.509	9.72	3585.1	2710.4
	平　均	1.283	0.513	10.39	3845.7	2702.9

不同目标空隙率下设计的Sup-20混合料AASHTO T283试验结果　表2-3-21

空隙率（%）	非条件		条件		TSR*（%）	要求（%）
	空隙率（%）	劈裂强度（MPa）	空隙率（%）	冻融劈裂强度（MPa）		
3	6.56	0.751 5	6.52	0.6413	84.8	≥80
	6.51	0.770 0	6.61	0.6368		
	6.65	0.753 4	6.54	0.6505		
	6.57	0.758 3	6.55	0.6429		
4	7.04	0.668 9	7.01	0.6024	86.8	
	6.85	0.701 2	6.89	0.5932		
	6.99	0.705 6	6.95	0.6058		
	6.96	0.691 9	6.95	0.6005		
5	6.75	0.800 7	6.66	0.7258	89.1	
	6.83	0.814 7	6.76	0.7307		
	6.70	0.830 3	6.82	0.7221		
	6.76	0.815 2	6.75	0.7262		

由试验结果可知，4%目标空隙率下设计的混合料获得的动稳定度最高，三者的低温抗裂性能、抗水损害性能相差不大。现阶段采用4%的目标空隙率进行混合料设计是可行的。

第六节　粉胶比选择优化

Superpave体系中，粉胶比是指小于0.075mm筛孔的集料的质量百分率与有效沥青含量的质量百分率的比值。有效沥青含量是混合料中总的沥青含量减去吸收的沥青含量。在Superpave混合料设计中，粉胶比是设计的标准之一，对所有的混合料，其可接受范围规定为0.6~1.6。低粉胶比值表明混合料可能不稳定，而高粉胶比值则表明混合料耐久性不足。

我国规范没有对混合料的粉胶比值加以要求，很多省份对其重视不够，甚至还存在一定的误区。本课题将选择粉胶比0.4、1.2、1.6、2.0的沥青砂浆进行动态剪切流变DSR试验以及弯曲梁流变BBR试验。

动态剪切流变仪及其原理如图2-3-17所示，属平板式的流变仪，两块ϕ25mm或ϕ8mm的平行板的间距1.1~2.2mm（ϕ25mm板）或0.9~1.8mm（ϕ8mm板），沥青试样像三明治一样夹在平板之间，一块板固定，一块板围绕着中心轴来回摆动，以摆动板上的点A（黑垂线）转动到点B，由点B往回转动经过点A，转回到点C，再返回由点C转动到点A，完成一个周期。DSR试验过程中，摆动板连续不断地摆动，速度为10rad/s，约等于1.5Hz的频率。SHRP研究成果认为，采用动态剪切流变仪（DSR）分别测定原样沥青及RTFOT后残留沥青试样的动态复数劲度模量G^*和相位角δ，并通过计算沥青材料的黏性成分（也叫车辙因子）可以有效地对沥青材料的高温性能进行评价，黏性成分越大则其高温时流动变形越小，抗车辙能力也就越强，反之也成立。

动态剪流变试验是美国SHRP计划的研究成果，是用PAV长期老化后的沥青在中温条件下进行动态剪流变试验，以$G^*/\sin\delta$作为疲劳性能的评价指标，综合考虑了沥青混合料经受5~10年的行车压力及环境温度的影响，$G^*/\sin\delta$值越大，其抗疲劳性能越差。

弯曲梁流变仪（AASHTO T313，Bending Beam Rheometer，简称BBR），由简支梁弯曲蠕变装置、保温槽、加载设施及计算机控制和数据资料采集设备四个单元组成。试验装置如图2-3-18所示。小梁的挠度直接由接在荷载杆上的LVDT测量，并绘出弯曲蠕变曲线。试验采用RTFOT及PAV试验的残留沥青测试，沥青梁式试件的尺寸为127mm（长）×6.35mm（高）×12.7mm（宽），跨径101.6mm，进行三点弯曲，试验测定时间为240s，所得曲线为劲度模量作为时间的函数曲线，即lg$S$~lg$t$蠕变曲线，如图2-3-19所示。试验结果为60s时的劲度模量S（t）及曲线的斜率m。劲度模量S越大，蠕变速率越小，其低温抗裂性越差，反之亦然。

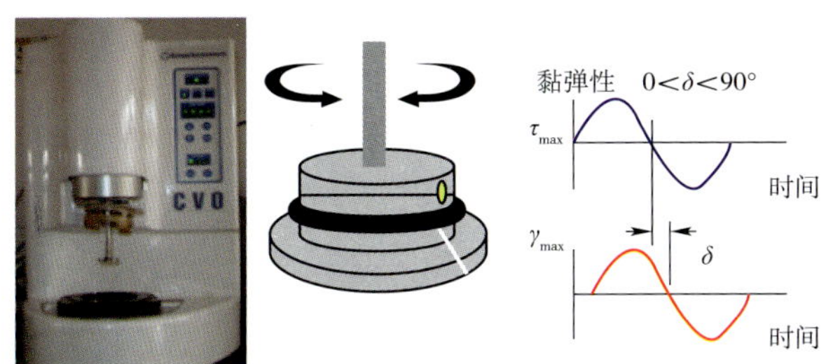

图2-3-17 动态剪切流变仪及其原理

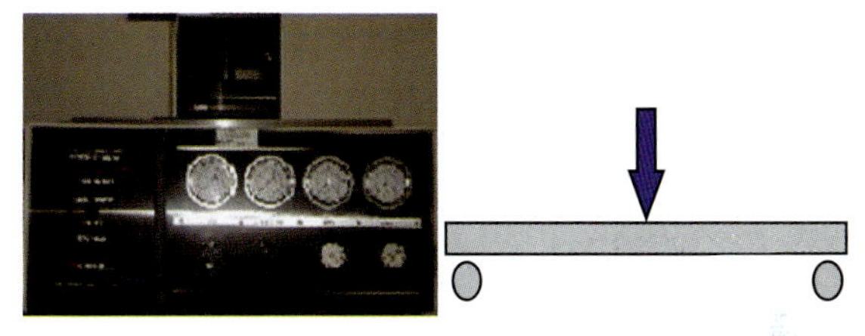

图2-3-18 弯梁流变仪及其工作示意图

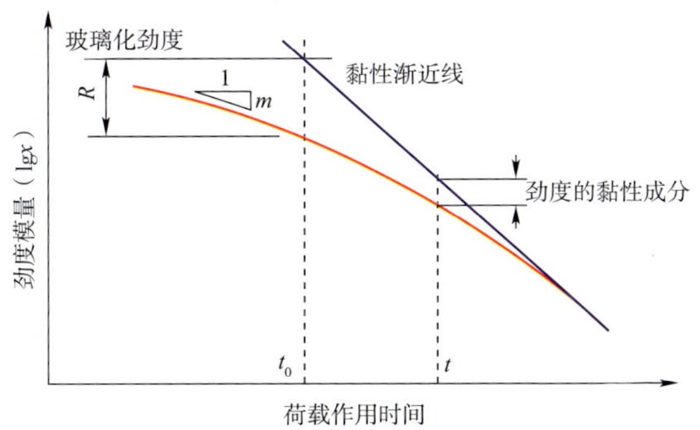

图2-3-19 弯曲蠕变曲线

四种粉胶比下的试验结果见表2-3-22。

不同粉胶比下沥青胶浆的DSR以及BBR试验结果 表2-3-22

粉胶比			0.4	1.2	1.6	2.0	技术标准
DSR	原样 $G^*/\sin\delta$（kPa）	76℃	3.2603	6.0319	9.1304	28.445	≥1kPa
		82℃	2.0482	3.8381	5.5247	17.217	
	RTFOT $G^*/\sin\delta$（kPa）	76℃	4.0944	7.1044	9.0427	20.025	≥2.2kPa
		82℃	2.0582	4.0010	5.0133	11.722	
	PAV $G^*/\sin\delta$（kPa）	37℃	680	1195	1436	2323	≤5000 kPa
BBR	-6℃	S（MPa）	99	180	211	359	≤300 MPa
		m	0.391	0.422	0.409	0.401	≥0.300

从试验结果来看：

（1）随着粉胶比的增加，沥青胶浆的车辙因子逐渐增加，高温稳定性随着粉胶比的增加而增加。

（2）随着粉胶比的增加，疲劳因子的数值逐渐增加，沥青胶浆的抗疲劳能力随着粉胶比的增加而下降。

（3）沥青胶浆的劲度模量S随粉胶比的增加而增加，与车辙因子所得结果类似；蠕变速率m随粉胶比的增加呈抛物线分布，粉胶比为1.2具有最优的低温抗裂性。

对于重庆市，路面高温性能是需关注的重要性能指标之一。从不同粉胶比试验结果来看，适当提高粉胶比有利于提高胶浆的劲度模量，提高其高温性能，但会对疲劳性能、抗裂性能造成不利影响，现阶段粉胶比按0.8~1.6进行控制。

第四章　沥青混合料性能对比试验

Superpave沥青混合料在体积组成设计完成后，只进行水损害性能检验，而没有对沥青混合料的高温、低温、疲劳性能进行检测，缺乏对沥青混合料抗高温、低温的评估。为综合评价这种混合料的路用性能特点，将分别对同种原材料的Sup-20粗、细级配和AC-20共三种混合料的高温、低温、抗水损害、力学性能进行综合室内评价分析。三种混合料的级配组成及沥青含量见表2-4-1和图2-4-1，均采用改性沥青材料，混合料体积指标都符合相关技术标准。

性能对比三种级配组成表　　表2-4-1

级配类型	沥青用量（%）	通过下列筛孔（方孔筛，mm）的质量百分率（%）											
		26.5	19.0	16.0	13.2	9.5	4.75	2.36	1.18	0.6	0.3	0.15	0.075
Sup-20粗	4.4	100	99	—	71	55.6	43	30.3	20.8	15.1	9.3	7.5	5.3
Sup-20细	4.4	100	99.2	—	75.6	60.9	47.9	34.0	22.7	16.0	8.9	6.9	4.4
AC-20	4.3	100	99.0	88.8	71.3	57.7	43.2	28.5	19.2	13.8	8.1	6.4	5.4

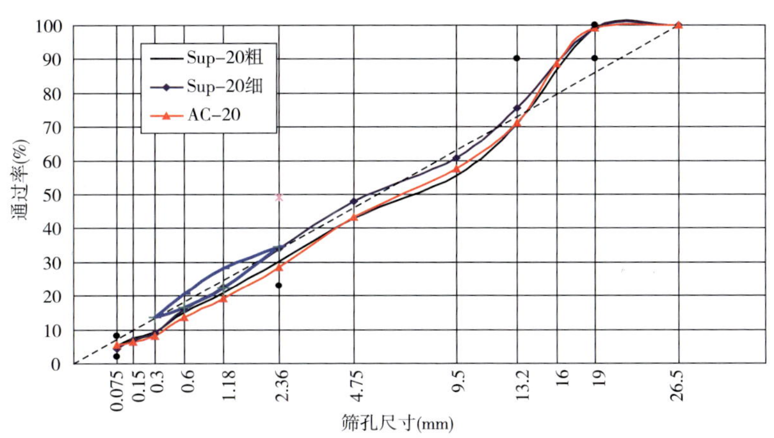

图2-4-1　性能对比三种级配曲线图

第一节　高温稳定性室内试验

目前，可用于评价沥青混合料高温性能试验的方法很多，包括试验室圆柱试件的单轴、三轴静载、径向静载、动载重复试验，简单剪切静载、重复加载和动力试验。此外，还有真空圆柱试件的动力、剪切试验，棱柱形梁试件的弯曲蠕变试验，小型模拟试验设备的车辙试验，大型环道、直道试验设备的足尺路面高温性能试验和现场试验，路面的加速加载试验等。结合本次研究具体情况，主要通过混合料的车辙试验以及Flow number 试验进行评价。

一、车辙试验

三种不同类型的混合料的动稳定度试验结果见表2-4-2、图2-4-2。

三种混合料的动稳定度试验结果　　表2-4-2

沥青材料	油石比（%）	动稳定度（次/mm）			
		1	2	3	平均
Sup-20粗	4.6	4846	5250	5250	5115
Sup-20细	4.6	3706	3706	3938	3783
AC-20	4.5	3706	3500	3150	3452

由试验结果可知，粗级配Sup-20混合料表现出了更好的高温性能，而不管是粗级配还是细级配，Sup-20混合料的高温性能均要好于AC-20混合料。

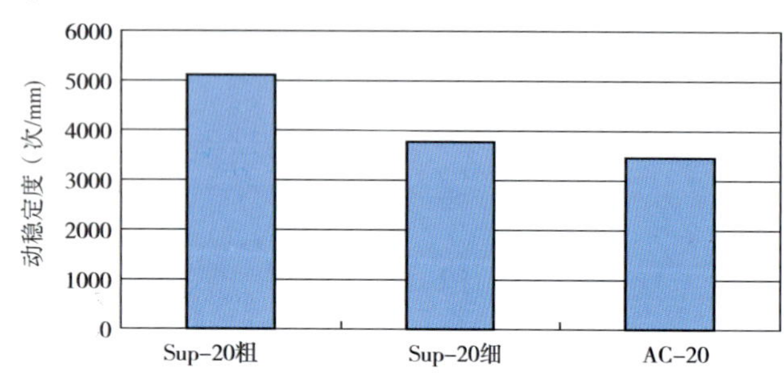

图2-4-2　不同混合料动稳定度试验结果对照图

二、Flow number 试验

Flow number试验是美国NCHRP 9-19开发的沥青混合料高温稳定性能试验。该试验法通过对圆柱形沥青混合料试件（直径100mm，高150mm）施加循环荷载，每个循环包括0.1s的半正弦荷载施加期和0.9s的卸载期，试验过程中实时记录竖向变形随荷载循环的累积，以评价混合料的高温稳定性。

本课题研究中Flow number试验采用SPT简单性能试验机进行（见图2-4-3），试验温度为55℃，围压为69kPa，竖向偏应力为1200kPa，试验参数见表2-4-3，试验结果如图2-4-4所示。

Flow Number试验条件　　表2-4-3

试验温度	55℃	试验偏应力	1200kPa
接触压力	5kPa	试验结束条件	作用次数达到10000
围压	69kPa		

图2-4-3　沥青混合料简单性能试验仪

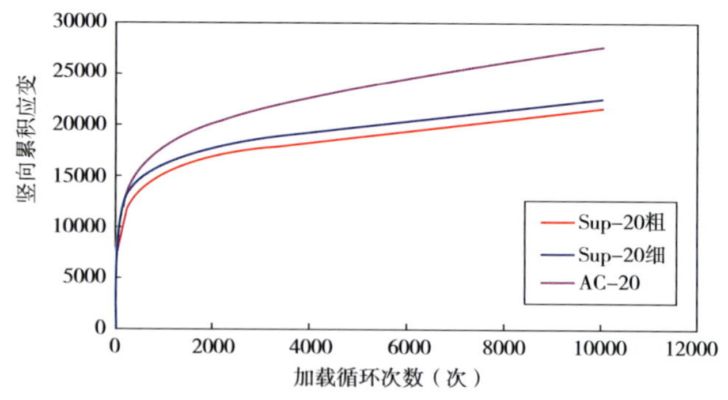

图2-4-4　Flow number试验曲线图

Flow number试验和车辙试验结果基本类似，粗级配Sup-20混合料表现出了较好的高温性能，细级配Sup-20混合料高温性能次之，AC-20混合料高温性能最弱。

结合级配曲线，从高温稳定性试验结果来看，为寻求较好的高温性能，级配设计时应尽量选择粗级配混合料，结合第3章分析结论并参照我国规范要求，建议Sup-20混合料4.75mm通过率控制在45%以内。

第二节　低温抗裂性能试验

沥青路面的开裂是路面的主要病害之一，但引发路面开裂的原因往往是很复杂的。根据沥青路面开裂的主要原因，裂缝可分为两大类，即荷载型裂缝和非荷载型裂缝。前者主要是由于交通荷载作用下产生的疲劳裂缝，后者主要为温度型裂缝。温度型裂缝产生的原因主要有以下三种：日平均气温低，且持续时间长；日平均气温并不低，但昼夜温差大、日温度周期性变化规律明显；温度引起的基层反射裂缝。

重庆市气候较为炎热，年平均气温较高，不会发生第一种温度型裂缝（低温开裂），但易发生第二种和第三种温度型裂缝，即温度疲劳开裂和温缩型反射裂缝。这主要是由于重庆市昼夜温差大、降雨量大的原因，特别在7~9月份，路面在较高温度条件下，突然降雨，路面温度骤降，导致路面内部存有温度裂缝发生的危险，这种裂缝的出现与混合料的低温抗裂能力有着重要的联系。

国内外用于评价沥青混合料低温抗裂性能的试验方法多种多样，现有的主要低温抗裂评价方法均产自美国，包括间接拉伸试验、等速拉伸的直接拉伸试验、拉伸蠕变、简支梁弯曲试验、约束梁的三点弯曲试验、C*线积分试验、温度膨胀系数，目前比较看好的试验方法是美国公路战略研究计划（SHRP）提出的约束试件温度应力试验。国内主要是采用-10℃低温小梁弯曲试验对混合料低温性能进行评估。

试验过程中，将沥青混合料经轮碾成型后切割制成长250mm、宽30mm、高35mm的小梁试件，在-10℃的环境箱中放置5h左右，使小梁试件整体温度达到-10℃的试验要求。加载速率控制在50mm/min。低温小梁弯曲试验结果以小梁最大破坏应变表征，最大破坏应变越大，则表明该沥青混合料抵抗低温开裂的能力越好。

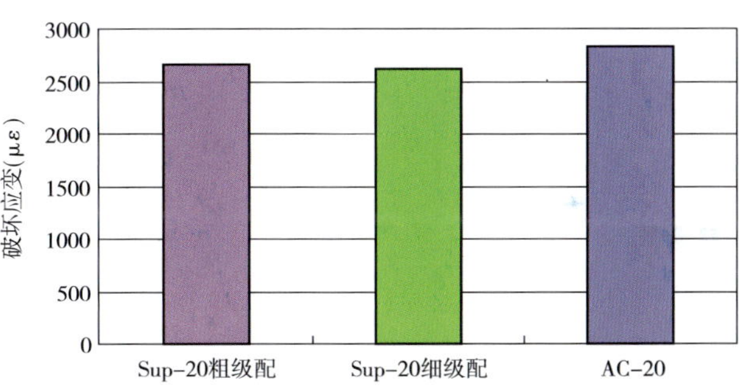

图2-4-5　不同类型沥青材料混合料低温弯曲试验结果

三种混合料的小梁低温弯曲试验结果见表2-4-4和图2-4-5。

-10℃小梁低温弯曲试验结果　　表2-4-4

沥青材料	试件编号	最大荷载（kN）	跨中挠度（mm）	抗弯拉强度（MPa）	劲度模量（MPa）	破坏应变（με）
Sup-20粗	1	0.98	0.506	8.91	3344.5	2664.1
	2	0.96	0.523	8.56	3099.8	2761.4
	3	1.01	0.508	8.96	3369.2	2659.4
	4	0.97	0.499	8.75	3359.2	2604.8
	5	1.13	0.502	8.68	3274.8	2650.6
	6	1.03	0.514	8.45	3167.6	2667.7
	平均	1.01	0.509	8.72	3269.2	2668
Sup-20细	1	1.023	0.501	8.37	3191.7	2622.7
	2	1.146	0.51	9.61	3621.6	2654.6

续上表

沥青材料	试件编号	最大荷载（kN）	跨中挠度（mm）	抗弯拉强度（MPa）	劲度模量（MPa）	破坏应变（με）
Sup-20细级配	3	1.096	0.493	9.03	3467.5	2603.0
	4	1.086	0.488	8.93	3477.2	2569.3
	5	1.124	0.497	9.01	3434.0	2624.2
	6	1.097	0.503	9.08	3468.3	2618.1
	平均	1.095	0.499	9.01	3443.4	2615.3
AC-20	1	1.12	0.538	9.57	3437.1	2784.2
	2	0.98	0.554	8.46	2977.9	2842.0
	3	1.13	0.561	9.74	3366.1	2894.8
	4	1.08	0.548	9.20	3242.8	2835.9
	5	0.95	0.535	7.94	2852.3	2784.7
	6	1.24	0.557	10.79	3765.7	2865.8
	平均	1.08	0.549	9.28	3273.6	2834.5

由试验结果可以看出，三种混合料低温破坏应变均能满足我国规范要求，其中AC-20混合料的低温破坏应变最大，粗、细级配的Sup-20混合料的低温破坏应变基本相当，但三者相差并不明显，最大值与最小值相差不到8%。

第三节　混合料水稳定性能试验

沥青混合料水稳定性的评定方法，通常分两个阶段进行，或者说分为两类，第一阶段是评价沥青与矿料的黏附性，第二阶段是评价沥青混合料的水稳定性。对沥青与矿料黏附性评价的方法包括水煮法、水浸法、光电比色法、搅动水净吸附法等。目前，国内主要采用水煮法进行集料与矿料间的黏附性试验和评价。对沥青混合料而言，在浸水条件下，由于沥青与矿料的黏附力降低，导致损坏，最终表现为混合料的整体力学强度降低，因此沥青混合料的水稳定性最终是由浸水条件下沥青混合料物理力学性能降低的程度来表征的。有几个关键：一是混合料试件条件，如成型方法、尺寸、试件的空隙率等；二是浸水和模拟浸水的试验条件，包括温度、时间、循环次数等；三是采用何种物理力学性质的试验、指标来评定。

目前，国内外各种水稳定性试验的评价方法无非就是这几个条件的差异。试件成型方法包括击实方法或搓揉方法。试件的空隙率按照马歇尔试件或按施工压实度控制。试验条件有采用高温浸水的，也有采用冻融循环的。试验指标有采用马歇尔稳定度、抗压强度、劈裂强度、回弹模量、动稳定度等各种指标。国内主要采用浸水马歇尔试验、浸水劈裂试验等对混合料的水稳定性进行评价。当前，随着Superpave技术的引进，AASHTO T283试验也被引入我国，美国经过长期的路面现场跟踪观察，发现AASHTO T283的试验结果同实际路面的抗水损害能力有较好的相关性，不少地区将此方法作为评估混合料水稳定性的重要方法，本课题研究过程中主要采用AASHTO T283试验方法作为沥青混合料抗水损害评价方法，并用浸水马歇尔试验和冻融劈裂试验做对比研究。试验结果见表2-4-5和图2-4-6。

不同类型沥青混合料水稳定性试验结果统计表　　表2-4-5

混合料类型	试　验　项　目	试验值（%）	技术要求
Sup-20粗	残留稳定度S_0（%）/浸水马歇尔试验	87.5	≥85
	TSR（%）/AASHTO T283试验	86.8	≥80
	TSR（%）/冻融劈裂试验	84.8	≥80
Sup-20细	残留稳定度S_0（%）/浸水马歇尔试验	89.6	≥85
	TSR（%）/AASHTO T283试验	85.3	≥80
	TSR（%）/冻融劈裂试验	86.6	≥80
AC-20	残留稳定度S_0（%）/浸水马歇尔试验	86.8	≥85
	TSR（%）/AASHTO T283试验	88.9	≥80
	TSR（%）/冻融劈裂试验	83.1	≥80
	TSR（%）/AASHTO T283试验	89.3	≥80
	TSR（%）/冻融劈裂试验	84.6	≥80

从表2-4-5以及图2-4-6可以看出，三种混合料的水稳定性不论是用何种方法评判都满足有关技术标准，并且结果相差都不是很大，即三种混合料的水稳定性基本相当。Superpave混合料没有表现出优于AC型混合料更好的水稳定性，但Superpave混合料通过级配优化后使得混合料均匀性更好，现场离析减少，铺面更加均匀密实，有利于减少路面现场渗水概率，从而提高路面的抗水损害性能。

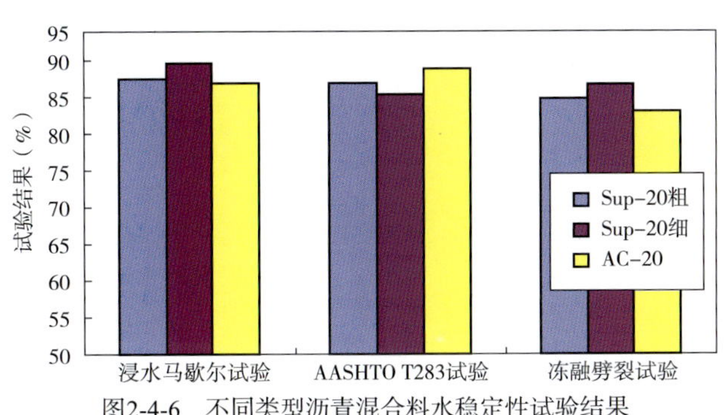

图2-4-6　不同类型沥青混合料水稳定性试验结果

第四节　力学性能试验

一、抗压回弹模量

路面材料的回弹模量反映了材料抵抗可回复变形的能力，目前各国的沥青路面结构设计规范都采用回弹模量作为结构层材料的力学参数。沥青混合料回弹模量越大，分散荷载的能力越强，底基层和土基顶面的竖向压应力就越小，从而越能避免结构性车辙的发生。

为更好地模拟路面实际情况，课题采用揉搓成型的方法制件进行抗压回弹试验，制件采用旋转压实仪成型，尺寸为ϕ100mm×100mm，旋转压实仪设定的单位压力为0.6MPa，以成型空隙率4%控制压实次数，试验在20℃下进行。试验结果见表2-4-6和图2-4-7。

由试验结果可知，Sup-20表现出更好的力学特性，粗、细级配对Superpave力学特性影响不明显，两者基本相当。

数据也反映出，与AC-20混合料静模量数值相比，Sup-20混合料的静模量约提高了25%。路面结构设计时，规范对AC-20混合料静模量的建议值为1600~2000MPa。根据本试验结果。对于Sup-20混合料，结构设计时，其静模量建议值可取2000~2500MPa。

各种混合料回弹模量试验结果汇总表 表2-4-6

混合料类型		抗压强度（MPa）	回弹模量（MPa）
Sup-20粗	1	44.52	2202.95
	2	47.53	2627.04
	3	43.35	2637.08
	平均	45.13	2489.02
Sup-20细	1	46.62	2499.02
	2	44.44	2447.90
	3	42.00	2620.10
	平均	44.35	2522.34
AC-20	1	46.57	1630.83
	2	51.34	2471.44
	3	48.64	2055.35
	平均	48.85	2052.54

二、动态回弹模量

采用Superpave简单性能试验机（SPT）测量了沥青混合料在不同温度和荷载作用频率下的动态回弹模量、相位角等技术指标。

试件成型采用Superpave旋转压实仪。根据ASHTO TP-62试验方法的要求，对旋转压实仪成型的试件（180mm×150mm）进行取芯，芯样试件大小为150mm×100mm。

本研究动态回弹模量试验采用正弦荷载应力控制方式，图2-4-8为动态回弹模量试验中典型的应力—应变曲线。

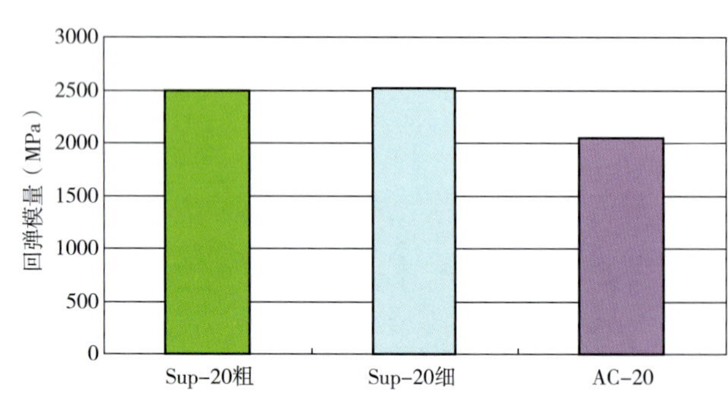

图2-4-7 各种混合料回弹模量试验结果示意图

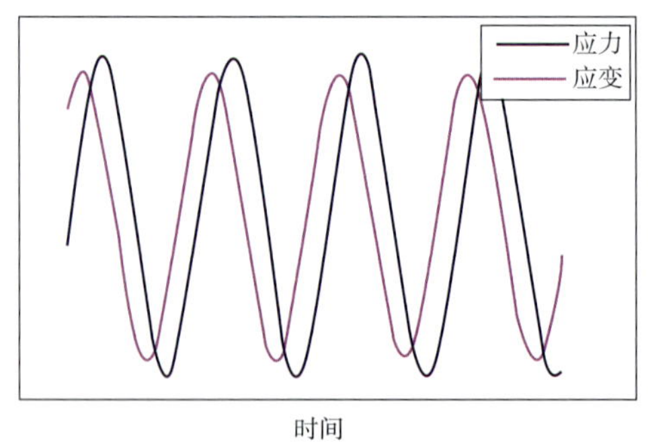

图2-4-8 动态回弹模量试验应力—应变曲线

试验温度为10℃、15℃、25℃、40℃、55℃，每种温度条件下采用7个不同加载频率（25Hz、20 Hz、10 Hz、5 Hz、1 Hz、0.5 Hz、0.1Hz）和3种围压条件（0kPa、100kPa和200kPa围压），试验结果见表2-4-7~表2-4-9。

不同加载条件下的动态回弹模量与相位角（0kPa围压）　表2-4-7

温度（℃）	频率（Hz）	AC-20			Sup-20粗			Sup-20细		
		模量E^*（MPa）	相位角δ（°）	$E^*/\sin\delta$（MPa）	模量E^*（MPa）	相位角δ（°）	$E^*/\sin\delta$（MPa）	模量E^*（MPa）	相位角δ（°）	$E^*/\sin\delta$（MPa）
10	25	19973	12.63	91390.7	19083	13.68	80729.7	16411	13.69	69376.2
	20	19410	13.26	84665.2	18331	14.21	74712.2	15853	14.25	64434.9
	10	17539	12.06	83986.4	16356	15.92	59658.7	14137	15.97	51407.6
	5	15709	16.87	54158.1	14497	17.56	48074.0	12490	17.71	41078.8
	1	11513	21.32	31681.3	10506	21.85	28242.0	8959	22.01	23917.0
	0.5	9784	23.21	24837.9	8912	23.67	22209.1	7542	23.84	18668.7
	0.1	6267	27.67	13501.8	5702	27.81	12227.6	4896	27.95	10450.8
15	25	17150	16.52	60342.7	16552	16.46	58445.0	13528	16.57	47459.0
	20	16506	17	56483.3	15834	17.01	54152.8	12987	17.12	44139.1
	10	14537	18.77	45200.3	13874	18.81	43050.4	11319	18.98	34819.2
	5	12646	20.56	36026.7	12023	20.63	34140.6	9792	20.78	27613.5
	1	8578	25.14	20201.1	8169	25.09	19273.8	6637	25.23	15577.9
	0.5	7011	26.91	15498.1	6688	26.85	14814.7	5473	26.9	12102.5
	0.1	4105	30.48	8096.6	3949	30.25	7842.4	3288	30.54	6473.6
25	25	10091	24.62	24233.9	9168	25.38	21399.7	8385	23.13	21356.0
	20	9411	25.11	22187.6	8559	25.77	19696.0	5076	23.61	12679.9
	10	7682	27.04	16905.8	8962	27.62	19340.1	6710	25.5	15593.5
	5	6150	28.9	12731.4	5565	29.39	11345.0	5490	27.19	12020.3

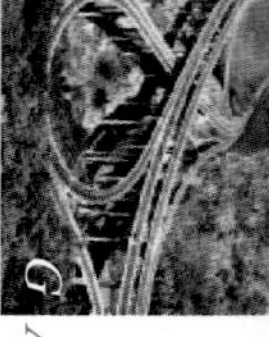

续上表

温度（℃）	频率（Hz）	AC-20			Sup-20粗			Sup-20细		
		模量E^*（MPa）	相位角δ（°）	$E^*/\sin\delta$（MPa）	模量E^*（MPa）	相位角δ（°）	$E^*/\sin\delta$（MPa）	模量E^*（MPa）	相位角δ（°）	$E^*/\sin\delta$（MPa）
25	1	3409	32.06	6425.2	3 104	32.26	5818.0	3206	30.71	6280.6
	0.5	2636	32.04	4971.0	2 430	32.03	4583.8	2512	31.16	4857.0
	0.1	1466	31.33	2820.7	1 406	30.78	2748.7	1373	31.97	2594.3
40	25	3619	33.34	6587.7	3 859	33.26	7039.5	3631	32.1	6836.0
	20	3299	33.11	6042.1	3 362	32.29	6296.3	3335	31.85	6322.8
	10	2446	33.52	4431.3	2 494	32.97	4584.9	2544	32.47	4740.8
	5	1817	33.15	3324.3	1 840	33.19	3362.7	1938	32.45	3613.5
	1	928.7	31.6	1773.2	1022	30.33	2024.8	1014	31.75	1927.8
	0.5	768.9	29.37	1568.5	854.9	28.09	1816.5	815.8	30.1	1627.4
	0.1	525.6	25.47	1222.8	606.6	24.18	1481.6	513.4	27.36	1117.6
55	25	1640	32.99	3013.3	1696	30.58	3335.2	1098	33.64	1982.9
	20	1534	31.54	2933.9	1579	29.37	3221.0	1036	32.24	1942.9
	10	1138	30.24	2260.7	1192	28.2	2523.7	769.8	31.23	1485.4
	5	814.6	30.39	1611.0	918.7	27.07	2019.7	574.8	30.42	1135.7
	1	470.2	26.99	1036.5	553.5	24.35	1343.1	301.3	29.3	616.0
	0.5	423.7	21.25	1169.6	4 97.1	22.42	1304.0	261.5	27.48	567.0
	0.1	342.3	21.43	937.3	411.5	19.63	1225.5	192.9	24.5	465.4

不同加载条件下的动态回弹模量与相位角（100kPa围压）　　表2-4-8

温度（℃）	频率（Hz）	AC-20			Sup-20粗			Sup-20细		
		模量E^*（MPa）	相位角δ（°）	$E^*/\sin\delta$（MPa）	模量E^*（MPa）	相位角δ（°）	$E^*/\sin\delta$（MPa）	模量E^*（MPa）	相位角δ（°）	$E^*/\sin\delta$（MPa）
10	25	20317	13.04	90090.0	19030	13.93	79088.5	16248	13.56	69333.1
	20	19699	13.59	83877.1	18334	14.33	74111.7	15727	14.08	64678.7
	10	17729	15.23	67522.5	16423	15.77	60458.2	14088	15.62	52347.8
	5	15810	16.87	54506.3	14600	17.33	49038.0	12509	17.31	42061.9
	1	11556	21.11	32101.3	10561	21.42	28932.2	9111	21.27	25127.7
	0.5	9849	22.92	25301.9	8963	23.16	22800.1	7800	22.96	20005.1
	0.1	6369	27.25	13916.5	5803	27.03	12775.1	5148	26.87	11395.5
15	25	17209	16.03	62350.5	16281	16.34	57898.7	13551	16.31	48276.5
	20	16514	16.53	58070.8	15580	16.75	54087.0	13007	16.82	44972.1
	10	14538	18.35	46201.3	13667	18.49	43115.7	11434	18.5	36052.4
	5	12544	20.16	36414.8	11890	20.26	34353.0	9928	20.25	28697.9
	1	8604	24.61	20670.7	8113	24.54	19543.2	6793	24.44	16426.3
	0.5	7065	26.39	15902.5	6670	26.19	15119.9	5637	26	12865.0
	0.1	4227	29.86	8493.9	4043	29.14	8306.6	3487	29.13	7166.5
25	25	10223	23.63	25516.8	9366	24.12	22930.4	8569	22.51	22393.2
	20	9597	24.22	23404.7	8795	24.65	21097.4	8103	23.09	20671.5
	10	7874	26.26	17804.9	7201	26.29	16265.9	6757	24.9	16056.1

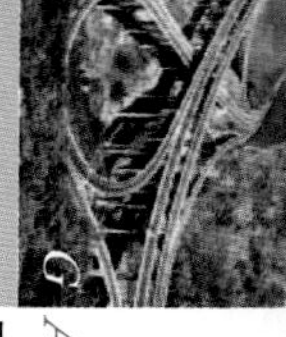

续上表

温度（℃）	频率（Hz）	AC-20			Sup-20粗			Sup-20细		
		模量E^*（MPa）	相位角δ（°）	$E^*/\sin\delta$（MPa）	模量E^*（MPa）	相位角δ（°）	$E^*/\sin\delta$（MPa）	模量E^*（MPa）	相位角δ（°）	$E^*/\sin\delta$（MPa）
25	5	6343	27.87	13575.2	5845	27.94	12480.6	5554	26.45	12475.1
	1	3685	30.57	7248.8	3405	30.35	6741.9	3353	29.23	6869.6
	0.5	2946	30.04	5887.6	2752	29.71	5555.3	2716	29.18	5573.2
	0.1	1867	28.36	3932.3	1826	27.21	3995.3	1760	27.67	3791.8
40	25	3937	30.61	7735.4	4011	29.44	8164.3	3752	29.82	7548.6
	20	3610	30.61	7092.9	3691	29.39	7524.6	3482	29.76	7018.2
	10	2800	30.66	5493.3	2904	29.33	5931.2	2755	29.86	5536.0
	5	2227	29.81	4481.8	2337	28.42	4912.7	2218	29.19	4549.9
	1	1433	26.62	3199.7	1544	24.9	3668.9	1452	26.41	3266.0
	0.5	1285	24.24	3131.4	1392	22.34	3663.9	1311	24.03	3221.0
	0.1	1045	20.41	2998.0	1155	18.02	3735.5	1081	19.88	3180.5
55	25	2084	28.09	4428.0	2151	25.57	4986.0	1617	26.77	3591.7
	20	1944	27.38	4229.1	2002	25.04	4732.3	1537	25.75	3539.5
	10	1579	26.12	3588.3	1640	23.95	4041.9	1291	24.47	3118.2
	5	1348	24.42	3262.1	1404	22.43	3681.5	1131	22.74	2927.3
	1	1026	20.79	2892.0	1079	18.85	3341.2	895.4	19.57	2674.5
	0.5	988.2	18.58	3102.9	1037	16.83	3583.4	877.2	17.24	2961.2
	0.1	917	15.24	3490.2	960.7	13.88	4006.8	840.2	14.06	3460.2

不同加载条件下的动态回弹模量与相位角（200kPa围压）　表2-4-9

温度（℃）	频率（Hz）	AC-20			Sup-20粗			Sup-20细		
		模量E^*（MPa）	相位角δ（°）	$E^*/\sin\delta$（MPa）	模量E^*（MPa）	相位角δ（°）	$E^*/\sin\delta$（MPa）	模量E^*（MPa）	相位角δ（°）	$E^*/\sin\delta$（MPa）
10	25	20459	12.64	93541.7	19172	13.7	80990.1	16511	13.14	72665.9
	20	19873	13.31	86364.9	18469	14.13	75692.1	16012	13.62	68030.7
	10	17927	14.86	69936.9	16534	15.58	61590.4	14419	15.18	55092.7
	5	16074	16.48	56690.3	14738	17.1	50147.0	12875	16.71	44800.4
	1	11836	20.61	33640.8	10772	21.05	30004.8	9474	20.64	26890.0
	0.5	10142	22.38	26649.9	9207	22.71	23859.6	8141	22.24	21519.7
	0.1	6636	26.59	14832.6	6064	26.21	13736.4	5454	25.89	12496.6
15	25	17275	15.83	63359.8	16180	16.15	58198.1	13665	16.01	49570.3
	20	16623	16.38	58974.5	15560	16.57	54587.7	13137	16.48	46332.0
	10	14647	18.16	47018.0	13689	18.21	43826.2	11585	18.11	37288.0
	5	12764	19.92	37481.4	11943	19.95	35020.0	10121	19.77	29936.6
	1	8739	24.26	21279.2	8206	24.06	20137.5	7018	23.79	17406.1
	0.5	7214	25.94	16499.6	6801	25.57	15764.6	5869	25.18	13800.9
	0.1	4448	28.89	9210.9	4261	27.79	9143.5	3749	27.67	8076.9
25	25	10451	22.91	26859.6	9708	23.09	24766.0	8739	21.79	23553.6
	20	9800	23.53	24559.0	9105	23.8	22573.3	8280	22.34	21794.1
	10	8094	25.47	18830.5	7386	26.28	16689.6	6934	24.05	17022.7
	5	6610	27.12	14507.0	6119	26.94	13512.4	5752	25.35	13441.0
	1	3990	28.82	8280.8	3774	28.33	7956.5	3626	27.2	7936.4
	0.5	3278	28.26	6926.5	3129	26.96	6904.9	3026	26.69	6740.1
	0.1	2236	25.76	5147.4	2203	23.88	5444.5	2118	24.42	5125.5

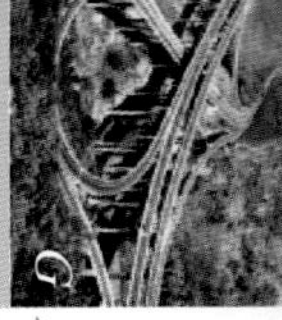

续上表

温度（℃）	频率（Hz）	AC-20			Sup-20粗			Sup-20细		
		模量E^*（MPa）	相位角δ（°）	$E^*/\sin\delta$（MPa）	模量E^*（MPa）	相位角δ（°）	$E^*/\sin\delta$（MPa）	模量E^*（MPa）	相位角δ（°）	$E^*/\sin\delta$（MPa）
40	25	4282	28.27	9045.1	4283	26.79	9507.0	4052	26.98	8935.6
	20	3967	28.17	8407.0	3993	26.58	8928.2	3785	26.77	8407.4
	10	3203	27.76	6880.0	3228	25.81	7417.6	3111	26.34	7014.8
	5	2656	26.56	5942.8	2745	24.66	6582.2	2614	25.24	6133.1
	1	1865	23.11	4753.9	1972	20.85	5543.2	1870	22.03	4987.8
	0.5	1692	21.05	4713.0	1808	18.69	5644.9	1712	19.85	5044.3
	0.1	1406	17.86	4586.7	1543	15.28	5857.9	1432	16.4	5074.4
55	25	2510	24.37	6085.9	2513	22.09	6685.6	2130	22.22	5635.2
	20	2392	23.33	6042.9	2380	21.36	6537.6	2055	21.05	5724.1
	10	2057	21.67	5573.3	2060	19.87	6063.8	1806	19.64	5375.9
	5	1824	19.92	5356.2	1838	18.2	5887.6	1627	17.98	5273.3
	1	1472	16.42	5209.9	1502	15.04	5791.1	1351	14.9	5256.7
	0.5	1410	14.62	5589.0	1450	13.38	6269.1	1298	13.24	5670.2
	0.1	1274	12.36	5954.8	1328	11.21	6834.5	1174	11.23	6031.3

（一）动态回弹模量值分析

荷载频率主要依据汽车荷载对路面的振动频率来确定。振动频率与行车速度、路面平整度及汽车本身的减震系统等因素有关，目前国内这方面的研究不多。借鉴国外的研究成果，汽车行驶速度在80~120km／h时，其荷载频率约为10Hz，该速度与重庆高速公路上汽车行驶速度的范围基本符合，选择10Hz频率下的动态模量数据进行分析，与现场实际情况比较吻合。为此，对该频率状况下的三种混合料的动态模量进行了比较分析，结果见表2-4-10及图2-4-9~图2-4-11。

三种混合料10Hz状况下不同温度、不同围压状况动态回弹模量值　　表2-4-10

围压状况	混合料类型	10℃	15℃	25℃	40℃	55℃
0kPa围压	AC-20	17539	14537	7682	2446	1138
	Sup-20粗	16356	13874	8962	2494	1192
	Sup-20细	14137	11319	6710	2544	769.8
100kPa围压	AC-20	17729	14538	7874	2800	1579
	Sup-20粗	16423	13667	7201	2904	1640
	Sup-20细	14088	11434	6757	2755	1291
200kPa围压	AC-20	17927	14647	8094	3203	2057
	Sup-20粗	16534	13689	7386	3228	2060
	Sup-20细	14419	11585	6934	3111	1806

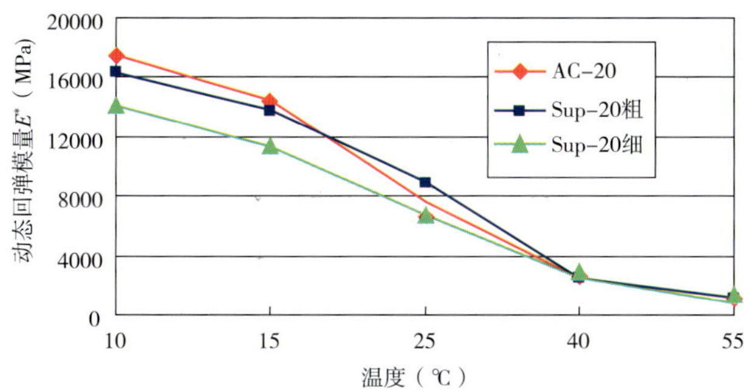

图2-4-9　0kPa围压、10Hz状况下三种混合料动态回弹模量与温度关系图

图2-4-10　100kPa围压、10Hz状况下三种混合料动态回弹模量与温度关系图

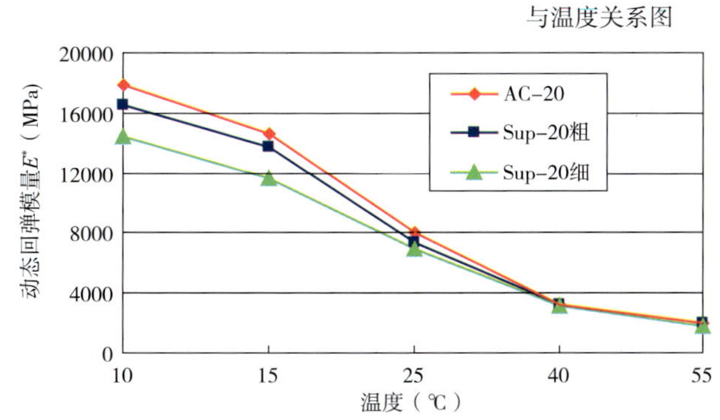

图2-4-11　200kPa围压、10Hz状况下三种混合料动态回弹模量与温度关系图

从图中可以看出：

（1）混合料动态回弹模量随温度升高而减小，在40℃前这种减小速率非常大，之后趋于平缓，10℃与55℃下的动态回弹模量相差近10倍，动态回弹模量降低将导致路面强度、抗车辙能力下降。因此，在研究路面抗车辙技术时，我们更应该关注混合料在高温状况下的动态回弹模量值，而不是低温或常温。

（2）粗级配Sup-20混合料的动态回弹模量均要大于细级配Sup-20混合料，且细级配Sup-20混合

料动态回弹模量小于AC-20混合料。说明级配对动态回弹模量会产生影响，采用粗级配可以提高混合料的动态回弹模量，即可提高其抵抗变形的能力。

（3）单从数值上来看，在10~25℃之间，AC-20混合料的动态回弹模量要大于Sup-20混合料，之后两者差距逐渐减少，40℃之后粗级配Sup-20混合料的动态回弹模量要大于AC-20混合料，可推测在高温状况下粗级配Sup-20混合料具有比AC-20混合料更优的抗变形能力。

（二）车辙性能指标 $E^*/\sin\phi$

动态回弹模量反映了混合料在不同温度和加载频率下的力学响应特性，其与混合料的高温性能有一定的关系，但非完全相关。车辙是沥青混合料在交通荷载作用下永久变形的累计，那么研究混合料的高温性能无疑应考虑其黏弹性能。根据NCHRP Project9-19研究结果（REPORT465：Simple Performance Test for Superpave Mix Design），动态回弹模量试验指标$E^*/\sin\phi$更能反映沥青混合料的抗车辙能力。该研究中将多种评价混合料高温性能的试验方法及指标（动态剪切试验、静态蠕变试验、三轴剪切试验等9种）与美国明尼苏达州试验路（MnRoad）、西部环道试验（Wes-Track）和联邦公路局加速加载（FHWA ALF）结果进行对比分析，发现沥青混合料动态回弹模量试验$E^*/\sin\phi$指标与试验路观测结果表现出很好的相关性，$E^*/\sin\phi$越大则抗车辙性能越强，相关系数R^2达到0.8以上，与西部环道试验路观测结果相关系数甚至达到0.996。

荷载频率对混合料$E^*/\sin\phi$值影响较大，根据国外研究成果，汽车行驶速度在80~120km/h时，其荷载频率约为10Hz。因此，分析10Hz下混合料的$E^*/\sin\phi$，更能反映路面在运行过程中抵抗车辙病害的能力；沥青混合料的抗变形能力对车辙病害产生与否起到关键作用，高温状况下混合料的$E^*/\sin\phi$值更能体现该混合料在抵抗车辙变形方面的能力。同时，路面在车辆荷载作用下实际上是处于三维受力状态，有明显的围压作用。为此，本课题主要选择10Hz、40℃、55℃、200kPa围压条件下三种混合料的$E^*/\sin\phi$值进行分析，结果如图2-4-12、表2-4-11及图2-4-13所示。

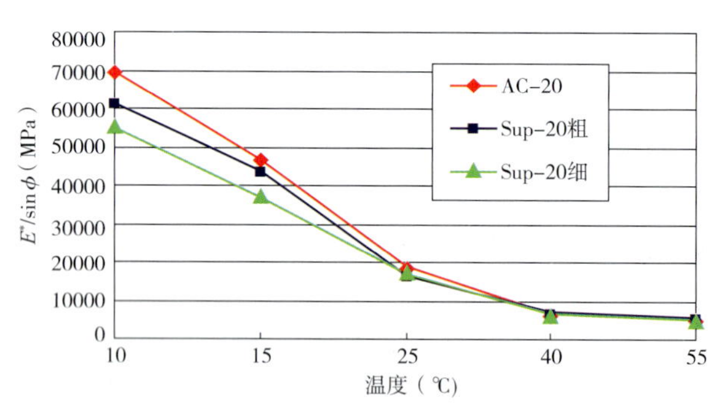

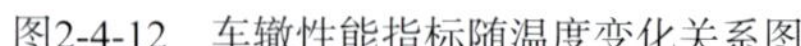
图2-4-12　车辙性能指标随温度变化关系图

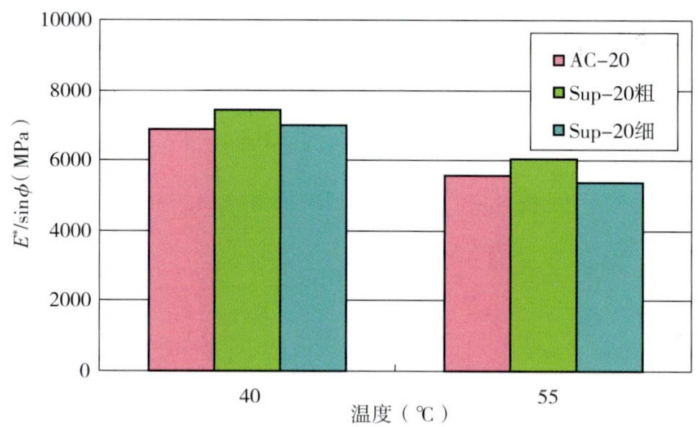

图2-4-13　高温条件下三种混合料车辙性能指标比较

高温条件下三种混合料$E^*/\sin\phi$值　　表2-4-11

温度（℃）	AC-20（200）	Sup-20粗（200）	Sup-20细（200）
40	6880	7418	7015
55	5573	6064	5376

从图2-4-12来看，沥青混合料的车辙性能指标受温度影响显著，其值随温度的升高而降低，55℃与10℃时的车辙性能指标值相差近100倍。

在低常温阶段，车辙性能指标对温度有很强的敏感性，下降速率非常大，而40℃后的下降速率趋于缓和，变化速率很小，采用55℃的试验数据进行抗变形能力预估是可行的。

从图2-4-13来看，在高温状况下，粗级配的Sup–20混合料表现出更好的高温抗变形能力，具有预期更好的高温性能。而AC–20与细级配的Sup–20混合料高温抗变能力基本相当。

（三）动态回弹模量主曲线分析

黏弹性材料力学行为的主要特征是它的时间相关性，其本质在于材料内部时钟或特征时间的存在，这个特征时间受多种因素的影响。沥青混凝土的性质受温度和荷载作用时间的影响很大。对于黏弹性材料，同样的力学性质可以在高温—高荷载频率或在低温—低荷载频率下得到。对于黏弹性材料在不同温度和荷载作用频率下的力学性质可以通过平移后的一条在参考温度下的光滑曲线得到，称为主曲线（master curve），这即为黏弹性材料的时间—温度置换原理。利用主曲线，就可以对该黏弹性材料的长期力学性质进行预测，而不必进行很长时间的试验。本文利用在不同温度、不同频率下得到的沥青混合料的动态回弹模量，根据时间—温度置换原理，确定了本研究中所用沥青混合料的动态回弹模量主曲线。不同温度下的动态回弹模量的水平平移是通过非线性最小二乘拟合实现的，使之形成西格摩德（Sigmoidal）函数：

$$\lg\left(\left|E^*\right|\right)=\delta+\frac{\alpha}{1+e^{\beta+\gamma\left(\lg f_r\right)}} \tag{2-4-1}$$

式中：$|E^*|$——动态回弹模量；

f_r——参考温度下的荷载频率，也称为缩减频率；

δ、α、β、γ——回归系数，δ代表动态回弹模量的最小值，$\delta+\alpha$代表动态回弹模量的最大值，β、γ 是描述西格摩德函数形状的参数。

拟和了不同混合料在参考温度为10℃、25℃、55℃时的不同围压条件下的主曲线，分别代表低温、常温和高温条件下混合料的力学响应特性，如图2-4-14~图2-4-16所示。

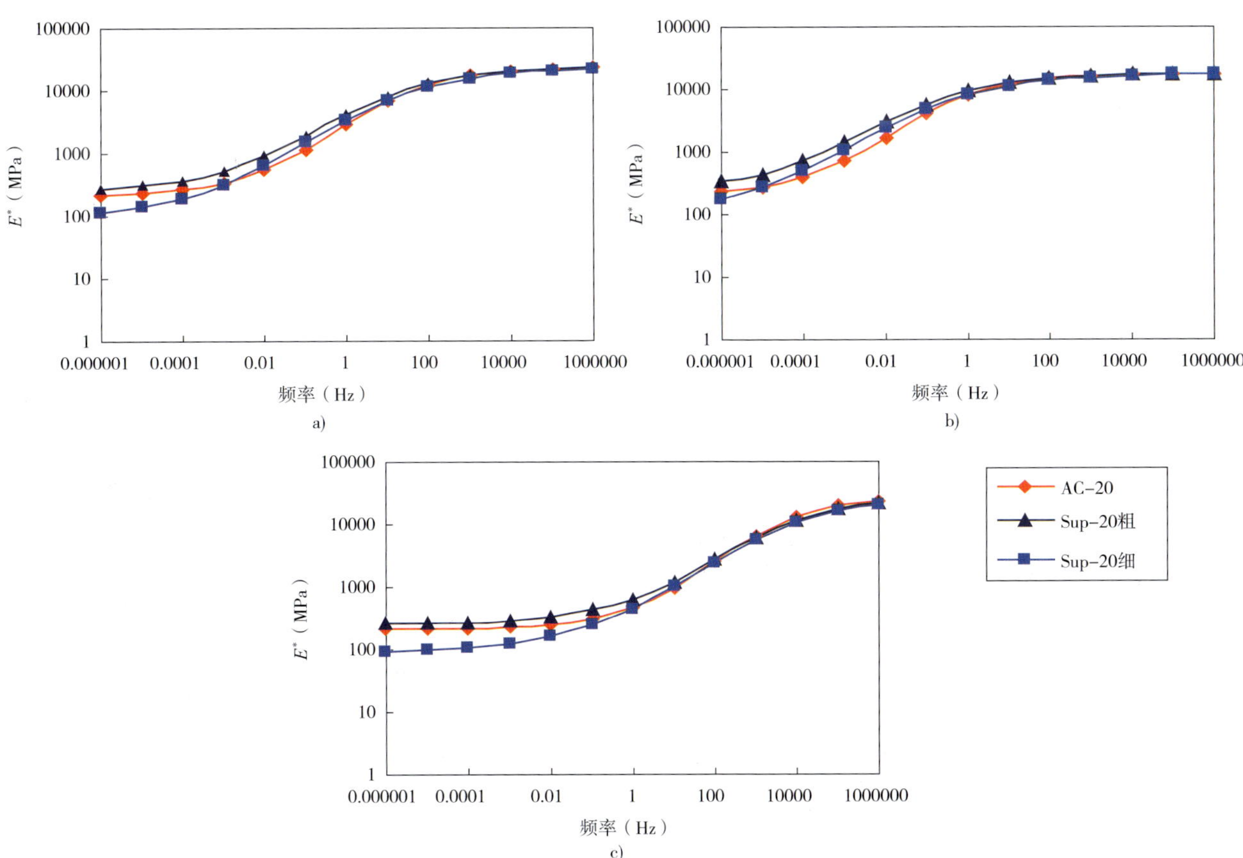

图2-4-14　0kPa围压、不同温度条件下混合料动态回弹模量主曲线图

a)0kPa围压，参考温度25℃；b)0kPa围压，参考温度10℃；c)0kPa围压，参考温度55℃

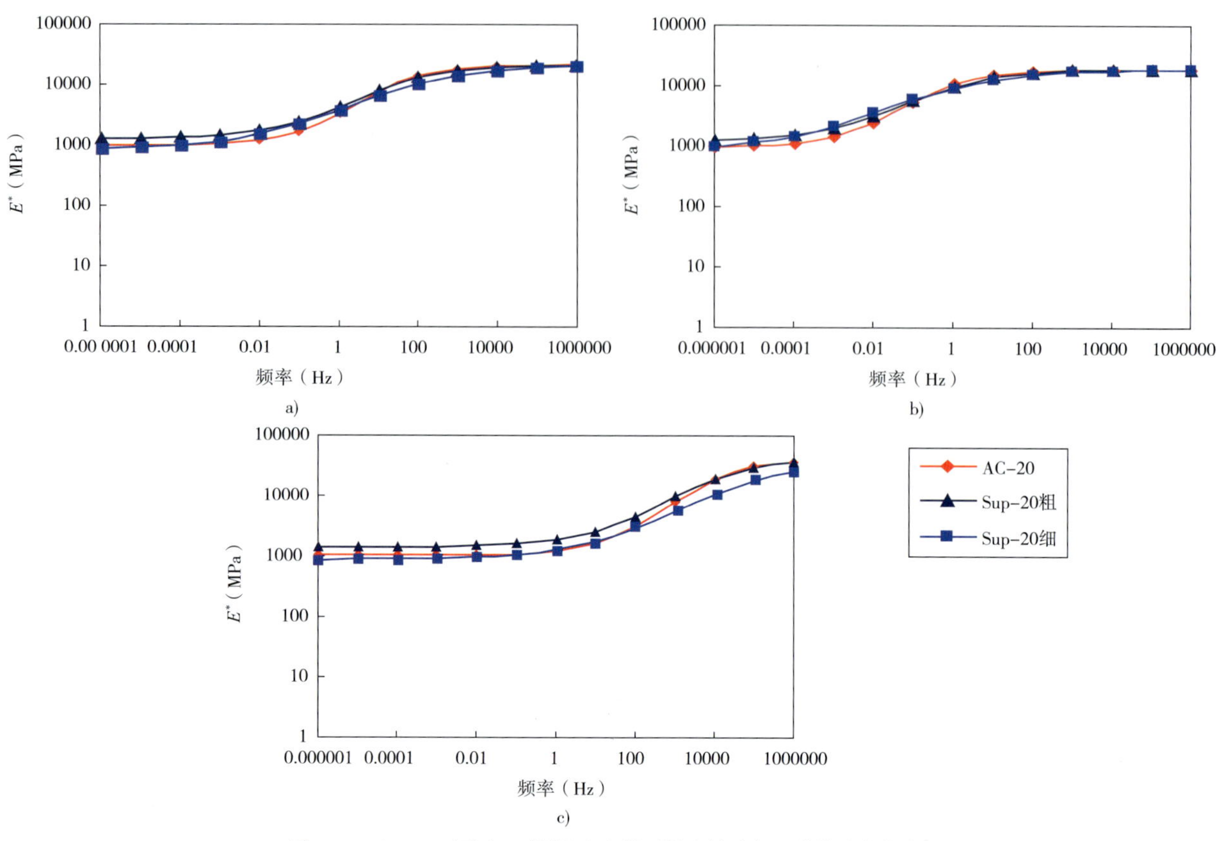

图2-4-15　100kPa围压、不同温度条件下混合料动态回弹模量主曲线图

a)100kPa围压，参考温度25℃；b)100kPa围压，参考温度10℃；c)100kPa围压，参考温度55℃

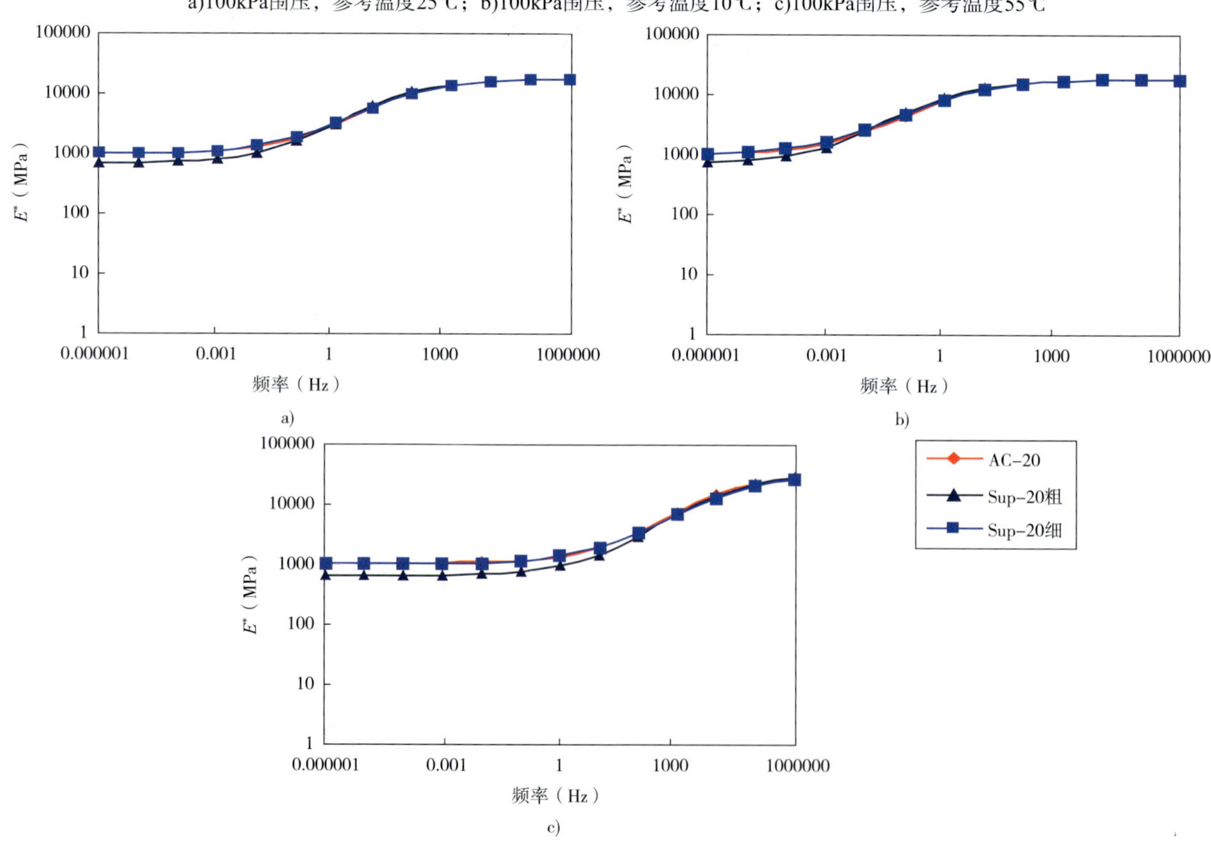

图2-4-16　200kPa围压、不同温度条件下混合料动态回弹模量主曲线

a)200kPa围压，参考温度25℃；b)200kPa围压，参考温度10℃；c)200kPa围压，参考温度55℃

从三种混合料的主曲线可以看出：

（1）不管何种条件下，三种混合料均表现出了类似的力学特性，即动态回弹模量随着加载频率的增加而增大，表现出比静态荷载作用下有更大的强度和模量。

（2）随着荷载频率的进一步增加，动态回弹模量的增大速度有明显的减小趋势，而后逐渐趋于平缓，说明动态回弹模量随频率的增加不是无限制的增大，此时影响动态回弹模量的主要因素为材料本身而非加载频率。

（3）三种围压状况下，三种混合料的动态回弹模量在低频率时均有一定的差异，但差异不大，随着频率的增加，这种差异越来越小，之后趋于相同。

（4）相同温度条件下，围压对动态回弹模量的影响主要表现在低频率状况，荷载作用频率越低，围压对动态回弹模量的影响越显著。在高频率状况下，有无围压对动态回弹模量的影响很小，表明在进行沥青路面结构分析时，需要考虑围压对沥青混合料力学性质的影响，尤其是在高温和低频时，否则将造成很大的偏差。

（5）各围压状况均显示，温度越高，混合料动态回弹模量对频率变化的反应越慢，但敏感度越大，这也正是高温状况下更易发生车辙病害的主要原因。

总体而言，从动态回弹模量主曲线来看，Superpave混合料表现出了与AC混合料相类似的力学响应特性。

（四）Superpave混合料动态回弹模量值推荐

在进行动态回弹模量值推荐时，选择10Hz、0kPa围压数据进行分析；由于没有20℃的试验数据，采用10℃、15℃、25℃三个温度条件的数据进行线性回归，通过回归方程求得20℃时的动态回弹模量值。AC-20、Sup-20粗、Sup-20细三种混合料动态回弹模量与温度的相关关系如图2-4-17所示。

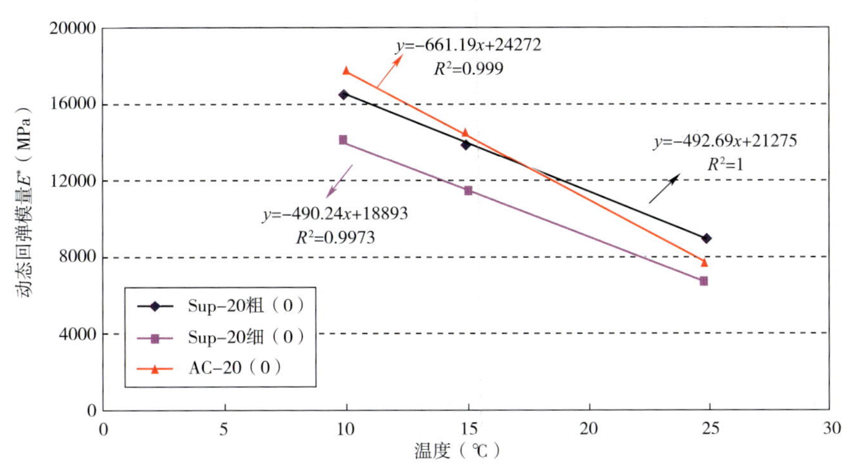

图2-4-17　动态回弹模量与温度的相关关系图

从图2-4-17来看，三者的相关系数分别为0.999、0.9973和1.0，相关关系非常好，说明采用回归公式进行20℃动态回弹模量的计算是可行的。

计算得AC-20、Sup-20粗、Sup-20细混合料在20℃时的动态回弹模量为11048.2MPa、11421.2MPa、9088.2MPa。结构设计时，Sup-20混合料动态回弹模量值可按9000~11000MPa取值。

第五章　试验路铺筑

第一节　试验路铺筑方案

选择重庆水界高速公路K20+500~K25+300段右幅（长沙至重庆方向)进行单幅4.8km的Superpave试验路铺筑。根据课题需要，共包括5种不同混合料类型组合的试验路。

试验路结构方案见表2-5-1，试验路布置示意图见图2-5-1。

试验路结构方案　　表 2-5-1

厚度（cm）	方案一（1km）	方案二（1km）	方案三（1km）	方案四（1km）	方案五（1km）
4	Sup-13（改性沥青/粗级配/125）		SMA-13（改性沥青）	Sup-13（改性沥青/粗级配/100）	
6	Sup-20（改性沥青/细级配/100）	Sup-20（改性沥青/粗级配/125）	Sup-20（改性沥青/粗级配/100）	Sup-20（普通沥青/粗级配/100）	Sup-20（改性沥青/粗级配/100）
10	Sup-25（普通沥青/细级配/100）	Sup-25（普通沥青/中级配/100）	Sup-25（普通沥青/粗级配/100）		
20	水泥稳定级配碎石				
23	水泥稳定级配碎石				
20	低剂量水泥稳定碎石				

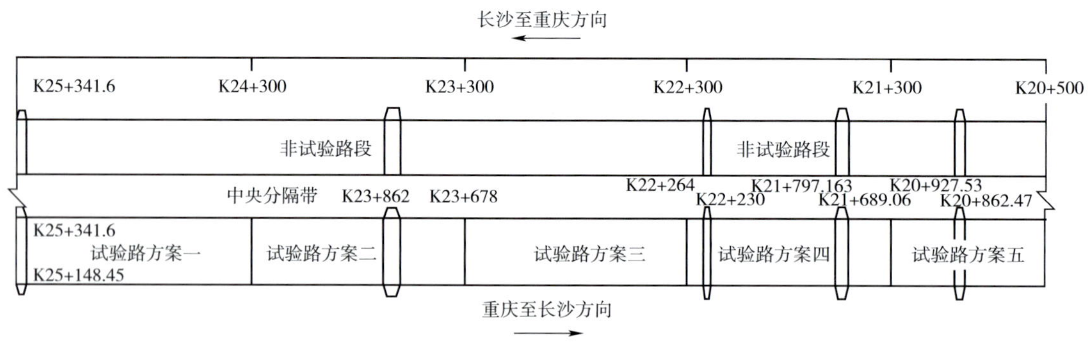

图2-5-1　试验路布置示意图

第二节　试验路铺筑和检测

一、原材料使用情况

试验路所用原材料情况如表2-5-2所示，原材料各项技术均满足规范要求，也能满足本研究提出的建议值要求。

原材料使用情况介绍　　表2-5-2

原材料名称		产地或品牌
集料	上面层粗集料	四川华蓥山玄武岩
	中、下面层粗集料	石灰岩
	细集料	石灰岩机制砂
填料		重庆旺江建材厂生产的矿粉
沥青	普通沥青	泰国IRPC70号A级道路石油沥青
	改性沥青	泸州SBS改性沥青
SMA用纤维		上海泛美聚酯纤维

二、配合比设计

（一）上面层配合比设计

试验段上面层混合料选用三种混合料类型，分别为SMA-13、Sup-13（100次）、Sup-13（125次）。三种混合料的配合比设计结果如表2-5-3~表2-5-5和图2-5-2、图2-5-3所示。

三种混合料配合比设计结果　　表2-5-3

混合料类型		沥青用量（%）	集料组成级配，下列筛孔（mm）的通过率（%）									
			19	13.2	9.5	4.75	2.36	1.18	0.6	0.3	0.15	0.075
Sup-13（100次）	目标	5.0	100	95.6	74.3	49.4	33.1	19.5	13.2	8.2	6.5	5.2
	生产	4.9	100	94.8	73.6	44.2	29.3	19.8	13.5	9.2	6.4	5.0
Sup-13（125次）	目标	5.0	100	95.4	73.4	47.1	30.3	17.9	12.2	7.6	6.1	4.9
	生产	4.9	100	94.2	70.7	43.0	28.1	19.0	13.0	8.9	6.2	4.9
SMA-13	目标	6.0	100	93.0	59.4	27.1	19.5	15.9	14.2	12.9	12	9.6
	生产	5.9	100	92.4	62.6	27.0	19.4	16.4	13.9	12.2	11.1	9.6
	上限	—	100	100	75	32	27	24	20	16	13	12
	下限	—	100	90	50	22	16	14	12	10	9	8

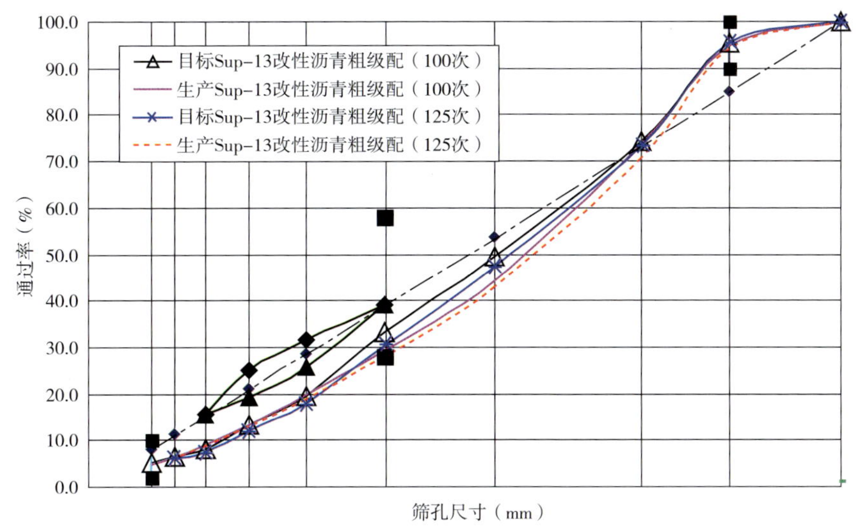

图2-5-2　Sup-13粗级配目标配合比及生产配合比合成级配曲线图

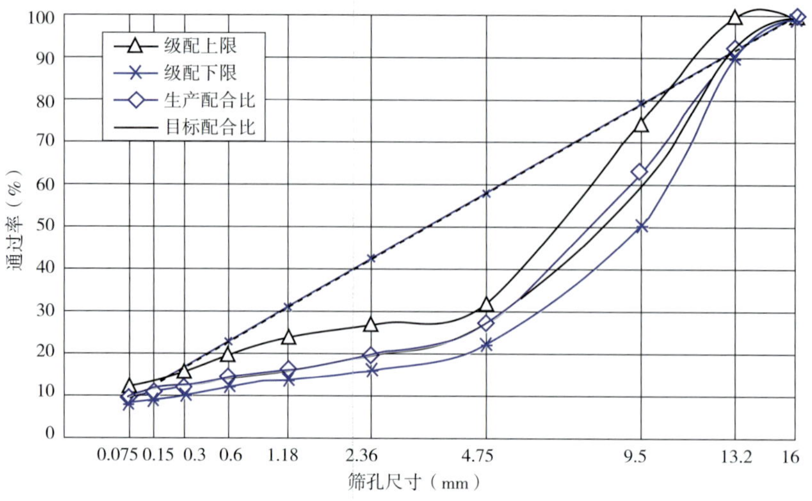

图2-5-3　SMA-13目标配合比及生产配合比合成级配曲线图

改性沥青Sup-13粗级配混合料配合比设计指标汇总　　表2-5-4

设计指标	Sup-13粗级配				Superpave标准
	100次		125次		
沥青混合料特性	目标	生产	目标	生产	
空隙率VV（%）	4.08	4.08	4.05	4.03	4.0
矿料间隙率VMA（%）	14.32	14.36	14.32	14.23	≥14.0
饱和度VFA（%）	71.51	71.9	71.72	72.13	65~75
粉胶比DP（%）	1.30	1.17	1.24	1.15	0.6~1.2*
初始次数压实度（%）	86.5	86.8	85.5	86.9	≤89
最大次数压实度（%）	97.8	97.2	97.9	97.3	≤98
TSR（%）/AASHTO T283	83.2	83.5	83.9	84.1	≥80
残留稳定度S_0（%）/浸水马歇尔试验	89.2	92.8	89.5	89.5	≥85
动稳定度（次/mm）	3 715	3 832	4 213	4 570	≥3000
低温小梁破坏应变（με）	2 661.2	—	2 718.4	—	≥2500

注：*对于粗级配的Superpave混合料，粉胶比可以放宽至0.8~1.6。

改性沥青SMA-13混合料配合比设计指标汇总　　表2-5-5

沥青混合料特性	目标	生产	标准
空隙率VV（%）	4.12	3.95	3~4.5
矿料间隙率VMA（%）	16.50	17.83	≥16.5
饱和度VFA（%）	75.04	77.86	75~85
VCA_{mix}（%）	40.42	40.28	≤VCADRC
稳定度（kN）	9.93	9.06	≥6.0
流值（0.1mm）	29.5	34.9	20~50

续上表

沥青混合料特性	目标	生产	标准
谢伦堡析漏（%）	0.09	0.06	≤0.10
肯塔堡飞散率（%）	6.9	7.5	≤15
残留稳定度S_0（%）/浸水马歇尔试验	89.4	94.2	≥85
TSR（%）/冻融劈裂试验	86.1	88.6	≥80
动稳定度（次/mm）	5918	6315	≥3000
低温小梁破坏应变（με）	2768.1	—	≥2500

（二）中面层配合比设计

中面层试验段共包含4种混合料类型，分别为普通沥青粗级配Sup-20（100次）、改性沥青粗级配Sup-20（100次）、改性沥青粗级配Sup-20（125次）、改性沥青细级配Sup-20（100次）。其设计结果见表2-5-6和图2-5-4、图2-5-5。

Sup-20混合料配合比设计级配 表2-5-6

Sup-20混合料类型		沥青用量（%）	集料组成级配，下列筛孔（mm）的通过率（%）										
			26.5	19	13.2	9.5	4.75	2.36	1.18	0.6	0.3	0.15	0.075
普通沥青粗级配（100次）	目标	4.4	100	99	70.2	55.3	42.9	29.4	20.2	14.8	9.1	7.4	5.2
	生产	4.3	100.0	95.6	71.8	52.0	40.1	24.0	17.4	12.0	8.9	7.6	5.0
改性沥青粗级配（100次）	目标	4.4	100	99	71	55.6	43	30.3	20.8	15.1	9.3	7.5	5.3
	生产	4.3	100.0	95.6	71.8	52.0	40.1	24.0	17.4	12.0	8.9	7.6	5.0
改性沥青粗级配（125次）	目标	4.4	100	99	70	54.2	40.7	27.2	18.6	13.5	8.2	6.6	4.6
	生产	4.4	100.0	95.0	70.3	51.9	38.9	23.6	17.4	12.2	9.3	7.9	5.3
改性沥青细级配（100次）	目标	4.4	100	99.2	75.6	60.9	47.9	34.0	22.7	16.0	8.9	6.9	4.4
	生产	4.4	100.0	95.5	73.4	57.2	44.9	26.7	19.1	12.7	9.1	7.5	5.1

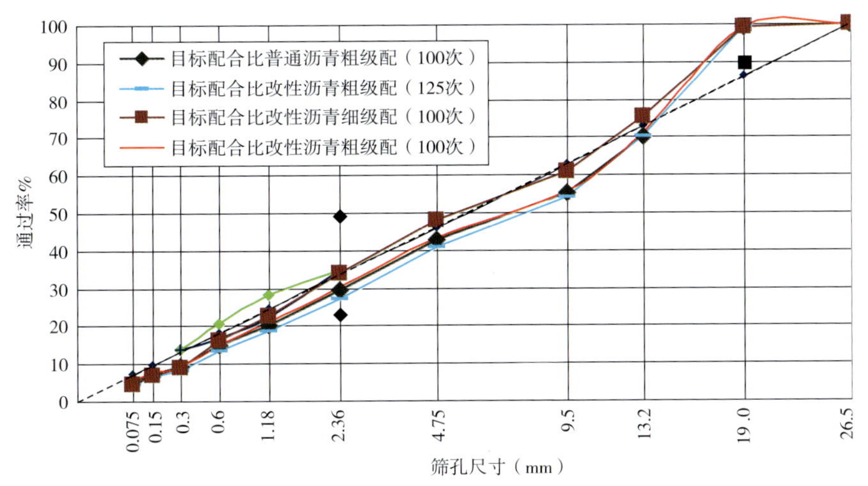

图2-5-4 Sup-20混合料目标配合比合成级配曲线图

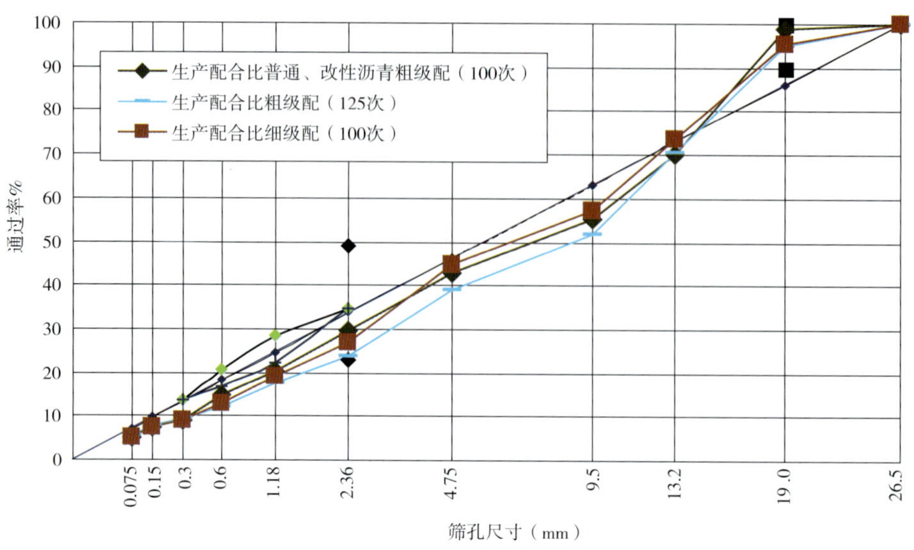

图2-5-5　Sup-20混合料生产配合比合成级配曲线图

表2-5-7中面层目标和生产配合比的体积指标以及路用性能验证指标均符合Superpave技术标准。

Sup-20混合料配合比设计指标汇总　　表2-5-7

沥青混合料特性	粗级配						细级配	
	100次（普通）		100次（改性）		125次（改性）		100次（改性）	
	目标	生产	目标	生产	目标	生产	目标	生产
空隙率VV（%）	4.08	4.2	4.06	4.1	4.03	95.8	4.08	95.9
矿料间隙率VMA（%）	13.46	13.47	13.43	13.44	13.43	13.78	13.36	13.59
饱和度VFA（%）	69.68	69.01	69.77	69.47	70.00	69.34	69.46	70.15
粉胶比DP（%）	1.30	1.26	1.33	1.26	1.15	1.3	1.07	1.25
初始次数压实度（%）	85.2	85.1	85.2	84.6	84.3	84.4	85.9	85.5
最大次数压实度（%）	97.9	97.7	97.9	97.3	97.9	97.6	97.9	97.5
动稳定度（次/mm）	1331	1471	5115	4958	5274	5115	3783	3966
低温小梁破坏应变（με）	2655.3	—	2668.0	—	2782.4	—	2615.3	—
TSR（%）/AASHTO T283试验	79.7	80.8	86.8	87.3	86.5	85.7	85.3	85.9
残留稳定度S_0（%）	88.2	90.0	87.5	92.2	91.1	89.1	89.6	91.4

（三）下面层配合比设计

下面层试验段共采用三种混合料类型，即Sup-25粗级配、Sup-25中级配以及Sup-25细级配，均采用普通沥青，设计结果如表2-5-8、表2-5-9及图2-5-6所示。

Sup-25配合比设计级配　　表2-5-8

级配类型		沥青用量（%）	集料组成级配，下列筛孔（mm）的通过率（%）											
			31.5	26.5	19	13.2	9.5	4.75	2.36	1.18	0.6	0.3	0.15	0.075
Sup-25粗	目标	4.1	100	99.7	85.2	66.3	54.6	36.4	24.9	16.9	10.3	6.4	5.5	4.8
	生产	4.0	100	98.3	82.5	66.4	51.4	35.9	20.2	15.4	11.0	7.9	6.3	4.3

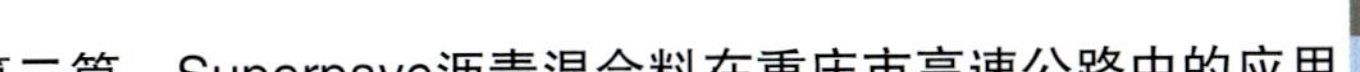

续上表

级配类型		沥青用量（%）	集料组成级配，下列筛孔（mm）的通过率（%）											
			31.5	26.5	19	13.2	9.5	4.75	2.36	1.18	0.6	0.3	0.15	0.075
Sup-25中	生产	4.0	100	98.4	83.4	67.0	51.9	38.2	22.5	17.4	12.8	9.4	7.7	5.4
Sup-25细	目标	4.2	100	99.7	84.3	64.7	55.5	43.8	33.4	21.8	11.9	6.0	4.7	3.9
	生产	4.1	100	98.2	81	68.1	56.8	42.2	25	18.9	13.6	9.6	7.6	5.1

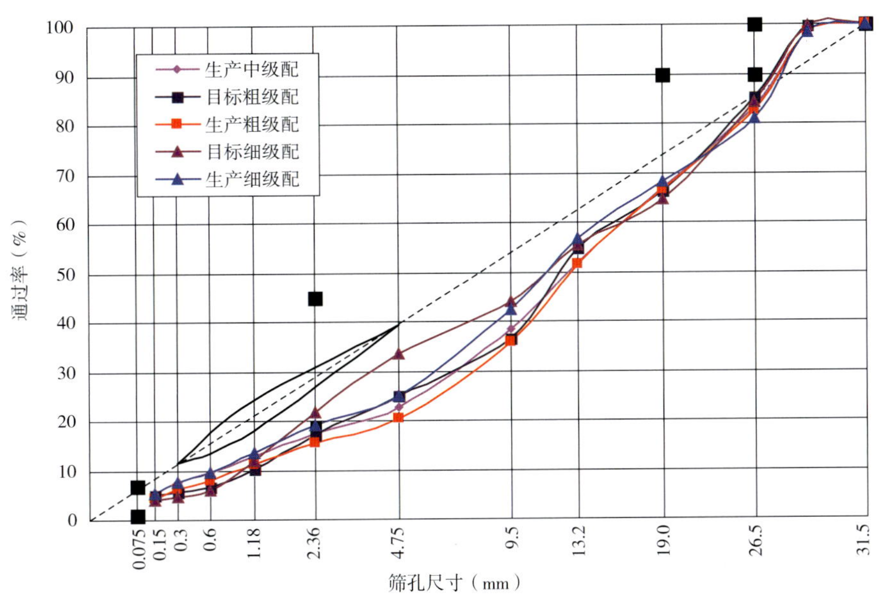

图2-5-6　Sup-25目标和生产配合比合成级配曲线图

Sup-25混合料配合比设计指标汇总

表2-5-9

沥青混合料特性	粗级配		中级配	细级配		技术标准
	100次（普通）		100次（普通）	100次（普通）		
	目标	生产	生产	目标	生产	
空隙率VV（%）	4.0	4.0	4.1	4.1	4.1	4.0
矿料间隙率VMA（%）	12.15	12.16	12.54	12.23	12.54	≥13.0
饱和度VFA（%）	66.67	67.37	67.04	66.65	67.08	65~75
粉胶比DP（%）	1.38	1.22	1.38	1.14	1.4	0.6~1.2*
初始次数压实度（%）	84.9	84.8	85.2	85.6	85.2	≤89
最大次数压实度（%）	97.6	97.5	97.6	97.1	97.6	≤98
动稳定度（次/mm）	1844	1765	1796	1196	1388	≥1000
低温小梁破坏应变（με）	2125.8	—	—	2181.7	—	≥2000
TSR（%）/AASHTO T283试验	83.0	82.8	81.7	84.1	84.3	≥80
残留稳定度S_0（%）	90.2	86.3	88.4	86.7	88.4	≥85

注：*对于粗级配的Superpave混合料，粉胶比可以放宽至0.8~1.6。

三、上面层试验路铺筑和检测

（一）上面层试验路铺筑

上面层试验路铺筑情况见表2-5-10。

上面层试验路铺筑情况一览表 表2-5-10

工程名称	水界高速公路路面L1标
混合料类型	Sup-13、SMA-13
结构类型	改性沥青粗级配（100次），改性沥青SMA-13，改性沥青粗级配（125次）
路面厚度	4cm
试验路桩号	K20+500~K22+100右幅（改性沥青粗级配Sup-13，100次）
	K22+100~K23+430右幅（改性沥青SMA-13）
	K23+430~K25+300右幅（改性沥青粗级配Sup-13，125次）
施工时间	2007年10月2日—2007年10月17日

1.拌和

试验段采用的拌和楼为LB-4000型间歇式拌和楼，生产全过程采用电脑自动控制，拌和楼各项设置见表2-5-11。

拌和楼各项参数 表2-5-11

混合料类型	拌和楼	温度设置（℃）		拌和时间（s）		生产能力		
		集料温度	沥青温度	干拌	湿拌	单盘料质量（kg）	单盘料生产周期（s）	产量（t/h）
Sup-13	LB-4000型	185	165	7	45	3400	62	197
SMA-13	LB-4000型	185	165	10	40	3400	65	188

2.运输

（1）混合料装车过程中，每一运料车卸料时均能前后移动分三堆装料，以减少粗集料的离析；

（2）每辆运料车均采用了2层油布进行覆盖，包括车厢边部也采取了相应的保温措施，料车装料完毕到摊铺结束均有篷布覆盖并扣牢，温度能较好控制。

3.摊铺

（1）摊铺过程中采用2台WTD-7501摊铺机成梯队作业，靠中分带一侧摊铺机在前，宽度6m，靠路肩的摊铺机宽度为5.5m；

（2）松铺系数为1.225，实际摊铺厚度为4.9cm；

（3）两台摊铺机纵向间距控制在2~3m，采用走钢丝（按高程）控制摊铺厚度和找平，正常摊铺过程中，摊铺速度约3m/min。

4.碾压

具体的碾压方案见表2-5-12。

上面层试验路施工碾压方案　　表2-5-12

改性沥青粗级配Sup-13（100次）　K20+500~K22+100			
碾压阶段	压路机类型/数量	碾压遍数	碾压工序
初压	1台天工130、DD110	前静后振各1遍	全幅碾压
复压	1台300胶轮压路机	揉压2遍	全幅碾压
	1台XP260、1台XP261	揉压2~3遍	半幅碾压
终压	1台徐工110	静压1~2遍	全幅碾压
改性沥青SMA-13　K22+100~K23+430			
碾压阶段	压路机类型/数量	碾压遍数	碾压工序
初压	1台天工130	前静后各振1~2遍	全幅碾压
复压	1台DD110、DD130	振动2~3遍	全幅碾压
终压	1台徐工110	静压1~2遍	全幅碾压
改性沥青粗级配Sup-13（125次）　K23+430~K25+300			
碾压阶段	压路机类型/数量	碾压遍数	碾压工序
初压	1台天工130、DD1130	前静后振1~2遍	全幅碾压
	1台300胶轮压路机	揉压2遍	全幅碾压
复压	1台XP260、1台XP261	揉压4遍	半幅碾压
终压	1台徐工110	静压1~2遍	全幅碾压

与改性沥青Sup-13粗级配（100次）相比，旋转压实次数提高到125次后，现场碾压方案进行了调整，增加钢轮振压1遍、胶轮碾压2遍。

（二）上面层试验路检测

图2-5-7为上面层试验路表观照片。

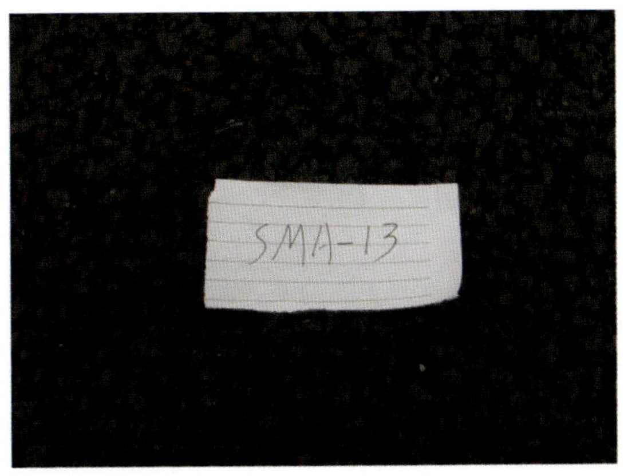

图2-5-7　上面层试验路表观照片

1. 压实度检测

芯样厚度、压实度试验检测结果分别见表2-5-13。

上面层芯样厚度、压实度试验检测结果 表2-5-13

混合料类型	芯样编号	芯样厚度（cm）	芯样相对密度	标准相对密度	最大理论相对密度	标准压实度（%）	理论压实度（%）
改性沥青粗级配Sup-13（100次）	1	3.4	2.442	2.493	2.611	98.0	93.5
	2	4.1	2.449			98.2	93.8
	3	3.8	2.451			98.3	93.9
	4	4.3	2.462			98.8	94.3
	5	4.1	2.449			98.2	93.8
	6	4.0	2.472			99.2	94.7
	代表值	3.7	—			98.1	93.7
改性沥青SMA－13	7	3.6	2.449	2.478	2.584	98.8	94.8
	8	4.0	2.441			98.5	94.5
	9	3.8	2.454			99.0	95.0
	10	3.8	2.438			98.4	94.3
	11	4.2	2.421			97.7	93.7
	12	5.0	2.456			99.1	95.0
	代表值	3.7	—			98.2	94.1
改性沥青粗级配Sup-13（125次）	13	3.8	2.476	2.497	2.611	99.2	94.8
	14	3.8	2.448			98.0	93.8
	15	3.8	2.457			98.4	94.1
	16	4.0	2.467			98.8	94.5
	17	4.0	2.472			99.0	94.7
	18	4.1	2.454			98.3	94.0
	19	3.9	2.486			99.6	95.2
	代表值	3.8	--			98.4	94.1
	技术标准	—	--			≥98	93~97

检测数据表明：通过提高现场压实功来保证旋转压实次数提高后的路面压实效果是可行的，也是必须的，本次试验路铺筑过程中，与旋转压实100次相比，提高设计压实次数后，现场增加了1遍振动压实、2遍胶轮压实，所得效果与不增加压实功的100次相当。

2.渗透系数、摩擦系数、构造深度试验

现场渗透系数、摩擦系数、构造深度试验结果见表2-5-14。

渗透系数、摩擦系数、构造深度试验结果 表2-5-14

方案名称	桩 号	位 置	渗透系数（mL/min）	摩擦系数	构造深度TD（mm）
改性沥青粗级配Sup-13（100次）	K20+420右幅	距中分带边缘9.75m	50	72	0.78
	K20+692右幅	距中分带边缘5.5m	43	65	0.83
	K20+947右幅	距中分带边缘5.5m	22	78	0.67
	K21+187右幅	距中分带边缘9.75m	30	76	0.74
	K21+504右幅	距中分带边缘5.5m	23	70	0.90
	K21+865右幅	距中分带边缘5.5m	44	68	0.67
改性沥青SMA-13	K22+131右幅	距中分带边缘5.5m	45	75	1.12
	K22+289右幅	距中分带边缘9.75m	56	81	1.14
	K22+500右幅	距中分带边缘5.5m	70	76	1.24
	K22+700右幅	距中分带边缘9.75m	90	70	1.28
	K22+905右幅	距中分带边缘5.5m	150	75	1.32
	K23+224右幅	距中分带边缘5.5m	60	80	1.14
改性沥青粗级配Sup-13（125次）	K23+711右幅	距中分带边缘5.5m	103	65	0.97
	K23+900右幅	距中分带边缘5.5m	76	68	0.75
	K24+143右幅	距中分带边缘9.75m	90	63	0.88
	K24+300右幅	距中分带边缘5.5m	90	66	0.83
	K24+630右幅	距中分带边缘9.75m	54	71	0.91
	K24+905右幅	距中分带边缘5.5m	112	75	0.75
	K25+210右幅	距中分带边缘9.75m	79	78	0.80
技术要求			≤120mL/min	实测	实测

从试验结果来看，除一个点的渗透系数不满足要求外，其余点的渗透系数均能满足要求，采用125次旋转压实后，路面密水性情况要差于100次的旋转压实；从构造深度值来看，采用125次旋转压实后，路面构造深度变大，这主要与采用125次旋转压实后级配变粗有关。

四、中面层试验路铺筑和检测

（一）中面层试验路铺筑

中面层试验路铺筑情况见表2-5-15。

中面层试验路铺筑情况一览表 表2-5-15

工程名称	水界高速公路路面L1标
混合料类型	Sup-20
结构类型	普通、改性沥青粗级配（100次），改性沥青粗级配（125次），改性沥青细级配（100次）
路面厚度	6cm

续上表

工程名称	水界高速公路路面L1标
科研段落桩号	K21+000~K22+000右幅（普通沥青粗级配100次）
	K22+000~K23+000右幅（改性沥青粗级配100次）
	K23+000~K24+000右幅（改性沥青粗级配125次）
	K24+000~K25+300右幅（改性沥青细级配100次）
施工时间	2007年9月5日—2007年9月10日

1.拌和

试验段采用的拌和楼为LB-4000型间歇式拌和楼，生产全过程采用电脑控制，旋转压实设计次数、级配粗细程度对拌和楼各项参数没有影响，拌和楼各项设置参数仅与沥青品种有关，见表2-5-16。

拌和楼各项参数 表2-5-16

沥青品种	拌和楼	温度设置（℃）		拌和时间（s）		生产能力		
		集料温度	沥青温度	干拌	湿拌	单盘料质量（kg）	生产周期（s）	产量（t/h）
普通沥青	DG-4000型	180	165	3	30	3300	48	247
改性沥青	DG-4000型	185	170	5	35	3300	55	216

2.运输

（1）混合料装车过程中，每一运料车卸料时均能前后移动分三堆装料，以减少粗集料的离析；

（2）每辆运料车均采用了2层油布进行覆盖，包括车厢边部也采取了相应的保温措施，料车装料完毕到摊铺结束均有篷布覆盖并扣牢，温度能较好控制。

3.摊铺

（1）摊铺过程中采用2台WTD-7501摊铺机成梯队作业，靠中分带一侧摊铺机在前，宽度5.5m，靠路肩的摊铺机宽度为6m；

（2）松铺系数为1.225，实际摊铺厚度为7.35cm；

（3）两台摊铺机纵向间距控制在2~3m，采用走钢丝（按高程）控制摊铺厚度和找平，正常摊铺过程中，摊铺速度约2.2m/min。

4.碾压

当提高Sup-20室内目标配合比设计旋转压实次数后，根据试铺段压实效果及时增加了压实机械，提高了压实遍数。具体的碾压方案见表2-5-17。

中面层试验路施工碾压方案 表2-5-17

普通沥青粗级配Sup-20（100次） K21+000~K22+000			
碾压阶段	压路机类型/数量	碾压遍数	碾压工序
初压	1台天工130、DD110	前静后振各1遍	全幅碾压
	1台300胶轮压路机	揉压1~2遍	全幅碾压
复压	1台XP260、1台XP261	揉压2~3遍	半幅碾压
终压	1台徐工110	静压1~2遍	全幅碾压

续上表

改性沥青粗级配Sup-20（100次）　K22+000~K23+000			
碾压阶段	压路机类型/数量	碾压遍数	碾压工序
初压	1台天工130、DD110	前静后振各1遍	全幅碾压
复压	1台XP260、1台XP261	揉压2~3遍	全幅碾压
	1台300胶轮压路机	揉压2~3遍	全幅碾压
终压	1台徐工110	静压1~2遍	全幅碾压
改性沥青粗级配Sup-20（125次）K23+000~K24+000			
碾压阶段	压路机类型/数量	碾压遍数	碾压工序
初压	1台天工130	前静后振1~2遍	全幅碾压
	1台300胶轮压路机	揉压2遍	全幅碾压
复压	1台XP260、1台XP261	揉压4遍	半幅碾压
终压	1台徐工110	静压1~2遍	全幅碾压
改性沥青细级配Sup-20（100次）　K24+000~K25+000			
碾压阶段	压路机类型/数量	碾压遍数	碾压工序
初压	1台天工130、DD110	前静后振各1遍	全幅碾压
复压	1台300胶轮压路机	揉压2遍	全幅碾压
	1台XP260、1台XP261	揉压2~3遍	半幅碾压
终压	1台徐工110	静压1~2遍	全幅碾压

（二）中面层试验路检测

图2-5-8为中面层试验路表观照片，试验检测结果见表2-5-18。

a)

b)

图　2-5-8

c)

d)

图2-5-8　中面层试验路表观照片

中面层芯样厚度、压实度检测结果　　表2-5-18

混合料类型	芯样编号	厚度（mm）	芯样相对密度	标准相对密度	最大理论相对密度	马氏压实度（%）	理论压实度（%）	渗透系数（mL/min）
普通沥青粗级配 Sup-20（100次）	1	63.5	2.392	2.433	2.542	98.3	94.1	67
	2	56.8	2.393			98.4	94.1	87
	3	64.3	2.392			98.3	94.1	90
	4	65.8	2.385			98.0	93.8	100
	5	63.3	2.39			98.2	94.0	76
	6	69.2	2.405			98.8	94.6	85
	7	62.2	2.397			98.5	94.3	65
	代表值	60.8	—			98.2	94.0	—
改性沥青粗级配 Sup-20（100次）	8	69	2.394	2.436	2.544	98.3	94.1	102
	9	62.2	2.396			98.4	94.2	98
	10	63.5	2.389			98.1	93.9	300
	11	63.3	2.418			99.3	95.0	30
	12	60.7	2.401			98.6	94.4	50
	13	63.2	2.425			99.5	95.3	70
	14	68.2	2.386			97.9	93.8	120
	15	57.7	2.413			99.1	94.9	70
	代表值	61.3	—			98.2	94.1	—
改性沥青粗级配 Sup-20（125次）	16	67.7	2.404	2.431	2.545	98.9	94.5	60
	17	63.1	2.383			98.0	93.6	85
	18	65.1	2.39			98.3	93.9	110
	19	59.8	2.389			98.3	93.9	55
	20	69.8	2.388			98.2	93.8	76

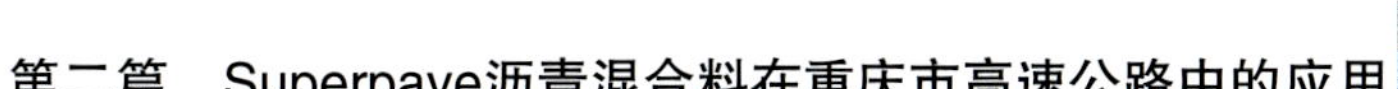

续上表

混合料类型	芯样编号	厚度（mm）	芯样相对密度	标准相对密度	最大理论相对密度	马氏压实度（%）	理论压实度（%）	渗透系数（mL/min）
改性沥青粗级配Sup-20（125次）	21	69.2	2.405			98.9	94.5	90
	22	62.4	2.397			98.6	94.2	84
	代表值	62.5	—			98.2	93.8	—
改性沥青细级配Sup-20（100次）	23	61.5	2.412	2.431	2.544	99.2	94.8	30
	24	60.8	2.396			98.6	94.2	48
	25	59.7	2.405			98.9	94.5	60
	26	60.5	2.406			99.0	94.6	45
	27	66.7	2.392			98.4	94.0	50
	28	65.9	2.394			98.5	94.1	87
	29	68.4	2.404			98.9	94.5	84
	30	78.3	2.386			98.1	93.8	90
	代表值	60.9	—			98.5	94.1	—
	技术标准	—	—			≥98	93~97	≤120

注：标准相对密度和最大理论相对密度为实测值。

由试验结果来看：

①各方案的压实度、厚度代表值均满足要求，说明路面碾压方案合理可行。

②提高旋转压实次数后，混合料碾压难度加大，现场需提高压实功。本次试验路铺筑过程中，与旋转压实100次相比，提高设计压实次数后，现场增加了1遍振动压实、2遍胶轮压实，所得效果与不增加压实功的100次相当。

③从渗透试验结果来看，除方案二有2/8点出现不合格外，其他测点渗透系数均满足技术要求。其中细级配路面的渗透系数要整体小于粗级配路面，不同设计压实次数的路面渗透情况没有太大的差异。

五、下面层试验路铺筑和检测

（一）下面层试验路铺筑

下面层试验路铺筑情况见表2-5-19。

下面层试验路铺筑情况一览表　　表2-5-19

工程名称	水界高速公路路面L1标
混合料类型	普通沥青Sup-25粗、中、细三种级配（100次）
路面厚度	10cm
试验路桩号	K21+000~K24+000右幅（粗级配）
	K23+000~K24+300右幅（中级配）
	K24+000~K25+300右幅（细级配）
施工时间	2007年8月6日—2007年8月10日

1.拌和

采用LB–4000型间歇式拌和楼，由于Superpave混合料料仓比例相对比较均衡，生产过程中无明显等料、溢料现象。拌和楼各项设置见表2-5-20。

拌和楼各项参数　　表2-5-20

拌和楼	温度设置（℃）		拌和时间（s）		生产能力		
	集料温度	沥青温度	干拌	湿拌	单盘料质量（kg）	单盘料生产周期（s）	产量（t/h）
LB–4000型	180	165	3	30	3300	48	247

2.运输

（1）混合料装车过程中，每一运料车装料时均能前后移动分三堆装料，以减少粗集料的离析；

（2）每辆运料车均采用了2层油布、1层棉被的覆盖方法，包括车箱边部也采取了相应的保温措施，料车装料完毕到摊铺结束均有篷布覆盖并扣牢，温度控制较好。

3.摊铺

摊铺表面稀浆封层均匀、干燥、洁净，表面清扫较好，符合摊铺条件。

（1）摊铺过程中采用2台WTD–7501摊铺机成梯队作业，靠中分带一侧摊铺机在前，宽度6.0m，靠路肩的摊铺机宽度为5.5m；

（2）松铺系数为1.225，实际摊铺厚度为12.25cm；

（3）2台摊铺机纵向间距控制在2~3m，采用走钢丝（按高程）控制摊铺厚度和找平，正常摊铺过程中，摊铺速度约1.5m/min。

4.碾压

现场碾压方案具体见表2-5-21。

下面层试验路施工碾压方案　　表2-5-21

K21+000~K23+000（Sup–25粗级配）			
碾压阶段	压路机类型/数量	碾压遍数	碾压工序
初压	1台天工130、DD110	前静后振各1遍	全幅碾压
	1台300胶轮压路机	揉压2~3遍	全幅碾压
复压	1台XP260、1台XP261	揉压2~3遍	半幅碾压
终压	1台徐工110	静压1~2遍	全幅碾压
K23+000~K24+000（Sup–25中级配）			
碾压阶段	压路机类型/数量	碾压遍数	碾压工序
初压	1台天工130、DD110	前静后振各1遍	全幅碾压
	1台300胶轮压路机	揉压2~3遍	全幅碾压
复压	1台XP260、1台XP261	揉压2~3遍	半幅碾压
终压	1台徐工110	静压1~2遍	全幅碾压

续上表

K24+000~K25+300（Sup-25细级配）			
碾压阶段	压路机类型/数量	碾压遍数	碾压工序
初压	1台天工130、DD110	前静后振各1遍	全幅碾压
	1台300胶轮压路机	揉压2~3遍	全幅碾压
复压	1台XP260、1台XP261	揉压2~3遍	半幅碾压
终压	1台徐工110	静压1~2遍	全幅碾压

各方案采用了相同的碾压方案。

（二）下面层试验路检测

从外观看铺面较均匀、密实，铺面效果较好，基本上无离析现象，图2-5-9为下面层试验路表观照片。

a)　　b)

图2-5-9　下面层试验路表观照片

对施工后的路面进行了厚度、压实度、渗透系数检测，检测结果见表2-5-22。

路面芯样厚度、压实度、渗透系数检测结果　　表2-5-22

混合料类型	芯样编号	芯样厚度（cm）	芯样相对密度	标准相对密度	最大理论相对密度	马氏压实度（%）	理论压实度（%）	渗透系数（mL/min）
普通沥青粗级配Sup-25	1	9.8	2.403	2.447	2.556	98.2	94.0	100.0
	2	11.2	2.403			98.2	94.0	80.0
	3	9.6	2.401			98.1	93.9	10.0
	4	9.6	2.401			98.1	93.9	30.0
	5	9.4	2.352			96.1	92.0	133.3
	6	10.3	2.413			98.6	94.4	40.0
	7	9.6	2.444			99.9	95.6	0.0
	8	10.5	2.469			100.6	96.3	0.0

续上表

混合料类型	芯样编号	芯样厚度（cm）	芯样相对密度	标准相对密度	最大理论相对密度	马氏压实度（%）	理论压实度（%）	渗透系数（mL/min）
普通沥青粗级配Sup-25	9	9.4	2.400	2.447	2.556	98.1	93.9	15.0
	10	10.0	2.402			98.2	94.0	83.3
	11	9.0	2.433			99.4	95.2	13.3
	12	9.8	2.402			98.2	94.0	75.0
	13	8.7	2.400			98.1	93.9	60.0
	14	8.7	2.415			98.7	94.5	23.3
	15	11.0	2.471			100.4	96.2	33.7
	代表值	—	—			98.1	93.9	—
普通沥青中级配Sup-25	16	11.4	2.406	2.446	2.550	98.4	94.3	30.0
	17	12.8	2.406			98.4	94.4	20.0
	18	9.0	2.403			98.2	94.2	0.0
	19	9.5	2.409			98.5	94.5	90.0
	20	10.4	2.401			98.2	94.1	63.3
	代表值	—	—			98.0	93.9	—
普通沥青细级配Sup-25	21	11.4	2.353	2.449	2.548	98.0	94.2	73.3
	22	12.8	2.420			98.8	95	0.0
	23	9.0	2.404			98.2	94.3	10.0
	24	9.5	2.402			98.1	94.3	25.0
	25	10.4	2.417			98.7	94.9	30.0
	26	9.5	2.390			98	94.2	65.0
	27	9.3	2.403			98.1	94.3	28.7
	28	9.6	2.371			98	94.2	73.3
	29	11.2	2.396			98	94.1	0.0
	30	10.2	2.412			98.5	94.7	12.0
	代表值	—	—			98.1	94.2	—
	要求	—	—			≥98	93~97	≤120

注：标准相对密度和最大理论相对密度为实测值。

从检测结果来看，各试验路方案的压实度检测结果均满足技术要求，但压实度值总体偏低，渗透系数有29/30点满足要求,说明制订的试验路施工方案可行，但还应进一步加大现场压实功以提高路面压实度。

采用相同碾压工艺时，三种级配所得压实度值基本相当，说明级配对现场压实功的影响不大。

第六章 Superpave实体工程应用

第一节 绕城高速公路西南段

一、实体工程概况

重庆绕城高速公路是西部开发省际公路通道的重要组成部分，是交通运输部唯一的典型示范城市高速公路环线项目，也是重庆市唯一的高速公路工程示范项目。绕城高速公路连接江津、巴南、九龙坡、北碚等8区（市），其对拓展城市发展空间、缓解城区交通压力有着及其重要的作用。

绕城高速路西南段是绕城高速公路的重要组成之一，全长约107km，经过近郊的北碚、沙坪坝、九龙坡、巴南、南岸和江津市；连接了重庆市区西南部的7个外围组团，包括北碚、西永、白市驿、西彭、一品、界石；与重庆市6条高速公路形成6个大枢纽互通，即北碚、青木关、走马、先锋、寨子坡、虎溪互通，还有若干个一般的互通。项目地理位置见图2-6-1。

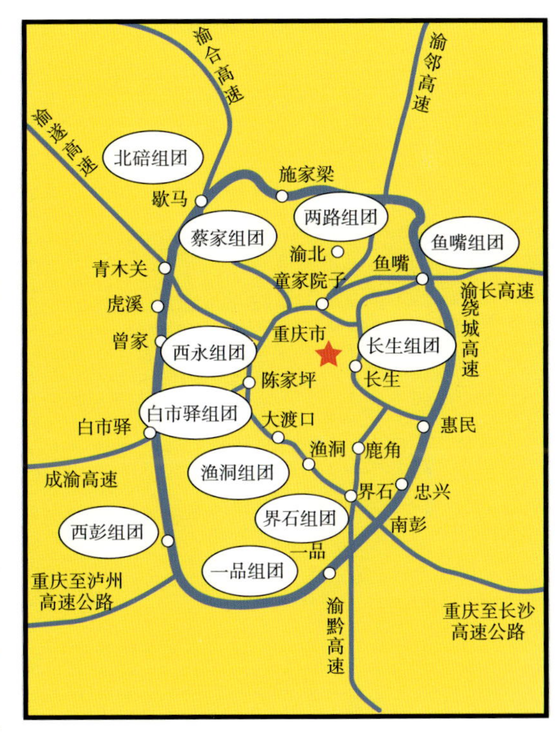

图2-6-1 项目地理位置示意图

绕城高速公路西南段路面工程划为WLM1、WLM2 、SLM三个路面合同段，路基宽度31m，沥青混凝土路面设计为双向6车道，设计时速120km/h。

绕城高速公路西南段采用柔性基层沥青路面结构形式，主线路面结构厚度为83.6cm，其中西段WLM1、WLM2标沥青面层为4层，总厚度为26cm，具体结构形式见图2-6-2。

a)
4cm 改性沥青SMA-13
6cm 改性沥青SUP-20
8cm 普通沥青ATB-25
8cm 普通沥青ATB-25
0.6cm 稀浆封层
19cm 水稳基层
18cm 水稳基层
20cm 水稳基层

b)
4cm 改性沥青SMA-13
6cm 改性沥青
8cm 普通沥青ATB-25
0.6cm 稀浆封层
18cm 水稳基层
19cm 水稳基层
20cm 水稳基层

图2-6-2 绕城高速公路西南段沥青路面结构设计图
a)WLM标主线路段；b)SLM标主线路段

二、材料概况

绕城高速公路西南段中面层Sup-20所用集料为沿线北碚、江津等地产的石灰岩集料。依据Superpave设计要求，进行了集料性质试验、各种集料的密度试验。原材料各项技术指标均满足规范要求，也能满足本研究提出的建议值要求。见表2-6-1~表2-6-3。

中面层Sup-20主要原材料使用情况介绍 表2-6-1

原材料名称		产地或品牌
集料	WLM1标	蓝越建材厂
	WLM2标	陶家路业建材厂
	SLM标	陶家路业建材厂
填料		自产
改性沥青	WLM1标	厦门华特SBS改性沥青
	WLM2、SLM标	兰亭高科SBS改性沥青

集料性质试验结果汇总 表2-6-2

试验项目		WLM1标	WLM2标	SLM标	技术标准
集料认同特性	粗集料棱角性（%）	100	100	100	≥100
	细集料棱角性（%）	45.1	45.3	46.3	≥45
	扁平、细长颗粒（%）	4.7	6.7	5.7	≤15
	砂当量（%）	77	71	73	≥65
集料料源特性	洛杉矶磨耗损失（%）	20.0	19.0	23.0	≤28
	坚固性（%）	3	5	2	≤12

集料相对密度试验结果 表2-6-3

矿料	WLM1标		WLM2标		SLM标	
	表观相对密度	毛体积相对密度	表观相对密度	毛体积相对密度	表观相对密度	毛体积相对密度
1号料	2.725	2.701	2.739	2.715	2.731	2.708
2号料	2.724	2.697	2.734	2.712	2.730	2.707
3号料	2.727	2.704	2.732	2.702	2.716	2.696
4号料	2.725	2.684	2.724	2.681	2.715	2.657
5号料	2.723	2.673	2.721	2.667	2.716	2.687
矿粉	2.721	—	2.714	—	2.709	—

三、配合比设计概况

绕城高速公路西南段中面层Sup-20混合料配合比设计结果如表2-6-4、表2-6-5所示。

绕城高速公路西南段中面层Sup-20混合料配合比设计级配　表2-6-4

筛孔（mm）	26.5	19	13.2	9.5	4.75	2.36	1.18	0.6	0.3	0.15	0.075
WLM1目标	100	94.1	78.6	56.8	39.8	26.1	20.4	11.8	7.1	6.0	5.3
WLM1生产	100.0	95.4	76.7	59.2	36.1	25.9	19.7	12.4	7.5	5.7	4.8
WLM2目标	100	95.7	71.7	58.9	40.2	27.3	18.0	10.7	7.7	6.7	5.5
WLM2生产	100	95.4	75.4	62.0	39.0	25.8	18.4	10.9	7.2	5.9	5.1
SLM目标	100	97.9	76.1	58.3	36.3	23.3	16.3	10.1	6.8	5.5	4.5
SLM生产	100	98.1	75.4	59.5	34.9	22.5	16.5	10.4	6.3	4.8	4.1

绕城高速公路西南段Sup-20级配混合料设计指标汇总　表2-6-5

设计指标	WLM1标	WLM2标	SLM标	Superpave标准
沥青混合料特性	改性沥青Sup-20	改性沥青Sup-20	改性沥青Sup-20	
设计压实次数（次）	100	100	100	—
沥青用量（%）	4.4	4.4	4.4	—
空隙率VV（%）	4.04	4.00	3.90	4.0
矿料间隙率VMA（%）	13.56	13.61	13.62	≥13.0
饱和度VFA（%）	70.21	70.46	71.37	65~75
粉胶比DP（%）	1.31	1.42	1.09	0.6~1.2*
初始次数压实度（%）	84.6	85.2	84.1	≤89
最大次数压实度（%）	97.9	97.9	97.9	≤98
TSR（%）/AASHTO T283试验	88.2	90.2	87.1	≥85
残留稳定度S_0（%）	90.7	91.2	89.7	≥85
动稳定度（次/mm）	5490	4733	5146	≥3000
低温小梁破坏应变（με）	3120	3160	3068	≥2000

注：*对于粗级配的Superpave混合料，粉胶比可以放宽至0.8~1.6。

四、施工工艺控制概况

绕城高速公路西南段中面层Sup-20实体工程施工时各标均采用间歇式拌和楼，生产全过程采用电脑自动控制，生产期间拌和楼计量总体较为稳定，基本无等料、溢料现象。拌和楼各项设置见表2-6-6。

拌和楼各项参数　表2-6-6

标　段	类　型	温度设置（℃）		拌和时间（s）		生产能力		
		集料温度	沥青温度	干拌	湿拌	单盘料质量（kg）	生产周期（s）	产量（t/h）
WLM1	改性沥青Sup-20	180	175	6	33	4000	50	280
WLM2	改性沥青Sup-20	185	170	7	30	3800	50	280
SLM	改性沥青Sup-20	185	165	8	27	4000	56	240

混合料运输过程中均能按照前后中三堆装料，减少粗集料离析，对于料车均用了2层油布进行覆

盖，包括车厢边部也采取了相应的保温措施，温度能较好控制。

摊铺过程中各标都采用了2台摊铺机呈梯队作业，采用走钢丝（按高程）控制摊铺厚度和找平，正常摊铺过程中，摊铺速度2~3mm/min。摊铺温度能控制在160℃以上。铺面均匀，密水性和压实度控制较好。

绕城高速公路西南段Sup-20经过各标试验段总结和优化调整，最终确定了碾压方案，其主要工作面的碾压方案见表2-6-7。

绕城高速公路西南段Sup-20施工主要工作面碾压方案 表2-6-7

WLM1标 改性沥青Sup-20			
摊铺温度160℃以上，初碾压温度155℃以上			
碾压阶段	压路机类型/数量	碾压遍数	碾压工序
初压	2台11t以上双钢轮压路机	前静后振各1遍	各半幅碾压
复压	4台26t以上胶轮压路机	搓揉碾压5~6遍	全幅碾压
终压	1台11t以上双钢轮压路机	静压1~2遍	全幅碾压（消除轮迹）
WLM2标 改性沥青Sup-20			
摊铺温度160℃以上，初碾压温度155℃以上			
碾压阶段	压路机类型/数量	碾压遍数	碾压工序
初压	2台11t以上双钢轮压路机	静压1遍 前静后振各2遍	各半幅碾压
复压	3台26t以上胶轮压路机	揉压6~7遍	全幅碾压
终压	1台11t以上双钢轮压路机	静压1~2遍	全幅碾压（消除轮迹）
SLM标 改性沥青Sup-20			
摊铺温度160℃以上，初碾压温度155℃以上			
碾压阶段	压路机类型/数量	碾压遍数	碾压工序
初压	2台11t以上双钢轮压路机	静压1遍	全幅碾压
复压	3台26t以上胶轮压路机	搓揉碾压6遍	全幅碾压
终压	1台11t以上双钢轮压路机	静压1~2遍	全幅碾压

五、实施效果

实施过程中，项目组进行了全程质量抽检工作，包括室内混合料性能试验和施工现场质量抽检，共抽检了95组混合料（常规指标）、492个点厚度和压实度、240个点的渗透情况，各标施工过程中还检测了混合料高温性能10次，合格率100%。现场部分检测结果如表2-6-8所示。

绕城高速公路西南段Sup-20现场检测情况 表2-6-8

检测项目	芯样厚度(mm)	芯样压实度（%）	渗透系数(mL/min)
平均值	58.8	94.2	50
代表值	58.2	93.8	—
设计要求	≥55.2	93~97	≤120
检测点个数	492	492	240

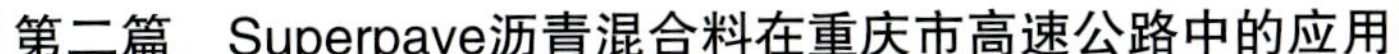

绕城高速公路西南段Superpave路面施工见图2-6-3、Superpave路面铺筑效果及取芯情况见图2-6-4。

a)

b)

图2-6-3　Superpave路面施工

a)Superpave现场摊铺环节；b)Superpave现场碾压环节

a)

b)

图2-6-4　Superpave路面现场铺筑效果及取芯情况

外环西南段Sup-20路面外观均匀、密实，骨架嵌挤良好，无离析现象。试验检测结果表明，混合料各项性能优良，路面在厚度、压实度、密水性等各项技术指标均满足要求，达到了预期效果。进一步证明了Superpave技术在重庆的推广应用不存在施工瓶颈，现有施工技术水平满足superpave路面施工质量控制要求。

外环高速公路西段、南段工程分别于2008年年底、2009年年底通过交工验收并顺利通车，目前运营情况良好，路面没有出现任何早期损害现象。

第二节　石忠高速公路

一、实体工程概况

沪蓉国道主干线支线分水岭（渝鄂界）至忠县高速公路工程起点为重庆市石柱县与湖北省利川市交界的分水岭（K0+545），接沪蓉国道主干线湖北省恩施至利川段终点，经重庆市石柱县的冷水、沙子、蚕溪、三店、龙河，在双笕附近穿方斗山脉，经忠县磨子乡，在忠县城北附近的康家沱跨长江，经李家湾继续西行，终点位于忠县城北的冉家坝（K80+533.093），与沪蓉国道主干线支线忠县至垫江段高速公路相接，路线全长79.988km。

石忠高速公路路面工程划为LM1与LM2两个路面合同段，路基宽度24.5m，沥青混凝土路面设计为双向4车道，设计时速80km/h。正常路段沥青面层总厚度为18cm，路面结构见图2-6-5。

a)
4cm 改性沥青
6cm 普通沥青 Sup-20
8cm 普通沥青 AC-25C
22cm 水泥稳定碎石底基层
23cm 水泥稳定碎石底基层或基层

b)
4cm 改性沥青
6cm 普通沥青 Sup-20

图2-6-5　石忠高速公路沥青路面结构设计图
a)正常路段；b)桥面和隧道

二、材料概况

石忠路中面层Sup-20所用集料均为自加工石灰岩集料，所用沥青为泰国IRPC70号普通沥青。依据Superpave设计要求，进行了集料性质试验、各种集料的密度试验。原材料各项技术均满足规范要求，也能满足本研究提出的建议值要求。见表2-6-9、表2-6-10。

集料性质试验结果汇总　　表2-6-9

试验项目		LM1试验值	LM2试验值	技术标准
集料认同特性	粗集料棱角性（%）	100	100	≥100
	细集料棱角性（%）	45.4	45.1	≥40
	扁平、细长颗粒（%）	10.8	6.4	≤15
	砂当量（%）	76	87	≥60
集料料源特性	洛杉矶磨耗损失（%）	19.7	20.1	≤28
	坚固性（%）	5	3	≤12

集料相对密度试验结果　　表2-6-10

矿料	LM1		LM2	
	表观相对密度	毛体积相对密度	表观相对密度	毛体积相对密度
1号料	2.735	2.704	2.730	2.706
2号料	2.735	2.707	2.727	2.696
3号料	2.740	2.694	2.733	2.700
4号料	2.730	2.693	2.715	2.561
5号料	2.741	2.694	2.714	2.665
矿粉	2.721	—	2.721	—

三、配合比设计概况

石忠高速公路中面层Sup-20配合比设计结果如表2-6-11、表2-6-12所示。

石忠高速公路中面层配合比设计级配　　表2-6-11

筛孔（mm）	26.5	19	13.2	9.5	4.75	2.36	1.18	0.6	0.3	0.15	0.075
LM1目标	100	97.7	73.8	60.1	40.1	27.0	19.4	11.0	7.4	6.3	5.6
LM1生产	100	93.5	73.0	54.4	36.3	24.5	17.8	11.5	7.0	5.6	5.2
LM2目标	100	92.8	75.4	56.6	39.2	28.5	20.5	12.1	7.8	6.4	5.5
LM2生产	100	97.9	76.2	56.6	39.4	25.1	17.1	11.5	7.0	6.0	4.7

石忠高速公路Sup-20级配混合料设计指标汇总　　表2-6-12

设计指标	LM1	LM2	Superpave标准
沥青混合料特性	普通沥青Sup-20	普通沥青Sup-20	
设计压实欠数（次）	100		
沥青用量（%）	4.4	4.3	—
空隙率VV（%）	4.05	4.01	4.0
矿料间隙率VMA（%）	13.66	13.57	≥13.0
饱和度VFA（%）	69.97	70.45	65~75
粉胶比DP（%）	1.40	1.27	0.6~1.2*
初始次数压实度（%）	85.0	84.7	≤89
最大次数压实度（%）	97.8	97.9	≤98
TSR（%）/AASHTO T283	88.0	88.3	≥80
残留稳定度S_0（%）/浸水马歇尔试验	86.2	89.4	≥85
动稳定度（次/mm）	1 591	>1 000	≥1 000

注：*对于粗级配的Superpave混合料，粉胶比可以放宽至0.8~1.6。

四、施工工艺控制概况

石忠高速公路中面层Sup-20实体工程施工时主要采用的拌和楼为4000型间歇式拌和楼，生产全过程采用电脑自动控制，生产期间拌和楼计量总体较为稳定，基本无等料、溢料现象。主要投入的拌和楼各项设置见表2-6-13。

主要拌和楼各项参数　　表2-6-13

标段	类型	温度设置（℃）		拌和时间（s）		生产能力		
		集料温度	沥青温度	干拌	湿拌	单盘料质量（kg）	生产周期（s）	产量（t/h）
LM1	普通沥青Sup-20	175~185	150~155	5~7	25~27	4000	50~55	250~270
LM2	普通沥青Sup-20	185~195	160~165	5~7	25~27	4000	50~55	240~260

混合料运输过程中均能按照前后中三堆装料，减少粗集料离析，对于料车均用了2层油布进行覆

盖，包括车厢边部也采取了相应的保温措施，温度能较好控制。

摊铺过程中各标都采用了2台摊铺机呈梯队作业，采用走钢丝（按高程）控制摊铺厚度和找平，正常摊铺过程中，摊铺速度约2.5m/min。铺面均匀，密水性和压实度控制较好。

石忠高速公路Sup–20经过各标试验段总结和优化调整，最终确定的碾压方案，其主要工作面的碾压方案见表2-6-14。

石忠高速公路Sup-20施工碾压方案 表2-6-14

LM1标普通沥青Sup–20（100次）			
摊铺温度150℃以上，初碾压温度145℃以上			
碾压阶段	压路机类型/数量	碾压遍数	碾压工序
初压	2台11t以上双钢轮压路机	前静后振各1遍	全幅碾压
复压	2台26t以上胶轮压路机	揉压4遍	全幅碾压
终压	1台 11t以上双钢轮压路机	静压1~2遍	全幅碾压
LM1标普通沥青Sup–20（100次）			
摊铺温度150℃以上，初碾压温度145℃以上			
碾压阶段	压路机类型/数量	碾压遍数	碾压工序
初压	2台11t以上双钢轮压路机	前静后振各1遍	全幅碾压
复压	2台26t以上胶轮压路机	揉压4~5遍	全幅碾压
终压	1台11t以上双钢轮压路机	静压1~2遍	全幅碾压

五、实施效果

实施过程中，项目组进行了质量抽检工作，包括室内混合料性能试验和施工现场质量抽检，共抽检了44组混合料（常规指标）、205个点厚度和压实度。现场检测结果如表2-6-15所示。

石忠高速公路Sup-20现场检测情况（中心试验室数据） 表2-6-15

检测项目	芯样厚度	芯样压实度（理论）
检测个数	205	205
平均值	60.9mm	94.4%
代表值	60.5mm	94.2%
设计要求	≥55.2mm	93%~97%

从表中数据来看，石忠高速公路Sup–20路面厚度、压实度都能达到良好的效果。

石忠高速公路Sup–20实体工程于2009年年底顺利建成通车，目前运营情况良好，路面无早期损害现象。

参 考 文 献

[1] 交通部公路科学研究所.JTG F40—2004 公路沥青路面施工技术规范[S]. 北京：人民交通出版社，2004.

[2] 交通部公路科学研究所.JTG E42—2005 公路工程集料试验规程[S]. 北京：人民交通出版社，2005.

[3] 严家伋.道路建筑材料[M].北京：人民交通出版社，1997.

[4] 沈金安.沥青及沥青混合料路用性能[M].北京：人民交通出版社，2000.

[5] 张登良.沥青和沥青混合料[M].北京：人民交通出版社，1993.

[6] 贾渝. SUPERPAVE技术简介及效益评估[J]. 中国公路（建设市场专刊），2004（7）：7-9.

[7] 贾渝.Superpaver混合料设计方法最新进展[J]. 道路科技信息，2001，21（6）：58-61.

[8] 符冠华，吴建浩.Superpave沥青路面技术在江苏的应用[J].公路，2002（5）：86-89.

[9] JohnA. D′ Angelo，贾渝. Superpave混合料设计体系在美国的应用[J]. 中国公路（建设市场专刊），2004（7）：10-11.

[10] 林绣贤.论Superpave组成配比的特色[J].华东公路，2002,（1）：3-7.

[11] 贾渝，王捷. Superpave沥青胶结料性能等级（PG）选择[J]. 石油沥青，2003，17（B04）：5-7，64.

[12] 袁迎捷，张争奇，胡长顺. Superpave沥青规范对改性沥青的适用性[J]. 长安大学学报：自然科学版，2004，24（1）：9-11.

[13] 彭波，田见效，陈忠达. Superpave沥青混合料路用性能[J]. 长安大学学报：自然科学版，2003，23（5）：21-23，93.

[14] 刘福明，王江帅. Superpave级配对抗滑表层路用性能的影响[J]. 中南公路工程，2006，31（5）：35-39.

[15] 刘伟，贾渝. 2004 Superpave旋转压实仪比对试验结果分析[J]. 公路，2005（9）：166-170.

[16] 陈兴伟，许志鸿. 马氏击实次数与体积特性的关系[J].上海公路，2005（1）：6-10.

[17] 李小利. Superpave沥青混凝土路面技术的应用[J]. 公路，2005（10）：145-149.

[18] 徐暘，张起森，聂忆华，等. 以SUPERPAVE的方法研究热拌再生沥青混凝土路面的粘结料性质[J]. 公路，2005（12）：195-199.

[19] 孟书涛，黄晓明，范要武，等.沥青混合料动稳定度试验的分析[J].公路交通科技，2005，22（11）：14-16，49.

[20] 岳学军，黄晓明. 沥青混合料高温稳定性评价指标的试验研究[J]. 公路交通科技，2006，23（10）：37-40.

[21] 李德超. 动稳定度数据处理方法研究[J]. 公路，2005（1）：164-168.

[22] 伍国富，邹宏德.沥青混合料高温稳定性评价指标的试验研究[J].市政技术，2005，23（6）：345-348.

[23] 唐前松，唐柳.沥青混合料高温稳定性的车辙试验研究[J]. 公路与汽运，2004（6）：54-56.

[24] 李志栋，黄晓明. 应用Superpave沥青标准预测低温开裂[J]. 中外公路，2004，24（3）：100-

103.

[25] 葛折圣.沥青混合料疲劳性能因素的关联分析[J].交通运输工程学报，2002，2（2）：8-11.

[26] 甄飞，叶勤. 安山岩在Superpave沥青路面中的应用[J]. 现代交通技术，2007，4（4）：7-9.

[27] Superpave Mix Design （SP-2）[M]. Asphalt Institute，Lexington，Kentucky，2001.

[28] Roberts，Freddy L.，Prithvi S. Kandhal，E. Ray Brown，et al. Hot Mix Asphalt Materials，Mixture Design and Construction[M]. 2nd Edition. NAPA Education Foundation，Lanham，MD，1996.

[29] AASHTO，Test Method for Uncompacted Void Content of Fine Aggregate [S]. AASHTO Specification Designation TP 33，Washington D.C.，2005.

[30] Kandhal，P.S，R. B. Mallick，M. Huner. Development of a New Test Method for Measuring Bulk Specific Gravity of Fine Aggregates[J]. Transportation Research Record No. 1721，Transportation Research Board，Washington，D.C.， 2000.

[31] Prowell，B.D.，N.V. Baker. Evaluation of the New Test Procedures for Determining the Bulk Specific Gravity of Fine Aggregate Using Automated Methods[J]. Transportation Research Record No. 1874，Transportation Research Board，Washington，D.C，2004.

[32] Asphalt Institute.Superpave Mix Design-Superpaw Series No. 2（SP-2） [M]. Lexington，Kentucky，2001.

[33] P.S. kandhal，L.A. Cooley.The restricted zone in the Superpave Aggregate Gradation Specification [R]. NCHRP report 464，Transportation Research Board，National Research Council，Washington，D.C.，2001.

[34] T. Aschenbrener. Demonstration of a Volumetric Acceptance Program [J]. Transportation Research Record No.1513，Transportation Research Board，National Research Council， Washington，D.C.，1995.

[35] M.W. Witczak.Superpave Support and Performance Models Management [R]. NCHRP Report 465，Transportation Research Board， National Research Council，Washington，D.C.， 2006.

[36] AASHTO.Standard test method for determining the fatigue life of compacted hot mix asphalt （HMA） subjected to repeated flexural bending [S]. AASHTO Designation:TP8-94 Edition 1B，1994.

第三篇

废旧橡胶粉改性沥青在公路沥青路面中的应用技术研究

第一章　绪　论

随着我国社会经济的高速发展，人民生活水平显著提高，国民汽车保有量迅速增加。随之而来的便是无法回避的关于大量废旧轮胎的处理问题。废旧橡胶属于热固性聚合物材料，自身很难降解，它们的大分子分解到不影响土壤中植物生长的程度需要数百年时间，不仅恶化自然生态环境、破坏植物生长，而且在潮湿的环境下极易滋生蚊虫、传播疾病。此外，每一条轮胎中含有相当于4.5L汽油的物质，堆积的废轮胎极易自燃，形成大火，并向大气释放了大量的黑烟和有毒物质，是一个很难处理的固体污染问题（图3-1-1）。据世界环境卫生组织统计[2]，世界废旧轮胎积存量在2004年已达30亿条，并以每年10亿条的数字增加。

a)

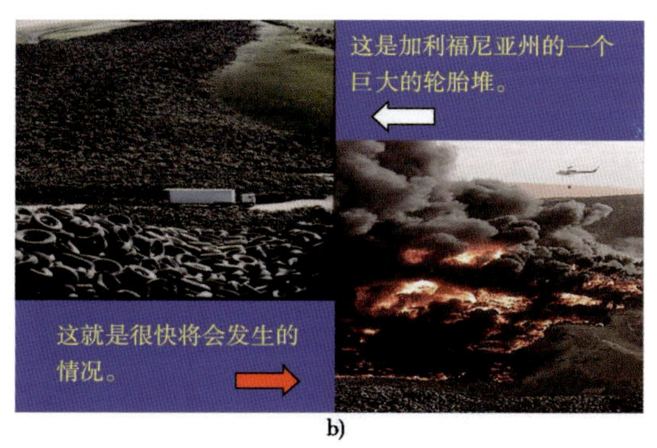

b)

图3-1-1　废旧轮胎带来的环保问题

迫于越来越多的废旧轮胎的产生和处理压力，美国自20世纪70年代就已经开始研究废旧橡胶沥青路面，南非、印度等是铺筑废旧橡胶沥青路面比较成功的国家。随着我国经济社会的高速发展，节约资源与保护环境已引起广泛重视。对公路行业来说，要充分利用废旧轮胎资源，提高废旧轮胎的循环利用率，改变目前的状况，以节约资源，减少废旧轮胎污染为当务之急。

与此同时，我国公路建设也进入了发展最快、规模最大、最具有活力的时期。从1988年的京石、沈大、沪嘉高速公路通车以来，平均每年建成通车高速公路2 000多公里。在短短的近20年时间内，我国高速公路建设走完了发达国家半个世纪的发展历程。在公路建设事业高速发展的过程中，既要改善公路使用性能，延长路面使用寿命，又要节约建设投资，解决社会环保问题，降低工程造价。将废旧轮胎通过各种工艺加工成橡胶粉是国内外通用的废胎再生处理方法，其中废旧胶粉在公路行业中的使用是废旧轮胎处理的重要途径。

橡胶沥青可以改善沥青路面使用品质、延长使用寿命、降低工程造价。高性能、低成本的橡胶沥青路面材料如果能大量运用于道路工程中，将形成环境保护、废物利用、延长道路寿命、降低路面工程造价的多赢局面，具有极大的现实意义。在设计和施工良好的情况下，橡胶沥青材料能够表现出良好的性能。橡胶沥青的最主要优点在于[3]：橡胶沥青中因为掺加了胶粉，提高了胶结料的稠度，增加了路面使用温度下的弹性，提高了路面抗反射裂缝以及抗疲劳能力。根据美国加州公路局设计指南的相关资料，在路面改造及养护工程中，橡胶沥青与一般沥青比较的等效厚度为：

1.抗反射裂缝能力

抗反射裂缝能力等效厚度对比，见表3-1-1。

抗反射裂缝能力等效厚度对比 表3-1-1

橡胶沥青	关　系	一般沥青
1cm AR-BISAMI	=	5cm AC
1cm AR-PQFC		3cm AC
1cm OSMA		2cm AC

2.抗疲劳能力

抗疲劳性能等效厚度对比，见表3-1-2。

抗疲劳性能等效厚度对比 表3-1-2

橡胶沥青	关　系	一般沥青
1cm AR-BISAMI	=	2~4cm AC
1cm AR-PQFC		2~4cm AC
1cm OSMA		2~3cm AC

注：AR-BISAMI为橡胶沥青防水黏结应力吸收层，AR-PQFC为橡胶沥青静音透水抗滑面层，OSMA橡胶沥青优化玛蹄脂碎石混合料。

橡胶沥青与改性沥青设计方案比较，见图3-1-2。设计方案数据对比，见表3-1-3。

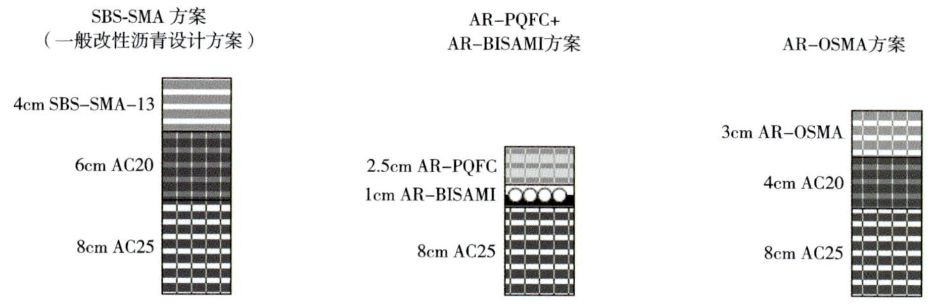

图3-1-2　橡胶沥青与改性沥青设计方案比较

设计方案数据对比 表3-1-3

项目 \ 方案	SBS-SMA	AR-PQFC+AR-BISAMI	AR-OSMA
实际厚度（cm）	18	11.5	15
等效厚度（cm）	18	15~20	18~21
造价比（%）	100	67	83
施工时间比（%）	100	60	83
路面寿命比（%）	100	150~300	200~300

同时，橡胶沥青混凝土的另一大优势是由于其高弹性能，具有明显的减少行车噪声的效果，是典型的“安静路面”。1981年，比利时科学家在布鲁塞尔首先证明了橡胶沥青混凝土的降噪效果。随后世界各国相加开展了这方面的研究。表3-1-4为一些主要国家的研究结果[1]。

橡胶沥青混凝土减噪效果 表3-1-4

国家或地区	年　份	减少噪声水平
比利时	1981年	8~10dB（65%~85%）
加拿大	1991年	有减噪效果
英国	1998年	项目尚未完成
法国	1984年	2~3dB/3~5dB

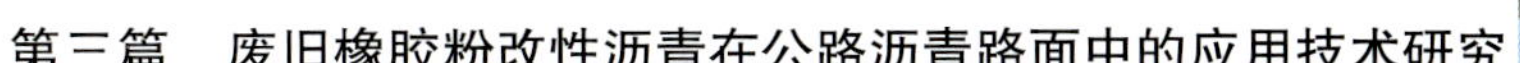

续上表

国家或地区	年　份	减少噪声水平
德国	1980年	3dB
奥地利	1988年	3dB
荷兰	1988年	2.5dB
美国加利福尼亚州	1991年	3~7dB
美国亚利桑那州	1990年	10dB

国内外的应用现状表明，橡胶沥青改性材料在提高路面使用寿命、减少路面厚度的同时也存在以下问题：

（1）由于橡胶沥青与矿料在嵌挤过程中发生相互干扰，加之橡胶沥青混合料的劲度模量较低，变形量大，容易导致混合料难以压实或在车辆反复作用下产生疲劳性解体；

（2）橡胶沥青混合料在拌和、摊铺、碾压的过程中，胶粉会继续发育、溶胀，橡胶沥青在生产施工过程中处于一种不稳定状态，很难有效控制其高温稳定性；

（3）橡胶沥青的制备工艺以及混合料级配存在很大差异，导致橡胶沥青混合料的高温性能存在很大变异性，照搬国外的橡胶沥青使用经验，在我国工程实际中难以稳定地达到优异的高温性能[1]。

所以，橡胶沥青混合料的高温稳定性有待进一步改善和提高。

高温稳定性不足问题，一般出现在高温、重载以及抗剪切能力不足即沥青路面的劲度较低的情况下。随着交通量的不断增大以及车辆行驶的渠化，沥青路面在行车荷载的反复作用下，会由于永久变形的累积而导致路表面出现车辙，进而导致路表过量变形，影响了路面的平整度、行车舒适性以及安全性，图3-1-3为几种常见的高温病害。可见，沥青路面高温性能的不足，严重影响了路面的使用寿命和服务质量。橡胶沥青路面要尽力避免各种高温病害的产生，保证路面的高温稳定性。在防止路面反射裂缝、疲劳破坏以及路面减噪等方面，体现出其独特的优势。但是，橡胶沥青由于其材料特性，使其在高温性能方面存在不足。

a)　b)　c)　d)

图3-1-3　路面高温病害

a)车辙；b)泛油；c)推移；d)拥包

毋容置疑，废旧橡胶粉改性沥青路面在公路工程中的应用具有很强的推广性。为了保证废胎胶粉改性沥青应用技术的应用，提高橡胶沥青混凝土路面的高温稳定性是一项重要任务。本项目研究的重点，是结合橡胶沥青及混合料的特性，借鉴国内外最新研究成果，从我国的气候环境、交通环境、路面材料和结构以及现行规范的技术要求出发，对路用橡胶沥青及混合料进行分析和探讨，并通过室内试验与实际工程的综合研究，在保障橡胶沥青路面其他路用性能的基础上，提高橡胶沥青混凝土的高温稳定性，为实际工程提供指导作用。

第二章　路用橡胶沥青性能分析

橡胶沥青材料在道路工程的应用过程中，由于其特殊的作用机理，性能影响因素繁多，不同因素及不同水平的影响作用复杂。本章结合橡胶沥青作用机理，分析不同因素对橡胶沥青性能的影响，并结合国内外资料，介绍橡胶沥青性能的评价体系及试验方法。

第一节　橡胶沥青作用机理

橡胶沥青是一种以废旧胶粉为改性剂的改性材料。由于废旧橡胶粉与沥青材料具有不同的化学组分，两者的相互作用比较复杂，其作用过程既不是胶粉与沥青完全融合，也不能以简单的填充作用来解释。

国内外专家、学者对橡胶沥青作用机理进行了研究、探讨，综合他们的研究成果，概括起来可以分为以下几种观点：

（1）物理共混说

橡胶沥青的作用过程主要发生物理反应。传统的物理共混说[3]认为橡胶粉与基质沥青在混溶过程中，胶粉的分子吸收沥青中的轻质组分，发生溶胀，最终形成均匀共混体系。Heitzman[5]也通过分析认为，沥青与胶粉之间没有发生化学反应，胶粉不会溶解于沥青中，而是橡胶粉把沥青组分中的轻质组分吸附到胶粉聚合物链中而产生溶胀，形成凝胶状物质。美国学者H.Barry Takallou博士等通过抽提试验发现橡胶沥青的改性过程是可逆的，反应以物理反应为主。

（2）化学共混说

橡胶粉与沥青作用是一个化学混溶过程。化学共混说[1]认为沥青与胶粉在高温下共同混合，由于沥青中含有极性和非极性化合物，存在羟基、脂基等有机官能团，沥青与胶粉发生化学共混，生成新的化学键的结合，发生化学反应。伊利洛伊州大学的Abdelrahman博士[6]利用G^*和δ的不同意义和变化规律，证明了反应中的脱硫、降解等化学过程。F.J.Navaro等将橡胶沥青中的不溶物与胶粉中的不溶物对比发现，经过改性作用过程，橡胶沥青中的不溶物含量减少，说明在混溶过程中胶粉发生了化学反应。

（3）网络填充学说[1]

从结构形态的角度来考虑橡胶沥青作用机理。在橡胶沥青的改性过程中，橡胶粉中的聚合物分子受到轻质组分的作用而被分开，经过分散过程后以微粒或丝状分布在沥青基体中。聚合物分子的自由基相互关联，形成松弛的网状结构。聚合物分子的网状化也对基质沥青形成分化，使基质沥青形成网络结构，最终胶粉与沥青形成相互贯穿的网络结构。

结合橡胶沥青的微观结构分析及橡胶沥青性能指标的变化特点，废旧胶粉改性沥青的作用机理从微观结构角度来考虑，又可以归纳为四个方面[13]：

（1）结构变化改性

橡胶粉的加入能吸附沥青中的某些组分，沥青中与改性剂结构相似的轻组分（主要是油蜡）经过

渗透，扩散进入橡胶网络，使橡胶粉溶胀，从而有效地降低游离蜡含量，组分的变化使得高蜡含量的沥青从溶胶结构变为溶—凝胶型结构。感温性显著下降，其他性能也得到改善，蜡含量的降低最终改善了沥青的感温性，表现为沥青的针入度增大，软化点明显升高。

（2）胶粉溶胀改性

废旧胶粉加入母体沥青以后，胶粉吸收沥青中的轻质组分而发生溶胀，部分胶粉颗粒恢复了生胶的性质，并由原来的紧密结构变成相对疏松的絮状结构，制备后的溶胀橡胶颗粒能够较均匀地悬浮分散在沥青中，基质沥青也因部分油分被吸收而变得黏稠。这种混溶改性材料不仅保持了基质沥青材料的主要物理力学性质和恢复橡胶材料部分生胶的黏性和可塑性，而且两者的共同作用也改变了基质沥青材料的物理特征、黏结性、感温性和耐久性，产生了改性效果。

（3）胶粉颗粒降解改性

与熔胀过程同时发育的还有橡胶颗粒的脱硫和橡胶分子的降解过程。在高温搅拌条件下，橡胶体型网状大分子结构适度氧化解聚，变成大量的小体型网状结构和少量链状物，从而获得部分塑性和黏性，但同时也失去部分原有橡胶的弹性。随着热沥青中胶粉颗粒的脱硫和降解，胶粉颗粒会与沥青发生物质交换，橡胶颗粒中的硫、炭黑、氧化硅、氧化铁等物质进入沥青胶体体系中，起到改善沥青温度敏感性、低温性能及耐老化性能的作用。

（4）橡胶粉的增强作用改性

橡胶颗粒三维随机分布，构成连续相，橡胶颗粒间靠凝胶膜连接，节点黏结效力依赖于温度，溶胀后的橡胶粉之间没有强的化学链接，废胶粉改性沥青内部不形成整体性的网络加劲结构。橡胶粒子体积小，数量多，在低温时它们与沥青基体的模量不同，可产生高度的应力集中，诱发大量银纹和剪切带，银纹和剪切带的产生和发展消耗大量的能量，因此可提高沥青的冲击强度和可塑性；而较大的橡胶粒子能防止单个银纹的生长和断裂，使其不至于很快发展为破坏性裂纹，改善沥青的低温柔韧性。从这种意义上说，橡胶是沥青的增强增韧剂。

以上各理论提出的反应过程以及不同的改性作用特点，在废旧胶粉与母体沥青的相互作用过程中都可能存在，只是发生的时间和程度有所不同。橡胶沥青的反应过程可以简要概括为：反应初期，胶粉的溶胀作用占主导地位，胶粉恢复部分生胶性质形成疏松絮状结构，同时由于轻质油分被胶粉吸收，沥青黏度增大，两者逐步互溶。溶胀达到一定阶段后，沥青中的轻质组分进入橡胶链空隙，使其脱硫与降解加速发展，橡胶粉部分溶解，分布更加均匀，同时导致黏度较前期有所下降，最终胶粉通过凝胶膜连接，形成黏度很大的半固态连续相体系。

橡胶沥青与其他一般改性沥青最大的不同在于它是一种液—固两相的混合物，橡胶颗粒即使在反应结束、投入使用时仍然保持着固体颗粒的核心，“没有了固体颗粒的核心也就不是橡胶沥青”。橡胶沥青反应状态如图3-2-1所示。

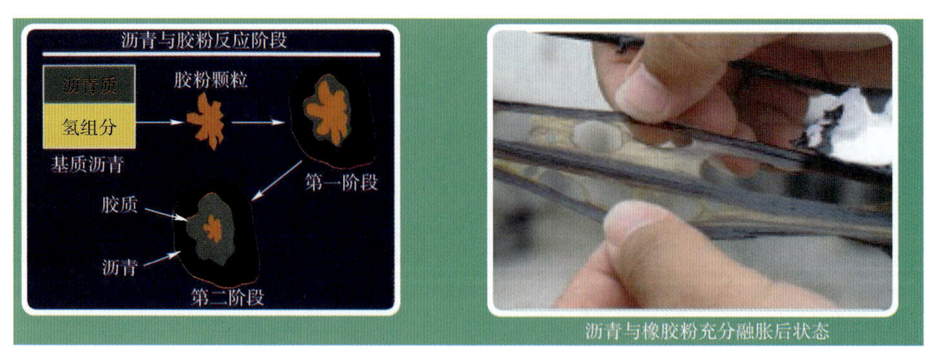

图3-2-1　橡胶沥青反应状态

第二节　橡胶沥青性能影响因素

橡胶沥青改性效果的影响因素从总体上来看，分为内因和外因两大类。内因就是生产橡胶沥青的原材料因素，外因包括生产橡胶沥青的生产工艺因素。

一、原材料影响因素

（一）胶粉因素

1.胶粉来源

Oliever[9]等学者发现，天然橡胶含量高的废旧胶粉对基质沥青性能的改善好于合成橡胶含量高的胶粉，但合成橡胶在胶粉改性沥青稳定性方面更加有利。巴西学者Silvrano A DantasNeto等人[1]研究认为，由冷冻法生产的胶粉制得的橡胶沥青性能低于常温法生产的材料。其原因在于常温胶粉更加粗糙，比表面积更大，对改性有利。国内外工程应用状况进一步证明了这一观点。

2.胶粉粗细程度与掺量

总体看来，胶粉的粗细程度与掺量是相互影响的，在同一胶粉掺量的情况下，不同目数的橡胶粉制得的橡胶沥青性能也有差异。以不同粗细程度与掺量的橡胶粉生产的橡胶沥青性能测试结果，如表3-2-1及图3-2-2所示。

不同胶粉目数与掺量橡胶沥青的试验结果　　表3-2-1

胶粉目数	胶粉掺量（%）	评价指标		
		180℃黏度（Pa·s）	软化点（℃）	25℃针入度（0.1mm）
30	15	0.76	63.1	54.2
	19	1.28	67.5	50.5
	23	2.81	70.1	48.8
60	15	0.85	66.2	57.1
	19	1.46	69.3	53.6
	23	3.01	71.0	51.2
80	15	0.80	69.7	58.7
	19	1.39	71.8	55.1
	23	2.76	73.0	51.0

从不同胶粉目数与掺量橡胶沥青的试验结果可以看出：随胶粉目数的增加，橡胶沥青的软化点和25℃针入度增加，目数对橡胶沥青高温黏度的影响作用较小；随着胶粉掺量的增加，橡胶沥青的黏度和软化点增加，针入度下降。

研究表明，在一定生产工艺条件下，胶粉越细，橡胶沥青达到黏度最大值需要的时间越短；反之，若胶粉较粗，橡胶沥青的黏度增长过程就会延长[10]。根据交通运输部公路科学研究院的研究成果，将胶粉目数与橡胶沥青黏度和沥青三大指标等建立的关系表明，胶粉目数对沥青改性效果的提高存在一个最佳值。因为胶粉变细，有助于溶胀效果与相容性的提高，促使胶粉与沥青相互渗透，融为一体。但过细的胶粉在沥青中难以形成稳定结构，失去其颗粒改性复合材料的特性。因此，胶粉目数的选择，需结合胶粉加工成本以及性能要求综合考虑。

Hussain U.Bahia与Robert Davies等研究发现[11]，胶粉掺量增加，橡胶沥青的旋转黏度随之增加，但改性沥青的延度总体上有下降趋势。同济大学的黄彭教授对橡胶粉掺量对沥青性能的影响进行了研究[12]，表明橡胶沥青中的废旧胶粉存在一个最优掺量，胶粉掺量增长到一定阶段，其改性效果不再提高甚至出现下降。

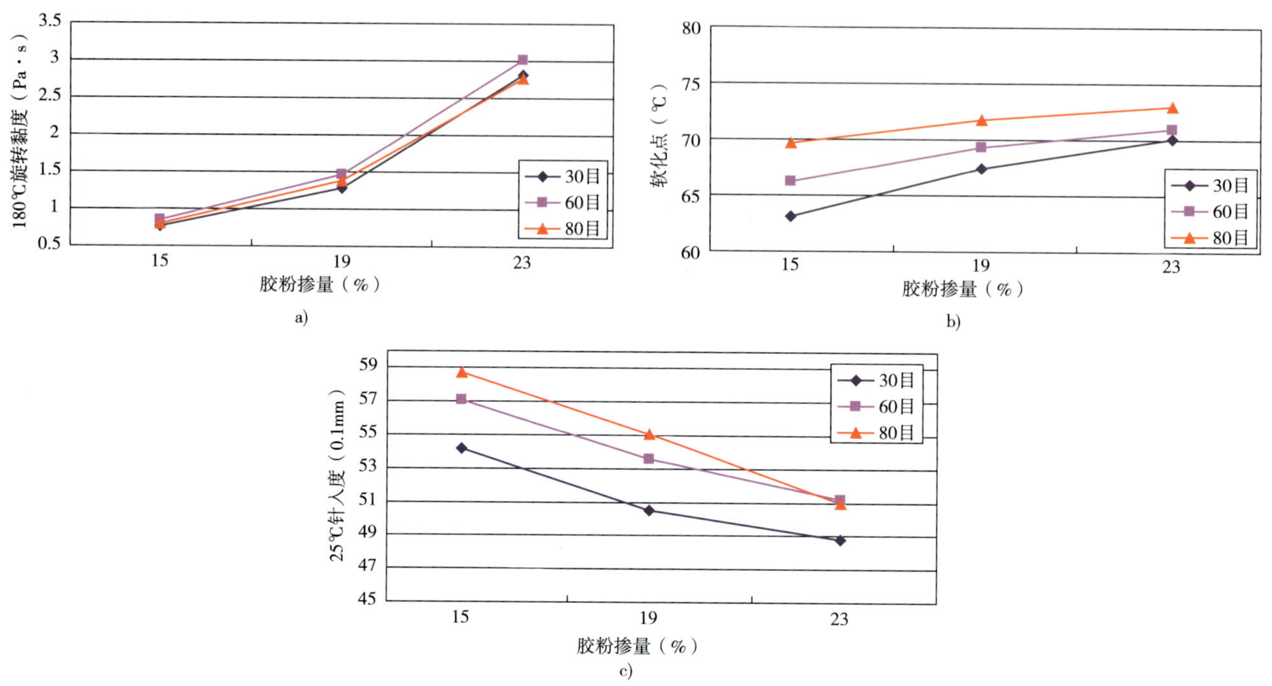

图3-2-2　胶粉目数与掺量对橡胶沥青性能的影响

a)胶粉目数与掺量对黏度的影响；b)胶粉目数与掺量对软化点影响；c)胶粉目数与掺量对针入度的影响

针对橡胶沥青的改性效果，胶粉掺量应控制在适宜的范围。掺量过小，溶胀作用不明显，无法在分散介质中形成半固态稳定体系；而掺量超过饱和程度后，会影响溶胀作用，过多的胶粉会出现结块或成团现象，胶粉团内部不具备结合力，影响黏结性能，还会影响混合料的拌和，同时导致橡胶沥青混合料碾压不易压实，增加施工难度。

（二）母体沥青性质

橡胶沥青的性质，与母体沥青的指标有很大关系。除去母体沥青自身性能高低之外，母体沥青的性质最主要是影响橡胶粉改性沥青的配伍性或相容性。母体沥青越软，即沥青组分中沥青质含量较低，饱和分及芳香分等轻质组分含量较高，胶粉与沥青的相容性较好，因此橡胶粉的改性效果越好。

二、工艺

橡胶沥青的拌和工艺包括了拌和方式、拌和温度与时间以及对原材料预处理或外加剂等方面的内容。

（一）拌和方式

目前，国内外橡胶沥青的生产工艺概括起来大致可以分为以搅拌互溶和高速剪切两类制备方法[14]。针对两种拌和工艺的原理和特性，实验室分别采用直接拌和法、高速剪切搅拌法、搅拌—剪切—搅拌法这三种工艺进行对比[10]，搅拌时间与60℃黏度对应关系如图3-2-3所示。

高速剪切使得废旧胶粉在母体沥青中均匀分散、充分融合，但也使胶粉的脱硫和降解加剧，使橡胶沥青的黏度衰减，因此剪切速率应适当控制。而简单剪切或低速剪切的方式能够实现胶粉在母体沥青中形成稳定体系，具有较高的高温黏度，但很难保证橡胶沥青拌和的均匀性。国际上常采用高速剪切加简单搅拌的拌和形式[1]，采用高速剪切设备将废旧胶粉分散在沥青中，使二者在反应初期充分融合；再通过简单搅拌工艺实现橡胶沥青的进一步发育和溶胀。

（二）拌和温度与时间

在一定的拌和工艺条件下，拌和温度与时间联系十分紧密，它们共同决定了橡胶沥青的性能。结合对橡胶沥青反应机理与试验分析的研究来看[10,15]，在适宜范围内，橡胶沥青的拌和温度越高，达到最佳改性效果的反应时间越短。

拌和温度是拌和工艺的一个重点，也是改性沥青性能的关键因素。拌和温度太低时，沥青中分散相的热运动较低，难以与胶粉相结合形成稳定体系，改性效果不佳，达到最佳改性效果的时间过长，影响生产效率；而拌和温度高于200℃后，橡胶沥青过度降解，并发生老化。

在一定的温度条件下，拌和时间过短，胶粉溶胀不够充分，且分散不均，难以与分散相充分结合，无法形成稳定体系。时间过长，在拌和的后期，胶粉发育趋于停止，长时间的高温导致胶粉过度脱硫、降解，并使沥青的油分散失，产生不同程度的老化。制拌温度与时间对橡胶沥青180℃黏度的影响如图3-2-4所示。

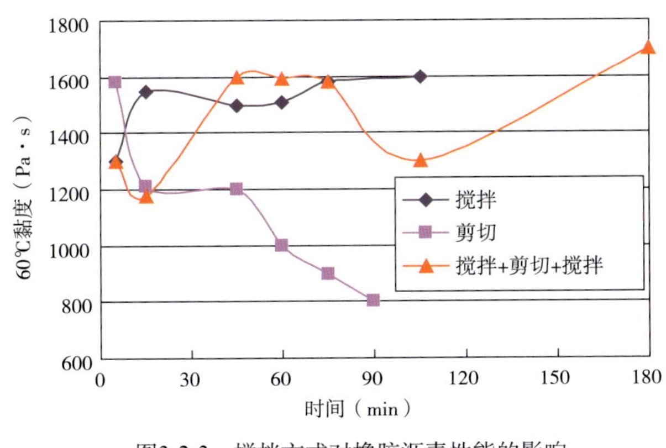

图3-2-3　搅拌方式对橡胶沥青性能的影响

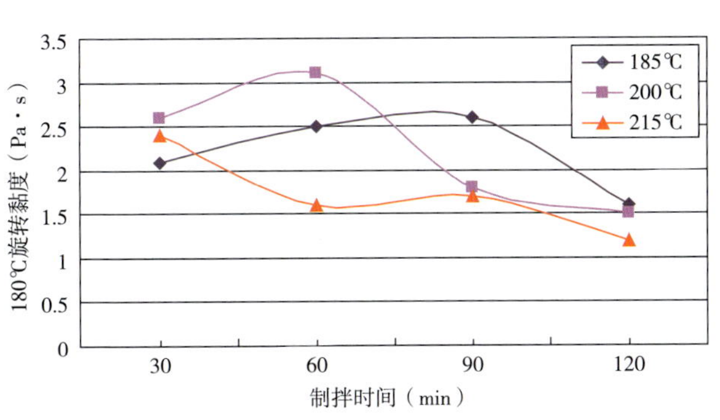

图3-2-4　制拌温度与时间对180℃黏度的影响

（三）预处理技术和外加剂

根据Small提出的溶解度参数概念[17]，橡胶粉与沥青由于自身性质的差异，较难互溶，需通过机械力使其处于动力学稳定状态，提高其工艺相容性。橡胶沥青的溶胀发育在一定程度上可逆，一旦停止搅拌，橡胶沥青会发生离析现象。为提高其储存稳定性，除延长发育时间的方法外，美国率先开展了胶粉预处理技术，改善其改性效果[12]。我国的石洪波、廖明义、解建光等通过不同的胶粉预处理技术，提高了橡胶沥青稳定性。

废旧胶粉和沥青都是惰性物，为了提高改善效果或生产效率，外加剂的使用是有必要的。外加剂可以使胶粉分散，促进反应的物理外加剂可缩短反应时间，降低反应温度，或者通过复合改性作用，进一步优化橡胶沥青材料的路用性能。

第三节　橡胶沥青评价指标体系

沥青材料的评价体系与沥青材料的性能是密切相关的，其评价体系中所包含的技术内容应直接或间接地反映沥青的使用性能。

由于作用机理和结构上的差异，一些评价普通沥青与改性沥青特性的常用指标，如延度、脆点、弹性恢复系数等，往往不能真实反映橡胶沥青的实际性能。因此在评价橡胶沥青黏结剂的特性时，最重要的是如何才能反映出橡胶沥青这种液—固两相材料的本质属性。与此同时，针对不同地区及不同使用条件的橡胶沥青材料，所选取的评价指标也有差异。

一、国外评价指标体系

在国外，橡胶沥青的分级指标大致是依据橡胶沥青组分，由基质沥青性能与胶粉掺量分级，或者是依据橡胶沥青应用的气候环境及其高低温性能的特点划分。南非等一些国家只是针对橡胶沥青这种材料提出了技术标准，没有分级。

在橡胶沥青分级的基础上，提出了技术指标体系。从国外各国采用的技术指标来看[1]，橡胶沥青的核心指标是：黏度、针入度（锥入度）、软化点及弹性恢复等。国外主要的橡胶沥青评价指标体系，如图3-2-5所示。

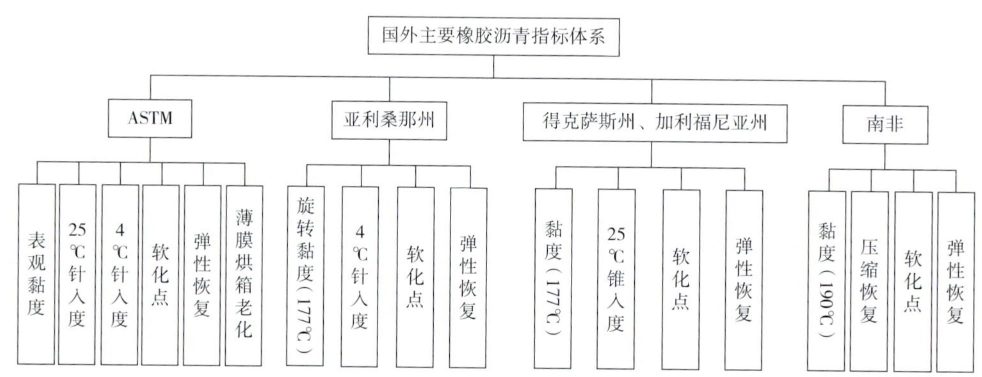

图3-2-5　国外主要橡胶沥青技术指标的汇总

二、国内评价指标体系

国内学者通过对国外先进技术的学习和交流，参考国外的指标体系，提出了我国的橡胶沥青性能评价指标。孙祖望教授在《橡胶沥青技术应用指南》[3]中提出了我国的沥青—橡胶黏结剂的技术标准，见表3-2-2。

沥青—橡胶黏结剂的技术标准　　表3-2-2

试验指标	单　位	技　术　要　求	
		最　小	最　大
Haake黏度（190℃）	10^{-3}Pa·s	1500	4000
锥入度（25℃）	0.1mm	25	70
弹性恢复（25℃）	%	18	
软化点	℃	52	74

交通运输部公路科学研究院也针对我国气候和交通条件，提出了我国推荐采用的橡胶沥青技术标准[7]，见表3-2-3。

橡胶沥青技术标准　　表3-2-3

项　目	寒　区	温　区	热　区
基质沥青	110号、90号	90号、70号	70号、50号
180℃旋转黏度（Pa·s）	1.0~3.0	2.0~4.0	2.5~5.0
25℃针入度（0.1mm）	60~100	40~80	30~70

续上表

项　目	寒　区	温　区	热　区
软化点（℃）	>50	>58	>65
弹性恢复（%）	>50	>55	>60
5℃延度（cm）	>10	>10	>5

在选择橡胶沥青指标评价指标的过程中，主要考虑几方面的要求：①保证技术标准能够有效控制橡胶沥青质量；②结合胶粉与基质沥青已有的控制指标，抓住评价橡胶沥青性能的核心指标，简化评价体系；③根据橡胶沥青的特殊复合改性材料机理，淘汰一些无法准确评价或与改性机理不相符的指标。

综合来看，高温黏度指标与沥青混合料的抗流动变形能力相关联，黏度能够真实地反映路面的实际使用情况，黏度大的沥青结合料在荷载作用下产生较小的剪切变形，弹性恢复性能好。从国内外技术指标来看，黏度指标能够准确反映橡胶沥青品质好坏，并能有效控制住胶粉掺量，而且可以反映改性沥青的工作性，体现出橡胶沥青的固—液两相特性。所以，黏度在国内外评价体系中成为核心指标。

与此同时，弹性恢复指标是表征橡胶沥青抗疲劳和反射裂缝性能的最好指标，提高弹性恢复能力，可以减小荷载作用下的残余变形，减少路面的破坏。所以，弹性恢复指标也成为一个关键指标。

而我国常用的沥青“三大指标”在橡胶沥青评价体系中的地位发生了变化。传统的针入度对于橡胶沥青之类的颗粒改性材料而言，具有较大随机偏差。橡胶沥青在纯拉、纯压、纯剪状态下力学行为差异很大，软化点对橡胶沥青材料性能评价的灵敏性也受到了质疑。但二者由于测试方法统一、方便，并且便于橡胶沥青材料与其他沥青材料进行对比，仍然沿用或作为参考性指标。而延度由于其偏离了材料实际使用状态，不能准确评价橡胶沥青使用性能而逐渐作为参考指标来考虑。

第四节　橡胶沥青性能评价的试验方法

一、橡胶沥青黏度测定方法

橡胶沥青的高温黏度指标是橡胶沥青材料最基本也是最核心的评价指标，因此其测定方法在橡胶沥青性能的评价过程中也显得尤为重要。目前，国内外对于橡胶沥青高温黏度的测定，普遍采用旋转黏度计来进行。

旋转黏度计是用来评价沥青胶结料的高温工作特性的设备，适用范围宽，测量方便，易得到大量的数据，可广泛用于测定沥青等非牛顿型液体的表观黏度，其工作原理见图3-2-6。旋转黏度的测定是通过测量沉浸在试样中的旋转轴在恒温下保持固定转速所需的扭矩完成的。旋转轴在固定速度的扭矩同胶结料试样的黏度有直接的关系，这种关系是由黏度计自动确定的。

由于黏度是一个条件性指标，在测试温度、测试时间、测试过程等测试参数不同的情况下，测定的黏度指标不具有可比性。图3-2-7为通过布洛克菲尔德（Brookfield）旋转黏度计测定的橡胶沥青旋转黏度与转子转速的关系。可以看出，橡胶沥青在旋转黏度计的测试过程中，仍然处于显著的剪切稀化过程。橡胶沥青的高温黏度随旋转黏度计转速的增加而逐渐减小。因此，不同转速下橡胶沥青的黏度有很大的差异[1]。

本项目对于橡胶沥青高温黏度的测定，参考《交通运输部“材料节约与循环利用专项行动计划”

推广项目系列指南之三：橡胶沥青及混合料设计施工技术指南》中的橡胶沥青黏度检测方法进行，但又结合试验的操作性和试验数据对比的统一性，做出了适当调整。

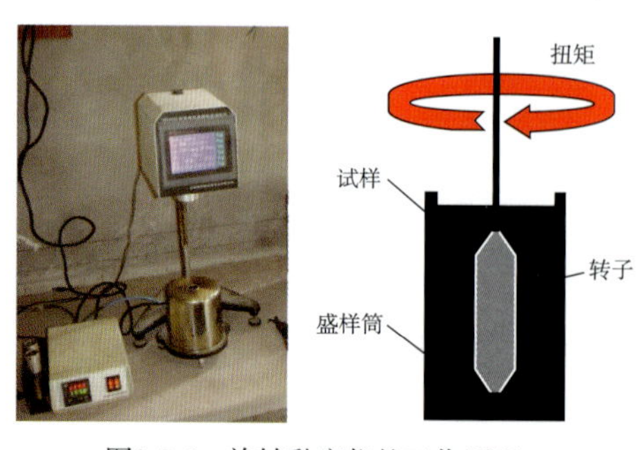

图3-2-6　旋转黏度仪的工作原理

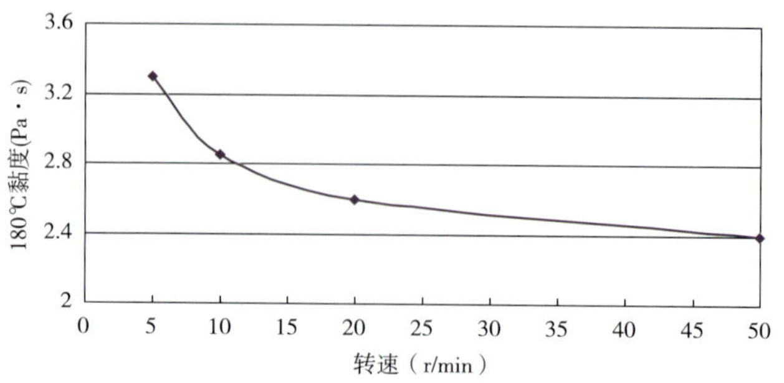

图3-2-7　旋转黏度仪转速与黏度的关系曲线

橡胶沥青的旋转黏度测定方法：根据橡胶沥青的特点，在对橡胶沥青黏度的试验方法和黏度的测定影响因素的全面分析基础上，采用布洛克菲尔德（Brookfield）黏度计，配备SC4-27号转子，选用20r/min的转速，测定扭矩控制在10%~100%范围之内，当黏度值只有小幅波动或者基本不变时，读出橡胶沥青的180℃旋转黏度值。如图3-2-8所示。

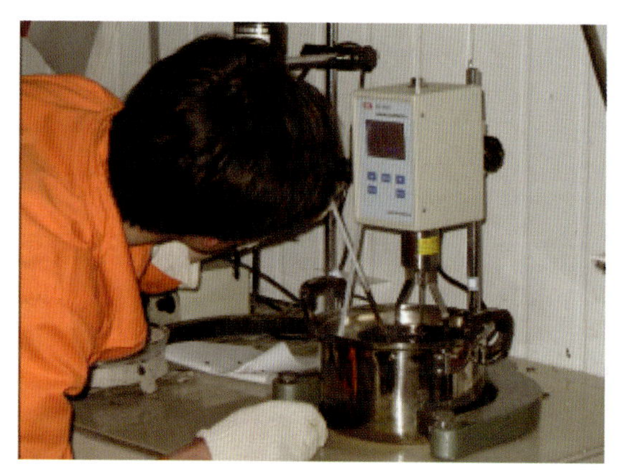
图3-2-8　橡胶沥青黏度的测定

二、其他指标测定方法

（一）针入度试验方法

针入度是国际上测定沥青稠度的一种常用方法，是一种条件黏度。通常稠度高的沥青，针入度值愈小，沥青愈硬；相反，稠度低的沥青，针入度值愈大，沥青愈软。一般认为沥青的针入度值与绝对黏度值之间存在一定的关系，所以针入度可以侧面反映沥青在某一特定温度下的黏度特性。

针入度的测定法，按照《公路工程沥青及沥青混合料试验规程》（JTJ 025—2000）中T 0604—2000中的规定，针入度试验主要的试验参数为：试验温度为25℃，标准针的重量为（100±0.1）g，贯入时间为5s。

（二）软化点试验方法

软化点实质上反映沥青的黏度，与沥青的标号有关，是一种条件黏度，即在等黏度条件下以温度表示的一种黏度。软化点反映沥青的温度敏感度，一般来说，软化点高，则其等黏温度也高，温度稳定性也好，或者说热稳定性好。

软化点的测定方法，按照《公路工程沥青及沥青混合料试验规程》（JTJ 025—2000）中T 0606—2000的有关规定，采用环球法测定软化点：将沥青试样注入内径为18.9mm的铜环中，环上置一重3.5g的钢球，在规定的加热温度（5℃/min）下进行加热，沥青试样逐渐软化，直至在钢球荷重作用下，使沥青产生25.4mm垂度（即接触底板）时的温度即为软化点。

（三）弹性恢复试验方法

弹性恢复指标反映了橡胶沥青在受力后的弹性恢复性能，废旧胶粉的掺入，直接导致沥青的弹性恢复增大。美国加利福尼亚的橡胶沥青技术指南明确指出，弹性恢复是表示橡胶沥青抗疲劳与反射裂缝方面现场性能的最好指标。

弹性恢复指标的试验方法，按照《公路工程沥青及沥青混合料试验规程》（JTJ 025—2000）中

T 0662—2000的有关规定，测定用延度试验仪拉长一定长度后的可恢复变形的百分率。橡胶沥青弹性恢复试验主要的试验参数为：试验温度为25℃，拉伸速度为5cm/min，拉伸10cm后停止，立即剪断，保持1h，测量恢复率，试验所用延度试模中间为直线侧模，试件截面积为1cm^2。

（四）延度

延度是反映沥青条件延性的指标。沥青的延性是当其受到外力的拉伸作用时，所能承受的塑性变形的总能力。延度越大，沥青的柔韧性越好，如在低温下延度越大，则沥青的抗裂性越好。沥青延度与其黏度、组分有密切关系。一般来说，延度大的沥青含蜡量低，黏结性和耐久性都好；反之，含蜡量大，延度小，黏结性和耐久性也差。因此，延度是表征沥青性质的重要指标。

延度是沥青在一定温度下，按一定速度拉伸至沥青断裂的长度，以cm为单位。通常试验温度为25℃、15℃或5℃，拉伸速度为5cm/min，而本项目采用5℃来测量延度。

第三章　橡胶沥青胶结料高温性能评价

沥青混合料的力学强度是由矿质集料颗粒之间的嵌挤力（内摩阻力）、沥青与集料之间的黏结力以及沥青胶结料的内聚力所构成的。要改善橡胶沥青混合料的高温稳定性，橡胶沥青胶结料性能的提高将发挥重要的作用。研究表明[19]橡胶粉改性可以明显地提高沥青的黏度和SHRP高温指数的值。因为橡胶沥青黏度高、软化点高、弹性恢复好（橡胶沥青高温下更黏稠、更有弹性），可增强沥青混合料内部的黏结力。同时沥青与矿粉组成的沥青胶浆与矿质集料混合，能够形成具有一定内摩阻力和黏结力的多级网络结构，对沥青混合料的高温稳定性发挥着重要作用。

本章将橡胶沥青与橡胶沥青胶浆二者作为橡胶沥青混合料中的胶结材料分别进行研究。首先，对橡胶沥青的性能展开研究，拟订出具有最佳性能的橡胶沥青制备方案。然后，又从橡胶沥青与矿料中的填料均匀混合形成的橡胶沥青胶浆入手，确定出橡胶沥青与填料的合理比例。通过对橡胶沥青及橡胶沥青胶浆性能的优化研究，达到改善橡胶沥青胶结料性能，提高其黏结力及内聚力作用，保证橡胶沥青混合料整体高温稳定性的目的。

第一节　原材料性能检验

一、胶粉性质指标

废胎胶粉是橡胶沥青的基本组成成分之一，橡胶粉的性质是影响橡胶沥青性能的一个关键因素，而橡胶粉的性质又主要取决于橡胶粉的物理性能和化学成分，所以橡胶粉的物理技术指标必须满足表3-3-1的要求[7]，其化学技术指标必须满足表3-3-2的要求[7]。

路用废胎胶粉的物理技术指标　表3-3-1

项　目	相对密度	水分（%）	金属含量（%）	纤维含量（%）
技术指标	1.10~1.30	<0.75	<0.01	<0.50

路用废胎胶粉的化学技术指标　表3-3-2

检测项目	灰分（%）	天然橡胶含量（%）	丙酮抽出物（%）	碳黑含量（%）	橡胶烃含量（%）
技术指标	≤8	≥25	≤22	≥28	≥42
试验方法	GB 4489	GB/T 13249—91	GB/T 3516	GB/T 14837	GB/T 14837

二、基质沥青性质

基质沥青作为橡胶沥青的母体原料，其性质与胶粉改性沥青密切相关。本项目研究中，基质沥青材料统一采用SK70号沥青，其检测结果见表3-3-3。

SK70号基质沥青检验指标 表3-3-3

指　标	单　位	70号沥青规范值[46]	检测结果	试验方法
针入度（25℃）	0.1mm	60~80	65.0	T 0604
针入度指数PI	—	−1.5~+1.0	0.4	T 0604
软化点，不小于	℃	46	51	T 0606
60℃动力黏度，不小于	Pa·s	180	230	T 0620
10℃延度，不小于	cm	15	42	T 0605
15℃延度，不小于	cm	100	120	
蜡含量，不大于	%	2.2	0.8	T 0615
闪点，不小于	℃	260	285	T 0611
溶解度，不小于	%	99.5	99.7	T 0607
密度（15℃）	g/cm^3	实测记录	1.02	T 0603
残留针入度比（25℃），不小于	%	61	75	T 0604
残留延度（10℃），不小于	cm	6	11	T 0605

三、填料性质

本研究采用的填料分为水泥和石灰岩矿粉两类。

选用的水泥材料为重庆拉法基水泥有限公司生产的P.O32.5R普通硅酸盐水泥。参照《公路工程水泥及水泥混凝土试验规程》（JTG E30—2005）中的有关方法进行检验，水泥质量合格，主要性能见表3-3-4。

32.5R普通硅酸盐水泥检测指标 表3-3-4

材　料	密度（g/cm^3）	凝结时间（min）		抗压强度（MPa）			抗折强度（MPa）		
		初凝	终凝	3d	7d	28d	3d	7d	28d
P.O32.5R	3.10	161	345	18.1	37.0	44.7	3.8	4.9	6.8

矿粉选用普通石灰石矿粉，其主要性能见表3-3-5。

石灰石矿粉检测指标 表3-3-5

项　目		单　位	技术指标[7]	检测结果	试验方法
表观密度，≥		t/m^3	2.50	2.710	T 0352
含水率，≤		%	1	0.43	T 0103烘干法
粒度范围	<0.6mm	%	100	100	T 0351
	<0.15mm	%	90~100	91	
	<0.075mm	%	75~100	78	
外观		—	无团粒结块	无团粒结块	—
亲水系数		—	<1	0.6	T 0353
塑性指数		%	<4	2.2	T 0354

第二节　橡胶沥青性能

本研究以橡胶沥青材料为研究对象，采用正交试验法对其性能进行优化研究，使其具备最佳性能指标[23]。根据我国橡胶沥青技术指标，根据项目研究过程中试验室所具备的硬件设备，选取180℃旋转黏度、针入度、软化点、弹性恢复作为评价指标，通过试验进行橡胶沥青材料性能的优化研究。结合材料特性和国内外研究成果，各评价指标中，选择180℃旋转黏度为第一评价指标。

一、橡胶沥青试验研究

1.正交试验设计简介

涉及试验研究，就存在如何安排试验方案和怎样分析试验结果的问题。全面试验法即每个因素的每个水平都碰一次，如一个三因素三水平试验就需要做$3^3=27$次试验，这样对事物内部的规律性可以剖析的比较清楚，但缺点是试验次数多得惊人，实际上往往不可能做到。孤立变量法安排试验，如不做重复试验，则给不出试验误差的估计。

正交试验设计是用于多因素试验的一种方法，它是从全面试验中挑选出部分有代表的点进行试验。正交试验设计是部分因子设计的主要方法，具有很高的效率及广泛的应用。正交试验设计就是让所有的因素都在试验中整齐地、有规则地变化，在运动中比较各因素、水平的差异和联系。正交试验设计的均衡分散性和整齐可比性都是由正交表的特性所决定的。

正交表是正交试验设计的基本工具，它利用“均衡分散性”与“整齐可比性”这两条正交性原理，从大量的试验点中挑选出适量的具有代表性的试验点，有规律地排列成现成的表格。例如，正交表$L_9(3^4)$的记号所代表的内容见表3-3-6。

正交表$L_9(3^4)$　　表3-3-6

试验号	A	B	C	D
1	1	1	1	1
2	1	2	2	2
3	1	3	3	3
4	2	1	2	3
5	2	2	3	1
6	2	3	1	2
7	3	1	3	2
8	3	2	1	3
9	3	3	2	1

注：L表示正交表，“9”表示表的横行数，即需作试验的次数，“3”表示字码数，即水平数，“4”表示表的纵列数，即最多能安排因素的个数。所谓“因素”，是指试验所要考察的因素。所谓“水平”，是各因素在试验中要比较的具体条件。

正交表$L_9(3^4)$有9行4列，由数码“1”、“2”和“3”组成，它具有两个特点：

（1）每个直列中，“1”、“2”和“3”出现的次数相同，都是三次；

（2）任意两个直列，其横方向形成的九个数字对中，（1，1），（1，2），（1，3），（2，

1），（2，2），（2，3），（3，1），（3，2）和（3，3）出现的次数相同，都是一次，即任意两列的数码“1”、“2”和“3”的搭配是均衡的。

2.影响因素及因素水平选择

橡胶沥青改性效果的影响因素从总体上来看，分为外因和内因两大类。外因包括生产橡胶沥青的生产工艺因素，内因就是生产橡胶沥青的原材料因素。

本研究选取A制拌时间、B制拌温度、C胶粉目数、D胶粉掺量为影响因素，其中A、B因素属于外因，C、D因素属于内因。

针对各影响因素，制拌时间选取0.5h、1h、1.5h，制拌温度选择185℃、200℃、215℃，胶粉目数选取30目、60目、80目，胶粉掺量（内掺）选取15%、19%、23%三个水平（表3-3-7）。

橡胶沥青试验因素水平表　　表3-3-7

水　平	因　素			
	A制拌时间（h）	B制拌温度（℃）	C胶粉目数（目）	D胶粉掺量（%）
1	0.5	185	30	15
2	1.0	200	60	19
3	1.5	215	80	23

3.试验方法

采用正交设计方法，先将基质沥青加热到试验温度（因素B）以上5~10℃，然后将不同掺量（因素D）、不同目数（因素C）的胶粉均匀搅拌，再以高速剪切仪以3000r/min转速剪切至要求的制拌时间（因素A），测定橡胶沥青的180℃旋转黏度、软化点、针入度及弹性恢复四个指标，然后对各因素的影响顺序和影响规律展开研究，比较各影响因素对评价指标的影响大小。

4.正交表选择

影响橡胶沥青性能的因素有很多，本研究选取了四个因素，各因素又选取三个水平，选用正交试验表$L_9(3^4)$正好满足要求，通过9次试验完成正交设计。试验按照《公路工程沥青及沥青混合料试验规程》（JTJ 052—2000）进行平行重复试验，有效控制误差，本研究暂不考虑误差因素。

5.制订正交试验方案表

通过正交试验设计的基本方法，进行试验方案的表头设计和水平翻译，制得正交试验方案表（表3-3-8），并按试验方案进行试验。在试验顺序的选择上，不拘泥于试验号的先后，以随机选择的方式决定试验顺序。

橡胶沥青正交试验方案表　　表3-3-8

试验号	因　素			
	A制拌时间（h）	B制拌温度（℃）	C胶粉目数（目）	D胶粉掺量（%）
1	1（0.5）	1（185）	1（30）	1（15）
2	1（0.5）	2（200）	2（60）	2（19）
3	1（0.5）	3（215）	3（80）	3（23）
4	2（1.0）	1（185）	2（60）	3（23）
5	2（1.0）	2（200）	3（80）	1（15）

续上表

试验号	因素			
	A制拌时间（h）	B制拌温度（℃）	C胶粉目数（目）	D胶粉掺量（%）
6	2（1.0）	3（215）	1（30）	2（19）
7	3（1.5）	1（185）	3（80）	2（19）
8	3（1.5）	2（200）	1（30）	3（23）
9	3（1.5）	3（215）	2（60）	1（15）

6.正交试验结果分析

根据正交试验方案表，变化影响因素及水平，具体试验结果见表3-3-9。

橡胶沥青正交试验结果　　表3-3-9

试验号	评价指标			
	180℃旋转黏度（Pa·s）	针入度（0.1mm）	软化点（℃）	弹性恢复（%）
1	0.765	36.0	69.1	80.0
2	2.429	41.4	71.3	84.0
3	5.206	38.1	82.0	84.0
4	2.800	35.1	81.3	85.0
5	0.797	39.2	70.4	81.5
6	1.453	44.6	69.3	77.0
7	1.842	34.8	79.0	86.0
8	4.118	35.6	80.2	84.0
9	0.782	40.8	66.1	77.5

按照正交试验设计的9种组合制备橡胶沥青材料，根据选定的180℃旋转黏度、针入度、软化点、弹性恢复四个指标，进行正交试验直观分析，试验数据见表3-3-10。

正交试验结果直观分析　　表3-3-10

评价指标	影响因素	分析指标						
		K_1	K_2	K_3	$\overline{K_1}$	$\overline{K_2}$	$\overline{K_3}$	R
180℃旋转黏度（Pa·s）	A	8.400	5.050	6.742	2.800	1.683	2.247	1.117
	B	5.407	7.344	7.441	1.802	2.448	2.480	0.678
	C	6.336	6.011	7.845	2.112	2.003	2.615	0.612
	D	2.344	5.724	12.124	0.781	1.908	4.041	3.260
针入度（0.1mm）	A	115.500	118.899	111.201	38.500	39.633	37.067	2.566
	B	105.900	116.199	123.501	35.300	38.733	41.167	5.867
	C	116.199	1117.3	120.801	38.733	39.100	37.367	1.733
	D	116.001	120.801	108.801	38.667	40.267	36.267	4.000

续上表

评价指标	影响因素	分析指标						
		K_1	K_2	K_3	$\overline{K_1}$	$\overline{K_2}$	$\overline{K_3}$	R
软化点（℃）	A	222.400	221.000	225.300	74.133	73.677	75.100	1.433
	B	229.400	221.900	217.400	76.467	73.967	72.467	4.000
	C	218.600	218.700	231.400	72.867	72.900	77.133	4.266
	D	205.600	219.600	243.500	68.533	73.200	81.167	12.634
弹性恢复（%）	A	248.000	243.500	247.500	82.677	81.167	82.500	1.500
	B	251.000	249.500	238.500	83.677	83.167	79.500	4.167
	C	241.000	246.500	251.500	80.333	82.167	83.833	3.500
	D	239.000	247.000	253.000	79.667	82.333	84.333	4.666

由表3-3-10可知，针对不同评价指标，各因素的极差值R，即可确定各影响因素的主次关系（图3-3-1）。

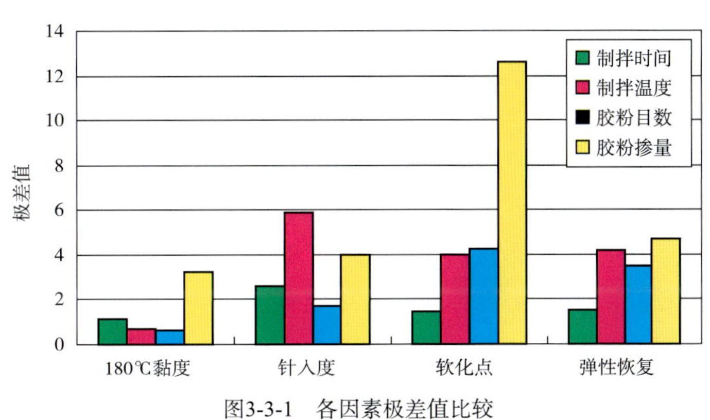

图3-3-1　各因素极差值比较

由表3-3-10和图3-3-1的正交试验分析结果可以看出：

（1）通过正交试验中各因素的极差值分析，得知各因素影响黏度的主次顺序为D>A>B>C；影响针入度的主次顺序为B>D>A>C；影响软化点的主次顺序为D>C>B>A；影响弹性恢复的主次顺序为D>B>C>A。综合看出，对于橡胶沥青性能而言，胶粉掺量起着决定性作用，对橡胶沥青各项性能指标具有显著地规律性影响。另外，制拌温度对于橡胶沥青的稠度影响作用最为明显。总体而言，原材料性质等内因的综合作用对橡胶沥青性能的影响比外因更大。

（2）根据橡胶沥青技术标准中规定的各项指标取值范围，180℃旋转黏度需控制黏度范围，不宜过大。通过正交试验直观分析，胶粉掺量取19%左右（D_2）为宜，过低的掺量导致橡胶沥青高温黏度不足，而过高掺量又会使得橡胶沥青影响其混合料的正常施工。其他不同试验方案测出的试验结果均满足评价指标的要求。

（3）根据正交试验结果，针对180℃旋转黏度，橡胶沥青最佳方案为$A_1B_3C_3D_3$，针入度、软化点、弹性恢复的最佳方案分别为$A_2B_3C_2D_2$、$A_3B_1C_3D_3$、$A_1B_1C_3D_3$，综合考虑基于四个评价指标的最佳方案，确定胶粉目数选80目（C_3）；再根据（2）中相关分析，确定胶粉掺量为20%，即C_3D_2确定。

（4）通过正交试验发现，A、B因素对橡胶沥青性能影响的规律性不够明显。通过补充试验，以180℃旋转黏度为核心评价指标，研究以80目胶粉，取20%掺量的橡胶沥青的最佳制拌时间和制拌温度（图3-3-2）。在185℃下，黏度达到最大值需要90min左右的拌和时间，而在200℃下，拌和时间缩短至60min。而在更高的215℃条件下，橡胶沥青过度脱硫降解，沥青老化，黏度随时间逐渐下降。综合比较发现，以80目胶粉，取20%为掺量的橡胶沥青，在200℃下拌和60min，即A_2B_2，能具备很好的性能。

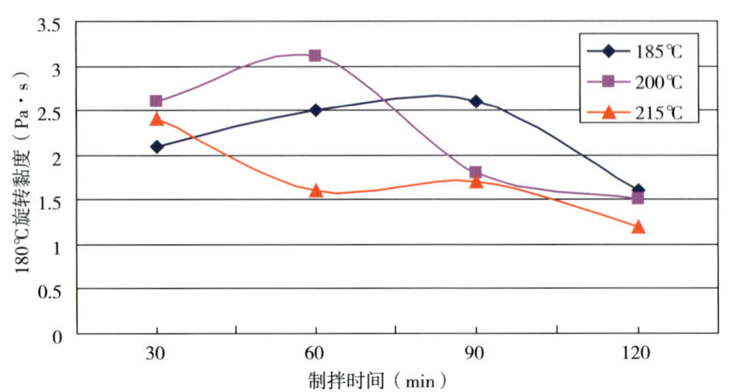

图3-3-2　制拌温度与时间对180℃黏度的影响

通过正交试验分析得出的橡胶沥青制备方案为：以80目胶粉为原材料，胶粉掺量20%，在200℃下制拌60min左右，得到橡胶沥青（$A_2B_2C_3D_2$）。

二、橡胶沥青制备方案的确定

以上研究，通过正交试验设计方法，得到了橡胶沥青制备的最佳方案。但是，在确定橡胶沥青制备方案的时候，还需要考虑道路等级要求、原材料成本及施工操作难易程度等因素。

采用80目胶粉进行橡胶沥青制备这一方案，在项目科技示范工程的实施过程中存在一定困难，主要表现在80目胶粉的细度要求很高，对施工工艺的控制十分严格，目前这一规格的胶粉在重庆范围内没有得到大规模的推广和应用；而且细胶粉易于脱硫，在高温下存储状态不稳定，为生产施工的进行带来了不必要的变异性。同时，结合试验结果发现，橡胶粉目数对于以180℃旋转黏度为第一评价指标的橡胶沥青性能的影响作用并不十分显著，因此结合实际情况，拟订橡胶沥青的制备方案为以SK70号沥青为母体沥青，30目胶粉为原材料，胶粉掺量20%，在200℃下制拌60min左右，得到橡胶沥青。对按此方案制备的橡胶沥青进行性能检验，试验结果见表3-3-11。

橡胶沥青性能检测结果　　表3-3-11

检 验 项 目	检测结果	设计要求[7]	试验方法
针入度（25℃，100g，5s）（0.1mm）	50.1	30~70	T 0604
软化点（R&B）（℃）	68.0	>65	T 0606
180℃黏度（Pa·s）	2.9	2.5~5.0	T 0625
弹性恢复（%）	76	≥60	T 0662
5℃延度（cm）	7.8	≥5	T 0605

经试验检测表明，橡胶沥青的各方面性能满足要求，因此采用拟订的橡胶沥青制备方案生产的橡胶沥青性能良好，故确定该方案为本项目研究过程中的橡胶沥青制备方案。

第三节　橡胶沥青胶浆性能

本项目对橡胶沥青胶浆性能的研究，就是将沥青与矿料中的填料均匀混合形成的胶结料作为影响沥青混合料性能重要的一相，通过粉胶比，即0.075mm以下部分矿粉质量与沥青质量比不断变换，分析各评价指标的变化规律，确定橡胶沥青与填料的合理比例。

一、DSR 试验介绍

（一）试验设备

动态剪切流变仪（DSR）是用来测试沥青胶结料黏性和弹性特征的仪器。其方法是通过测量夹在振荡板和固定板之间的薄沥青胶结料试样的黏性和弹性性质来评价沥青性能。DSR的工作原理很直观，沥青试样夹在来回振荡的旋转轴和固定板之间，振荡板从起点*A*开始转动到*B*点，再从*B*点回转，经过*A*点到*C*点，从*C*点再转回到*A*点。此运动从*A*到*B*到*C*，再回到*A*形成一个循环，如图3-3-3所示。

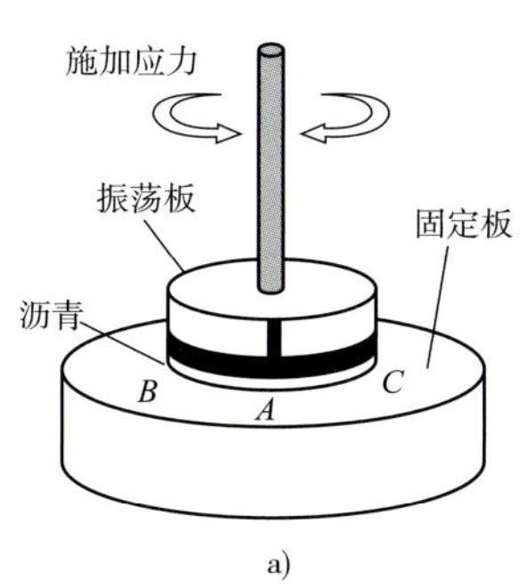

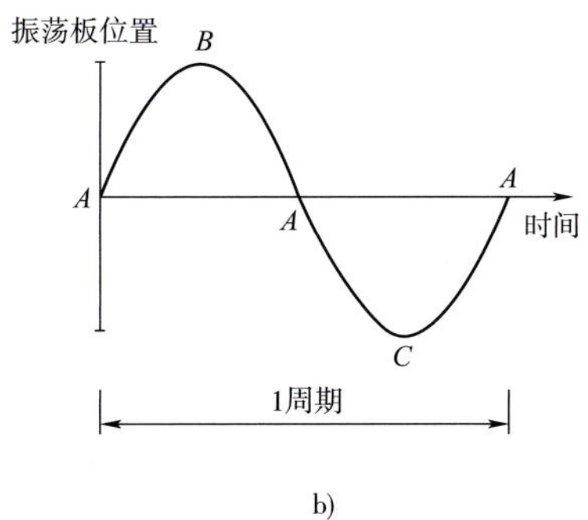

图3-3-3　DSR工作原理图

当力通过振荡板加到沥青上时，DSR就会测量沥青对此施加的应力。如果沥青是一个完全的弹性材料，其反应就与瞬间施加的力相一致，两者间的时间滞后就是零。若是完全的黏性材料，荷载和反应之间的时间滞后就会很大。冰冷沥青的情形就像弹性材料，温度高的沥青就像黏性材料。

（二）方法概述

沥青试样放置好且试验温度稳定以后，使用者要用大约10min时间等待试样温度同测试温度平衡。实际温度平衡时间因设备和沥青而异，应采用配有非常精确温度感应能力的假试件进行检查。一个计算机同DSR相联，以控制试验参数和记录试验结果。

试验包括用流变仪软件施加一个恒定的震荡应力，并记录产生的应变和时间滞后。Supperpave规范要求，震荡速度10rad/s，大约1.59Hz。试验采用的美国BOHLIN公司生产的动态剪切流变仪，如图3-3-4所示。

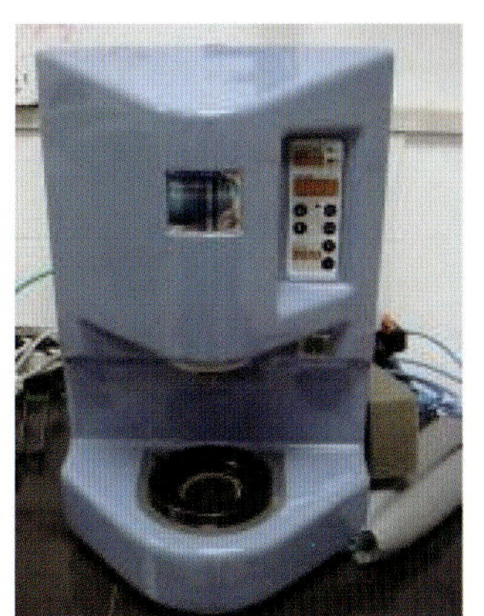

图3-3-4　动态剪切流变仪

二、橡胶沥青胶浆的制备

橡胶沥青胶浆的关键在于保证填料与橡胶沥青的充分融合，其制备方法为：先将基质沥青加热到试验温度190~200℃以上5~10℃，然后将30目的干燥胶粉以20%掺量加入到母体沥青中，经过均匀搅拌，再以高速剪切仪以3000r/min转速剪切至要求制拌45~60min，得到橡胶沥青材料；然后将在烘箱中已烘至110℃的填料按不同粉胶比加入橡胶沥青中，在180℃下均匀搅拌30min后，立刻浇注样品于试模中，进行后续相关性能测试。为使沥青胶浆均匀混合，保证混合质量，每次制得的橡胶沥青胶浆样品需大于200mL。

三、动态剪切流变试验分析

橡胶沥青和填料（水泥或矿粉），从0开始，以0.4为步长，粉胶比取0、0.4、0.8、1.2、1.6五个不同的变化值，配制不同的橡胶沥青胶浆，进行动态剪切流变试验分析，优化粉胶比取值范围，提高胶浆的高温稳定性。

动态剪切流变试验采用的试样直径为25mm，厚度为1mm，震荡速度为10rad/s，大约1.59Hz，试验方法为AASHTO标准T 315–04，主要以抗车辙因子$G^{*}/\sin\delta$和相位角δ作为评价指标，图3-3-5为基质沥青的动态剪切流变试验数据示例。试验结果汇总见表3-3-12。

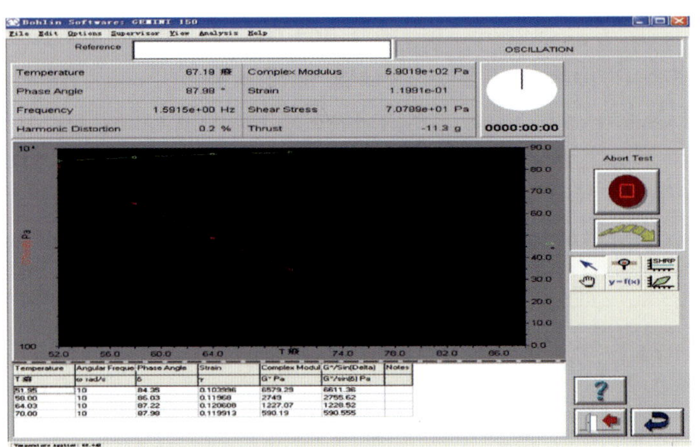

图3-3-5　动态剪切流变试验数据示例

橡胶沥青胶浆动态剪切流变试验结果　　表3-3-12

沥青类型		64℃		70℃		76℃	
		δ（°）	$G^{*}/\sin\delta$（Pa）	δ（°）	$G^{*}/\sin\delta$（Pa）	δ（°）	$G^{*}/\sin\delta$（Pa）
基质沥青	粉胶比0	86.2	1 528.5	88.0	590.9	—	—
纯橡胶沥青	粉胶比0	67.6	5 503.5	69.7	3 262.1	72.8	2 021.2
水泥橡胶沥青胶浆	粉胶比0.4	项目	6 935.0	70.7	4 413.3	72.6	2 808.2
	粉胶比0.8	67.3	8 110.6	71.5	5 524.9	73.1	3 354.3
	粉胶比1.2	67.9	9 323.5	71.4	6 219.8	73.6	3 869.7
	粉胶比1.6	68.5	9 605.1	70.9	6 473.4	73.2	4 098.7
矿粉橡胶沥青胶浆	粉胶比0.4	68.3	6 327.0	70.7	3 892.1	73.3	2 343.9
	粉胶比0.8	68.4	7 464.2	71.2	4 803.0	72.7	2 800.1
	粉胶比1.2	67.7	8 499.7	70.8	5 610.9	72.2	3 345.3
	粉胶比1.6	68.1	8 803.3	70.6	5 861.2	72.9	3 661.8

抗车辙因子$G^{*}/\sin\delta$越高，表明材料高温时的流动变形越小，抗车辙能力越强，采用它作为反映沥青材料的永久变形性能的指标。相位角δ表征的是动态剪切流变试验中施加的应力与由此产生的时间滞后。对于完全弹性材料，相位角是零，所有变形都是暂时的。而黏性材料的相位角接近90°，所有变形都是永久的。橡胶沥青胶浆抗车辙因子的变化如图3-3-6所示。

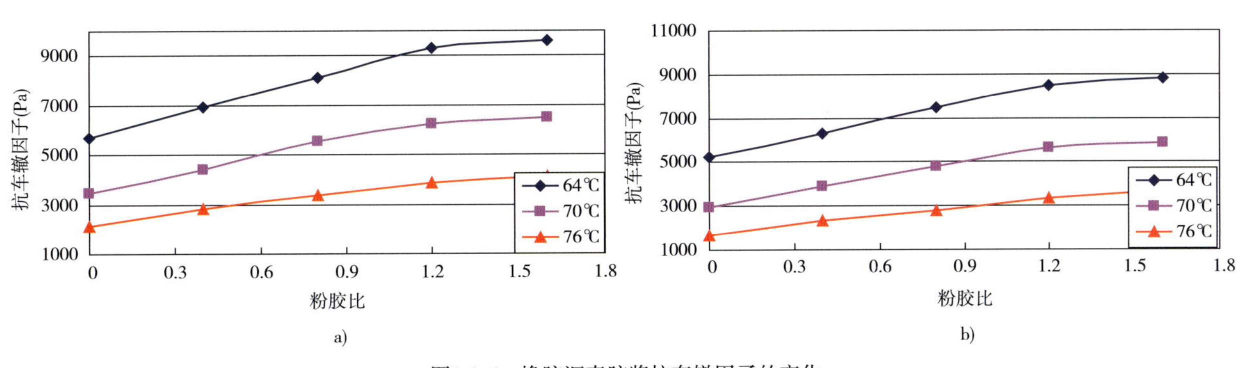

图3-3-6　橡胶沥青胶浆抗车辙因子的变化

a)水泥橡胶沥青胶浆；b)矿粉橡胶沥青胶浆

通过表3-3-12和图3-3-6，可以看出：

（1）橡胶沥青相比基质沥青而言，高温性能得到明显改善。同时，在以水泥和石灰岩矿粉为填料的橡胶沥青胶浆动态剪切流变试验中，不同种类橡胶沥青胶浆的抗车辙因子不同，但其变化曲线相似，说明不同种类填料制得的橡胶沥青胶浆虽然高温稳定性有差异，但是其随粉胶比变化的规律是一致的。

（2）随着粉胶比的提高，抗车辙因子$G^*/\sin\delta$显著提高。橡胶沥青与填料充分混合以后，在填料表面形成一层扩散结构膜，提高了沥青胶浆中结构沥青的比例，增加其黏结力和稳定性，从而显著改善了橡胶沥青胶浆的高温性能。

（3）在相同粉胶比情况下，随温度不断提高，橡胶沥青胶浆的抗车辙因子迅速下降，说明橡胶沥青胶浆作为一种以填料为分散相，均匀分散在高稠度橡胶沥青介质中的材料，具备明显的感温特性，高温劲度随温度升高而下降。同时，温度越高，沥青胶浆高温稳定性随粉胶比提高的幅度越小。

（4）在相同温度下，橡胶沥青胶浆的抗车辙因子提高幅度，随粉胶比的提高逐渐降低。当粉胶比超过1.2后，橡胶沥青胶浆的高温性能处于较高水平，其高温性能的提升趋势逐渐趋于平缓。这是由于粉胶比过大，导致矿粉用量过多，难以均匀分散，加之沥青用量不足，无法充分裹覆填料，影响了胶结料高温稳定性的提高。

（5）水泥+橡胶沥青所得胶浆的抗车辙因子在各种温度下均高于矿粉+橡胶沥青制得的胶浆。可以看出，水泥作为高活性材料，具备更强的吸附力和稳定性，因此对橡胶沥青胶浆高温性能的改善作用强于矿粉。

橡胶沥青胶浆相位角的变化，如图3-3-7所示。

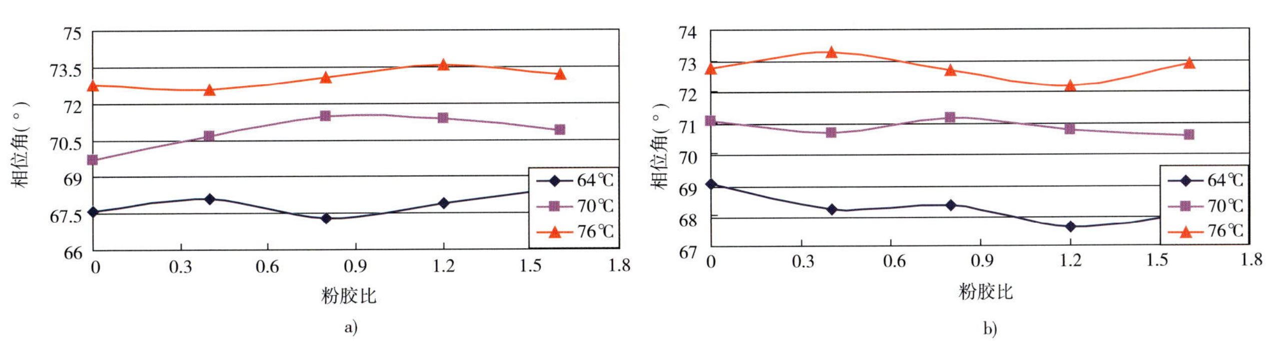

图3-3-7　橡胶沥青胶浆相位角的变化

a)水泥橡胶沥青胶浆；b)矿粉橡胶沥青胶浆

相位角δ是反映沥青胶浆黏性成分和弹性成分相对值的一个指标。δ越大，表明材料的黏性成分越大。通过表3-3-12和图3-3-7，可以看出：

（1）基质沥青加入橡胶粉制得的橡胶沥青相位角δ明显减小，表明橡胶沥青的弹性成分明显提高，弹性性能很好。以橡胶沥青作为混合料的胶结材料，能够使沥青混凝土在较高的使用温度下，具有较大的弹性阶段的工作能力，从而减少剩余变形积累，减缓车辙的产生和发展。

（2）不同粉胶比的沥青胶浆通过动态剪切流变试验发现，其相位角基本不变，说明粉胶比对沥青胶结料的黏弹性影响较小，粉胶比的变化基本不改变橡胶沥青胶浆的黏弹性能。

（3）在相同粉胶比情况下，随温度的提高，相位角δ逐步提高，说明橡胶沥青胶浆也体现出黏弹性变化的流变学特性。

综合考虑：粉胶比的提高对橡胶沥青胶浆抗车辙能力有显著增强，但对沥青胶浆的黏弹性的影响作用不明显。同时，粉胶比对于橡胶沥青高温性能的提高并不是越高越好，过高的粉胶比不仅对高温性能提高作用不显著，还会使混合料各组成材料相互干涉，影响混合料施工和易性以及压实成型效果。考虑到橡胶沥青中胶粉颗粒的存在，应适当降低粉胶比，控制在1.2以内为宜。对于橡胶沥青胶结料而言，采用水泥代替矿粉作为填料有助于提高高温稳定性。

第四章　基于高温性能的橡胶沥青混合料优化

沥青是黏弹性材料，其物理力学性能与温度和荷载作用时间密切相关。沥青混合料在夏季高温条件下，在车轮反复荷载作用下产生永久变形，路面出现泛油、推拥、拥包、车辙，影响行车舒适和安全。沥青混合料在高温下保持原有性能的能力，即为高温稳定性。这就是说，沥青混合料必须在高温下仍然具有足够的强度和刚度。

本章的研究重点，是通过橡胶沥青混合料级配组成的选择与调整，压实成型工艺参数的研究，以及外加剂复合改性技术的引入，改善橡胶沥青混合料的高温稳定性能，这是进行橡胶沥青性能研究的主要目的。各种优化方案，都需要通过室内试验的模拟与分析，体现出橡胶沥青混凝土路面良好的高温稳定性。

第一节　橡胶沥青混合料级配优化

前文对橡胶沥青和橡胶沥青胶浆的性能进行了研究，通过橡胶沥青及胶浆的高温性能改善，提高橡胶沥青混合料的高温性能。但是，在高温条件下，仅仅依靠沥青胶结料的改善，路面是无法承受日益增加的车辆荷载对路面强大的水平推挤力和水平剪切作用的。在这种情况下，粗细集料和矿粉组成的矿料级配起到了重要的作用。

根据国外研究认为[5]，沥青混合料的高温抗车辙能力60%依赖于矿质集料颗粒的嵌锁作用，40%取决于沥青结合料的黏结作用。合理的级配类型，往往能够形成嵌挤骨架结构，体现出较高的抗车辙能力。因此，需要结合橡胶沥青的材料特性，对橡胶沥青混合料的级配进行选择和优化。

一、橡胶沥青混合料高温性能评价方法

高温性能试验方法及评价指标的选择，是橡胶沥青混合料高温性能研究的关键环节之一，到目前为止，国内外针对沥青混合料高温性能的试验方法包括：马歇尔稳定度试验，车辙试验，SHRP-Superpave设计中最大旋转压实次数下的残余空隙率、扭转剪切试验以及大型环道、直道试验等。

结合实际情况，马歇尔稳定度试验和车辙试验具有方法简单、结果直观和可操作性强的特点。但是根据第十九届世界道路会议对英国、法国、意大利、加拿大等多个国家的调查资料表明，大多数国家认为用马歇尔试验测定的沥青混合料马歇尔稳定度和流值指标与实际路面的永久变形相关性不佳[26]，对沥青混合料高温性能的评价不够准确。

而车辙试验的原理是采用车轮在板块状试件上行走或在专门铺筑的模拟沥青混合料路面结构上反复行走，观察和检测试块或路面结构的反应。试验方法最初是由英国道路研究所（TRRL）开发，由于试验方法简单、试验结果直观，而且与实际沥青路面的车辙相关性较好，因此得到了广泛应用。车辙试验能充分模拟沥青路面上车轮行驶的实际情况，在用于试验研究时，还可以改变温度、荷载、试件厚度、尺寸、成型条件等，以模拟路面的实际情况，了解各种因素变化对车辙变形的影响，具有很好的实用性。

我国试验规程规定的方法是参照日本道路协会方法而制定的，试验温度考虑60℃。根据我国路面设计的标准车轮荷载，试验轮对试验板的压强为0.7MPa±0.05MPa，试验过程记录绘制时间—变形曲线。通过试验可以得到任何一个时刻的车辙深度D和规定时间范围内的动稳定度DS（Dynamic Stability）。

本研究用室内的车辙试验作为橡胶沥青混合料高温稳定性能的主要研究方法。混合料的高温指标采用动稳定度和相对变形双重的控制指标，目的是强化对混合料高温性能的控制[7]。

动稳定度作为沥青混合料抗车辙能力的指标，是通过某个时间段内沥青混合料变形曲线的斜率计算，现行规范中规定为45~60min。从车辙试验记录仪自动记录的变形曲线上读取45min（t_1）及60min（t_2）的车辙变形d_1及d_2，准确至0.001mm。

动稳定度计算见式（3-4-1）：

$$DS=\frac{(t_2-t_1)\cdot 42}{d_2-d_1}\cdot c_1\cdot c_2 \tag{3-4-1}$$

式中：DS——沥青混合料的动稳定度，次/mm；

t_1、t_2——试验时间，通常为45min和60min；

d_1、d_2——与试验时间t_1和t_2对应的试件表面的变形量，mm；

42——每分钟行走次数，次/min；

c_1、c_2——试验机或试样修正系数。

相对变形指标是车辙试验结束后，试件的最终变形深度与试件高度的比值。试件的最终变形深度为试验60min时的变形深度与1min变形深度的差[7]。

二、橡胶沥青混合料级配类型选择

沥青混合料是将一定级配的矿质集料与适量的沥青结合料在适当的条件下经过充分拌和而成的一种混合物。沥青混合料经过摊铺、压实而成为不同类型的沥青路面。

沥青混合料必须具备两个条件来形成强度：①主骨架充分嵌挤，提供良好的内摩阻力；②沥青胶浆具有较大的黏结强度，且充分填充主骨架的空隙，使混合料密实。沥青混合料的力学强度可以按库伦定律予以表征，即在外力作用下材料不发生剪切滑移时应满足下列条件：

$$\tau\leqslant c+\sigma\tan\varphi \tag{3-4-2}$$

沥青混合料是一种复杂的多相成分的材料，其“结构”概念同样也极其复杂。特点主要体现在：矿物颗粒的相互位置、沥青在混合料中的分布特征和矿物颗粒上沥青层的性质、空隙率及其分布、闭口空隙及开口空隙的比值等方面。

（一）沥青混合料组成结构[4]

沥青混合料是由粗集料、细集料、矿粉与沥青以及外加剂组成的一种复合材料。由于各种材料用量的不同，压实后沥青混合料内部的矿料颗粒的分布状态、剩余空隙率也呈现不同的特征，形成不同的组成结构，而具有不同组成结构特征的沥青混合料在使用时呈现出不同的性能。按照沥青混合料的级配组成特点，将沥青混合料分为悬浮—密实结构、骨架—空隙结构、骨架—密实结构。

1.悬浮—密实结构

当采用连续密实型级配矿质与沥青组成的沥青混合料时，矿料颗粒由大到小连续存在，沥青混合料虽然可以形成很大的密实度的结构，但是各集料均为细集料隔开，不能直接靠拢而形成骨架，而悬浮于次集料和沥青胶浆之间，形成了所谓悬浮—密实结构[图3-4-1 a)]。虽具有较高的黏聚力c；但是内摩擦角φ较低，高温时不稳定，易产生推移，渠化交通时易形成车辙。当温度较高时在内部剪应力的作用下沥青以及依靠沥青胶结的混合料会发生剪切流变，导致结构产生永久变形。我国传统的连续密级配混合料AC型混合料就属于这一结构类型。

2.骨架—空隙结构

当采用连续型开级配矿质混合料与沥青组成的沥青混合料时，较粗集料颗粒彼此接触，形成互相嵌挤的骨架，但较细粒料数量较少，不足以充分填充骨架空隙，压实后混合料中的空隙较大，形成了所谓的骨架—空隙结构[图3-4-1 b)]。这种结构的优点在于具有较高的内摩阻角φ，其高温稳定性较好，但黏聚力c较低。由于空隙大，其透水性、耐老化性能、低温抗裂性能、耐久性较差。尤其在重复荷载的作用下，空隙率减小，出现路面的再压实，影响路面的稳定性，出现永久变形。开级配抗滑磨耗层OGFC就是典型的骨架—空隙结构。

3.骨架—密实结构

当采用间断型密级配矿质混合料与沥青组成的沥青混合料时，在沥青混合料中既有足够数量的粗集料可以形成空间骨架，又根据粗集料骨架的空隙加入足够的细集料和沥青胶浆，形成较大的密实度和较小的残余空隙率，因此形成“骨架—密实”结构[图3-4-1 c)]。这种结构的混合料不仅具有较高的黏聚力c，而且具有较高的内摩阻力φ。相对于前面两种结构来说，这种结构是一种比较理想的抗永久变形的结构形式。沥青玛蹄脂碎石混合料SMA，就是典型的骨架—密实结构。

（二）橡胶沥青混合料级配选择

沥青混合料的高温性能很大程度上依赖于矿料级配的嵌挤作用，级配对于混合料的高温稳定性有很重要的作用。良好的级配类型，既能够保证沥青与矿料形成很好地交互作用，混合料具备合理的结构沥青厚度和黏结性；又能使得沥青混合料经压实后，集料颗粒间形成紧密的嵌锁作用，增大沥青混合料的内摩阻角，从而提高沥青混合料的高温稳定性。所以，级配类型的选择对沥青混合料至关重要。橡胶沥青作为一种液—固两相的混合物，需要综合各种级配的特点确定出适应其材料特性的级配组成结构。

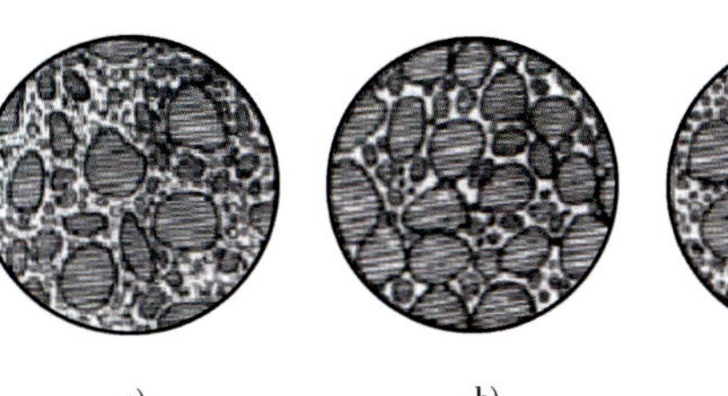

图3-4-1　沥青混合料三种典型级配组成结构

a)悬浮—密实结构；b)骨架—空隙结构；c)骨架—密实结构

相对于常规改性剂（SBS，SBR等），橡胶粉颗粒较粗，从结构上看，会在一定程度上影响沥青混合料中矿料的嵌挤状态。为适应橡胶沥青的特性，在橡胶沥青的级配选择上通常需要减少细集料和矿粉的比例，增大矿料间隙率VMA，为橡胶沥青提供足够的填充空间，避免嵌挤过程中发生相互干扰，影响混合料的稳定性。同时橡胶沥青混合料在拌和、摊铺、碾压的过程中，胶粉会继续发育、溶胀，加之橡胶沥青混合料的模量低，回弹变形大，也需要选择适宜的混合料级配类型，否则就会对集料产生干涉作用，导致混合料难以压实或在车辆反复作用下混合料疲劳性解体。

本研究选择断级配AR–AC–13（美国亚利桑那州橡胶沥青混合料级配[1]），SMA–13（传统沥青玛蹄脂碎石混合料级配）和AC–13（传统连续密级配）三种不同的级配进行高温性能对比试验，从中选择出使得橡胶沥青混合料高温稳定性最好的级配类型。三种级配曲线如图3-4-2所示。

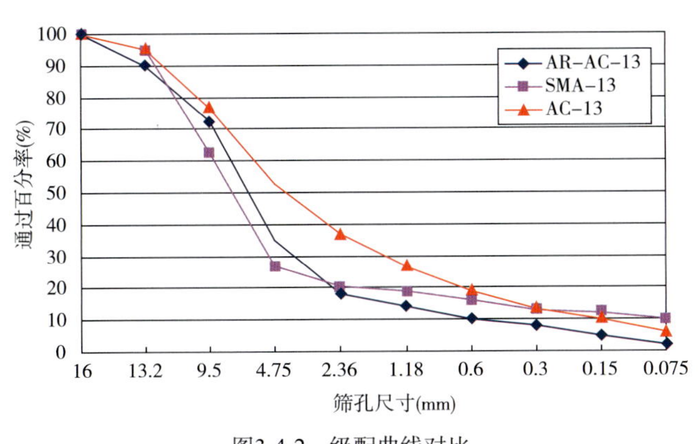

图3-4-2　级配曲线对比

对比分析断级配AR–AC–13、传统SMA–13和传统密级配AC–13三种级配曲线，看出以下几个特点：①AR–AC–13与SMA–13都具有典型的断级配类型，但AR–AC–13的“S”形断级配特征更加明显；②AR–AC–13中的细集料用量，特别是矿粉含量相比SMA明显减少，目的是突出混合料的骨架结构特点，增加矿料间隙率；③相对于AR–AC–13和SMA–13的断级配特征，AC–13的矿料级配是采用连续密级配原理确定的级配类型，矿料颗粒由大到小连续存在。

在原材料性质方面，各材料的主要检测指标为：

1.橡胶沥青性质

橡胶沥青以SK70号沥青为母体基质沥青，内掺20%的30目橡胶粉生产制得，其主要性质见表3-4-1。

橡胶沥青检测指标 表3-4-1

检 验 项 目	检测结果	设计要求[7]	试验方法
针入度（25℃，100g，5s）（0.1mm）	50.4	30~70	T 0604
软化点（R&B）（℃）	67.5	>65	T 0606
180℃黏度（Pa·s）	2.8	2.5~5.0	T 0625
弹性恢复，25℃（%）	78	≥60	T 0662

2.粗集料性质

粗集料应采用石质坚硬、清洁、不含风化颗粒、近似立方体颗粒的碎石，本研究采用的粗集料为四川华蓥山玄武岩，性质指标见表3-4-2。

玄武岩粗集料检测指标 表3-4-2

指 标	试验结果	技术标准[7]	试验方法
表观密度（g/cm^3）	2.923	≥2.60	T 0304
毛体积相对密度	2.830	—	T 0304
压碎值（%）	11.0	≤24	T 0316
水洗法<0.075mm（%）	0.2	≤1	T 0310
针片状含量（%）	7.8	≤15	T 0312
吸水率（%）	1.83	≤2	T 0304
洛杉矶磨耗值（%）	15.6	≤26	T 0317
软石含量（%）	0	≤1	T 0320

3.细集料性质

细集料采用石灰岩，性质指标见表3-4-3。

石灰岩细集料检测指标 表3-4-3

指 标	试验结果	技术标准[7]	试验方法
表观密度（g/cm^3）	2.725	≥2.5	T 0328
细度模数	3.0	—	—
砂当量（%）	78.4	≥65	T 0334
坚固性（%）	1.2	≤12	T 0340

4.填料性质

本研究的填料选用P.O32.5R普通硅酸盐水泥，其主要性质指标见表3-4-4。

32.5R普通硅酸盐水泥性能指标 表3-4-4

材料	密度（g/cm^3）	凝结时间（min）		抗压强度（MPa）			抗折强度（MPa）		
		初凝	终凝	3d	7d	28d	3d	7d	28d
P.O32.5R	3.10	161	345	18.1	37.0	44.7	3.8	4.9	6.8

三种不同级配的橡胶沥青混合料高温性能对比试验均按照室内的车辙试验进行，采用动稳定度和相对变形双重评价指标，三种不同类型橡胶沥青混合料的高温车辙对比试验结果见表3-4-5及图3-4-3。

不同级配混合料车辙试验结果 表3-4-5

混合料类型	油石比（%）	动稳定度（次/mm）		相对变形（%）	
		测试值	技术要求[7,46]	测试值	技术要求[7]
AR-AC-13	7.5	1721	≥3500	4.3	≤3.1
SMA-13	6.2	3219	≥3000	2.9	≤3.4
AC-13	4.5	1480	≥1000	5.2	≤7.7

注：本项目参考交通运输部《橡胶沥青及混合料设计施工技术指南》中关于重载交通与特重交通橡胶沥青路面高温性能的要求，确定动稳定度技术要求为3 500次/mm，相对变形指标由动稳定度与相对变形的回归关系选定为3.1%。

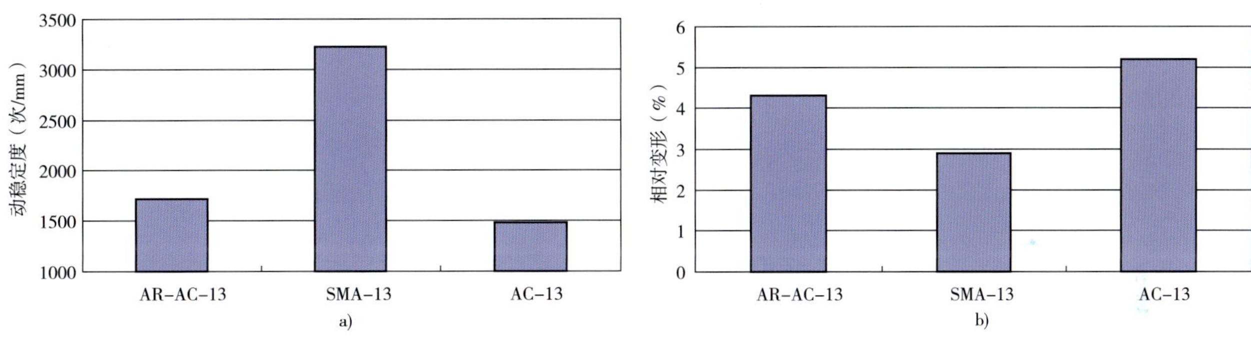

图3-4-3　三种橡胶沥青混合料的试验结果对比

从试验结果可以看出：

（1）以橡胶沥青作胶结料的SMA-13高温稳定性最好，美国亚利桑那州断级配AR-AC-13次之，传统连续密级配AC-13混合料的高温稳定性最差。

（2）试验结果验证了传统连续密级配AC-13这种悬浮—密实型混合料不适合橡胶沥青材料特性的发挥，会导致橡胶沥青混合料难以充分压实成型，没有为橡胶沥青胶结料提供足够的变形空间，高温性能不佳。

（3）AR-AC-13断级配主要是通过增加高黏度橡胶沥青结合料用量，减少细集料，特别是矿粉用量，增加矿料间隙率，提高骨架结构作用，从而提高路用性能。但是，在本试验过程中，这种典型的“S”型断级配类型并没有达到预想的效果，高温稳定性依然不足。其原因可能是由于本研究中橡胶沥青混合料的原材料性能有差异，同时各工艺条件（橡胶沥青生产工艺、压实成型效果等）还达不到相应要求。

（4）相对AR-AC-13橡胶沥青混合料而言，按照SMA-13级配中值成型的橡胶沥青混合料，矿粉添加量明显增加，降低了沥青用量，在高温车辙试验中表出良好的高温稳定性能。但是其试验指标还不能够完全满足橡胶沥青混凝土在高等级道路中应用的规范要求，仍需要改善与提高。

综合三种不同类型橡胶沥青混合料的对比试验结果，选择采用SMA-13进行基于橡胶沥青混合料

高温性能的级配优化研究。

三、AR-SMA-13 级配优化调整

传统SMA沥青混合料具有粗集料多、细集料比例小、矿粉含量高的特点，在对比试验中，SMA-13体现出了较好的高温稳定性。但是橡胶沥青材料比较特殊，橡胶沥青混凝土在生产、拌和、摊铺、碾压等过程中，胶粉处于一个不稳定的物理化学过程，橡胶沥青混合料的模量低、回弹变形大，容易导致混合料难以压实或在车辙反复作用下混合料疲劳性解体。本研究结合橡胶沥青的材料特性，为提高橡胶沥青混合料的高温性能，对SMA-13的矿料级配进行适宜于橡胶沥青的适当调整。

（一）AR-SMA-13级配调整方案

本研究以《公路沥青路面施工技术规范》（JTG F40—2004）中的规定的细粒式沥青玛蹄脂碎石混合料SMA-13级配范围为基础，合理选择影响因素，对AR-SMA-13混合料级配进行优化研究。

主要通过以下几方面来考虑：①充分发挥SMA骨架优势，保证SMA的优势，尽量控制粗集料比例不变，这样既保持了SMA原有的良好骨架性质，又达到简化试验影响因素的目的；②通过沥青胶浆性能的研究，得知橡胶沥青的粉胶比范围与传统SMA（1.6~1.8）[24]相比明显减小。结合国内外研究成果，发现橡胶沥青混合料的级配普遍要求减少0.075mm筛孔的通过率，使得矿料空隙增大，因此需对传统SMA填料比例进行调整；③2.36mm筛孔作为SMA-13矿料的关键性筛孔，其变化对沥青混合料各体积指标的影响作用相对较小，可有效减少体积指标变异性对试验结果的影响，便于试验规律的总结。

因此，本研究选择0.075mm与2.36mm两档筛孔进行级配调整，将0.075mm筛孔的通过率由级配中值10%调整为8%和6%，对应改变了2.36mm筛孔的通过率，即4.75~2.36mm与矿粉两档料的比例，其他各粒径的比例仍然符合SMA-13的规范中值。8%矿粉比例表示为级配Ⅰ，6%矿粉比例表示为级配Ⅱ。矿料级配调整见表3-4-6。

矿料级配调整　　表3-4-6

级配类型	通过下列筛孔（mm）的质量百分率（%）								
	13.2	9.5	4.75	2.36	1.18	0.6	0.3	0.15	0.075
级配中值	95	62.5	27	20.5	19	16	13	12	10
级配Ⅰ	95	62.5	27	18.5	17	14	11	10	8
级配Ⅱ	95	62.5	27	16.5	15	12	9	8	6

（二）AR-SMA-13最佳油石比确定

通过马歇尔试验，分别测定三种不同级配混合料的体积参数指标与力学参数指标，根据设计指标与规范要求，确定最佳油石比。马歇尔试验结果见表3-4-7。

橡胶沥青混合料最佳油石比的确定　　表3-4-7

级配类型	最佳油石比（%）	毛体积密度（g/cm^3）	VV（%）	VMA（%）	VFA（%）	稳定度（kN）	流值（mm）
级配中值	6.2	2.435	4.2	17.1	75.4	7.94	2.63
级配Ⅰ	6.4	2.444	4.3	17.5	75.4	8.02	2.31
级配Ⅱ	6.5	2.437	4.1	17.6	76.7	8.21	2.57

（三）高温性能检验

结合马歇尔试验分别确定的三种级配的最佳油石比，分别成型车辙试件，进行对比试验，检验调整后的混合料高温性能。试验结果见表3-4-8及图3-4-4所示。

高温性能对比试验结果　　表3-4-8

混合料类型	油石比（%）	动稳定度（次/mm）		相对变形（%）	
		测试值	技术标准[7]	测试值	技术标准[7]
AR-SMA-13	6.2	3219	≥3500	4.3	≤3.1
AR-SMA-13 Ⅰ	6.4	3688		2.9	
AR-SMA-13 Ⅱ	6.5	3275		5.2	

注：AR-SMA-13为宜规范及配中值得到的混合料，AR-SMA-13 Ⅰ与AR-SMA-13 Ⅱ对应采用上文的级配Ⅰ和级配Ⅱ。

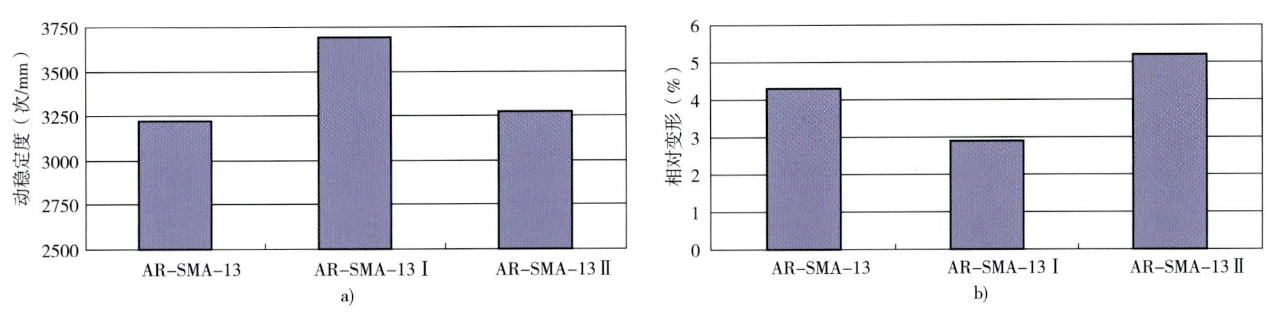

图3-4-4　不同级配混合料的试验结果对比

从对比试验结果来看，经过优化的AR-SMA-13 Ⅰ即调整矿粉比例为8%的混合料具备最优高温稳定性，说明通过适当级配调整，优化AR-SMA-13的高温性能是可行的。经过优化调整所得到的橡胶沥青混合料AR-OSMA-13基本能够满足橡胶沥青混凝土在高等级道路中应用的高温稳定性要求。

第二节　压实效果对橡胶沥青混合料高温性能的影响

一、影响因素选择

沥青混合料的压实过程是从松散、塑态逐步过渡到高抗拉强度黏聚态的过程。一方面，混合料的压实非常像黏性土，即通过颗粒的变形和重新组合，同时随着沥青胶结料黏度的降低，内聚力逐步降低，压实趋于容易；另一方面，混合料的压实又像非黏聚性材料，因为集料颗粒的重新组合受到集料之间摩擦力的阻抗，棱角性小的混合料比棱角性大的易于压实。

压实度是沥青混凝土面层施工控制中的重要指标。压实可以充分发挥路面材料的强度，减少路面在行车荷载作用下的永久形变，还可以增加路面材料的不透水性和强度稳定性。它对增强道路路面的使用性能和延长寿命非常重要。面层的压实度不足，则在使用过程中可能产生车辙（辙槽、裂缝、沉陷和水损害），也会使整个路面产生剪切破坏。

沥青混合料在实际施工应用中是指按规定方法钻芯的混合料芯样的实际密度ρ_s与标准密度ρ_0之比，以百分率表示。其中的标准密度是以沥青拌和厂取样试验的马歇尔试验密度或试件的最大理论密度。压实度用K表示。按式（3-4-3）进行计算：

$$K=\rho_s/\rho_0\times 100 \quad (3\text{-}4\text{-}3)$$

式中：K——压实度，%；

ρ_s——由试验确定的芯样试件的实际密度，g/cm^3；

ρ_0——沥青混合料的标准密度，g/cm^3。

沥青混合料的压实度是评价其压实效果的重要控制指标，压实度与空隙率都是对沥青混合料密实性的度量。而混合料的密实性，直接关系到沥青混合料的路用性能。密实性不足，可能增加沥青混合料中沥青结合料的氧化速率和老化程度，并增加水分进入沥青混合料内部穿透沥青膜，导致沥青从集料颗粒表面剥落的可能性，从而降低沥青混合料的耐久性；而密实性过高，沥青混合料可能会发生塑性流动引发路面车辙，同时产生泛油、推挤等病害。

在研究压实效果对橡胶沥青混合料高温性能的影响作用时，压实工艺参数即压实效果影响因素的选择是十分重要的。本项目通过室内车辙试验研究，以碾压成型的车辙板毛体积密度与马歇尔试件毛体积密度之比作为压实度K，通过压实度指标作为压实效果的评价指标，选用①车辙成型碾压次数；②成型温度，这两方面作为影响因素，来研究压实效果对橡胶沥青混合料高温车辙试验的影响。从提高压实效果的角度，来改善橡胶沥青混合料的高温稳定性。

二、碾压次数对橡胶沥青混合料高温性能的影响

在我国《公路工程沥青及沥青混合料试验规程》（JTJ 052—2000）对于沥青混合料试验试件制作方法（轮碾法）中，在预压两个往返以后，只给出了一个大概的建议数，即12个往返。在实际试验操作过程中，对于橡胶沥青混合料而言，12个往返的碾压次数往往达不到规范要求的压实度（要求压实度不小于97%[46]）。对于不同的原材料，不同级配的沥青混合料的压实效果也各不相同。

本试验以不同碾压次数成型车辙试件，在180℃下进行橡胶沥青混合料的碾压成型，测定各种碾压次数所对应的试件空隙率、压实度指标，并通过车辙试验来评价以不同碾压次数成型的橡胶沥青混合料AR–OSMA–13的高温稳定性，试验结果见表3-4-9。

碾压次数对橡胶沥青混合料性能的影响　　表3-4-9

碾压次数（往返）	测试指标		
	空隙率（%）	压实度（%）	动稳定度（次/mm）
10	8.5	95.0	2987
12	7.7	96.4	3570
14	6.3	97.8	3712
16	5.2	99.0	3801
18	4.7	99.5	4002
20	4.3	99.9	4312
22	4.0	100.1	4410
24	3.9	100.3	4525

1.碾压次数与压实度的关系（图3-4-5）

从表3-4-7和图3-4-5可以看出碾压次数与压实度的变化规律，随碾压次数的增加，压实度逐渐增加，两者具有显著的二次非线性相关性，拟合相关方程为：

$$y=-0.032\,7x^2+1.484\,5x+83.412\quad (R^2=0.996\,1) \tag{3-4-4}$$

碾压次数在13个往返（26次）之前，橡胶沥青混合料的压实度没有达到97%的压实度标准。碾压次数在16个往返之前，每个往返的压实度增加率为0.70%，而当碾压次数超过18个往返以后，

压实度及空隙率的提升趋势趋于平缓，每个往返的压实度增加率为0.13%。按照推荐的12个往返碾压次数成型的橡胶沥青混合料没有达到很好的压实效果，无法准确评价橡胶沥青混合料的高温稳定性。而当碾压次数达到20个往返以后，橡胶沥青混合料的毛体积密度基本与马歇尔试件的密度相当。

可以看出，由于橡胶沥青混合料中胶结料黏度很高，橡胶沥青对矿料的裹覆厚度较大，所以需要更多的压实次数来保证橡胶沥青混合料的压实度。

2.碾压次数与动稳定度的关系（图3-4-6）

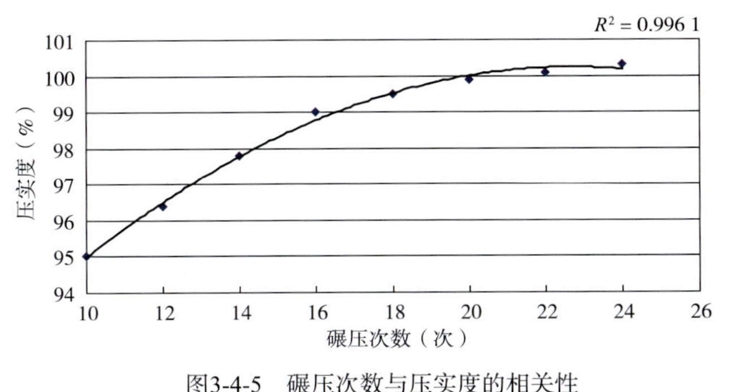

图3-4-5　碾压次数与压实度的相关性

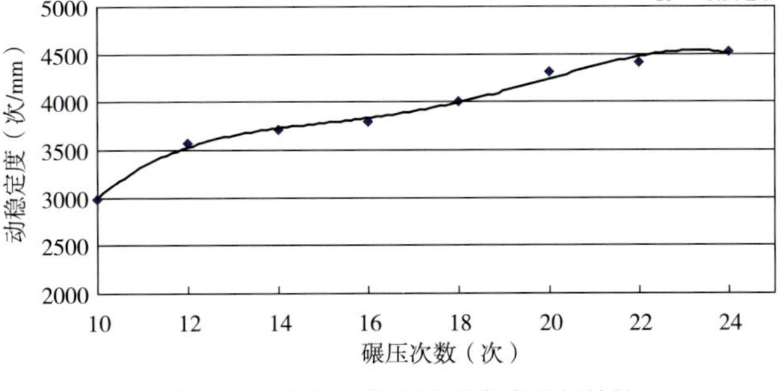

图3-4-6　碾压次数与动稳定度的相关性

动稳定度指标反映了橡胶沥青混合料的抗车辙能力。如图3-4-6所示，随碾压次数的增加，动稳定度呈现出逐步提高的趋势。原因可能是：随着碾压次数的增加，橡胶沥青混合料的密实性增加，压实度提高，有助于其更好地形成结构强度，体现出良好的高温稳定性。两者为四次非线性相关，拟合相关方程为：

$$y=-0.262\,9x^4+20.684x^3-530.27x^2+5\,992.6x-21\,627 \quad (R^2=0.992\,9) \tag{3-4-5}$$

因此，只有严格控制橡胶沥青混合料的碾压次数，保证压实度和密实性，才能使混合料的强度得到有效保证。但是，考虑到过高的压实度将导致混合料空隙率不足，在提高动稳定度的同时也会带来泛油和产生塑性流动的不利影响，因此对碾压次数也应该进行适当的控制，以18~20个碾压往返以内为宜。

3.压实度与动稳定度的关系（图3-4-7）

由图3-4-7可以看出，压实度与动稳定度体现出显著的三次非线性相关性，拟合相关方程为：

$$y=37.456x^3-10\,962x^2+1\times10^6x-3\times10^7 \quad (R^2=0.995\,3) \tag{3-4-6}$$

通过压实度指标与橡胶沥青混合料动稳定度良好的拟合相关性可以看出，随沥青混合料压实度的提高，其密实性更好，混合料骨架充分嵌锁，结构稳定性更好，其动稳定度也不断提高。压实度是评价橡胶沥青混合料高温抗车辙能力的重要指标，施工中保证对橡胶沥青路面充分碾压，使其具备合理的压实度，是提高其高温稳定性行之有效的手段。

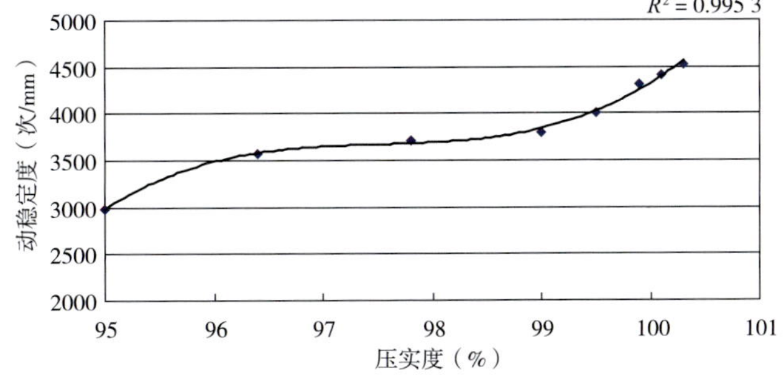

图3-4-7　压实度与动稳定度的相关性

三、成型温度对橡胶沥青混合料高温性能的影响

沥青混合料是由一定级配的矿料与一定黏度和适量的沥青拌和而成的混合物。虽然沥青在沥青混合料中只占很小一部分，由于沥青是一种黏弹性材料，沥青混合料的各种体积参数及其性能受温度影

响极大，压实温度过高，路面会产生横向表面裂纹或推移，形成凹凸不平，影响行车舒适性；压实温度过低，路面难于压实，空隙率较大，外界环境因素对其影响巨大，影响路面使用寿命。因此，各国在进行沥青混合料室内试验与现场施工时，严格规定容许的温度范围。

前文已经就碾压次数对沥青混合料高温性能的影响规律进行了研究，本节采用不同压实温度进行室内模拟试验，在不同温度下碾压成型车辙试件，通过高温车辙试验的动稳定度指标分析，探求压实温度对橡胶沥青混合料高温路用性能的影响规律。

为了尽量准确地控制沥青混合料的不同成型温度，首先采用恒温的沥青混合料自动搅拌机进行混合料拌和，拌和温度控制在190℃，然后针对不同的成型温度，进行沥青混合料的恒温保养[34]：即将待成型的混合料置于高出成型温度2~5℃的烘箱中保养45~60min后，通过轮碾成型法进行车辙试件的成型。在进行成型温度的研究过程中，为了试验对比，统一采用12个往返为碾压成型次数，对比试验结果见表3-4-10。

成型温度对橡胶沥青混合料性能的影响 表3-4-10

成型温度（℃）	测试指标		
	空隙率（%）	压实度（%）	动稳定度（次/mm）
190	7.2	96.8	3654
180	7.7	96.4	3570
170	8.3	95.7	3226
160	9.0	95.0	2832
150	9.7	94.2	2397
140	10.8	93.1	1904

由试验结果，可以分别建立成型温度与压实度，以及成型温度与动稳定度的拟合关系，其相关性如图3-4-8与图3-4-9所示。

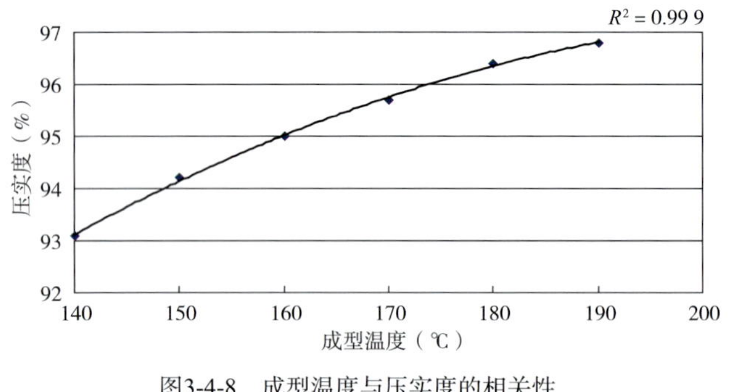

图3-4-8 成型温度与压实度的相关性

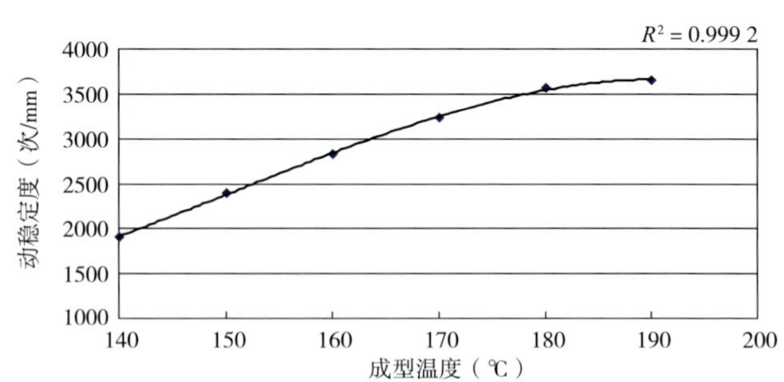

图3-4-9 成型温度与动稳定度的相关性

成型温度与压实度具有显著的二次非线性相关性，拟合方程为：

$$y=-0.000\,7x^2+0.303\,5x+64.28 \quad (R^2=0.999) \tag{3-4-7}$$

成型温度与动稳定度的三次非线性拟合方程为：

$$y=-0.009\,6x^3+4.322\,7x^2-601.24x+27\,707 \quad (R^2=0.999\,2) \tag{3-4-8}$$

试验结果表明：成型温度与压实度和动稳定度等评价指标具有很好的多次非线性相关性，在相同压实功率的作用下，随着成型温度的降低，橡胶沥青混合料的密实性、压实度不断下降，以动稳定度为评价指标的高温性能明显变差。而且，通过表3-4-8中的试验数据可以看出，随着温度的降低，混合

料的压实度和动稳定度的下降趋势愈加明显。

分析其原因可能在于：橡胶沥青混合料是一种高黏度沥青混合料，橡胶沥青混合料的高温稳定性与压实温度有着直接的关系，高温性能随温度的变化比较敏感。温度降低，橡胶沥青胶结料的黏度增大，在碾压成型的过程中沥青流动性不足，混合料的施工和易性下降，空隙率增大，很难保证橡胶沥青混合料充分嵌挤，难以形成较高的结构强度。

所以，橡胶沥青混合料的压实温度是影响其路用性能的关键参数，为了保证沥青混合料具有良好的路用性能，必须严格控制现场压实温度。防止低温压实是橡胶沥青混合料施工中一个非常重要的控制环节。如果以12个往返为碾压次数，橡胶沥青混合料的压实温度必须控制在180~190℃才能保证其高温性能满足技术指标的要求。只有将橡胶沥青混合料的压实温度控制在合理的范围以内，才能保证混合料充分压实成型，具备适宜的体积指标和高温稳定性。

综上所述，橡胶沥青混合料的碾压成型需要考虑碾压次数与压实温度的综合影响作用，从而确定合理的碾压成型工艺参数。

第三节　外加剂复合改性技术在橡胶沥青及混合料中的应用

通过橡胶沥青混合料级配的优化和压实效果的研究，橡胶沥青混合料的高温性能得到了一定的改善，为了更进一步提高橡胶沥青混合料的高温性能，结合复合改性技术，选择适当的改性剂材料，对橡胶沥青进行复合改性。并对复合改性橡胶沥青及混合料展开研究，力求改善橡胶沥青材料的不足，使橡胶沥青及混合料体现出更好的高温路用性能。

本项目涉及的复合改性技术，就是利用橡胶粉与外加改性剂的不同改性效果，对母体沥青进行复合作用，充分发挥各自的优势，使各改性剂之间相互促进和补充，同时改善母体沥青的各方面性能。结合工程实际，分别采用重庆汇众公路工程公司提供的S型与K型改性剂进行橡胶沥青的复合改性研究。

一、复合改性沥青的制备

考虑到S型与K型两种改性剂的材料特性以及生产成本等因素，两种复合改性橡胶沥青分别选择不同的制备方案进行。

S型胶粉复合改性沥青的制备方法为：将母体基质沥青加热到180℃，加入掺量为2%（内掺）的S型改性剂并进行均匀搅拌，然后在恒温下通过乳化剪切仪以3 500r/min的转速高速均匀剪切30min，再通过人工搅拌的方式使改性沥青在150℃状态下溶胀、发育30min；对经过溶胀发育后的改性沥青进行加热，加热到190~200℃以上5~10℃，然后将橡胶粉加入到改性沥青中，经过均匀搅拌，再以高速剪切仪以3 000r/min转速剪切、发育45~60min，得到S型胶粉复合改性沥青。

K型胶粉复合改性沥青的制备方法是：将母体基质沥青加热到150℃，加入掺量为2.5%（内掺）的K型改性沥青并进行人工均匀搅拌，使其充分溶解并均匀分布与沥青中；然后同样将沥青加热到190~200℃以上5~10℃，再将干燥胶粉加入改性沥青中，以3 000r/min转速剪切45~60min，得到K型胶粉复合改性沥青。

二、胶粉复合改性沥青指标检测

本试验选取纯橡胶沥青、SBS改性沥青、S型胶粉复合改性沥青与K型复合改性沥青为研究对象，并以180℃旋转黏度、25℃针入度、软化点、弹性恢复作为评价指标，通过试验对比，分析研究胶粉复合改性沥青的性能变化。试验结果见表3-4-11和图3-4-10。

沥青指标检测结果

表3-4-11

测试对象	测试指标			
	180℃黏度（Pa·s）	针入度（25℃，100g，5s）（0.1mm）	软化点（R&B）（℃）	25℃弹性恢复（%）
纯橡胶沥青	2.8	50.4	67.5	78
SBS改性沥青	0.3	55.0	58.3	75
S型复合改性沥青	3.1	48.1	79.4	81
K型复合改性沥青	1.1	46.8	86.6	79

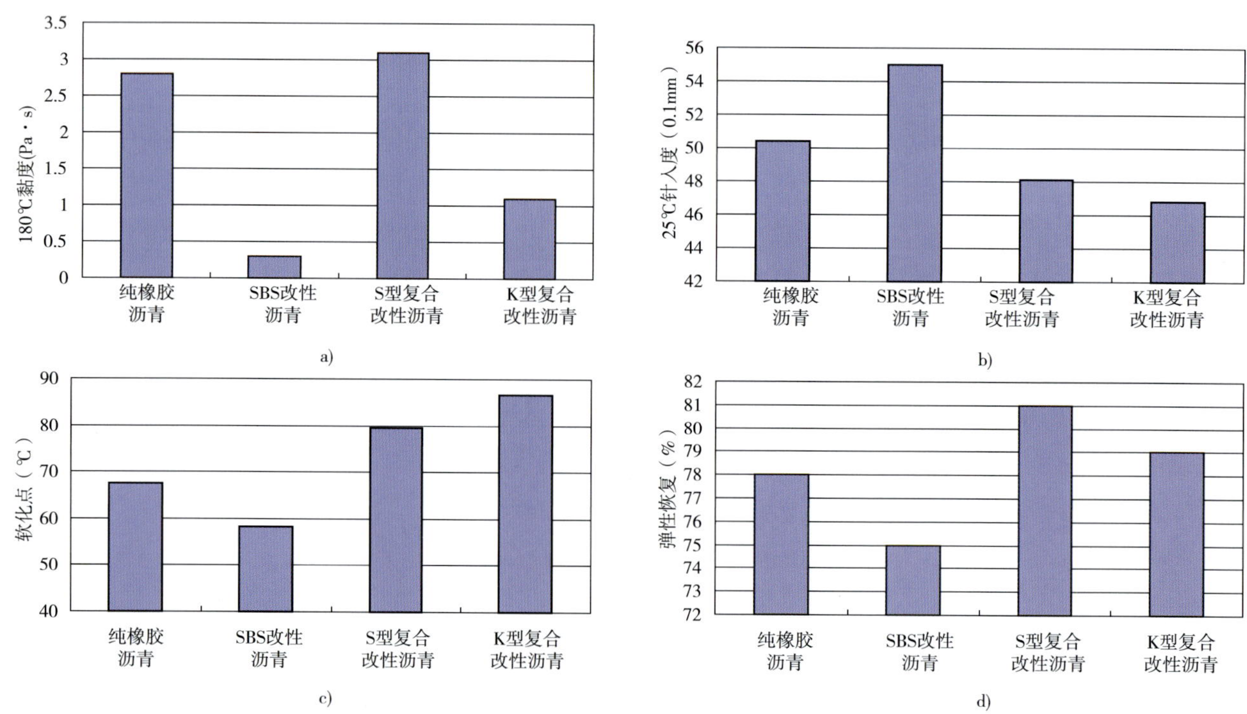

图3-4-10　不同沥青试验结果对比关系

通过各沥青对比试验结果可以看出：

（1）几个评价指标的大小关系分别是：①180℃黏度：S型复合改性沥青>纯橡胶沥青>K型复合改性沥青>SBS改性沥青；②针入度：K型复合改性沥青<S型复合改性沥青<纯橡胶沥青<SBS改性沥青；③软化点：K型复合改性沥青>S型复合改性沥青>纯橡胶沥青>SBS改性沥青；④弹性恢复：S型复合改性沥青>K型复合改性沥青>纯橡胶沥青>SBS改性沥青。从选取的评价指标来看，三种不同橡胶沥青的高温性能均高于SBS改性沥青。

（2）虽然SBS改性沥青与橡胶沥青不同的改性作用机理，以相同评价指标对比是否适宜有待进一步研究。但就复合改性橡胶沥青的性能来看，两种添加了外加剂的复合改性橡胶沥青各检测指标中，除了K型胶粉复合改性沥青的180℃旋转黏度指标低于热区橡胶沥青材料要求的2.5~5.0Pa的范围，S型与K型两种胶粉复合改性沥青在其他评价指标方面均体现出良好的性能。尤其是S型胶粉复合改性沥青，通过复合改性技术，其高温黏度增加，沥青的针入度降低，软化点与弹性恢复指标提高，表现出优异的沥青高温性能指标。

三、胶粉复合改性沥青混合料高温性能评价

高温性能评价试验选择无纤维SBS–SMA–13混合料、纯橡胶沥青AR–SMA–13沥青混合料、S型胶粉复合改性沥青混合料与K型胶粉复合改性沥青混合料四种不同类型的沥青混合料进行对比，试验结果见表3-4-12和图3-4-11。

高温车辙对比试验数据　　表3-4-12

混合料类型	填　料	试验荷载（MPa）	动稳定度（次·mm^{-1}）		相对变形（%）	
			测试值	技术要求[7,46]	测试值	技术要求[7]
SBS沥青混合料	8%水泥	0.70	4215	≥3000	2.7	≤3.4
	8%石灰岩矿粉	0.70	4054	≥3000	3.0	≤3.4
纯橡胶沥青	8%水泥	0.70	3688	≥3500	3.0	≤3.1
	8%石灰岩矿粉	0.70	3169	≥3500	3.2	≤3.1
S型复合改性沥青混合料	8%水泥	0.70	6132	≥3500	2.1	≤3.1
	8%石灰岩矿粉	0.70	5680	≥3500	2.3	≤3.1
K型复合改性沥青混合料	8%水泥	0.70	4261	≥3500	2.7	≤3.1
	8%石灰岩矿粉	0.70	3926	≥3500	2.8	≤3.1

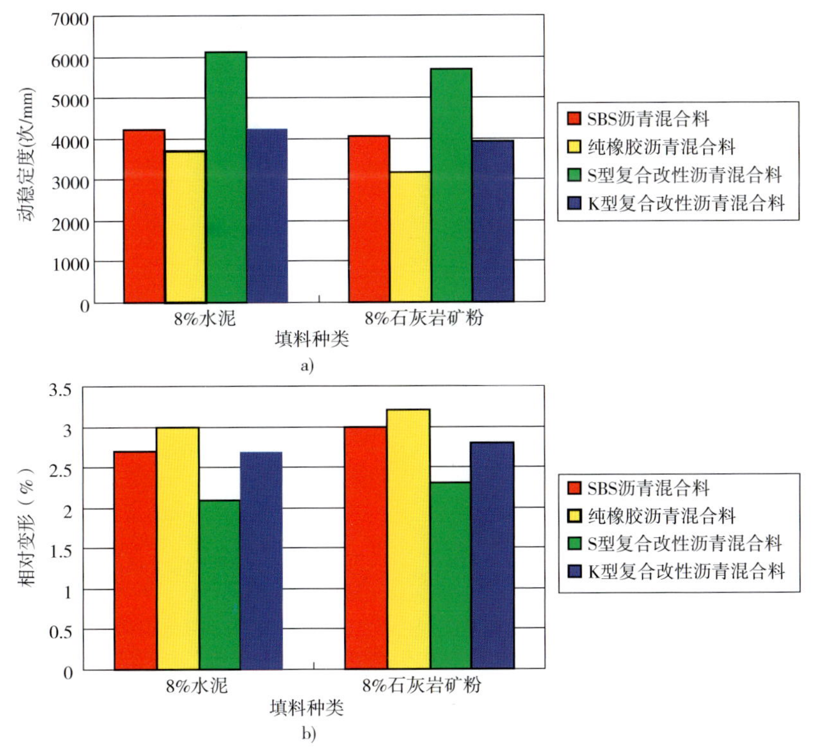

图3-4-11　不同沥青混合料的高温性能对比

通过对比试验可以看出：

（1）两种复合改性剂的添加，都在不同程度上提高了橡胶沥青混合料的高温性能。相对纯橡胶沥青混合料而言，S型胶粉复合改性沥青混合料的动稳定度，以水泥为填料时提高了66.3%，以石灰石矿粉为填料时提高了79.2%；K型复合改性沥青混合料，以水泥为填料时提高了15.5%，以石灰石矿粉为

填料时提高了23.9%。相应的S型与K型复合改性混合料的相对变形指标也得到不同程度的优化，表现出更好的高温性能。

（2）四种混合料高温性能的对比关系是：S型复合改性橡胶沥青混合料>SBS沥青混合料>K型复合改性橡胶沥青混合料>纯橡胶沥青混合料。可以看出，S型胶粉复合改性沥青混合料在高温性能的评价过程中，体现出明显的优势。

（3）K型复合改性橡胶沥青的高温黏度显著降低，但其混合料的动稳定度仍然得到提高。分析原因可能是K型复合改性沥青的高温黏度下降，通过相同温度和碾压次数的碾压成型，混合料成型效果更好，压实度更佳，因而提高了高温稳定性。另外，SBS改性沥青的高温黏度也比纯橡胶沥青低很多，但其混合料却拥有很好的抗车辙能力。因此，针对不同种类及不同作用机理的沥青混合料，不能片面地以沥青的高温黏度指标来衡量混合料的高温性能，需要综合各方面因素来评价沥青混合料的高温性能。

试验数据说明：通过复合改性技术，能够明显改善橡胶沥青混合料的高温稳定性，尤其是S型复合改性沥青混合料，具备了优异的抗车辙能力。

第五章　AR-OSMA-13橡胶沥青混合料配合比设计及性能评价

本章结合橡胶沥青混合料高温性能优化研究的相关结论，以AR-OSMA-13混合料为研究对象，综合考虑科技示范工程——重庆绕城高速公路科技示范路的实际情况，通过马歇尔试验法进行混合料的配合比设计和性能评价。首先进行级配的选择和确定，然后进行该混合料体积指标和力学指标的分析，最后确定混合料的最佳油石比。在完成AR-OSMA-13的配合比设计以后，对橡胶沥青混合料的高温稳定性、疲劳性能、低温抗裂性能、水稳定性、抗渗性等路用性能进行综合检验；并与不同类型混合料进行对比分析，从而评价橡胶沥青混合料AR-OSMA-13的性能。

第一节　AR-OSMA-13配合比设计

沥青混合料是一种相当复杂的材料，它必须具有耐久性、行车舒适性，能够抵抗变形、开裂和水损坏，同时还要达到经济和施工和易性等方面的要求。一般的沥青混合料配合比设计都是通过集料的选择、胶结料的选择和最佳用油量的确定三个方面来达到这些要求的。目前沥青混合料设计方法大致有三种：马歇尔、Hveem以及Superpave设计方法。

1.马歇尔设计方法

马歇尔混合料设计方法是1939年左右由Bruce Marshall最先发展起来的，随后在美国工程兵部队的应用中得到完善。该方法主要是通过满足合适的稳定度和流值条件下的密实度来控制和选择沥青用量。由于其简易可行且十分经济，马歇尔设计方法可能是世界上应用最为广泛的混合料设计方法。马歇尔混合料设计方法在我国已得到了广泛的推广和应用。

2.Hveem设计方法

Hveem设计方法的最初概念是由Francis Hveem在20世纪20~30年代提出的，它的主体思想可以概括为：考虑到集料对沥青的吸收，沥青混合料需要有一个最佳的沥青薄膜厚度；混合料需要足够的稳定度，而稳定度主要是由集料之间的内摩擦力和胶结料的黏附力提供的；足够薄的沥青薄膜厚度可以提高混合料耐久性。目前Hveem设计方法在包括美国西部几个州的少数地方推广使用。

3.Superpave设计方法

Superpave沥青混合料设计方法是美国战略公路研究（SHRP）的一个重要成果，马歇尔和Hveem设计方法为它提供了体积设计的基础。它将沥青胶结料和集料的选择纳入混合料设计过程中，同时考虑了交通和气候因素。而且，不同于马歇尔和Hveem设计法，它用旋转压实仪替代以往的压实设备，并且和预期交通量联系在一起。Superpave的预期进展主要包括三个方面：体现交通荷载和环境条件的混合料设计新方法，新的沥青胶结料评价方法以及新的混合料分析方法。

结合试验的可操作性以及对比试验的统一性，本研究选择了我国广泛推广的马歇尔设计法进行AR-OSMA-13的配合比设计。沥青混合料的配合比设计结果与沥青路面的使用性能、材料用量及工程造价关系密切。沥青混合料的配合比设计分为三个阶段：目标配合比设计阶段、生产配合比设计阶段和生产配合比验证，即试验路试铺阶段。生产配合比设计与生产配合比验证是在目标配合比设计的基础上进行的，需借助于施工单位的拌和、摊铺和碾压设备完成。

前文已经进行了完整的橡胶沥青混合料理论配合比研究与设计，拟定了AR-OSMA-13混合料的原材料及矿料级配中值。本章主要结合室内试验研究，进行橡胶沥青混合料的目标配合比设计，并对设计出的橡胶沥青混合料进行各方面性能评价。橡胶沥青混合料的设计流程与一般沥青混凝土的配合比设计大体一致，设计流程如图3-5-1所示。

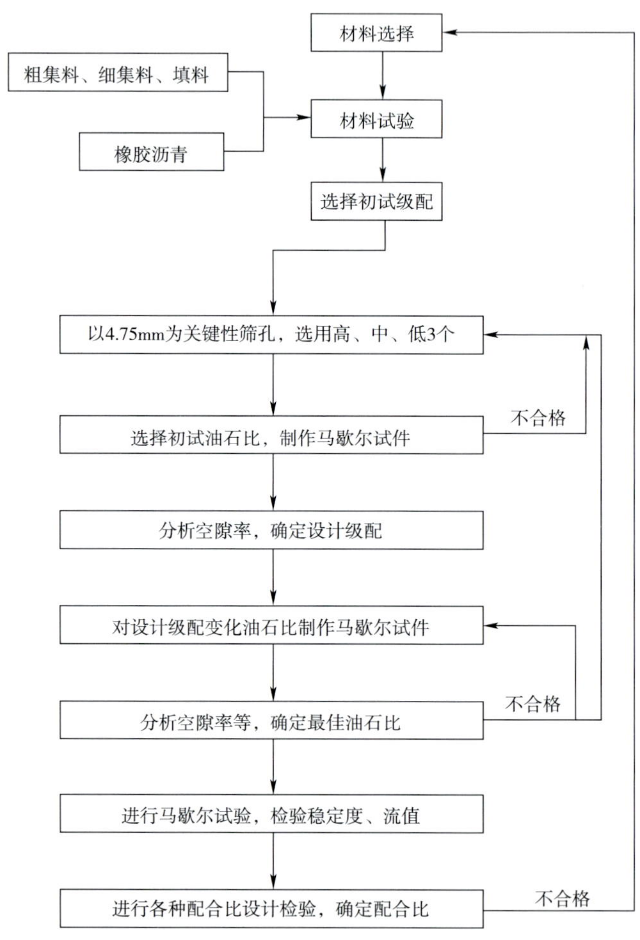

图3-5-1　橡胶沥青混合料配合比设计流程图

橡胶沥青混合料的配合比设计与其他类型的沥青混合料有相同的地方，也有不同之处。以色列专家Arieh Sidess和Jacob Uzan指出：橡胶沥青混合料具有稳定度较低、流值较大的特点。这一特点决定了橡胶沥青混合料需适当调整其指标的控制范围。橡胶沥青混合料需要以体积参数指标来保证沥青油膜厚度需要的矿料间隙以及具有较高弹性的混合料的回弹空间，保证橡胶沥青混合料结构的稳定性。因此，在配合比设计过程中，往往采用体积参数作为主要设计指标，而将马歇尔稳定度等极限强度指标作为参考性指标考虑，抓住橡胶沥青的特性进行橡胶沥青混合料的配合比设计。

一、配合比设计依据

（1）重庆高速公路发展有限公司、重庆高温多雨山区沥青路面关键技术课题组：《重庆高速公路

沥青路面施工技术要求》。

（2）交通运输部公路科学研究院：《交通运输部“材料节约与循环利用专项行动计划”推广项目系列指南之三：橡胶沥青及混合料设计施工技术指南》，人民交通出版社，2008年12月。

（3）孙祖望、陈飙：《橡胶沥青技术应用指南》，人民交通出版社，2007年8月。

（4）《公路沥青路面施工技术规范》（JTG F40—2004）。

（5）《公路工程集料试验规程》（JTG E42—2005）。

（6）《公路工程沥青及沥青混合料试验规程》（JTJ 052—2000）。

（7）西部开发省际公路通道重庆绕城高速公路北段科技示范工程——橡胶粉改性沥青路面设计，重庆交通大学课题组、重庆市交通规划勘察设计院，2009年8月。

二、配合比设计标准

橡胶沥青混合料的配合比设计采用马歇尔击实试验法进行，其技术指标要求见表3-5-1。

橡胶沥青混合料配合比设计标准[7]　　表3-5-1

类　型	密实式混合料	开级配型混合料
马歇尔试件尺寸（mm）	ϕ 101.6mm × 63.5mm	ϕ 101.6mm × 63.5mm
马歇尔击实次数（次）	75	75
稳定度（kN）	>7	>5
设计空隙率（%）	3~5	18~24
沥青饱和度（%）	70~85	—

具体设计过程中，应按照体积法原理进行配合比设计。根据混合料设计空隙率，并结合其他体积参数，由试件实际空隙率水平确定相应的油石比。混合料配合比设计应根据石料情况，以间断级配、骨架结构为原则，优化混合料的实际级配，并进行相关的性能验证。

（1）击实次数：橡胶沥青混合料无论作为表面层还是用于中、下面层，无论是密级配混合料，还是开级配混合料，均采用双面击实75次。

（2）稳定度和流值：大量的试验表明，断级配混合料的流值比较大，如SMA混合料。这是由于断级配本身的特性造成的，流值大并不意味着混合料的抗变形能力弱。

（3）为了保证沥青油膜需要的矿料间隙以及具有较高弹性的混合料的回弹空间，在橡胶沥青混合料配合比的设计过程中，严格以设计空隙率来确定橡胶沥青的最佳油石比，同时宜选择橡胶沥青混合料的矿料间隙率较大的混合料类型，并保证其他各项指标满足设计要求。

（4）橡胶沥青混合料的技术性能要求包括高温性能、水稳定性、低温性能、渗水系数检验等，具体要求结合后文关于橡胶沥青混合料路用性能的评价分别介绍。

三、原材料基本性质

1.橡胶沥青

由于S型胶粉复合改性沥青及混合料具备优异的高温路用性能，故本试验科技示范工程选择S型胶粉复合改性作为橡胶沥青材料进行配合比设计。科技示范工程采用的橡胶沥青检测指标见表3-5-2所示。

橡胶沥青指标检测结果 表3-5-2

橡胶粉改性沥青				
编号	检测项目	技术指标[7]	实测值	结论
1	针入度（25℃，100g，5s）（0.1mm）	30~70	48.7	合格
2	延度（5℃，5cm/min）（cm）	≥5	7.2	合格
3	软化点$T_{R\&B}$（℃）	>65	79.4	合格
4	弹性恢复，25℃（%）	≥60	75	合格
5	180℃黏度（Pa·s）	2.5~5.0	3.1	合格

2.集料、填料

本科技示范工程采用的集料分为四档：1号（玄武岩碎石10~15mm）、2号（玄武岩碎石5~10mm）、3号（石灰岩石屑0~5mm）和4号填料（石灰岩矿粉）。按试验规程规定的方法，对集料进行了筛分和相关指标的性能检测。

（1）粗集料性质

粗集料采用石质坚硬、清洁、不含风化颗粒、近立方体颗粒的玄武岩硬质集料，采石场在生产过程中必须彻底清除覆盖层及泥土夹层。生产碎石用的原石不得含有土块、杂物，集料成品不得堆放在泥土地上。集料应严格分级加工堆放，并采取有效的隔离措施。科技示范工程采用的粗集料为四川华蓥山玄武岩，粗集料检测指标见表3-5-3和表3-5-4。

粗集料（10~15mm）检测指标 表3-5-3

指标	试验结果	技术标准[7]	试验方法
表观密度（g/cm^3）	2.928	≥2.60	T 0304
毛体积相对密度（g/cm^3）	2.834	—	T 0304
压碎值（%）	11.2	≤24	T 0316
水洗法＜0.075mm（%）	0.2	≤1	T 0310
针片状含量（%）	7.8	≤15	T 0312
吸水率（%）	1.84	≤2	T 0304
洛杉矶磨耗值（%）	14.6	≤26	T 0317
软石含量（%）	0	≤1	T 0320

粗集料（5~10mm）检测指标 表3-5-4

指标	试验结果	技术标准[7]	试验方法
表观密度（g/cm^3）	2.912	≥2.60	T 0304
毛体积相对密度（g/cm^3）	2.826	—	T 0304
压碎值（%）	11.6	≤24	T 0316
水洗法＜0.075mm（%）	0.2	≤1	T 0310

续上表

指　　标	试验结果	技术标准[7]	试验方法
针片状含量（%）	7.1	≤15	T 0312
吸水率（%）	1.88	≤2	T 0304
洛杉矶磨耗值（%）	15.5	≤26	T 0317
软石含量（%）	0	≤1	T 0320

（2）细集料性质

细集料采用坚硬、洁净、干燥、无风化、无杂质并有适当级配的人工轧制的玄武岩、辉绿岩或石灰岩细集料，不能采用山场的下脚料。科技示范工程采用的细集料为石灰岩石屑，其检测指标见表3-5-5。

细集料检测指标　　表3-5-5

指　　标	试验结果	技术标准[7]	试验方法
表观密度（g/cm^3）	2.725	≥2.5	T 0328
细度模数	3.0	—	—
砂当量（%）	78.4	≥65	T 0334
坚固性（%）	1.2	≤12	T 0340

（3）填料性质

本项目采用石灰岩矿粉作为填料，其检测指标见表3-5-6。

矿粉质量检测指标　　表3-5-6

项　目		单　位	技术指标[7]	检测结果	试验方法
表观密度		t/m^3	≥2.50	2.710	T 0352
含水率		%	≤1	0.43	T 0103烘干法
粒度范围	<0.6mm	%	100	100	T 0351
	<0.15mm	%	90~100	91	
	<0.075mm	%	75~100	78	
外观		—	无团粒结块	无团粒结块	—
亲水系数		—	<1	0.6	T 0353
塑性指数		%	<4	2.2	T 0354

四、AR-OSMA-13混合料设计矿料级配的确定

1.设计初试级配

在工程设计级配范围内，调整各种矿料比例设计3组不同粗细的初试级配，3组级配4.75mm筛孔的通过率处于级配范围的中值、中值±3%附近，见表3-5-7。

AR–OSMA13初试级配设计表 表3-5-7

筛孔尺寸（mm）		通过百分率（%）								
		集 料 规 格				合 成 级 配			级配范围	
		10~15	5~10	石屑	矿粉	级配1	级配2	级配3	下限	上限
16.0		100.0	100.0	100.0	100.0	100.0	100.0	100.0	100	100
13.2		74.5	100.0	100.0	100.0	92.4	90.6	91.3	90	100
9.5		12.4	95.2	100.0	100.0	71.6	65.6	68.2	50	75
4.75		0.5	9.3	98.9	100.0	30.0	24.0	27.0	20	34
2.36		0.4	0.5	72.8	100.0	21.2	17.1	19.4	15	26
1.18		0.4	0.4	51.6	100.0	17.1	14.5	16.3	14	24
0.6		0.4	0.4	33.6	100.0	13.7	12.3	13.7	12	20
0.3		0.4	0.4	23.4	99.2	11.7	11.1	12.1	10	16
0.15		0.4	0.4	17.4	96.4	10.3	10.1	11.0	9	15
0.075		0.4	0.4	13.8	77.0	8.3	8.1	8.8	6	10
集料用量	级配1	30.0%	44.0%	19.0%	7.0%					
	级配2	37.0%	43.0%	12.0%	8.0%					
	级配3	34.0%	43.0%	14.5%	8.5%					

2.AR–OSMA13初试级配比选

采用初试油石比6.3%进行三种级配的比选，其马歇尔试件的结构参数如图3-5-2、表3-5-8所示。

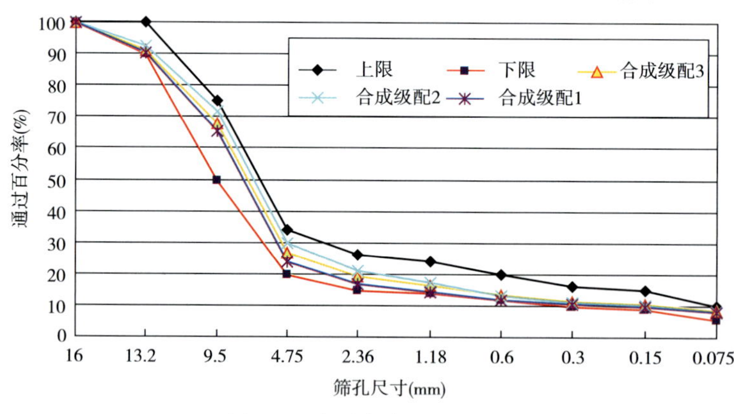

图3-5-2 初试合成级配示意图

三种级配沥青混合料马歇尔试件的结构参数 表3-5-8

级配编号	油石比（%）	4.75mm通过率（%）	捣实状态下的粗集料间隙率VCA_{DRC}（%）	理论最大密度（g/cm³）	毛体积密度（g/cm³）	混合料粗集料间隙率VCA_{mix}（%）	空隙率VV（%）	矿料间隙率VMA（%）	沥青饱和度VFA（%）	稳定度（kN）	流值（mm）
1	6.3	30.0	37.1	2.579	2.481	34.4	3.8	16.6	77.3	10.47	2.81
2	6.3	24.0	38.4	2.586	2.445	30.3	5.5	18.1	69.7	8.56	3.06
3	6.3	27.0	38.9	2.579	2.472	32.1	4.1	17.0	75.8	9.71	2.80
技术指标[7]						≤VCA_{DRC}	4~5	≥14.0	70~85	≥7	—

由表3-5-8可知：级配1和级配2混合料马歇尔试件的参数指标中，空隙率不能满足相关规范要求；级配3混合料马歇尔试件具备适宜的体积指标，其各项参数均能满足规范要求，综合考虑，选择级配3作为设计级配。以级配3作为设计合成级配，来确定各档料的用量。

3. AR–OSMA13矿料设计级配的确定

根据选定的级配3为设计级配，分别调整各档集料的用量，确定出AR–OSMA–13混合料的合成级配。合成级配具体数据见表3-5-9，合成级配曲线如图3-5-3所示。

AR–OSMA–13混合料设计级配　　表3-5-9

筛孔尺寸（mm）	通过百分率（%）						
	集料规格				合成级配	级配范围	
	10~15	5~10	石屑	矿粉		下限	上限
16.0	100.0	100.0	100.0	100.0	100.0	100	100
13.2	74.5	100.0	100.0	100.0	91.3	90	100
9.5	12.4	95.2	100.0	100.0	68.2	50	75
4.75	0.5	9.3	98.9	100.0	27.0	20	34
2.36	0.4	0.5	72.8	100.0	19.4	15	26
1.18	0.4	0.4	51.6	100.0	16.3	14	24
0.6	0.4	0.4	33.6	100.0	13.7	12	20
0.3	0.4	0.4	23.4	99.2	12.1	10	16
0.15	0.4	0.4	17.4	96.4	11.0	9	15
0.075	0.4	0.4	13.8	77.0	8.8	6	10
集料用量	34.0%	43.0%	14.5%	8.5%			

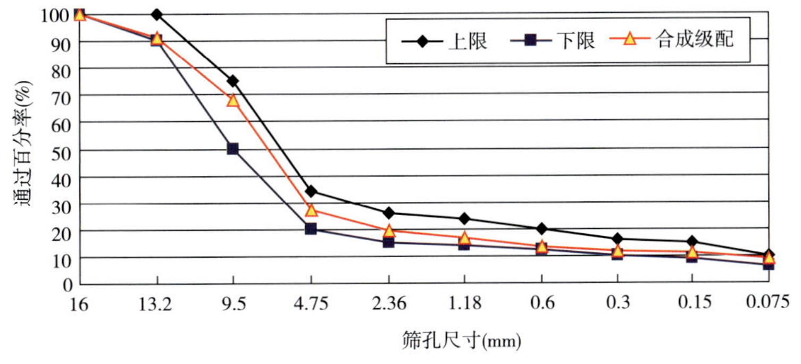

图3-5-3　设计合成级配示意图

确定矿料比例为：1号（玄武岩碎石10~15mm）：2号（玄武岩碎石5~10mm）：3号（石灰岩石屑0~5mm）：4号填料（石灰岩矿粉）=34%：43%：14.5%：8.5%。

五、AR–OSMA–13 沥青混合料沥青用量确定

按设计的AR–OSMA–13型矿料级配进行配料，分别采用油石比为6.0%、6.3%和6.6%进行马歇尔试验，试验结果见表3-5-10。

马歇尔试验数据

表3-5-10

油石比（%）	捣实状态下的粗集料间隙率VCA_{DRC}（%）	理论最大密度（g/cm^3）	毛体积密度（g/cm^3）	混合料粗集料间隙率VCA_{mix}（%）	空隙率VV（%）	矿料间隙率VMA（%）	沥青饱和度VFA（%）	稳定度（kN）	流值（mm）
6.0	38.9	2.590	2.455	32.6	5.2	17.4	70.2	10.44	2.68
6.3	38.9	2.579	2.466	32.3	4.4	17.3	74.8	10.29	2.64
6.6	38.9	2.568	2.478	31.9	3.5	17.1	79.6	10.32	2.70
技术指标[7]				≤38.9	4~5	≥14.0	70~85	≥7	—

从图3-5-4中绘制成的毛体积密度、空隙率VV、沥青饱和度VFA、矿料间隙率VMA等指标与油石比的关系曲线可以得出：AR-OSMA-13沥青混合料各项指标均满足设计要求的最佳油石比为6.3%。

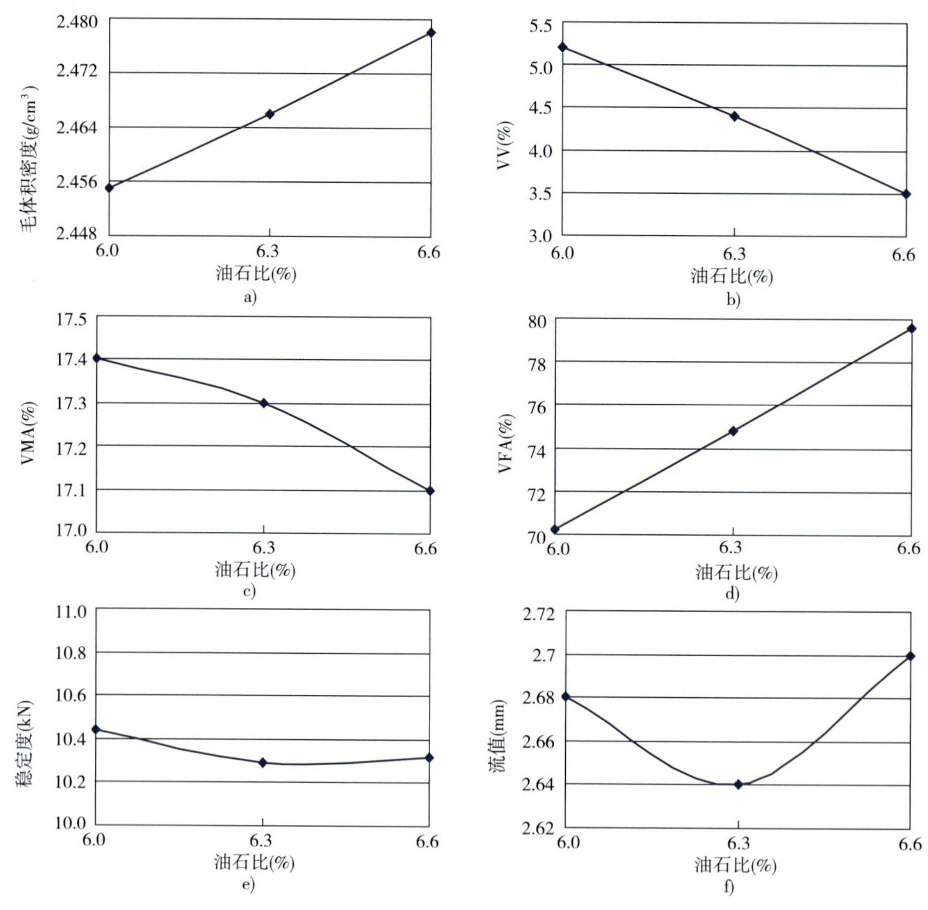

图3-5-4　油石比关系曲线图

通过AR-OSMA-13混合料的目标配合比设计，确定矿料比例为：1号（玄武岩碎石10~15mm）：2号（玄武岩碎石5~10mm）：3号（石灰岩石屑0~5mm）：4号填料（石灰岩矿粉）=34%：43%：14.5%：8.5%；混合料的最佳油石比为6.3%。

国内外研究表明：橡胶沥青及混合料拥有突出的环保意义技术前景（减薄路面、延长路面使用寿命、延缓反射裂缝、减轻行车噪声）和潜在的经济价值[1]。本项目研究的重点是在确保橡胶沥青及混合料自身优势的同时，基于高温性能进行橡胶沥青及混合料的优化。所以，下文将进行橡胶沥青混合料AR-OSMA-13各方面性能的综合分析与评价。

第二节　高温稳定性评价

沥青路面的高温稳定性是指沥青混合料在荷载作用下抵抗永久变形的能力。稳定性不足，一般表现为在高温、低速重载以及抗剪能力不足等情况下，其常见的损坏形式主要有：推移、拥包、搓板、车辙和泛油等。其中车辙问题是沥青路面高温稳定性良好与否的集中体现，尤其对于高等级公路，由于交通量大，重车比例大，且交通渠化，产生车辙等永久变形的可能性就越大。车辙、拥包等永久变形的产生，使得路面的平整度明显降低，从而影响路面的行车舒适性；而且坑槽易积水，除了加速路面的破坏之外，还会对行车安全造成很大的威胁。可见，车辙的产生，严重影响了路面的使用寿命和服务质量，已成为当今世界路面损坏形式中最为突出的一个问题。《公路沥青路面设计规范》（JTG D50—2006）规定：对于高速公路、一般在作公路的表面层和中间层的沥青混凝土配合比设计时，应进行车辙试验，以检验沥青混凝土的高温稳定性。

高温稳定性是本项目对于橡胶沥青混合料研究的重点，在AR-OSMA-13路用性能的评价过程中，继续采用车辙试验来评价混合料高温稳定性，其高温评价指标采用动稳定度和相对变形双重控制指标。

一、试验结果

高温稳定性评价试验选择AR-OSMA-13、传统AR-SMA-13、SBS-SMA-13与断级配AR-AC-13四种混合料分别进行车辙试验，试验结果见表3-5-11和图3-5-5所示。

各种沥青混合料高温车辙试验结果　　表3-5-11

混合料类型	试验荷载（MPa）	动稳定度（次/mm）		相对变形（%）		评价结论
		测试值	技术要求[7,46]	测试值	技术要求[7]	
AR-OSMA-13	0.70	5635	≥3500	2.4	≤3.1	合格
AR-SMA-13	0.70	3219	≥3500	2.9	≤3.1	不合格
SBS-SMA-13	0.70	4054	≥3000	2.5	≤3.4	合格
AR-AC-13	0.70	1721	≥3500	4.7	≤3.1	不合格

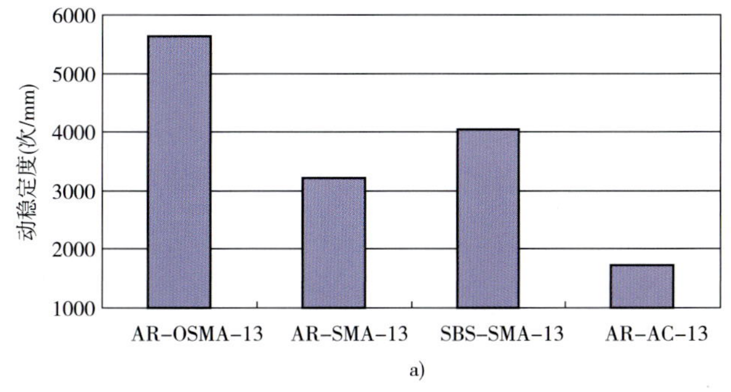

a)

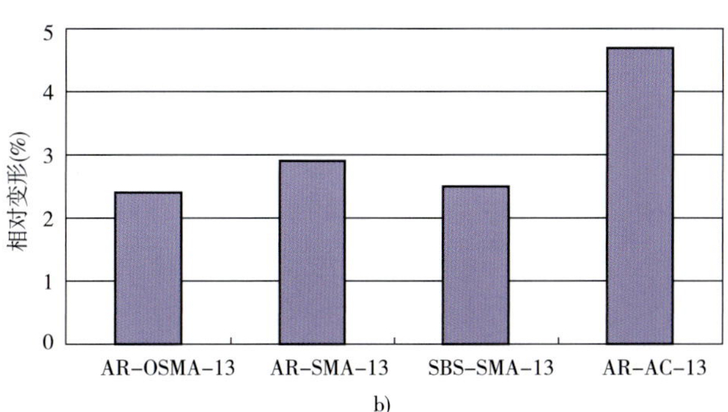

b)

图3-5-5　高温性能试验结果对比

二、试验分析

（1）高温性能评价试验不仅验证了AR-OSMA-13混合料高温稳定性，同时还将其试验结果与

SBS-SMA-13、传统AR-SMA-13、美国亚利桑那州推荐级配设计的AR-AC-13混合料进行对比。不论从动稳定度，还是相对变形指标来看，高温性能优劣关系均呈现出：AR-OSMA-13>SBS-SMA-13>AR-SMA-13>AR-AC-13。其中AR-AC-13与AR-SMA-13的试验结果未能满足相应技术要求[7,46]。

（2）由于胶粉的改性作用，橡胶沥青混合料会表现出橡胶具有的弹性和高温劲度，从而在较高温度下依然具有较大的弹性阶段工作能力，减少剩余变形积累，提高沥青路面高温稳定性；基于传统SMA级配进行适当调整，有助于增加矿质颗粒间的摩擦和嵌挤作用，从而促进沥青混合料强度的形成；通过复合改性的橡胶沥青黏度增大，黏结力增强，有利于提高沥青混合料胶结料的黏聚力。各方面的综合作用使得橡胶沥青混合料AR-OSMA-13表现出优异的高温性能，说明研究得出的优化措施是切实有效的。

（3）综合沥青混合料高温稳定性试验的评价分析结果可以看出：橡胶沥青混合料AR-OSMA-13的高温稳定性很好，具备了良好的抵抗高温车辙的能力，能够应用于科技示范工程之中。

第三节　疲劳性能评价

沥青路面经受车轮荷载的反复作用，长期处于应力应变交迭变化状态，致使路面结构强度逐渐下降。当荷载重复作用超过一定次数后，荷载作用下路面内部产生的应力就会超过强度下降后的结构抗力，使路面出现裂缝，产生疲劳断裂破坏。疲劳开裂是沥青路面主要的破坏模式之一，也是沥青路面结构设计中要考虑的主要因素。为防止沥青路面和其他整体性结构层疲劳开裂，通常要控制沥青面层和整体性结构层的弯拉应力或弯拉应变。根据国内外研究成果[3]，橡胶沥青胶结料在常温下的弹性性能将提高混合料的变形能力，从而有助于改善沥青路面抗疲劳和吸收反射裂缝的能力。

在实验室内进行材料疲劳特性的试验研究时，有两种荷载模型，一种是控制应力试验，一种是控制应变试验。采用应力还是应变作为路面设计指标，用控制应力试验还是控制应变试验，一直是学术界争论的问题。目前，世界上有影响的设计方法普遍采用弯拉应变控制沥青面层的疲劳破坏，我国现行的沥青路面设计方法则采用了弯拉应力控制指标。

控制应力破坏试验是指在重复加载的疲劳试验过程中，保持应力不变，疲劳破坏是以试件的疲劳断裂作为破坏，到达疲劳破坏的重复荷载作用次数为疲劳寿命。控制应变疲劳试验是指在重复加载的疲劳试验过程中，保持应变不变。由于控制应变试验没有明显的破坏现象，因此常常人为地定义当它的劲度达到初始劲度的50%时作为破坏准则，此时的重复荷载作用次数为疲劳寿命。

目前室内疲劳试验方法众多，且各国没有统一规定，主要有：三分点弯曲法、悬臂梁弯曲法、弹性基础梁弯曲法、直接拉伸法、间接拉伸法、三轴压力法、拉—压法和剪切法等。本项目综合考虑各种试验方法的可操作性及试验方法对路面实际情况的模拟程度，最终选择三分点小梁重复弯曲试验进行橡胶沥青混合料疲劳性能的研究，其示意图如图3-5-6所示。试验中采用英国Cooper Research Technology有限公司制造的Cooper气动碾压机，按《公路工程沥青及沥青混合料试验规程》（JTJ052-2000）中T0703-93规定的轮碾压实并切割成小梁的方法成形试件，小梁尺寸长×宽×高为400mm×60mm×50mm，两端支点距离355.5mm。再采用Cooper疲劳试验机，气动施加荷载，分别采用常应力小梁弯曲试验和常应变小梁弯曲试验对

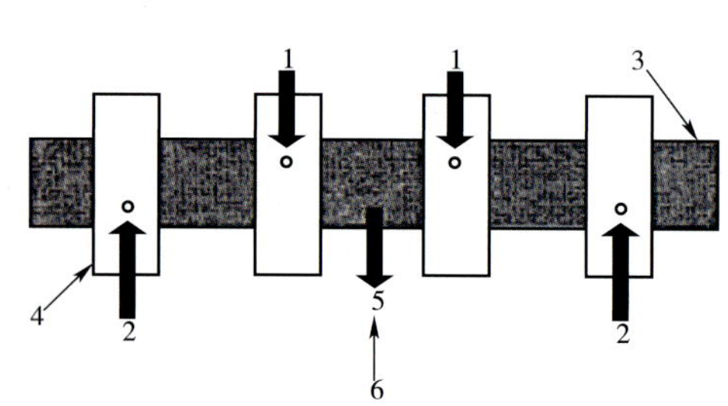

图3-5-6　三分点弯曲示意图
1-施加荷载；2-反力；3-小梁试件；4-试件夹具；5-弯曲变形；6-恢复变形

橡胶沥青混合料的疲劳性能进行评价分析。

一、常应力小梁弯曲疲劳试验研究

研究表明，同一应力比下若干试件的对数疲劳寿命表现为正态分布，而且应力、应力比与疲劳寿命在双、单对数坐标上分别表现为直线关系，通常可用以下方程来表示[41]：

$$\lg N_f = k - n(\sigma/\sigma_s) \quad (3\text{-}5\text{-}1)$$

$$\lg N_f = k - n\lg\sigma \quad (3\text{-}5\text{-}2)$$

式中：N_f——荷载作用次数；

σ——试验时所控制的小梁弯拉应力；

σ/σ_s——试验时所控制的小梁弯拉应力与抗拉强度的比值；

k、n——回归常数。

本研究中的常应力小梁弯曲疲劳试验采用的荷载波形为正弦波形，荷载频率为10Hz；试验温度取15℃，所有沥青混合料试件均在环境温控箱内养护4h以上，以使试件内部温度均达到试验要求温度；试验应力比分别取0.2、0.3、0.4、0.5、0.6五个水平；将对数疲劳寿命以置信度90%、存活率95%进行试验数据处理，疲劳试验结果见表3-5-12。

常应力疲劳试验结果　　表3-5-12

应力比σ/σ_s	弯拉强度σ_s（MPa）	应力水平σ（MPa）	安全系数σ_s/σ	对数寿命		$\lg N_f$（90，95）
				均值	标准差	
0.2	2.509	0.502	5.00	5.813	0.0934	5.550
0.3		0.753	3.33	5.666	0.1367	5.281
0.4		1.004	2.50	5.388	0.2380	4.718
0.5		1.255	2.00	4.817	0.1898	4.283
0.6		1.505	1.67	4.516	0.2780	3.734

橡胶沥青混合料疲劳曲线如图3-5-7所示。

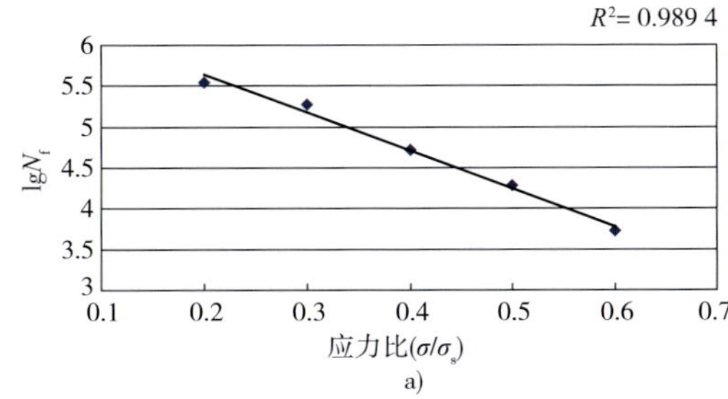

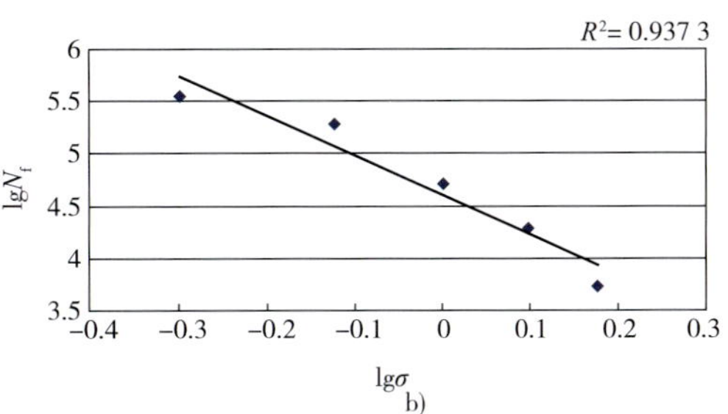

图3-5-7　橡胶沥青混合料疲劳曲线

根据试验结果表3-5-12与图3-5-7的相关内容，对疲劳试验数据进行回归分析，得到橡胶沥青混合料AR-OSMA-13的常应力疲劳方程为：

$$\lg N_f = 6.565\,2 - 4.63\frac{\sigma}{\sigma_s} \quad (R^2=0.989\,4) \quad (3\text{-}5\text{-}3)$$

$$\lg N_f = 4.603\,8 - 3.784\lg\sigma \quad (R^2=0.937\,3) \quad (3\text{-}5\text{-}4)$$

选取AR-OSMA-13、AC-13、SBS-SMA-13三种沥青混合料在试验温度15℃、荷载频率10Hz条件下进行疲劳对比试验，参考重庆交通大学相关课题组对沥青混合料疲劳性能研究的成果，

建立单对数坐标下的沥青混合料$\lg N_f$—应力比疲劳曲线，进行常应力疲劳性能比较，其对比关系如图3-5-8所示。

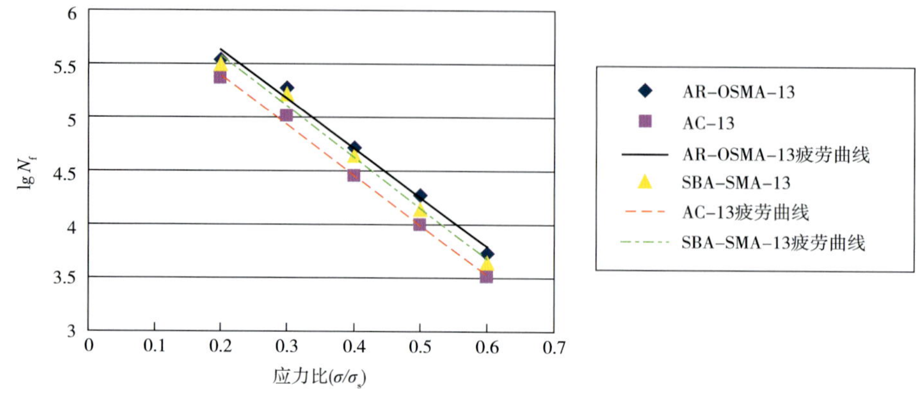

图3-5-8 沥青混合料疲劳曲线对比

通过对比试验发现：三种混合料的$\lg N_f$—应力比疲劳曲线呈现出很好的线性关系，并具有相同的变化趋势。随着应力水平的升高，疲劳寿命逐渐降低；在同样的应力水平下，三种沥青混合料的疲劳寿命优劣顺序表现为：AR-OSMA-13>SBS-SMA-13>AC-13，橡胶沥青混合料具备很好的抗疲劳性能。

二、常应变小梁弯曲疲劳试验研究

在同一应变下，若干试件的对数疲劳寿命也表现为正态分布，而且应变与疲劳寿命在双对数坐标上表现为直线关系，通常可用如下方程来表示[41]：

$$\lg N_f = k - n\lg\varepsilon \tag{3-5-5}$$

式中：N_f——荷载作用次数；

ε——试验时所控制的小梁底面跨中弯拉应变；

k、n——回归常数。

常应变小梁弯曲疲劳试验采用的荷载波形为正弦波形，荷载频率为10Hz；试验温度取15℃，所有沥青混合料试件均在环境温控箱内养护4h以上，以使试件内部温度均达到试验要求温度；微应变分别取200、250、300、400、500五个水平；选择置信度90%，存活率95%进行试验数据处理，疲劳试验结果见表3-5-13。

常应变疲劳试验结果　　表3-5-13

应变水平（$\mu\varepsilon$）	对数寿命		$\lg N_f$（90，95）
	均　值	标准差	
200	6.408	0.1722	5.923
250	6.232	0.2443	5.545
300	5.570	0.2021	5.001
400	4.950	0.1713	4.468
500	4.276	0.0945	4.010

橡胶沥青混合料疲劳曲线如图3-5-9所示。

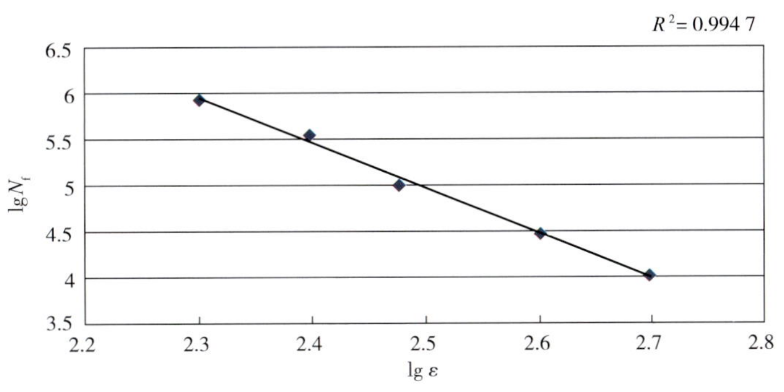

图3-5-9　橡胶沥青混合料疲劳曲线

由试验结果表3-5-13与图3-5-9的相关内容，对疲劳试验数据进行回归分析，得到橡胶沥青混合料AR-OSMA-13的常应变疲劳方程为：

$$\lg N_f = 17.185 - 4.887\ 2\lg\varepsilon \qquad (R^2=0.994\ 7) \qquad (3\text{-}5\text{-}6)$$

以AR-OSMA-13、AC-13、SBS-SMA-13三种沥青混合料在试验温度15℃，荷载频率10Hz条件下进行疲劳对比试验，结合重庆交通大学相关课题组对沥青混合料疲劳性能研究的成果，建立双对数坐标下的沥青混合料$\lg N_f$—$\lg\varepsilon$疲劳曲线，进行常应变疲劳性能对比分析，如图3-5-10所示。

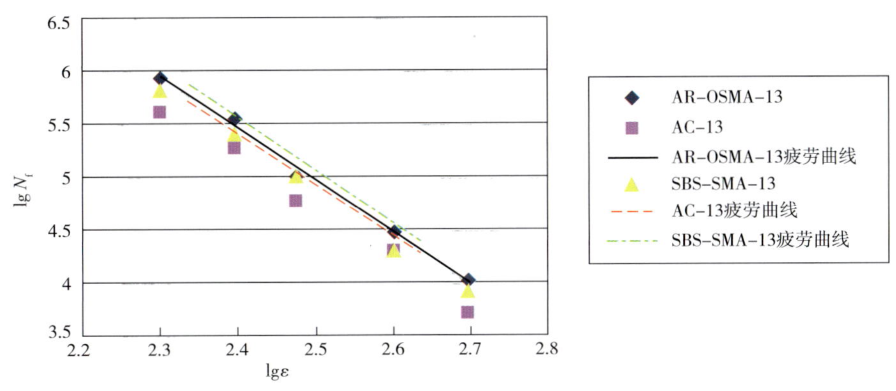

图3-5-10　沥青混合料疲劳曲线对比

通过对比试验发现：三种沥青混合料的$\lg N_f$—$\lg\varepsilon$疲劳曲线同样呈现出很好的线性关系与相似的变化趋势。应变水平对疲劳寿命有明显的影响，随着应变水平的升高，沥青混合料的疲劳寿命逐渐降低。在相同的应变水平下，三种沥青混合料的疲劳寿命优劣顺序为：AR-OSMA-13>SBS-SMA-13>AC-13，与常应力疲劳试验结果一致，橡胶沥青混合料表现出最好的抗疲劳性能。

常应力疲劳试验与常应变疲劳试验结果的一致性，充分说明橡胶沥青混合料优异的疲劳能力。将橡胶沥青应用于筑路工程中，能显著改善沥青路面的疲劳寿命。

第四节　低温抗裂性能评价

沥青路面的低温开裂是路面的主要病害之一，因而是各国道路界普遍关心的问题。我国沥青路面的开裂问题比较严重，特别是在寒冷的北方地区，过快的降温速率将使沥青路面内的应力来不及松弛，出现过大的应力积累，当温度应力积累超过沥青混凝土的极限抗拉强度时，路面就会产生裂缝，这严重影响路面的使用性能和寿命。因此，开展沥青路面低温性能的研究是十分必要的。

针对沥青面层开裂问题，国内外进行了大量的研究与调查，研究表明表面温度裂缝与沥青和沥

青混合料的性质密切相关，沥青的性质与用量，矿料的种类以及级配等是影响混合料低温性能的主要因素。同时，沥青路面低温开裂程度与沥青混合料的低温力学性质有很大的关系。在低温下，沥青路面开裂的主要原因是沥青混合料在低温下会变的硬而脆，变形能力不足。使得沥青混合料在低温状况下保持足够的韧性，是防止路面开裂的根本措施。橡胶在一定的负温度范围内还可保持较大的变形能力，因此橡胶改性沥青路面从理论上来讲，可使低温变形能力得到提高，从而使其低温抗裂能力间接得到提高。

本研究结合现有条件，首先通过《公路沥青路面施工技术规范》（JTG F40—2004）中关于沥青混合料低温弯曲试验技术指标的要求，对AR-OSMA-13与SBS-SMA-13混合料进行低温弯曲试验检测。然后选择试件成型简单、操作方法便捷，并且与低温弯曲试验同为等应变加载的低温破坏试验——间接拉伸试验，对橡胶沥青混合料的低温性能进行对比分析研究。

一、试验结果

1.低温弯曲试验

《公路沥青路面施工技术规范》（JTG F40—2004）中关于沥青混合料低温抗裂性能的评价，统一采用-10℃、加载速率50mm/min的条件下进行弯曲试验，测定破坏强度、破坏应变、破坏劲度模量。

为此，本项目选择较为简单的低温弯曲试验来进行沥青混合料的低温开裂性能的研究，其主要试验条件如下：

（1）试验温度：-10℃。

（2）试验荷载：加载速率为50mm/min。

（3）试件尺寸：长250mm、宽30mm、高35mm的小梁试件。

（4）试验数据计算。

由最大破坏荷载P_B和最大破坏荷载对应的挠度d（mm），可得到抗弯拉强度R_B（MPa），破坏时梁底最大弯拉应变ε_B和破坏时弯曲劲度模量S_B（MPa）为：

$$R_B=\frac{3LP_B}{2bh^2} \tag{3-5-7}$$

$$\varepsilon_B=\frac{6hd}{L^2} \tag{3-5-8}$$

$$S_B=\frac{R_B}{\varepsilon_B} \tag{3-5-9}$$

式中：R_B——试件破坏时的抗弯拉强度，MPa；

ε_B——试件破坏时的最大弯拉应变；

S_B——试件破坏时的弯曲劲度模量，MPa；

b——跨中断面试件的宽度，mm；

h——跨中断面试件的高度，mm；

L——试件的跨径，mm；

P_B——试件破坏时的最大荷载，N；

d——试件破坏时的跨中挠度，mm。

（5）弯曲试验结果。

AR-OSMA-13混合料的低温弯曲试验结果见表3-5-14所示。

AR-OSMA-13混合料低温弯曲试验结果　　表3-5-14

试验条件	试件编号	试件宽度（mm）	试件高度（mm）	抗弯拉强度（MPa）	最大弯拉应变（$\mu\varepsilon$）	弯曲劲度模量（MPa）	技术要求[46]
温度为-10℃，加载速率为50mm/min	1号	29.6	35.8	9.324	3376	2761.8	破坏应变≥2 500$\mu\varepsilon$
	2号	30.1	35.6	10.409	3451	3016.2	
	3号	29.8	36.1	9.097	2997	3035.4	
	平均	—	—	9.610	3274.7	2937.8	

通过低温弯曲试验检测，橡胶沥青混合料AR-OSMA-13低温弯曲试验的破坏应变大于2 500$\mu\varepsilon$，具备良好的低温抗裂性能。为对比橡胶沥青混合料的低温改性效果，选用SBS-SMA-13进行低温弯曲对比试验，SBS改性沥青混合料低温弯曲试验结果见表3-5-15。

SBS-SMA-13混合料低温弯曲试验结果　　表3-5-15

试验条件	试件编号	试件宽度（mm）	试件高度（mm）	抗弯拉强度（MPa）	最大弯拉应变（$\mu\varepsilon$）	弯曲劲度模量（MPa）	技术要求[46]
温度为-10℃，加载速率为50mm/min	1号	30.2	36.3	9.443	2946	3205.4	破坏应变≥2 500$\mu\varepsilon$
	2号	30.1	35.9	9.906	3017	3283.4	
	3号	30.3	36.1	9.990	2898	3447.2	
	平均	—	—	9.780	2953.7	3312.0	

2.间接拉伸试验

间接拉伸试验即通常所说的劈裂试验，它是通过加载条加静载于圆柱形试件的轴向，试件按一定的变形速率加载，施加的压缩荷载，垂直、水平变形通过LVDT得到。劈裂试验的主要评价指标有：劈裂强度、破坏变形及劲度模量。

（1）试验温度：采用的温度从-20℃开始，试验温度从-20℃到10℃变化。

（2）试验荷载：加载速率为50mm/min。

（3）试件尺寸：标准马歇尔试件尺寸，即直径101.6mm，高度63.5mm ± 1.3mm。

（4）试验数据计算：泊松比μ按表3-5-16取值，劈裂抗拉强度R_T按式（3-5-10）计算，破坏拉伸应变ε_T及破坏劲度模量S_T按式（3-5-11）和式（3-5-12）计算。

$$R_T=0.006\,287P_T/h \quad (3\text{-}5\text{-}10)$$

$$\varepsilon_T=X_T\times(0.030\,7+0.093\,6\mu)/(1.35+5\mu) \quad (3\text{-}5\text{-}11)$$

$$S_T=P_T\times(0.27+1.0\mu)/(h+X_T) \quad (3\text{-}5\text{-}12)$$

式中：R_T——劈裂抗拉强度，MPa；

ε_T——破坏拉伸应变；

S_T——破坏劲度模量，MPa；

μ——泊松比；

P_T——试验荷载的最大值，N；

h——试件高度，mm；

Y_T——试件相应于最大破坏荷载时的垂直方向总变形，mm；

X_T——试件相应于最大破坏荷载时的水平方向总变形，mm。

$$X_T=Y_T\times(0.135+0.5\mu)/(1.794-0.031\,4\mu) \quad (3\text{-}5\text{-}13)$$

尽管有计算泊松比的方法，但在实际试验时，由于水平变形往往测量不准确，通常采用假定泊松比μ的方法，由实测的垂直变形Y_T反算水平变形，再求取破坏拉伸应变ε_T和劲度模量S_T。我国《公路工程沥青及沥青混合料试验规程》（JTJ 052—2000）规定的不同试验温度下的泊松比μ按表3-5-16取用。

沥青混合料劈裂试验使用的泊松比　　表3-5-16

试验温度（℃）	≤10	15	20	25	30
泊松比μ	0.25	0.30	0.35	0.40	0.45

（5）劈裂试验结果。

劈裂试验结果见表3-5-17。

沥青混合料劈裂试验结果　　表3-5-17

试验温度（℃）	AR-OSMA-13混合料			SBS-SMA-13混合料		
	破坏强度（MPa）	破坏应变（$\times10^{-3}$）	破坏劲度模量（MPa）	破坏强度（MPa）	破坏应变（$\times10^{-3}$）	破坏劲度模量（MPa）
10	2.373	5.509	791.8	2.578	5.647	630.9
0	3.154	4.049	1398.0	3.582	3.997	1412.2
−5	3.490	4.135	1387.5	3.913	3.602	1671.2
−10	3.848	3.697	1622.6	4.304	3.515	1809.3
−15	3.891	3.501	2013.9	4.219	3.263	2084.9
−20	3.700	3.228	1912.1	3.912	2.939	2109.4

二、试验分析

1.低温弯曲试验结果分析

（1）通过低温弯曲试验检测，橡胶沥青混合料AR-OSMA-13低温弯曲试验的破坏应变大于2500$\mu\varepsilon$，具备良好的低温抗裂性能。

（2）橡胶沥青混合料AR-OSMA-13与SBS改性沥青混合料的低温弯曲试验都满足规范要求，但是橡胶沥青混合料的低温弯曲破坏应变更大，劲度模量更小，具备很好的低温抗裂性能。

2.间接拉伸试验结果分析

（1）就劈裂强度指标来看，SBS-SMA-13的破坏强度大于AR-OSMA-13。而由两种混合料的劈裂强度与温度的关系曲线R_T—T（图3-5-11）可以看出，两种混合料的R_T—T曲线都呈山峰状，其对应峰值温度即沥青混合料的脆化点分别为：AR-OSMA-13的脆化点温度在−14℃左右，SBS-SMA-13的脆化点温度在−10℃左右，说明AR-OSMA-13具有更低的脆化点温度，其低温性能优于SBS-SMA-13。两种混合料的R_T—T曲线呈现相同趋势，即在温度低于脆化点温度时，破坏强度随温度的升高略有增加；温度高于脆化点时，随温度的升高，破坏强度显著下降。

（2）从混合料破坏应变与温度的关系来看（图3-5-12），AR-OSMA-13与SBS-SMA-13在0℃以上，破坏应变不相上下；随着温度的不断减低，AR-OSMA-13体现出更大的破坏应变，在低温下具有更好的变形能力，对低温抗裂性能更加有利。

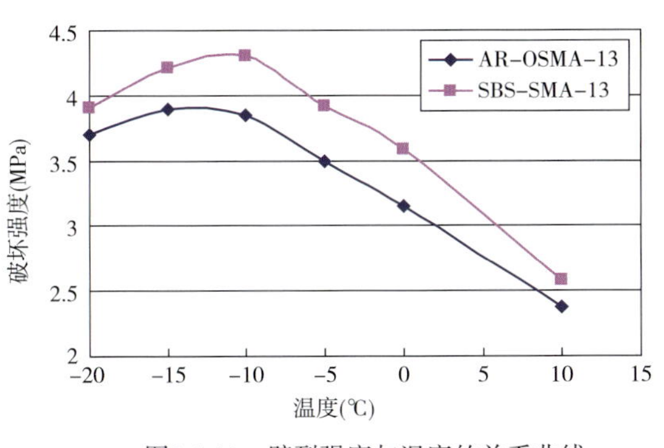

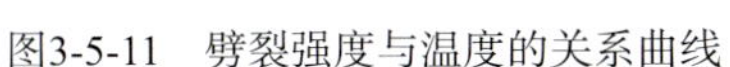
图3-5-11　劈裂强度与温度的关系曲线

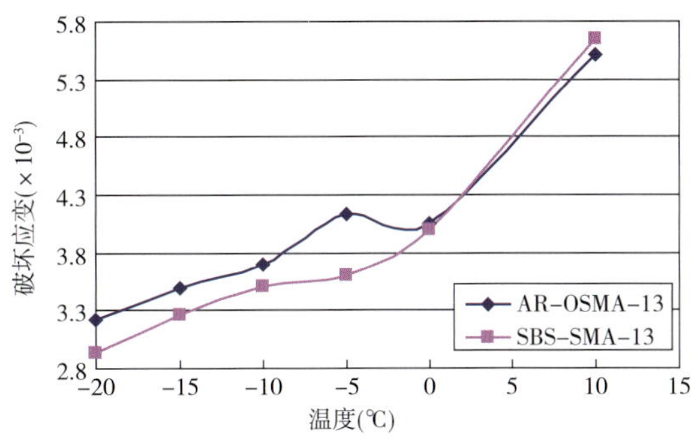

图3-5-12　劈裂破坏应变与温度的关系曲线

（3）从两种混合料的破坏劲度与温度的关系可以看出（图3-5-13），随温度的降低，沥青混合料的破坏劲度模量逐渐提高。在低温状态下，AR-OSMA-13的劲度模量小于SBS-SMA-13，具有更好的低温抗裂性能。橡胶沥青混合料有一个重要的特点：在高温时较硬，在低温时较软，呈现出很好的路用性能。

（4）通过试验结果和对比关系图，可以看出：AR-OSMA-13的低温脆化点、破坏劲度模量均低于SBS-SMA-13，同时具有更高的破坏应变，即橡胶沥青混合料在低温下具备优异的抗变形能力，体现出良好的低温抗裂性能。

综合试验结果看出：低温弯曲试验与间接拉伸试验的评价结果基本吻合，橡胶沥青混合料AR-OSMA-13具备良好的低温抗裂性能，能够应用于科技示范工程之中。

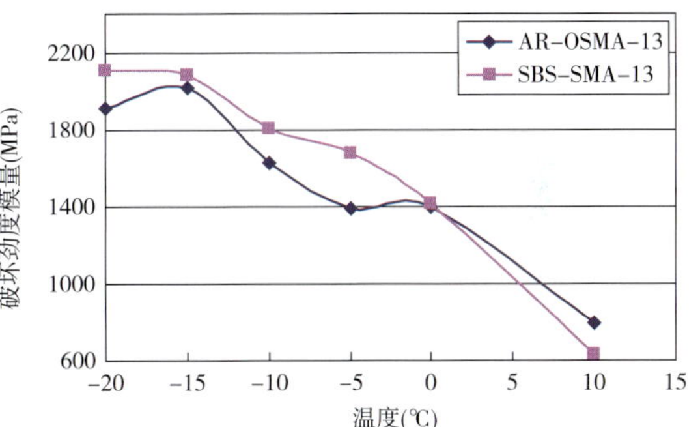

图3-5-13　破坏劲度模量与温度的关系曲线

第五节　水稳定性评价

沥青路面水损坏是沥青路面施工完成以后，在水或冻融循环的作用下，由于汽车车轮动态荷载的作用，进入路面空隙中的水不断产生动水压力形成真空负压抽吸的反复循环作用，水分逐渐渗入沥青与集料的界面，使沥青黏附性降低，并逐渐丧失黏结力，导致沥青膜从石料表面脱落，沥青混合料掉粒、松散，继而形成沥青路面的坑槽、推挤变形等损坏的现象。水造成的损害是我国高速公路沥青混凝土路面最严重的早期破坏因素之一，同时水损害也是一个世界性的问题，亟待解决。因此，橡胶沥青混合料的水稳定性是否满足设计要求，是需要格外关注的一个问题。

沥青混合料水稳定性的评定方法，通常分两个阶段进行：第一阶段是评价沥青与矿料的黏附性；第二阶段是评价沥青混合料的水稳定性。这两个阶段是不可分割的整体，决不能割裂开来看。

本项目首先采用水煮法和水浸法来综合评价沥青结合料与矿料的黏附性。然后针对橡胶沥青混合料，采用浸水马歇尔试验的残留稳定度和冻融劈裂试验的劈裂强度比双指标来评价沥青混合料的水稳性。

一、试验结果

1.沥青与集料黏附性试验

水煮法和水浸法试验，分别按照《公路工程沥青及沥青混合料试验规程》（JTJ 025—2000）中的

T 0616—1993执行，评定等级参照表3-5-18。沥青结合料采用橡胶沥青，矿料采用四川华蓥山玄武岩粗集料。

沥青与集料黏附性等级 表3-5-18

试验后石料表面上沥青剥落情况	黏附等级
沥青膜完全保存，剥落面积百分率接近于0	5
沥青膜少部为水所移动，厚度不均匀，剥离面积百分率少于10%	4
沥青膜局部明显地为水所移动，基本保留在石料表面上，剥离面积百分率少于30%	3
沥青膜大部为水所移动，局部保留在石料表面上，剥离面积百分率大于30%	2
沥青膜完全为水所移动，石料基本裸露，沥青全浮于水面上	1

试验结果：

（1）通过水煮法试验可以看出，矿料表面的橡胶沥青厚度均匀，无剥落现象，黏附性等级评定为5。

（2）通过水浸法试验可以看出，矿料表面的橡胶沥青膜完全保存，剥落面积百分率接近于0，黏附性等级评定为5。

（3）由于橡胶沥青膜的厚度较大，本次黏附性试验的敏感性不强，以水煮法和水浸法评价橡胶沥青的黏附性是否合理，有待进一步研究。

2.沥青混合料的水稳定性试验

对于沥青混合料的水稳定性，即抗水损坏能力，沥青与集料的黏附性评定在最初也是最基本的一个步骤，还需要对沥青混合料进行浸水马歇尔试验和冻融劈裂试验的检验。

（1）残留稳定度试验

将一组马歇尔试件在60℃水浴中恒温30min后，测其稳定度；另一组马歇尔试件在60℃水浴中恒温48h后测其稳定性，试件的浸水残留稳定度按下式计算：

$$MS = \frac{MS_2}{MS_1} \times 100 \tag{3-5-14}$$

式中：MS——试件的残留稳定度，%；

MS_2——试件浸水48h后的稳定度，kN；

MS_1——试件浸水30min后的稳定度，kN。

AR-OSMA-13混合料与SBS-SMA-13混合料的浸水马歇尔试验结果见表3-5-19和图3-5-14。

沥青混合料浸水马歇尔试验结果 表3-5-19

混合料类型	填料种类	浸水时间（h）	劈裂强度（MPa）	残留强度比（%）	技术指标[46]
AR-OSMA-13	石灰石矿粉	0.5	9.87	89.4	≥85
		48	8.98		
	水泥	0.5	11.98	90.3	
		48	10.82		
SBS-SMA-13	石灰石矿粉	0.5	12.54	86.7	
		48	10.87		
	水泥	0.5	12.98	89.8	
		48	11.66		

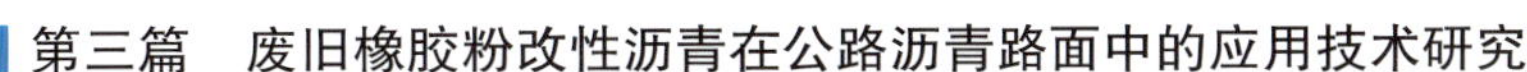

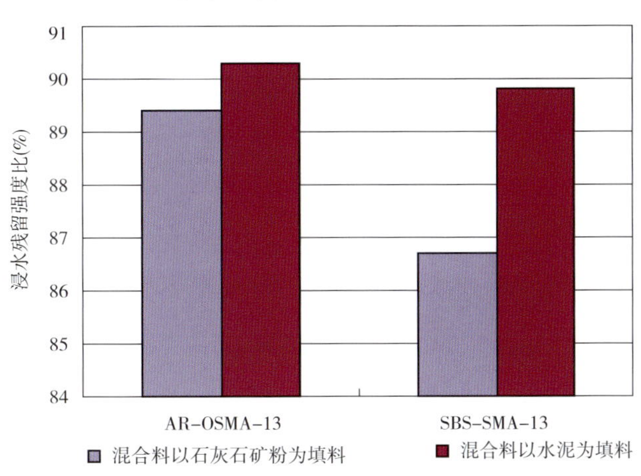

图3-5-14　浸水马歇尔试验结果对比

（2）冻融劈裂强度试验

冻融劈裂强度试验试件成型方法，同马歇尔试验。一组在25℃水中浸泡2h后测定，另一组饱水过程如下：

①常温下（约25℃）浸水20min；

②0.09MPa浸水抽真空15min；

③-18℃冰箱中存放16h；

④置于60℃水浴中恒温24h；

⑤25℃水中浸泡2h。

测定时测出压裂时的压力值，按公式：

$$R_{T1}=0.006\,287\frac{P_{T1}}{h_1} \tag{3-5-15}$$

$$R_{T2}=0.006\,287\frac{P_{T2}}{h_2} \tag{3-5-16}$$

$$TSR=\frac{R_{T2}}{R_{T1}}\times 100 \tag{3-5-17}$$

式中：R_{T1}——未进行冻融循环的第一组试件的劈裂抗拉强度，MPa；

R_{T2}——经受冻融劈裂试验的第二组试件的劈裂抗拉强度，MPa；

P_{T1}、P_{T2}——第一组和第二组试验荷载的最大值，N；

h_1、h_2——第一组和第二组试件的高度，mm；

TSR——冻融劈裂试验强度比，%。

AR-OSMA-13混合料与SBS-SMA-13混合料的冻融劈裂试验结果见表3-5-20和图3-5-15。

沥青混合料冻融劈裂试验结果　　表3-5-20

混合料类型	填料种类	试验条件	劈裂强度（MPa）	劈裂强度比（%）	技术指标[46]
AR-OSMA-13	石灰石矿粉	未冻融	0.963	84.1	≥80
		经冻融	0.810		
	水泥	未冻融	1.092	90.6	
		经冻融	1.000		

续上表

混合料类型	填料种类	试验条件	劈裂强度（MPa）	劈裂强度比（%）	技术指标[46]
SBS-SMA-13	石灰石矿粉	未冻融	1.280	82.3	≥80
		经冻融	1.053		
	水泥	未冻融	1.312	88.7	
		经冻融	1.164		

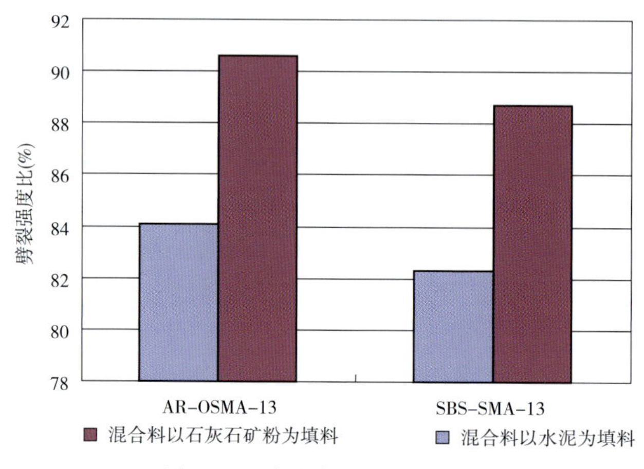

图3-5-15 冻融劈裂试验结果对比

二、试验分析

通过橡胶沥青与矿料的水煮法和水浸法试验可以看出：橡胶沥青与石料之间具备很好的黏附性，为橡胶沥青混合料的整体力学强度提供了有力的保障。不过由于在混合料中橡胶沥青膜较厚，黏附性试验时敏感性不强，而用手却可轻易将其剥落，故其评价合理性有待进一步研究。

结合浸水马歇尔试验与冻融劈裂试验可以看出：

（1）无论是以水泥还是石灰石矿粉作为填料，橡胶沥青混合料AR-OSMA-13的浸水残留稳定度与冻融劈裂强度比都高于SBS-SMA-13，表现出很好的抗水损坏能力。分析原因，可能是橡胶沥青混合料中，橡胶沥青与填料构成的橡胶沥青胶浆具备很高的黏度和黏结力，在矿料周围充分裹覆，形成较厚的橡胶沥青膜，提高了结构沥青的比例，避免了水损坏的发生。

（2）本试验路考虑到工程实施的可操作性，采用石灰石矿粉作为橡胶沥青混合料的填料，满足施工技术规范中对沥青混合料水稳定性的相关要求。但是，可以明显看出，以水泥取代石灰石矿粉作为填料，可以明显改善沥青与石料之间的黏附性，使沥青混合料呈现出更加优异的水稳定性。

综合橡胶沥青与矿料的黏附性评价以及沥青混合料的水稳定性分析，可以看出：橡胶沥青混合料AR-OSMA-13表现出良好的抗水损害能力，能够应用于科技示范工程之中。

第六节　渗水系数检验

沥青混合料的渗水是导致沥青路面早期损坏的主要原因之一，在沥青混合料的配合比设计阶段，检验渗水系数是一个非常重要的工作，通过这项检验，可以避免设计出渗水系数过大的沥青混合料，从而也大大降低了沥青路面发生水损害的风险。

尽管沥青混合料的结构设计强调沥青面层必须有一层以上是基本上不透水的，但是，若在配合比设计阶段对渗水系数没有要求，路面的渗水情况心中无数，则只有到混合料铺在路面上且各层都铺筑完成以后才能对沥青路面作渗水试验。此时，即使路面透水严重，也已没有补救办法。尤其是对沥青玛蹄脂碎石混合料SMA，基本上不透水是重要的一个性质，应该在配合比设计阶段对渗水系数进行检验。渗水系数与空隙率有很大的关系，但又有很大的区别，空隙率是反映沥青混合料总的空隙，而渗水性只反映开空隙，它与级配类型、集料粒径等多种因素有关，见表3-5-21。

一、试验结果

沥青混合料试件的渗水系数按式（3-5-18）计算，计算时以水面从100mL下降至500mL所需的时间为标准，若渗水时间过长，亦可采用3min通过的水量计算。

$$C_w=\frac{V_2-V_1}{t_2-t_1}\times 60 \qquad (3\text{-}5\text{-}18)$$

式中：C_w——沥青混合料试件的渗水系数，mL/min；

V_1——第一次读数时的水量（通常为100mL），mL；

V_2——第二次读数时的水量（通常为500mL），mL；

t_1——第一次读数时的时间，s；

t_2——第二次读数时的时间，s。

本试验方法成功的关键是试验仪与试件表面的密封性。

沥青混合料试件渗水系数（mL/min）技术要求　　表3-5-21

级配类型	渗水系数要求[46]（mL/min）	试验方法
密级配沥青混凝土，不大于	120	T 0730
SMA混合料，不大于	80	
OGFC，不小于	实测	

交通部公路科学研究院在《交通运输部“材料节约与循环利用专项行动计划”推广项目系列指南之三：橡胶沥青及混合料设计施工技术指南》中关于橡胶沥青混凝土渗水系数的要求是不大于100mL/min，综合考虑，为保证橡胶沥青混凝土具备良好的抗渗性能，采用80mL/min为控制指标，试验结果见表3-5-22。

沥青混合料渗水试验结果　　表3-5-22

混合料类型	渗水系数（mL/min）	技术要求（mL/min）	渗水情况
传统AR-SMA-13	45.3	≤80	未贯透
AR-OSMA-13	52.1	≤80	未贯透

试验结果表明：橡胶沥青混合料AR-OSMA-13和传统AR-SMA-13的抗渗系数都满足要求，具备良好的抗渗性能。

二、试验分析

通过对沥青混合料的抗渗系数检验可以看出：按照配合比设计确定的AR-OSMA-13不仅满足《橡胶沥青及混合料设计施工技术指南》中关于橡胶沥青混凝土渗水系数的要求，同时也能够满足《公路沥青路面施工技术规范》（JTGF 40—2004）对于SMA混合料的渗水系数要求，具备适宜的开空隙，能够显著降低路面发生水损坏的风险。橡胶沥青混合料AR-OSMA-13具备良好的抗渗能力，能够应用于科技示范工程之中。

第六章　橡胶沥青半柔性路面开发

第一节　原材料性能分析

1.水泥

采用重庆小南海水泥有限公司生产的P.O42.5R普通硅酸盐水泥，参照《公路工程水泥及水泥混凝土试验规程》（JTG E30—2005）中的有关方法进行检验，水泥质量合格，能够满足水泥砂浆的要求，主要性能见表3-6-1。

42.5R普通硅酸盐水泥性能指标　　表3-6-1

指标	密度（g/cm^3）	凝结时间（min）		抗压强度（MPa）			抗折强度（MPa）		
		初凝	终凝	3d	7d	28d	3d	7d	28d
P.O42.5R	3.10	172	335	21.9	38.8	45.6	3.8	4.6	6.3

2.粉煤灰

采用重庆欣荣粉煤灰综合利用有限公司的II级粉煤灰。各项指标见表3-6-2。

粉煤灰化学成分及性能（单位：%）　　表3-6-2

SiO_2	AL_2O_3	Fe_2O_3	SO_3	CaO	其他	烧失量	需水量
46.3	23.4	18.5	0.7	2.9	2.4	6.6	102

3.细砂

为了满足水泥砂浆的流动性要求，细砂采用粒径比较小的重庆河砂，其具体规格见表3-6-3。

细砂物理性能试验　　表3-6-3

试验项目	试验结果	试验方法	筛　分　试　验				
含泥量（%）	0.7	T 0333—2000	筛孔尺寸（mm）	分计筛余（%）	累计筛余（%）	通过率（%）	试验方法
最大粒径（mm）	1.18		0.6	1.2	1.2	98.8	T 0302—2000
			0.3	6.7	7.9	92.1	
			0.15	34.6	42.5	57.5	
			0.075	53.7	96.2	3.8	

4.橡胶沥青

（1）沥青：选用国产70号沥青，参照《公路工程沥青及沥青混合料试验规程》（JTJ 052—

2000）中的有关方法进行检验，具体检验指标见表3-6-4。

AH–70号基质沥青主要技术指标性质 表3-6-4

指　标	试验结果	技术指标	试验方法
针入度（0.1mm）	66	60~80	100g，25℃，5s
软化点（℃）	50	44~54	环球法
延度（cm）	＞100	≥100	15℃，5cm/min
闪点（℃）	273	≮230	开口杯法
溶解度（%）	99.57	≥99	三氯乙烯
密度（g/cm^3）	1.014	实测	15℃

（2）橡胶粉：橡胶粉颗粒规格应符合表3-6-5的要求。橡胶粉筛分应采用水筛法进行试验。橡胶粉密度应为1.15g/cm^3 ± 0.05 g/cm^3，应无铁丝或其他杂质，纤维比例应不超过0.5%，要求含有橡胶粉重量4%的碳酸钙，以防止胶粉颗粒相互黏结。

供应商应提供橡胶粉质量保证书，说明橡胶粉规格、加工方式、加工的废旧轮胎类型、橡胶粉的储存方式等。具体指标见表3-6-5。

橡胶粉筛分规格 表3-6-5

筛孔尺寸（mm）	通过率（%）	技术指标
2.36		100
1.18		65~100
0.6		20~100
0.3		0~45
0.075		0~5

（3）橡胶沥青：橡胶沥青应满足以下技术要求，其抽检项目、抽检频率符合表3-6-6的要求。

橡胶沥青技术要求 表3-6-6

指　标	试验结果	技术指标
黏度，177℃，（Pa·s）		1.5~4.0
针入度（25℃，100g，5s），（0.1mm）不小于		25
软化点，（℃）不小于		54
弹性恢复，25℃，（%）不小于		60

（4）集料：粗集料采用重庆中梁山产的石灰岩；细集料选用石灰岩石屑，为间断级配。参照《公路工程集料试验规程》（JTJ 058—2000）实测集料的表观密度，主要技术指标详见表3-6-7和表3-6-8。

粗集料质量技术指标　表3-6-7

指　标	试验结果	技术标准	试验方法
表观密度（g/cm³）	2.72	≥2.5	T 0304—2000
压碎值（%）	22.6	≤28	T 0316—2000
针片状含量（%）	13.8	≤15	T 0312—2000
吸水率（%）	0.36	≤2	T 0304—2000

细集料质量技术指标　表3-6-8

指　标	试验结果	技术标准	试验方法
表观密度（g/cm³）	2.77	≥2.5	T 0328—2000
吸水率（%）	0.62	≤2	T 0328—2000
砂当量（%）	78.4	≮60	T 0334—1994
坚固性（%）	1.2	≤12	T 0340—1994

（5）矿粉：矿粉选用普通石灰石矿粉，主要技术指标见表3-6-9。

矿粉质量技术指标　表3-6-9

指　标	试验结果	技术标准	筛 分 试 验				
表观密度（g/cm³）	2.81	≥2.5	筛孔尺寸（mm）	分计筛余（%）	累计筛余（%）	通过率（%）	试验方法
含水率（%）	0.27	≯1	0.3	0	0	100	T 0302—2000
			0.15	2.3	2.3	97.7	
			0.075	11.6	13.9	86.1	

（6）外加剂：采用重庆富康混凝土外加剂公司生产的高效性早强剂。

第二节　水泥砂浆配合比

作为灌注沥青混合料母体的水泥砂浆，在国内外经验的基础上可知，水泥砂浆通常由胶结料、细集料和水配制而成。本研究水泥砂浆主要是由普通硅盐水泥、粉煤灰、矿粉、细砂、水和外加剂组成的。

作为使用在半柔性混合料中的水泥砂浆必须具备如下性质:

（1）必须具有足够的抗压强度和抗折强度；

（2）必须具有良好的流动度；

（3）在硬化过程中，体积变化要求小于0.5%；

（4）具有较小的干缩、温缩特性；

（5）必须具有良好的与混合料结合的性能。

考虑以上原则，参照日本道路协会《アスファルト铺装工事共通仕様書解説》（沥青铺装工事共

通仕样书解说），给出了半柔性路面用水泥砂浆主要性能指标，如表3-6-10所示。

水泥砂浆性能目标值　　表3-6-10

指　　标	范　　围	备　　注
流动度（s）	10~14	7d养生
抗折强度（MPa）	＞2.0	
抗压强度（MPa）	10~30	

（一）流动度的测定

为测定水泥砂浆的流动度，以满足灌浆要求，对于具体流动度测定方法，国内各个研究机构采用的仪器及方法均不相同，本研究参考日本半柔性路面的有关规定，提出具体的流动度测定方法如下。

1.试验仪器

（1）漏斗：上端内径178cm，下端内径13cm，流出管长38cm，内容量为1 725mL；漏斗形状及尺寸见图3-6-1。

（2）漏斗支撑架。

（3）容器。

（4）秒表：精确至0.1s。

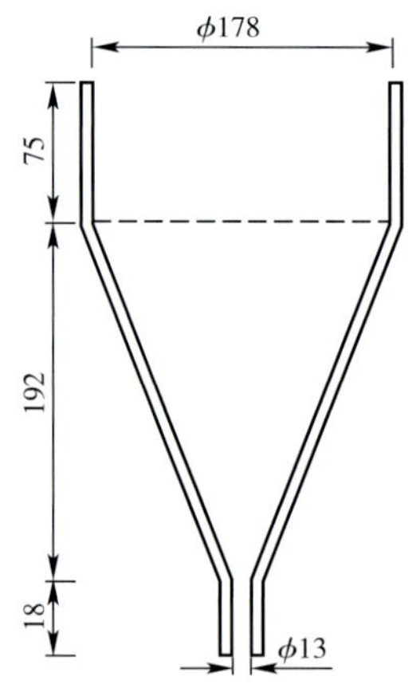

图3-6-1　流动度仪（尺寸单位：mm）

2.试验方法

（1）漏斗垂直支撑稳定后，用水冲洗漏斗内壁。

（2）将水泥砂浆充分拌和后，倒入漏斗内，先让适量水泥砂浆从流出管流出，然后用手指堵住流出管口，再向漏斗内注入砂浆，直至规定（1 725mL）为止。

（3）放开手指，水泥砂浆流出的同时开始计时，直至连续流出的水泥砂浆完全流出瞬间计时，读出该瞬间的时间，精确至0.1s，即为流动度。

3.结果整理

一种水泥砂浆平行试验3次，取其算术平均值即为最后结果。

注意事项：在测定流动度之前，要用水充分冲洗漏斗内壁，每次测定完后，用水将附着在内壁上的水泥胶浆冲洗干净，防止硬化的水泥砂浆影响下一次测定的准确度。

（二）强度的测定

根据《公路工程水泥及水泥混凝土试验规程》（JTG E30—2005）中水泥胶砂强度测定方法，制备试件（4cm×4cm×16cm），标准养生条件（温度20℃±30℃，相对湿度>90%）养护到规定龄期，测定其抗折、抗压强度。

1.抗折强度的测定

（1）取出经过规定龄期养护的3个试件，清除试件表面的水分和砂砾，将其放入杠杆式抗折试验机的抗折夹具内，调整杠杆接近平衡位置，进行抗折强度的测定。

（2）抗折强度按式（3-6-1）计算：

$$R_f = \frac{3PL}{2bh^2} \tag{3-6-1}$$

式中：R_f——抗折强度，MPa；

P——破坏荷载，N；

L——支撑圆柱中心距，即100mm；

b、h——试件断面宽及高，均为40mm。

抗折强度计算值精确到0.01MPa。

（3）抗折强度结果取3个试件平均值。当3个强度值中有超过平均值±10%的，应剔除后再平均，此平均值作为抗折强度试验结果。

2.抗压强度的测定

（1）将抗折试验后的两个断块放入抗压夹具中，在压力试验机上进行抗压强度的测定。压力机加荷速度控制在5±0.5kN/s的范围内。

（2）抗压强度按式（3-6-2）计算：

$$R_c = \frac{P}{S} \tag{3-6-2}$$

式中：R_c——抗压强度，MPa；

P——破坏荷载，N；

S——受压面积，为40mm×40mm。

抗压强度计算值精确到0.1MPa。

（3）抗压强度结果取6个试件平均值作为抗压强度试验结果。当6个强度值中有超过平均值±10%的，应删除后再平均，此平均值作为抗压强度试验结果。若6个强度值中有3个超过平均±10%的，则此组作废，重新成型测试。

在国内外研究的基础上，确定水泥砂浆的配合比并进行试验研究，其结果见表3-6-11所示。

水泥砂浆配合比及指标测试结果　　表3-6-11

质量配合比（g）						流动度（s）	3d强度（MPa）	
水	水泥	河砂	矿粉	粉煤灰	早强剂		抗折强度	抗压强度
1000	1540	510	371	230	23	11.7	4.8	21.5

从试验结果可以看出，水泥砂浆的抗压和抗折强度都符合本研究的有关要求，故采用此配合比进行试验路的铺筑。

铺筑试验路用的水泥砂浆原材料用量见表3-6-12所示。

半柔性路面用水泥砂浆原材料参考用量　表3-6-12

水（kg/m^3）	水泥（kg/m^3）	砂（kg/m^3）	矿粉（kg/m^3）	粉煤灰（kg/mm^3）	早强剂（kg/m^3）
520	760	252	183	114	11.4

第三节　橡胶沥青半柔性路面混合料的配合比

一、橡胶沥青母体混合料的组成设计

橡胶沥青半柔性路面混合料属于骨架—密实结构，而橡胶沥青母体混合料则属于骨架—空隙结构，即在形成骨架的同时提供足够大的空隙以使水泥砂浆充分灌入。这种路面结构具有相当强的胶结能力，并且依靠凝结前充足的流动性来充分填充骨架结构形成的空隙。母体沥青混合料的体积特征对半柔性路面的力学性能可产生重大的影响。因此，在母体沥青混合料的设计过程中要突出混合料的体积特征，使其具有良好的路用性能。

按经验，骨架形成空隙应为20%~25%，母体沥青混合料的设计必须满足空隙率的要求。半柔性路面用橡胶沥青母体混合料的设计空隙率要求在20%~28%之间，沥青用量在3.0%~5.0%之间。具体指标要求见表3-6-13。

母体沥青混合料的设计要求　表3-6-13

项　目	密度（g/cm^3）	空隙率（%）	击实次数	沥青用量（%）	稳定度（kN）	流值（0.01mm）
指标要求	≥1.9	20~25	双面各50	3.0~5.0	≥3.0	20~50

母体沥青混合料级配见表3-6-14。由于橡胶沥青形成的沥青膜比较厚，空隙率比基质沥青空隙率较小，为保证水泥砂浆的充分灌入，因此在配合比设计过程中偏向级配下限设计，具体情况见表3-6-15和图3-6-2。

SFAC-20母体沥青混合料级配范围　表3-6-14

筛孔尺寸（mm）	26.5	19.0	13.2	4.75	2.36	0.6	0.3	0.15	0.075
通过质量百分率（%）	100	93~100	40~60	12~24	8~18	6~14	5~10	4~8	2~6

矿 料 合 成 级 配　表3-6-15

碎石规格	配合比（%）	不同筛孔尺寸（mm）下的通过率（%）								
		26.5	19	13.2	4.75	2.36	0.6	0.3	0.15	0.075
10~20mm	58.0	100.0	89.5	12.7	5.8	1.4	0.0	0.0	0.0	0.0
5~10mm	28.0	100.0	100.0	82.7	10.7	4.5	4.1	1.8	1.5	2.1
石屑	10.0	100.0	100.0	100.0	78.7	47.0	16.9	12.4	4.5	2.31
矿粉	4.0	100.0	100.0	100.0	100.0	100.0	99.8	92.4	81.2	74.4
合成级配		100.0	93.9	44.2	16.9	9.9	6.5	5.2	4.1	3.8
本研究推荐级配下限		100.0	93.0	40.0	12.0	8.0	6.0	5.0	4.0	2.0

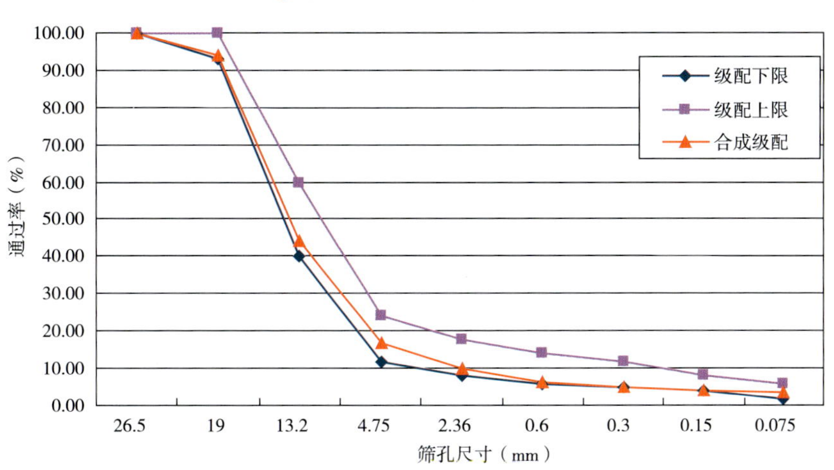

图3-6-2 矿料合成级配曲线图

二、确定母体沥青混合料最佳油石比和合理范围

按合成级配曲线变化5种沥青用量，试验结果见表3-6-16。

不同沥青用量下的各项指标 表3-6-16

油石比（%）	飞散损失	析漏量	空隙率（%）	马歇尔稳定度（kN）	流值（0.1mm）
3.0	41.7	0.15	23.1	7.35	41.3
3.3	30.3	0.27	22.8	7.23	45.6
3.6	23.8	0.58	22.1	6.80	47.2
3.9	20.4	1.04	21.8	5.79	48.4
4.2	19.1	1.53	21.7	5.38	44.7

由油石比与肯塔堡飞散损失量绘成曲线如图3-6-3所示，由曲线拐点处得到最小沥青用量为3.5%；由油石比与析漏量绘成的曲线如图3-6-4所示，由曲线拐点得到最大沥青用量为3.7%。在此沥青用量范围内，根据目标空隙率选择最佳油石比为3.6%。

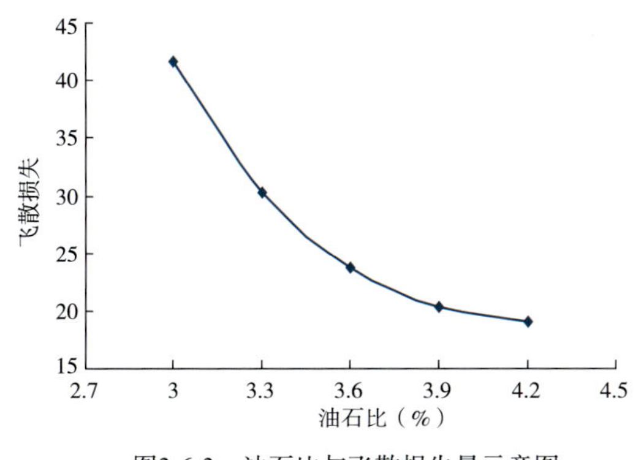

图3-6-3 油石比与飞散损失量示意图

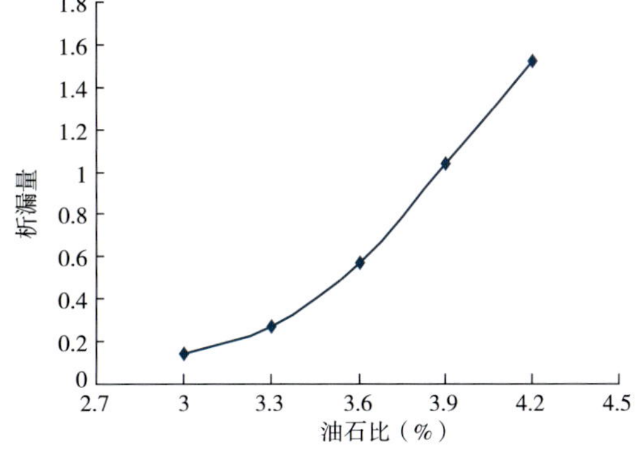

图3-6-4 油石比与析漏量示意图

第四节 橡胶沥青半柔性路面混合料路用性能

一、高温稳定性

橡胶沥青半柔性路面混合料车辙试验结果见表3-6-17。

车辙试验结果　　表3-6-17

类　　型	1min	45min	60min	动稳定度（次/mm）
半柔性路面	0.262	0.802	0.842	15 750
AR-AC-16	0.635	1.972	2.243	2 325

由于胶粉的掺入，橡胶沥青混合料会表现出橡胶具有的弹性和柔性，从而在较高温度下依然具有较大的弹性阶段工作能力，减少剩余变形积累，提高沥青路面高温稳定性；有助于增加矿质颗粒间的摩擦和嵌挤作用，从而有助于沥青混合料强度的形成；橡胶沥青黏度大，黏结力强，有利于提高沥青混合料的胶结料黏聚力。由表3-6-17可知，橡胶沥青混合料动稳定度在2 000次/mm左右，而橡胶沥青半柔性路面混合料稳定度高达15 000次/mm。可见，本研究设计的橡胶沥青半柔性路面混合料具有优良的高温抗车辙性能。

二、水稳定性

水稳定性试验结果见表3-6-18、图3-6-5。

水稳定性试验结果　　表3-6-18

混合料类型	浸水马歇尔试验			冻融循环劳裂试验		
	未浸水稳定度（kN）	浸水48h稳定度（kN）	浸水残留稳定度（%）	未冻融循环劈裂强度（MPa）	冻融循环后劈裂强度（MPa）	冻融劈裂强度比 *TSR*（%）
半柔性路面	20.87	21.72	104.1	1.16	1.021	88.0
ARAC-16	9.81	8.23	83.9	1.07	0.816	76.3

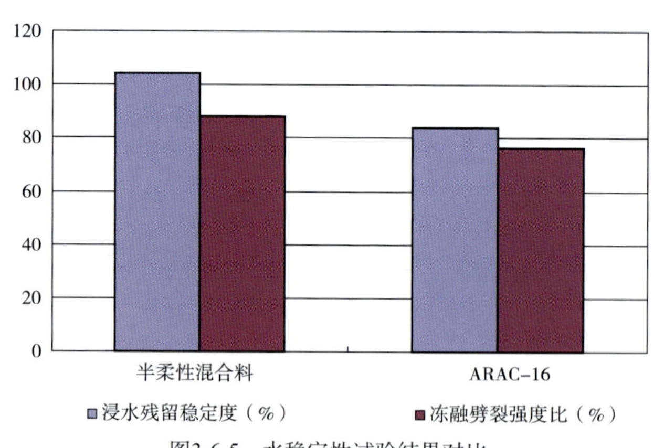

图3-6-5　水稳定性试验结果对比

由表3-6-18和图3-6-5可以看出，橡胶沥青半柔性路面混合料的残留稳定度和冻融劈裂强度比分别比ARAC-16沥青混合料大21.2%和11.7%，这说明其抗水侵害能力比橡胶沥青混合料强。

值得注意的是，该种混合料的稳定度和残留稳定度都在20kN左右，强度很高。主要是由于灌入其中的水泥起了很大的作用，增加了混合料的刚性。从表3-6-18中还可看出，该混合料在60℃水中浸泡48h后的稳定度大于之前的稳定度，分析原因有：灌入沥青混合料中水泥浆的强度不是一成不变的，在较长一段时间内将仍会缓慢增长；在高温和湿度很大的环境下，水泥缓慢的水化作用大大提高，强度得到较大增长，所以混合料48h浸水残留稳定度会比浸水40min的要高。这也可以从另一个角度说明该种混合料的水稳定性比较好。

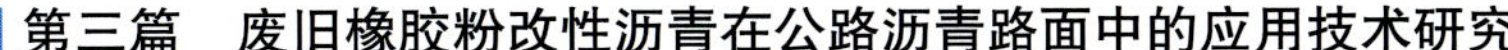

三、低温抗裂性

本研究通过间接拉伸试验对低温性能进行研究，试验结果见表3-6-19。

低温抗裂性试验结果　　表3-6-19

试验条件	混合料类型	劈裂抗拉强度（MPa）	破坏拉伸应变$\mu\varepsilon$	破坏劲度模量（MPa）
温度为-10℃，加载速率为1mm/min	半柔性混合料	2.18	5 136	873.52
	ARAC-16	3.83	3 460	1 318.74

与ARAC-16型橡胶沥青混凝土相比，橡胶沥青半柔性路面混合料的劈裂抗拉强度较小，破坏拉伸应变较大，其劲度模量较小，因此其低温抗裂性能较前者要稍好一些。

第七章　科技示范工程铺筑及施工控制

第一节　科技示范工程概况

一、试验路简介

重庆高温多雨的气候条件对沥青路面的使用寿命有着重要影响。重庆绕城高速公路途经大量居民区和经济开发区，交通噪声影响到沿线居民的生活。将废胎胶粉应用于沥青路面既有利于资源节约，解决社会环保问题，还能改善沥青路面使用性能并降低全寿命成本费用。

结合重庆绕城高速公路建设的实际，修筑了3km的橡胶沥青路面科技示范工程，即西部开发省际公路通道重庆绕城高速公路北段科技示范工程——橡胶粉改性沥青路面工程。该试验路位于重庆绕城高速北段，朝阳寺立交N匝道N0+000—N1+711.75。科技示范工程依据所编制出的《废旧橡胶粉改性沥青在公路沥青路面工程中的应用技术指南》，在工程的设计中通过采用橡胶沥青玛碲脂碎石混合料来提高行车舒适性和安全性、降低路面噪声，采用橡胶沥青防水黏结技术来减少沥青路面的反射裂缝和水破坏，可明显延长路面的使用寿命和减少后期养护费用。

二、设计与施工依据

橡胶沥青试验路的路面设计施工依据主要有：

（1）重庆高速公路发展有限公司、重庆高温多雨山区沥青路面关键技术课题组《重庆高速公路沥青路面施工技术要求》。

（2）交通运输部公路科学研究院：《交通运输部“材料节约与循环利用专项行动计划”推广项目系列指南之三：橡胶沥青及混合料设计施工技术指南》，人民交通出版社，2008年12月。

（3）孙祖望、陈飙：《橡胶沥青技术应用指南》，人民交通出版社，2007年8月。

（4）《公路沥青路面设计规范》（JTG D50—2006）。

（5）《公路沥青路面施工技术规范》（JTG F40—2004）。

（6）《公路路面基层施工技术规范》（JTJ 034—2000）。

（7）《公路排水设计规范》（JTJ 018—97）。

（8）《公路工程质量检验评定标准》（JTG F80/1—2004）。

（9）西部开发省际公路通道重庆绕城公路北段科技示范工程——橡胶粉改性沥青路面设计，重庆交通大学课题组、重庆市交通规划勘察设计院，2009年8月。

三、橡胶沥青路面结构设计方案

根据《公路自然区划标准》（JTJ 003—86），本路段属于V2区。沥青混凝土路面设计使用年限为15年；科技示范工程段沥青路面面层采用橡胶粉改性沥青玛碲脂碎石混合料AR-OSMA-13。

本路段设计使用年限内的累计当量轴次Ne为19 499 560次，设计弯沉值$l_d=600Ne^{-0.2}A_cA_sA_b=21.0$（0.01mm）。依据2009年4月27日由重庆高速公路发展有限公司垫利建设分公司主持召开的橡胶粉改

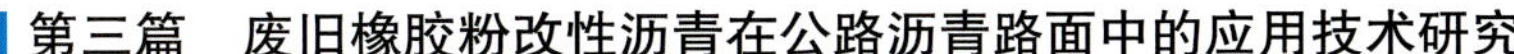

性沥青路面科技示范工程设计协调会会议精神，确定如下路面结构组合。

（1）主线及枢纽互通匝道：4cm橡胶沥青玛碲脂碎石混合料AR–OSMA–13 +1cm橡胶沥青抗裂防水层(SAMI–R)+ 5cm SBS改性AC–20C+8cm ATB–25+ 23cm水泥稳定基层+22cm水泥稳定基层+20cm水泥稳定基层，见表3-7-1；

（2）硬路肩路面结构同行车道；

（3）桥面铺装：4cm橡胶沥青玛碲脂碎石混合料AR–OSMA–13+5cmSBS改性AC–20C+1cm橡胶沥青抗裂防水层(SAMI–R)+10cm防水混凝土调平层，见表3-7-2。

主线路面结构组合　　表3-7-1

厚度（cm）		结构形式与混合料类型		造价分析（元/m²）	
原设计	变更设计	原设计	变更设计	原设计	变更设计（橡胶沥青方案）
4	4	SBS–SMA–13	橡胶沥青玛碲酯碎石 AR–OSMA–13	66.36	88
—	1	—	橡胶沥青抗裂防水层 SAMI–R	—	22
6	5	SBS–AC–20C	SBS–AC–20C	65.67	54.72
10	8	ATB–25	ATB–25	87.06	63
0.6	—	改性乳化沥青稀浆封层	—	11.46	—
21	23	水泥稳定碎石	水泥稳定碎石	合计：230.55+2.63（多一层黏层）＝233.18	+2
22	22	水泥稳定碎石	水泥稳定碎石		合计：229.72 节约：3.46
20	20	水泥稳定碎石	水泥稳定碎石		

桥面铺装结构组合　　表3-7-2

厚度（cm）		结构形式与混合料类型		造价分析（元/m²）		备　注
原设计	变更设计	原设计	变更设计	原设计	变更设计（橡胶沥青方案）	
4	4	SBS–SMA–13	AR–SMA–13	66.36	88	未计调平层混凝土表面的抛丸喷砂造价（约7元/m²）
6	5	SBS–AC–20C	SBS–AC–20C	65.67	54.72	
—	1	PB–I防水涂料	SAMI–R	18.91	22	
—	10	C40防水混凝土		合计：150.94	合计：164.72 增加：13.78	

第二节　橡胶沥青混合料施工工艺控制

通过试验研究发现，橡胶沥青及混合料与其他沥青及沥青混合料相比，具有明显的技术特色和良好的路用性能。但是，在实际工程中，为了充分发挥这种材料的路用特性，需要严格的施工工艺要求作保障。

橡胶沥青及混合料的施工主要分为三部分：①橡胶沥青的生产；②橡胶沥青抗裂防水层（SAMI-R）的施工；③橡胶沥青混合料的拌和、运输、摊铺及碾压。由于在高温环境下，废旧胶粉与沥青一直处于反应的不稳定状态，为了保证橡胶沥青及混合料的生产质量，橡胶沥青及混合料的生产、施工比一般的沥青混合料要求更加严格。本节内容主要结合科技示范工程工艺水平和施工条件，介绍橡胶沥青及混合料的施工工艺要求以及相应的质量控制手段。

一、橡胶沥青的生产

橡胶粉沥青的生产制备，是一项技术性很强的工作，加工质量的好坏，直接影响沥青的改性效果和铺筑后路面的使用效果。

1.橡胶沥青的加工流程

橡胶沥青的制备过程总体分为四步：①原材料的添加；②沥青、橡胶粉等原材料的预混；③橡胶沥青的反应、发育过程；④橡胶沥青成品的质量监控。橡胶沥青的生产工艺如图3-7-1所示。

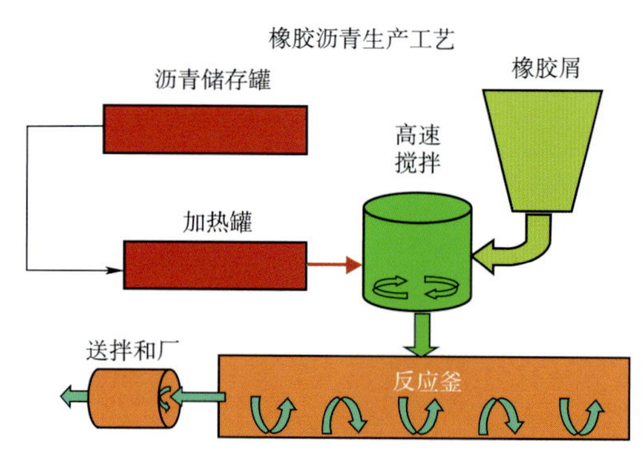

图3-7-1　橡胶沥青的加工流程图

橡胶沥青的具体生产步骤，大致可以分为：

（1）废胎胶粉应存储在通风、干燥的仓库中，在制备橡胶沥青时，通过传送皮带将干燥的胶粉输送到胶粉仓，以备生产使用，如图3-7-2所示。一般来说，橡胶粉在常温下存储其化学性能并不会改变，但如果橡胶粉存储时间过长，在存储过程中吸水，导致胶粉结团，影响橡胶粉在沥青中的分散，因此限制橡胶粉现场存储时间不超过180d。

（2）胶粉仓中的胶粉与加热至180~190℃温度的沥青在搅拌罐中以一定比例高速搅拌、混合。胶粉与沥青在搅拌罐（图3-7-3）内不是靠简单的机械搅拌进行混合，而是通过一套高速剪切混合装置，使橡胶粉在掺配到沥青的过程中，得到进一步的融胀和粉碎，使其在沥青中的分散更加均匀。

图3-7-2　胶粉存储与输送

（3）橡胶粉和沥青都是热塑性的弹性高分子物质，两者性质颇为相近，为了提高橡胶颗粒在沥青中的分散度，需要对沥青和橡胶粉进行持续搅拌作用，使胶粉在沥青中分散均匀，少沉淀、少离析。经过高速预混的橡胶沥青被输送到反应仓内，在180~190℃的温度下经过45~60min的搅拌发育过程后，得到最终的橡胶沥青产品。图3-7-4所示的反应仓其实同时充当橡胶沥青的反应仓与存储仓的作用，它具备加热燃烧器与温度的自动控制系统，同时罐体具有绝热与保温的功效，充分保障橡胶沥青的性能要求。

2.橡胶沥青的施工工艺控制

（1）橡胶粉应存储在通风、干燥的环境中，并采取有效的防淋、防潮以及消防措施；橡胶粉的现场存储时间一般不超过180d。

（2）橡胶沥青生产设备应由熟练人员操作，采用间歇式方式生产。操作人员准确控制导热油温度，准确控制配料比例。

（3）橡胶沥青的加工温度宜控制在180~190℃，当橡胶粉掺量较大时，加工温度可适当调整，但不应高于210℃。

（4）沥青与橡胶粉等原材料通过高速预混后进入反应罐，其加工搅拌的时间为45~60min。

图3-7-3　搅拌罐

（5）在橡胶沥青的生产过程中，应及时检测每罐橡胶沥青成品的技术指标。如果不满足技术要求，则应调整配料比例，直至满足相关技术要求。

图3-7-4　反应仓

3.橡胶沥青的储存

由于橡胶沥青的作用机理比较复杂，伴随着溶胀、脱硫、降解等物理、化学过程，原则上应该在24h内使用完毕。若由于客观原因需临时存储，应将橡胶沥青的温度降到145~155℃范围内存储，存储时间应控制在3d内。在存储期间应检测橡胶沥青的技术指标。当经过较长时间存储，再次使用前应检测橡胶沥青的指标是否满足技术要求；如果不满足要求，则应重新加工或掺加一定剂量的废胎胶粉，重新预混、反应，直至满足技术要求。

二、橡胶沥青抗裂防水层（SAMI-R）施工工艺

橡胶沥青抗裂防水层（SAMI–R），就是将单一粒径的石料均匀地满铺在橡胶沥青层上，用胶轮压路机进行嵌挤碾压，橡胶沥青被挤压到石料高度的3/4左右，石料嵌锁形成后将构成结构性支撑，所形成的碎石封层模式路面，也被称为橡胶沥青应力吸收层，其厚度通常取决于覆盖集料的尺寸。如图3-7-5所示。

橡胶沥青抗裂防水层是橡胶沥青最多的用途之一，是铺筑在半刚性基层与沥青路面之间或者水泥混凝土路面与沥青罩面层之间，以及新旧沥青结构层之间的，具有高变形能力的结构层，可以将下层开裂的沥青路面、半刚性基层、刚性路面的反射裂缝降低到最小[41]，它具有良好的防水性，可阻止路表水透入，从而消除路面水损坏，同时增加了沥青罩面层与旧水泥混凝土路面之间的结合，从而消除层间滑

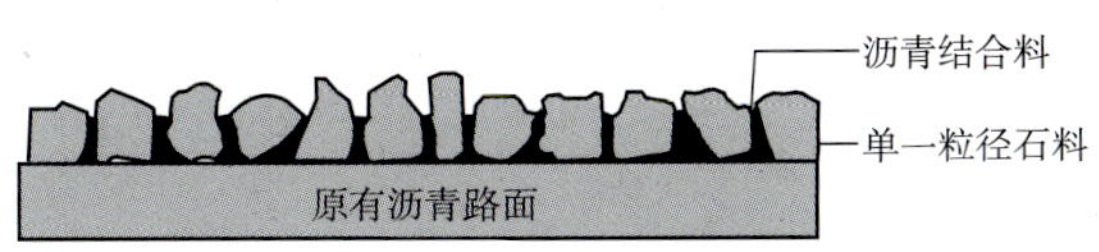

图3-7-5　橡胶沥青抗裂防水层示意图

移，减少温度变化引起的沥青面层内的拉应力和拉应变。橡胶沥青应力吸收层在路面结构中的应用，如图3-7-6所示。

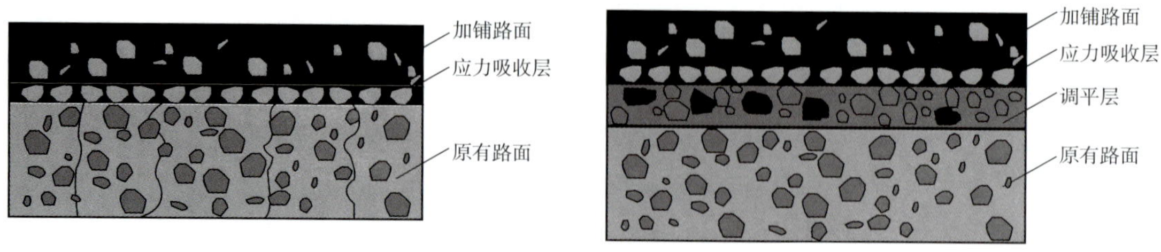

图3-7-6　橡胶沥青应力吸收层在路面结构中的应用

橡胶沥青抗裂防水层应采用石质坚硬、清洁、不含风化颗粒、近立方体颗粒的石灰岩碎石，应选用反击式破碎机轧制的碎石。

橡胶沥青抗裂防水层的集料级配范围见表3-7-3。

橡胶沥青抗裂防水层集料规格　　表3-7-3

方筛孔尺寸（mm）	通过率（%）	方筛孔尺寸（mm）	通过率（%）
13.2	100	2.36	0~5
9.5	0~15	0.075	0~0.5

橡胶沥青抗裂防水层（SAMI–R）的具体施工步骤大致分为：

1.施工准备

（1）先由人工用竹扫帚将基面进行全面清扫，再用2~3台森林灭火鼓风机沿纵向排成斜线将浮灰吹净，若不能达到“除净”的要求，则用水冲洗，清除基面浮灰和泥浆，尽量使基面集料颗粒能部分外露。

（2）在正式施工之前，通过试验，确定沥青洒布车的沥青洒布量和碎石撒布车料斗的倾角、车速和标准的撒布量。

（3）保证橡胶沥青抗裂防水层（SAMI–R）的施工具备施工条件：

①空气温度和地面温度都不得低于15℃；

②在进行路面清扫、吹尘和清洗之后，必须严格控制下承层彻底干燥，路缘石防护良好；

③风速不影响橡胶沥青洒布效果；

④需用的设备进入待命状态，包括橡胶沥青智能洒布车、碎石撒布车和胶轮压路机。

2.橡胶沥青的洒布（图3-7-7）

（1）表面层下面的橡胶沥青抗裂防水层的橡胶沥青洒布量采用2.0~2.4kg/m^2；基层顶面的橡胶沥青洒布量一般为2.2~2.6kg/m^2；采用预裹附的集料时，沥青用量可适当减少。

（2）橡胶沥青的洒布温度一般控制在180~190℃。

（3）起步和终止位置应铺工程纸，以准确进行横向衔接，洒布车经过后应及时取走工程纸，纵向衔接应与已洒布部分重叠10cm左右。

（4）撒铺碎石前禁止任何车辆、行人通过橡胶沥青层。

3.抗裂防水层的碎石撒布

（1）在撒布之前，单一粒径碎石宜通过拌和楼进行预拌（图3-7-8），油石比一般为0.4%~0.6%，预裹附温度不低于120℃，预裹附的集料堆放时间不宜超过两周，并采取相应的防潮措施。

a)

b)

c)

图3-7-7　橡胶沥青的洒布

a)

b)

图3-7-8　预拌碎石

（2）喷洒橡胶沥青后应立即撒布碎石（图3-7-9），以便沥青与碎石有效黏结。施工中采用规格为9.5~13.2mm的单粒径石灰岩碎石，撒布量采用10~12kg/m^2。

a)

b)

图3-7-9　预拌碎石的撒布

（3）对于局部碎石撒布量不足的地方，应人工补足；对于重叠的碎石必须用清扫车进行清扫

（图3-7-10）和回收利用。

4.橡胶沥青抗裂防水层的碾压成型

（1）碎石撒布以后，应及时用重型胶轮压路机紧跟碎石撒布车碾压成型（图3-7-11），碾压后碎石嵌入橡胶沥青深度达到50%~70%。从洒布橡胶沥青到碾压完成，应在表3-7-4规定的时间内完成。

图3-7-10　碎石的清扫

（2）在铺筑上面层沥青混合料前，应对橡胶沥青抗裂防水层进行清扫，以清除没有黏结的松散碎石，避免影响橡胶沥青抗裂防水层与上面层的黏结。

（3）上面层沥青混合料的施工应与橡胶沥青抗裂防水层施工紧凑进行，一般不超过24h，且中间不得开放交通，避免二次污染或破坏。若期间必须开放交通，须待橡胶沥青抗裂防水层施工完成3h后方可开放交通，但车速不宜超过25km/h。

施工时间要求　　表3-7-4

下承层温度	完成碾压的时间	下承层温度	完成碾压的时间
40℃以上	20min	18℃至40℃之间	10min

a)

b)

图3-7-11　胶轮压路机碾压成型

5.橡胶沥青抗裂防水层的质量检验

施工阶段的检测项目包括：橡胶沥青性质、橡胶沥青洒布量、碎石撒布量、刹车试验、外观检查等。检验方法及检验标准见表3-7-5。

橡胶沥青抗裂防水层施工阶段的质量检查标准　　表3-7-5

项　目	检查频率	质量要求或允许误差	试验方法
橡胶沥青180℃黏度（Pa·s）	每生产一批检查1次	2.5~5.0	旋转黏度计
橡胶沥青量	每半天1次	设计量 ± 0.2 kg/m^2	称定面积收取橡胶沥青量
集料量	每半天1次	在规定范围内	用集料总量与撒布面积算得
刹车试验	1处/2000 m^2（仅试铺段做刹车试验）	沥青层不破裂	7d后用BZZ-60标准汽车以50km/h车速紧急制动
外观检查	随时全面	外观均匀一致，用硬物刮开观察，与基面（中面层）牢固黏结，不起皮，无油包和基层外露等现象	

（1）橡胶沥青洒布量和碎石撒布量控制：

①沥青撒布量控制。将要撒布沥青时，在标准尺寸矩形容器内置沥青油毡，称其重量并置于撒布车前5~10m，待撒布车经过容器后立即取出再称其重，以此计算实际撒布量，再结合沥青撒布车电脑调节装置直到设计撒布量为止。

②碎石撒布量控制。将要撒布碎石时，取一标准尺寸矩形容器称其重量并置于撒布车前已洒布沥青路面的路段最尾处，待撒布车经过容器后立即取出再称其重，以此计算实际撒布量，然后通过调节装置直至调到设计撒布量为止。

（2）施工时间关键点：

①沥青车预热准备时间为2h；

②沥青撒布车泵满13t沥青的时间为30min；

③13t橡胶沥青每升1℃的时间为2min，185℃升到200℃需要30min；

④正常的工作时间，撒布完13t橡胶沥青的时间为2~3min。

三、橡胶沥青混合料的施工工艺

橡胶沥青混合料的施工并不需要增加某些特殊的施工设备，在施工工艺方面获得高质量的橡胶沥青路面的关键是各个施工环节的温度控制。由于橡胶沥青混合料温度高、容许变化的范围窄，因此对混合料的施工条件、施工工艺和拌和、运输、碾压的设备会提出一些特殊的要求。

1.橡胶沥青混合料的拌和

（1）橡胶沥青混合料的拌和楼应符合相关环保、安全、排水等要求。橡胶混合料可采用间歇式拌和机或连续式拌和机拌制。本高速公路采用间歇式拌和机拌和（图3-7-12），生产过程中使用的热料仓不宜少于4个。

（2）拌和时间由试拌确定。必须使所有集料颗粒全部裹覆沥青结合料，并以沥青混合料拌和均匀为度。填料加入拌和缸与矿料干拌5~10s，再加入橡胶沥青湿拌不小于50s，每盘混合料的生产周期不宜小于60s。

（3）要注意目测检查混合料的均匀性，及时分析异常现象。如混合料有无花白、冒青烟和离析等现象。如确认是质量问题，应作废料处理并及时予以纠正。在生产开始以前，有关人员要熟悉本项目所用各种混合料的外观特征，这要通过细致地观察室内试拌的混合料而取得。

图3-7-12　科技示范工程橡胶沥青路面施工的间歇式拌和楼

（4）橡胶沥青混合料的拌和基本参照普通沥青混合料的拌和工艺，但应严格控制各环节温度。橡胶沥青混合料的拌和温度按表3-7-6执行，当橡胶沥青黏度大于2.5Pa·s时，橡胶沥青的加热温度应提高5~10℃。

橡胶沥青混合料的拌和温度　　表3-7-6

石料加热温度（℃）	沥青温度（℃）	出料温度（℃）	废弃温度（℃）
180~200	175~195	>180	210

2.橡胶沥青混合料运输

（1）橡胶沥青混合料施工前，应根据现场的施工速度确定所需运输车辆的数量。橡胶沥青混合料运输车的运量应较拌和能力和摊铺速度有所富余，根据工程规模摊铺机前方应有3~5辆运料车等候卸料。

（2）拌和楼向运料车卸料时，汽车应前后移动三次装料，以减少粗集料的离析现象。同时，为了便于橡胶沥青混合料运料车卸料，运料车的底板和侧板应抹一层隔离剂，并排除可见游离余液。溶剂型的隔离剂或者柴油不能用于运输车厢上，因为会对橡胶沥青产生不良影响，皂液可以使用，有效而且便宜，稀释硅树脂乳液也可以使用。

（3）橡胶沥青混合料在运输过程中，运料车应有良好的篷布覆盖设施，卸料过程中继续覆盖，直到卸料结束取走篷布，以资保温或避免污染环境。

（4）连续摊铺过程中，运料车在摊铺机前10~30cm处停住，不得撞击摊铺机。卸料过程中运料车应挂空挡，靠摊铺机推动前进。

3.橡胶沥青混合料的施工成型

橡胶沥青路面的施工成型，在混合料摊铺及碾压的程序方面，类似一般沥青混合料路面的工法。施工设备包括运料车、摊铺机及压路机。橡胶沥青混合料的具体施工过程应该符合《公路沥青路面施工技术规范》（JTG F40—2004）的有关规定。

（1）橡胶沥青混合料摊铺

①连续稳定地摊铺，是提高路面平整度最主要的措施。对于橡胶沥青混合料，摊铺机的摊铺速度应根据拌和楼的产量、施工机械配套情况及摊铺厚度、摊铺宽度，按1~3m/min予以调整选择，做到缓慢、均匀、不间断地摊铺；

②摊铺的混合料未压实前，严禁人员在路面上行走，确保路面平整度，一般情况下不得采用人工整修；

③检测松铺厚度是否符合规定，以便随时进行调整。摊前熨平板应预热至规定温度，摊铺机熨平板必须拼接紧密，不许存有缝隙，防止卡入粒料将铺面拉出条痕；

④应采取措施防止混合料在施工中的离析，包括控制布料器中混合料的量、摊铺速度以及事先加热熨平板到规定的温度等；

⑤摊铺遇雨时，应立即停止施工，并清除未压实成型的混合料。遭受雨淋的混合料应废弃，不得卸入摊铺机摊铺。

（2）橡胶沥青混合料压实

压实是对各种沥青路面最基本的要求，虽然橡胶沥青混合料是一种很宽容的材料，但是对压实要求更高，以达到理想的性能和耐久性。最好的材料、最好的混合料设计、最好的摊铺技术都不能补偿施工过程中压实不足带来的不良影响。橡胶沥青断级配混合料采用了粗集料骨架结构和黏稠的橡胶沥青，这样就比普通路面压实功提出了更高的要求。因此我们在压实过程中应做到：

①橡胶沥青混合料的压实应根据路面宽度、厚度、混合料类型、混合料温度、气温以及拌和、运输、摊铺能力等条件综合确定压路机数量、质量、类型以及压路机的组合、编队等。

②由于橡胶沥青黏度较大，为防止橡胶沥青黏结橡胶轮胎，橡胶沥青混凝土不宜使用胶轮压路机进行碾压，压路机轮迹的重叠宽度不应少于20cm。

双钢轮振动压路机，如图3-7-13所示。

③橡胶沥青混合料压实工艺分为初压、复压和终压，碾压工艺遵循“紧跟、慢速、高频、低幅”的原则。橡胶沥青混合料施工碾压工艺建议采用5台双钢轮振动压路机，压实工艺分为初压、复压和终压。初压采用两台压路机静压1遍，振动碾压3遍，复压采用两台压路机振动碾压3遍，终压采用1台压路机以静压方式碾压1~2遍以消除轮迹。橡胶沥青混合料的碾压速度可参照表3-7-7进行碾压施工现场，如图3-7-14所示。

碾压温度为：橡胶沥青混凝土碾压温度的高低与橡胶沥青的黏度有关，黏度越大，碾压温度越高。橡胶沥青混凝土的初压温度一般不宜低于155℃，复压温度不宜低于135℃，终压的结束温度不宜低于90℃。当混合料的摊铺厚度大于80mm时，初压温度不宜低于150℃。施工温度检测与监控，如图3-7-15所示。

④橡胶沥青混合料路面应待摊铺层完全自然冷却，混合料表面温度低于50℃后，方可开放交通。需要提早开放交通时，可洒水冷却降低混合料温度。铺筑好的沥青层应严格控制交通，做好保护，保持整洁，不得造成污染。橡胶沥青混合料成型后（图3-7-16），应在24h后或路面温度低于50℃后方可开放交通。

图3-7-13　双钢轮振动压路机

压路机碾压速度（km/h）　　表3-7-7

压路机类型	初　压	复　压	终　压
静载钢轮压路机	2~3	—	3~6
钢轮振动压路机	2~4	3~5	—

a)

b)

图3-7-14　碾压施工现场

⑤橡胶沥青混合料的摊铺温度及碾压温度，相对一般沥青混合料而言，需要更加严格的控制。施工温度是橡胶沥青混凝土施工过程中最核心的控制指标。

摊铺温度见表3-7-8

橡胶沥青混合料的最低摊铺温度　　表3-7-8

下卧层的表面温度（℃）	相应于下列不同摊铺层厚度的最低摊铺温度（℃）		
	<50mm	50~80mm	80~100mm
10~15	172	165	160
15~20	167	160	155
20~25	160	155	150
>25	155	155	150

4.橡胶沥青玛碲脂碎石混合料AR–OSMA施工质量检验

（1）混合料的质量检查：橡胶沥青用量、矿料级配、稳定度、流值、空隙率、残留稳定度；混合料出厂温度、运到现场温度、摊铺温度、初压温度、碾压终了温度；混合料拌和均匀性。

（2）面层质量检查：厚度、平整度、宽度、高程、横坡度、压实度、横向偏位、渗水系数、构造深度和摩擦系数；摊铺的均匀性；同时还应进行构造深度和摆式摩擦系数的跟踪检测。

a)

b)

图3-7-15　施工温度检测与监控

a)初压温度检测；b)终压温度检测

a)

b)

图3-7-16　路面成型外观

以上检查项目、检查方法、检查频率和质量要求列于表3-7-9。本表所列为施工阶段的质量检验标准，交工验收按国家相关标准进行。

AR–OSMA沥青混合料上面层施工阶段的质量检查标准　　表3-7-9

项　目		检查频度	质量要求或允许差	试验方法
施工温度	沥青混合料出厂温度	每车料一次	符合规定要求	温度计测定
	运输到现场温度			
	初压温度			
	碾压终了温度			
矿料级配，与生产设计标准级配的差（%）	0.075mm	逐盘在线检测	±2	计算机采集数据计算
	≤2.36mm		±5	
	≥4.75mm		±6	

续上表

项　　目		检 查 频 度	质量要求或允许差	试 验 方 法
矿料级配，与生产设计标准级配的差（%）	0.075mm	每日上、下午各1次	±2	拌和厂取样，用抽取后的矿料筛分
	≤2.36mm		±4	
	≥4.75mm		±5	
沥青含量与设计之差（%）		逐盘在线检测	–0.1，+0.1	计算机采集数据计算
		每日上、下午各1次	–0.4，+0.4	拌和厂取样，离心法抽提
马歇尔试验	稳定度（kN）	每日上、下午各1次	不小于7.0	拌和厂取样，室内成型试验
	流值（0.1mm）		20~40	
	空隙率（%）		4~5	
压实度（%）		1次/200m/车道	不小于97%（马歇尔密度）	现场钻孔试验
厚度，不超过		1次/200m/车道	–3mm	钻孔检查并铺筑时随时插入量取，每日用混合料数量校核
平整度		每车道连续检测	不大于1.2mm	用连续式平整度仪检测
渗水系数，不大于		与压实度相同	200mL/min	改进型渗水仪
摩擦系数		1处/200m	符合设计要求	摆式仪
构造深度				铺砂法

注：检查频率为单幅双车道。

第三节　科技示范工程问题总结

一、橡胶沥青的生产问题

（1）沥青的生产与应用适宜于大型工程，不适用于小型工程施工。因为橡胶沥青的生产以及生产设备的进出场费用较高，对于大型工程，这笔费用能够被大生产量分摊，单位造价提高较少，路面效益较大；但是对于小型的工程，单位造价提高将会影响经济效益。

（2）沥青加工设备的计量装置在每次工程开工之前，应进行专门的标定，从而保证配料比例的准确以及加工过程顺利开展。计量标定的主要仪器或传感器有：称重设备传感器、温度传感器、流量计以及搅拌器的转速。

（3）胶沥青的生产过程中，要严格保证橡胶粉的干燥，胶粉中的水分要小于1%。潮湿的胶粉与高温沥青混合不仅影响改性效果，还会引起橡胶沥青急剧膨胀，导致预混罐与输送管道堵塞等生产故障。

（4）橡胶沥青的特殊作用机理，在反应仓中的橡胶沥青是以不稳定状态存在。橡胶沥青在每次使用前，必须严格进行技术指标检测，达到技术指标要求后，尽快应用于施工，避免橡胶沥青性能的变化给施工效果带来影响。

二、橡胶沥青抗裂防水层 SAMI–R 的问题

（1）沥青的洒布温度按要求一般控制在180~190℃，在施工过程中，高性能的洒布用橡胶沥青具

有很高的黏度和黏弹性，因而实际洒布温度根据橡胶沥青黏度进行适当调整，洒布温度往往宜高不宜低（但最高不得高于210℃），从而避免沥青堵塞洒布车喷头，保证橡胶沥青洒布的均匀性和准确性，同时有助于后续撒布碎石更好地嵌入橡胶沥青，形成更有效的黏结作用。

（2）防水层施工过程中，碎石撒布车和胶轮压路机的车轮应略微喷洒水或用水与柴油的混合液（1：1比例）擦拭轮胎，避免车轮带起碎石或与黏层沥青发生粘连，影响施工整体效果。

（3）橡胶沥青的洒布量应严格控制。若沥青洒布量过大，易导致泛油情况的出现，同时也可能使面层的层底弯拉应变增大；若沥青洒布量过小，碎石周边无充分约束，导致面层和下卧层之间形成一个不稳定夹层，不仅不能起到应力吸收的作用，还有可能加快面层的破坏。

（4）施工过程中的碎石撒布工艺还需要进一步提高，通过碎石撒布量的准确控制，保证碎石（特别在边角处）的均匀、统一的撒布效果。等粒径碎石洒布过多会造成石料重叠，无法有效黏结；碎石洒布量过少则会使大面积的橡胶沥青暴露，导致上下结构层不连续接触，并会在高温时形成泛油。碎石的不同撒布效果对比，如图3-7-17所示。

a)

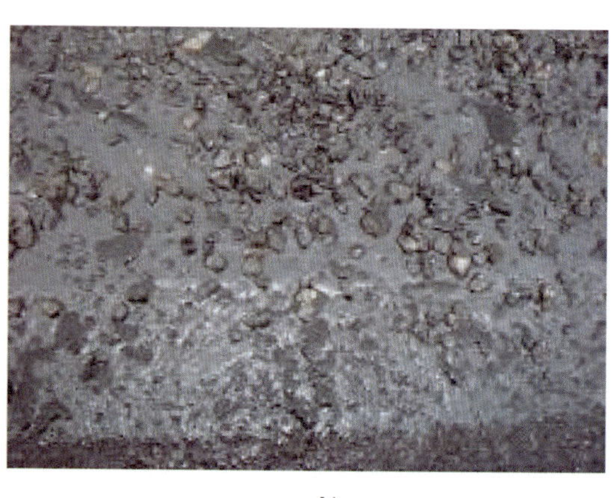

b)

图3-7-17　碎石的不同撒布效果对比

三、橡胶沥青混合料的问题

（1）拌和楼生产橡胶沥青混凝土时，橡胶沥青由于黏度较大，泵送时间较长，易造成热料仓等料，导致矿料过热，进而使得混合料出料温度偏高，同时还将影响拌和楼混合料产量。因此，在拌和过程中，供给拌和楼的橡胶沥青温度控制在190~200℃，同时尽量缩短橡胶沥青供给管道长度，并于供给橡胶沥青前提前30~60min用导热油对管道进行预热，保证橡胶沥青的顺利输送。

（2）橡胶沥青混合料施工之前，必须对橡胶沥青抗裂防水层的表面浮石进行全面清扫，既确保面层混合料施工下承层的平整，又能有效增加层间黏结能力，保障路面结构的整体稳定性。

（3）沥青施工时，气味很大，施工人员等需要进行防护。如何有效改善橡胶沥青及混凝土的施工环境，是一个亟待解决的问题。

（4）面层橡胶沥青AR-OSMA-13混合料采用两台摊铺机同时摊铺，两台摊铺机之间的距离不应超过10m，以形成良好的热接缝，保证路面施工的整体性和平整度。

（5）试验路施工时间是在9月底，施工的气候温度比较理想，对橡胶沥青混合料的摊铺与碾压成型影响较小。若在寒冷季节进行橡胶沥青混合料的施工，一定要避免橡胶沥青混合料运输过程中的温度散失，严格控制施工温度，保证路面的压实度。压实度采用双控指标，要求马歇尔标准密度的压实度不小于97%，最大理论密度压实度为93%~96%。在大气温度低于13℃或降雨时，不能进行橡胶沥青及其混合料的施工。

参考文献

[1] 王旭东，李美江，路凯冀，等. 橡胶沥青及混凝土应用成套技术[M]. 北京：人民交通出版社，2008.

[2] 张小英，徐传杰，孔宪明. 废橡胶粉改性沥青研究综述（1）[J]. 石油沥青，2004，18（4）：1-4.

[3] 孙祖望，陈飙. 橡胶沥青技术应用指南[M]. 北京：人民交通出版社，2007.

[4] 沈金安. 沥青及沥青混合料路用性能[M]. 北京：人民交通出版社，2001.05.

[5] Heitzman M. Design and Construction of Asphalt Paving Materials with Crumb Rubber Modifier[J]. Transportation Research Record. 1339.

[6] Abdelrahman and Carpente. The Mechanism of the Interaction of Asphalt Cement with Crumb Rubber[C]. 78th TRB Annual Meeting, 1999.

[7] 交通部公路科学研究院.橡胶沥青及混合料设计施工技术指南[M]. 北京：人民交通出版社，2008.

[8] 杨志峰，等. 废旧橡胶粉在道路工程中应用的历史和现状[J]. 公路交通科技，2005.7.

[9] 张小英，徐传杰，孔宪明. 废橡胶粉改性沥青研究综述（2）[J]. 石油沥青，2004，18（5）：1-4.

[10] 孙大权，徐晓亮，吕伟民. 橡胶沥青生产工艺关键技术参数的研究[J]. 长沙交通学院学报，2008，24（3）：33-37.

[11] Hussain U. Bahia and Robert Davies. Factors Controlling the Effect of Crumb Modifiers on Critical Properties of Asphalt Binders, Proceeding of the Association Asphalt Pavement Technology [J]. 1995, 64:130-162.

[12] 黄彭，吕伟民，张福清. 橡胶粉改性沥青混合料性能与工艺技术研究[J]. 中国公路学报 2001，11（增刊）：4-7.

[13] 郭朝阳，何兆益，曹阳. 废胎胶粉改性沥青改性机理研究[J]. 中外公路，2008，28（2）：172-176.

[14] 张宗辉. 橡胶/SBS复合改性沥青生产工艺分析[J]. 石油沥青，2008，28（1）：39-44.

[15] 石洪波，王洪国，廖克俭，等. 废橡胶粉改性沥青配方与工艺条件研究[J].石化技术与应用，2005，23（4）：274-276.

[16] 林贤福，吴起. 橡胶改性道路沥青及其微观结构[J]. 合成橡胶工业，2000，23（3）：196-199.

[17] 丛培瑞. 橡胶粉改性沥青储存稳定性及性能评价指标研究[D]. 山东：山东大学，2008.

[18] 马爱群. 微波辐射活化废胶粉改性沥青性能及共混机理研究[D]. 扬州：扬州大学，2006.

[19] 肖川，凌天清. 废旧橡胶粉改性沥青材料在道路工程中的应用与研究[J]. 公路工程，2009，34（4）：49-53.

[20] 张争奇，张卫平，李平. 沥青混合料粉胶比[J]. 长安大学学报：自然科学版，2004，24

（5）：7-10.

[21] 吴玉辉. 矿粉含量对沥青胶浆性能的影响研究[J]. 公路交通科技，2008，25（9）：35-38.

[22] 刘丽，郝培文，肖庆一，汪海年. 沥青胶浆高温性能及评价方法[J]. 长安大学学报：自然科学版，2007，27（5）：30-34.

[23] 武立超. 橡胶沥青在SMA中的应用 [D]. 重庆：重庆交通大学，2009.

[24] 路学元，张素云，郑南翔，等. 沥青胶浆（SMA）实验方法与评价指标研究[J]. 2006，29（7）：894-897.

[25] 张登良. 沥青路面工程手册[M]. 北京：人民交通出版社，2003.

[26] 邓学钧，黄晓明. 路面设计原理与方法[M]. 北京：人民交通出版社，2001.3.

[27] Junan Shen, Serji Amirkhanian. The Influence of Crumb Rubber Modifier(CRM) Microstructures on the High Temperature Properties of CRM Binders. The International Journal of Pavement Engineering[J]. 6(4), December 2005, 265-271.

[28] 夏玮. 废胶粉改性沥青及沥青混合料路用性能研究[D]. 重庆：重庆交通大学，2009.

[29] 张肖宁. 沥青与沥青混合料的黏弹力学原理及应用[M]. 北京：人民交通出版社，2006.

[30] 赵选民. 试验设计方法[M]. 北京：科学出版社，2006.

[31] Thomas Bennert, Ali Maher, Joseph Smith. Evaluation of Crumb Rubber in Hot Mix Asphalt. Final Report., July 2004.

[32] 废旧橡胶粉用于筑路的技术研究报告[R]. 北京：交通部公路科学研究所，2003.

[33] 中华人民共和国交通部. JTJ 052—2000　公路工程沥青与沥青混合料试验规程[S]. 北京：人民交通出版社，2001.

[34] 艾长发，邝习东，陈炯，邱延峻. 低温压实对沥青混合料路用性能的影响[J]. 公路交通科技，2008，25（6）：6-10.

[35] Caltrans/CIWMB Partnered Research, Use of Scrap Tire Rubber–State of the Technology and Best Practices. 2005，2.8.

[36] R. G. Hicks. Asphalt Rubber Design and Construction Guidelines 2002[S]. 2002.

[37] 黄文元，张隐西. 路面工程用橡胶沥青的反应机理与进程控制[J]. 公路交通科技，2006，23（11）：112-114.

[38] 杨群，黄晓明. 沥青稳定基层混合料正交试验研究[J]. 公路交通科技，2000，4（17）：4-6.

[39] 查旭东，陈兆坤，季文广. 胶粉改性沥青配比及性能试验研究[J]. 长沙交通学院学报，2008，24（3）：24-27.

[40] 王伟. 橡胶沥青混合料高温性能研究[D]. 上海：同济大学，2008.

[41] 高爽. 沥青混合料疲劳损伤机理研究[D]. 重庆：重庆交通大学，2008.

[42] 谢洪斌. 橡胶沥青在复合式路面中的应用技术研究[D]. 重庆：重庆交通大学，2008.

[43] 张春生. 橡胶粉沥青的试验研究及其工程应用[D]. 吉林：吉林大学，2004.

[44] State of California Department of Transportation, Asphalt rubber usage guide. 2003.

[45] Gordon Airey, Mujibur Rahman. The influence of crude source and penetration grade on the interaction of crumb rubber and bitumen, Asphalt Rubber 2003, 2003.12

[46] 中华人民共和国交通部. JTG F40—2004　公路沥青路面施工技术规范[S]. 北京：人民交通出版社，2004.

[47] 吕伟民，孙大权. 沥青混合料设计手册[M]. 北京：人民交通出版社，2007.